U0929706

中国国家标准汇编

2008年修订-105

中国标准出版社　编

中国标准出版社
北京

图书在版编目（CIP）数据

中国国家标准汇编：2008年修订.105/中国标准出版社编.—北京：中国标准出版社，2009

ISBN 978-7-5066-5596-5

Ⅰ.中… Ⅱ.中… Ⅲ.国家标准-汇编-中国-2008 Ⅳ.T-652.1

中国版本图书馆CIP数据核字（2009）第204346号

中国标准出版社出版发行
北京复兴门外三里河北街16号
邮政编码：100045
网址 www.spc.net.cn
电话：68523946 68517548
中国标准出版社秦皇岛印刷厂印刷
各地新华书店经销
*
开本 880×1230 1/16 印张 38 字数 1 133 千字
2009年12月第一版 2009年12月第一次印刷
*
定价 200.00 元

出 版 说 明

1.《中国国家标准汇编》是一部大型综合性国家标准全集。自1983年起，按国家标准顺序号以精装本、平装本两种装帧形式陆续分册汇编出版。它在一定程度上反映了我国建国以来标准化事业发展的基本情况和主要成就，是各级标准化管理机构，工矿企事业单位，农林牧副渔系统，科研、设计、教学等部门必不可少的工具书。

2.《中国国家标准汇编》收入我国每年正式发布的全部国家标准，分为"制定"卷和"修订"卷两种编辑版本。

"制定"卷收入上年度我国发布的、新制定的国家标准，顺延前年度标准编号分成若干分册，封面和书脊上注明"20××年制定"字样及分册号，分册号一直连续。各分册中的标准是按照标准编号顺序连续排列的，如有标准顺序号缺号的，除特殊情况注明外，暂为空号。

"修订"卷收入上年度我国发布的、被修订的国家标准，视篇幅分设若干分册，但与"制定"卷分册号无关联，仅在封面和书脊上注明"20××年修订-1，-2，-3，……"字样。"修订"卷各分册中的标准，仍按标准编号顺序排列（但不连续）；如有遗漏的，均在当年最后一分册中补齐。需提请读者注意的是，个别非顺延前年度标准编号的新制定的国家标准没有收入在"制定"卷中，而是收入在"修订"卷中。

读者配套购买《中国国家标准汇编》"制定"卷和"修订"卷则可收齐上一年度我国制定和修订的全部国家标准。

3. 由于读者需求的变化，自1996年起，《中国国家标准汇编》仅出版精装本。

4. 2008年制修订国家标准共5946项。本分册为"2008年修订-105"，收入新制修订的国家标准43项。

中国标准出版社
2009年10月

目　录

ICS 25.040
N 04

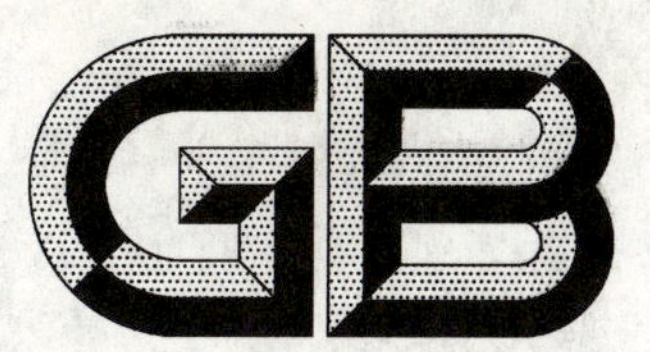

中华人民共和国国家标准

GB/T 18757—2008/ISO 15704:2000
代替 GB/T 18757—2002

工业自动化系统
企业参考体系结构与方法论的需求

**Industrial automation systems—
Requirements for enterprise-reference architectures and methodology**

(ISO 15704:2000 和 ISO 15704:2000/Amd.1:2005,IDT)

2008-07-28 发布　　　　2009-03-01 实施

中华人民共和国国家质量监督检验检疫总局
中国国家标准化管理委员会　发布

前　言

本标准等同采用了 ISO 15704:2000《工业自动化系统企业参考体系结构与方法论的需求》(英文版),包括其修正案 ISO 15704:2000/Amd. 1:2005。

为便于使用,本标准做了下列编辑性修改:

——用"本标准"代替"本国际标准"。

——删除了 ISO 15704:2000 的前言。

——对于 ISO 15704:2000 引用的国际标准中被等同采用为我国标准的用我国的国家标准代替对应的国际标准。

本标准代替 GB/T 18757—2002。本标准与 GB/T 18757—2002 相比主要变化如下:

——将原标准的附录 B 改为附录 D,增加附录 B 和附录 C。附录 A 基于 GERAM(Generalized Enterprise Reference Architecture and Methodology)的 1.6.2 版本,GERAM 是由 IFIP(国际信息处理联盟)/IFAC(国际自动控制联合会)企业集成体系结构工作组开发的,他们同意 GERAM 的内容纳入 ISO 15704。附录 B 经济视图(来自陈禹六和 Tseng 的阶梯形 CIM 系统体系结构),附录 C 基于决策视图(来自 CEN TS 14818 (2004) 技术规范—企业集成—决策参考建模)。

——附录 D 的 D. 6 增加以下的参考文献:"Yuliu Chen and M. M. Tseng. A Stair-Like CIM System Architecture(阶梯形 CIM 系统体系结构). IEEE Trans. on CPMT Part C, April 1997, pp: 101-110."。

本标准的附录 A、附录 B、附录 C 和附录 D 是资料性附录。

本标准由中国机械工业联合会提出。

本标准由全国工业自动化系统与集成标准化技术委员会归口。

本标准起草单位:北京机械工业自动化所、清华大学。

本标准主要起草人:杨书评、李清、刘颖、黄双喜。

本标准所代替标准的历次版本发布情况为:

——GB/T 18757—2002。

引　言

0.1　企业参考体系结构与方法论的原理

工业企业通过创新和改进其制造和经营运作来改进其本地和全球的市场营销。在运作阶段，它们采用了诸如人力、信息系统和自动化机械等各种资源，这些资源单独和集合地提供了促进经营过程及其组合活动所需的各种功能。这些资源的协调运作必须加以组织和明确指向完成企业使命的目标，这就要求有适当的经营规则和组织结构，来使企业为客户提供与其所承诺的标准一致的产品和服务。

企业在不确定的市场和环境条件下运作，从而就要求企业工程处于不断改进之中。也就要求企业中，企业人员在企业使命、经营规则、经营过程、组织结构、支持资源和服务的概念形成和持续开发方面，扮演不同的角色。由于在企业工程中所涉及的高度复杂性，必须采用以评估、构造、协调和支持这些工程活动的各种手段。

由参考方法论支撑的企业参考体系结构，为组织和协调工程项目提供了通常可用的方法。在采用，或在需要时修改，参考方法论和体系结构，企业人员可以在推进企业工程项目、改进企业和资源利用方面进行合作。通过采用参考方法论、体系结构和一套支持工具，企业人员将更加实用地反复使用明晰的企业设计和模型，在持续发展的基础上实现企业工程和企业运行的不断改进。

因此，最重要的需求是提供一种能实际处理企业集成问题的方法论和支撑技术的企业工程和集成的参考基准。

企业集成体系结构的 IFAC/IFIP（国际自控联合会/国际信息处理联盟）特别工作组及全世界类似组织的其他许多工作组的工作，当前均集中在取得一种所需要的通用解决方案上。它们的工作表明，可以导出一个参考基准，而且必须由企业参考体系结构提供基础性的支持。即：

a)　可以建立企业集成项目，从初始概念、定义、功能设计或技术说明、详细设计、物理实施或建造、运行到退役或废弃的整个生命周期的模型；

b)　包括所有在执行、管理、控制企业使命中所涉及的人员、过程和设备。

重要的是必须指出，企业参考体系结构处理的是项目或开发计划的开发和实施的结构安排（组织），如企业集成或其他企业开发计划等。同企业参考体系结构对比，系统结构处理的是系统的结构安排（设计），例如全企业集成系统中的计算机控制系统部分。

关于企业集成体系结构的 IFAC/IFIP 特别工作组已经完成了通用企业参考体系结构与方法论的全部定义，并将其定名为 GERAM，在附录 A 中叙述。GERAM 将被当作本标准中所提出的需求的参考范例。

0.2　企业集成的关键原则

在 IFAC/IFIP 关于企业集成结构特别工作组的研究论文中，已经有了描述企业参考体系结构与方法论性质的几种概念。这可以大大简化、集成和扩充企业工程的工作。这项工作产生了 GERAM，它能够为计划、设计和实施复杂的企业集成项目提供支持。

下文描述了企业参考体系结构的关键原则，为第 4 章的需求奠定了基础。

0.2.1　对所有企业的适用性

CIM（计算机集成制造）和企业集成的早期工作大多限于离散零件制造、计算机和信息处理领域。然而，涉及企业集成的基本原则却适用于任何一种企业和企业的所有方面。无论其规模、使命或其他有关属性是什么样。此外，将集成的讨论仅局限于信息与控制系统也是错误的。通常，在完成使命的系统、制造或其他客户产品和服务的运作，或有利于解决全系统问题的有关人为和组织领域中往往都会出现问题，这就意味着，总体解决方案必须包括信息、文化和使命。

参考体系结构应能扩展到能涵盖所有可能的企业类型，即将制造视为一种客户服务，为客户提供概念、开发、设计、改进、生产和供货。因此，体系结构的使命执行部分代表了企业提出的客户服务，即使这种服务涉及的是向客户提供信息类产品。

0.2.2 企业识别与使命定义

没有业务和使命，企业便不能长期存在。也就是说，它必须生产客户所期望的产品或服务，它必须不断地推出能与其他企业竞争的产品或服务。因此，企业识别和使命定义便成为任何企业集成项目的基本工作。

0.2.3 把使命执行功能与使命控制功能相分离

在运行企业时，仅有两类基本功能，描述如下：

a) 一类功能是使命执行功能，即执行生成产品和服务的过程。在制造工厂中，这包括所有物料和能源的转化任务，物料、能源、在制品、产品和服务的搬移和存贮任务，以及服务。

b) 另一类功能是管理和控制使命的执行，以获得所期望的经济或其他收益，确保企业的生存力或持续不断地成功发展。这包括采集、存贮和使用(转化)信息，控制业务过程。亦即使业务过程发生和推进必要的改变，以达到和保持所期望的运作目标。控制包括所有计划、调度、管理、数据管理及相关功能。

0.2.4 过程结构识别

企业运作包括物料、能源和信息的诸多转换，可以分为两种不同类型：一种是信息的转换，另一种是物料和能源的转换。这些转换通过许多独立的活动完成，活动又可以并发或顺序地执行，组成同一类过程。两种过程彼此间用请求状态和报告状态这些活动互相沟通，并通过这种活动传递操作命令。这些转换结合起来便可定义正在考虑的企业的总功能。

0.2.5 过程内容识别

出于技术、经济和社会等各种原因，人与 0.2.4 中提到的两类业务过程的实施和执行有关，而其他过程或者已经自动化，或者已经机械化。实施的任务或业务过程只有三种，如下述：

a) 可经由计算机或其他控制装置实现自动化的信息和控制活动；

b) 可经由使命执行设备实现自动化的使命活动；

c) 无论是信息和控制还是使命执行类，都需由人来实现的活动。

希望建立一种简单的方式来表明，人在何处和如何才能适应企业，以及在人机之间如何分配功能。

0.2.6 认识企业生命周期的阶段

所有企业无论其是何种类型，从它在企业家脑海中产生的理念开始，到经历其开发、设计、构造、运行、维护、创新、退役和废弃等一系列阶段，均有一个生命周期。

这种生命周期不仅适用于企业，而且也适用于企业的产品。进一步延伸，一个企业也可以是另一个企业的产品。例如，一个建筑企业可以把它建设的制造工厂(企业)视为其产品；而这个制造工厂又生产自己的产品，例如汽车。汽车也有类似于此处讨论过(见 0.2.1)的各个阶段的生命周期。

生命周期的各阶段的重要区别是与企业实体(其开发、设计和构造等)的创建和修改和它们的使用(运行)有关。这种区别能形成工程环境向运行环境的有序转换(交付)，提供在运行前进行验证、测试和交付工程结果。

0.2.7 企业集成演变方式

集成企业的所有信息、客户产品和服务的功能，是企业主计划的一部分。而集成的实际实施却可以分解成一系列相互协调的项目，当然是在企业的财务、物质和技术方面的能力之内。只要资源允许，只要符合主计划的要求，就可以单独或共同地执行这些项目。

0.2.8 模块化

由于所有企业集成项目的巨大规模，所以只要可能，就应竭力采用模块化。如果将所有活动及其所需的互连都按模块化方式来定义会是十分有益的，使它们将来与执行相同功能，但又希望采用不同方式的其他活动具有互换性。这些被替换的活动同样也可以以模块化方式很好地实施，并允许其替换者以不同方法执行相同的功能。只要活动的技术规范得到满足，就可以由独立的设计和优化技术来控制实施方法的选择。

倘若采用了前面刚说过的模块化实施，模块间的互连就可以视为接口。如果接口是用公司、行业、国家和/或国际共同认可的标准来规定和实施的，则将大大有助于上述提到的互换和替代。

0.3 采用企业参考体系结构与方法论的目的与好处

符合本标准要求的企业参考体系结构及其相关方法论和企业工程技术可以为企业集成规划小组确定和提出粗略的行动计划，该计划可以完整、准确和适当地面向企业未来的业务发展，并以最少的资源、人力和资金加以实现。即：

a) 定义必要的信息量；

b) 阐明集成应考虑的人员、过程和设备之间的关系；

c) 找出管理利害关系；

d) 找出相关的经济、文化和技术因素；

e) 详述所需的计算机化程度；

f) 支持可建立企业整个生命历程模型的、面向过程的建模。

0.4 本标准的好处

本标准中的企业参考体系结构与方法论需求，可以检查具体的企业参考体系结构与方法论相对于其当前和未来的目标是否完整。本标准将有助于指导其开发。

这种好处与负责改进企业基础设施或其过程的小组密切相关。该小组将会发现，选择或生成一个自己的参考体系结构，同时在专门名词上又维持所涉及的公司、行业和文化的专用性是十分必要的。本标准将帮助指导你选择或创建。

工业自动化系统
企业参考体系结构与方法论的需求

1 范围

本标准定义了企业参考体系结构与方法论的需求,以及将这种体系结构与方法论看作完整的企业参考体系结构与方法论时必须满足的需求。

这些企业参考体系结构与方法论的适应范围:包括企业在其整个生命周期中,执行各种企业创新项目和逐步改进项目时所必须的各种要素。这包括:

a) 企业创新;

b) 主要的企业重构工作;

c) 仅影响企业生命周期某阶段的逐步改进。

2 规范性引用文件

下列文件中的条款通过本标准的引用而成为本标准的条款。凡是注日期的引用文件,其随后所有的修改单(不包括勘误的内容)或修订版均不适用于本标准,然而,鼓励根据本标准达成协议的各方研究是否可使用这些文件的最新版本。凡是不注日期的引用文件,其最新版本适用于本标准。

GB/T 18999—2003 工业自动化系统 企业模型的概念和规则(ISO 14258:1998,IDT)

3 术语和定义

下列术语和定义适用于本标准。

3.1

活动 activity

功能的全部或一部分。

注:企业活动由企业中执行的那些消耗输入,并配给时间与资源以产生输出的基本任务组成。

3.2

体系结构 architecture

系统(不论物理的或概念的对象或实体)中各部分的基本配置和连接的描述(模型)。

注:针对系统集成有两种,也只有两种体系结构,它们是:

a) 系统体系结构(有时又称为"第1类"体系结构)涉及系统的设计。例如整个企业集成系统中的计算机控制系统部分;

b) 企业参考项目(有时称为"第2类"体系结构)涉及诸如企业集成或其他企业开发计划的项目的开发与实施的组织。

3.3

属性 attribute

描述实体性质的一条信息。

注:属性是事物的本征特性模型。例如零件的几何特性,刀具的条件特性或工人的资质特性等。

3.4

行为 behavior

系统全部或一部分的动作和反应。

3.5

经营过程　business process

企业活动的部分有序集，通过其执行来实现企业或企业某一部分的既定目标以达到某种期望的最终结果。

3.6

企业　enterprise

共同承担确定使命、目标和目的，以提供产品或服务等输出的一个或多个组织。

注：该术语包括诸如广义企业、虚拟企业等相关概念。

3.7

企业工程　enterprise engineering

用于致力于建立、改进或重组企业的一种专业。

3.8

企业模型　enterprise model

关于企业打算做什么和如何去做的表示方法。

注：企业模型用于改进企业的效果和效率，识别基本的要素并将其分解到需要的程度。它也规定了这些要素对信息、资源和组织方面的需求，提供定义集成信息系统需求所要的信息。

3.9

框架　framework

表明概念化实体各组成部分彼此间相互关系的结构图。

注：对照企业参考（“第2类”）体系结构，这里所涉及的结构或各部分的相互关系都没有生命周期或时间关系。

3.10

通用性　genericity

概念的通用程度。

3.11

生命周期　life cycle

系统走完其全部生命历程所经历的一般阶段和步骤的有限集。

3.12

生命历程　life history

系统在其生命周期中走过的实际步骤序列。

3.13

主计划　master plan

在执行大型企业集成或其他系统工程项目前制定的关于主要工程与操作计划的文件。

注：主计划以项目管理目标为基础，针对项目的初期工程采用功能与经济分析技术，使其达到原设计技术规范并验证经济可行性分析。

3.14

方法论　methodology

（以文本、计算机程序、工具等方式提供的）指令集，是指导人们思考问题和解决问题的步骤和工作内容。

注：在执行实体集成项目生命周期的各方面时，方法论描述或规定了企业工程和集成的过程。方法论可能会考虑到所涉及的社会、政治、经济等方方面面。

3.15

使命　mission

企业为履行建立企业时对客户承诺的产品或服务方面从事的活动；企业达到其目的和目标所建立的机制。

3.16

模型　model

为回答所研究的问题和表达真实事物的特定方面而采用任何形式(包括数学、物理、符号、图形或文字描述等)的、实际事物的抽象表达。

注：模型可用于描述企业活动或企业生命周期的不同阶段(见3.8)。

3.17

组织　organization

企业的结构和企业中责任与权力的分配。

3.18

资源　resource

在执行企业活动和经营过程中提供所需的部分或全部能力的企业实体。

3.19

结构　structure

组织的各部门之间关系的定义。

3.20

系统　system

按一定目的组织起来的真实世界事物的集合。

注：系统以其结构和行为为特征。

4　企业参考体系结构与方法论的需求

4.1　企业实体类型的适用性与覆盖面

4.1.1　总述

企业参考体系结构与方法论对任何可设想成企业实体、系统、组织、产品、过程及其支持技术的描述、开发、运行与组织提供帮助。有些参考体系结构可能覆盖的是一个子集，因而仅限于特定类型的企业或系统(如离散制造业、流程工业、信息系统等等)。然而，由这些参考体系结构与方法论所覆盖的范围应清楚地予以界定。

方法论及其参考体系结构应为企业或实体的开发和运行项目或项目计划的启动和执行提供必要的指导和管理技术。这种方法论可以是、也可以不是基于模型的。换言之，企业工程过程可以产生，也可以不产生具体的企业模型。

企业参考体系结构与方法论不必拘泥于一种方法论及其伴同的体系结构或框架，可以采用多种不同的潜在方法论或框架。最基本的考虑就是对需求的适用性和能力。

企业参考体系结构与方法论将按4.2和4.3中的描述来识别概念和组成。

4.1.2　企业设计

企业参考体系结构与方法论将识别管理、构思、定义、描述、设计、实施、维护和关闭企业实体所需的各种活动。参见GB/T 18999—2003的3.2.3和3.4。

4.1.3　企业运行

企业参考体系结构与方法论将识别在其运行中利用企业工程的结果所需的各种活动。这种利用包括基于模型的决策支持和模型驱动的运行监控。

4.2　概念

4.2.1　总述

企业参考体系结构与方法论将探寻企业整个生命周期中人的作用、过程(功能与行为)的描述及所有支撑技术的表述。

4.2.2 面向人力

企业参考体系结构与方法论具有表达人力方面各种情况的能力。例如组织与操作中的角色,能力、技能、诀窍、特长、职责、权限及与组织的关系等。

4.2.3 面向过程

企业参考体系结构与方法论具有表达企业运行的能力,这包括运行的功能与行为的表达。表述可以识别各种企业实体类型的生命周期和生命历程,并支持面向过程的运行。

4.2.4 面向技术

企业参考体系结构与方法论具有表达企业运行中所采用的所有技术的能力。

注：4.2.2，4.2.3 和 4.2.4 的描述提供了集成技术基础设施,用以支持企业工程和经营过程运行,企业资源(信息技术、制造技术、办公室自动化及其他)的建模、设施布局模型、信息系统模型、通信系统模型和后勤系统模型。

4.2.5 面向使命实现

企业参考体系结构与方法论具有展示用以表达在为向客户提供企业产品和服务时,执行企业所确立的使命中所涉及的各种过程及其组成活动的能力。

4.2.6 面向使命控制

企业参考体系结构和方法论具有表达完成管理和控制各种过程及其所组成活动的能力,这种能力可以用来支持企业按照其管理准则完成企业任务。

4.2.7 企业建模框架

基于模型的企业参考体系结构与方法论具有展示在表达按生命周期、通用性和建模视图等不同方面定义的概念空间中的模型实体的能力。

4.2.8 生命周期

企业参考体系结构与方法论将识别和表达企业实体生命期中相关的各个阶段。

注：生命周期各阶段按照企业的特征包括企业实体从开始到最后解体(或生命期结束)的所有活动。但并未预先假定这些阶段必须是按顺序的。

4.2.9 生命历程

企业参考体系结构与方法论将能表达企业实体的生命历程,即按企业实体活动的执行时间来表达。

注：采用 4.2.8 的生命周期概念,用户可以按生命周期活动类型来识别活动;而生命历程可以让用户按相应的时间要素来识别。这表明,与其对应的生命历程的时序不同,生命周期概念有交迭的性质。交迭作用表明了在运行过程和/或产品或客户服务中所需的不同改变过程。

4.2.10 建模视图

企业参考体系结构与方法论是基于模型的,将提供表达企业模型的不同视图(见 GB/T 18999—2003 的 3.7)的概念,使企业既可以描述成集成的模型,又可以以不同的子集向用户提交。视图包括集成模型中提出的事实子集,以便专注于那些尊敬的权益相关者在采用企业模型时愿意考虑的相关问题上。不同的视图可以突出模型的特定部分而忽略其他部分。视图概念应适用于贯穿其整个生命周期的所有实体类型的模型。

企业参考体系结构与方法论是以模型为基础的,共有四种模型内容视图:功能、信息、资源和组织。

模型开发者可以开发特殊用户所关心的附加视图，这些附加视图可以被任何关心它的利益相关者所用，附加视图的例子可以见附录 B、附录 C。

4.2.11 通用性

基于模型的参考体系结构和方法论应能够表达通用企业要素(4.3.3)，部分通用企业模型(4.3.4)和特定企业模型(4.3.5)。

4.3 企业参考体系结构的组成部分

4.3.1 工程方法论

企业参考体系结构与方法论将提供工程方法论,指导用户管理改变的过程,并为任何一种企业实体类型的每一种生命周期活动提供不断发展的方法论。

企业工程方法论将描述企业集成和建模的过程。有各种不同的方法论，包罗了企业改变过程的不同方面。这些可能是完整的集成过程，或是持续改进过程中所经历过的增量改变过程。

4.3.2 建模语言

基于模型的企业参考体系结构与方法论应能识别可以描述清楚企业运行的企业建模语言或建模结构。参见 GB/T 18999—2003 的 3.2 和 3.6。

建模结构可使用户表达模型化企业实体的不同要素，因而可以提高建模效率和对模型的理解。建模结构的形式(表达)应符合创建和使用企业模型的人的要求。因此，可以有多种不同的语言来适应不同用户的要求(如经营人员、系统设计人员、信息技术建模专家及其他人员)。此外，建模语言应允许从更基本的结构(宏结构)生成较高一级结构的信息，从而提高建模生产率。

企业建模语言应能充分表达人的作用、运行过程及其功能内容的模型，并表达支持信息、办公和生产技术的模型。它们的语义学将用本体论的理论来描述。因为模型必须是可执行的，因而企业模型是否支持企业自身的运行就格外重要。然而，也要用自然语言解释概念来支持形式语义的定义。

4.3.3 通用要素

企业参考体系结构与方法论可以建立在企业设计和建模通用要素的基础上。这些通用要素以形式化等级递增地罗列为：词汇、元模型和本体论理论等。它们使企业表达保持一致性。

4.3.4 部分通用模型

基于模型的企业参考体系结构与方法论应支持部分通用企业模型(可重用参考模型)的概念。这使用户可以获取和重复使用许多企业所共有的概念，从而提高建模效率。部分通用模型仍然要适应具体企业的要求，并能包含在 4.2 中识别的一个或全部概念。

4.3.5 特定模型

基于模型的企业参考体系结构与方法论应支持描述任何企业实体的部分或全体的特定企业模型的创建。

企业模型可以用企业建模语言表达，用企业工程工具来进行维护、创建、分析、存储和分发。模型创建和模型使用均可由集成信息技术服务来支持。利用这些服务可确保访问企业工程和运行环境中的实时信息。

4.3.6 工具

企业参考体系结构与方法论得到以计算机为基础的工具的支持，这些工具将在企业工程和集成项目中帮助用户，以一种或多种企业工程方法论为基础，并可以采用一种或多种建模语言实施。

这些工具将提供企业设计和模型的创建、处理、使用和管理的分析与仿真能力，以及设计和模型的分析、描述和评估。这些功能是企业工程进行中决策所必须的。此外，这些工具还可以支持跨组织界面的合作。

工程工具可让用户把企业设计与模型与真实的业务过程联系起来，从而使设计和模型随时更新。

4.3.7 模块

企业参考体系结构与方法论应能表达在企业工程和企业集成中用作共用资源的企业模块或实施构建块或系统(产品或产品系列)的概念。在企业工程和集成中最重要的模块集，是集成基础结构或在异构环境中企业工程和运行所需的集成技术服务集。

4.3.8 企业运行系统

企业工程过程的结果之一就是企业运行系统的设计或模型。企业运行系统包括实现企业目的和目标所需的硬件和软件。运行系统的内容来源于企业的需求。

4.4 表达

企业参考体系结构与方法论将提供一种机制以指导用户使用第 4.3 中相关的组成部分，如框架或高级图形解释。框架或图形形式应显示在不同组件之间的关系和适用性。

4.5 词汇

为了促进对项目的理解和其他合作努力，企业参考体系结构与方法论还应提供：

a) 在企业工程和集成工作中使用的统一词汇、语义和语法；

b) 其他适当词汇的参照。

5 完整性与一致性

备选体系结构与方法论的完整程度，取决于其在4.1中所定义的能力极限，以及采用4.2和4.3的概念和组件的程度。因而，完整性将由特定类型企业的限制条件来确定。

对备选体系结构与方法论的一致性的评定将受以下条件考核：

a) 基本语句是不是基于模型的；

b) 其语句要部分地或全部地符合4.2～4.5中的相应要求。

在部分一致的情况下，非一致性区域要明确标识。

附 录 A
(资料性附录)
GERAM:通用企业参考体系结构和方法论

A.1 引言

A.1.1 背景

现代企业最重要的一个特征是,面对瞬息万变的环境,而又不再能制定可预测的长期规则。为适应改变,企业自身需要演进和作出反应。从而使改进和适应成为一种自然、动态的过程,而不是偶然强加于企业的举动。这就必须集成企业运行[1]和发展一门组织所有这样一些知识的学科,这些知识是为了识别企业中对变化的需求和方便地和专业性地实施这种变化所必须的。这门学科就是企业工程[2]。

由关于CIMOSA的AMICE集团,关于GRAI和GIM的GRAI实验室和关于PERA的普渡集团,(以及其他类似的方法论)完成的的前期研究,已经产生了一些参考体系结构。它们意味着将企业集成的所有知识组织起来作为企业工程项目的指南。IFIP/IFAD特别工作组分析了这些结构并得出结论,即使有一些重迭,但现存的参考体系结构没有一个可以与另一个合并;每一个都有其不同于其他的特点。特别工作组工作的结果便是发现需要定义一种通用的体系结构。

从对现有的企业集成结构(CIMOSA、GRAI/GIM和PERA)评价开始,关于企业集成体系结构的IFIP/IFAC特别工作组已经提出了通用体系结构的全局性定义。所推荐的框架的标题为"GERAM"(通用企业参考体系结构与方法论)。GERAM是关于构建和维护集成企业所需的各种方法、模型和工具的集合,可以针对企业的一部分或整个企业或企业网络(虚拟企业或广义企业)。

GERAM定义了企业在其整个生命历程中为设计和维护企业而使用的概念的工具集。但GERAM不是企业参考体系结构的另一种建议,而是要将现有的企业工程知识组织起来。这个框架具有适用于所有类型企业的潜力。早先发布的参考体系结构可以保留其特性,但通过GERAM却可以识别相互之间的重迭部分和达到互补的好处。

A.1.2 范围

GERAM的范围包括企业工程/集成所需的所有知识。因此,GERAM是通过语用注记的方法定义的。为描述各种类型的企业工程/企业集成过程所需的组件,提供了一种一般化的框架。即:

a) 主要企业工程/企业集成工作(绿地安装、全部重构、归并、重组、虚拟企业或集团的组成、价值链或供应链的集成等);

b) 持续性改进和适应的各种逐步变化。

GERAM要求便于把在改变过程中利用的多种学科的方法统一起来。例如工业工程、管理科学、控制工程、通信和信息技术等的方法。即是把它们联合起来使用,而不是孤立起来分开应用。

GERAM框架的一个目的,是要把基于产品模型和基于业务过程设计的两种不同的企业工程方法统一起来。同时它还以新的眼光关注企业工程的项目管理及集成与企业中其他战略活动的关系。

企业工程的一个重要方面是发现并识别企业各个层次中,与产品、使命和含义有关的反馈回路。为实现相对于内部和外部环境的反馈,便需要有性能显示和影响过程和组织改变的评价准则。持续不断地利用这些反馈回路,是使企业运行并适应市场、技术和社会改变,能够持续不断地得到改进的先决条件。

---

1) 企业集合是为了打破组织的障碍,改善互操作性,在企业中营造一种协同作战的气氛,从而使工作更有效和融洽。

2) 企业工程是各种工具和方法的集合,人们可以用来设计和不断保持企业的集成状态。

A.2 企业工程与企业集成的框架

A.2.1 总述

GERAM 提供了在企业工程和企业集成中推荐的所有要素的描述，因而建立了收集工具和方法的标准。任何一个企业都可以由此而从成功地处理集成初步设计，以及企业在其运行生命周期中可能发生的改变过程中受益。它并不对特定的工具和方法集强加影响，而是要定义一种令任何一种选中的工具和方法集都会满意的准则。GERAM 把企业模型视为企业工程与集成的基本成分，这包括设计过程中所用的各种正式的(或不太正式的)设计描述格式，如企业工程方法论中所述，如计算机模型、文本与图形方式的设计说明等。

在 GERAM 中可以识别的组成件示于图 A.1 中，并在本条中简要介绍。在 A.3 中将会对每一种组成件给出详细定义。

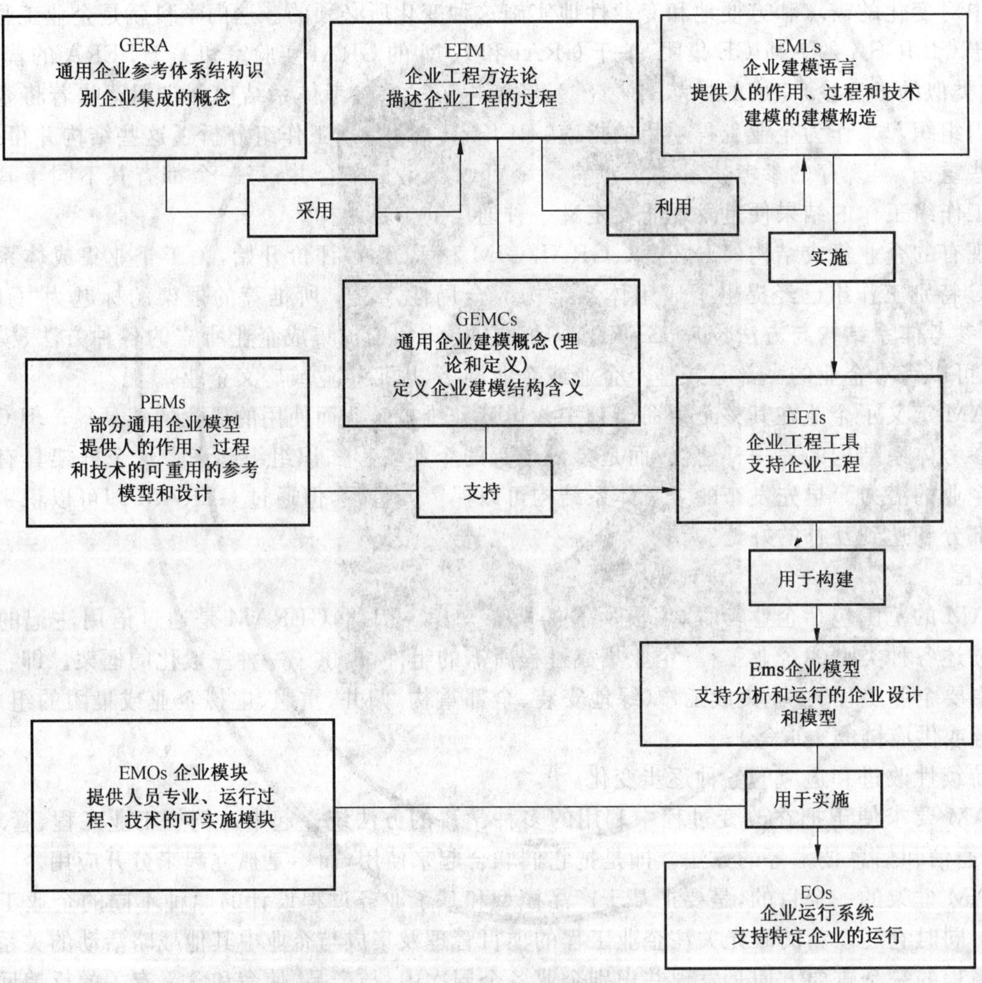

图 A.1 GERAM(通用企业参考体系结构与方法论)框架构成

GERAM 框架在其最重要的成分 GERA(通用企业参考体系结构)中识别了在企业工程和集成中使用的基本概念(例如企业实体、企业实体的生命周期和生命历程等)。GERAM 把企业工程方法论(EEMs)和用方法论来描述和建立所考虑的企业实体的结构、内容和行为的模型的建模语言(EMLs)区分开来。这些语言将能建立企业运行中人的部分和经营过程及其支撑技术部分的模型。建模过程生成企业模型(EMs)，代表了包括企业的制造或服务任务、企业的组织和管理、企业的控制和信息系统在内的、企业运行的全部或部分。这些模型可用于指导企业运行系统(EOSs)的实施，并用来改进评价运行或组织的不同方案(例如通过仿真)的企业能力，从而强化其现在和未来的性能。

企业建模的方法论和语言受企业工程工具(EETs)的支持。建模语言的语义可由本体论、元模型和词汇来定义,这些可统称为通用企业建模概念(GEMCs)。部分通用模型(PEMs)是关于人的作用、过程和技术的可重复使用的模型,被用于加强了建模过程。

企业模型的运行使用得到特定模块(EMOs)的支持,后者提供可预制的产品,例如特殊专业人才的技能专规(即 profiles 译为专门规定,简称专规)、公用经营过程(如银行往来及纳税规则)或 IT 基础设施服务,或可以在运行系统(EOS)实施中当作组件的任何产品。

所建议的所有参考体系结构与方法论都有可能在 GERAM 中具有自己的特征,因而使特定体系结构的开发人员能够从共同参照其体系结构的能力中获益,不必为使其与 GERAM 一致而重写其文件。因为 GERAM 定义允许用户从与企业工程方法论及其支持成分相关的具体结构中,识别他们能期望什么(和不能期望什么)。故这类体系结构的用户也可以从 GERAM 受益。

A.2.2 GERAM 框架组成部分的定义

A.2.2.1 GERA——通用企业参考体系结构

GERA 定义了在企业工程与集成项目中推荐采用的、与企业有关的通用概念。这些概念分类如下:

a) 面向人员的概念:
——描述作为企业的组织与运行的不可分割部分的人的作用;
——在企业设计、建造和改变时对人的支持。

b) 面向过程的概念,描述企业的经营过程。

c) 面向技术的概念,描述在企业运行与企业工程工作(如建模和模型使用支持)中所涉及的经营过程支持技术。

A.2.2.2 EEMs——企业工程方法论

EEMs 描述企业工程与集成的过程。企业工程方法论可以用过程模型,或用带有对企业工程与集成活动的详细指令的结构化程序的方式来表示。

A.2.2.3 EMLs——企业建模语言

EMLs 定义了企业建模的通用建模结构件,适用于创建和使用企业模型的人员的需要。在具体企业中,建模语言应提供结构件来描述和模型化人的作用、操作过程及其功能的内容,以及支持信息、办公和生产技术。

A.2.2.4 GEMCs——通用企业建模概念

GEMC 定义并形式化企业建模最一般的概念,它们可以按不同方式来定义。如按形式化程度递增的顺序,通用企业建模概念可以定义为:

a) 建模概念含义的自然语言解释(词汇表);

b) 某种元模型的方式(如实体关系的元模式),描述了企业建模语言中可用的建模概念之间的关系;

c) 本体论理论定义企业建模语言的含义(语义),以改进对工程工具的分析能力,并通过工具分析企业模型的有用性(这些理论通常应嵌入工程工具之中)。

A.2.2.5 PEMs——部分通用企业模型

PEMs(即可重复使用的、示范和典型的模型)采集一种以上产业、或跨产业的许多企业所共有的特征。这些模型通过模型库的开发和复用,以“即插即用”的方式,而不是从头做起开发模型的方式,从而充分地利用先前的知识。部分通用模型使建模过程更有效。

这些模型的范围可以扩展到企业的所有可能的成分,例如人员作用(人在企业运行与管理中的技能和竞争力)模型、运行(功能与行为)过程模型、技术构成(服务或制造相关的)模型和基本结构构成(信息技术、能源、服务等)模型。

部分通用模型可以覆盖一个典型企业的全部或部分,也可以涉及产品、项目、公司等各种企业实体,还可以用数据模型、过程模型、组织模型等不同观点来表达和命名模型。

部分通用企业模型在文献中也 可称“参考模型”或“第 1 类参考体系结构”[3] 加以引用。这些术语意义相同。

A.2.2.6 **EETs——企业工程工具**

EETs 通过执行企业工程方法论和支持建模语言来支持企业工程和集成的过程。工程工具应提供企业模型的分析、设计和使用的工具。

A.2.2.7 **EMs——(特定)企业模型**

EMs 对特定的企业进行描述。企业模型可以用建模语言表示。EMs 包括各种设计、用于分析的模型和支持企业运行的可执行模型等。也可以由描述企业的各个方面(或视图)的若干模型组成。

A.2.2.8 **EMOs——企业模块**

EMOs 是可在企业实施中使用的产品。例如给定技能要求(特定专业)的人力资源,制造资源的类型,用于支持企业模型的运行使用的共用业务设备或 IT 基础设施(软件和硬件)。

应特别强调的是 IT 基础设施,它将支持企业的运行和企业工程。IT 基础设施的服务应提供两个主要功能:

a) 通过在异构企业环境中提供集成的基础设施实现模型的可移植性和互操作性;

b) 通过提供对企业环境的实时存取实现模型驱动的运行支持(决策支持和运行监控)。

后一个功能在执行模型更新和修改的工程任务时格外有用。能够存取真实世界的数据,是比模型有效性验证和基于“人工”数据的仿真更为逼真的方案。

A.2.2.9 **EOSs——(特定)企业运作系统**

EOSs 支持特定企业的运行,其执行由特定的企业模型指导。企业模型提供系统技术规范,并识别在特定企业系统实施中使用的企业模块。

A.3 GERAM 框架组成部分的描述

A.3.1 GERA——通用企业参考体系结构

A.3.1.1 总述

GERA 定义了在企业工程与集成项目中推荐采用的通用概念,这些概念可以分类如下:

a) 面向人的概念。这包括能力、技能、专有知识、竞争力及在企业组织和运行中的作用等有关人的各方面的情况。与组织有关的方面必须考虑决策水平、责任和权力;与运行有关的方面涉及作为企业资源要素的人的能力和资质。此外,还应考虑在实现企业运行时与其他人和其他技术要素间互操作时的人际沟通方面。建模结构件应能便于描述人作为企业组织和运行的不可分割的一部分的作用,应便于获取描述下列内容的企业模型:

——人的作用;

——在完成企业运行时如何组织人员使其能同其他人和技术要素实现互操作的方式;

——作为企业资源要素的人的能力和资质。

需要有适当的方法论在企业工程项目的不同生命阶段中,促进保留和复用装有知识(即人所拥有的、作为企业资产的专有知识)的模型。

b) 面向过程的概念。处理企业的运行(功能和行为),包括企业实体的生命周期,生命周期各个阶段的活动,生命历程,企业实体类型,具有集成模型表达与模型视图的企业建模等。

c) 面向技术的概念。处理支持过程的各种基础设施,包括诸如资源模型(信息技术、制造技术、办公室自动化及其他技术),设施布局模型,信息系统模型,通信系统模型和后勤模型等。

3) GERA 这样的生命周期体系结构 被称作“第 2 类参考体系结构”。

企业参考体系结构的实例由 ARIS[4]、CIMOSA[5]、GRAI/GIM[6]、IEM[7] 和 PERA[8] 提供。ENV 40003 为企业建模定义了一个通用框架，GB/T 18999—2003 则为企业模型定义了规则和概念。

A.3.1.2 面向人员的概念

企业中人的作用是根本的。无论企业怎样复杂和集成化，总是要由人做最终的决定。随着分散化的组织、扁平化的层次和责权下放的出现，有关人的作用和谁负什么责任的知识便成为企业、尤其是按照新的管理范例来运作的企业的无价资产。因此，掌握企业模型的这种知识是非常有用的，并能对环境的改变作出灵活的反应。此外，也应掌握描述人的能力的不同因素。人的因素涉及专业技能和经验等。

在企业工程和运行中人通常会有不同的作用。例如，首席行政官，主席，市场与营销、技术(研发)、财务、(人事)工程和制造部门负责人，产品设计、生产计划、信息系统、质量、产品支持、后勤、重要设备、车间和工地经理，上述各部门的副经理，会计与出纳，产品、工艺和信息系统设计员，生产工程师，电气和机械技术人员，维修人员，质量检验员，监工与工长，机床操作工，仓库管理员，进度记录员，秘书，司机，清洁工，管理与系统咨询员，系统集成员，系统建造人员，IT 供应商与销售商。也可以采用另一种组织结构，例如，组织要素可以层次性地或异型层次性地相连，并表现出独立体(holon)、网站、网络或集群场所的性质。组织结构还可以按功能、过程或地理的方式出现。

通常人和人的分组是按其同时和协同运作时所需要的许多角色和职责来划分的，其中的每一个人都可能与不同的汇报路线和控制程序有关。而且，当过程和需求改变，个人或分组的能力增加或下降时，个人或分组的作用也应随之改变。在复杂而多变的环境中，能够有效而集中地管理和运用人力资源的能力是使企业永远立于不败之地的关键。

虽然，要建立企业中人的作用的所有各方面的模型是不现实的，但却需要有能形式化地表现企业集成时所涉及的人的各种因素的概念。通过使人与其他人和技术要素的作用协调一致，成为组织与企业运行的不可分割的整体，便可以实现这一目的。因此，对能够促进获取可重用企业模型的知识(由人所拥有的)的构造块，要求是有关：

——个人及个人组的作用；

——组织结构和约束条件适用于协调这些作用的方式，例如通过责任和控制下放及汇报程序的方式；

——作为资源要素的人的能力与资质。

重要的是要知道，企业中何时由何人和如何作决策，以及谁能够替换其他人履行某些任务。

关于人的作用及协调人的作用的方法的知识，可以作为企业的财产而成资本和重复使用。而这些知识形式化为计算机可处理的模型的程度，将直接影响到其资本化的程度。计算机可处理的模型十分自然地会有利于分析、转换、存贮和集成(基于共同的理解)。而为此目的由人所保留和处理的思维模型却要难处理得多。然而，保留和复用信息模型(例如以因果关系和共享思维模型或图象的形式)也可以极大地有利于改善企业的凝聚力。因此，即使在人事问题形式建模被证明并不实际的地方，仍然应采取合适的社会进程、人员组织结构、方法论和能够促进建立直接模型获取和视觉化的工具，以鼓励知识的保留和复用。

保留和复用人员因素知识的能力，是企业在竞争中获胜至关重要的。通过复用使企业可以：

——对新的市场机遇或环境条件的改变作出迅速的反应；

——重构其经营(和制造)过程；

——在提供新产品和新服务时改进管理与资源利用；

——改进其对知识化人力资产方面所失去的核心竞争力的恢复。

人员因素的分类及其与活动模型的关系使人与企业模型关联起来。所需要的是关于决策的人员角色模型、能力模型、社会技术模型(动机、激励等)、技能模型、组织模型及其他需要确定的模型。

---

4) ARIS：信息系统体系结构。

5) CIMOSA：CIM 开放系统结构。

6) GRAI/GIM：活动结果相关的图形/GRAI 集成方法论。

7) IEM：集成化企业建模。

8) PERA：普渡企业参考体系结构。

在企业运行及其组织中，人的角色模型将帮助定义人的责任和权限，并将支持运行系统设计中相关信息的采集和认知。GERA 在其视图概念(见 A.3.1.5.3)中提出了人员因素，这一概念在其面向过程的模型中提供了视图和面向技术的实施视图，用于识别人员和采集相关信息。而且作为运作资源的人的角色也可以在这些视图中看到。在这个角色中，还应描述人的技能和能力。企业集成的人员方面还必须在"变动方法论"彻底进行处理，既可以处理成变动代理的角色，也可以处理成潜在的和实际的资源的角色(见 A.3.2)。

A.3.1.3 面向过程的概念

A.3.1.3.1 总述

面向经营过程的建模的目的，是要描述企业中收集功能(即必须做什么和由什么角色来做)和行为(即何时做和按什么顺序去做)的过程。为了对这些过程给出完整的描述，就必须在指导方法论中识别许多种概念。GERA 中定义的面向过程的概念是：

——企业实体生命周期和生命周期各阶段；

——生命历程；

——企业实体类型；

——采用集成化模型表达和模型视图的企业建模。

上述概念详述如下。

A.3.1.3.2 生命周期

A.3.1.3.2.1 总述

图 A.2 所示是 GERA 为任何一个企业或其实体所划分的生命周期阶段。不同的阶段定义了实体生命周期中有关的活动类型，生命周期活动包括了企业或实体从诞生到退役(或消亡)的一切活动。现已定义了七种生命周期活动类型，这些活动还可以进一步细分。如图所示，又可将设计类活动分为两种更低一级的活动(基于许多产业通常都将设计分为初步设计和详细设计的习惯)。用于描述一个实体的生命周期中的生命周期图本身就是一个企业工程方法论的模型。

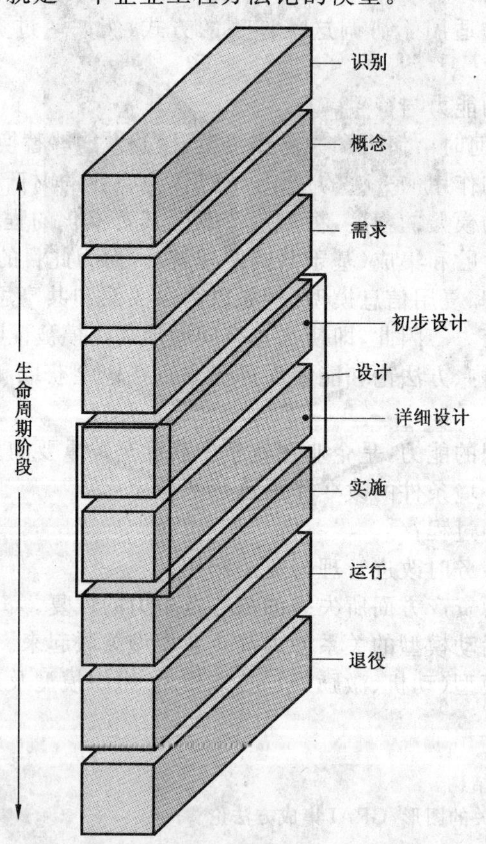

图 A.2 GERA 的企业或实体的生命周期阶段

A.3.1.3.2.2 实体识别

这是活动的集合,它按照实体的边界及其与内部、外部环境的关系来识别所考虑的特定实体的内容。这类活动包括识别特定实体的需求(或改变的需求)的存在和性质。换言之,就是定义那些正在考虑其生命周期的实体究竟是什么实体的活动。

A.3.1.3.2.3 实体概念

这是开发所要强调的实体概念时所需要的活动集合。它包括定义实体的使命、远景、价值观、战略、目的、运作概念、方针、经营计划等。

A.3.1.3.2.4 实体需求

这是开发描述企业实体的运行需求、相关过程和收集其所有功能、行为、信息和能力需求所需要的活动。这既包括实体的服务和制造需求,也包括实体的管理和控制需求。而不论这些需求是否是由人(个人或有组织的实体)还是由机器(包括制造、信息、控制、通信或其他任何技术设备)来实现的。

A.3.1.3.2.5 实体设计

此类活动支持对实体的技术规范进行定义,使其所有组成部分满足实体的需求。设计活动的范围包括:所有人的任务(单个人或有组织实体的任务),及与实体为客户提供的服务和产品和有关的管理和控制功能相关联的所有机器的任务。运作过程的设计包括识别必要的信息和资源(包括制造、信息、通信、控制或任何其他技术设备)。

任何一个生命周期阶段均可以再细分成分阶段,以提供生命周期活动的附加结构。如图 A.2 所示,把设计活动分解成功能设计和技术说明及详细设计,使得有可能下列内容分离和分类:

——企业总体技术说明(足以估算成本和得到管理部门对正在进行项目的批准);

——主要设计工作,即完成适用于造成最终物理系统的完整的系统设计所必需的设计工作[9]。

A.3.1.3.2.6 实体实施

此类活动定义了在建立或重建(即显露)实体时所必须执行的任务。这种广泛意义上的实施包括:

——委托、采购、配置(或重配置)、开发所有服务、制造和控制软件和硬件资源;

——雇用和培训人员,开发或改变人员组织;

——部件测试与验收,系统集成、验收和测试,交付运行。

注意,由于某种偏爱或特定部件的不适用性,实施描述(文件)有可能偏离实体的设计说明。

A.3.1.3.2.7 实体运行

实体的各类活动,其在实体运行期间,要与为其运行所需的监视、控制和评价任务一起,完成作为其特定使命的生产出向客户提供的产品或服务。因此,应管理和控制好实体的资源,以便完成实体履行起使命时所必须的过程。与目标、目的的偏差或来自环境的反馈会要求作出某种改变,这包括企业重构或持续改进其人力与技术资源、经营过程和组织结构。

A.3.1.3.2.8 实体退役

此类活动包括:在实体有用的生命周期结束时,需要重新派遣、重新培训、重新设计、废物再生重用,需要保留、转让、解散、拆卸或废弃实体的全部或部分。

A.3.1.3.3 生命历程

经营实体的生命历程是按实体的整个生命期中,针对特定实体所执行的任务的时间顺序来表达的。

9) 必须指出:这类活动细分,从方法论来说被认为是十分重要的(见普渡指南,关于企业集成项目的主计划和实施手册)。用词应使此生命周期阶段的定义与 ENV 40003 保持一致,后者仅有一个设计阶段。出现差别的原因是,普渡指南考虑的是 PERA,因而将 GERA 作为方法论模型。在此情况下细分是最基本的。而另一方面 CIMOSA 及ENV 40003 考虑的却是,以建模级别或语言为特征划分生命周期阶段。故后者认为细分是没有必要的,因为初步设计和详细设计的差异仅是设计的详细程度。

相对于前述的生命周期，生命历程的概念是要按活动类型识别出相应于不同阶段的任务，它表明了生命周期概念的重叠性质不同于生命历程的时序。这些重叠作用表明了针对运行过程、产品或客户服务所必需的不同改变过程。

典型的，任一时刻都会有多个改变过程受影响，而这些过程又可以同实体的运行并行运行。而且改变过程彼此间又会有重叠。例如，在一个持续改进项目中的一个过程，任何时候都可以激活多个生命周期活动。又比如，可以在一个企业工程过程中执行并行工程设计和实施过程，而时间上又与企业的运行有相当时间的重迭和并行。

实体的生命历程都是独特的，但组成生命历程的过程却依赖于在GERA生命周期中所定义的同一种生命周期活动(A.3.1.3.2)。因此，生命周期活动是理解任何实体生命历程的有效抽象。

图A.3举例说明了一个只有7个过程(3个工程过程、3个运行过程和1个退役过程)的简单实例，表达了生命周期和生命历程的关系。

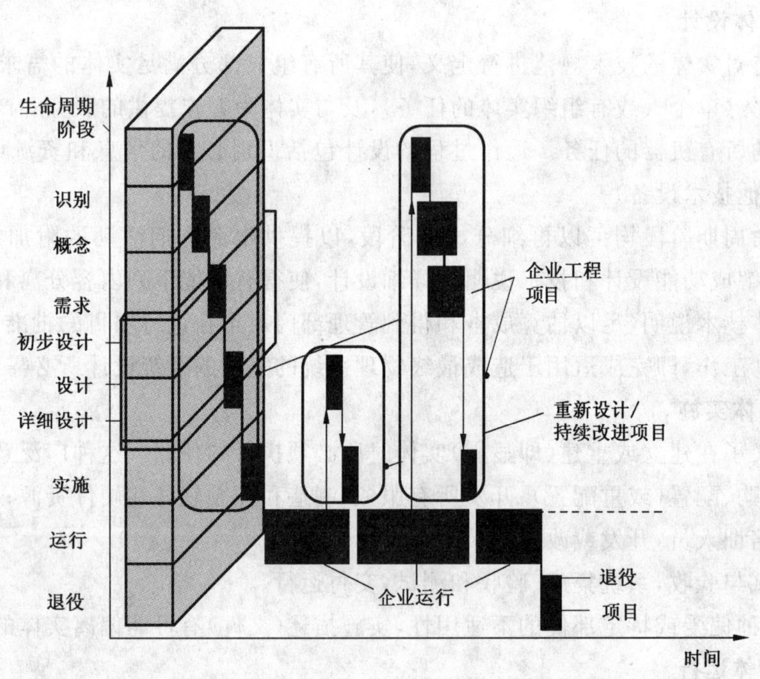

图 A.3 实体生命历程中的并行过程

A.3.1.3.4 企业集成中的实体类型

A.3.1.3.4.1 总述

图A.4表示两个实体的生命周期活动是怎样相互关联的。实体A的运行支持实体B的设计和实施生命周期活动。比如，实体A可能是一个生成部分实体B的工程实体，如一座工厂。

反之，实体A的生命周期活动也需要得到有关实体B的生命周期的详细信息的支持。即要识别工厂、定义其概念和需求，并完成设计，就必须用到将工厂产品的生命周期活动如何被包含在工厂运行活动之内的有关信息。

也可以定义企业实体生命周期活动间的其他关系。但始终都只有实体的运行活动才能对其他活动的生命周期活动发生影响。GERA引入了实体类型和不同类型间的关系的概念，许多种企业实体都可以定义。下面将讨论企业分类的两种不同方法论：一种是面向运行的集合，另一种是通用和递归的企业实体类型集。两种集合彼此密切相关，且全都是以其他实体的运行结果来标识产品实体。

A.3.1.3.4.2 面向运行的企业实体类型

下文描述的企业实体类型均与不同的运行类型有关。

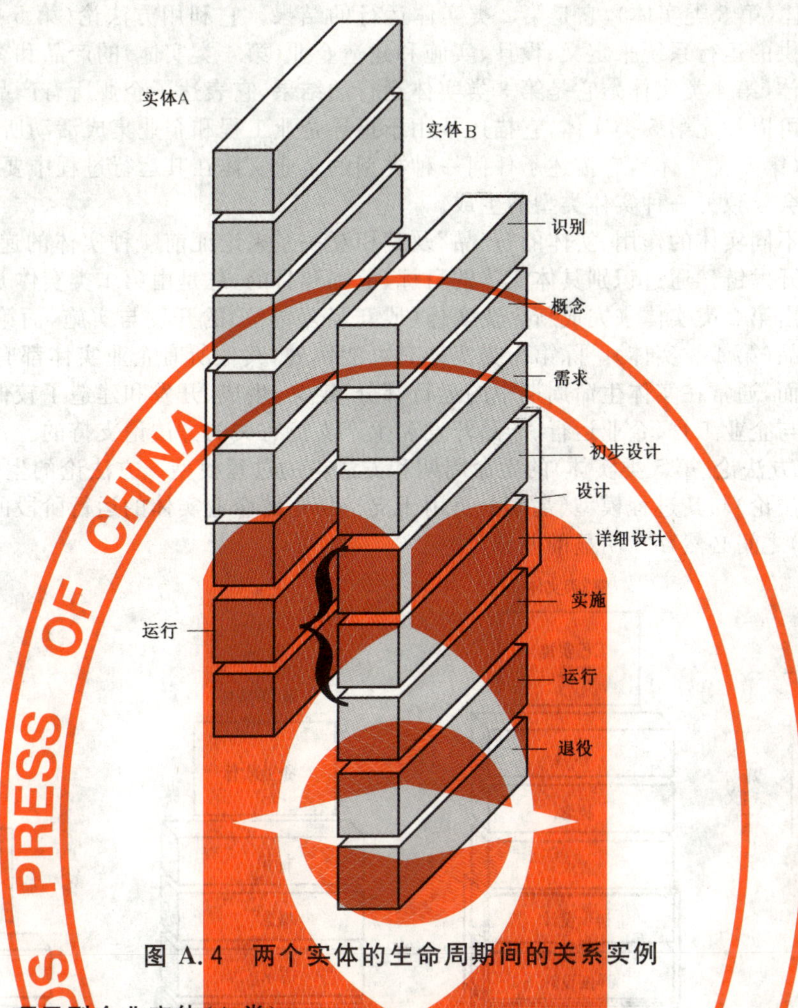

图 A.4 两个实体的生命周期间的关系实例

A.3.1.3.4.2.1 **项目型企业实体(A 类)**

这种类型定义的企业(通常生命历程较短),是为另一个实体的一次性生产建立的。项目企业的实例如:企业工程项目、一类一件制造项目、建筑项目等。

项目型企业的特点是,同要生产的单一产品或服务的生命周期密切相关。通常项目型企业的管理系统可以迅速建立,而其他部分则必须严格按照项目的产品的生命周期活动的步骤来建立和运行。

项目型企业通常与重复的服务和制造企业有关联或由它们建立的。典型的例子是由工程企业创建的工程项目。

项目型企业的产品形形色色,如大型设备、建筑物或企业(如一座工厂或一个基础设施企业)。

A.3.1.3.4.2.2 **重复性的服务与制造企业实体(B 类)**

此类企业支持按重复或持续方式生产的一类或一系列产品。在其生命历程中经营企业经历了许多变更过程。重复性经营企业的实例如:服务企业、制造工厂、工程公司、基础设施企业等。

重复性服务和制造企业的产品可以是多种多样的,非企业产品实体(见下述)或产品就是企业本身,例如项目型企业惯常是由工程和建筑公司建立的。

A.3.1.3.4.2.3 **产品实体(C 类)**

此类实体包括了大量种类的实体,如客户货物、服务、硬件设备、计算机软件等人工制成品。此类实体不是企业本身,但用 GERAM 来描述其生命周期。

A.3.1.3.4.3 **递归企业实体类型**

下面定义了以下 4 种通用和递归的企业实体集:

a) 战略性企业管理实体(第 1 类实体),它定义了企业工程/集成工作的必要性和起始点。

b) 企业工程/集成实体(第 2 类实体),它提供了实现由第 1 类实体中定义的企业工程工作的方法。它采用一种方法论(第 5 类实体)来定义、设计、实施和建立企业实体(第 3 类实体)的运行。

c) 企业实体(第3类实体),它是第2类实体运行的结果。它利用方法论(第5类实体)和第2类实体提供的运行系统来定义、设计、实施和建造企业(第4类实体)的产品和客户服务。

d) 产品实体(第4类实体),它是第3类实体运行的结果,它表达了企业所有产品和客户服务。

上述实体集可以补充第5类实体,它描述了用于指导企业工程和企业集成活动所需的方法论。

方法论实体(第5类实体),它描述了任何一种类型的企业实体在其运行过程中要采用的方法论,一般说这种运行都会导致另一种实体类型的生成。

可以用识别不同实体的作用、实体的“产品”及其相互关系来论证前4种实体的递归性。图A.5表示了企业实体的开发链。通过识别具体实体的目标、范围和目的,总是由第1类实体开始来生成较低一级的实体。然后由第2类实体来完成新企业实体(或新经营单位)的开发与实施,而第3类实体将负责开发与制造新产品(第4类实体)。除第1类实体有可能例外,其他所有企业实体都有一个相关联的实体生命周期。然而,通常在实体生命周期中的运行部分,定义、生成、开发和建造了较低一级的实体。而运行本身则是由与企业工程、企业运行、产品开发和生产支持有关的方法论支持的。

图A.5表明方法论(第5类实体)的生命周期和方法论的过程模型。方法论的生命周期(基本上描述如何开发出方法论)与其过程模型(基本上是用于支持特定的企业实体的运行阶段的方法论实体本身的单独具体表现)之间必然存在明显的差异。

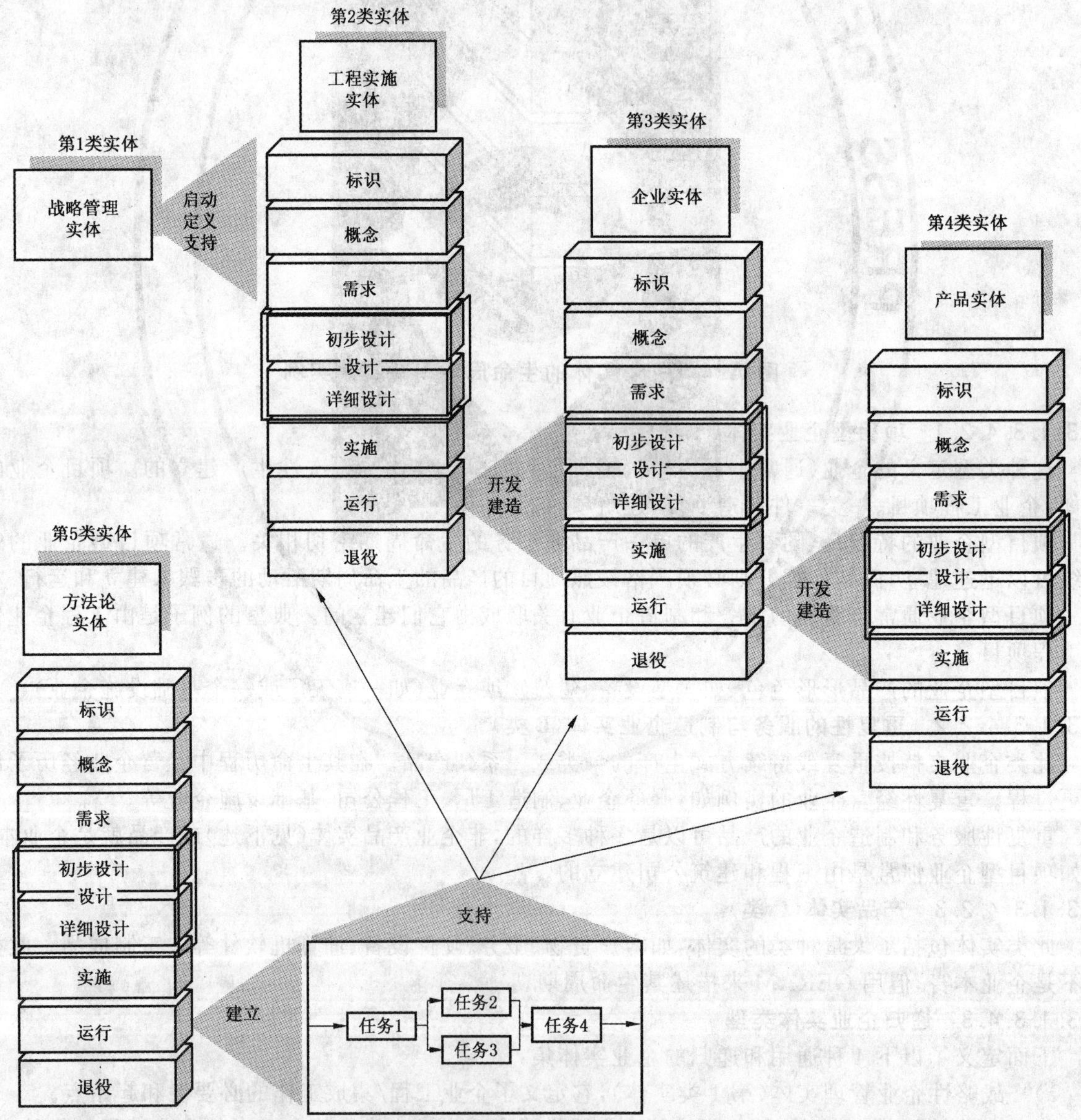

图 A.5 GERA 实体类型的生命周期间的关系

不同类实体的运行关系示于图 A.6,作为一个示例,它表现了不同实体对于制造实体(第 3 类实体)生命周期的贡献。制造实体自己在其运行阶段又生成了企业产品(第 4 类实体)。

所定义的实体类型集能够充分表达其他类型的实体。例如,要区分一类一件或项目型企业实体与持续运行类企业实体,只需要得到那种实体的生命历程中所采用的生命周期活动的不同部分即可。这已示于图 A.3 中,即工程过程可能与第 2 类实体有关,而运行过程却与生成产品或客户服务(第 4 类实体)的第 3 类实体有关。第 1 类实体的关联度取决于在改变过程中实现的改变程度。

A.3.1.3.5 过程建模

过程建模是建立企业管理、控制、服务和生产过程模型,及确立其与企业资源、组织、产品等的关系时所发生的活动。它可以表达企业实体的运行及实体类型的所有方面的情况:功能、行为、信息、资源和组织等。这可以提供可供运行的模型,通过评价不同的运行方案来提供决策支持,并提供模型驱动的运行监控。

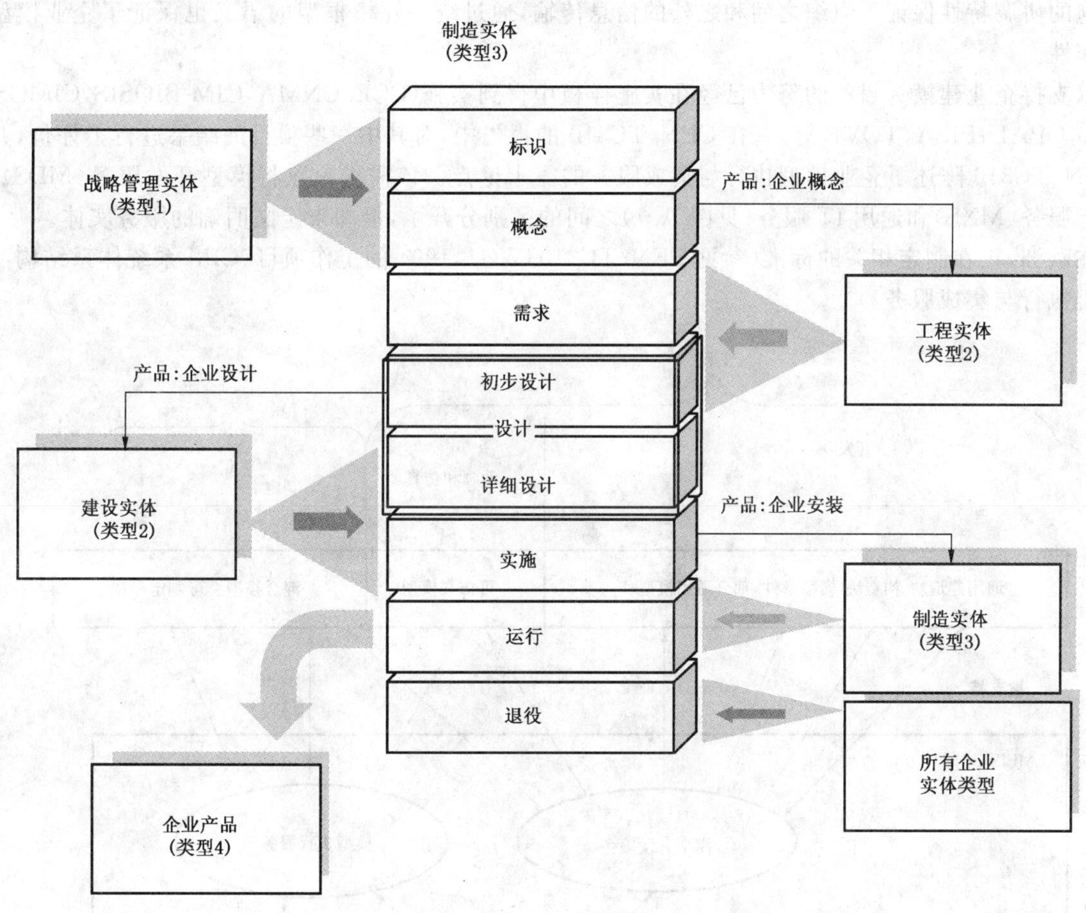

图 A.6 GERA 实体类型间的关系

A.3.1.4 面向技术的概念

A.3.1.4.1 总述

企业工程过程和运行环境均采用了大量的技术。技术既是面向生产的,因而在生产中涉及企业产品和客户服务;也是面向管理和控制的,技术提供了通信和信息处理及信息共享的必要手段。面向技术概念必须说明在企业运行和企业工程工作中涉及的技术。

对于面向运行的技术,这种概念必须是与资源模型和资源组织模型(如车间模型、系统体系结构、信息模型、基础设施模型)及通信模型(如网络模型)等这样一些模型相关联。

所有这些描述均适用于企业工程环境。此外,为支持企业工程(如工程工具,模型开发服务和动画、仿真的模型定制服务及基于模型的监控)还需要有对信息技术的特定要求。

A.3.1.4.2 对企业工程和企业集成的信息技术(IT)支持

对企业工程与企业运行的IT支持应提供两种主要功能：

a) 通过在异构企业环境中提供集成化基础设施实现模型的可移植性和互操作性；

b) 通过对企业环境的实时存取实现模型驱动的运行支持(决策支持与运行监控)。

为实现对运行的集成化实时支持，过程描述和实际信息均必须能实现实时决策支持、运行监控和模型维护。

A.3.1.4.3 企业模型执行与集成服务(EMEIS)

为了用图解说明企业在线运行的计算机可执行模型的潜在作用，图A.7举例说明了将企业模型与真实系统连系起来的集成基础设施的概念。集成服务犹如横跨在异构系统环境(IT及其他)之上的协调平台，为模型提供必要的执行支持。企业模型中获取的过程动态则可用于模型制定的控制流。因此，对信息的存取和送往和来自使用地点的信息传输，是受模型控制并得到集成基础设施支持的。集成基础设施的协调特性保证了组织之间和之外的信息传输，通过统一建模框架的语义也保证了企业模型的互操作性。

以支持企业建模为目的的努力已经在实施样板中得到实施(CCE/CNMA，CIM-BIOSIS，CIMOSA，MIDA，OPAL，PISA，TOVE等)。在CEN/TC310的报告中，对其中一些项目的结果进行了评价，并由此CEN/TC310陈述了企业模型执行与集成服务的需求论点。该需求论点将模型开发服务(MDS)、模型执行服务(MXS)和通用IT服务(见图A.7)之间的区别分开了，但却未定义明确的服务实体。

在欧洲，正在制定相关的标准(参见CEN/TC310/WG1，1994的工作项目《CIM系统体系结构　企业模型执行与集成服务》)。

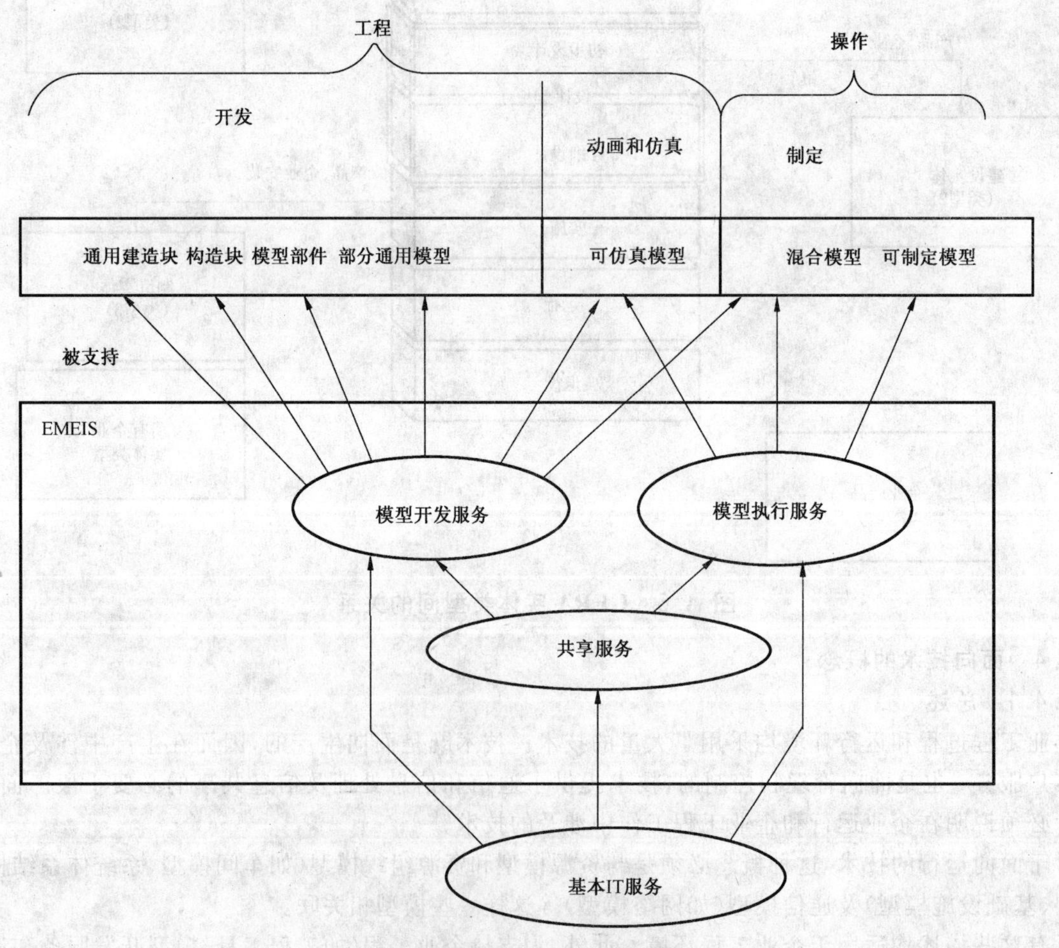

图A.7 EMEIS参考模型

A.3.1.5 GERA 的建模框架

A.3.1.5.1 概述

GERA 提供了一个分析与建模的框架，以生命周期概念为基础，以三维方式定义了企业建模的范围和内容。

a) 生命周期维，提供按生命周期的活动顺序建立企业实体的受控建模过程；

b) 通用性维，提供从通用和部分通用性到特殊性的角度建立受控特定(实例化)过程；

c) 视图维，提供建立企业实体的特定的受控可视化视图。

图 A.8 所示为上述表达该建模框架的三维结构。建模框架的参考部分仅由通用级和部分通用级组成，这两级将定义与使用于给定领域描述的概念定义、基本和宏级构造块(建模语言)组织到一个结构中。特定级代表建模过程的结果，即与生命周期活动的特定集对应的、在建模过程状态的企业实体的模型与说明。然而，希望建模语言能够支持生命周期阶段邻接的模型之间的双向关系。即可以从上一级推导出下一级模型的状态，或从下一级抽象出上一级模型的状态，而不必生成不同生命周期活动集的不同模型。

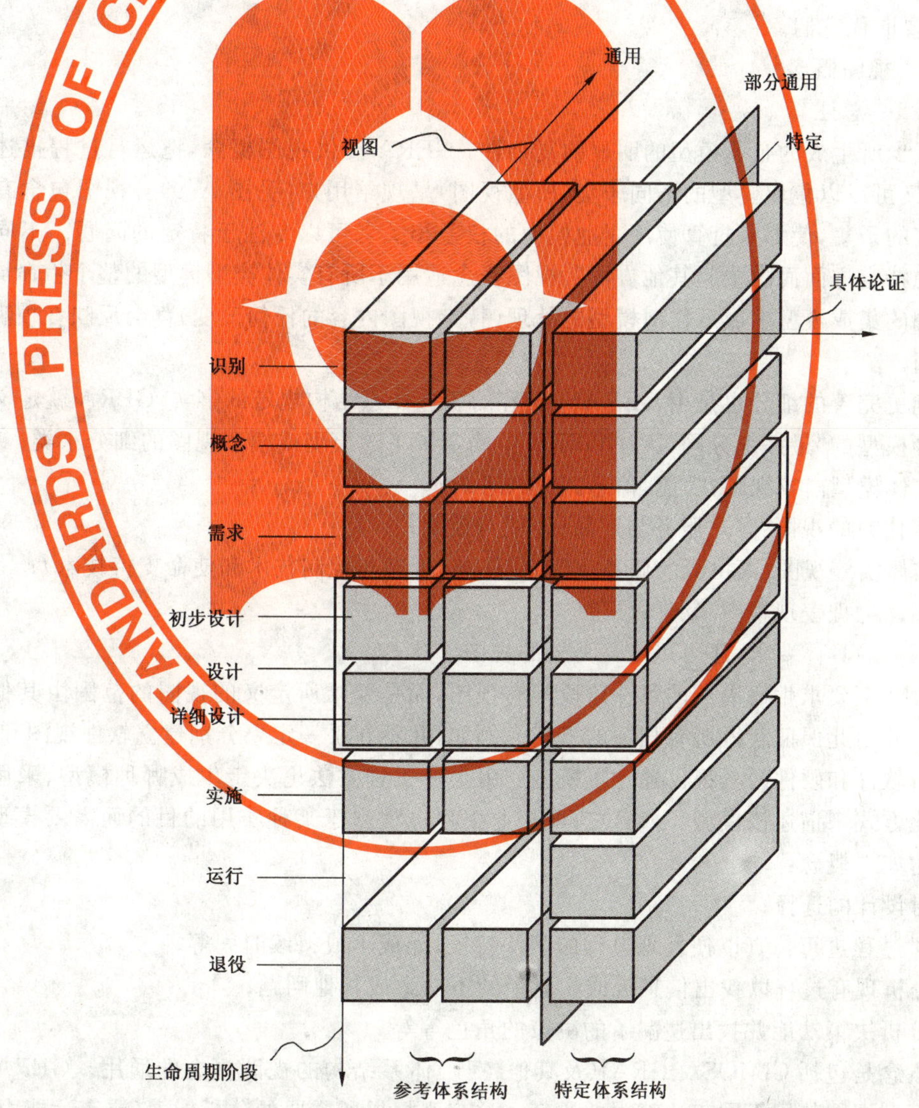

注：左边是参考模型，右边是所产生的特定企业模型。

图 A.8 GERA 建模框架

A.3.1.5.2 企业建模

企业建模是在部分通用或特定企业模型(如企业的各种管理控制模型、服务及生产过程、资源、组织、产品等)中产生的活动。实体的生命周期活动可以定义各种要生成的实体的模型。就是说,企业建模的结果就是各种设计、有待分析的模型、支持企业运行的可执行模型等(见A.4.1的参考文献[13])。

企业建模强调的是当时正在进行中的过程和表达企业运行的产品模型。面向过程的建模应能表达企业实体的运行和实体类型的各个方面:即功能、行为、信息、资源和组织等。通过评价不同运行方案的决策支持和模型驱动的运行监控,提供了模型的操作应用。

企业模型通常描述了十分复杂的真实情况。为了减少这种复杂性,必须允许企业模型表达模型的特定方面(视图),即表达与用户关心的那一部分模型。这使得可以按用户的关心程度来处理模型,而不必受全部模型的整体复杂性的干扰。

企业建模并不局限于考虑企业的过程建模,凡在企业生命周期的任何阶段(如工程绘图与流程图等)生成企业说明与模型的常规设计和分析活动,都属于此范畴。之所以着重强调过程建模,只是因为这是在企业设计中以前不大做的、一种相对较新的活动。此项建模活动只是在已采用的模型之上的活动,并不是要取代它们。

A.3.1.5.3 视图概念

A.3.1.5.3.1 总述

为了减少所生成的企业模型的明显的复杂性,GERA提供视图概念,把运行过程描述成集成化的模型,同时又可以以集成模型的不同子集(模型视图)呈现给用户(见图A.9)。视图包含有集成模型中出现的事实的子集,使那些打算使用企业模型的权益相关者可以专注于特定的问题。不同的视图可以突出模型的特定方面而隐藏起其他方面。视图概念适用于所有实体类型模型的整个生命周期。模型视图由所强调的集成模型生成。任何模型的处理(特定视图内容的任何改变)都会反映在模型的相应视图和其他方面。

考虑到更完善的细分也是由GERAM兼容的备选体系结构规定的事实,GERA就定义了看上去所需要的各种模型的"最好细分网"。在GERA中确定了下述模型或模型视图的细分小类。

a) 实体模型内容视图:功能、信息、资源、组织;
b) 实体目的视图:客户服务与产品、管理与控制;
c) 实体实施视图:人执行的任务,自动化任务(管理与控制技术和使命支持技术);
d) 实体物理表现视图:软件、硬件。

根据用户的具体要求,还可以定义另外的视图。

GERAM不要求生命周期的每一阶段都有视图,而是要求所定义的视图的范围由其他不同的分视图所覆盖。并由此保证获得所有相关的事实。例如,并不在乎一定要分别建立软件视图和硬件视图,重要的是要对软件和硬件两者都已建立了模型。由企业工程方法论决定生成哪种模型、采用哪种建模语言或形式化方式来描述该模型。换言之,即企业工程过程出于某种实用的目的而需要模型。例如可用模型来表达如下概念:

a) 对设计的选择;
b) 对过程进行仿真以便发现过程的某些特征,如成本或持续时间等;
c) 分析现有过程以找出信息流或物流中的不一致或其他问题;
d) 分析决策功能并找出遗漏了的决策的角色等等。

视图概念是包括CIMOSA、GRAI(及其他各种)体系结构的视图概念的通用。GERA建模框架允许每一种模型视图使用不同表达能力的语言。这表明根据所需要的分析能力(或表达能力)及企业工程方法论的要求,可以针对具体的视图选择不同的语言。

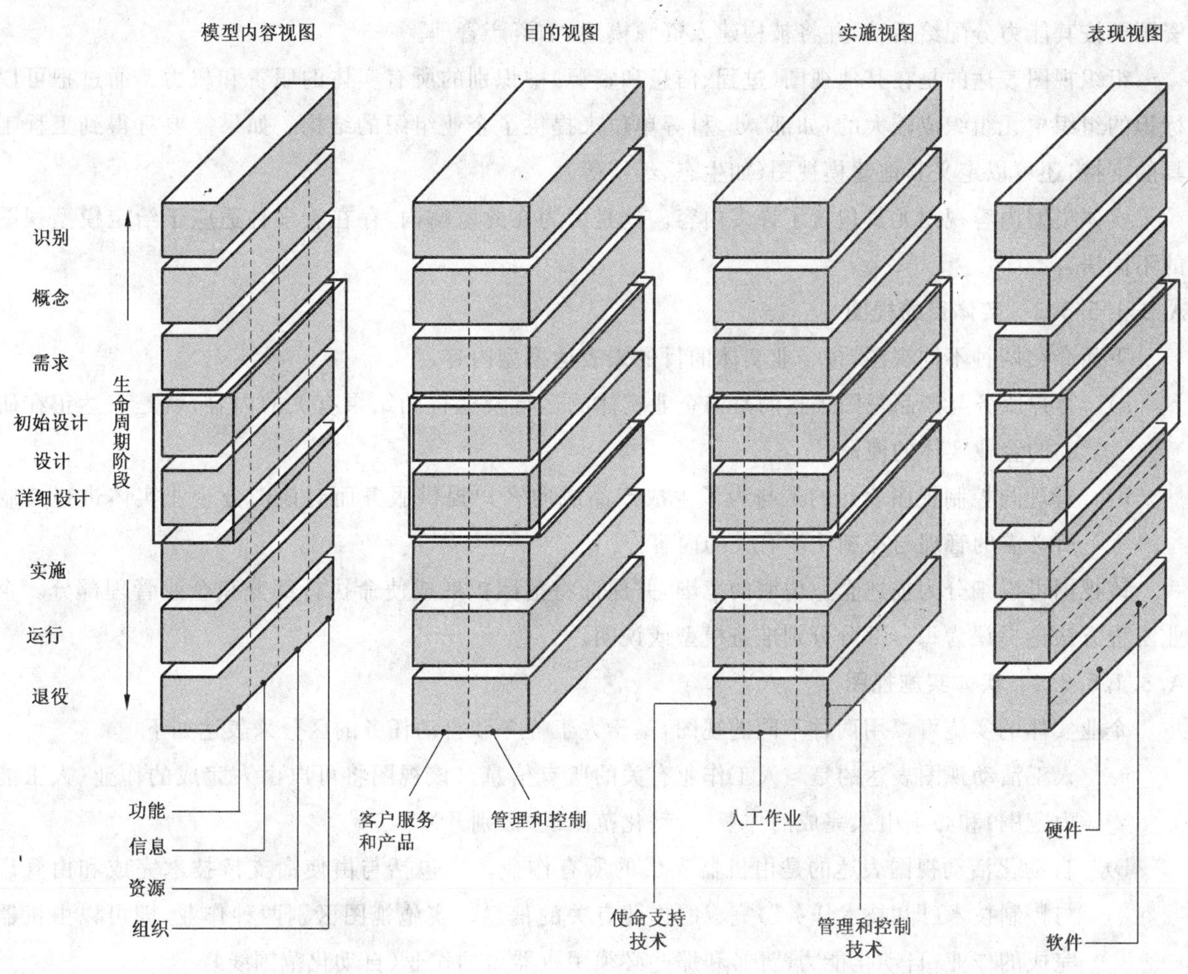

图 A.9 建模视图概念

注：图中示出四种基本视图类型及其内容。如果工程工具需要和支持，还可以定义其他的建模视图。

A.3.1.5.3.2 实体模型内容视图

为描述企业实体的面向用户的过程说明，定义了四种不同的模型内容视图。即：功能、信息、组织和资源视图。

功能视图表达了企业经营过程的功能（活动）和行为（控制流），表达了与管理有关的运行决策活动和转换与支持活动。企业或实体的管理控制系统的功能视图其实就是其决策系统的功能模型。（必须指出，企业的管理和控制系统通常又叫决策系统）。功能视图包括：功能模型、过程模型、决策模型，及他们的表达能力不同（如模型能回答什么样的分析问题）但都涉及企业功能的某个方面。归根结底，"功能视图"就是各种可能模型的宿主的占有区，诸如 CIMOSA（见 A.4.1 的 参考文献[8]和[14]）的功能视图模型、GRAI 格（见 A.4.1 的参考文献[15]）和决策中心的 GRAI 网表达法，Petri 网，事件驱动过程链，通用过程网，QGERT 或 GPSS 模型等。所有这些模型都属于"功能"视图。对信息、组织和资源视图也可以采用类似的论述。

信息视图收集的是在企业运行过程中所使用和产生的、关于企业对象（物料和信息）的知识。信息是按有关的活动标识的，并以信息视图的方式组成企业的信息模型，以便对物流和信息流的信息进行管理与控制。

资源视图表达的是在企业运行过程中所使用的、企业的资源(人和技术代理及技术的组成成分)。资源要按其能力分配给活动,并将被构建入资源模型,如资产管理。

组织视图表达的是在其他视图(过程、信息和资源)中识别的所有实体的职责和权力。通过把可以标识的组织单元组织成较大的,如部、处、科等单位来提供了企业组织的结构。如果需要且得到工程工具的支持,还可以定义其他建模视图(如生态、经济等)。

实体模型内容视图尤其包含了许多内容。这是因为在此范畴内,存在着多种适应于给定模型视图的不同语言。

A.3.1.5.3.3 实体目的视图

下面介绍两种不同视图,按企业实体的目的来表达模型内容。

a) 客户服务与产品视图表达的是与企业实体的运行及运行的结果有关的内容,就是表达正在研究的企业实体的使命。

b) 管理与控制视图表达的是与为了生成产品或向客户提供服务而对该部分企业实体进行控制所必需的管理与控制功能有关的内容。

该视图可以细分为描述企业说明的范围,并保证将范围扩展成使命执行部分和企业管理部分。企业工程方法论提议为每一部分分别准备模型或说明。

A.3.1.5.3.4 实体实施视图

企业实体的实施可以用两种不同的视图,基于人工任务和自动任务的区分来表达如下。

a) 人工活动视图表达的是与人工作业有关的所有信息。该视图将可以由人完成的作业(人工能力范围)和必须由人完成的作业(自动化范围线)区别开来。

b) 自动化活动视图表达的是由机器完成的所有作业。这包括与由使命支持技术完成和由管理与控制技术(即“技术任务”)完成的作业有关的信息。实施视图区别两种作业,即可以由机器完成的作业(自动化能力范围)和那些必须用机器做的作业(自动化范围线)。

A.3.1.5.3.5 实体物理表现视图

下面说明的两种视图可以表达企业实体的物理表现:

a) 软件视图表达的是可以控制企业中运行作业执行的所有信息资源。例如,可以是存入计算机或其他控制设备中,能够控制运行作业执行的计算机程序;或者是针对不同技能的人员给出的、没有其指导便不能完成作业的指令集。软件也可以是一种可控制的状态,比如制造硬件的配置说明。如果在作业执行期间配置保持不变,按此配置的硬件就能完成一项作业。

b) 硬件视图表达的是企业中可以完成某些作业组的所有物理资源。例如,具有某种性能特征的计算机系统,具有某种技能的雇员,或具有某种功能的机器等。

图 A.10 是上述不同视图的总图。视图的范围总的说来是相互独立的,但可以有一定的组合,以便在特定的生命周期阶段表达企业的特定方面。各种视图的可用性与其在支持工程工具中的实施有关。

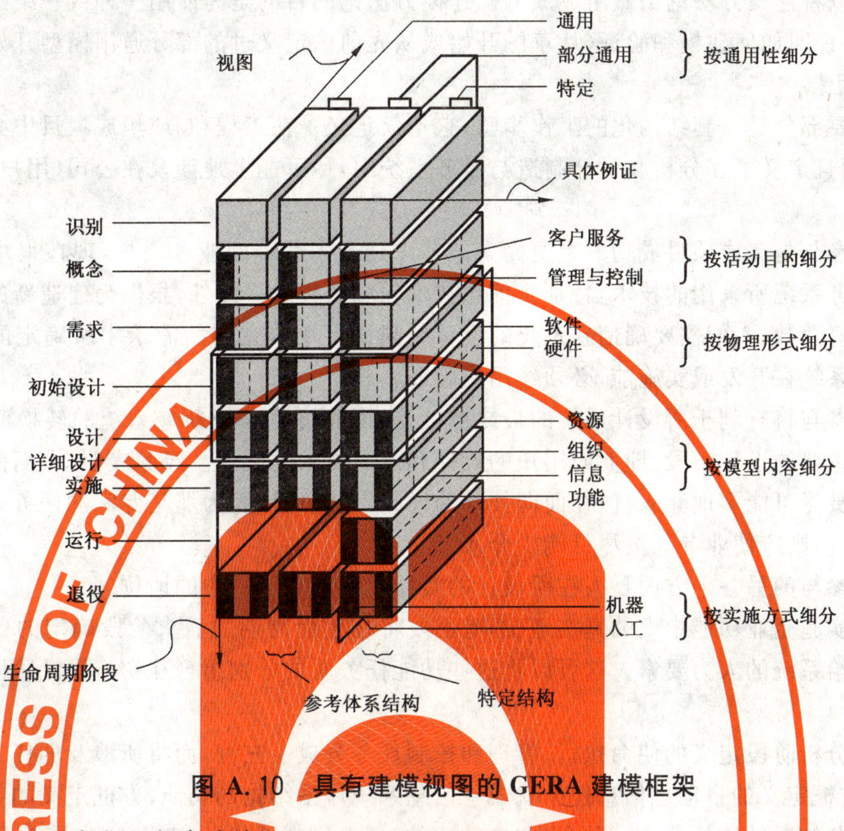

图 A.10 具有建模视图的 GERA 建模框架

A.3.2 EEMs——企业工程方法论

A.3.2.1 概述

企业工程方法论描述了企业工程的过程，其范围由 GERA 生命周期概念确定。跟通用化体系结构一样，通用化方法论适用于任何一种企业，而不管它属于何种产业都适用。

无论是新企业或一个更新企业的集成，或是管理正在进行的变更，企业工程方法论都将在集成项目的企业工程的过程中给用户以帮助。它为每一种生命周期活动提供了一种渐进的方法。活动的上两层（识别和概念）一部分是管理任务，一部分是工程分析和描述（建模）任务。需求和设计活动集绝大部分是面向整个过程的工程任务，包括全过程的企业模型和设计的生成。

企业工程方法论描述了企业工程的过程，在企业建模的工程任务中指导用户。有多种不同的方法论，包容了企业变更过程的不同方面。这些可能是完整的集成过程，也可能是在持续改进过程中所经历的那种逐步变更。

企业工程过程本身通常都是针对重复性的服务或制造企业或项目企业的。方法论也可能专门面向所考虑的企业或实体类型。

企业工程本身也可以当做特定的项目来执行，而集成任务却可以由任何一个企业生命周期活动开始，而不必从最上层的“识别”阶段的活动开始。例如，一个新工厂的工程项目不必从工厂的识别和概念定义开始，因为（委托进行工厂设计和建设的）客户可能已经完成了这些活动。在此情况下，工程项目企业只需要明确需求，完成工厂的详细设计和实施（建设）。这项工程项目将只会用到全部企业工程方法论的需求、设计和实施各部分。

因此，在一种企业工程方法论中，应相互独立地定义与不同的企业工程任务有关的过程，从而可以按具体的工程任务的内容来进行组合。

企业工程方法论可以按过程模型，也可以按带有对集成过程中每种活动的详细指令的说明来描述。在集成项目的项目管理进程中，这不仅可以更好地理解方法论，而且可以识别将要使用和生成的信息，分配给企业工程过程的所需资源和相关责任。表达过程的方法论可以采用相关的企业建模语言，企业工程方法论也可以将建模方法论当做组成成分。建模方法论的目的是为使用一种或一组建模语言的建模者提供帮助,并说明如何建模和验证(从草图开始或从先前已定义过的部分通用模型开始)。

A.3.2.2 人员因素

方法论的主要部分是一套结构化的工作步骤,它不仅定义了在工程和/或集成项目中必须遵循的所有步骤和阶段,而且定义了在分析和设计制造与服务系统中,尽可能多地涉及在公司(用户)中工作的人的方法。

公司用户的参与是集成项目成功的重要因素。考虑到未来系统的业务用户,现在很难理解用来建立新的制造和服务系统所采用的技术,特别是信息技术领域的技术。此外,根据为建造新的制造和服务系统所必需的投资总数,人们需要确信新系统的设计结果满足用户在初始需求中所确定的目标。这些都要求新设计的系统在开发或实施前,必须经用户验证。

公司人员的参与将有利于所设计系统的最终被接受,因而可以缩短新老系统的转换时间。方法论应明晰区分两种主要的设计阶段:即面向用户的设计和面向技术的设计。经验表明,在面向用户的设计阶段应让业务人员尽可能多地介入;但在面向技术的详细设计阶段,因为那是专家的任务,(除非技术构思直接影响到业务)则应使业务人员尽可能少介入。

企业中人的参与的另一个方面是人在所设计的实体(如一座工厂)中的地位。

为了表示在实施企业功能中人的真实地位,有必要将在生命周期的需求阶段确定的任务和功能中的适当部分分配给系统的人力要素。这可以将这些功能任务看成分别组合在初步设计阶段的三个方框内(见图 A.11)。

这样将需求分析阶段定义的使命执行、管理和控制任务分成了三种,而将所涉及的任务或功能指定给对应的方框;方框定义的自动化信息任务就成了信息系统体系结构的功能;方框定义的自动化制造任务就成了制造设备体系结构的功能。其余(非自动化的)任务则成为由人工完成的功能,称为人员与组织体系结构。

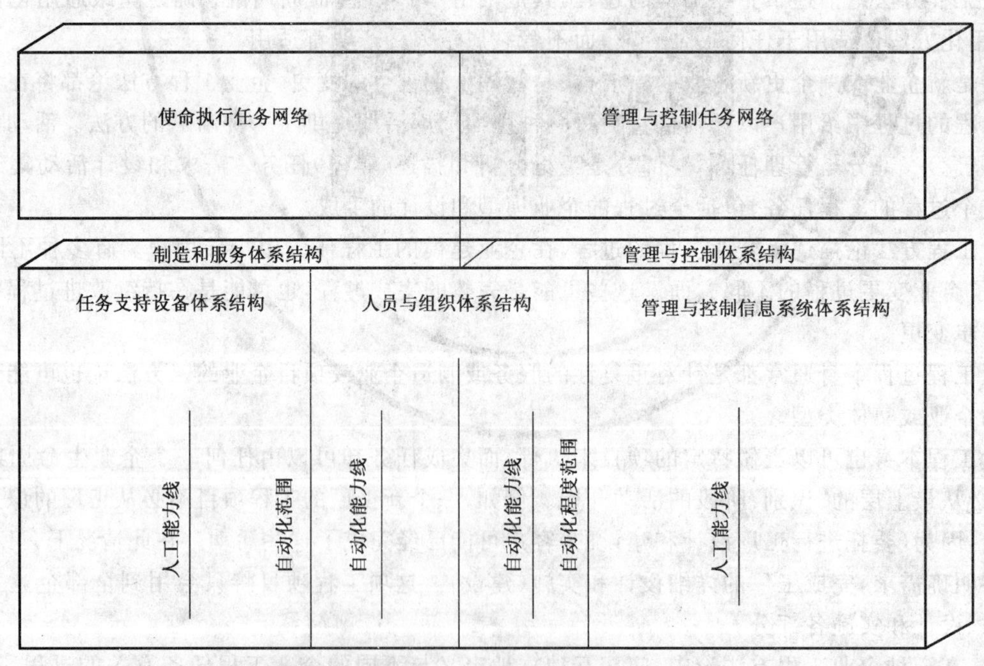

图 A.11 为定义三种实施体系结构引入自动化能力线、人工能力线和自动化范围线的概念

将实施功能分割为人工和机器,便形成了所造成的制造系统实施的第一个定义。因为包括了人,在实施方案中就必须有三种要素:即信息系统体系结构、人员与组织体系结构和制造设备体系结构。

可以定义自动化能力线和人工能力线两条线,来给出自动化和人工参与的极限。

自动化能力线表示纯粹用技术能够实现自动化的任务和功能的绝对范围。这个限制是由于,许多任务和功能需要人的创新改进、因而不能用当前可得到的技术实现自动化这一事实。

人工能力线表示用人力能够实际完成任务和功能的最大范围。这受限于人的响应速度、理解的广度、视觉的范围、体力强度等等能力。

还可以画第三条线,即自动化范围线。它表示在所做的企业实体中执行的或计划的自动化的实际程度。因此它实际上是在一端定义了人员与组织体系结构同信息系统体系结构的边界,而在另一端又定义了人员与组织结构同制造(执行使命)设备体系结构的边界。倘若时间快慢、协调等需求均可实现,那么哪些功能由人工还是机器执行的,或采用什么组织结构或人员关系要求,就没什么区分了。因此,实际自动化范围线是由基于政治、人际关系和技术方面的考虑决定的。自动化范围线的位置受经济、政治、社会(海关、法律与法令、工会规则)及技术等因素的影响。

A.3.2.3 项目管理

为了在工程或集成项目中进行有效的分析、设计和实施,方法论在项目规划、项目预算与控制和项目跟踪等方面必须与可供使用的项目管理技术相关。

在逻辑上可以将项目生命周期与企业系统生命周期(见 A.3.1.3.4)区分开来。在项目生命周期中:

a) 项目生命周期的"管理与控制"部分负责项目的控制;

b) "客户服务"部分负责项目的执行(运行)。

正如由项目设计/建立的系统的生命周期中定义的各个阶段所指导的那样。在这个意义上,项目管理运行中最重要的活动之一是时间与资源的计划和系统生命周期中所执行和定义的步骤控制。

观察一下项目的生命历程,它至少应有三个时间阶段:

a) 项目启动,主要定义项目组织(各种工作小组和经理们)、项目准备(确定做什么、谁来做、何时做和如何做)、项目计划及项目动员会的组织;

b) 项目控制,主要是交付物的验收(硬件、软件、机器及各种安装等)、进度监督、不断地进行计划、管理问题和改变、执行结果评审和审计;

c) 项目结束,主要是对项目进行总体验收和最终评定。

在 GIM、SADT 等中,可以看到与方法论有关的项目管理方法的实例。

A.3.2.4 经济方面

方法论还必须考虑经济方面。事实上决定选择各种投资的目标往往是相互矛盾的。为了帮助设计者选出最佳结果,在集成项目的不同阶段中,应当研究技术和经济的视图。

方法论可以将公司的战略目标分解成为每一种功能的子目标;对技术方案的技术规格,必须进行技术和经济上的评估。经济评估可以分为以下三步:

a) 计算方案的成本;

b) 方案的性能度量;

c) 比较方案的成本与预算。

这样处理的目的是,一方面将项目成本与投资预算进行对比,另一方面将结果的性能与从公司战略中提出的技术目标进行对比。通过对比可以在经济上认定或否定所建议的方案。

在 ECOGRAI、GEM(GRAI 演进方法论)或基于活动的成本计算法中,可以看到技术—经济评价方法的实例。

A.3.3 EMLs——企业建模语言

企业工程是一项高度复杂、多学科复合的管理、设计和实施工程,其间,将生成目标企业的各种形式的描述和模型。

为了建立企业模型,就需要不止一种建模语言。这就类似于软件工程一样,没有一种已知的语言能够囊括生命周期所有阶段的所有模型的需求。因此,各种语言的集合必须能够表达在通用企业参考体系结构(GERA)的建模框架中所定义的各种领域的模型。

企业模型必须从各种建模观点(见 A.3.1.5.3)出发表达企业的运行。对 GERA 建模框架的每一种领域,都可能有一种按照企业工程方法论选取的建模语言,适合于表达该种模型。实际上,因为一种语言可以适用于一种以上的领域,所以语言集会小于要建模的领域集。

在定义整个企业建模语言集时,必须满足以下两项要求:

a) 对每一种企业实体类型,必须包括建模框架(见图 A.8 和图 A.10)中表达的每一个领域;

b) 如果模型的信息内容提出要求,在一种主题领域中建立的模型必须能与其他主题领域的模型集成起来。

任何一种建模的主题领域都可以有一种以上的语言,具有不同的"表达能力",也就是说,有些语言仅用于描述这个主题域,却不适用于某些分析任务。例如,属于功能视图的语言,在表达功能的某些特征时具有不同的能力。功能特征如功能的动态、功能的行为、功能细分成产品管理、资源管理和协调与规划等功能类型等等。所需要的表达能力和语言的选用与所采用的方法论有关。

企业工程方法论可以指定需要一种给定的建模语言的分析任务。然而,却不应在建模语言中内置使用什么方法论的偏爱。任何企业工程方法论面向典型的企业工程任务,都必须访问一种统一的建模语言集。因此,必须选择或开发这种统一而完备的语言集,例如 CIMOSA 的语言集,由 GRAI 方法论选定的语言集等。

企业建模语言也可以定义为建模构件。建模构件代表了模型化企业实体的不同要素,改进了建模的效率和对模型的理解,建模构件的形式(表达)必须符合生成和使用企业模型的人的要求。因此,应有各种语言以适合各种用户(如经营用户、系统设计员、IT 建模专家和别的用户)的要求。此外,建模语言还应允许从基本的构件(宏构件)导出较高一级的构件,从而提高建模生产率。

基于模型的决策支持和模型驱动的运行控制与监视要求能够支持最终用户的建模构件,必须按照用户的理解来表达运行过程。

建模语言的语义可以用本体论理论来描述(见 A.3.4),这对于要支持企业运行自身的企业模型来说格外重要。因为在此情况下,模型必须是可执行的。但是形式语义的定义应该得到用自然语言解释概念的支持。

建模语言的实例可以见诸于 ARIS(见 A.4.1 的 参考文献[18]),CIMOSA(见 A.4.1 的参考文献[8]和[14]),GRAI/CIM(见 A.4.1 的参考文献[15]),IEM(见 A.4.1 的参考文献[17]),或 IDEF 系列语言(见 A.4.1 的参考文献[8]和[16])。有关的标准是:ENV 12204,它为企业建模定义了有 12 个构件(经营过程、能力集、企业活动、企业对象、事件、对象视图、对象状态、定单、组织单元、产品、资源和关系等)的参考集;GB/T 18999—2003 为企业模型定义了规则和概念。

A.3.4 GEMCs——通用企业建模概念

A.3.4.1 总述

通用企业建模概念是企业工程与建模中最常用的概念和定义。以下是按形式化程度的升序排列的三种概念定义:

a) 词汇;

b) 元模型;

c) 本体论理论。

必须满足以下的要求:

a) 被定义为上述一种以上形式的概念,相互之间必须一致;

b) 企业建模语言中使用的那些概念必须至少有一种以元模型形式定义,但仍希望定义出现在本体论理论中。

A.3.4.2 词汇

企业工程中使用的名词术语，可以用自然语言定义为术语词汇。对于完全通用化的企业集成体系结构和方法论而言，词汇表是一种强制性要求。最低限度的要求是，该词汇表必须定义所有在半形式化元模型或形式化本体论中定义的概念。

A.3.4.3 元模型

在GERAM文中，元模型是建模语言的术语成分的概念模型[10]。它描述了所用的概念，它们的性质、关系及其某些基本限制(例如基数约束)。

元模型适用于非形式与形式表达之间。通常，它被表达成实体关系模式，或有类似表达能力的一种语言。在集成化元模式中定义的术语、也可以看作是企业模型的企业工程工具库(在任一时刻)的模式。

A.3.4.4 本体论理论

本体论理论就是在表达企业中所用概念的形式化模型。它们获取有兴趣领域的规则和约束条件，进行有用的推理，对模型进行分析、执行(如为了仿真的目的)，交叉检查和验证。

本体论理论是一种通用企业模型，描述了与企业有关的概念(功能、结构、动态特性、成本等)的最通用方面，定义了所使用的建模语言的语义。它们所起的作用与"数据模型"在数据库设计中的作用相似。以本体论理论(及其支持企业工程工具)为基础的企业建模语言给用户提供了增强了的分析能力。

因为在描述企业的不同方面/视图时，要用到各种企业建模语言。因而必须着重强调，本体模型必须是集成的，即视图的语言定义应该是集成的元模式(如果定义了元模式)和它所强调的本体模型(如果定义了对应的本体论理论)的视图。这种纯技术上的要求使企业工程工具可以用来交叉检查在企业工程过程中生成的企业模型的相互一致性[11]。

A.3.5 PEMs——部分通用企业模型

A.3.5.1 总述

部分通用企业模型(即可复用的参考模型)是获取对许多企业可公用的概念的模型。PEM用于企业建模中以提高建模过程的效率。在企业工程过程中，部分通用模型可以用作要建立的特定企业模型(EMs)的已测试组件。然而，这些模型一般还需要被适配(完善)于特定的企业实体。

部分通用模型有以下几种：

a) 具有一类企业的某些共同部分的模型；

b) 描述一类典型企业的范例(参考或样板)模型(原型模型还可以修改以适合具体的案例)；

c) 具有一类企业的共性，但又不涉及具体细节的企业的部分或全部的抽象模型(这种模型是填空式模型)。

A.3.5.2 部分通用人员作用模型

所需要的是，关于人在决策中的作用，关于专业技能、社会技术方面(动机、激励等)的部分通用模型。有关的部分通用模型是关于企业组织及模型中人的责任和权力的识别。

A.3.5.3 部分通用过程模型

为经营过程提供可复用的参考模型，可以极大地改善企业建模的效率。这些模型代表了企业运行过程的公共视图，而且与采购、定货、产品开发、管理(工作流程或CSCW)、同外部组织(例如银行)的关系等各种过程有关。

部分通用过程模型可以按具体的行业或行业分类来剪裁(如汽车、电子元器件或更加具体的行业，如轿车悬挂系统制造、超大规模集成电路制造等)，或者模型可以表达诸如各种形式的企业合作的典型管理和控制系统。例如，广义和虚拟企业的现代范例就可以表达为部分通用模型，在定义其具体的合作方式时指导感兴趣的那些参与者。

---

10) 元模型是关于模型的模型。

11) 交叉检查有理论上的限制，因而实际上这儿的用词应为在最大可能范围内交叉检查。

必须指出，这些经营过程模型经常使用一种或多种模型视图的形式(见 A.3.1.5.3)，如功能与行为模型、数据库模式等。典型的部分通用过程模型会描述公共的功能，而将过程行为的定义留给具体的企业决定。

部分通用模型可以在各种不同的抽象等级上来表达，并采用各种模型内容视图。例如，ISO 9000 质量模型就是部分通用模型，它定义了经过质量认证的公司所必须采取的、典型的政策(有的 ISO 9000 标准甚至更进一步地定义了经营过程功能的某些方面的细节)。许多公司以全公司数据库模式的形式来创立部分通用模型，在公司所有数据库中实施，或作为数据库设计的依据(这些通用数据库模式可以作为过程间的标准接口)。有些部分通用模型以一系列模型片段的方式提供，从而保证所构建的模型定义一个高质量的经营过程模型，并使系统实施可行。

A.3.5.4 部分通用技术模型

A.3.5.4.1 总述

部分通用技术模型提供对资源及其聚合总体的描述，如车间、装配线、柔性制造系统、办公系统、IT 系统等。以对组件的通用描述(与供应商一览表相联系)、通用运行规则等为条件，所有这些部分通用模型，大部分都具有行业或国家的特殊性。

A.3.5.4.2 IT 系统的部分通用模型

IT 系统的部分通用模型可以是通信和信息处理中所需的所有组成成份，它们可以指导和增强信息系统的设计，包括企业工程的使能技术(EDI、STEP、HTML/WWW 等)。

企业工程共同需要的一种重要的部分通用模型，就是在异构环境中具有可移植性的一种集成服务(见 A.3.1.4.3)。这些服务应包括：通信、处理/执行控制、表达和信息服务。服务的定义本身又涉及使能标准定义，如 EDI；STEP；HTML/HTTP 及其他各种通信协议；CORBA-IDL；SQL3；针对执行、编译、表达的 Java 服务等。

这些服务可以按模块产品或建造块等各种方式打包(见 A.3.7)。

A.3.6 EETs——企业工程工具

企业工程工具将把企业建模语言用于支持企业工程方法论，特别是对企业模型的建立、使用和管理的支持。

企业工程工具必须支持对企业模型(或描述)及其产品的分析与评价，并且支持对模型进行仿真。在企业工程过程中作设计决策时需要这些功能。

企业工程工具应在建模过程中为用户提供指导，并在企业工程过程中提供有用的使用模型的分析能力。即帮助用户应用模型推进工程以达到尽可能最佳范围，并推出决策支持的运行模型和基于模型的运行监控。

企业工程工具必须支持所研究的企业实体的并行设计和工程活动。因此它需要：

a) 既支持协作，又支持个人的设计和工程活动；
b) 提供可共享的设计库或数据库，以管理在企业工程过程中生成或使用的所有部分通用及特定模型和描述。这包括形式化模型、其他非形式化设计描述、文件等。

根据要研究的企业实体，企业工程工具可有多种不同表现。如果设计的对象是一个项目(即项目企业)或一个企业(例如一个公司)，那么工具应支持生成企业的设计，包括其经营过程、资源和组织等。如果要设计的企业实体是一个或一类产品，那么工具应支持产品的设计，如功能、几何尺寸、控制系统、操作程序等。

通过企业工程和模型执行服务的潜在的集成，提供了将工程服务与企业管理服务连接起来的可能。例如，项目执行的初步仿真可以采用项目执行期间连续规划使用的类似工具。

工程工具应能使用户将模型与真实的经营过程联系起来，以便随时更新模型。注意，工程工具既可以分离开也可以集成到模型执行环境中去(见 A.3.7)。

理想的工程环境应是模块化的，以便可以以此为基础采用另外一些方法论。因此工程工具提供的环境应是可扩展的,而不是基于封闭的模型集,为采用其他建模方法(如适当充实建模语言构件、增加新的视图等)留有余地。

(如要设计的企业实体是企业或一个项目企业本身时)基于建模语言的工程工具的实例有:ARIS工具集(ARIS,参见A.4.1的参考文献[18]),FirstSTEP(CIMOSA),MOGO(IEM,见A.4.1的参考文献[19]),KBSI工具(见A.4.1的参考文献[20]),METIS等。当所研究的企业实体是产品时,企业工程工具的实例有很多。这包括产品建模、设计、仿真、可视化、控制系统设计等工具。例如STEP工具。

A.3.7 EMOs——企业模块

企业模块是被实施的构造块或系统(产品或系列产品),它们可以在企业工程与企业集成中当做公用资源使用。这些模块作为物理实体(系统、子系统、软件、硬件、可利用的人力资源/专业)都可以在企业中存取,或者很容易从市场获得。一般说来,EMO是在以市场共同需要的产品为基础的领域中确定的部分通用模型的实现。企业模块可以以集合的方式提供,如果企业的设计符合形成该集合基础的部分通用模型,那么就可以利用该模块集中的一部分或全部模块来实施所产生的特定企业经营系统。一种特别重要的一个企业模块集就是能实施所需要的集成IT服务的集成基础结构(见A.3.5.4.2)。

A.3.8 EMs——企业模型

企业建模的目标是要生成并持续保持一个特定企业实体的模型。模型应按用户及其应用的需求表现企业运行的实际情况。这表明模型的精细程度既必须适应具体的要求,而又要保持同其他企业模型的互操作性。企业模型包括企业在其生命历程中所生成的各种说明、设计和企业的形式化模型。

企业模型用企业建模语言来表达,并用企业工程工具来进行维护(创建、分析、存贮和分发)。模型创建与使用都应得到实时信息服务的支持,采用这些服务将保证对企业环境、工程和运行环境中的实时信息进行存取。

企业模型的重要应用有:

a) 在企业工程过程中为评价各种运行备选方案提供决策支持(执行运行分析和取得综合的结果);
b) 为企业内部和外部的权益相关者间的相互沟通提供通信工具;
c) 在企业模型用来为新雇员演示真实的经营过程时,为了提高经营过程的执行效率和培训新人而提供模型驱动的运行监控。

A.3.9 EOS——企业运行系统

企业运作系统支持特定企业的运行,这包括为实现企业的目的和目标所需的各种硬件和软件。其内容来自于企业的需求,其实施由设计模型指导,设计模型提出系统的技术规范,确定在系统实施中使用的企业模块。

A.4 参考文献

A.4.1 一般参考文献

[1] Charles J. Petrie, Jr., Enterprise Integration Modelling (企业集成建模); ICEIMT Conference Proceedings(ICEIMT 会议文集), The MIT Press, Cambridge, MA, 1992(ISBN 0-262-66080-6).

[2] CIMOSA—Open System Architecture for CIM(CIM 开放系统体系结构), ESPRIT Consortium AMICE(ESPRIT 联合体), Spring-Verlag, Berlin, 1993, (ISBN 3-540-56256-7), (ISBN 0-387-56256-7).

[3] T. J. Williams, et al., Architectures for Integrating manufacturing activities and enterprises (集成制造活动和企业的体系结构), Computers in Industry (工业计算机)-Vol. 24, Nrs 2-3, 1994.

[4] D. Shorter, Editor, An evaluation of CIM modelling constructs-Evaluation Report of constructs for views according to ENV 40003(CIM 建模结构件评价——根据 ENV 40003,对结构件视图

的评价报告),Computers in Industry-Vol. 24,Nrs 2-3,1994.

[5] P. Bernus,and L. Nemes, A Framework to Define a Generic Enterprise Reference Architecture and Methodology (定义通用企业参考体系结构和方法论的框架),Proceedings of the International Conference on Automation,Robotics and Computer Vision(ICARCV'94)(自动化、机器人和计算机视觉国际会议论文集)(ICARCV 94),Singapore, November 10～12,(1994). also in Computer Integrated Manufacturing Systems(计算机集成制造系统)9,3,July 1996:179～191.

[6] T. J. Williams and Hong Li,A Specification and Statement of Requirements for GERAM (The Generalised Enterprise Reference Architecture and Methodology) with all Requirements illustrated by Examples from the Purdue Enterrpise Reference Architecture and Methodology PERA,Research Report 159,Purdue Laboratory for Applied Industrial Control,November 1995, Version1. 1. [GERAM(通用企业参考体系结构与方法论)的技术规范与需求说明，所有需求图表说明选用普渡企业参考体系结构和方法论 PERA 的例图，参见研究报告 159,应用工业控制普渡实验室].

[7] CIMOSA—Open System Architecture for CIM, Technical Baseline(CIM 开放系统体系结构,技术标准);Version 3. 2 CIMOSA Associaton private publication,March 1996.

[8] F. B. Vernadat,"Enterprise Modelling and Integration-principles and applications"(企业建模与集成:原理与应用"),Chapman & Hall,London,1996,(ISBN 0-412-60550-3).

[9] K. Kosanke,"Comparison of Enterprise Modelling Methodologies"(企业建模方法论比较), Proceedings DIISM'96,Chapman&Hall,London,1997.

[10] M. S. Fox,"The TOVE Project: towards a common-sense model of the enterrprise" ("TOVE 项目:通往企业同感模型"),Proc ICIEMT 92,Petrie, C. J. ,Jr. (Editor), MIT Press, 1992: 310-19.

[11] K. Kosanke,J. Nell(Editors),Proceedings of the International Conference on Enterprise Integration and Modelling Technology(企业集成与建模技术国际会议论文集),Springer-Verlag,1997.

[12] R. H. Weston,"Workbenches and reference models for enterprise engineering"("企业工程的工作台及参考模型"),chaper in Handbook of Life Cycle Engineering: Concepts,Tools and Techniques(生命周期工程手册中的一章:概念、工具与技术),Edited by A. Molina, J. M. Sanchez, A. Kusiak, to be published by Chapman& Hall,London,1998.

[13] P. Bernus,K. Mertins and G. Schmidt,Handbook on Architectures of Information Systems (信息系统体系结构手册),Springer-Verlag,1998.

[14] F. B. Vernadat,The CIMOSA Languages,in P. Bernus, K. Mertins and G . Schmidt,Handbook on Architectures of Information Systems(信息系统体系结构手册), Springer-Verlag,1998: 243-264.

[15] G. Doumeingts, B. Vallespir, D. Chen, Decisional Modelling using the GRAI Grid(采用 GRAI 网的决策模型),in P. Bernus, K. Mertins and G. Schmidt,Handbook on Architectures of Information Systems,Springer-Verlag,1998:313-338.

[16] C. Menzel, R. J. Mayer, The IDEF Family of Languages(IDEF 族语言),in P. Bernus, K. Mertins and G. Schmidt,Handbook on Architectures of Information Systems,Springer-Verlag,1998: 209-242.

[17] G. Spur, K. Mertins,R. Jochem,Integrierte Unternehmensmodellierung(集成企业建模), Beuth Verlag,Berlin,1993.

[18] A. W. Scheer,ARIS,in P. Bernus, K. Mertins and G. Schmidt,Handbook on Architectures of Information Systems,Springer-Verlag,1998:541-566.

[19] K. Mertins, R. Jochem, MO2GO, in P. Bernus, K. Mertins and G. Schmidt,Handbook on

Architectures of Information Systems, Springer-Verlag, 1998: 589-600.

[20] F. Tissot, W. Crump, A Truly Integrated Enterprise Modeling Environment(真实集成企业建模环境), in P-Bernus, K. Mertins and G. Schmidt, Handbook on Architectures of Information Systems, Springer-Verlag, 1998.

A.4.2 标准

ENV 40003 Computer Integrated manufacturing—Systems Architecture—Framework for Enterprise Modelling(计算机集成制造 系统体系结构 企业建模框架), CEN/CENELEC, 1990.

ENV 12204 Advanced Manufacturing Technology—Systems Architeture—Constructs for Enterprise Modelling(先进制造技术 系统体系结构 企业建模结构件), CEN/TC 310/WG1, 1995.

CEN/TC 310, CIM Systems Architecture—Enterprise model execution and integration services—Evaluation report(CIM 系统体系结构 企业模型执行与集成服务 评价报告), CEN Report CR 1831, 1995.

CEN/TC 310, CIM Systems Architecture—Enterprise model execution and integration services—Statement of requirements(CIM 系统体系结构 企业模型执行与集成服务 需求说明), CEN Report, CR 1832, 1995.

ISO 14258:1998, Industrial automation systems—Concepts and rules for enterprise models(工业自动化系统 企业模型的概念和规则)(ISO/TC 184/SC5/WG1)

ISO 14258:1998-Cor1: Industrial automation systems—Concepts and rules for enterprise models: Technical Corrigendum 1.(工业自动化系统 企业模型的概念和规则 技术勘误 1)

附 录 B
（资料性附录）
CIM 系统体系结构的经济视图

B.1 总述

B.1.1 引言

对企业家和业务经理来说，对先进的 CIM 技术领域的信心来自于在设计阶段对新系统的实施或者系统的升级及重组/集成活动中投资回报目标的实现。因为必须考虑可计量的和不可计量的效益，所以对回报的评估是一个难题。解决该问题的任何机制，其本质都是通过现有和未来系统的体系结构模型来评估不同方案的能力，这在某种程度上把功能和经济效果相联系，使设计权衡决策成为可能。特别地，不可计量效益的评估通常是计算机集成制造投资的障碍。

经济视图提供了与经济决策相关的模型内容。它利用已有的模型内容和所建立的分析方法来支持决策者。这个视图在生命周期的早期（承担更多的经济责任）和生命周期的后期（衡量经济效益）时最为关键。

B.1.2 对企业管理者的支持

作为对企业管理者的指导，经济视图可以帮助他们：

a) 预测系统集成对企业的影响；

b) 评测所需的投资和可能得到的效益；

c) 制定决策并且提高决策的正确性；

d) 监测实施过程和集成系统的应用。

B.1.3 对企业模型开发者和分析者的支持

作为对模型开发者和分析者的指导，经济视图可以帮助他们：

a) 描述经济因子；

b) 了解这些因子和集成系统其他组成部分之间的关系；

c) 描述企业战略目标、集成系统的框架及其组件之间的经济关系；

d) 确认企业重组的经济效益。

B.1.4 对系统开发者的支持

作为对系统开发者的指导，经济视图提供：

a) 评估在系统开发过程中系统功能改变所产生的经济影响的方法；

b) 在经济建模和分析中使用软件工具的范围。

B.2 经济视图的框架

在系统实施/集成项目中，系统目标及项目目标的相应要求在经济特性的要求中得到反映。它们在系统中的经济意义/影响通过集成战略和技术项目来实现。经济视图建立了经济目标和工程项目之间的关系，它描述了出现在集成系统中经济因子、影响因素和度量指标以及它们之间的关系，这些关系确定了它们在系统集成项目中对经济目标的影响。这些指标、因素和因子都是构件，它们的属性抽取或派生自 4 种强制性的模型内容视图（4.2.10）。

在一个集成系统中，经济视图包括一组模型，它常常用来描述经济成分和它们之间的关系。许多方法都可以描述经济成分，如图形的、数学的甚至描述性的方法。为了提高兼容性并且确保企业的成功运作，我们基于企业建模方法和通用企业参考体系结构的参考模型，构建了一个三层框架模型，如图 B.1 所示，用图形形式表达。

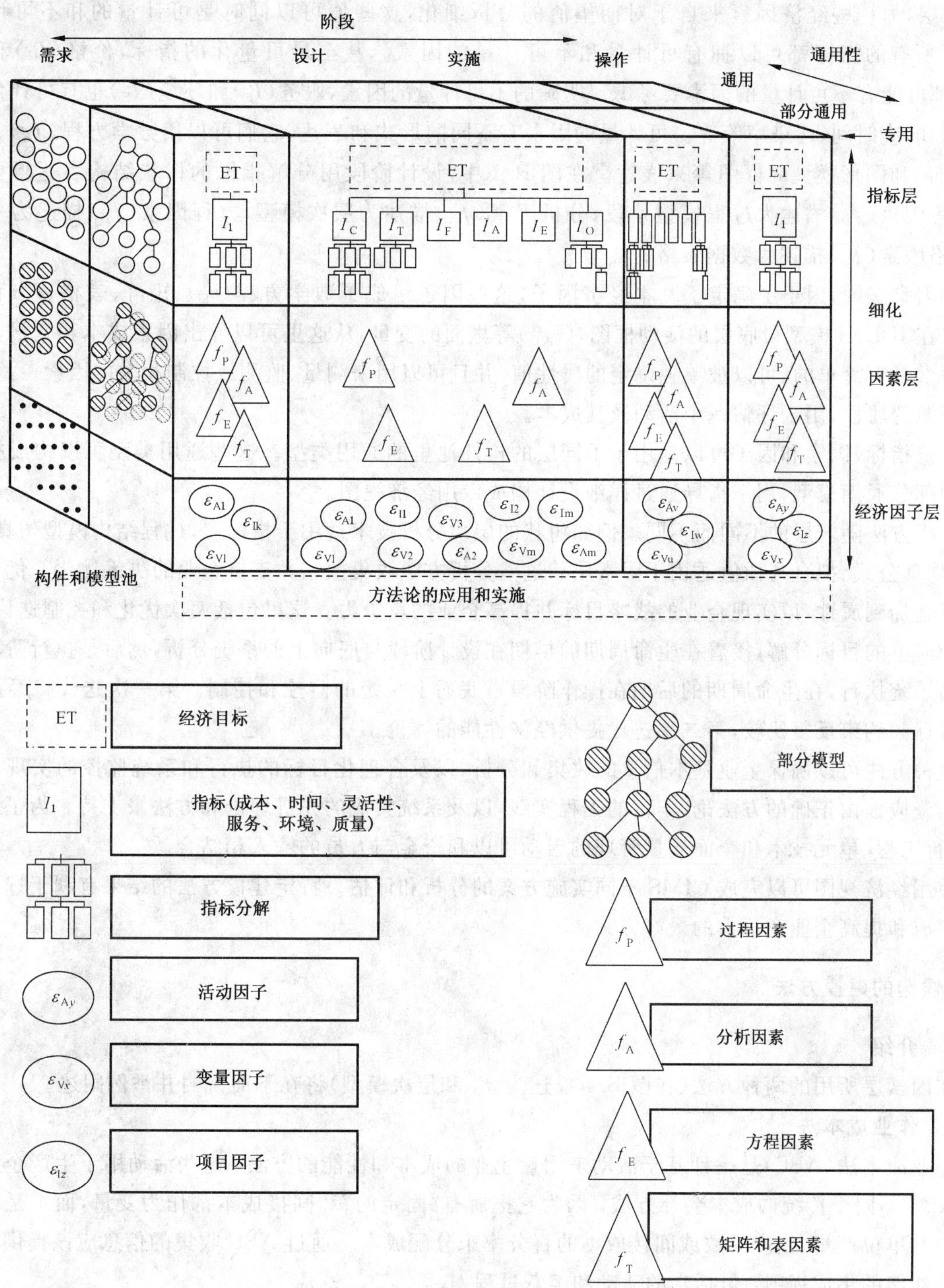

图 B.1 经济视图的框架

经济视图的三层框架模型(指标、因素、因子)有不同的经济属性,并且层之间的关系也有不同的属性。此框架建立了从企业顶层的战略目标,通过指标和因素,一直到底层经济因子不同细节层次之间的关系。为了正确地建立不同层之间的关系,聚类和分类方法被用来从适用的生命周期阶段的通用和部分通用模型池中收集信息,然后进行信息分类并且建立特殊的树和关系。

在生命周期的早期,建立经济目标(ET)和约束。例如,投资回报和价格水平。与这个域的确定和概念的定义相关,安排一系列与目标和约束有关的经济指标(I_J),并且随着生命周期的进展、"细化"层次的增加,进行分析方法的选择。在因素层,与成本因素有关的过程来自过程模型分解成的活动(f_P)。

在这一层，另一些经济因素来自于对期望值的分析细化，这些值可以同时是可计量的和不可计量的(f_A)。所有的指标都可以拥有可计量和不可计量的因素。甚至最可量化的指标，价格(I_C)和时间(I_T)，都可能有不可计量的因素要考虑。明确的不可计量的因素，服务(I_S)和环境(I_E)也有可计量的因素，例如响应时间、污染率等等。可计量的因素有不同的形式和表达，它们可以用数学方程(f_E)、矩阵、表格(f_T)和图形模型的框图等来表达。在图 B.1 中，设计阶段用分解指标的树状结构表达得更加详细，过程因素(f_P)描述为过程模型片段，分析因素(f_A)描述为层次模型，方程因素(f_E)描述为一个公式，表格因素(f_T)描述为数据表格。

对因素来说，因子层确定了基本经济因子，这些因子组成了数学方程(ε_E)、矩阵、表格(ε_T)和活动(例如，在 IDEF3 模型最底层的活动框图，(ε_A))等里面的变量，从这里可以导出因素成本和变量。这些因子通常具有简单的、可以被单独确定的属性值，并且可以用来测量、监测或控制相关的因素。总之，因子是资源的属性，用于评估一个活动及其成本。

经济指标、因素和因子可以是用于不同层的构件池里的通用类型。这些通用类型可以构成指标和因素的部分通用模型，用于指导通过详细设计构成专用经济视图。

分析方法随着层的不同而不同。例如树状的层次分析技术适用于指标层，过程结构模型仿真、层次分析、物理公式、拟合与插值适用于因素层。这些分析方法收集数据并支持企业的决策优化。优化的结果可以施加到属性，以实现企业的战略目标并提高企业的竞争力。这里包括两次优化和控制迭代，按需求自顶向下的目标分解，接着在生命周期的早期在设计阶段自底向上的系统分析，然后是执行阶段自顶向下的系统执行，在生命周期的后期在操作阶段自底而上系统的监控和控制。第一次迭代将经济评价值与目标和约束反复比较，第二次迭代提供经济性能的评价。

这种方法可以确保企业基本信息的收集和分析，以及合理化目标的执行和系统监控的实现。该框架的实施应该由正确的方法论、丰富的工程实践，以及系统集成的先进理论和方法来支持。为了经济效益，并行工程、单元技术和全面质量管理的启动可以和资金与人员的输入相结合。

使用经济视图可以完成 CIMS 不同实施方案的分析和评估。特定建模方法的结果有利于选择实施系统集成和提高企业竞争力的最好方案。

B.3 候选的建模方法

B.3.1 介绍

在因素层所用的两种方法(在图 B.1 描述为 f_A 和层次模型)将在下面说明并举例阐述。

B.3.2 作业成本法

作业成本法(ABC)是一种基于活动来测量企业的成本和性能的方法，这些活动用于生产企业的产品。ABC 不同于传统的成本会计方法，因为它把所有“固定的”和间接成本都作为变量，而不是基于一个客户的单位产量、生产天数或间接成本的百分率来分配成本。通过 ABC 收集的信息应该提供有关企业的跨功能的集成视图，包括它的活动和经营过程[1]。

B.3.3 层次分析法/网络分析法

层次分析法(AHP)是一种制定决策过程。当决策的定性和定量两方面都需要考虑时，AHP 通过将复杂决策简化为一系列两两之间的比较并对结果进行综合，来帮助设置优先权并做出决定。AHP 帮助决策者达到最优决策，并且提供这些决策的清晰的原理。AHP 方法使决策者把决策过程分解成更小的部分，从目标到指标层的准则或子准则，直到可选的行动方案。决策者通过层次内简单的两两比较判断得到可选项的全局优先级。决策问题可能涉及社会、政治、技术和经济因素。AHP 方法帮助人们处理直觉的、合理的和不合理的因素以及复杂环境中的风险和不确定因素。它可以用来：预测可能的结果、项目计划和期望的将来，方便群决策、控制决策系统变化、分配资源、选择方案、做成本/效益比较以及评估雇员并分配工资的增长[2]。

网络分析法(ANP)是一种从个体之间的测度推导出复合优先测度的相对测度的通用方法。个体之间的测度代表了与控制准则相结合的属性影响之下的相对测度。通过它的超矩阵,其属性是它们自己列优先级的矩阵,ANP获得属性集内部和之间依存和反馈的输出。由于层次分析法(AHP)在聚类和属性上的依存假设,所以AHP是ANP的特殊情况。为了选择方案ANP增大了用在传统方法中的线形结构和对付反馈的无能。ANP按照属性和准则同时按照正面的和负面的结果提供决策[3]。

B.4 模型开发过程中经济视图的应用

B.4.1 介绍

下面使用B.3提供的候选方法介绍一个经济视图子集的例子。所选的模型把成本和价值与目标和约束联系在一起。

B.4.2 ABC方法举例

为了精确地评估CIM技术对企业带来的效益,成本方法不但要考虑生产而且还有其他需要的过程。这个例子建模的形式基于IDEF0的方法[4]。因为ABC和IDEF0两种方法都关注功能活动,IDEF0模型扩展到包括基于成本数据的活动。这样确保我们在IDEF0模型集成过程中没有丢失活动成本分配。这里,构建了一个符合IDEF0功能视图的单独的经济模型,在每个模型框里有四个属性:1)节点号,2)活动名称,3)成本动因,4)成本值,前两个属性直接来自IDEF0模型,而后两个属性由设计者定义,如图B.2所示。成本模型构成了很像IDEF0模型的层次结构。子过程定义到最基本的因子层的活动。

构建ABC经济模型的指南包括:

a) 属性不能为空;

b) 父过程的成本值必须是所有下层子过程或活动的成本值之和;

c) 如果同一层存在协调活动的成本,建模时应该协调活动作为那一层的一个活动;

d) 模型的层次可以按照IDEF0的层次来分解;

e) 成本值的分配应该采用自下而上的方法,因此更高层的活动成本值可以相应地集中和分配。

例如,如图B.2定义了以下过程的成本动因:"零件交付"、"准备原材料"、"零件生产"、"购买原材料"、"零件交付工序控制"、"准备NC程序"、"机器安装"、"加工",然后我们为"准备NC程序"、"机器安装"、"加工"赋成本值(基本的经济要素)。因此"零件生产"的成本价格的计算是A2成本价格的相加(A21+ A22+A23)。用类似的方法,"准备原材料"、"购买原材料"、"零件交付工序控制"的成本价格也分配了,最终确定了"零件交付"成本,为了交付一个产品,生产计划和运输这样的过程是必须。因此,这些过程被增加的成本来决定一个产品的总成本。注意ABC建模方法可以被应用到已有的过程,也可以估算新系统的成本。其目标是精确地捕获和估算项目成本。

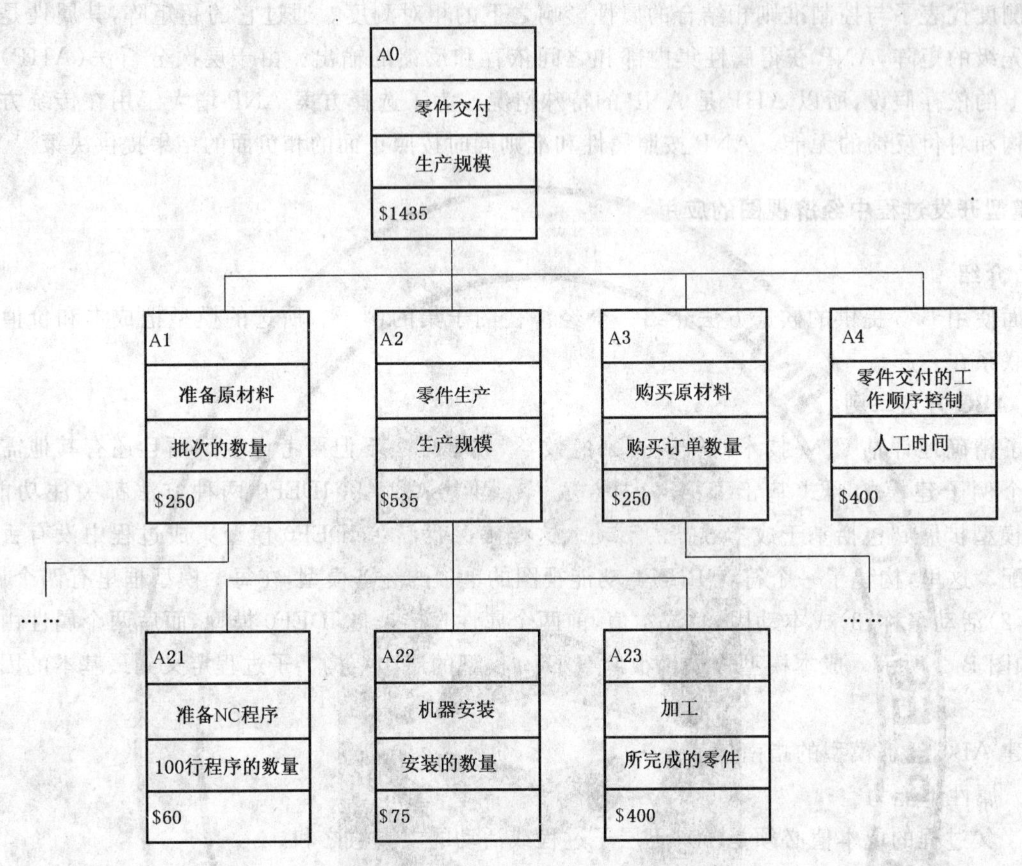

图 B.2 成本层次的举例

B.4.3 AHP 方法举例

因为投资 CIM 通常不仅仅是为了技术本身，特别重要的是最终的经营和制造过程能够达到性能目标。可操作的性能测量方法应从公司目标(与指标层企业战略目标一致)导出。需要解决的问题是：1)技术投资是否可以有效地让企业达到目标；2)投资是否经济合理。以上部分(B.3.3)所讨论的作业成本法处理了可计量的方面，并且处理了第二个问题。第一个问题则在因素层使用 AHP 方法来处理。

例如，某制造业企业为了保持企业目标的增长启动了一个技术改造项目，项目的第一阶段已经预留了资金。由于第一阶段的预算限制，团队中的管理者、分析师和工程师要求制定一份投资建议。团队应用 AHP 方法来决定项目的哪个领域能得到最初的资金投入，高级投资问题的层次如图 B.3 所示。

在分析过程中，观察到产品成本、上市时间、产品质量和顾客服务分别与市场份额和利润有关。相似地，增加市场份额和提高利润分别和公司成长的目标有关。AHP 方法按照不同方案对目标的贡献情况进行赋权。

B.4.4 使用举例方法结果

就成本和效益分析而言，基于 AHP 的优先级来定义效益指标。使用 ABC 方法定义成本指标。首先，决定制造技术、信息技术和设计技术中的投资成本构成，这些成本构成也应该包括特殊技术投资之后的过程成本。为了减少由于高资本成本可能造成的偏差，资本成本可以留下来计算投资的利润。当建立了 IDEF0 层次结构和成本层次结构之后，就可以计算出全部的成本了。

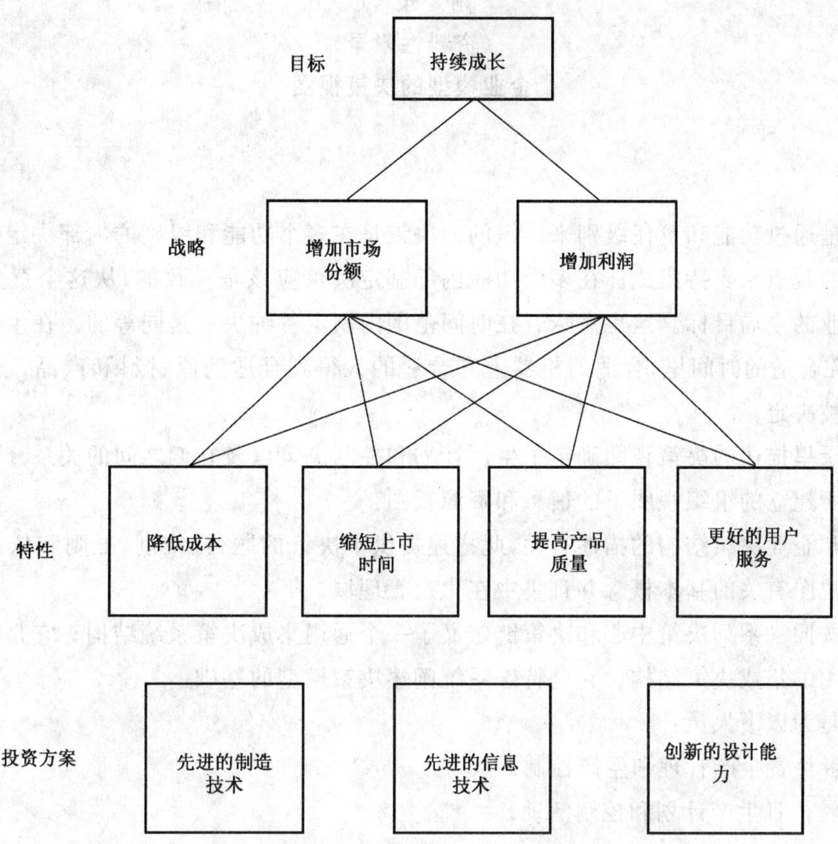

图 B.3　高级投资的举例

B.5　经济视图参考文献

［1］　Chen Yuliu，Tseng M M，Yien J. Economic view of CIM system architecture(CIM 系统体系结构的经济视图). Production Planning and Control(生产计划和控制)，1998,9(3):241-249.

［2］　Saaty，T. L.，Multicriteria Decision Making(多准则决策技术). The Analytical Hierarchy Processes(层次分析法).(McGraw-Hill)，1980.

［3］　Saaty，R. W.，Decision Making in Complex Environments(复杂环境中决策).(Super Decisions(超级决策)),2003.

［4］　National Institute for Standards and Technology(美国国家标准局). Standard for Functional Modeling(功能建模标准)-IDEFO，(ICAM DEFinition method)ICAM(Integrated Computer Aided Manufactur)FIPS(Federal Information Processing Standards)(联邦资讯处理标准)Publication 183，1993.

附　录　C
（资料性附录）
企业模型的决策视图

C.1　引言

一个企业是通过功能和责任级别来组织的。决策是在多个功能和级别的内部决定的。决策视图有意从制定决策的观点来支持集成。在多个功能内部制定决策应该是一致的，从这个意义上来讲它们将有助于达到企业的全局目标。这也意味着在时间范围内制定各种决策是同等的。在生产管理和生产控制域里，为了在合适的时间里，合适的机器上和合适的人得到合适的原材料和产品，意味着决策在多个时间范围内被决定。

在这个附录里描述的决策视图确定了生产计划和控制决策以及它们之间的关系。制定这些决策所用的内容来自所建立的组织视图下的信息和资源视图。

决策视图和企业决策结构的描述有关，此描述提供了决策的题目、维度、准则和依赖性。这个附录表示了与决策视图有关的基本概念并且集中在生产管理域。

决策视图按照一系列决策中心和决策链定义了一个通用集成决策系统结构。它是一个在生产计划和控制域中通用的集成决策结构。它是特殊系统阐述决策模型的基础。

决策视图是为以下人员：

a）　决策者负责生产管理和生产控制；

b）　涉及履行日生产计划和控制活动；

c）　涉及设计生产计划和控制系统；

d）　涉及开发生产计划和控制软件（例如：MRPⅡ，ERP 等等）；

e）　涉及总的企业工程和集成项目。

C.2　决策视图的概念

C.2.1　“决策”

术语““决策”涉及到“与作出选择有关的那些活动或者过程”；决策本身是“在不同的活动过程中选择结果”。作出决策的活动包括从一系列已知的变量中选择；这个变量最好在约束的范围内符合目标的要求。

C.2.2　决策的功能维

制定决策的活动按照它们所处理的事件［产品（P）、资源（R）、时间（T）］分成功能维数。这些事件的结合导致了以下分类（见图 C.1）：

a）　“物料管理”（例如制成品、部件、零件和原材料）。这些决策与产品和时间（交集）的管理有关（$P\cap T$）。这个范畴的主要决策是和什么、什么时候、在哪里获得的产品数量和合适的存货水平有关。

b）　“资源管理”（例如信息技术和制造业技术资源以及人员）。这些决策与时间和资源（交集）的管理有关（$R\cap T$）。这个范畴的主要决策与资源能力和容量的管理有关。

c）　“生产计划”（例如总体调度，车间级生产调度等）。这些决策与产品计划有关，这些计划是与资源与时间（交集）中的产品流同步的。

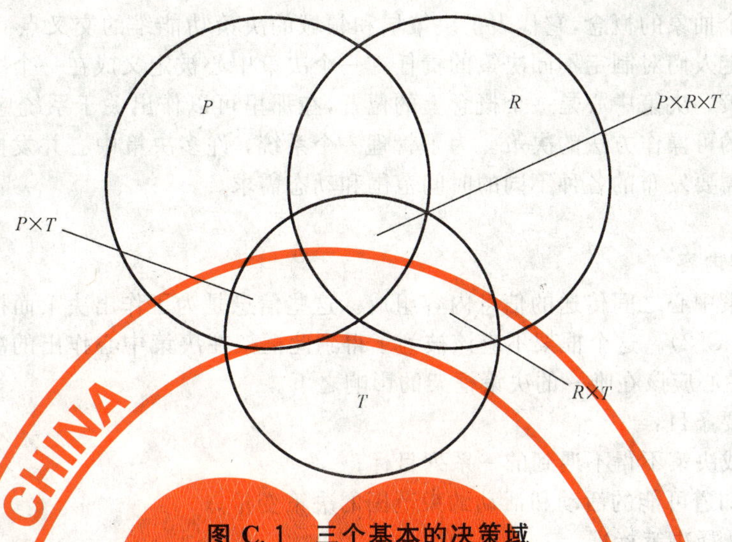

图 C.1 三个基本的决策域

C.2.3 决策的时间维

决策被分成三个维数：

a) 在范围内是长期和战略性的，这些长期的决策和目标的定义有关，这些目标的定义与企业的全局目标一致；

b) 在范围内是中期和战术性的，这些中期的决策是为了达到战略目标所采取的措施（包括人力和设备资源）的执行有关；

c) 在范围内是短期和操作性的，这些短期的决策与活动的计划和执行有关，所采取的措施在中期定义。

C.2.4 特殊时间决策概念

C.2.4.1 时间范围

制定决策需花费的一段时间。即如果一项决策在六个月的时间内被制定，那么时间范围为六个月。时间范围的概念和计划是紧密联系的。因此时间范围的概念与时间维（长期、短期等等）的概念有关，但是更精确。例如，在工业生产系统中，时间范围量化为与客户有关的定货周期、原材料需求循环周期和制造周期。

C.2.4.2 规划周期

规划周期与控制和调整概念密切相关。当基于目标的决策已经被制定，并用来完成一些活动以及后来时间范围内的一些活动时，这些活动的执行需要被监控。在活动被全部完成并且时间范围被终止之前，与目标有关的中间结果需要被测量。如果测量值表示与参考目标存在背离，应该做调整。规划周期是指从一个决策到什么时候决策将被重新评估的这段时间。

例：一个三个月的计划可能被重新评估并且每两周被决定，那么，时间范围是三个月并且规划周期是两周。

规划周期的概念允许一个管理者考虑系统的变化，这些变化来自系统内部行为（例如干扰或机器故障）和外部行为（例如，新客户订单到达或与供货商相关问题的出现）。

C.2.5 决策层

决策层是一个代表制定决策层次的抽象概念。它是由一对表明时间范围和规划周期的值（H，P）来定义，在给定的决策层次上，所有决策的制定将由同样的一对时间范围和规划周期来决定。

一个特殊的决策层次可以被映射到三个基本的时间维之一（长期，中期和短期），三个基本的时间维的每一个可以被分解到子层。例如，在一些公司决策的长期层次可以有两个子层分别处理制造业战略和长期生产计划（见 C.4）。

C.2.6 决策中心

决策中心是一个抽象的概念,它代表了决策层和领域的决策功能维的交叉点。决策中心被映射到一个企业组织来确定人们对制定不同决策的责任。一个决策中心被定义成在一个决策层和属于一个功能维的一系列的决策。决策中心是一个概念上的位置,在那里可以作出关于系统应该达到各种目标以及与这些目标一致的可操作方法的决策。为了管理一个系统,许多决策中心并发操作,每一个决策都动态反映管理决策需要发布的各种不同的时间范围和动态需求。

C.2.7 决策框架

C.2.7.1 决策框架内容

决策框架由决策中心之间传送的信息内容组成。这些信息是为了作出决策而描述的一系列限制了自由度的条目(见图 C.2)。这个框架不应该被为了得到此框架在决策中心作出的决策而改变。为了避免冲突,一个决策中心应该在唯一的决策框架的影响之下。

影响决策的主要条目:

a) 决策目标或决策不得不遇到的一系列目标;

b) 使决策者知道可能的活动和活动约束范围的决策变量;

c) 指导决策选择决策标准。

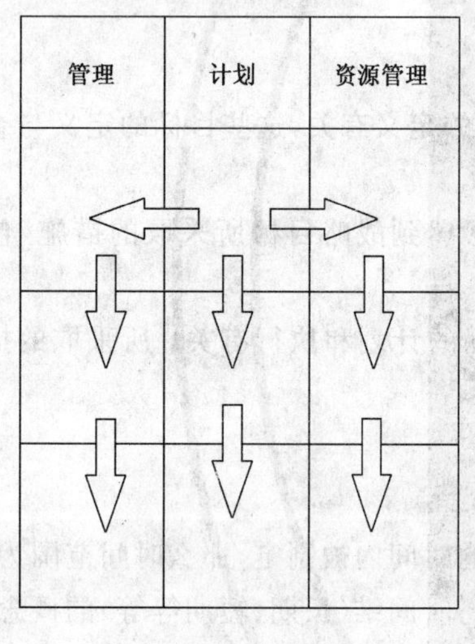

a) 协调结构

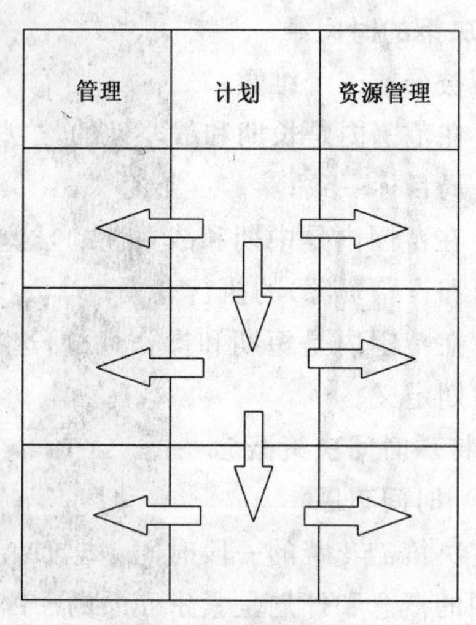

b) 同步结构

图 C.2 决策链的类型

决策框架形成的条目主要由决策系统的层次决定。这些条目通过决策系统的层次用一致的方法自上而下地进行分解。因此,通过决策框架,一个决策中心把目标、决策变量、约束和准则传送给另一个决策中心,当作决定的时候后者应该考虑这些因素。这种传输表现为对话(称作决策链)。

存在两个基本的被不同类型的对话所定义的框架结构:协调和同步,如图 C.2 所示。协调结构强调在不同决策层次的协调,而同步结构强调各种决策功能维之间的同步,结构的选择依赖企业的管理风格和栅格被应用的位置。

C.2.7.2 决策目标

目标表示性能目标,这些性能目标可以是产品成本、交货时间、质量水平。例如,每个决策中心需要目标,每次做出一个决策。全局目标与整个产品系统有关。并且按照协调的原理,将始终如一地把局部目标传给所有的决策中心。

C.2.7.3 决策变量

决策变量是这样一些条目,基于决策变量一个决策中心可以做出决策,这些决策允许决策中心达到它的目标。

例如:安排工人的工作时间,一个决策变量可以是“额外工作时间”。调度决策框架宣称调度决策为了达到调度的目的可以决定额外工作时间的值。

一个决策中心可以按照一个或更多的决策变量决定它们各自的值。换句话说,决策在决策空间中被制定。决策空间的维度是由决策变量的数目决定的,见图C.3。

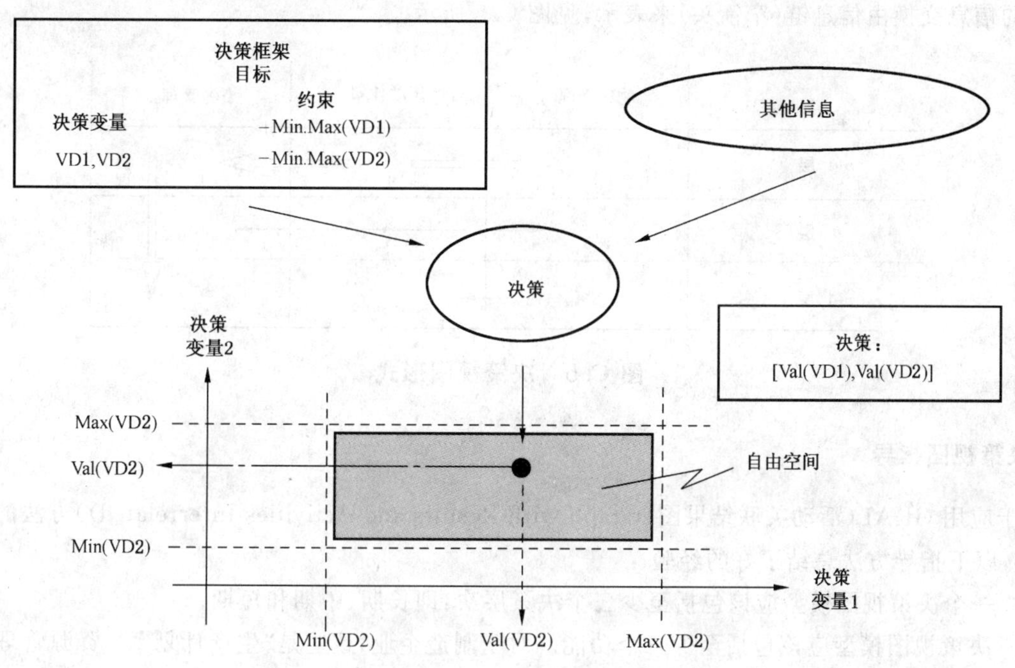

图C.3 一个决策中心之内的决策空间

C.2.7.4 决策约束

约束是变量可能存在值的一些限制。决策约束决策中心选择决策变量任意值的自由。

C.2.8 性能指标

性能指标是一些信息的集合,它们提供了一个方法,允许系统的性能和系统的目标进行比较。性能指标由它的名称、值域以及决定它值的过程定义的。

性能指标应该和目标一致,因为它需要比较性能目标和性能成果(指标)。性能指标也应该与决策变量一致,因为这些变量将影响所监控的性能(可控性)。主要的问题是能按照三角关系一致性(见图C.4)确保在决策中心范围内部的一致性。如果性能指标能验证到达目标并且被决策变量的行为所影响,这个一致性会保证。

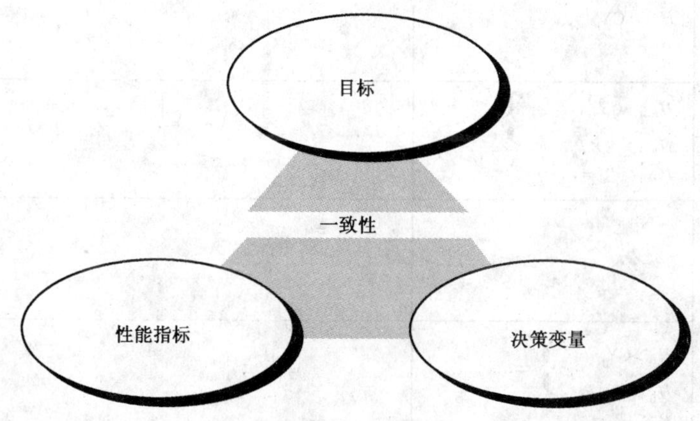

图C.4 (目标、变量、性能指标)三角的一致性

C.3 视图形式

决策视图由一个栅图(见图 C.5)表示，行表示决策水平层次，列表示决策功能维。行和列的交叉矩形是决策中心，决策中心和决策链有关(宽箭头)如图 C.2 和图 C.5 所示。除了决策链，决策中心之间简单的信息交换由信息链(窄箭头)来表示，见图 C.5 所示。

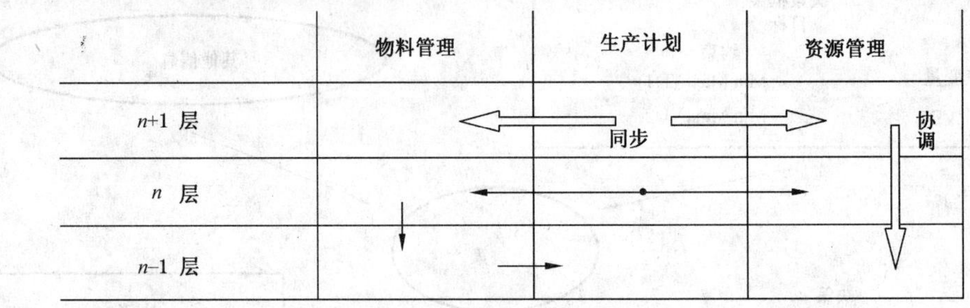

图 C.5 决策视图形式

C.4 决策视图指导

基于应用 GRAI (活动关联结果图(Graph with Results and Activities Interrelated))方法的实际经验[1],[2],以下指导方法总结了好的经验：

a) 一个决策视图模型应该包括至少三个决策层次：即长期、中期和短期；

b) 决策视图模型应该包括至少三个功能。对于制造企业，这些是“生产计划”、“资源管理”和“物料管理”；

注 1：另一些与研究相关的功能可以依据所研究公司的特殊性而添加，在一些情况下，“资源管理”功能在人员和设备的类型上有所区别，“物料管理”功能可能也被分成“购买”和“库存”。

c) 在一个给定的决策层，时间范围 H 应该长于活动循环 CY，活动循环 CY 被所在层次的决策所支配；

注 2：例如，如果一个决策与车间的计划有关，时间范围(H)应该比车间所观测的制造循环时间长。

d) 在一个给定的决策层，时间范围 H 应该长于规划周期 P 的两倍；

e) 层被减少的时间范围和减少的规划周期为了相等的时间范围而分类；

f) n 层的时间范围应该至少和 $n-1$ 层的规划周期一样长。

图 C.6 总结了当构建视图时，决策层之间时间一致性的关系。

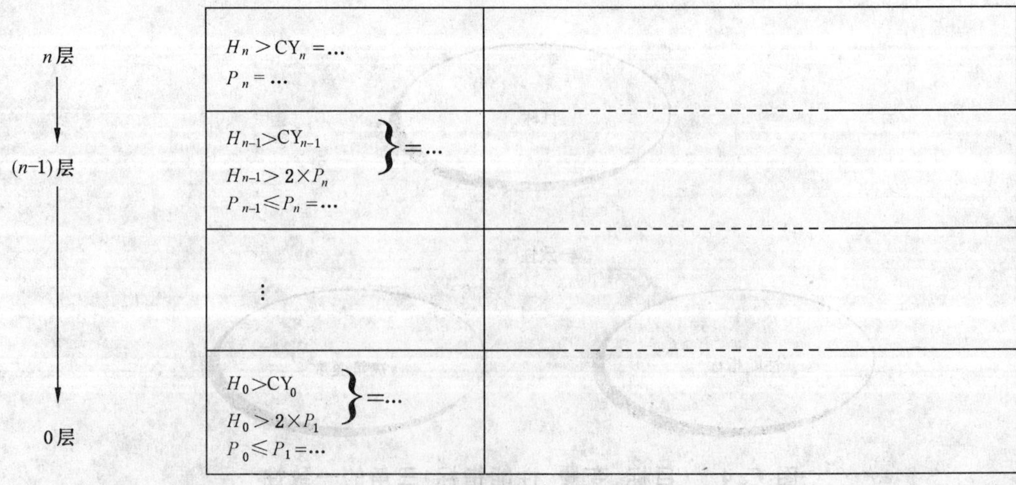

图 C.6 决策层次之间的时间一致性

C.5 生产计划和控制决策视图的实例

为了得到一个一致的、完整的、系统的决策视图，来自每个决策中心的决策应该被一个决策框架所限制。这些决策框架的结构和细节不是这个附录所关注的，因为它们是企业特色的。因此，作为一个通用的例子，C.1 所示的例子不包括任何决策和信息链，时间范围和规划周期的特定值也是这样。因为这些依赖于特定企业的特性，并且在研究一个特殊的企业时将被决定。

注 1：当阐述一个特殊系统的决策视图时，如图 C.2 所示的两种结构类型之一可以选择并且适合定义决策中心之间可能的决策链。

一个完整的生产计划和控制的决策视图如表 C.1 所示，各种生产计划和控制活动被分类和映射到基本的决策系统结构。

表 C.1 生产计划和控制决策视图的实例

	物料管理 $P\cap T$	生产计划 $P\cap R\cap T$	资源管理 $R\cap T$
长期(在范围上是战略性的)(H,P)	—定义供应政策(频率，质量等等)； —定义库存政策； —决定所希望的库存水平； —发布关键零件/原材料的需求	—决定计划参数(批量、规则等)； —建立长期生产计划(根据产品系列)； —主产品进度计划(依据成品和主要零部件)	—评估基于长期生产计划的资源能力需求； —定义资源管理政策(包括分包政策)； —发布资源获取的请求求(包括人员和设备)
中期(在范围上是战术性的)(H,P)	—执行供应和库存政策； —发布原材料(零件)需求请求； —按需求调整长期决策	—建立零件的产品计划	—执行资源管理政策(例如分包商)； —安装新购买的设备； —培训新员工； —明细产能； —调整在不同地点、车间、单元的资源能力等
短期(在范围上是可操作的)(H,P)	—监控所购买原材料/零件的接收； —管理原材料短缺； —发布紧急和特殊的原材料购买需求； —原材料和零件到制造最终产品的预定； —管理库存水平； —库存和生产调度报告	—定义一个车间详细生产调度计划； —分配制造定单； —监控产品的进展； —报告产品状态； —说明资源的可用性和原材料短缺以调整生产计划	—基于车间详细生产计划来分配人员到设备； —处理机器故障； —处理操作工矿工

决策视图包括三个功能维：

a) “物料管理”与产品(原材料、零件或部件)直到获得成品的决策有关；

b) “生产计划”与资源到产品的转化有关，它主要的目的是通过同步来自“物料管理”和“资源管理”的决策来管理生产；

c) “资源管理”与决定资源政策(人或设备)以及生产负荷资源能力的决策有关。

决策视图包括三个时间维：

a) 来自长期层次的决策来处理生产，供货和资源管理政策(例如所希望的库存水平、关键的原材料清单、分包或否)，并且定义能达到战略水平的生产目标；

b） 来自中期层次的决策与达到战略目标所需战术手段的执行有关(例如购买原材料、增补资源(包括人和设备)。如果生产规模增加,选择分包商和详细说明分包条目);

c） 来自短期层次的决策与生产运营的有限调度能力有关,使用这些战略手段来达到战略目标。这些决策应该以这种方式作出:合适的产品由合适的人在合适的时间,在合适的机器上制造。

注 2:时间范围和规划周期的值根据每个特殊企业的规模和活动在层次上变化。对一个大公司来说,在复杂产品(例如飞机)的情况下,长期的时间范围可以是一年或两年。而对小公司而且简单的产品,例如家具,长期的时间范围在六个月到两年。这些值应该由特殊的环境来决定。

C.6 决策视图的参考文献

[1] Doumeingts, G.(1984), Méthode GRAI: méthode de conception des systèmes en productique. AutomaticControl(自动控制), University Bordeaux(波尔多大学)I, 519 p..(in French).

[2] Doumeingts, G., Vallespir, B. and Chen, D.(1998), Decision modelling GRAI (Graph with Results and Activities Interrelated) grid,(决策建模 GRAI 珊格) in: Handbook on Architecture for Information Systems(信息系统的体系结构手册)(Peter Bernus, Kai Mertins, Gunter Schmidt.(Eds.)), Springer.

[3] CEN TS 14818 (2004): Enterprise Integration - Decisional Reference Model(企业集成—决策参考建模), Technical Specifications(技术规范),CEN(欧洲标准化委员会), April 2004.

附 录 D
（资料性附录）
参 考 资 料

D.1 CIMOSA 参考文献

AMICE, ESPRIT Project 688,"Open System Architecture for CIM"("CIM 开放系统体系结构"),Springer-Verlag,Berlin,1988.

AMICE Consortium,"Open System Architecture for CIM",Research Report of ESPRIT Project 688,Vol. 1("CIM 开放系统体系结构",ESPRIT 项目 688 研究报告第 1 卷),Springer-Verlag,Berlin,1989.

AMICE Consortium,"Open System Architecture, CIMOSA,AD1.0, Architecture Description," ESPRIT Consortium AMICE("开放系统体系结构,CIMOSA,AD1.0 体系结构描述",ESPRIT 联合体 AMICE),Brussels,Belgium,1991.

AMICE Consortium,"CIMOSA Architecture Description," ESPRIT Project 5288("CIMOSA 体系结构描述",ESPRIT 项目 5288),Milestone M-2,AD 2.0, 2, Document RO44 3/1, Brussels,Belgium,August 24,1992.

Beeckman,Dirk,"CIMOSA :Computer Integrated manufacturing—Open System Architecture," International Journal of Computer Integrated Manufacturting("CIMOSA 计算机集成制造 开放系统体系结构",国际计算机集成制造杂志),Vol. 2,pp. 94-105,1989.

CIMOSA Association,"CIMOSA-Open System Architecture for CIM" Technical Baseline("CIMOSA—CIM 开放系统体系结构",技术基准),Version. 3.2,private publication ,March 1996.

Gransier,T. ,and Schonewolf,W. (Editors), Special Issue :"Validation of CIMOSA(专题:"CIMOSA 的验收"),工业计算机,Vol. 27 No. 2,pp. 95-213,October 1995. Devoted exclusively to CIMOSA-Based Discussions(仅适用于基于 CIMOSA 的讨论).

Jorysz,H. R. and Vernadat,F. B. ,"CIMOSA Part 1 :Total Enterprise Modelling and Function View," International Journal of Computer Integrated Manufacturing(" CIMOSA 第 1 部分:企业建模与功能视图总论",国际计算机集成制造杂志),Vol. 3,1990:144-156.

Jorysz,H. R. and Vernadat,F. B. ,"CIMOSA Part 2 :Information View," International Journal of Computer Integrated Manufacturing("CIMOSA 第 2 部分:信息视图",国际计算机集成制造杂志),Vol. 3,1990:157-167.

Klittich,M. ,"CIMOSA Part 3 : CIMOSA Integrated Infrastructure—the Operational Basis for Integrated Manufacturing Systems," International Journal of Computer Integrated Manufacturing("CIMOSA 第 3 部分:CIMOSA 集成基础设施 集成制造系统的运行基础",国际计算机集成制造杂志),Vol. 3,1990:168-180.

Vernadat,F. ,"Modelling CIM Enterprise with CIMOSA ," in Proceedings of Rensselaer's Second International Conference on Computer Integrated Manufacturing("建立具有 CIMOSA 的 CIM 企业模型",伦塞勒尔第二届计算机集成制造的国际会议论文集),May 1990:236-243.

Vlietstra,Jacob,"An Open System Architecture in Computer-Integrated Manufacturing: CIMOSA ," Journal of Applied Manufacturing Systems("计算机集成制造中的开放系统体系结构:CIMOSA",应用制造系统杂志),Summer,1991:23-25.

D.2 GRAI-GIM 参考文献

Chen David,"GRAI Integrated Framework for Enterprise Integration," Minutes,Eleventh Workshop Meeting,IFAC/IFIP Task Force on Architectures for Enterprise Integration("企业集成的 GRAI 集成框架",第 7 次研讨会纪要,IFAC/IFIP 特别工作组关于企业集成体系结构),Galway,Ireland,April 18-19,1995.

Doumeingts,G. ,Methode GRAI,Methode de Conception des Systems en Productique,Thesis d'etat:Automatique;University de Bordeaux 1(GRAI 方法论:生产中的系统概念方法论,自动化理论:波尔多第一大学),France,November 13,1984.

Doumeingts,G. , Vallespir,B. , Darracar,D. ,and Roboam,M. ,"Design Methodology for Advanced Manufacturing Systems,"Computer in Industry("先进制造系统的设计方法论",工业计算机),Vol. 9,1987:271-296。

Doumeingts,G. ,Vallespir,B. ,and Marcotte, F. ,"A Proposal for an Integrated Model of a Manufacturing System:Application to the Re-engineering of Assembly Shop," Control Engineering Practice("制造系统的集成模型的建议:装配车间的重建工程的应用",控制工程实践)Vol 3,No. 1,1995:67.

Doumeingts,G. ,Vallespir,B. ,Zanettin, M. ,and Chen,D. , GRAI-GIM Integrated Methodology, A Methodology for Designing GIM Systems(GRAI-GIM 集成方法论,设计 CIM 系统的一种方法论),Version 1.0, LAP/GRAI,University Bordeaux,1,France,May 1992.

D.3 PERA 参考资料

Li,Hong, and Williams,T. J. ,A Formalization and Extension of the Purdue Enterprise Referense Architecture and the Purdue Methodology,Technical Report 158,Purdue Laboratory for Applied Industrial Control,Purdue University (《普渡企业参考体系结构与普渡方法论》的形式化与扩展, 技术报告 158, 应用工业控制的普渡实验室,普渡大学),W. Lafayette,IN,December 1994.

Rathwell,G. A. ,and Williams,T. J. ,"Use of the Purdue Enterprise Reference Architecture and Methodology in Industry(普渡企业参考体系结构和方法论在工业中的使用)(the Fluor Daniel Example),"in Modeling and Methodologies for Enterprise Integration(企业集成的建模与方法论)(P. Bernus and L. Nemes,Editors),Chapman and Hall,London, 1996.

Williams,T. J. ,"The Purdue Enterprise Reference Architecture(普渡企业参考体系结构),", Computers in Industry,Vol. 24,No. 2-3,1994:141-158.

Williams,T. J. , Rathwell,G. A. ,and Li,Hong(Editors),A Handbook on Master Planning and Implementation for Enterprise Integration Programs(关于企业集成程序的主计划和实施手册), Report 160, Purdue Laboratory for Applied Industrial Control, Purdue University, W. Lafayette, In, 1996.

Williams,T. J. ,The Purdue Enterprise Reference Architecture,Instrument Society of America(普渡企业参考体系结构,美国仪器协会), Research Triangle Park,NC, 1992. Purdue Reports are available from Purdue University (http://www.ecn.purdue.edu/IIES/PLAIC).

D.4 GERAM 参考资料

Bernus,Peter and Nemes,Laszlo,"A Framework to Define a Generic Enterprise Reference Architecture and Methodology,"minutes,Eighth Workshop Meeting, IFAC/IFIP Task Force on Architectures for Enterprise Integration ,Vienna,Austria("定义通用企业参考体系结构与方法论的框架",第 8 次研讨会纪要,IFAC/IFIP 关于企业集成体系结构的特别工作组,奥地利维也纳),June 11-12,1994.

Bernus,Peter and Nemes,Laszlo,“A Framework to Define a Generic Enterprise Reference Architecture and Methodology,”minutes,Ninth Workshop Meeting, IFAC/IFIP Task Force on Architectures for Enterprise Integration ,Ottawa,Canada(“定义通用企业参考体系结构与方法论的框架”,第9次讨论会纪要;IFAC/IFIP 关于企业集成体系结构的工作组,加拿大渥太华),August 25-26,1994;also in Proceedings of the International Conference on Automation ,Robotics and Computer Vision(亦登载在国际自动化、机器人和计算机视觉的会议论文集中)(ICARCV'94),Singapore,November 10-12,1994.

Bernus,Peter and Nemes,Laszlo,“Enterprise Integration,Engineering Tools for Designing the Business Process of Enterprise,”Paper presented at the Austrilian-Taiwan Joint Workshop on Materials (“设计企业经营过程的企业集成和工程工具”,由澳-台联合研讨会提交的论文),Wollongong East, NSW,Australia,June 26-27,1995;minutes,Twelfth Workshop Meeting; IFAC/IFIP Task Force on Architectures for Enterprise Integration,Purdue University,West Lafayette,Indiana,USA,June 19-21,1995.

Bernus,Peter and Nemes,Laszlo, A Framework to Define a Generic Enterprise Reference Architecture and Methodology,Divisional Report Number: MTM 366,CSIRO Division of Manufacturing Technology, Preston,Victoria,Australia 3072,undated. Also in minutes,Tenth Joint Meeting, IFAC/IFIP Task Force on Architectures for Enterprise Integration(“定义通用企业参考体系结构与方法论的框架”,分报告号:MTM 366,制造技术的CSIRO分部,澳大利亚维多利亚州布列斯敦3072更新版.同时还载入第10次联合研讨会记要中,IFAC/IFIP关于企业集成体系结构的特别工作组),Singapore, November,7-8,1994,Grenoble,France,December 13,1994.

Williams,T.J.,“Contributions of the Purdue Enterprise Reference Architecture and Mechodology (PERA) to the Development of a General Enterprise Reference Architecture and Methodology (GERAM),”in Proceedings of the Third International conference on Automation,Robotics and Computer Vision(“普渡企业参考体系结构和方法论(PERA)对开发通用企业参考体系结构和方法论(GERAM)的贡献”,载入第三届国际自动化、机器人和计算机视觉会议论文集(ICARCV'94). Singapore,November 9,1994:83-87.

Williams,T. J. ,and Li, Hong,“Proposed Three-Dimensional Model of GERAM,”minutes, Tenth Joint Workshop Meeting(“关于GERAM三维模型的建议”,第10次联合研讨会议记要),IFAC/IFIP Task Force on Architectures for Enterprise Integration,Grenoble,France,December 13,1995.

Williams,T. J. ,and Li,Hong, A Specification and Statement of Requirement for GERAM,Report 159 (GERAM 的技术规范及需求描述,159报告),Purdue Laboratory for Applied Industrial Control, Purdue University,West Lafayette,IN,September 1995.

D.5 IFAC/IFIP 特别工作组有关工作的参考资料

Bernus,P. ,and Nemes,L. ,Modelling and Methodologies for Enterprise Integration(企业集成的建模与方法论),Chapman and Hall,London,1996. Contains papers on all the architectures discussed and related research by Task Force members and others(收集了由工作组成员及其他人撰写的有关体系结构的讨论和研究的论文).

Bernus,P. ,Nemes,L. ,and Williams,T. J. ,(Editors),Architectures for Enterprise Integration, Chapman and Hall,London,1996. Revised book version of Williams,1993.

Williams,T. J. (Editor),Architectures for Integrating Manufacturing Activities and Enterprises, Technical Report(集成制造活动与企业的体系结构,技术报告),IFAC/IFIP,Task Force,Purdue University,West Lafayette,In,March 1993,revised May 1993. Williams,T. J. ,Bernus,P. ,Brosvic,J. ,

Chen,D.,Doumeingts,G.,Nemes, L.,Nevins,J. L.,Vallespir,B.,Vlietstra,J.,and Zoetekouw,D., "Architectures for Integrating Manufacturing Activities and Enterprises,"Prodeedings,Twelfth IFAC Congress("集成制造活动和企业的体系结构",第12届IFAC年会论文集),Sydney,Australia,July 19-23,1993;Chapman and Hall,London(1994); also presented at the IFIP WG5.3 Workshop on Toward World Class Manufacturing(同时在IFIP的WG5.3关于走向世界级制造的研讨会上宣读), Litchfield Park,Arizona,Sept. 13-16,1993,and at the JSPE-IFIP的WG5.3 Workshop on The Design of Information Infrastructure Systems for Manufacturing(在JSPE-IFIP的WG5.3关于设计制造信息基础设施系统的研讨会上宣读), Tokyo,Japan,Nov. 8-10, 1993. It was published in the Proceedings of both workshops as published by Elsevier-North Holland for IFIP(同时还发表在IFIP在荷兰北埃尔塞维尔召开的研讨会论文集中).

Williams, T.J., Bernus, P., Brosvic, J., Chen, D., Doumeingts, G., Nemes, L., Nevins, J. L., Vallespir, B.,Vlietstra, J., and Zoetekouw, D., "Architectures for Integrating Manufacturing Activities and Enterprises(集成制造活动与企业的体系结构),"Computers in Industry, Vol. 24, No. 2-3, pp. 111-139, 1994; Control Engineering Practice, Vol. 2, No. 6,1994:939-960.

D.6 企业集成领域中其他重要参考资料

Kosanke, K., and Nell, J. G. (Editors), Enterprise Engineering and Integration: Building International Consensus(企业工程与集成:建立国际一致同意的意见), Springer Verlag, 1997 (ISBN 3-540-63402-9).

Petrie, C. J., Jr. (Ed.), "Enterprise Integration Modelling," Proceedings of the first International Conference on Enterprise Integration Modelling Technology("企业集成建模".关于企业集成建模技术的第一届国际会议论文集), MIT Press, 1992.

Scheer, A-W, Architecture for Integration Information System(集成信息系统的体系结构), Berlin, 1992.

Scheer, A-W, Enteprise-wide Data Modelling- Information Systems in Industry(企业中的数据建模——工业中的信息系统), Springer Verlag, Berlin-Heidelberg, 1989.

Spur, G., Mertins, K., Jochem, R., Integrated Enterprise Modelling(集成化企业建模), Beuth-Verlag, Berlin, 1996.

Vernadat, F. B., Enterprise Modelling and Integration, Chapman and Hall, London, 1996. A general text of the field but presenting much on CIMOSA(该领域的一般论文,大部分发表在CIMOSA上).

Yuliu Chen and M. M. Tseng. A Stair-Like CIM System Architecture.(阶梯形CIM系统体系结构)IEEE Trans. on CPMT Part C, April 1997:101-110.

ICS 65.020.01
B 30

中华人民共和国国家标准

GB/T 18765—2008
代替 GB/T 18765—2002

野山参鉴定及分等质量

Identification and grade quality standards of wild ginseng

2008-11-20 发布

2009-05-01 实施

中华人民共和国国家质量监督检验检疫总局
中国国家标准化管理委员会 发布

前言

本标准代替 GB/T 18765—2002《野山参分等质量》。

本标准与 GB/T 18765—2002 相比主要变化如下：

——增加了术语和定义的条目；

——增加了术语的英文注释；

——增加了理化指标、卫生指标的检验项目；

——规范标准的格式，增加规范性附录。

本标准的附录 A 为规范性附录。

本标准由国家标准化管理委员会提出并归口。

本标准负责起草单位：国家参茸产品质量监督检验中心、吉林人参研究院、吉林省参茸办公室。

本标准参加起草单位：香港李熊记有限公司、北京同仁堂药材有限公司、杭州市药品检验所、上海雷允上药业有限公司雷氏保健品分公司、杭州胡庆余堂国药号有限公司、吉林省延边野山参研究所、辽宁祥云药业有限公司、吉林省集安市新开河有限责任公司。

本标准主要起草人：仲伟同、曹志强、冯家。

本标准参加起草人：武伦鹏、李震熊、王志举、潘琳珍、郭怡飚、杨仲英、于振江、曾祥云、李学军、杨文志。

本标准所代替标准的历次版本发布情况为：

——GB/T 18765—2002。

野山参鉴定及分等质量

1 范围

本标准规定了野山参的术语和定义、技术要求、检验方法、检验规则、标志、标签和包装以及运输和贮存。

本标准适用于野山参的加工、等级分类和技术鉴定。不适用于野生人参。

人参作为药用时应遵循《中华人民共和国药典》(最新版本)。

2 规范性引用文件

下列文件中的条款通过本标准的引用而成为本标准的条款。凡是注日期的引用文件，其随后所有的修改单(不包括勘误的内容)或修订版均不适用于本标准，然而，鼓励根据本标准达成协议的各方研究是否可使用这些文件的最新版本。凡是不注日期的引用文件，其最新版本适用于本标准。

GB/T 191 包装储运图示标志

GB/T 5009.11 食品中总砷及无机砷的测定

GB/T 5009.12 食品中铅的测定

GB/T 5009.13 食品中铜的测定

GB/T 5009.15 食品中镉的测定

GB/T 5009.17 食品中总汞及有机汞的测定

GB/T 5009.19 食品中六六六、滴滴涕残留量的测定

GB/T 5009.20 食品中有机磷农药残留量的测定

GB/T 5009.22 食品中黄曲霉毒素 B_1 的测定

GB/T 5009.34 食品中亚硫酸盐的测定

GB/T 5009.36 粮食卫生标准的分析方法

GB/T 5009.103 植物性食品中甲胺磷和乙酰甲胺磷农药残留量的测定

GB/T 5009.104 植物性食品中氨基甲酸酯类农药残留量的测定

GB/T 5009.110 植物性食品中氯氰菊酯、氰戊菊酯和溴氰菊酯残留量的测定

GB/T 5009.136 植物性食品中五氯硝基苯残留量的测定

GB/T 5009.145 植物性食品中有机磷和氨基甲酸酯类农药多种残留的测定

GB 7718 预包装食品标签通则

《中华人民共和国药典》(2005 年版一部)

3 术语和定义

下列术语和定义适用于本标准。

3.1

野生人参 original ecological ginseng

自然传播、生长于深山密林的原生态人参。

3.2

野山参 wild ginseng

自然生长于深山密林的人参(不包括野生人参)。

3.3

生晒野山参　dried wild ginseng

刷洗后烘干或晒干的野山参。

3.4

人参芽苞　dormant bud of ginseng

人参芦头上的越冬芽。

3.5

人参芦碗　rhizome nodes of ginseng

人参地上茎的残痕。

3.6

人参芦　rhizome of ginseng

人参主根上部的根茎。

3.7

野山参五形　five shapes

芦、艼、体、纹、须。

3.7.1

圆芦　column rhizome

芦下部与主根相连的一段芦,呈圆柱状,其上有疙瘩状芦碗残痕。

3.7.2

堆花芦　duihua rhizome

圆芦上部的一段芦,芦碗密集,状如堆花。

3.7.3

马牙芦　rhizome in the shape of horse tooth

堆花芦上部的一段芦,芦碗较大,状如马牙。

3.7.4

二节芦　rhizome with two sections

同时具有圆芦和堆花芦或堆花芦和马牙芦的根茎。

3.7.5

三节芦　rhizome with three sections

同时具有圆芦、堆花芦、马牙芦的根茎。

3.7.6

缩脖芦　neck-shrinking rhizome

因生长条件限制芦较短。

3.7.7

竹节芦　rhizome in the shape of bamboo joint

芦碗间距大,不紧密,形如竹节。

3.8

人参艼　adventitious roots

生长于芦上的不定根。

3.8.1

枣核艼　adventitious root in the shape of jujube pit

两端细、中间粗,形如枣核的人参艼。

3.8.2

毛毛艼　hairy adventitious roots

较细的不定根。

3.8.3

艼变　deformed adventitious roots

主根消失，艼继续生长代替主根，又称艼变参。

3.9

人参体　body

人参的主根。

3.9.1

灵体　spirited body

形如元宝形或菱角状，两条腿明显分开的体。

3.9.2

疙瘩体　lumpish body

主根粗短，形如疙瘩状。

3.9.3

顺体　slender body

主根顺长。

3.9.4

笨体　clumsy body

主根形状不灵活，腿有两条以上。

3.9.5

过梁体　body in the shape of ridge

主根分岔角度较大，形如山梁。

3.9.6

横体　horizontal body

主根横向生长。

3.10

纹　grains

在主根上形成的纹理。

3.10.1

紧皮细纹　tight and fine grains

皮色细腻，间部环纹清晰紧密。

3.10.2

跑纹　grains running down

肩膀头的环纹延伸到主体下部。

3.10.3

断纹　broken grains

环纹不连续。

3.10.4

环纹　ring-like grains

一圈一圈的环状纹。

3.11

人参腿 legs

人参主体下部较粗的支根。

3.12

皮条须 longer fibrous roots of ginseng

野山参腿上生长的细长、柔韧性强、有弹性、珍珠疙瘩明显的须根。

3.13

珍珠疙瘩 pearl nodules

须根上的瘤状凸起。

3.14

异物 xenenthesis

人参本身以外之物，如：金属、木条等。

3.15

红皮 rusty substance in the cuticle

水锈

人参表皮呈现铁锈颜色的现象。

3.16

疤痕 scar

因损伤留下的痕迹。

3.17

跑浆 loss of sap

鲜人参主体变软的现象。

3.18

野山参粉 the powder of wild ginseng

粉碎至 60 目～100 目的野山参粉末。

4 技术要求

4.1 感官指标

4.1.1 基本要求

鲜野山参、生晒野山参，任何部位不得粘接，体内无异物，体不得做纹。

4.1.2 规格要求

野山参规格应满足表 1、表 2 的要求。

表 1 鲜野山参规格

级　别	重量 X/g
特级	$X \geqslant 60$
一级	$60 > X \geqslant 45$
二级	$45 > X \geqslant 35$
三级	$35 > X \geqslant 25$
四级	$25 > X \geqslant 18$
五级	$18 > X \geqslant 12$
六级	$12 > X \geqslant 5$
七级	$X < 5$

表 2　生晒野山参规格

级　别	重量 X/g
特级	$X \geqslant 15$
一级	$15 > X \geqslant 12$
二级	$12 > X \geqslant 9$
三级	$9 > X \geqslant 7$
四级	$7 > X \geqslant 5$
五级	$5 > X \geqslant 3$
六级	$3 > X \geqslant 1.3$
七级	$X < 1.3$

4.1.3　等级要求

野山参等级应满足表3、表4的要求。

表 3　鲜野山参等级

项目	特　等	一　等	二　等
芦	有三节芦，圆芦、堆花芦分明，个别有双芦和三芦以上。无疤痕、水锈，芽苞完整	有三节芦或两节芦，芦碗较大，个别有双芦和三芦以上。无疤痕、水锈，芽苞完整	有一节或两节芦，芦碗较大，芦头排列扭曲，有残缺、水锈、疤痕
艼	枣核艼，艼大小不得超过主体40%，不跑浆，须长下伸，无伤疤、水锈	枣核艼或毛毛艼，艼不得超过主体50%，不跑浆，须长下伸，无疤痕，水锈	有毛毛艼或艼变，艼大，有疤痕、水锈
体	灵体、疙瘩体，黄褐色或淡黄白色，紧皮细腻，有光泽，腿分裆自然，无下粗，不跑浆，无疤痕、水锈	顺体、过梁体，黄褐色或淡黄白色，紧皮细腻，有光泽，腿分裆自然，不跑浆．无疤痕、水锈	顺体、笨体、横体，黄褐色或黄白色，皮较松，体小、艼变、有疤痕及水锈
纹	主体上部的环纹细而深，紧皮细纹，不跑纹	主体上部的环纹细而深，紧皮细纹，不跑纹	主体上部的环纹不全，断纹或纹较少
须	细而长，柔韧不脆，疏而不乱，珍珠点明显，无伤残	细而长，柔韧不脆，有珍珠点，主须无伤残	有长有短，柔韧不脆，有珍珠点，有残缺

表 4　生晒野山参等级

项目	特　等	一　等	二　等
芦	三节芦，圆芦、堆花芦分明，个别有双芦或三芦以上，无疤痕、水锈	三节芦或两节芦，个别有双芦或三芦以上．芦碗较大，无疤痕、水锈	二节芦、缩脖芦，芦碗较粗，芦头排列扭曲，有残缺、疤痕、水锈
艼	枣核艼，艼大小不得超过主体40%，不抽沟．须长下伸，色正有光泽，无疤痕、水锈	枣核艼或毛毛艼，艼不得超过主体50%，不抽沟，须长下伸，色正有光泽，无疤痕、水锈	艼大或无艼，有残缺、疤痕、水锈
体	灵体、疙瘩体，色正有光泽，黄褐色或淡黄白色，不抽沟，腿分裆自然，无疤痕、水锈	顺体、过梁体，色正有光泽，黄褐色或淡黄白色，腿分裆自然，不抽沟，无疤痕、水锈	顺体、笨体、横体，黄褐色或淡黄白色，皮较松，抽沟，体小、艼变，有疤痕、水锈

表 4（续）

项目	特　等	一　等	二　等
纹	主体上部的环纹细而深，紧皮细纹，不跑纹	主体上部的环纹细而深，紧皮细纹，不跑纹	主体上部的环纹不全，断纹或环纹较少
须	细而长，疏而不乱，柔韧不脆，有珍珠点，无伤残	细而长，疏而不乱，柔韧不脆，有珍珠点，主须无伤残	细而长，柔韧不脆，有珍珠点，有部分伤残及水锈

4.1.4　野山参粉的加工要求

野山参粉加工销售时，应符合表 4 的规定。

4.2　理化指标

野山参、野山参粉末理化指标应满足表 5 的要求。

表 5　野山参理化指标

序号	项　目		特、一、二等品
1	干品水分/%		≤12.00
2	灰分/%	总灰分	≤4.00
		酸性不溶灰分	≤0.90
3	Rb_1、Re、Rg_1 薄层鉴别		应符合《中华人民共和国药典》(2005 年版一部)的规定
4	人参皂苷/%	Rb_1	≥0.60
		Re+Rg_1	≥0.40
5	人参总皂苷/%		≥4.40
注：鲜野山参的上述指标以干燥品计算。			

4.3　卫生指标

野山参卫生指标应满足表 6 的要求。

表 6　野山参的卫生指标

序号	项　目		特、一、二等品
1	卫生检验/(个/g)(只满足于密封类干燥产品)		菌落总数<10 000； 霉菌总数<100； 致病性大肠杆菌不得检出
	黄曲霉毒素 B_1/(mg/kg)		≤0.005[a]
2	有机氯农药残留/(mg/kg)	六六六(4 种异构体总量)	≤0.10
		滴滴涕(4 种异构体总量)	≤0.10
		五氯硝基苯	≤0.10
		七氯	≤0.02
		艾氏剂+狄氏剂	≤0.02
		氯氰菊酯	≤0.2
3	有机磷农药残留/(mg/kg)	马拉硫磷	≤0.5
		对硫磷	≤0.05
		久效磷	≤0.02
		乐果	≤0.05
		甲胺磷	≤0.05[a]
		克百威	≤0.1
		毒死蜱	≤0.5

表 6（续）

序号	项　目		特、一、二等品
4	二氧化硫/(g/kg)	二氧化硫(SO_2)	≤0.05
5	有害元素/(mg/kg)	砷(As)	≤2.0
		铅(Pb)	≤0.5
		镉(Cd)	≤0.5
		汞(Hg)	≤0.1
		铜(Cu)	≤20.0
注：鲜野山参的上述指标以干燥品计算。			
[a] 该数值为检验方法的最低检出限。			

5　试验方法

5.1　抽样和数量

每一批产品中按随机方法抽取样品，外观指标的检验，应逐支(盒)进行。作为原料用野山参进行理化指标检验时，每次取样品不得少于 10 g。

作为原料用的野山参应符合表 4 的规定，并进行理化、卫生指标检验，应随机抽样。理化、卫生指标应分别符合表 5、表 6 的要求。

5.2　规格等级

5.2.1　外观

按各种产品规格等级要求进行，取样后放在白瓷盘中。外观特征在自然光线下目测，重量用天平(0.1g)检验，应符合 4.1 的要求。标示量：打开包装后立即称量，不得低于标示量。

5.2.2　外观质量检查

5.2.2.1　外观质量、规格的检验用目测、天平称量，应符合表 3、表 4 的规定。

5.2.2.2　体内异物的检验可用金属探测设备进行。

5.3　理化指标检查

5.3.1　水分

按《中华人民共和国药典》(2005 年版一部)附录水分测定法中“烘干法”执行。

5.3.2　总灰分及酸不溶性灰分的测定

取样约 3 g，其他按《中华人民共和国药典》(2005 年版一部)附录(Ⅸ K)灰分测定方法执行。

5.3.3　人参皂苷 Rb_1、Re、Rg_1 的鉴别

按《中华人民共和国药典》(2005 年版一部)“人参鉴别”项下(2)方法鉴别。

5.3.4　人参皂苷 Rb_1、Re＋Rg_1 含量测定

按《中华人民共和国药典》(2005 年版一部)“人参”项下含量测定方法附录(Ⅵ D)测定。

5.3.5　人参总皂苷含量测定

人参总皂苷含量测定方法见附录 A。

5.4　卫生指标检查

5.4.1　微生物检验

5.4.1.1　常规卫生检验：按《中华人民共和国药典》(2005 年版一部)附录(XⅢ C)微生物限度检查方法执行。

5.4.1.2　黄曲霉毒素 B_1 的检验：按 GB/T 5009.22 规定执行。

5.4.2　六六六、滴滴涕的检测

按 GB/T 5009.19 规定执行。

5.4.3 五氯硝基苯的检测

按 GB/T 5009.136 规定执行。

5.4.4 七氯、艾氏剂和狄氏剂的检测

按 GB/T 5009.36 规定执行。

5.4.5 氯氰菊酯的检测

按 GB/T 5009.110 规定执行。

5.4.6 马拉硫磷、对硫磷、久效磷、乐果的检测

按 GB/T 5009.20 规定执行。

5.4.7 甲胺磷的检测

按 GB/T 5009.103 规定执行。

5.4.8 克百威的检测

按 GB/T 5009.104 规定执行。

5.4.9 毒死蜱的检测

按 GB/T 5009.145 规定执行。

5.4.10 二氧化硫的检测

按 GB/T 5009.34 规定执行。

5.5 砷、铅、铜、镉、汞的检测

砷的检测按 GB/T 5009.11 规定执行。

铅的检测按 GB/T 5009.12 规定执行。

铜的检测按 GB/T 5009.13 规定执行。

镉的检测按 GB/T 5009.15 规定执行。

汞的检测按 GB/T 5009.17 规定执行。

6 检验规则

野山参鉴定以外观鉴定为判定合格的标准，必要时进行理化和卫生指标的检验（型式检验）。

6.1 野山参产品应成批提交检验，检验分为出厂检验和型式检验。

6.2 出厂检验

每一批产品出厂前，由专业检验部门按 4.1 规定逐支（盒）进行检验，符合要求的应逐支拍照片，并上网备查，出具检验报告，检验证书至少要有两人签字，其中一名应是授权签字人，检验报告应经授权签字人签字同时加盖检验单位检验专用章。

6.3 型式检验

6.3.1 买卖双方发生质量争议时，可要求质量鉴定部门进行外观鉴定。外观鉴定如不能满足需要时，可要求质量鉴定部门进行理化和卫生检验。

6.3.2 作为原料用的野山参应符合 4.1.3、4.2 和 4.3 的规定。

6.4 判定规则

6.4.1 不符合 4.1 规定的，判定不合格。

6.4.2 作为原料用的野山参的理化指标有一项不合格时，再从该产品中加倍采样重新复检，如全部合格时可判定产品合格，仍有一项不合格时，可判定该产品为不合格产品。

6.4.3 卫生指标中有一项不合格时，判定不合格，细菌和霉菌检测指标不能复检。

7 标志、标签和包装

7.1 标志、标签

应标明产品名称、等级、质量、包装日期、产地等，外包装应标注“小心轻放”、“防雨”、“防摔”等符号，

其他应符合 GB/T 191、GB 7718 的规定。如是地理标志产品，应粘贴地理标志产品保护专用标志。

7.2 包装

每支野山参包装应用防潮、无毒、无异味的木盒或精制纸盒包装，野山参固定在台板上或散装，鉴定证书放在盒内，包装材料应符合卫生要求。

8 运输和贮存

8.1 运输

运输的交通工具应清洁、卫生、无异味；运输时应防雨、防潮、防曝晒，小心轻放；严禁与有毒、易污染物品混装、混运。

8.2 贮存

成品野山参应贮存在清洁卫生、阴凉干燥（温度不超过 20 ℃、相对湿度不高于 65%）、通风、防潮、防虫、无异味的库房中或冰柜中，鲜参应用保鲜专柜储存，定期检查贮存情况。

附 录 A
（规范性附录）
野山参总皂苷含量的测定方法

A.1 原理

因人参皂苷在正丁醇中分配系数较大，故用乙醚脱脂后，用水饱和正丁醇超声萃取纯化皂苷，人参皂苷可以与硫酸-香草醛显色，在544 nm波长处有最大吸收峰，在一定浓度下符合朗伯-比尔定律。

A.2 仪器

A.2.1 紫外-可见分光光度计。

A.2.2 索氏提取器。

A.3 试剂

A.3.1 乙醚、甲醇、硫酸、正丁醇、无水乙醇、香草醛均为分析纯。

A.3.2 人参皂苷 Re 对照品：应购于中国药品生物制品检定所。

A.3.3 8%香草醛乙醇试液：取香草醛 0.8 g，加无水乙醇使其溶解成 10 mL，摇匀，即得(配制溶液一周内可以使用)。

A.3.4 72%硫酸溶液：取硫酸 72mL，缓缓注入适量水中，冷却至室温，加水稀释至 100 mL，摇匀，即得。

A.3.5 对照品溶液的制备：精密称取人参皂苷 Re 对照品 10 mg，置于 10 mL 量瓶中，加甲醇适量使其溶解并稀释至刻度，摇匀，即得。

A.4 分析步骤

A.4.1 供试品溶液的制备

取供试品约 1 g，精密称定，用中性滤纸包好，置于索式提取器中，加入乙醚，微沸回流提取 1 h，弃去乙醚液，供试品药包挥干乙醚溶剂，再置于另一索式提取器中加入甲醇浸泡过夜，次日再加入适量甲醇开始微沸回流提取，回流 6 次，以人参皂苷提尽为准(定性鉴别阴性)。合并甲醇提取液，回收甲醇，少量甲醇提取液置蒸发皿中，水浴蒸干。用蒸馏水溶解提取物，加水 30 mL～40 mL 至分液漏斗中用水饱和的正丁醇 30 mL 进行萃取，共 4 次。取上层液蒸干，加甲醇溶解后，转移至 10 mL 量瓶中，用甲醇稀释至刻度，摇匀，即得。

A.4.2 人参皂苷提取定性鉴别

供试品回流提取 6 次以后，取少量点于硅胶 G 薄层板(105 ℃活化 10 min)上，用 10%硫酸乙醇溶液显色，即将薄层板置于通风橱内，喷 10%硫酸乙醇溶液，105 ℃加热 10 min，总皂苷阳性应为紫红色斑点。也可将薄层板置于碘气缸中数秒钟即取出，以没有紫黄色斑点为阴性。判断人参皂苷是否提取完全，应以索式提取器中载供试品瓶中的溶液定性鉴别为阴性为准。

A.4.3 标准曲线的制作

精密吸取人参皂苷 Re 对照品 10、20、30、40、60 μL，置于磨口带塞试管中，水浴蒸干甲醇后，加入 8%香草醛乙醇试液 0.5 mL，72%硫酸试液 5 mL，充分振摇混匀后置于 60 ℃恒温水浴上加热 10 min，立即用冰水冷却 10 min，摇匀。以试剂作空白，按照分光光度法于 544 nm 波长处分别测定吸收度，绘制浓度吸收曲线，如图 A.1。做回归方程：[CONC]＝a×abs＋b[回归方程参考《中华人民共和国药典》(2005 版二部)方法]。

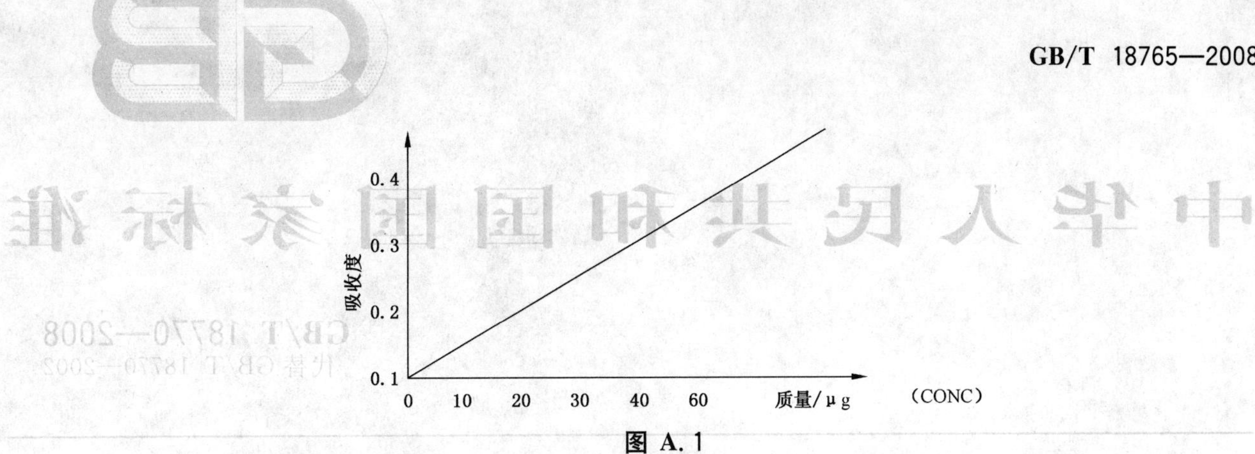

图 A.1

A.4.4 测定

精密吸取供试品溶液 20 μL，置于具塞刻度试管中，蒸干甲醇后，加入 8%香草醛乙醇试液 0.5 mL、72%硫酸试液 5 mL，充分振摇混匀后置于 60 ℃恒温水浴上加热 10 min，立即用冰水冷却 10 min，摇匀。以试剂作空白，按照分光光度法于 544 nm 波长处分别测定吸收度。

A.4.5 分析结果计算

以质量分数(%)表示的红参中人参总皂苷含量(X)按式(A.1)计算：

$$X = ([CONC]/V_2 \times V_1)/m \times 100 \quad \cdots\cdots (A.1)$$

式中：

[CONC]——a×abs+b，a 为回归系数，abs 为实测光密度值，b 为截距；

V_1——定容体积，单位为毫升(mL)；

V_2——取样体积，单位为微升(μL)；

m——供试品称样量，单位为毫克(mg)。

ICS 67.040
X 00

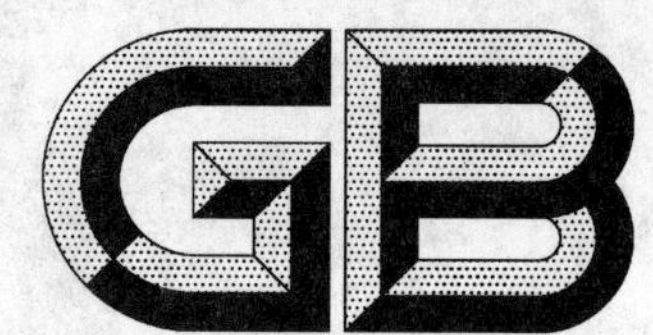

中华人民共和国国家标准

GB/T 18770—2008
代替 GB/T 18770—2002

食盐批发企业管理质量等级划分及技术要求

Management quality rating and technology requirement for edible salt wholesale enterprises

2008-12-28 发布　　　　2009-06-01 实施

中华人民共和国国家质量监督检验检疫总局
中国国家标准化管理委员会　发布

前　言

本标准代替 GB/T 18770—2002《食盐批发企业管理质量等级划分及技术要求》。

本标准与 GB/T 18770—2002 相比，主要变化如下：

——增加了食盐配送的内容；

——对 AAA 级企业提高了标准要求；

——对附录 A 增加了食盐配送评定细则 30 分，各等级最低分数相应做了调整。

本标准的附录 A 为规范性附录。

本标准由中国轻工业联合会提出。

本标准由全国盐业标准化技术委员会归口。

本标准起草单位：中国盐业总公司。

本标准主要起草人：刘唯、晏仲华、陈存法、夏永利、郭剑萍、李新华、罗仪、胡世启、崔静、王军峰。

本标准所代替标准的历次版本发布情况为：

——GB/T 18770—2002。

食盐批发企业管理质量等级划分及技术要求

1 范围

本标准规定了食盐批发企业管理质量等级划分原则、技术要求、评定及管理办法。

本标准适用于直接从事食盐批发经营业务的企业(单位)。

本标准不适用于各盐产区的运销站、转运站和食盐转批发或代批发企业。

2 规范性引用文件

下列文件中的条款通过本标准的引用而成为本标准的条款。凡是注日期的引用文件,其随后所有的修改单(不包括勘误的内容)或修订版均不适用本标准,然而,鼓励根据本标准达成协议的各方研究是否可使用这些文件的最新版本。凡是不注日期的引用文件,其最新版本适用于本标准。

GB 5461 食用盐

GB 7718 预包装食品标签通则

国务院 1994 年第 163 号令 食盐加碘消除碘缺乏危害管理条例

国务院 1996 年第 197 号令 食盐专营办法

国家质检总局第 98 号令 食品召回管理规定

中华人民共和国国家发展计划委员会第 27 号令 食盐价格管理办法

3 术语和定义

下列术语和定义适用于本标准。

3.1

食盐 edible salt

直接食用和制作食品所用的盐。

3.2

食盐批发企业 edible salt wholesale enterprise

按国家《食盐加碘消除碘缺乏危害管理条例》和《食盐专营办法》规定成立并依法取得食盐批发许可证,从事食盐批发经营活动的企业(单位)。

3.3

盐品 salt products

盐业公司经销的各类用盐总称,包括食盐和其他用盐。

3.4

小包装食盐 edible salt in small package

500 g 及其以下包装规格的食盐。

3.5

罚没盐 confiscatory salt

依法没收的盐品。

3.6

终端客户 customer

所购买的产品用于自用或零售的客户。

4 食盐批发企业管理质量等级划分原则

4.1 等级划分

食盐批发企业共划分三个等级，依次是A级、AA级、AAA级。AAA级为最高等级。

4.2 等级划分依据

4.2.1 企业办公、仓储、分装加工设施设备、建筑、装饰及管理状况。

4.2.2 企业经营管理、服务水平情况。

4.2.3 企业执行国家盐业政策法规和行业有关规定情况。

4.2.4 等级划分具体评定办法见附录A。

5 等级划分技术要求

5.1 A级

5.1.1 建筑设施及环境

5.1.1.1 拥有与其经营规模相匹配的固定经营场所、相对独立的办公场所。

5.1.1.2 经营办公、对外营业、仓储物流设施齐全，布局合理、有序。有醒目的食盐专营或企业标志。

5.1.1.3 区域内环境整洁。

5.1.1.4 有供客户停车的场所。

5.1.1.5 有供客户使用的厕所，厕位之间有隔断，有基本卫生用品，厕所内清洁卫生。

5.1.1.6 有宣传告示栏。

5.1.2 对外营业厅

5.1.2.1 面积与其经营规模和经营方式相配套。

5.1.2.2 有客户休息、等候的场所和条件。

5.1.2.3 营业柜台有明确标识，分区段设置接待、问询和开票、结账服务。正常营业时间以外有人值班。

5.1.2.4 有样品展示柜，柜内有所提供的各种规格包装的盐样品。

5.1.2.5 有分盐种的批发、零售价目表，并公示。

5.1.2.6 有盐业法规和相应的管理制度，有服务规范和工作流程，并公示。

5.1.2.7 提供留言、查询、代办运输、配送服务；有老弱病残者特殊客户档案，并提供优先服务；提供食盐专营政策和相关知识宣传品。

5.1.3 仓库设施

5.1.3.1 布局基本合理、整齐。

5.1.3.2 周围无有毒有害气体和粉尘污染。

5.1.3.3 所处位置交通比较方便。库房符合卫生、通风、干燥、避光基本要求。

5.1.3.4 库房面积不少于正常年销盐量三个月所需的库容。

5.1.3.5 库房地面平整，至少用水泥硬化。

5.1.3.6 有必要的消防设施。

5.1.4 商品保管

5.1.4.1 盐品出入库，符合先进先出原则，出入库手续完备，并有相应的管理制度。

5.1.4.2 不露天堆放食盐。

5.1.4.3 盐品进仓要分类、分库（分区）存放，墙（垛）距不少于50 cm，柱距不少于20 cm，垛高要符合安全要求。食盐存放应配备不低于10 cm的托垫。

5.1.4.4 盐品堆码整齐，堆堆有卡，账、卡、物相符。

5.1.4.5 库房内清洁、卫生、整齐，不存放与盐品无关的物品。

5.1.4.6 不合格食盐、罚没盐存放在指定区域，与合格食盐分开存放，且有明显标志和专项账卡。

5.1.5 **食盐库存**

食盐库存量不低于两个月的正常销量，小包装食盐库存量保持20 d以上的正常销量。

5.1.6 **食盐分装**

5.1.6.1 **分装厂房(车间)及设施**

5.1.6.1.1 有专用厂房(车间)。厂房(车间)内地面铺设防滑地砖、木质地板或环保型防腐涂料，墙面满铺瓷砖或采用环保型防腐涂料处理，顶部有防污染处理。符合食品卫生法规和标准的要求。

5.1.6.1.2 厂房(车间)内布局符合工艺流程，有良好的通风、采光、防潮设施。

5.1.6.1.3 “三室”(办公室、休息室、更衣室)，“二箱”(更衣箱、工具箱)，“一柜”(档案柜)齐全。

5.1.6.2 **包装设施**

5.1.6.2.1 使用半自动包装设备，设备完好。

5.1.6.2.2 计量器衡准确、可靠。

5.1.6.2.3 设备、管线、仪表安全、整齐、清洁，标记明显。

5.1.6.3 **包装与防伪**

5.1.6.3.1 食盐小包装物为环保型材料，由具有QS认证资质的生产企业提供。

5.1.6.3.2 包装标注符合GB 7718要求。

5.1.6.3.3 小包装食用碘盐使用全国统一的防伪“碘盐标志”。

5.1.6.4 **包装人员**

5.1.6.4.1 身体健康，持健康证上岗。

5.1.6.4.2 工作人员统一着装，衣帽整洁。

5.1.7 **食盐配送**

5.1.7.1 有配送区域规划及区域配送流程图。

5.1.7.2 有完善的客户档案。

5.1.7.3 按照方便消费者购买和有利于管理的原则，合理布局食盐营销网点。

5.1.7.4 直达配送终端客户的销售量比例达到30%以上。

5.1.7.5 有与业务能力相适应的自有配送车辆或相对稳定的社会运力资源。

5.1.8 **质量保证体系**

5.1.8.1 食盐批发企业供应的食盐应符合GB 5461要求。

5.1.8.2 有职责明确的质量领导组织机构。

5.1.8.3 有购进、分装、仓储、销售、配送等环节的质量管理制度。

5.1.8.4 有专职或兼职质量管理和检验人员。检验人员持证上岗。

5.1.8.5 有必要的食盐质量检测设施，能完成食盐碘含量的检测，有完整的检测记录。

5.1.8.6 质量信息及时反馈，质量事故认真处理。

5.1.8.7 食盐运输工具不装载和运输有毒、有害物品，随时保持卫生、干净。

5.1.8.8 根据《食品召回管理规定》，建立食盐召回管理制度。

5.1.9 **食盐经营特别要求**

5.1.9.1 企业在岗人员人均年销盐量不低于100 t。

5.1.9.2 企业有员工教育培训计划。经营管理人员中，高等学历和中级以上职称人员不低于25%。

5.1.9.3 企业根据国家下达的食盐分配调拨计划，从计划规定的食盐定点生产企业购进食盐。

5.1.9.4 完成国家下达的食盐计划，执行国家食盐价格政策。

5.1.9.5 有食盐供应应急预案。

5.1.9.6 按规定区域销售食盐。

5.1.9.7 按合同及时承付货款。

5.1.9.8 执行食盐准运证制度,食盐运输准运证有专人审验和保管。

5.1.9.9 无罚没盐作食盐销售的行为。

5.2 AA级

5.2.1 建筑设施及环境

5.2.1.1 拥有与其经营规模相匹配的固定经营场所、相对独立的办公场所。

5.2.1.2 经营办公、对外营业、商品展示、仓储物流、信息管理设施齐全,布局合理、有序。内装修简约环保,外观有一定特色,有醒目的食盐专营或企业标志。

5.2.1.3 区域内规划有序,环境整洁,有绿化。

5.2.1.4 有供客户停车的场所。

5.2.1.5 有供客户使用的厕所,厕所内部采用瓷砖材料装修,厕位之间有隔断,有基本卫生用品,厕所内清洁卫生。

5.2.1.6 交通基本便利,进出通道规范、通畅。库区内实行划线导向作业,站台(码头)整洁。

5.2.1.7 有宣传告示栏。

5.2.2 对外营业厅

5.2.2.1 面积与其经营规模和经营方式相配套。有简洁内装修。

5.2.2.2 有客户休息、等候的场所和条件,配有饮水设施。

5.2.2.3 营业柜台有明确标识,分区段设置接待、问询和开票、结账服务。实行计算机管理和开票,正常营业时间以外有人值班。

5.2.2.4 有经销产品展示(展销)区域,提供产品宣传推介资料。

5.2.2.5 有分盐种的批发、零售价目表,并公示。

5.2.2.6 有盐业法规和相应的管理制度,有服务规范和工作流程,并公示。

5.2.2.7 提供留言、查询、代办运输、配送服务;有老弱病残者特殊客户档案,并提供优先服务;提供食盐专营政策和相关知识宣传品。

5.2.3 仓库设施

5.2.3.1 布局合理、整齐。

5.2.3.2 周围无有毒有害气体和粉尘污染。

5.2.3.3 所处位置交通方便,进出道路畅通。库房符合卫生、通风、干燥、避光基本要求。

5.2.3.4 库房面积不少于正常年销盐量三个月所需的库容。

5.2.3.5 库房地面平整,至少用水泥硬化,防潮性能良好。

5.2.3.6 有与经营规模相适应的机械化装卸设施、设备。

5.2.3.7 有必要的消防设施。

5.2.4 商品保管

5.2.4.1 盐品出入库,符合先进先出原则,出入库手续完备,并有相应的管理制度。

5.2.4.2 不露天堆放食盐。

5.2.4.3 盐品进仓要分类、分库(分区)存放,墙(垛)距不少于50 cm,柱距不少于20 cm,垛高要符合安全要求。食盐存放在标准托盘上,符合机械化作业要求。

5.2.4.4 盐品堆码整齐,堆堆有卡,账、卡、物相符。

5.2.4.5 库房内清洁、卫生、整齐,不存放与盐品无关的物品。

5.2.4.6 不合格食盐、罚没盐存放在指定区域,与合格食盐分开存放,且有明显标志和专项账卡。

5.2.5 食盐库存

食盐库存量不低于两个月的正常销量,小包装食盐库存量保持20 d以上的正常销量。

5.2.6 **食盐分装**

5.2.6.1 **分装厂房(车间)及设施**

5.2.6.1.1 有专用厂房(车间),外观装修良好。厂房(车间)内地面铺设防滑地砖、木质地板或环保型防腐涂料,墙面满铺瓷砖或采用环保型防腐涂料处理,顶部有防污染处理。符合食品卫生法规和标准的要求。

5.2.6.1.2 厂房(车间)内布局符合工艺流程,有良好的通风、采光、防潮设施。

5.2.6.1.3 “三室”(办公室、休息室、更衣室),“二箱”(更衣箱、工具箱),“一柜”(档案柜)齐全。

5.2.6.2 **包装设施**

5.2.6.2.1 使用全自动包装设备,设备完好。

5.2.6.2.2 计量器衡准确、可靠。

5.2.6.2.3 设备、管线、仪表安全、整齐、清洁,标记明显。

5.2.6.3 **包装与防伪**

5.2.6.3.1 食盐小包装物为环保型材料,由具有 QS 认证资质的生产企业提供。成品盐规格、品种、材质多样化。

5.2.6.3.2 包装标注应符合 GB 7718 要求。

5.2.6.3.3 小包装食用碘盐使用全国统一的防伪“碘盐标志”。

5.2.6.4 **包装人员**

5.2.6.4.1 身体健康,持健康证上岗。

5.2.6.4.2 工作人员统一着装,衣帽整洁。

5.2.7 **食盐配送**

5.2.7.1 有合理的配送区域规划及区域配送流程图。

5.2.7.2 有完善的客户档案,有客户关系管理制度。

5.2.7.3 按照方便消费者购买和有利于管理的原则,合理布局食盐营销网点。

5.2.7.4 直达配送终端客户的销售量比例达到 40%以上。

5.2.7.5 有与业务能力相适应的自有配送车辆或相对稳定的社会运力资源。

5.2.7.6 有基本的营销网络体系。

5.2.8 **质量保证体系**

5.2.8.1 食盐批发企业供应的食盐应符合 GB 5461 要求。

5.2.8.2 有职责明确的质量领导组织机构。

5.2.8.3 有购进、分装、仓储、销售、配送等环节的质量管理制度。

5.2.8.4 有专职或兼职质量管理和检验人员。检验人员持证上岗。

5.2.8.5 有必要的食盐质量检测设施,能完成食盐理化指标和碘含量的检测,有完整的检测记录。

5.2.8.6 质量信息及时反馈,质量事故认真处理。

5.2.8.7 食盐运输工具不装载和运输有毒、有害物品,随时保持卫生、干净。有食盐送货的专用车辆。

5.2.8.8 根据《食品召回管理规定》,建立食盐召回管理制度。

5.2.9 **食盐经营特别要求**

5.2.9.1 企业在岗人员人均年销盐量不低于 150 t。

5.2.9.2 企业有员工教育培训计划。经营管理人员中,高等学历人员和中级以上职称人员不低于 40%。

5.2.9.3 企业根据国家下达的食盐分配调拨计划,从计划规定的食盐定点生产企业购进食盐。

5.2.9.4 完成国家下达的食盐计划,执行国家食盐价格政策。

5.2.9.5 有食盐供应应急预案。

5.2.9.6 按规定区域销售食盐。

5.2.9.7 按合同及时承付货款。

5.2.9.8 执行食盐准运证制度，食盐运输准运证有专人审验和保管。

5.2.9.9 无罚没盐作食盐销售的行为。

5.3 AAA级

5.3.1 建筑设施及环境

5.3.1.1 拥有与其经营规模相匹配的、独立完整的经营场所和办公场所。

5.3.1.2 经营办公、对外营业、商品展示、仓储物流、信息管理功能设施齐全，布局合理、有序。内装修简约环保，外观有一定特色，有醒目的食盐专营或企业标志。

5.3.1.3 区域规划合理，环境整洁，绿化成片。

5.3.1.4 有供客户停车的场所。

5.3.1.5 有供客户使用的厕所。厕所内部采用冲水式便器，内部装修采用瓷砖材料，厕位之间有隔断，有基本卫生用品。厕所内清洁卫生。

5.3.1.6 交通便利，进出通道规范、通畅。库区内实行划线导向作业，站台(码头)整洁。

5.3.1.7 有设计精美的宣传告示栏。

5.3.2 对外营业厅

5.3.2.1 面积与其经营规模和经营方式相配套。内装修简约环保。

5.3.2.2 有专设的客户休息、等候的场所和条件，配有室温调控设施、电话、沙发、自动饮水设施及一次性水杯。

5.3.2.3 营业柜台有明确标识，分区段设置接待、问询和开票、结账服务。实行计算机管理和开票，正常营业时间以外有人值班。

5.3.2.4 有经销产品的展示(展销)区域，提供产品宣传推介资料。

5.3.2.5 有分盐种的批发、零售价目表，并公示。

5.3.2.6 有盐业法规和相应的管理制度，有服务规范和工作流程，并公示。

5.3.2.7 提供留言、查询、代办运输、配送服务；有老弱病残者特殊客户档案，并提供优先服务；提供食盐专营政策和相关知识宣传品。

5.3.3 仓库设施

5.3.3.1 布局合理、整齐，外观设计美观。

5.3.3.2 周围无有毒有害气体和粉尘污染。

5.3.3.3 所处位置交通方便，进出道路畅通。库房符合卫生、通风、干燥、避光基本要求。

5.3.3.4 库房面积不少于正常年销盐量三个月所需的库容。

5.3.3.5 库房地面平整，至少用水泥硬化，防潮性能良好。

5.3.3.6 有与经营规模相适应的机械化装卸设施、设备。

5.3.3.7 有必要的消防设施。

5.3.4 商品保管

5.3.4.1 盐品出入库符合先进先出原则，手续完善规范，并有完备的管理制度。

5.3.4.2 不露天堆放食盐。

5.3.4.3 盐品进仓要分类、分库(分区)存放，墙(垛)距不少于50 cm，柱距不少于20 cm，垛高要符合安全要求。食盐存放在立体货架或标准托盘上，符合机械化作业要求。

5.3.4.4 盐品堆码整齐，堆堆有卡，账、卡、物相符。

5.3.4.5 库房内清洁、卫生、整齐，不存放与盐品无关的物品。

5.3.4.6 不合格食盐、罚没盐存放在指定区域，与合格食盐分开存放，且有明显标志和专项账卡。

5.3.4.7 盐品出入库实行计算机管理。

5.3.5 食盐库存

食盐库存量不低于两个月的正常销量，小包装食盐库存量保持20 d以上的正常销量。

5.3.6 食盐分装

5.3.6.1 分装厂房(车间)及设施

5.3.6.1.1 有单独、封闭的食盐分装的专用厂房(车间)，原料和成品库保持合理衔接，外观装修良好。厂房(车间)内地面铺设防滑地砖、木质地板或环保型防腐涂料，墙面满铺瓷砖或采用环保型防腐涂料处理，顶部有防污染处理，符合食品卫生法规和标准的要求。

5.3.6.1.2 厂房(车间)内布局符合工艺流程，有良好的通风、采光、防潮、除湿、除尘设施。

5.3.6.1.3 “三室”(办公室、休息室、更衣室)，“二箱”(更衣箱、工具箱)，“一柜”(档案柜)齐全。

5.3.6.1.4 根据当地气候，有采暖或制冷设备。

5.3.6.2 包装设施

5.3.6.2.1 采用全自动包装生产线，包括自动分装、自动装箱、自动打包，生产线设备完好，运行正常。

5.3.6.2.2 计量器衡准确、可靠。

5.3.6.2.3 设备、管线、仪表安全、整齐、清洁，标记明显。

5.3.6.3 包装与防伪

5.3.6.3.1 食盐小包装物为环保型材料，由具有QS认证资质的生产企业提供。成品盐规格、品种、材质多样化。外包装为纸箱或其他硬质包装。

5.3.6.3.2 包装标注符合GB 7718要求。

5.3.6.3.3 小包装食用碘盐使用全国统一的防伪“碘盐标志”。

5.3.6.4 包装人员

5.3.6.4.1 身体健康，持健康证上岗。

5.3.6.4.2 工作人员统一着装，衣帽整洁。

5.3.7 食盐配送

5.3.7.1 有合理的配送区域规划及区域配送流程图。

5.3.7.2 有完善的客户档案，有客户关系管理制度，有客户关系信息管理系统。

5.3.7.3 按照方便消费者购买和有利于管理的原则，合理布局食盐营销网点。

5.3.7.4 直达配送终端客户的销售量比例达到60%以上。

5.3.7.5 有与业务能力相适应的自有配送车辆或相对稳定的社会运力资源。

5.3.7.6 有完整的营销网络体系。

5.3.7.7 运用现代营销管理手段。

5.3.8 质量保证体系

5.3.8.1 食盐批发企业供应的食盐应符合GB 5461要求。

5.3.8.2 有职责明确的质量领导组织机构。

5.3.8.3 有购进、分装、仓储、销售、配送环节的质量管理制度。

5.3.8.4 有经过系统培训的专职质量管理和检验人员。检验人员持证上岗。

5.3.8.5 有食盐质量检测化验室，能完成食盐理化指标和碘含量的检测，有完整的检测记录，并能出具检验报告。

5.3.8.6 质量信息及时反馈，质量事故认真处理。

5.3.8.7 食盐运输工具不装载和运输有毒、有害物品，随时保持卫生、干净。有食盐送货的专用车辆。

5.3.8.8 根据《食品召回管理规定》，建立食盐召回管理制度。

5.3.9 食盐经营特别要求

5.3.9.1 企业在岗人员人均年销盐量不低于300 t。

5.3.9.2 企业有员工教育培训计划。经营管理人员中，高等学历和中级以上职称人员不低于60%。

5.3.9.3 企业根据国家下达的食盐分配调拨计划,从计划规定的食盐定点生产企业购进食盐。

5.3.9.4 完成国家下达的食盐计划,执行国家食盐价格政策。

5.3.9.5 有食盐供应应急预案。

5.3.9.6 按规定区域销售食盐。

5.3.9.7 按合同及时承付货款。

5.3.9.8 执行食盐准运证制度,食盐运输准运证有专人审验和保管。

5.3.9.9 无罚没盐作食盐销售的行为。

6 服务质量要求

6.1 制定适应本企业运行的、有效的服务规范和管理制度,有监督、检查及处理措施。

6.2 有公开的服务承诺。对顾客热情礼貌、友好平等、诚实守信。

6.3 设立并公开服务质量设诉电话,设立客户意见簿。

附　录　A
（规范性附录）
标准评定细则及复查处理制度

A.1　评分方法

A.1.1　各等级应得最低分数：A 级 170 分，AA 级为 210 分，AAA 级为 270 分。

A.1.2　各等级每大项得分都应达到最低得分要求，才能申请评定等级。

A.1.3　扣分项：达到标准要求的不扣分，达不到标准要求的扣一分。

A.1.4　加分项：达到标准要求的加一分，达不到标准要求的不扣分。

A.2　评定细则

见表 A.1。

表 A.1　评定细则

序号	评分项目	各大项得分汇总	各大项应得最低分	各分项得分汇总	各小项得分汇总	标准分	申报单位自评分	省区市盐业协会、公司评分	中国盐业协会、总公司评分
1	**建筑设施及环境**	37	21						
1.1	地理位置			3					
	交通便利，进出道路规范、通畅					3			
	交通比较便利，道路通畅					2			
1.2	环境			16					
1.2.1	拥有与其经营规模相匹配的、独立的经营场所和办公场所				7	7			
	拥有与其经营规模相匹配的、固定经营场所，相对独立的办公场所					3			
1.2.2	有醒目的食盐专营标志或企业标志				2	2			
1.2.3	区域内规划有序，环境整洁				2	2			
	区域内环境整洁					1			
1.2.4	区域内有成片绿化，整体协调、美观				3	3			
	区域内有绿化					2			
1.2.5	有设计精美的宣传告示栏				2	2			
	有宣传告示栏					1			
1.3	其他设施			6					

表 A.1（续）

序号	评分项目	各大项得分汇总	各大项应得最低分	各分项得分汇总	各小项得分汇总	标准分	申报单位自评分	省区市盐业协会、公司评分	中国盐业协会、总公司评分
1.3.1	有供客户停车的条件				2	2			
1.3.2	卫生设施								
	有供客户使用的厕所，厕所采用冲水式便器，瓷砖装修，厕位有隔断，有基本卫生用品，清洁卫生					4			
	有供客户使用的厕所，瓷砖装修，厕位有隔断，有基本卫生用品，清洁卫生					3			
	有供客户使用的厕所，厕位有隔断，清洁卫生					2			
1.4	办公场所			12					
1.4.1	外观				3				
	外观美观					3			
	外观一般					2			
1.4.2	内部装修				5				
	装修简约环保					5			
	装修一般					3			
1.4.3	办公室				4				
	干净、整齐					4			
	一般					2			
2	**对外营业厅**	45	23						
2.1	面积			5					
	不小于 35 m²					5			
	不小于 25 m²					3			
	不小于 15 m²					2			
2.2	地面装饰			4					
	大理石、地砖或其他中高档材料					4			
	水泥					2			
2.3	墙壁装饰			4					
	环保墙漆或其他中高档材料					4			
	喷涂及其他一般装饰					2			
2.4	天花装饰			4					

表 A.1（续）

序号	评分项目	各大项得分汇总	各大项应得最低分	各分项得分汇总	各小项得分汇总	标准分	申报单位自评分	省区市盐业协会、公司评分	中国盐业协会、总公司评分
	良好					4			
	一般					2			
2.5	客户休息、等候场所和条件			11					
2.5.1	有室温调控设施				2	2			
2.5.2	有供客户使用的电话				2	2			
2.5.3	坐椅				4				
	沙发					4			
	普通坐椅					2			
2.5.4	饮水设施				3				
	自动饮水设施、配有一次性水杯					3			
	有饮水设施					2			
2.6	办公设施			4					
	办公区域整齐、有序，实行计算机管理和开票					4			
	办公区域整齐、有序					2			
2.7	产品展示、展销			4					
	有专门的产品展示区域，提供产品宣传推介资料					4			
	有产品展示区域，提供产品宣传推介资料					3			
	有样品展示柜，样品齐全					2			
2.8	有分盐种的批发、零售价目表，并公示			2		2			
2.9	有盐业法规和相应的管理制度，有服务规范和工作流程，并公示			3		3			
	有盐业法规和相应的管理制度，并公示					2			
2.10	应提供的服务			4					
2.10.1	留言及查询服务					1			
2.10.2	代办运输及配送服务					1			
2.10.3	为老弱病残者提供特殊服务					1			
2.10.4	食盐专营政策和相关知识宣传品					1			
3	**仓库设施**	35	20						
3.1	外观			3					

表 A.1（续）

序号	评分项目	各大项得分汇总	各大项应得最低分	各分项得分汇总	各小项得分汇总	标准分	申报单位自评分	省区市盐业协会、公司评分	中国盐业协会、总公司评分
	美观					3			
	一般					2			
3.2	整体布局			3					
	合理、整齐					3			
	一般					2			
3.3	地面装饰			4					
	采用硬度强及耐腐蚀材料，防潮性能良好					4			
	水泥，已做防潮处理					3			
	水泥硬化					2			
3.4	墙壁装饰			4					
	成品库瓷砖贴面					4			
	喷涂					2			
3.5	顶部有防尘或防污染处理			2		2			
3.6	门			3					
	牢固、油漆完好					3			
	一般					2			
3.7	窗			4					
	塑钢、铝合金					4			
	钢窗或木窗，油漆完好					2			
3.8	周围无有毒有害气体和粉尘污染			4		4			
3.9	交通条件			4					
	交通方便，进出道路畅通					4			
	交通一般					2			
3.10	以下各项如不符合规定要求或每缺一项扣一分								
	符合整齐的基本要求								
	符合通风的基本要求								
	符合干燥的基本要求								
	符合避光的基本要求								
	库房面积不少于正常年销量三个月的库容								

表 A.1（续）

序号	评分项目	各大项得分汇总	各大项应得最低分	各分项得分汇总	各小项得分汇总	标准分	申报单位自评分	省区市盐业协会、公司评分	中国盐业协会、总公司评分
3.11	有与经营规模相适应的机械化装卸设施、设备			2		2			
3.12	有必备的消防设施			2		2			
4	**商品保管**	20	11						
4.1	制度建设			5					
	有完备的商品保管管理制度并有效执行					5			
	有基本的商品保管管理制度并有效执行					3			
4.2	盐品存放			11					
4.2.1	分类、分库(分区)存放				2	2			
4.2.2	盐品摆放墙(垛)距不少于 50 cm，柱距不少于 20 cm				2	2			
4.2.3	符合先进先出原则				2	2			
4.2.4	符合机械化作业要求				2	2			
4.2.5	小包装食盐				3				
	存放在立体货架或标准托盘上					3			
	存放在不低于 10 cm 高的托垫上					2			
4.3	盐品出入库实行计算机管理			4		4			
4.4	以下各项如不符合规定要求或每缺一项扣一分								
	无露天堆放食盐								
	盐品堆码整齐								
	堆堆有卡，账、卡、物相符								
	库房内清洁、卫生、整齐								
	库内不存放与盐品无关的物品								
	不合格食盐、罚没盐存放在指定区域，与合格食盐分开存放，且有明显标志								
	食盐库存量不低于两个月正常销量								
	小包装食盐库存量保持 20 d 以上正常销量								
5	**食盐分装(接受成品盐配送的企业不考核，并计满分)**	36	20						
5.1	分装厂房(车间)及设施			16					
5.1.1	单独、封闭的专用厂房(车间)				4	4			

表 A.1(续)

序号	评分项目	各大项得分汇总	各大项应得最低分	各分项得分汇总	各小项得分汇总	标准分	申报单位自评分	省区市盐业协会、公司评分	中国盐业协会、总公司评分
	一般专用厂房(车间)					2			
5.1.2	车间内空气干燥、洁净,必要时配备除湿、除尘设施				2	2			
5.1.3	地面铺设防滑地砖、木质地板或环保型防腐涂料,符合食品卫生要求				3	3			
5.1.4	墙壁装饰				4				
	优质白色瓷砖满铺,或环保型防腐涂料处理,符合食品卫生要求					4			
	普通白色瓷砖满铺,或防腐涂料处理,符合食品卫生要求					2			
5.1.5	天花装饰				3				
	优质耐腐材料吊顶,符合食品卫生要求					3			
	普通材料吊顶,符合食品卫生要求					2			
5.1.6	以下各项如不符合规定要求或每缺一项扣一分								
	有办公室								
	有休息室								
	有更衣室								
	有更衣箱								
	有工具箱								
	有档案柜								
	计量器衡准确、可靠								
	设备安全、整齐、清洁								
	管线安全、整洁								
	仪表运转正常、整洁								
	各种标记明显								
	工作人员统一着装,衣帽整洁								
	工作人员持健康证上岗								
5.2	包装设施			6					
	全自动包装生产线,设备完好,运行正常					6			

表 A.1(续)

序号	评分项目	各大项得分汇总	各大项应得最低分	各分项得分汇总	各小项得分汇总	标准分	申报单位自评分	省区市盐业协会、公司评分	中国盐业协会、总公司评分
	全自动包装设备,设备完好					4			
	半自动包装设备,设备完好					2			
5.3	食盐小包装			4					
	环保型材料、规格、品种多样化					4			
	环保型材料					2			
5.4	成品盐外包装(大包装)			4					
	采用纸箱或其他硬质包装					4			
	塑料编织袋					2			
5.5	小包装食用碘盐使用全国统一的防伪“碘盐标志”			4		4			
5.6	食品加工用盐包装人性化,有 25 kg 及以下规格产品			2		2			
6	**食盐配送**	30	10						
6.1	配送区域规划			4					
	配送区域规划合理、完善,配送路线设计合理					4			
	配送区域规划比较合理,有规定的配送路线					3			
	有配送区域规划					1			
6.2	客户管理			8					
	有完善的客户档案,有客户关系管理制度,运用客户关系信息管理系统					8			
	有完善的客户档案,有客户关系管理制度					6			
	有完善的客户档案					4			
6.3	配送品种			4					
	10 种以上					4			
	6 种以上					2			
	3 种以上					1			
6.4	直达配送终端客户的销售量比例			6					
	60%以上					6			
	40%以上					4			
	30%以上					2			

表 A.1(续)

序号	评分项目	各大项得分汇总	各大项应得最低分	各分项得分汇总	各小项得分汇总	标准分	申报单位自评分	省区市盐业协会、公司评分	中国盐业协会、总公司评分
6.5	营销网络体系建设			8					
6.5.1	营销网络体系				5				
	营销网络体系建设完善,有自营连锁、加盟连锁及其他多种合作形式					5			
	营销网络体系初步建立					3			
	营销网络体系正在构建中					2			
6.5.2	连锁店面形象规范统一				3	3			
6.6	现代营销管理手段运用情况(以下各项每有一项则加一分)								
	实行电话访销,有客户呼叫中心								
	开展电子商务,实行网上结算								
	有订单自动生成系统								
	产品包装应用信息物流码								
	实行客户经理制								
	实现办公自动化								
7	**质保体系(对接受成品配送的单位,可以按配送单位的中心化验室评定)**	24	13						
7.1	人员及素质			5					
	经过系统培训的专职质量和检验人员,检验人员持证上岗					5			
	有专职或兼职质量管理和检验人员,检验人员持证上岗					3			
7.2	化验室			4					
	面积不低于 30 m^2					4			
	面积不低于 20 m^2					3			
	面积不低于 10 m^2					2			
7.3	化验室装修			3					
	良好					3			
	一般					2			

表 A.1（续）

序号	评分项目	各大项得分汇总	各大项应得最低分	各分项得分汇总	各小项得分汇总	标准分	申报单位自评分	省区市盐业协会、公司评分	中国盐业协会、总公司评分
7.4	检测水平			4					
	能完成食盐理化指标和碘含量的检测，并能出具检验报告					4			
	能完成食盐理化指标和碘含量的检测					3			
	能完成食盐碘含量的检测					2			
7.5	检测记录			4					
	有完整的检测记录，装订成册，以备查验					4			
	有检测记录，以备查验					2			
7.6	运输工具			4					
	食盐运输工具不装载和运输有毒、有害物品，随时保持卫生干净。有食盐送货的专用车辆					4			
	食盐运输工具不装载和运输有毒、有害物品，随时保持卫生干净					2			
7.7	以下各项如不符合规定要求或每缺一项扣一分								
	有职责明确的质量领导组织机构								
	有购进质量管理制度								
	有分装质量管理制度								
	有仓储质量管理制度								
	有销售质量管理制度								
	有配送质量管理制度								
	有食盐召回管理制度								
	质量信息及时反馈，质量事故认真处理								
8	**食盐经营特别要求**	55	44						
8.1	人均年销盐量			5					
	不低于 300 t					5			
	不低于 150 t					3			
	不低于 100 t					2			
8.2	员工教育及学历要求			4					

表 A.1(续)

序号	评分项目	各大项得分汇总	各大项应得最低分	各分项得分汇总	各小项得分汇总	标准分	申报单位自评分	省区市盐业协会、公司评分	中国盐业协会、总公司评分
	有员工教育培训计划。经营管理人员中,高等学历人员和中级职称以上人员比例不低于60%					5			
	有员工教育培训计划。经营管理人员中,高等学历人员和中级职称以上人员比例不低于40%					3			
	有员工教育培训计划。经营管理人员中,高等学历人员和中级职称以上人员比例不低于25%					2			
8.3	计划完成率			10					
	98%以上					10			
	97%以上					8			
	95%以上					6			
8.4	执行国家食盐价格管理办法			8		8			
8.5	货款结算			4					
	货到后一个月内付款					4			
	货到后两个月内付款					3			
	货到后三个月内付款					2			
8.6	准运证有专人审验和保管			2		2			
8.7	按规定渠道购进食盐,无私自购进食盐记录			5		5			
8.8	按规定区域销售食盐,无冲销记录			5		5			
8.9	无罚没盐作食盐销售的行为			6		6			
8.10	有食盐供应应急预案			6		6			
9	**服务质量**	18	8						
9.1	有适应本企业运行的、有效的服务规范			2		2			
9.2	有适应本企业运行的、有效的管理制度			2		2			
9.3	有监督、检查及处理措施			2		2			
9.4	有公开的服务承诺			4		4			
9.5	设立并公开服务质量投诉电话			4		4			
9.6	设立客户意见簿,对客户提出的意见有事后处理措施和记录			4		4			

A.3 复查及处理

A.3.1 已经评定等级的食盐批发企业，按照本标准每三年复查一次。

A.3.2 复查工作由相应的等级评定机构组织实施。

A.3.3 复查不合格企业降低或取消相应等级，自降低或取消等级之日起，一年后方可重新申请等级评定。

ICS 13.030.99
Z 68

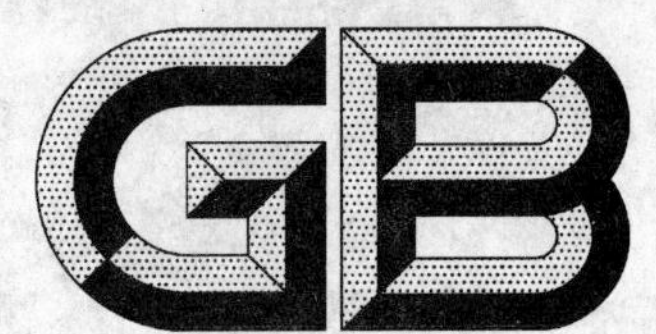

中华人民共和国国家标准

GB/T 18772—2008
代替 GB/T 18772—2002

生活垃圾卫生填埋场环境监测技术要求

Technical requirement for environmental monitor on sanitary landfill site of domestic refuse

2008-06-19 发布　　2009-04-01 实施

中华人民共和国国家质量监督检验检疫总局
中国国家标准化管理委员会　发布

前　言

本标准代替 GB/T 18772—2002《生活垃圾填埋场环境监测技术要求》，本标准与 GB/T 18772—2002 相比主要变化如下：

——将标准名称修改为“生活垃圾卫生填埋场环境监测技术要求”；

——增加了“噪声监测”和“封场后的填埋场环境监测”内容；

——在大气监测中增加了“臭气浓度”和“甲硫醇”两项；删除“一氧化碳”和“二氧化硫”2 项；

——地下水监测中删除“硫化物”、“总磷”、“总悬浮物”、“化学需氧量”和“总氮”5 项；增加了“氯化物”“溶解性总固体”和“高锰酸钾指数”3 项；

——渗沥液监测中只保留了“悬浮物”、“化学需氧量”、“五日生化需氧量”、“氨氮”和“大肠菌值”5 项，余项删除；

——填埋场外排水中只保留了“悬浮物”、“化学需氧量”、“五日生化需氧量”、“氨氮”和“大肠菌值”5 项，余项删除；

——填埋物监测增加了“样品采集”、“含水率的测定”和“采样步骤”3 项内容，具体细化了“容重的测定”操作方法，更加明确了填埋场的监测过程。

本标准由中华人民共和国建设部提出。

本标准由建设部城镇环境卫生标准技术归口单位上海市容环境卫生管理局归口。

本标准起草单位：沈阳市环境卫生工程设计研究院、上海市环境卫生工程设计院。

本标准主要起草人：赵蔚蔚、李悦、王晓云、闫永强、满国红。

本标准于 2002 年 7 月首次发布。

生活垃圾卫生填埋场环境监测技术要求

1 范围

本标准规定了生活垃圾卫生填埋场大气污染物监测、填埋气体监测、渗沥液监测、填埋物外排水监测、地下水监测、噪声监测、填埋物监测、苍蝇密度监测、封场后的填埋场环境监测的内容和方法。

本标准适用于生活垃圾卫生填埋场。不适用于工业固体废弃物及危险废弃物填埋场。

2 规范性引用文件

下列文件中的条款通过本标准的引用而成为本标准的条款。凡是注日期的引用文件，其随后所有的修改单(不包括勘误的内容)或修订版均不适用于本标准，然而，鼓励根据本标准达成协议的各方研究是否可使用这些文件的最新版本。凡是不注日期的引用文件，其最新版本适用于本标准。

GB/T 5750.5 生活饮用水标准检验方法 无机非金属指标
GB/T 5750.12 生活饮用水标准检验方法 微生物指标
GB/T 6920 水质 pH 值的测定 玻璃电极法
GB/T 7467 水质 六价铬的测定 二苯碳酰二肼分光光度法
GB/T 7468 水质 总汞的测定 冷原子吸收分光光度法
GB/T 7470 水质 铅的测定 双硫腙分光光度法
GB/T 7471 水质 镉的测定 双硫腙分光光度法
GB/T 7475 水质 铜、锌、铅、镉的测定 原子吸收分光光谱法
GB/T 7477 水质 钙和镁总量的测定 EDTA 滴定法
GB/T 7478 水质 铵的测定 蒸馏和滴定法
GB/T 7479 水质 铵的测定 纳氏试剂比色法
GB/T 7480 水质 硝酸盐氮的测定 酚二磺酸分光光度法
GB/T 7485 水质 总砷的测定 二乙基二硫代氨基甲酸银分光光度法
GB/T 7488 水质 五日生化需氧量(BOD_5)的测定 稀释与接种法
GB/T 7490 水质 挥发酚的测定 蒸馏后 4-氨基安替比林分光光度法
GB/T 7493 水质 亚硝酸盐氮的测定 分光光度法
GB/T 11892 水质 高锰酸盐指数的测定
GB/T 11896 水质 氯化物的测定 硝酸银滴定法
GB/T 11899 水质 硫酸盐的测定 重量法
GB/T 11901 水质 悬浮物的测定 重量法
GB/T 11903 水质 色度的测定
GB/T 11914 水质 化学需氧量的测定 重铬酸盐法
GB/T 12349—1990 工业企业厂界噪声测量方法
GB/T 13196 水质 硫酸盐的测定 火焰原子吸收分光光度法
GB/T 13200 水质 浊度的测定
GB/T 14675 空气质量 恶臭的测定 三点比较式臭袋法
GB/T 14678 空气质量 硫化氢、甲硫醇、甲硫醚和二甲二硫的测定 气相色谱法

GB/T 14679 空气质量 氨的测定 次氯酸钠-水杨酸分光光度法

GB/T 14848—1993 地下水质量标准

GB/T 15432 环境空气 总悬浮颗粒物的测定 重量法

GB/T 15436 环境空气 氮氧化物的测定 Saltzman法

GB 16297—1996 大气污染物综合排放标准

GB/T 18204.24 公共场所空气中二氧化碳测定方法

CJJ 17—2004 生活垃圾卫生填埋技术规范

CJ/T 3039—1995 城市生活垃圾采样和物理分析方法

HJ/T 91—2002 地表水和污水监测技术规范

HJ/T 194—2005 环境空气质量手工监测技术规范

3 术语和定义

下列术语和定义适用于本标准。

3.1

环境监测 environmental monitor

运用化学、物理学、生物学、环境毒理学和环境流行病学等方法对环境中污染物的性质、浓度、影响范围及其后果进行的调查和测定。

3.2

渗沥液 leachate

填埋过程中垃圾分解产生的液体及渗入的地表水的混合液。

3.3

填埋场封场 closure of landfill

填埋作业至设计终场标高或填埋场停止使用后，用不同功能材料进行覆盖的过程。

3.4

填埋物 landfill waste

进入生活垃圾卫生填埋场的生活垃圾。

4 大气污染物监测

4.1 采样点的布设

应按GB 16297—1996标准要求布设。

4.2 采样频次

每年应监测4次，每季度1次。

4.3 采样方法

大气污染物监测采样方法，应按HJ/T 194—2005执行。

4.4 监测项目及分析方法

大气污染物监测项目及分析方法见表1。

表1 大气污染物监测项目及分析方法

序号	监测项目	分析方法	方法来源
1	臭气浓度	三点比较式臭袋法	GB/T 14675
2	甲烷	气相色谱分析法	a
3	总悬浮颗粒物	重量法	GB/T 15432

表 1（续）

序 号	监 测 项 目	分 析 方 法	方 法 来 源
4	硫化氢	气相色谱法	GB/T 14678
5	氨	次氯酸钠-水杨酸分光光度法	GB/T 14679
6	甲硫醇	气相色谱法	GB/T 14678
7	氮氧化物	Saltzman 法	GB/T 15436
[a] 采用《气象和大气环境要素观测与分析》,中国标准出版社,北京,2002 年。			

5 填埋气体监测

5.1 采样点的布设

在气体收集导排系统的排气口应设置采样点。

5.2 采样频次

每季度应至少监测 1 次，一年不少于 6 次；相邻两次不能在同一个月进行。

5.3 采样方法

按 HJ/T 194—2005 执行。

5.4 监测项目及分析方法

填埋气体监测项目及分析方法见表 2。

表 2 填埋气体监测项目及分析方法

序 号	监 测 项 目	分 析 方 法	方 法 来 源
1	甲烷	气相色谱分析法	[a]
2	二氧化碳	气相色谱分析法	GB/T 18204.24
3	氧气	气相色谱分析法	[a]
4	硫化氢	气相色谱法	GB/T 14678
5	氨	次氯酸钠-水杨酸分光光度法	GB/T 14679
[a] 采用《气象和大气环境要素观测与分析》,中国标准出版社,北京,2002 年。			

6 渗沥液监测

6.1 采样点的布设

采样点应设在进入渗沥液处理设施入口和渗沥液处理设施的排放口。

6.2 采样频次

根据污水处理工艺设计的要求及降水情况，每月应监测 1 次。

6.3 采样方法

用采样器提取渗沥液，弃去前 3 次渗沥液样品，用第 4 次样品作为分析样品。采样量和固定方法应按 HJ/T 91—2002 执行。

6.4 监测项目及分析方法

渗沥液监测项目及分析方法见表 3。

表 3 渗沥液监测项目及分析方法

序 号	监 测 项 目	分 析 方 法	方 法 来 源
1	悬浮物	重量法	GB/T 11901
2	化学需氧量	重铬酸盐法	GB/T 11914
3	五日生化需氧量	稀释与接种法	GB/T 7488
4	氨氮	纳氏试剂比色法	GB/T 7479
		蒸馏和滴定法	GB/T 7478
5	大肠菌值	多管发酵法	GB/T 7959
			a
a 采用《水和废水监测分析方法》(第四版),中国环境科学出版社,2002 年。			

7 填埋场外排水监测

7.1 采样点的布设

采样点应设在垃圾填埋场废水外排口。

7.2 采样频次

按 HJ/T 91—2002 中的处理方法确定污水采样次数。污水处理后连续外排时每日应监测一次,其他处理方式应每旬监测一次。

7.3 采样方法

用采样器提取外排水,弃去前 3 次水样,用第 4 次水样作为分析样品。通常采集瞬时水样,采样量和固定方法按监测项目要求确定。

7.4 监测项目及分析方法

监测项目及分析方法见表 4。

表 4 填埋场外排水监测项目及分析方法

序 号	监 测 项 目	分 析 方 法	方 法 来 源
1	pH	玻璃电极法	GB/T 6920
2	悬浮物	重量法	GB/T 11901
3	五日生化需氧量	稀释与接种法	GB/T 7488
4	化学需氧量	重铬酸盐法	GB/T 11914
5	氨氮	纳氏试剂比色法	GB/T 7479
		蒸馏和滴定法	GB/T 7478
6	粪大肠菌群	多管发酵法	a
a 采用《水和废水监测分析方法》(第四版),中国环境科学出版社,2002 年。			

8 地下水监测

8.1 采样点的布设

填埋场地下水采样点应布设 5 点:

本底井一眼:设在填埋场地下水流向上游 30 m～50 m 处。

污染扩散井二眼:设在地面水流向两侧各 30 m～50 m 处。

污染监视井二眼:各设在填埋场地下水流向下游 30 m 处、50 m 处。

8.2 采样频次

在填埋场投入运行前应监测本底水平一次，运行期间每年按丰、平、枯水期各监测一次。

8.3 采样方法

用特制的小水桶提取水样，严禁用泵抽吸水样，弃去前3次水样，用第4次水样作为分析样品，每个样品采集2 000 mL，特殊项目的采样量和固定方法按其所监测项目的分析方法要求进行。

8.4 监测项目及分析方法

本底水平监测项目，应按照GB/T 14848—1993的4.2表1中规定的项目。运行期间地下水的监测项目及分析方法按表5执行。

表5 地下水监测项目及分析方法

序号	监测项目	分析方法	方法来源
1	pH	玻璃电极法	GB/T 6920
2	浊度	—	GB/T 13200
3	肉眼可见物	—	a
4	嗅、味	—	a
5	色度	—	GB/T 11903
6	高锰酸盐指数	酸性或碱性高锰酸钾氧化法	GB/T 11892
7	硫酸盐	重量法	GB/T 11899
		火焰原子吸收分光光度法	GB/T 13196
8	溶解性总固体		a
9	氯化物	硝酸银滴定法	GB/T 11896
10	钙和镁总量	EDTA滴定法	GB/T 7477
11	挥发酚	蒸馏后4-氨基安替比林分光光度法	GB/T 7490
12	氨氮	纳氏试剂比色法	GB/T 7479
		蒸馏和滴定法	GB/T 7478
13	硝酸盐氮	酚二磺酸分光光度法	GB/T 7480
		麝香草酚分光光度法	GB/T 5750.5
14	亚硝酸盐氮	分光光度法	GB/T 7493
15	总大肠菌群	多管发酵法	GB/T 5750.12
16	细菌总数	平皿计数法	GB/T 5750.12
17	铅	原子吸收分光光度法	GB/T 7475
		双硫腙分光光度法	GB/T 7470
18	铬(六价)	二苯碳酰二肼分光光度法	GB/T 7467
19	镉	原子吸收分光光度法	GB/T 7475
		双硫腙分光光度法	GB/T 7471
20	总汞	冷原子吸收分光光度法	GB/T 7468
21	总砷	二乙氨基二硫代甲酸银光度法	GB/T 7485
		氢化物发生原子吸收法	a

[a] 采用《水和废水监测分析方法》(第四版)，中国环境科学出版社，2002年。

9 噪声监测

噪声监测应按 GB 12349—1990 规定执行。

10 填埋物监测

10.1 监测点选择及采样方法

应采集当日收运到垃圾处理场的垃圾车中的垃圾,在间隔的每辆车内或在其卸下的垃圾堆中采用立体对角线法在 3 个等距点采等量垃圾共 20 kg 以上,最少采 5 车,总共 100 kg~200 kg。

10.2 采样频次

每季度应监测 1 次,每次连续 3 d。

10.3 样品制备

按照 CJ/T 3039—1995 中 3.4 规定执行。

10.4 垃圾容重的测定(在采样现场进行)

将 10.1 中 100 kg~200 kg 样品重复 2 次~4 次放满标准容器(容积 100 L 的硬质塑料圆桶),稍加振动但不得压实。分别称量各次样品重量,结果的表示按照 CJ/T 3039—1995 中 4.1.3 规定执行。

10.5 垃圾物理成分分析

按照 CJ/T 3039—1995 中 4.2 规定执行。垃圾成分测定见表 6。

表 6 垃圾成分测定

类别	有机类					无机类				有毒有害类	其他类
	厨芥	草木竹	纸类	塑料橡胶	纺织物	玻璃	金属	砖瓦陶瓷	灰土	电池灯管等	

注:将粗分拣后剩余的样品充分过筛(孔径为 10 mm 的网目),筛上物细分拣各成分,筛下物按其主要成分分类,确实分类困难的为其他类。

10.6 含水率的测定

测定方法按照 CJ/T 3039—1995 中 4.3 规定执行。

11 苍蝇密度监测

11.1 监测点的布设

依据填埋作业区面积及特征确定监测点数量和位置,宜每隔 30 m~50 m 设一点,每个监测点上放置诱蝇笼诱取苍蝇。

11.2 监测频次

根据气候特征,在苍蝇活跃季节每月应监测 2 次。

11.3 监测方法

苍蝇密度监测应在晴天时进行。采样方法是日出时将装好诱饵的诱蝇笼放在采样点上诱蝇,日落时收笼,用杀虫剂杀灭活蝇,一并计数。

11.4 苍蝇密度测定

将采集的苍蝇以每笼计数,单位:只/(笼·d)。

12 封场后的填埋场环境监测

在填埋场封场后对填埋气体、渗沥液、地下水进行持续监测。

12.1 填埋气体监测

12.1.1 采样点的布设

在气体收集导排系统的排气口应设置采样点。

12.1.2 采样频次

每季度应监测1次。

12.1.3 采样方法

采样方法按5.3。

12.1.4 监测项目及分析方法

监测项目和分析方法按5.3。

12.2 渗沥液监测

12.2.1 采样点的布设

采样点应设在渗沥液排放口。

12.2.2 采样频次

封场后3年内应每年2次。3年后应根据出水水质确定采样频次。

12.2.3 采样方法

采样方法按6.3。

12.2.4 监测项目及分析方法

监测项目及分析方法按6.4。

12.3 地下水监测

12.3.1 采样点的布设

采样点布设按8.1。

12.3.2 采样频次

封场后应每年监测一次。

12.3.3 采样方法

采样方法按8.3。

12.3.4 监测项目及分析方法

监测项目及分析方法按8.4。

ICS 13.030.99
Z 68

中华人民共和国国家标准

GB/T 18773—2008
代替 GB/T 18773—2002

医疗废物焚烧环境卫生标准

Environmental sanitation standard for incineration of medical treatment wastes

2008-06-19 发布　　2009-04-01 实施

中华人民共和国国家质量监督检验检疫总局
中国国家标准化管理委员会　发布

前言

本标准代替 GB/T 18773—2002《医疗废弃物焚烧环境卫生标准》，本标准与 GB/T 18773—2002 相比主要变化如下：

——更改了标准名称；

——增加了工作场所空气中有毒物质允许浓度限值；

——增加了水污染物排放限值；

——增加了工作场所噪声限值；

——增加了非噪声工作地点噪声限值；

——增加了恶臭污染物厂界限值；

——删除了医疗废弃物焚烧残渣排放标准，增加了固体废物污染控制要求。

本标准由中华人民共和国建设部提出。

本标准由建设部城镇环境卫生技术标准归口单位上海市市容环境卫生管理局归口。

本标准起草单位：沈阳市环境卫生工程设计研究院。

本标准主要起草人：梁文、李季、刘桐武、隋儒楠、蔺晓娟、陈军、王荣森、金志英、满国红。

本标准于 2002 年 7 月首次发布。

医疗废物焚烧环境卫生标准

1 范围

本标准规定了医疗废物焚烧环境卫生标准值及监测方法。

本标准适用于医疗废物的焚烧。

2 规范性引用文件

下列文件中的条款通过本标准的引用而成为本标准的条款。凡是注日期的引用文件,其随后所有的修改单(不包括勘误的内容)或修订版均不适用于本标准,然而,鼓励根据本标准达成协议的各方研究是否可使用这些文件的最新版本。凡是不注日期的引用文件,其最新版本适用于本标准。

GB/T 6920 水质 pH 值的测定 玻璃电极法

GB/T 6921 大气飘尘浓度测定方法

GB/T 7466 水质 总铬的测定

GB/T 7467 水质 六价铬的测定 二苯碳酰二肼分光光度法

GB/T 7468 水质 总汞的测定 冷原子吸收分光光度法

GB/T 7469 水质 总汞测定 高锰酸钾-过硫酸钾消解法 双硫腙分光光度法

GB/T 7470 水质 铅的测定 双硫腙分光光度法

GB/T 7471 水质 镉的测定 双硫腙分光光度法

GB/T 7475 水质 铜、锌、铅、镉测定 原子吸收分光光谱法

GB/T 7478 水质 铵的测定 蒸馏和滴定法

GB/T 7479 水质 铵的测定 纳氏试剂比色法

GB/T 7485 水质 总砷的测定 二乙基二硫代氨基甲酸银分光光度法

GB/T 7486 水质 氰化物的测定 第一部分:总氰化物的测定

GB/T 7488 水质 五日生化需氧量(BOD_5)的测定 稀释与接种法

GB/T 7490 水质 挥发酚的测定 蒸馏后 4-氨基安替比林分光光度法

GB/T 7491 水质 挥发酚的测定 蒸馏后溴化容量法

GB/T 7494 水质 阴离子表面活性剂的测定 亚甲蓝分光光度法

GB/T 8970 空气质量 二氧化硫测定 四氯汞盐-盐酸副玫瑰苯胺比色法

GB/T 8971 空气质量 飘尘中苯并[a]芘的测定 乙酰化滤纸层析荧光分光光度法

GB/T 9801 空气质量 一氧化碳的测定 非分散红外法

GB/T 11897 水质 游离氯和总氯的测定 N,N-二乙基-1,4-苯二胺滴定法

GB/T 11898 水质 游离氯和总氯的测定 N,N-二乙基-1,4-苯二胺分光光度法

GB/T 11901 水质 悬浮物的测定 重量法

GB/T 11903 水质 色度测定

GB/T 11907 水质 银的测定 火焰原子吸收分光光度法

GB/T 11908 水质 银的测定 镉试剂 2B 分光光度法

GB/T 11914 水质 化学需氧量的测定 重铬酸盐法

GB 12348 工业企业厂界噪声标准

GB/T 12349 工业企业厂界噪声测量方法

GB/T 14675 空气质量 恶臭的测定 三点比较式臭袋法

GB/T 14676 空气质量 三甲胺的测定 气相色谱法
GB/T 14677 空气质量 甲苯、二甲苯、苯乙烯的测定 气相色谱法
GB/T 14678 空气质量 硫化氢、甲硫醇、甲硫醚和二甲二硫的测定 气相色谱法
GB/T 14679 空气质量 氨的测定 次氯酸钠-水杨酸分光光度法
GB/T 14680 空气质量 二硫化碳的测定 二乙胺分光光度法
GB/T 15262 环境空气 二氧化硫的测定 甲醛吸收-副玫瑰苯胺分光光度法
GB/T 15432 环境空气 总悬浮颗粒物的测定 重量法
GB/T 15435 环境空气 二氧化氮的测定 Saltzman 法
GB/T 15439 环境空气 苯并[a]芘的测定 高效液相色谱法
GB/T 16157 固定污染源排气中颗粒物测定与气态污染物采样方法
GB/T 16488 水质 石油类和动植物油的测定 红外光度法
GB 18466 医疗机构水污染物排放标准
GB 18484 危险废物焚烧污染控制标准
GB 19218 医疗废物焚烧炉技术要求
GBZ 159 工作场所空气中有害物质监测的采样规范
GBZ/T 160.28 工作场所空气有毒物质测定 无机含碳化合物
GBZ/T 160.32 工作场所空气有毒物质测定 氧化物
GBZ/T 160.36 工作场所空气有毒物质测定 氟化物
GBZ/T 160.37 工作场所空气有毒物质测定 氯化物
HJ/T 20 工业固体废物采样制样技术规范
HJ/T 27 固定污染源排气中氯化氢的测定 硫氰酸汞分光光度法
HJ/T 43 固定污染源排气中氮氧化物的测定 盐酸萘乙二胺分光光度法
HJ/T 44 固定污染源排气中一氧化碳的测定 非分散红外吸收法
HJ/T 91 地表水和污水检测技术规范
HJ/T 194 环境空气质量手工监测技术规范

3 标准值

3.1 焚烧炉技术性能要求

按照 GB 19218 及 GB 18484 相关内容，医疗废物焚烧炉技术性能要求见表 1。

表 1 医疗废物焚烧炉技术性能要求

序号	项 目	要求内容
1	炉体表面温度/℃	≤50
2	焚烧炉的温度/℃	≥850
3	烟气停留时间/s	≥2.0
4	燃烧效率/%	≥99.9
5	焚烧去除率/%	≥99.99
6	焚烧残渣的热灼减率/%	<5
7	噪声限值/dB(A)	≤85
8	残留物含菌量限值	无
9	焚烧炉出口烟气中的氧气含量/%	6～10
10	排气筒高度/m	按照 GB 18484 规定执行

3.2 大气污染物排放限值

医疗废物焚烧排放气体污染物最高允许限值应符合表2的规定。

表2 医疗废物焚烧排放气体污染物最高允许限值[a]

序号	污染物	不同焚烧炉容量时的最高允许排放浓度限值/(mg/m^3)		
		≤300 kg/h	300 kg/h～2 500 kg/h	≥2 500 kg/h
1	烟气黑度	林格曼Ⅰ级		
2	烟尘	100	80	65
3	一氧化碳(CO)	100	80	80
4	二氧化硫(SO_2)	400	300	200
5	氟化氢(HF)	9.0	7.0	5.0
6	氯化氢(HCl)	100	70	60
7	氮氧化物(以NO_2计)	500		
8	汞及其化合物(以Hg计)	0.1		
9	镉及其化合物(以Cd计)	0.1		
10	砷、镍及其化合物(以As+Ni计)[b]	1.0		
11	铅及其化合物(以Pb计)	1.0		
12	铬、锡、锑、铜、锰及其化合物(以Cr+Sn+Sb+Cu+Mn计)[c]	4.0		
13	二噁英类	0.5TEQ ng/m^3		

a 在测试计算过程中，以11%O_2(干气)作为换算基准。换算公式为：

$$c=\frac{10}{21-o_s}\times c_s$$

式中：

c——标准状态下被测污染物经换算后的浓度，单位为毫克每立方米(mg/m^3)；

o_s——排气中氧气的浓度，%；

c_s——标准状态下被测污染物的浓度，单位为毫克每立方米(mg/m^3)。

b 指砷和镍的总量。

c 指铬、锡、锑、铜、锰的总量。

3.3 医疗废物焚烧厂区空气污染物允许浓度限值

医疗废物焚烧厂区空气污染物最高允许浓度限值应符合表3的规定。

表3 医疗废物焚烧厂区空气污染物最高允许浓度限值

序号	污染物名称	取值时间	浓度限值		浓度单位
			二级标准[a]	三级标准[b]	
1	二氧化硫 SO_2	日平均 1 h平均	0.15 0.50	0.25 0.70	mg/m^3 (标准状态)
2	总悬浮颗粒物 TSP	日平均	0.30	0.50	
3	可吸入颗粒物 PM_{10}	日平均	0.15	0.25	
4	二氧化氮 NO_2	日平均 1 h平均	0.08 0.12	0.12 0.24	
5	一氧化碳 CO	日平均 1 h平均	4.00 10.00	6.00 20.00	

表 3（续）

序号	污染物名称	取值时间	浓度限值		浓度单位
			二级标准[a]	三级标准[b]	
6	苯并[a]芘 B[a]P	日平均	0.01		μg/m^3 （标准状态）

a 二类区执行二级标准，二类区为城镇规划中确定的居住区、商业交通居民混合区、文化区、一般工业区和农村地区。

b 三类区执行三级标准，三类区为特定工业区。

3.4 工作场所空气中有毒物质允许浓度限值

医疗废物焚烧工作场所空气中有毒物质允许浓度限值应符合表 4 的规定。

表 4 工作场所空气中有毒物质允许浓度

单位为毫克每立方米

序号	污染物名称	最高允许浓度	时间加权平均允许浓度	短时间接触允许浓度
1	氯化氢	7.5		
2	硫化氢	10		
3	二氧化硫		5	10
4	二氧化氮		2	10
5	氟化氢	2		
6	一氧化碳 非高原 高原 海拔 2 000 m～3 000 m 海拔大于 3 000 m	 20 15	20	30

3.5 水污染物排放限值

医疗废物焚烧厂水污染物排放限值应符合表 5 的规定。

表 5 医疗废物焚烧厂水污染物排放限值（日均值）

序号	污染物	排放标准
1	粪大肠菌群数/(MPN/L)	500
2	肠道致病菌	不得检出
3	肠道病毒	不得检出
4	pH	6～9
5	化学需氧量(COD)浓度/(mg/L)	60
6	生化需氧量(BOD_5)浓度/(mg/L)	20
7	悬浮物(SS)浓度/(mg/L)	20
8	氨氮/(mg/L)	15
9	动植物油/(mg/L)	5
10	石油类	5
11	阴离子表面活性剂/(mg/L)	5
12	色度(稀释倍数)	30

表 5(续)

序号	污染物	排放标准
13	挥发酚/(mg/L)	0.5
14	总氰化合物/(mg/L)	0.5
15	总汞/(mg/L)	0.05
16	总镉/(mg/L)	0.1
17	总铬/(mg/L)	1.5
18	六价铬/(mg/L)	0.5
19	总砷/(mg/L)	0.5
20	总铅/(mg/L)	1.0
21	总银/(mg/L)	0.5
22	总余氯/(mg/L)	0.5

3.6 固体废物污染控制要求

3.6.1 除尘设施产生的飞灰、吸附二噁英和其他有害成分的活性炭等残余物应按危险废物进行安全处置。

3.6.2 污水处理厂产生的污泥应按危险废物进行安全处置。

3.6.3 更换的滤袋、废弃的防护用品等应按危险废物进行安全处置。

3.6.4 焚烧产生的炉渣应送生活垃圾卫生填埋场处置。

3.7 厂界噪声限值

医疗废物焚烧厂界噪声限值应按 GB 12348 的有关规定执行。

3.8 工作场所噪声限值

医疗废物焚烧工作场所操作人员每天连续接触噪声为 8 h,噪声声级卫生限值应小于 85 dB(A)。对于操作人员每天接触噪声不足 8 h 的场合,可根据实际接触噪声的时间,按接触时间减半,噪声声级卫生限值增加 3 dB(A)的原则,确定其噪声声级限值(见表 6)。但最高限值不应超过 115 dB(A)。

表 6 工作地点噪声声级的卫生限值

序号	日接触噪声时间/h	卫生限值/dB(A)
1	8	85
2	4	88
3	2	91
4	1	94
5	1/2	97
6	1/4	100
7	1/8	103
8	最高不应超过 115 dB(A)	

3.9 非噪声工作地点噪声限值

医疗废物焚烧生产性噪声传播至非噪声作业地点的噪声声级卫生限值不应超过表 7 的规定。

表 7 非噪声工作地点的噪声声级卫生限值

序号	地点名称	卫生限值/dB(A)	工效限值/dB(A)
1	噪声车间办公室	75	不应超过 55
2	非噪声车间办公室	60	
3	会议室	60	
4	计算机室、精密加工室	70	

3.10 恶臭污染物厂界限值

医疗废物焚烧厂恶臭污染物厂界限值应符合表 8 的规定。

表 8 医疗废物焚烧厂恶臭污染物厂界限值

序号	控制项目	单位	二级标准[a]	三级标准[b]
1	氨	mg/m^3	1.5	4.0
2	三甲胺	mg/m^3	0.08	0.45
3	硫化氢	mg/m^3	0.06	0.32
4	甲硫醇	mg/m^3	0.007	0.020
5	甲硫醚	mg/m^3	0.07	0.55
6	二甲二硫	mg/m^3	0.06	0.42
7	二硫化碳	mg/m^3	3.0	8.0
8	苯乙烯	mg/m^3	5.0	14
9	臭气浓度	1	20	60

[a] 二类区执行二级标准，二类区为城镇规划中确定的居住区、商业交通居民混合区、文化区、一般工业区和农村地区。

[b] 三类区执行三级标准，三类区为特定工业区。

4 监测方法

4.1 焚烧炉使用条件的监测

4.1.1 炉体主体外壳温度的测定

在连续正常工作 2 h～4 h之间，用精度为 1.5 级表面温度计测定炉体外壳温度。

4.1.2 炉内温度的测定

用热电偶法在火焰上方检测炉内温度。

4.1.3 焚烧炉烟气停留时间根据设计文件检查确定。

4.1.4 热灼减率的测定

按照 HJ/T 20 采取和制备样品，焚烧残渣经灼热减少的质量占原焚烧残渣质量的百分数，应按式(1)计算：

$$P=(A-B)/A\times 100 \qquad \cdots\cdots(1)$$

式中：

P——热灼减率，%；

A——干燥后原始焚烧残渣在室温下的质量，单位为克(g)；

B——焚烧残渣经 600 ℃(±25 ℃)3 h 灼热后冷却至室温的质量,单位为克(g)。

取 3 次平均值作为判定值。

4.1.5 氧气浓度测定按 GB/T 16157 的有关规定执行。

4.2 大气污染物的监测

4.2.1 焚烧炉排气筒中烟尘或气态污染物的采样点数目及采样点位置的设置,应按 GB/T 16157 的有关规定执行。

4.2.2 在焚烧炉正常状态下运行 1 h 后,开始以 1 次/h 的频次采集气样,每次采样时间不应低于 45 min,连续采样 3 次,分别测定,以平均值作为判定值。

4.2.3 焚烧炉排放污染物及分析方法应符合表 9 的规定。

表 9 焚烧炉排放气体监测分析方法

序号	污染物	分析方法	方法来源
1	烟气黑度	林格曼黑度图法	空气和废气监测分析方法[a]
2	烟尘	重量法	GB/T 16157
3	一氧化碳(CO)	非分散红外吸收法	HJ/T 44
4	二氧化硫(SO_2)	甲醛吸收副玫瑰苯胺分光光度法	空气和废气监测分析方法[a]
5	氟化氢(HF)	滤膜·氟离子选择电极法	空气和废气监测分析方法[a]
6	氯化氢(HCl)	硫氰酸汞分光光度法 离子色谱法	HJ/T 27 空气和废气监测分析方法[a]
7	氮氧化物	盐酸萘乙二胺分光光度法	HJ/T 43
8	汞	冷原子吸收分光光度法	空气和废气监测分析方法[a]
9	镉	原子吸收分光光度法	空气和废气监测分析方法[a]
10	铅	火焰原子吸收分光光度法	空气和废气监测分析方法[a]
11	砷	二乙基二硫代氨基甲酸银分光光度法	空气和废气监测分析方法[a]
12	铬	二苯碳酰二肼分光光度法	空气和废气监测分析方法[a]
13	锡	原子吸收分光光度法	空气和废气监测分析方法[a]
14	锑	5-Br-PADAP 分光光度法	空气和废气监测分析方法[a]
15	铜	原子吸收分光光度法	空气和废气监测分析方法[a]
16	锰	原子吸收分光光度法	空气和废气监测分析方法[a]
17	镍	原子吸收分光光度法	空气和废气监测分析方法[a]
18	二噁英类	色谱-质谱联用法	固体废弃物试验分析评价手册[b]

[a]《空气和废气监测分析方法》,中国环境科学出版社,北京,2003 年。

[b]《固体废弃物试验分析评价手册》,中国环境科学出版社,北京,1992:332～359。

4.2.4 焚烧烟气中的黑度、氟化氢、氯化氢、重金属及其他化合物应每季度至少采样监测 1 次,二噁英采样监测频次每年至少监测 1 次。

4.2.5 厂区空气污染物采样应符合 HJ/T 194 环境空气质量手工监测技术规范,采用环境空气监测分析法,测定方法应符合表 10 的规定。

表 10　厂区空气污染物测定方法

序号	污染物	分析方法	方法来源
1	总悬浮颗粒物	重量法	GB/T 15432
2	可吸入颗粒物	重量法	GB/T 6921
3	二氧化氮	Saltzman 法	GB/T 15435
4	二氧化硫	四氯汞盐-盐酸副玫瑰苯胺比色法 甲醛吸收-副玫瑰苯胺分光光度法	GB/T 8970 GB/T 15262
5	一氧化碳	非分散红外法	GB/T 9801
6	苯并[a]芘	乙酰化滤纸层析荧光分光光度法 高效液相色谱法	GB/T 8971 GB/T 15439

4.2.6　工作场所空气中有毒物质采样应符合 GBZ 159 的有关规定，测定方法应符合表 11 的规定。

表 11　工作场所空气中有毒物质测定方法

序号	污染物	分析方法
1	氯化氢	GBZ/T 160.37
2	硫化氢	空气和废气监测分析方法[a]
3	二氧化硫	GBZ/T 160.32
4	二氧化氮	GBZ/T 160.32
5	氟化氢	GBZ/T 160.36
6	一氧化碳	GBZ/T 160.28

[a]《空气和废气监测方法》，中国环境科学出版社，北京，2003 年。

4.3　厂区排放污水监测

4.3.1　污水取样与监测

厂区污水排放口应设置明显标志，污染物的取样点应设在排污单位的外排口。

4.3.2　监测频率

a)　粪大肠菌群数每月监测不应少于 1 次。采用含氯消毒剂消毒时，接触池出口总余氯每日监测不应少于 2 次(采用间歇式消毒处理的，每次排放前监测)。

b)　肠道致病菌主要监测沙门氏菌、志贺氏菌。沙门氏菌的监测，每季度不少于 1 次；志贺氏菌的监测，每年不少于 2 次。根据需要监测结核杆菌。

c)　理化指标监测频率：pH 每日监测不少于 2 次，COD 和 SS 每周监测 1 次，其他污染物每季度监测不少于 1 次。

d)　采样频率：每 4 h 采样 1 次，一日至少采样 3 次，测定结果以日均值计。

4.3.3　监督性监测应按 HJ/T 91 执行。

4.3.4　场区排放污水监测分析方法应符合表 12 的规定。

表 12 厂区排放污水分析方法

序号	污染物	分析方法	标准来源
1	粪大肠菌群数(MPN/L)	多管发酵法	GB/T 18466
2	沙门氏菌		GB 18466
3	志贺氏菌		GB 18466
4	结核杆菌		GB 18466
5	pH	玻璃电极法	GB/T 6920
6	化学需氧量(COD)	重铬酸盐法	GB/T 11914
7	五日生化需氧量(BOD_5)	稀释与接种法	GB/T 7488
8	悬浮物(SS)	重量法	GB/T 11901
9	氨氮	蒸馏和滴定法 纳氏试剂比色法	GB/T 7478 GB/T 7479
10	动植物油	红外光度法	GB/T 16488
11	石油类	红外光度法	GB/T 16488
12	阴离子表面活性剂(LAS)	亚甲蓝分光光度法	GB/T 7494
13	色度	稀释倍数法	GB/T 11903
14	挥发酚/(mg/L)	蒸馏后 4-氨基安替比林分光光度法 蒸馏后溴化容量法	GB/T 7490 GB/T 7491
15	总氰化合物/(mg/L)	硝酸银滴定法 异烟酸-吡唑啉酮比色法 吡啶-巴比妥酸比色法	GB/T 7486 GB/T 7486 GB/T 7486
16	总汞/(mg/L)	冷吸收分光光度法 双硫腙分光光度法	GB/T 7468 GB/T 7469
17	总镉/(mg/L)	原子吸收分光光度法(螯合萃取法) 双硫腙分光光度法	GB/T 7475 GB/T 7471
18	总铬/(mg/L)	高锰酸钾氧化-二苯碳酰二肼分光光度法	GB/T 7466
19	六价铬/(mg/L)	二苯碳酰二肼分光光度法	GB/T 7467
20	总砷/(mg/L)	二乙基二硫代氨基甲酸银分光光度法	GB/T 7485
21	总铅/(mg/L)	原子吸收分光光度法(螯合萃取法) 双硫腙分光光度法	GB/T 7475 GB/T 7470
22	总银/(mg/L)	火焰原子吸收分光光度法 镉试剂 2B 分光光度法	GB/T 11907 GB/T 11908
23	总余氯	N,N-二乙基-1,4-苯二胺分光光度法 N,N-二乙基-1,4-苯二胺滴定法	GB/T 11898 GB/T 11897

4.4 厂区内噪声监测

厂区内噪声监测应按 GB/T 12349 的有关规定执行。

4.5 恶臭污染物浓度测定

测定方法应符合表 13 的规定。

表 13 恶臭污染物与臭气浓度测定方法

序号	控制项目	测定方法
1	氨	GB/T 14679
2	三甲胺	GB/T 14676
3	硫化氢	GB/T 14678
4	甲硫醇	GB/T 14678
5	甲硫醚	GB/T 14678
6	二甲二硫	GB/T 14678
7	二硫化碳	GB/T 14680
8	苯乙烯	GB/T 14677
9	臭气浓度	GB/T 14675

ICS 39.060;65.150
Y 88

中华人民共和国国家标准

GB/T 18781—2008
代替 GB/T 18781—2002

珍珠分级

Cultured pearl grading

2008-08-19 发布　　　　　　　　2009-05-01 实施

中华人民共和国国家质量监督检验检疫总局
中国国家标准化管理委员会　发布

前　言

本标准制定时参考了国际珠宝首饰联合会(CIBJO)制定的《珍珠手册》(1995),以及美国宝石学院(GIA)珍珠分级、日本真珠振兴会等标准。

本标准代替 GB/T 18781—2002《养殖珍珠分级》。

本标准与 GB/T 18781—2002 相比主要变化如下:

——标准的名称改为“珍珠分级”;

——将前言中的“美国珠宝学院(GIA)”修改为:“美国宝石学院(GIA)”;

——将前言中的“日本真珠振兴协会”修改为:“日本真珠振兴会”;

——取消珠层厚度标准样品和光洁度标准样品;

——取消“淡水有核养殖珍珠形状级别”和“淡水有核养殖珍珠珠层厚度级别”条款;

——珠层厚度检验方法增加了光学相干层析法,并对 X 射线照相法进行了修改。

本标准由中国轻工业联合会提出。

本标准由全国首饰标准化技术委员会归口。

本标准起草单位:广西壮族自治区质量技术监督局、广西壮族自治区产品质量监督检验院、国家珍珠及珍珠制品质量监督检验中心、国家珠宝玉石质量监督检验中心、浙江省质量技术监督检测研究院、北京高德珠宝鉴定研究所、诸暨市质量技术监督局、诸暨市珍珠协会、清华大学深圳研究生院。

本标准主要起草人:陆东农、陶金波、曹华松、王凯志、高岩、何锦锋、张国华、罗松、沈一青、张永丽、魏然、易唐玲、易先群。

本标准所代替标准的历次版本发布情况为:

GB/T 18781—2002。

珍 珠 分 级

1 范围

本标准规定了养殖珍珠的术语和定义、分类、质量因素及其级别、等级指标、检验方法和标识的要求。

本标准适用于养殖珍珠的生产、贸易、质量评价等活动，不适用于经辐照、染色等处理的养殖珍珠的分级。

天然珍珠的分级也可参照执行。

2 规范性引用文件

下列文件中的条款通过本标准的引用而成为本标准的条款。凡是注日期的引用文件，其随后所有的修改单(不包括勘误的内容)或修订版均不适用于本标准，然而，鼓励根据本标准达成协议的各方研究是否可使用这些文件的最新版本。凡是不注日期的引用文件，其最新版本适用于本标准。

GB/T 16552 珠宝玉石 名称

GB/T 16553 珠宝玉石 鉴定

3 术语和定义

GB/T 16552、GB/T 16553 确立的以及下列术语和定义适用于本标准。

3.1

天然珍珠 pearl

在贝类或蚌类等动物体内，不经人为因素自然的分泌物。它们由碳酸钙(主要为文石)、有机质(主要为贝壳硬蛋白)和水、多种微量元素等组成，呈同心层状或同心层放射状结构，呈珍珠光泽。

根据生长水域不同可划分为天然海水珍珠和天然淡水珍珠。

在海水中产出的天然珍珠为天然海水珍珠。

在淡水中产出的天然珍珠为天然淡水珍珠。

3.2

养殖珍珠 cultured pearl

珍珠

在贝类或蚌类等动物体内，经人为因素干预珍珠质的形成物。由碳酸钙(主要为文石)、有机质(主要为贝壳硬蛋白)和水、多种微量元素等组成，珍珠层呈同心层状或同心层放射状结构，呈珍珠光泽。对于所有的养殖珍珠，珍珠层是由活着的软体动物的分泌物形成的。人为干预只是为了开始这一过程，不论是插核的还是插片的。

根据生长水域不同可划分为海水养殖珍珠和淡水养殖珍珠。

根据有无珠核可划分为有核养殖珍珠和无核养殖珍珠。

根据是否附壳可划分为游离型养殖珍珠和附壳型养殖珍珠。

3.2.1

海水养殖珍珠 seawater cultured pearl

海水珍珠

在海水中贝类生物体内形成的养殖珍珠。

根据贝种类别不同可划分为不同的子类型：马氏珠母贝海水养殖珍珠、白蝶贝海水养殖珍珠、黑蝶贝海水养殖珍珠和企鹅贝海水养殖珍珠等。

3.2.2

淡水养殖珍珠　freshwater cultured pearl

淡水珍珠

在淡水中蚌类生物体内形成的养殖珍珠。

根据蚌种类别不同可划分为不同的子类型：三角帆蚌淡水养殖珍珠、褶纹冠蚌淡水养殖珍珠和背角无齿蚌淡水养殖珍珠等。

3.2.3

附壳养殖珍珠　Hankei cultured pearl

在海水珠母贝的壳体内侧或在淡水河蚌的壳体内侧特意植入半球形或四分之三球形等非球形珠核而生成的珍珠，珠核扁平面一侧常连附于贝壳上。

3.3

珠核　nucleus

珍珠中的人工植入物或天然珍珠中的混入物。

3.4

珍珠层　nacre

有核珍珠珠核外的部分，主要由碳酸钙（主要为文石）并含有机质（主要为贝壳硬蛋白）及水、多种微量元素等组成，具同心层状或同心层放射状结构。

3.5

珍珠层厚度　nacre thickness

从珠核外层到养殖珍珠表面的垂直距离，可简称为“珠层厚度”。

3.6

颜色　color

珍珠的体色、伴色及晕彩综合特征。

3.7

体色　body color

珍珠对白光选择性吸收产生的颜色。

3.8

伴色　over tone

漂浮在珍珠表面的一种或几种颜色。

3.9

晕彩　iridescence

在珍珠表面或表面下形成的可漂移的彩虹色。

3.10

直径差百分比　diameter difference percent

最大直径与最小直径之差与最大最小直径平均值之比的百分数。

3.11

大小　size

单粒珍珠的尺寸。

3.12

形状　shape

珍珠的外部形态。

3.13

光泽 luster

珍珠表面反射光的强度及映像的清晰程度。

3.14

瑕疵 blemish

导致珍珠表面不圆滑、不美观的缺陷。

珍珠表面常见瑕疵有:腰线、隆起(丘疹、尾巴)、凹陷(平头)、皱纹(沟纹)、破损、缺口、斑点(黑点)、针夹痕、划痕、剥落痕、裂纹及珍珠疤等。

3.15

光洁度 surface perfection

珍珠表面由瑕疵的大小、颜色、位置及多少决定的光滑、洁净的总程度。

3.16

匹配性 matching attribute

多粒珍珠饰品中,各粒珍珠之间在形状、光泽、光洁度、颜色、大小等方面协调性程度。

3.17

标准样品 master cultured pearl

用于确定珍珠质量因素分级的比对实物标准样品,主要为珍珠光泽标准样品。分淡水珍珠标准样品和海水珍珠标准样品两种类型。

3.18

珍珠饰品 cultured pearl jewelry

由珍珠经穿线、粘接、贵金属镶嵌等工艺制成的饰品。例如珠串、戒指、耳饰、发饰、足饰、服饰等。

3.19

拼合珍珠 composite cultured pearl

人工加工的产品,外部或上半部分为珍珠,其他部分用珍珠或其他物质拼合而成。

4 海水珍珠质量因素及级别

4.1 颜色

4.1.1 海水珍珠的颜色分为下列五个系列,包括多种体色:

a) 白色系列:纯白色、奶白色、银白色、瓷白色等;

b) 红色系列:粉红色、浅玫瑰色、淡紫红色等;

c) 黄色系列:浅黄色、米黄色、金黄色、橙黄色等;

d) 黑色系列:黑色、蓝黑色、灰黑色、褐黑色、紫黑色、棕黑色、铁灰色等;

e) 其他:紫色、褐色、青色、蓝色、棕色、紫红色、绿黄色、浅蓝色、绿色、古铜色等。

4.1.2 海水珍珠可能有伴色,如白色、粉红色、玫瑰色、银白色或绿色等伴色。

4.1.3 海水珍珠可能有晕彩,晕彩划分为晕彩强、晕彩明显、晕彩一般。

4.1.4 颜色的描述:以体色描述为主,伴色和晕彩描述为辅。

4.2 大小

正圆、圆、近圆形海水珍珠以最小直径来表示,其他形状海水养殖珍珠以最大尺寸乘最小尺寸表示,批量散珠可以用珍珠筛的孔径范围表示。

4.3 形状级别

形状级别划分见表 1。

表 1 海水珍珠形状级别

形状级别		直径差百分比/%
中 文	英文代号	
正圆	A_1	≤1.0
圆	A_2	≤5.0
近圆	A_3	≤10.0
椭圆[a]	B	>10.0
扁平	C	具对称性，有一面或两面成近似平面状
异形	D	通常表面不平坦，没有明显对称性
[a] 含水滴形、梨形。		

4.4 光泽级别

光泽级别划分见表 2。

表 2 海水珍珠光泽级别

光泽级别		质 量 要 求
中 文	英文代号	
极强	A	反射光特别明亮、锐利、均匀，表面像镜子，映像很清晰
强	B	反射光明亮、锐利、均匀，映像清晰
中	C	反射光明亮，表面能见物体影像
弱	D	反射光较弱，表面能照见物体，但影像较模糊

4.5 光洁度级别

光洁度级别划分见表 3。

表 3 海水珍珠光洁度级别

光洁度级别		质 量 要 求
中 文	英文代号	
无瑕	A	肉眼观察表面光滑细腻，极难观察到表面有瑕疵
微瑕	B	表面有非常少的瑕疵，似针点状，肉眼较难观察到
小瑕	C	有较小的瑕疵，肉眼易观察到
瑕疵	D	瑕疵明显，占表面积的四分之一以下
重瑕	E	瑕疵很明显，严重的占据表面积的四分之一以上

4.6 珠层厚度级别

珠层厚度级别划分见表 4。

表 4 海水珍珠珠层厚度级别

珠层厚度级别		珠层厚度/mm
中 文	英文代号	
特厚	A	≥0.6
厚	B	≥0.5
中	C	≥0.4
薄	D	≥0.3
极薄	E	<0.3

5 淡水珍珠质量因素及级别

5.1 颜色

5.1.1 淡水珍珠的颜色分为下列五个系列，包括多种体色：

a) 白色系列：纯白色、奶白色、银白色、瓷白色等；

b) 红色系列：粉红色、浅玫瑰色、淡紫红色等；

c) 黄色系列：浅黄色、米黄色、金黄色、橙黄色等；

d) 黑色系列：黑色、蓝黑色、灰黑色、褐黑色、紫黑色、棕黑色、铁灰色等；

e) 其他：紫色、褐色、青色、蓝色、棕色、紫红色、绿黄色、浅蓝色、绿色、古铜色等。

5.1.2 淡水珍珠可能有伴色，如白色、粉红色、玫瑰色、银白色或绿色等伴色。

5.1.3 淡水珍珠可能有晕彩，晕彩划分为晕彩强、晕彩明显、晕彩一般。

5.1.4 颜色的描述：以体色描述为主，伴色和晕彩描述为辅。

5.2 大小

正圆、圆、近圆形淡水珍珠以最小直径来表示，其他形状淡水珍珠以最大尺寸乘最小尺寸表示，批量散珠可以用珍珠筛的孔径范围表示。

5.3 形状级别

淡水无核珍珠形状级别划分见表5。

表5 淡水无核珍珠形状级别

形状类别及级别			直径差百分比/%
中　　文		英文代号	
圆形类	正圆	A_1	≤3.0
	圆	A_2	≤8.0
	近圆	A_3	≤12.0
椭圆形类	短椭圆	B_1	≤20.0
	长椭圆[a]	B_2	>20.0
扁圆形类[b]	高形	C_1	≤20.0
	低形	C_2	>20.0
异形		D	通常表面不平坦，没有明显对称性

[a] 含水滴形，梨形。

[b] 具对称性，有一面或两面成近似平面状。

5.4 光泽级别

光泽级别划分见表6。

表6 淡水珍珠光泽级别

光泽级别		质量要求
中　　文	英文代号	
极强	A	反射光很明亮、锐利均匀，映像很清晰
强	B	反射光明亮，表面能见物体影像
中	C	反射光不明亮，表面能照见物体，但影像较模糊
弱	D	反射光全部为漫反射光，表面光泽呆滞，几乎无映像

5.5 光洁度级别

光洁度级别划分见表7。

表 7 淡水珍珠光洁度级别

光洁度级别		质量要求
中文	英文代号	
无瑕	A	肉眼观察表面光滑细腻,极难观察到表面有瑕疵
微瑕	B	表面有非常少的瑕疵,似针点状,肉眼较难观察到
小瑕	C	有较小的瑕疵,肉眼易观察到
瑕疵	D	瑕疵明显,占表面积的四分之一以下
重瑕	E	瑕疵很明显,严重的占据表面积的四分之一以上

6 珍珠等级

6.1 珍珠等级

按珍珠质量因素级别,用于装饰使用的珍珠划分为珠宝级珍珠和工艺品级珍珠两大等级。

6.2 珠宝级珍珠质量因素最低级别要求

6.2.1 光泽级别:中(C)。

6.2.2 光洁度级别:

最小尺寸在 9 mm(含 9 mm)以上的珍珠:瑕疵(D)。

最小尺寸在 9 mm 以下的珍珠:小瑕(C)。

6.2.3 珠层厚度(海水珍珠):薄(D)

6.3 工艺品级珍珠

达不到 6.2 要求的为工艺品级珍珠。

6.4 珠宝级珍珠分级

6.4.1 单粒珍珠饰品珍珠的分级

按照第 4 章、第 5 章质量因素要求确定等级。

6.4.2 多粒珍珠饰品中珍珠分级

6.4.2.1 各项总体质量因素级别确定:

a) 确定饰品中各粒珍珠的单项质量因素级别;

b) 分别统计各单项质量因素同一级别珍珠的百分数;

c) 当某一质量因素某一级别以上的百分数不小于 90% 时,则该级别定为总体质量因素级别。

6.4.2.2 匹配性级别确定见表 8。

表 8 匹配性级别

匹配性级别		质量要求
中文	英文代号	
很好	A	形状、光泽、光洁度等质量因素应统一一致,颜色、大小应和谐有美感或呈渐进式变化,孔眼居中且直,光洁无毛边
好	B	形状、光泽、光洁度等质量因素稍有出入,颜色、大小较和谐或基本呈渐进式变化,孔眼居中无毛边
一般	C	颜色、大小、形状、光泽、光洁度等质量因素有较明显差别,孔眼稍歪斜并且有毛边

7 检验方法

7.1 颜色

在灰色或白色背景下,避开明亮彩色物体,采用北向日光或采用色温为 5 500 K～7 200 K 日光灯,距离被检样品 20 cm～25 cm，肉眼距离被检样品 15 cm～20 cm，滚动珍珠，找出主要颜色即体色；从珍珠表面反射的光中，寻找珍珠有无伴色及晕彩，观察记录被检样品的体色，伴色或晕彩。

7.2　大小

7.2.1　直接测量法（仲裁法）

7.2.1.1　测量仪器

分度值不大于 0.02 mm 的测量量具。

7.2.1.2　操作步骤

7.2.1.2.1　将被检样品清洁干净；

7.2.1.2.2　用测量量具测量并记录最大尺寸与最小尺寸。

7.2.1.3　表示方法

正圆形、圆形、近圆形珍珠以最小直径表示，其他形状给出最大和最小尺寸，单位：毫米（mm）。

例如：8.0 mm×6.0 mm。

7.2.2　筛分法

7.2.2.1　仅适用于批量散珠。

7.2.2.2　测量仪器

孔径规格的连续间隔不大于 0.5 mm 的珍珠专用检测筛。

7.2.2.3　操作步骤

7.2.2.3.1　将被检样品清洁干净。

7.2.2.3.2　将被检样品过筛。

7.2.2.3.3　直至被检样品不能通过为止。

7.2.2.4　表示方法

以被检样品能通过及不能通过的两筛之孔径规格表示被检样品的大小。例如：5.0 mm～5.5 mm。

7.3　形状

根据测量的数据，按式(1)计算直径差百分比 $X(\%)$，以确定珍珠形状的级别，保留小数点后 1 位。

$$X = \frac{d_{max} - d_{min}}{\overline{d}} \times 100 \qquad \cdots\cdots(1)$$

式中：

d_{max}——最大直径，单位为毫米(mm)；

d_{min}——最小直径，单位为毫米(mm)；

$\overline{d}$——最大直径与最小直径的平均值，单位为毫米(mm)。

7.4　光泽

采用北向日光或采用色温 5 500 K～7 200 K 的日光灯，将被检样品与标准样品进行对比，注意观察被检样品对光的反射强度、均匀程度与影像程度，确定光泽级别。

7.5　珠层厚度

7.5.1　直接测量法（仲裁法）

7.5.1.1　方法原理

把切割制备好的被检样品置于测量显微镜下，测量珠层厚度。

7.5.1.2　测量仪器

测量显微镜：准确度≤0.01 mm。

7.5.1.3　操作步骤

将被检样品从中间剖开、磨平，剖面穿过珍珠几何中心，利用测量显微镜测量珠层厚度，至少测量珍珠层的 3 个最大厚度和 3 个最小厚度，并取其平均值，确定珠层厚度级别。

7.5.2 X射线法

7.5.2.1 方法原理

采用X射线透视技术拍摄珍珠内部结构照片,利用计算机技术确定被检样品的珠层厚度。

7.5.2.2 测量仪器

X射线仪:准确度≤0.02 mm。

7.5.2.3 操作步骤

将被检样品放入X射线仪载物台,拍摄被检样品图像,利用计算机技术确定被检样品的珠层厚度。至少选择两个穿过珍珠几何中心的剖面方向进行测量,取其平均值,确定珠层厚度级别。

7.5.3 光学相干层析法

7.5.3.1 方法原理

利用光学干涉原理,使珍珠珠层内部的背向散射光与参考光发生干涉,通过探测干涉信号来检测有核珍珠的珠层厚度。同时,通过扫描可以得到直观的珠层图像。

7.5.3.2 测量仪器

光学相干层析(OCT)仪:准确度≤0.02 mm。

7.5.3.3 操作步骤

将被检样品放置在样品台上,调焦,利用光学相干层析系统获得珠层图像,确定被检样品的珠层厚度。

至少选择两个穿过珍珠几何中心的扫描剖面进行测量,获得每个扫描剖面上珍珠层的3个最大厚度和3个最小厚度,取其平均值,确定珠层厚度级别。

7.6 光洁度

清洁并干燥被检样品后,滚动被检样品,肉眼观察、记录被检样品表面瑕疵的种类、多少和分布情况,确定被检样品的光洁度级别。

7.7 匹配性

清洁干燥被检样品,根据表8确定匹配性级别。

8 分级人员要求

从事珍珠分级的技术人员应受过专门的技能培训,掌握正确的操作方法。由二名至三名技术人员独立完成同一被检样品的级别划分,并取得统一结果。

9 分级报告或证书基本内容

9.1 基本内容

分级报告或证书的基本内容应包括:

——名称(应标明海水珍珠或者淡水珍珠);

——珍珠或饰品中珍珠等级;

——颜色;

——大小;

——形状级别;

——光泽级别;

——光洁度级别;

——珠层厚度级别(海水珍珠);

——匹配性级别(如果涉及);

——总质量(单位为克,g)。

9.2 质量因素级别的表示方法

分级报告、证书中的质量因素级别可以用中文和英文代号表示。

10 标识

10.1 标识明示内容至少包括：

a) 名称(应标明海水珍珠或者淡水珍珠)；

b) 珍珠等级；

c) 大小；

d) 形状、光泽、光洁度、珠层厚度(如果涉及)、匹配性(如果涉及)级别；

e) 生产厂名、厂址；

f) 执行标准编号。

10.2 当采用英文代号连续表示质量因素级别时，应按形状、光泽、光洁度、珠层厚度(如果涉及)、匹配性(如果涉及)顺序表示。

示例 1：某件海水珍珠项链的质量因素级别的中文表示是：

形状级别：圆

光泽级别：极强

光洁度级别：无瑕

珠层厚度级别：中

匹配性级别：很好

示例 2：示例 1 中的海水珍珠项链的质量因素级别的英文代号连续表示是：

A_2AACA

10.3 产品质量合格证。

10.4 使用说明书(有关警示明示等)。

ICS 35.180
L 63

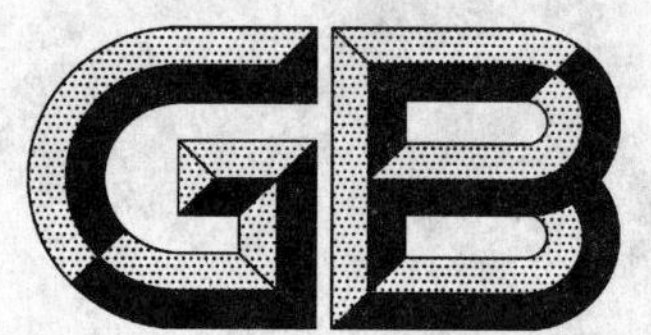

中华人民共和国国家标准

GB/T 18788—2008
代替 GB/T 18788—2002

平板式扫描仪通用规范

General specification for flatbed scanner

2008-07-16 发布　　2008-12-01 实施

中华人民共和国国家质量监督检验检疫总局
中国国家标准化管理委员会　发布

前　言

本标准是对 GB/T 18788—2002《平台式扫描仪通用规范》的修订。

本标准代替 GB/T 18788—2002《平台式扫描仪通用规范》。本标准与 GB/T 18788—2002 的主要区别如下：

——标准名称修改为"平板式扫描仪通用规范"；

——第 3 章"定义和缩略语"改为"术语和定义"；

——取消了"扫描噪音"的术语；

——"水平/垂直放大率"改为"放大率"；

——增加了附加功能。

本标准的附录 A 为规范性附录。

本标准由中华人民共和国工业和信息化部提出。

本标准由全国信息技术标准化技术委员会归口。

本标准起草单位：紫光股份有限公司、国家办公设备及耗材质量监督检验中心、中国电子技术标准化研究所、天津复印技术研究所、方正科技集团股份有限公司、深圳矽感科技有限公司、山东新北洋信息技术股份有限公司、夏普办公设备（常熟）有限公司、佳能（中国）有限公司、爱普生（中国）有限公司。

本标准主要起草人：张薇、胡向阳、曹冠群、高健、安博萍、谭飞龙、侯兰忠、高鹏、马春光、陈维益。

本标准所代替标准的历次版本发布情况为：

——GB/T 18788—2002。

平板式扫描仪通用规范

1 范围

本标准规定了平板式扫描仪的要求、试验方法、检验规则以及标志、包装、运输和储存等。

本标准适用于平板式扫描仪(以下简称产品)的设计、开发、生产、测试和验收。其他类型的扫描仪可参照使用。

2 规范性引用文件

下列文件中的条款通过本标准的引用而成为本标准的条款。凡是注日期的引用文件,其随后所有的修改单(不包括勘误的内容)或修订版均不适用于本标准,然而,鼓励根据本标准达成协议的各方研究是否可使用这些文件的最新版本。凡是不注日期的引用文件,其最新版本适用于本标准。

GB/T 191—2008 包装储运图示标志

GB/T 2421—1999 电工电子产品环境试验 第1部分:总则(idt IEC 68-1:1988)

GB/T 2422—1995 电工电子产品环境试验 术语(eqv IEC 68-5-2:1990)

GB/T 2423.1—2001 电工电子产品环境试验 第2部分:试验方法 试验A:低温(idt IEC 60068-2-1:1990)

GB/T 2423.2—2001 电工电子产品环境试验 第2部分:试验方法 试验B:高温(idt IEC 60068-2-2:1974)

GB/T 2423.3—2006 电工电子产品基本环境试验规程 试验Cab:恒定湿热试验方法

GB/T 2828.1—2003 计数抽样检验程序 第1部分:按接收质量限(AQL)检索的逐批检验抽样计划(ISO 2859-1:1999,IDT)

GB/T 4857.2—2005 包装 运输包装件 第2部分:温湿度调节处理

GB 4943—2001 信息技术设备的安全(idt IEC 60950:1999)

GB/T 5080.7—1986 设备可靠性试验 恒定失效率假设下的失效率与平均无故障时间的验证试验方案

GB/T 5271.14—2008 信息技术 词汇 第14部分:可靠性、可维护性和可用性

GB 9254—1998 信息技术设备的无线电骚扰限值和测量方法

GB/T 17618—1998 信息技术设备抗扰度限值和测量方法

GB 17625.1—2003 电磁兼容 限值 谐波电流发射限值(设备每相输入电流≤16 A)

GB/T 18313—2001 声学 信息技术设备和通信设备空气噪声的测量(ISO 7779:1999(E),IDT)

3 术语和定义

本标准采用下列术语和定义。

3.1

扫描仪 scanner

一种获取图像信号的数字设备,其获取的图像文件可以由计算机等设备进行编辑和存储,也可以通过相关的输出设备显示或打印。

3.2

平板式扫描仪 flatbed scanner

扫描时可以为待扫描的图像原稿提供一个由透明平板玻璃组成的扫描平台。

3.3

分辨率　resolution

扫描仪分辨图像细节的能力,以单位长度上的信息采样点数来表征,其单位是每英寸点数(dpi),分辨率的大小决定了扫描仪所记录图像细节的丰富程度。

3.4

光学分辨率　optical resolution

扫描仪的物理分辨率,由其光学部件构成的光学系统及机械部件构成的传动系统在单位长度上能够采样的最大信息量决定,以每英寸点数(dpi)表示。

3.5

最大分辨率　max resolution

在处理器或软件算法的帮助下增强的分辨率,以扫描仪可以模拟的最高数据密度为准,以每英寸点数(dpi)表示。

3.6

色彩深度　color depth

扫描仪在其捕获的每个像素点上识别色彩的能力及可描述的颜色范围,用每个像素点上颜色的数据位数(bit)表示,它决定了扫描仪的色彩还原程度。

3.7

动态范围　dynamic range

扫描仪所能记录原稿的色调范围,即扫描图像最亮点密度值与最暗点密度值之间的差值,其单位以D表示。

3.8

原稿类型　original type

记录待扫描图像的材质的类型,通常分为反射稿和透射稿。

注:反射稿指可以反射扫描仪发出光线的原稿,通过获取反射光信号扫描图像,常见的反射稿有照片、印刷文稿等。透射稿指可以透过扫描仪发出光线的原稿。通过获取透射光信号扫描图像。透射稿又分为正片和负片,正片也叫反转片,所表现的图像与图像实际的亮度和色度是一致的;负片所表现的图像,其亮度与图像的实际亮度相反,色彩是图像实际色彩的补色。

3.9

扫描速度　scanning speed

在一定扫描条件下,单位时间内所获取图像文件量。单位以兆字节每秒(MB/s)或扫描时间每页(s/P)表示。

3.10

放大率　ratio

扫描获取的图像文件与原稿的尺寸比率,分为横向放大率和纵向放大率。横向放大率是指与扫描仪传感器平行方向产生的放大率,纵向放大率是指与扫描仪传感器垂直方向产生的放大率。

注:通常横向放大率是由于扫描仪的传感器、光学系统的制造误差及采样失真造成的,纵向放大率是由传动系统的运行误差和步进电机的控制误差造成的。

3.11

最大扫描区域　max scanning range

扫描仪可以扫描的最大图像原稿的尺寸,通常以纸张的标准类型来表示。

3.12

自动送纸器(ADF)　auto document feeder (ADF)

扫描仪可选配的一种配件,专用于文件的连续供纸扫描。

3.13

透扫适配器(TMA) transparent media adapter(TMA)

扫描仪可选配的一种配件,专用于透射稿的扫描。

4 要求

4.1 主要设计要求

4.1.1 硬件

在设计产品时,应进行可靠性、维修性、使用性、安全性和电磁兼容性设计。若设计系列化产品,则应遵循通用化、系列化、模块化和兼容性的原则。具体要求由产品规范规定。

4.1.2 软件

与扫描仪配套的软件应与系统的硬件资源相适应,必须配备驱动软件。对于同一系列产品的软件应遵循通用化、系列化、模块化和向上兼容的原则。软件的文件编制、技术规范以及字符编码、点阵、字型等都应符合相应的国家标准。具体要求由产品规范规定。

4.1.3 附加功能

产品如有附加功能应标明,如自动送纸功能或透射稿扫描功能等。具体要求由产品规范规定。

4.2 外观及结构要求

4.2.1 外观要求:

产品表面说明功能的文字、符号、标志应清晰、端正、牢固。

产品表面不应有明显的划痕、损伤、变形和污损等。表面涂覆层应均匀,不应起泡、龟裂、脱落、磨损或有其他机械损伤。金属零部件不应有锈蚀或机构损伤。

4.2.2 结构要求

金属件应进行必要的防锈处理,其质量指标和要求在产品规范中规定。

塑料件表面应平整、光滑、色泽均匀,不得有裂缝、气泡、缩孔等缺陷。

所有结构件应完整无损、连接可靠、紧固件无松动现象。

4.3 主要技术性能

4.3.1 分辨率

产品应在横向和纵向分别给出光学分辨率和最大分辨率,具体数值由产品规范规定。

4.3.2 色彩深度

产品应给出能够表征的色彩深度,以位数(bit)表示。具体数值由产品规范规定。

4.3.3 动态范围

根据产品特性或用户的需要,具体数值由产品规范规定。

4.3.4 透射稿扫描

产品如具有透射稿扫描的功能,由产品规范规定该功能的技术要求。

4.3.5 最大扫描区域

不小于产品规范中给出的反射原稿与透射原稿(如具备透射稿扫描功能的产品)可以扫描的最大区域。

4.3.6 扫描速度

产品规范中应在规定使用条件下标明扫描速度,扫描速度可以每秒兆字节(MB/s)的方式给出,也可以每页扫描时间(s/P)的方式给出。

4.3.7 放大率

具体数值由产品规范规定。

4.3.8 接口特性

产品的接口如SCSI接口、并行接口、USB接口或1394接口等,其特性应符合相关标准的规定。

4.4 噪声

扫描时产生的噪声应不大于 63 db(A)。

4.5 安全要求

4.5.1 一般要求

应符合 GB 4943—2001 的规定。

4.5.2 接地电阻

应符合 GB 4943—2001 中 2.6.3.3 的要求。

4.5.3 接触电流

应符合 GB 4943—2001 中 5.1.1 的要求。

4.5.4 抗电强度

应符合 GB 4943—2001 中 5.2.1 的要求。

4.6 电源适应性要求

对于交流供电的产品应能在 220 V±22 V、50 Hz±1 Hz 的条件下正常工作,对于直流供电的产品由产品规范规定。

4.7 电磁兼容性要求

4.7.1 无线电骚扰限值

应符合 GB 9254—1998 的规定的要求,产品规范应明确规定选用 A 级或 B 级。

4.7.2 抗扰度

应符合 GB/T 17618—1998 的规定。

4.7.3 谐波电流

应符合 GB 17625.1—2003 的规定。

4.8 环境适应性要求

4.8.1 气候环境适应性

产品的气候环境适应性见表 1。

表 1 气候环境适应性

气候条件	工作环境	储存运输
温度/℃	10～35	−25～55
相对湿度/(% RH)	20～80	20～93(40 ℃)
气压/(kPa)	86～106	

4.8.2 机械环境适应性

产品在包装条件下应能承受表 2 和表 3 规定的试验。试验结束后,设备应完好无损,各项技术指标满足本标准要求。

4.8.2.1 振动适应性

产品的振动适应性见表 2。

表 2 振动适应性

振动频率/Hz	峰值加速度/(m/s^2)	振动方向	振动时间/min
6	6	X、Y、Z 各一次	30

4.8.2.2 跌落适应性

产品跌落适应性见表 3。

表 3 运输包装品跌落的适应性

质量/kg	跌落高度/mm
<10	760
10～20	600
20～30	500
30～40	400
>40	300

4.9 可靠性

采用平均故障间隔时间(MTBF)或者采用产品规范所规定的方法衡量产品的可靠性水平。采用平均故障间隔时间时,本标准规定平板式扫描仪硬件系统的 m_0 值(MTBF 的可接受值)不应低于2 000 h。

5 试验方法

5.1 试验条件

5.1.1 试验环境条件

本标准中除气候环境试验、可靠性试验外,其他试验均应在正常大气条件下进行。

温　　度:15 ℃～35 ℃

相对湿度:25%～75% RH

大 气 压:86 kPa～106 kPa

5.1.2 试验工作条件

应在预热结束并进入稳定工作状态 5min 后再进行测试,测试次数一般不少于 5 次。

图像处理软件一般选用 Photoshop。

5.2 外观与结构的检验

用目测法在自然光线下检查,应符合 4.2 的要求。

5.3 主要技术性能的检验方法

主要技术性能检测的系统环境应在产品规范中规定。

5.3.1 分辨率的检测方法

采用下述检测方法或由产品规范规定。

5.3.1.1 选用自定义的包含不同分辨率的黑白线对的标准测试图片。

5.3.1.2 将被测扫描仪选项设定在光学分辨率上,以灰度模式扫描标准测试图片上的黑白线对。

5.3.1.3 对不同分辨率的黑白线对的扫描结果进行检查,其中一组可完整、正确、辨识清楚的分辨率最高的黑白线对所代表的分辨率值,即为被测扫描仪的光学分辨率。(所谓完整、正确、辨识清楚,是指扫描输出的黑白线对间,不能有断线、连线或短线的情形)。

5.3.2 色彩深度的检测方法

采用下述检测方法或由产品规范规定。

5.3.2.1 选用标准测试图片,如 IT8.7/2。

5.3.2.2 将被测扫描仪选项设定在光学分辨率上,以彩色模式扫描标准测试图片上的彩色色块。

5.3.2.3 采用图像处理软件,如 Photoshop 检查扫描结果,查看色块的色彩描述,以确认待测扫描仪的色彩深度。

5.3.3 动态范围的检测方法

采用下述检测方法或由产品规范规定。

5.3.3.1 选用含有连续灰阶(由白色到黑色至少 20 阶)的标准测试图片,如 IT8.7/2。

5.3.3.2 使用密度计测量标准测试图片上各灰阶的密度值。

5.3.3.3 将被测扫描仪选项设定在光学分辨率上，以灰度模式扫描标准测试图片上的灰阶图形。

5.3.3.4 检查扫描结果，其最高可分辨的灰阶密度值与最低可分辨的灰阶密度值的差值即为被测扫描仪的实测动态范围。

5.3.4 透射稿扫描的检测方法

按照产品规范中规定的项目要求进行检测。

5.3.5 最大扫描区域的检测方法

采用下述检测方法或由产品规范规定。

5.3.5.1 选用自定义的标准测试图片。

5.3.5.2 将被测扫描仪选项设定在光学分辨率上，以灰度模式扫描标准测试图片上选定的最大图形区域。

5.3.5.3 利用图像处理软件，读取测试图片边界上两端点坐标值。

5.3.5.4 计算扫描区域。

5.3.6 扫描速度的检测方法

5.3.6.1 选用指定扫描区域的标准测试图片作为原稿。指定扫描区域的确定原则：大于或等于 A4 幅面的产品，以 A4 区域为准；小于 A4 幅面的产品依据产品规范规定。

5.3.6.2 将被测扫描仪选项设定在光学分辨率上，以彩色模式扫描。

5.3.6.3 用秒表检测从发出扫描指令到扫描图像完整显示在显示器上的时间即为扫描时间，用秒表示。该扫描时间即为每页扫描时间(s/P)；或者，计算扫描图像的字节数，以兆字节表示，该字节数除以扫描时间即为每秒兆字节(MB/s)。

5.3.7 放大率的检测方法

采用下述检测方法或由产品规范规定。

5.3.7.1 选用自定义的标准测试图片。

5.3.7.2 将被测扫描仪选项设定在光学分辨率上，以灰度模式扫描标准测试图片上选定的图形区域。

5.3.7.3 利用图像处理软件，如 Photoshop 读取测试图片上已定义好的四个端点坐标值。

5.3.7.4 实测值与测试图片上标准横向宽度之比即为横向放大率，实测值与测试图片上标准纵向长度之比即为纵向放大率。

5.3.8 接口特性

按照产品规范中规定的项目要求进行检测。

5.4 噪声的检测方法

启动被测扫描仪开始扫描，用声压计按照 GB/T 18313—2001 要求的测试距离与方法检测其噪声值。

5.5 安全试验

安全试验应按 GB 4943—2001 的规定进行。

5.5.1 接地电阻试验

按 GB 4943—2001 中 2.6.3.3 的规定进行。

5.5.2 接触电流试验

按 GB 4943—2001 中 5.1 的规定进行。

5.5.3 抗电强度试验

按 GB 4943—2001 中 5.2.2 的规定进行。

5.6 电源适应能力的试验

交流供电扫描仪的电源适应能力应按表 4 的组合对受试样品进行试验，每种组合条件下进行扫描，受试样品应工作正常。

表 4 电源适应能力

组合	标称值	
	电压/V	频率/Hz
1	220	50
2	198	49
3	198	51
4	242	49
5	242	51

直流供电扫描仪的电源适应能力按照产品规范规定的要求检测。

5.7 电磁兼容性试验

5.7.1 无线电骚扰值的测量方法

按 GB 9254—1998 规定的方法进行试验。试验过程中进行扫描，产品应工作正常。

5.7.2 抗扰度试验

按 GB/T 17618—1998 规定的方法进行，试验过程中进行扫描，产品应工作正常。

5.7.3 谐波电流试验

按 GB 17625.1—2003 中的规定进行。

5.8 环境试验

5.8.1 一般要求

环境试验方法的总则、名词术语应符合 GB/T 2421—1999、GB/T 2422—1995 的有关规定。

以下各项试验中，规定的初始检测和最后检测，统一按 4.2 进行外观及结构检查，并进行扫描，工作应正常。

5.8.2 温度下限试验

5.8.2.1 工作温度下限试验

按 GB/T 2423.1—2001“试验 Ad”规定的方法进行。受试样品须进行初始检测，严酷程度取 4.8.1 中规定的工作温度下限值，加电运行自检程序 2 h，受试样品工作应正常。恢复时间为 6 h，并进行最后检测。

5.8.2.2 储存运输温度下限试验

按 GB/T 2423.1—2001“试验 Ab”规定的方法进行。严酷程度取 4.8.1 中规定的储存运输温度下限值。受试样品在不工作条件下存放 16 h。恢复时间为 6 h，并进行最后检测。

为防止试验中受试样品结霜和凝露。允许将受试样品用聚乙烯薄膜密封后进行试验，必要时还可以在密封套内装吸湿剂。

5.8.3 温度上限试验

5.8.3.1 工作温度上限试验

按 GB/T 2423.2—2001“试验 Bd”规定的方法进行。受试样品须进行初始检测，严酷程度取 4.8.1 中规定的工作温度上限值，加电运行自检程序 2 h，受试样品工作应正常。恢复时间为 6 h，并进行最后检测。

5.8.3.2 储存运输温度上限试验

按 GB/T 2423.2—2001“试验 Bb”规定的方法进行。严酷程度取 4.8.1 中规定的储存运输温度上限值。受试样品在不工作条件下存放 16 h。恢复时间为 6 h，并进行最后检测。

5.8.4 恒定湿热试验

5.8.4.1 工作条件下的恒定湿热试验

按 GB/T 2423.3—2006“试验 Ca”规定的方法进行，严酷程度取 4.8.1 中规定的工作温度、湿热上限值。被测试样品须进行初始检测。试验持续时间为 2h。在此期间加电进行扫描，工作应正常。恢复时间为 2h，并进行最后检测。

5.8.4.2 运输储存条件下的恒定湿热试验

按 GB/T 2423.3—2006“试验 Ca”规定的方法进行。严酷程度取 4.8.1 中规定的储存运输温度、湿热上限值。被测试样品需进行初始检测。受试样品在不工作条件下存放 48h，恢复时间为 2h，并进行最后检测。

5.8.5 振动试验

受试样品进行初始检测。受试样品按运输状态位置固定在振动台上，按表 2 规定的值分别在三个互相垂直的轴线方向进行振动。

试验结束后应进行最后检测。

5.8.6 运输包装件的跌落试验

对受试样品进行初始检测，将运输包装件处于准备运输状态，按 GB/T 4857.2—2005 表 1 中“条件 6”的规定进行预处理 4 h。

把运输包装件按表 3 规定的条件运输或者按使用中的正常姿势进行自然跌落。选择任意一角、三边及六面，分别进行跌落。试验后，按照产品标准的规定，确认包装件的损坏状况，并且对试验样品进行最后检查。

5.9 可靠性试验

5.9.1 试验条件

本标准规定可靠性试验的目的是确定产品在正常使用条件下的可靠性水平，试验周期内综合应力规定如下：

电应力：受试样品在输入电压标称值(220 V)的±10%变化范围内工作。一个周期内各种条件工作时间的分配为：电压上限 25%，标称值 50%，电压下限 25%。

温度应力：受试样品在一个周期内由正常温度(具体值由产品标准规定)升至表 1 规定的温度上限值再回到正常温度。温度变化率的平均值为 0.7 ℃/min～1 ℃/min 或根据受试样品的特殊要求选用其他值。在一个周期内保持在上限和正常温度的持续时间之比应为 1：1 左右。

一个周期称为一次循环，在总试验期间内循环次数不应小于 3 次。每个周期的持续时间应不大于 $0.2m_0$，电应力和温度应力应同时施加。

5.9.2 试验方案

可靠性试验按 GB/T 5080.7—1986 进行，可靠性鉴定试验和可靠性验收试验的方案由产品规范规定。

5.9.3 试验时间

试验时间应持续到总试验时间及总故障数均能按选定的试验方案做出接收或拒收判决时截止。多台受试样品试验时，每台受试样品的试验时间不得少于所有受试样品的平均试验时间的一半。

6 检验规则

6.1 一般规定

产品在定型时(设计定型、生产定型)和生产过程中应按本标准和产品规范中的补充规定进行检验，并应符合这些规定的要求。

6.2 检验分类

产品应通过下列检验：

a) 定型检验；

b) 交收检验；

c) 例行检验。

各类检验项目和顺序分别按表5的规定。若产品规范中有补充的检验项目时，则应将其插入表5的相应位置，并依次排序。

表5 检验项目的规定

序号	检验项目	技术要求	试验方法	定型检验	交收检验	例行检验
1	外观及结构	4.2	5.2	○	○	○
2	分辨率	4.3.1	5.3.1	○	○	○
3	色彩深度	4.3.2	5.3.2	○	○	○
4	动态范围	4.3.3	5.3.3	○	○	○
5	透射稿扫描	4.3.4	5.3.4	○	○	○
6	最大扫描区域	4.3.5	5.3.5	○	○	○
7	扫描速度	4.3.6	5.3.6	○	○	○
8	放大率	4.3.7	5.3.7	○	○	○
9	接口特性	4.3.8	5.3.8	○	○	○
10	噪声	4.4	5.5.1	○	—	○
11	安全要求	4.5.1	5.5.1	○	—	○
12	接地电阻	4.5.2	5.5.1	○	○	○
13	接触电流	4.5.3	5.5.2	○	○	○
14	抗电强度	4.5.4	5.5.3	○	○	○
15	电源适应性	4.6	5.6	○	—	○
16	电磁兼容	4.7	5.7	○	—	○
17	温度下限	4.8.1	5.8.2	○	—	○
18	温度上限	4.8.1	5.8.3	○	—	○
19	恒定湿热	4.8.1	5.8.4	○	—	○
20	振动试验	4.8.2.1	5.8.5	○	—	○
21	运输包装件跌落试验	4.8.2.2	5.8.6	○	—	○
22	可靠性	4.9	5.9	○	—	—
注："○"表示应进行的检验项目，"—"表示不进行检验的项目。						

6.3 定型检验

6.3.1 产品在设计定型和生产定型时均应通过定型检验。

6.3.2 定型检验由产品制造单位或由上级主管部门指定或委托的获得国家认可资格的质量检验单位负责进行。

6.3.3 定型检验中的可靠性鉴定试验的样品数按表6规定，其余检验项目的样品数量为2台。

表6 可靠性鉴定试验的样品数

批量或连续生产台数	最佳样品数	最大样品数
1～3	全部	全部
4～50	3	10
51～200	5	15
200以上	10	20

6.3.4　定型检验中的各检验项目故障的判定和记录方法见附录A。

除可靠性鉴定外，其余项目均按以下规定进行。

检验中出现故障或某项不能通过时，应停止试验。查明故障原因，提出故障分析报告，重新进行该项试验。若在以后的试验中再次出现故障或某项不能通过时，在查明故障原因、排除故障、提出故障分析报告后，应重新进行定型检验。

6.3.5　检验后要提交定型检验报告。

6.4　交收检验

6.4.1　批量生产或连续生产的产品，进行全数交收检验。交收检验中的性能检查和外观结构检查两项，允许按照GB/T 2828.1—2003进行抽样检验，在产品规范中应具体规定抽样方案和拒收后的处理方法。检验中出现任一项不合格时可进行返工，返工后需要重新检验。若再次出现任一项不合格时，该台产品被判为不合格品。

6.4.2　交收检验由产品制造单位的质量检验部门负责进行。

6.5　例行检验

6.5.1　批量生产的产品，每年至少进行一次例行检验。当更改设计或主要工艺、主要零部件、元器件、主要材料发生变更时，应进行相关项目的例行检验。

6.5.2　例行检验由产品制造单位质量检验部门或上级主管部门指定或委托的质量检验单位负责进行。根据订货方的要求，制造单位应提供该产品近期的例行检验报告。

6.5.3　例行检验样品应在交收检验合格产品中随机抽取，试验样品数为2台。

6.5.4　例行检验中检验项目的故障的判定和记录方法见附录A。检验中出现故障或任一项通不过时，应查明故障原因，提出故障分析报告。经修复后应重新做该项检验。之后，再顺序做以下各项检验，如再次出现故障或某项通不过，在查明故障原因，提出故障分析报告，再经修复后，则应重新进行各项例行检验。在重新进行检验中又出现某一项通不过的情况时，则判定该产品未通过例行检验。经例行检验的环境试验的样品，应印有标记，一般不应作为正品出厂。

6.5.5　检验后要提交例行检验报告。

7　标志、包装、运输、储存

7.1　包装箱外应标有产品名称、型号、制造商或生产厂名称、产品标准编号，出厂日期或生产批号。

包装箱外应印刷或贴有“小心轻放”、“怕湿”、“向上”、“堆码极限”等运输标志或相应的说明文字。运输标志应符合GB/T 191—2008的规定。

7.2　包装箱外印刷及所贴标志不应因运输条件和自然条件而褪色、脱落。

7.3　包装箱应符合防潮、防尘、防震的要求，包装箱内应有合格证明、附件及有关的随机文件。

7.4　包装后的产品应能以任何交通工具进行运输。在长途运输时，不得装在敞开的船舱或车厢中。中途转运时不得存放在露天仓库中，在运输过程中不允许和易燃、易爆、易腐蚀的物品混装。产品不允许经受雨、雪或液体物质的浸淋与机械损伤。

7.5　储存时，产品应放在原包装箱内。存放产品的环境温度为－25 ℃～55 ℃，相对湿度为20%～93%(40 ℃)。仓库内不允许有各种有害气体、易燃、易爆的物品及有腐蚀性的化学物品，并且应无强烈的机械振动、冲击和强磁场作用。包装箱应垫离地面至少10 cm，距离墙壁、热源、冷源、窗口或空气入口至少50 cm。

若无其他规定时，储存期一般不应超过6个月。若在生产厂存放期超过6个月，则应在交付前重新进行交收检验。

附 录 A
（规范性附录）
故障分类及判据

A.1 故障定义和解释

按 GB 5271.14—2008 规定的故障定义，出现以下情况之任一种解释为故障。

a) 受试样品在规定条件下，出现了一个或几个性能参数不能保持在规定值的上下限之间。

b) 受试样品在规定应力范围内工作时，出现了机械零件、结构件的损坏或卡死，或出现了元器件的失效或断裂，而使受试样品不能完成其规定的功能。

A.2 故障分类

故障类型分为关联性故障和非关联性故障。

关联故障是受试样品预期会出现的故障，通常都是由产品本身条件引起的。它是在解释试验结果和计算可靠性特征值时必须要计入的故障。

非关联故障则是受试样品出现非预期的故障，这类故障不是受试样品本身条件引起的，而是试验要求之外而引起的。非关联故障在解释试验结果和计算可靠性特征值时不计入。但应在试验中做记录，以便于分析和判断。

A.3 关联故障判据

A.3.1 关联故障的判据原则

凡因受试样品出错，以至于可能导致联机设备发生故障，或者受试样品本身的控制功能和扫描功能部分或全部失去，均判为关联故障。

A.3.2 关联故障的计算

A.3.2.1 按键或拨动开关一次产生两次或两次以上的作用效果或无效果，应判为关联故障。

A.3.2.2 凡需停机修理（包括焊接、调整等）才能恢复受试样品功能，判为关联故障。

A.3.2.3 多次重复故障，如连续或周期性的无法联机，每种故障累积三次，算作一次关联故障。

A.3.2.4 操作员无法排除的联机故障，判为关联故障。

A.4 非关联故障

A.4.1 非关联故障的判据原则

并非测试样品本身的原因引起的故障，或不影响扫描功能的故障，判为非关联故障。

A.4.2 凡不需要任何人干预而能排除的故障，如采取了自动纠错措施，防止键信号偶然跳动产生的差错。

A.4.3 由于供电电源超过标准引起保险丝熔断、电源过压或欠压保护。

A.4.4 联机时，由联机设备反映到受试样品中来的故障。

A.4.5 诱发故障和误用故障。

ICS 67.140.10
X 55

中华人民共和国国家标准

GB/T 18798.1—2008/ISO 7516:1984
代替 GB/T 18798.1—2002

固态速溶茶
第1部分:取样

Instant tea in solid form—
Part 1:Sampling

(ISO 7516:1984,IDT)

2008-08-12 发布 2009-03-01 实施

中华人民共和国国家质量监督检验检疫总局
中国国家标准化管理委员会 发布

前　言

GB/T 18798《固态速溶茶》分为以下几个部分：

——第1部分：取样；

——第2部分：总灰分测定；

——第3部分：水分测定；

……

本部分为GB/T 18798的第1部分，等同采用ISO 7516:1984《固态速溶茶　取样》(英文版)。

为便于使用，本部分做了下列编辑性修改：

a)　“本国际标准”一词改为“本部分”；

b)　删除国际标准的前言；

c)　将引言单独编排。

本部分代替GB/T 18798.1—2002《固态速溶茶　取样》。

本部分由中华全国供销合作总社提出。

本部分由全国茶叶标准化技术委员会归口。

本部分起草单位：中华全国供销合作总社杭州茶叶研究院。

本部分主要起草人：翁昆、杨秀芳、宿迷菊、杨士新。

本部分所代替标准的历次版本发布情况为：

——GB/T 18798.1—2002。

引　言

作为一种天然产物，速溶茶会因生产加工季节和(或)茶叶原料来源不同而呈现不同的特征。另外，样品容重、粉末流动性和颗粒大小等产品参数也会因加工工艺的不同发生变化。因此，对任何一批速溶茶产品，买卖双方同意的做法就是在装运出厂前就地在厂内取样，同时送交买方认可后再发货。

为便于确认所装运的速溶茶符合合同规定，买方可能要求在一批货到达时从有代表性的几箱货物中抽样。固态速溶茶通常是包装在防潮的密封袋里(即初装容器)，并由另一层外包装保护。固态速溶茶产品具有吸湿性和易碎性，所以取样时需要特别注意，以确保取样工作不影响到茶样本身或剩余产品的品质。

固态速溶茶
第1部分:取样

1 范围

GB/T 18798的本部分规定了固态速溶茶(以下简称速溶茶)的取样方法。

本部分适用于各种容器中速溶茶的取样,包括在加工点的取样、各经销阶段的取样以及零售包装的取样。

取样时,应根据取样目的不同而采取不同的操作步骤或专门的措施,如是用于检测茶粒特征(如容重、粉末流动性、颗粒大小)或是用于检测成分(如含水率、灰分)的。

2 术语和定义

下列术语和定义适用于GB/T 18798的本部分。

2.1

交运货物 consignment

根据特别合同或货运单据明确的一单速溶茶的货运量或一次到货量。交运货物可以由一批货或多批货组成。

2.2

批 lot

取自一单交运货物、并可以进行质量评定的一定数量的速溶茶(假定其品质是均匀一致的)。

2.3

原始样品 primary sample

从一批货中单个初装容器中某处一次所取的少量速溶茶,或这只初装容器中的全部速溶茶(当此初装容器内的速溶茶不到1 kg时,取样方法见4.3.5)。

注:一系列的原始样品是从一批的不同位置抽取到的。

2.4

混合样品 bulk sample

由从一批货的不同位置取得的原始样品混合而成的,能代表该批品质的一定数量的速溶茶。

2.5

试验样品 laboratory sample

从混合样品中取得的能代表该批品质的规定数量的速溶茶,用于分析或其他检验。

2.6

加工点 point of manufacture

生产企业内速溶茶首次装进初装容器直到容器密封为止的地点。

2.7

初装容器 immediate container

与速溶茶直接接触的容器,其外层可另加一层或多层外包装。如:

a) 用于大量运输速溶茶时用的密封袋,外套如纤维板箱等外包装保护;

b) 通常供零售的速溶茶用的包装,一般为玻璃瓶或装在箱内的密封袋。

2.8

零售包装 retail pack

凡初装容器内的速溶茶不到 1 kg 的任何包装。

3 取样通则

3.1 取样工作应由买方和(或)卖方指定的人员执行。必要时可要求买卖双方或其代表在场时取样。

3.2 取样场所应清洁、干燥、避光,取样用具和样品容器应清洁、干燥、无异味,样品容器应具有防潮性能。速溶茶样品、取样用具以及样品容器等都不得受到污染。

3.3 取样过程中(例如把原始样品合并成混合样品以及包装样品等过程中),应防止样品原有品质的变化。

3.4 当从外观可明显看出原始样品与定义的批(见 2.2)的品质不一致时,应停止取样,并通知安排取样的人员。

4 取样方法

4.1 初装容器的抽取

除非在 4.3 条款内或有合同规定,初装容器的取样数应按 4.1.1～4.1.3 规定执行。

4.1.1 内装 20 kg 以上速溶茶的初装容器的抽取

对内装 20 kg 以上速溶茶的初装容器,一批中应取样的最少容器数参照表 1。

表 1

一批中初装容器数/件	需取样的容器数/件
2～10	2
11～25	3
26～100	5
101 以上	7

4.1.2 内装小于 1 kg 速溶茶的初装容器的抽取

在初装容器中装有 1 kg 以下速溶茶时,一批中应取样的最少容器数参照表 2,但所取样品应满足试验样品规定的数量。

表 2

一批中初装容器数/件	需取样的容器数/件
25 以下	3
26～100	5
101～300	7
301～500	10
501～1 000	15
1 001～3 000	20
3 001 以上	25

4.1.3 内装 1 kg～20 kg 速溶茶的初装容器的抽取

一批中需取样的最少初装容器数参照表 1 或表 2,具体可根据买、卖双方的协议决定。

4.2 随机取样

采用随机数表，随机抽取需取样的速溶茶初装容器。如没有该表，可采用下列方法：

设 N 是一批中的初装容器数，n 是需要抽取的初装容器数，取样时可从任一初装容器开始计数，按 1，2……r，$r=N/n$（如果 N/n 不是整数，便取其整数部分为 r）。挑选出第 r 个初装容器，直到取得所需的初装容器数为止。

当包装箱内的单个初装容器的量小于 1 kg 时，应先随机取出大约 20%的包装箱（但不少于 2 箱）。再从这些包装箱中随机抽取 4.1.2 规定的初装容器数。

4.3 原始样品的取样

4.3.1 概述

原始样品的取样方法取决于取样所在的加工点和经销点，同样取决于样品的分析方法。

在加工点取样时应采用方法 A（见 4.3.2），所取样品可用于任何一种测定。

在加工点之后的任何场合取样时，只要速溶茶不是零售包装，就可用方法 B 或方法 C 来取样。方法 B（见 4.3.3）取得的样品可用于测定容重、粉末流动性、颗粒大小和其他理化检测，但不能用于测定水分。

方法 C（见 4.3.4）取得的样品可用于测定水分和其他理化检测，但不能用于测定容重、粉末流动性和颗粒大小。

在零售包装中取样时，应采用方法 D（见 4.3.5）。所得样品适用于任何一种检测。

4.3.2 方法 A

4.3.2.1 取样工具和器具

取样时需具备下列器具：

——适用的取样器；

——样品袋（其容量足够容纳所取的原始样品）；

——热封机。

4.3.2.2 操作步骤

在速溶茶装入初装容器时，或已装好但未封口之前，用粉铲从该批的每个初装容器里取出原始样品，并全部装入样品袋里。

为防止样品水分发生变化，盛放样品的样品袋应密封，并尽量使袋内空气排除。

将这些原始样品合并成混合样品（见 4.4）。

4.3.3 方法 B

4.3.3.1 取样工具和器具

取样时需具备下列器具：

——适用的取样器；

——样品袋 A（其容量大于或等于生产厂装速溶茶的袋）；

——样品袋 B（其容量足够容纳所取的原始样品）；

——热封机。

4.3.3.2 操作步骤

从一批货或交运货物中需取样的初装容器数应按双方事先的协议确定，如无事先协议，则按照 4.1 办理。

按 4.2 随机取样方法，从一批货或一交运货物中抽取所需的初装容器数。

取样宜在空调室内操作，打开初装容器，并把初装容器内的速溶茶全部倒入样品袋 A，并使内装的速溶茶混合均匀。

用适用的取样器从该袋的上层取原始样品,并装入样品袋B。对所有其他需取样的初装容器都按此操作步骤。将取得的原始样品合并成混合样品(见4.4)。

对于装满速溶茶的样品袋,套上外包装并用热封机或其他有效办法密封。

4.3.4 方法C

4.3.4.1 取样工具和器具

取样时需具备下列器具:

——适用的取样器;

——样品袋(其容量足够容纳所取的原始样品);

——热封机。

4.3.4.2 操作步骤

从一批货或交运货物中需取样的初装容器数应按买卖双方事先的协议,如无事先协议,则按照4.1办理。

按4.2随机取样方法,从一批货或一交运货物中抽取所需的初装容器数。

打开每一个外包装和初装容器,尽可能不造成损害。用取样器从初装容器里取出样品并装入样品袋中。然后把初装容器用热封机或其他有效方法密封,同时密封外包装。对所有其他需取样的初装容器都按此操作步骤。将所得原始样品合并成混合样品(见4.4)。

为防止样品水分发生变化,盛放样品的样品袋应密封、并使袋内尽可能少留空气,除非需要再装入样品时才打开。

4.3.5 方法D

4.3.5.1 取样工具和器具

取样时需具备下列器具:

——样品袋(其容量足够容纳所取的原始样品);

——热封机。

4.3.5.2 操作步骤

从一批货或交运货物中需取样的初装容器数应按照买卖双方事先的协议确定,如无协议,则按照4.1办理。

按4.2随机取样方法,从一批货或一单交运货物中抽取所需的初装容器数。

如果每个初装容器内的速溶茶不超过50 g,则每个容器就是一个原始样品(应把这些初装容器全部打开,并把内装的速溶茶合并在一起作为混合样品)。

如果每个初装容器内装速溶茶超过50 g,则将初装容器翻转多次以使内装的速溶茶混合均匀。然后打开容器,取出约50 g速溶茶倒入样品袋。对所有其他需取样的初装容器都按此操作步骤。将所得原始样品合并成混合样品(见4.4)。

为防止样品水分发生变化,盛放样品的样品袋应密封,并使袋内尽可能少留空气,除非需要再装入样品时才打开。

4.4 混合样品和试验样品

4.4.1 由原始样品合并成的混合样品应混合均匀,然后迅速分成所需数量的试验样品,同时应采取预防措施避免样品遭受机械损伤或水分变化。

注:通常需要制备备份样品,作为重复样或参考样。一般情况下,用于检验或仲裁的试验样品,其数量或规格应与公认的贸易惯例一致,除非另有协议。

4.4.2 除非另有协议,每个试验样品的体积应不小于1 L。

注:1 L低容重的速溶茶约重100 g,而1 L高容重的速溶茶约重500 g。

4.4.3 每个试验样品应使用样品袋包装，再用热封机或其他有效方法密封，并尽量将袋内空气排除。

注：速溶茶具有吸湿性和易玷污性，因此试验样品应迅速放入样品袋中。

5 试验样品的包装和标签

5.1 包装

装在密封样品袋中的试验样品应存放在清洁、干燥、无异味、不透明、严密防潮并具有密闭盖子的容器内，容器的大小应接近被样品装满。

5.2 标签

每个样品包装上应贴有标签，详细注明取样地点和日期、生产或销售单位名称、发货单和批号、取样人姓名以及其他需要说明的重要事项，同时写明采用的取样方法(A、B、C还是D)。

6 试验样品的发送

样品应尽快送往检验室，只有在特殊情况下才允许取样结束后超过48 h发送，非工作日除外。

7 取样报告

取样报告应注明包装及产品外观的任何不正常现象，以及所有可能会影响取样的客观条件。具体应包括下列内容：

a) 取样地点；
b) 取样日期；
c) 取样时间和样品容器密封时间；
d) 取样人和证明人的姓名和身份；
e) 采用的取样方法(即A、B、C还是D)以及对上述操作的任何变动，同时要限制哪些项目测定的说明；
f) 一批中包装件的特征和数量，以及涉及的有关文件和标记的细节；
g) 样品数量和识别(标记、批号等)；
h) 送样地点；
i) 包装条件和环境条件；
j) 取样场所是否有空调，必要时应注明取样过程中的气候条件(包括相对湿度)。

ICS 67.140.10
X 55

中华人民共和国国家标准

GB/T 18798.2—2008
代替 GB/T 18798.2—2002

固态速溶茶 第2部分:总灰分测定

Instant tea in solid form—
Part 2:Determination of total ash

(ISO 7514:1990,MOD)

2008-08-12 发布　　2009-03-01 实施

中华人民共和国国家质量监督检验检疫总局
中国国家标准化管理委员会　发布

前　言

GB/T 18798《固态速溶茶》分为下列部分：

——第1部分：取样；

——第2部分：总灰分测定；

——第3部分：水分测定；

……

本部分为GB/T 18798的第2部分，对应于ISO 7514:1990《固态速溶茶　总灰分测定》。

本部分修改采用ISO 7514:1990。

本部分在主要技术内容上与ISO 7514:1990相同，在编写规则上是根据GB/T 1.1—2000《标准化工作导则　第1部分：标准的结构和编写规则》进行制定。

本部分与ISO 7514:1990有下列差异：

——本部分将ISO 7514:1990中的“坩埚准备”灼烧至少30 min修改为灼烧1 h，因为至少30 min时间不确切，难掌握；

——本部分将ISO 7514:1990中的“测定步骤”中试样在电热板上加热炭化过程进行简化，这样便于操作；

——合并ISO 7514:1990第9章中“9.2　试样称量”与“9.3　测定”为测定步骤，并删掉“9.4　测定次数”；

——删掉ISO 7514:1990第11章中“11.1　重复性”中的总灰分含量10%～22%，此指标与我国生产的固态速溶茶总灰分不符；

——删掉ISO 7514:1990中的“11.2　重现性”；

——删掉ISO 7514:1990中第12章的“试验报告”；

——将ISO 7514:1990中第8章“试样准备”以后关于分析操作内容的章条，统一列为第7章。

本部分代替GB/T 18798.2—2002《固态速溶茶　总灰分测定》。

本部分由中华全国供销合作总社提出。

本部分由全国茶叶标准化技术委员会归口。

本部分起草单位：中华全国供销合作总社杭州茶叶研究院。

本部分主要起草人：周卫龙、徐建峰、许凌、沙海涛、刘宗岸、李大伟。

本部分所代替标准的历次版本发布情况为：

——GB/T 18798.2—2002。

固态速溶茶
第2部分:总灰分测定

1 范围

GB/T 18798的本部分规定了固态速溶茶中总灰分测定的原理、试剂、仪器和用具、操作方法及结果计算方法。

本部分适用于固态速溶茶总灰分的测定。

2 规范性引用文件

下列文件中的条款通过GB/T 18798的本部分的引用而成为本部分的条款。凡是注日期的引用文件,其随后所有的修改单(不包括勘误的内容)或修订版均不适用于本部分,然而,鼓励根据本部分达成协议的各方研究是否可使用这些文件的最新版本。凡是不注日期的引用文件,其最新版本适用于本部分。

GB/T 18798.1 固态速溶茶 第1部分:取样(GB/T 18798.1—2008,ISO 7516:1984,IDT)

GB/T 18798.3 固态速溶茶 第3部分:水分测定(GB/T 18798.3—2008,ISO 7513:1990,MOD)

3 术语和定义

下列术语和定义适用于GB/T 18798的本部分。

3.1

总灰分 total ash

试样用盐酸处理,于550 ℃±25 ℃灼烧灰化后所得的残渣。

4 原理

试样用盐酸处理,于550 ℃±25 ℃加热灼烧,分解有机物,称量。

5 试剂

5.1 浓盐酸:分析纯,浓度36%~38%。

5.2 水:蒸馏水。

6 仪器和用具

实验室常规仪器及下列各项。

6.1 瓷坩埚:容量约50 mL。

6.2 高温电炉:能控制温度于550 ℃±25 ℃。

6.3 电热板。

6.4 干燥器:内装有效干燥剂。

6.5 分析天平:感量0.001 g。

7 操作方法

7.1 取样

按GB/T 18798.1规定取样,取样后及时进行测定。

7.2 试样准备

将装有固态速溶茶试样的密封容器摇晃、颠倒，使试样完全混匀。

7.3 干物质含量测定

按 GB/T 18798.3 规定。

7.4 坩埚准备

将洁净的坩埚(6.1)置于 550 ℃±25 ℃高温电炉(6.2)内，灼烧 1 h。待温度降至 200 ℃左右，取出坩埚，置于干燥器(6.4)内冷却至室温，称量(精确至 0.001 g)。

7.5 测定步骤

称取试样 2 g(精确至 0.001 g)于已知质量的坩埚(7.4)内，轻敲坩埚，使试样铺平。用刻度吸管取浓盐酸(5.1)1.0 mL 逐滴加入试样内，使之完全湿润，将坩埚置于冷的电热板(6.3)上，徐徐加热，使试样充分炭化至无烟，继续加热 5 min。将坩埚移入 550 ℃±25 ℃的高温电炉(6.2)内灼烧 16 h。待炉内温度降至 200 ℃左右，取出坩埚冷却，加入几滴水(5.2)湿润灰分，在电热板(6.3)上蒸干。再移入高温电炉(6.2)内，于 550 ℃±25 ℃灼烧 30 min，待炉内温度降至 200 ℃左右，取出置于干燥器(6.4)内冷却至室温，称量(精确至 0.001 g)。

8 结果计算

8.1 计算方法

固态速溶茶总灰分含量 X 以干态质量分数计，数值以%表示，按式(1)计算：

$$X = \frac{m_1 - m_2}{m_0 \times m} \times 100 \qquad \cdots\cdots(1)$$

式中：

m_1——试样和坩埚灼烧后的质量，单位为克(g)；

m_2——坩埚的质量，单位为克(g)；

m_0——试样的质量，单位为克(g)；

m——试样干物质含量，%。

如果符合重复性(8.2)的要求，取两次测定的算术平均值作为结果(保留小数点后一位)。

8.2 重复性

同一试样的两次测定值之差，每 100 g 不得超过 0.4 g。

ICS 67.140.10
X 55

中华人民共和国国家标准

GB/T 18798.3—2008
代替 GB/T 18798.3—2002

固态速溶茶
第3部分:水分测定

Instant tea in solid form—
Part 3:Determination of moisture content

[ISO 7513:1990,Instant tea in solid form—
Determination of moisture content(loss in mass at 103 degrees C), MOD]

2008-08-12 发布　　2009-03-01 实施

中华人民共和国国家质量监督检验检疫总局
中国国家标准化管理委员会　发布

前　言

GB/T 18798《固态速溶茶》分为下列部分：

——第1部分：取样；

——第2部分：总灰分测定；

——第3部分：水分测定；

……

本部分为GB/T 18798的第3部分，对应于ISO 7513：1990《固态速溶茶　水分测定》。

本部分修改采用ISO 7513：1990。

本部分在主要技术内容上与ISO 7513：1990相同，在编写规则上是根据GB/T 1.1—2000《标准化工作导则　第1部分：标准的结构和编写规则》进行制定。

本部分重要技术指标与ISO 7513：1990相同，但在具体编写内容、格式上与ISO 7513：1990存在下列差异：

——删掉ISO 7513：1990第3章"原理"中的两条"注"；

——删掉ISO 7513：1990第5章"取样"中的"注"，将注的内容列入取样内；

——增加"定义"为第3章；

——合并ISO 7513：1990第7章的"7.2　试样称量"与"下列测定"为测定步骤，并删掉"7.4　测定次数"；

——为便于计算，将ISO 7513：1990第8章"计算公式"中的m_1与m_2加上铝盒质量；

——删掉ISO 7513：1990中"9.1　重复性"中的水分限量3%～4%，此指标与我国生产的固态速溶茶水分不符；

——删掉ISO 7513：1990中9.2条；

——删掉ISO 7513：1990第10章"试验报告"；

——将ISO 7513：1990第7章"试样准备"以后章节关于分析操作的内容，统一列入第6章"操作方法"内。

本部分代替GB/T 18798.3—2002《固态速溶茶　水分测定》。

本部分由中华全国供销合作总社提出。

本部分由全国茶叶标准化技术委员会归口。

本部分起草单位：中华全国供销合作总社杭州茶叶研究院。

本部分主要起草人：周卫龙、徐建峰、许凌、沙海涛、黄皓、涂云飞。

本部分所代替标准的历次版本发布情况为：

——GB/T 18798.3—2002。

固态速溶茶
第3部分:水分测定

1 范围

GB/T 18798的本部分规定了对固态速溶茶中水分测定的原理、仪器和用具、操作方法及结果计算方法。

本部分适用于固态速溶茶水分的测定。

2 规范性引用文件

下列文件中的条款通过GB/T 18798的本部分的引用而成为本部分的条款。凡是注日期的引用文件,其随后所有的修改单(不包括勘误的内容)或修订版均不适用于本部分,然而,鼓励根据本部分达成协议的各方研究是否可使用这些文件的最新版本。凡是不注日期的引用文件,其最新版本适用于本部分。

GB/T 18798.1 固态速溶茶 第1部分:取样(GB/T 18798.1—2008,ISO 7516:1984,IDT)

3 术语和定义

下列术语和定义适用于GB/T 18798的本部分。

3.1

水分 moisture content

试样在103 ℃的温度下,加热2 h的质量损失。

4 原理

试样在103 ℃±2 ℃的恒温干燥箱中加热2 h除去水分,称量。

5 仪器和用具

实验室常规仪器及下列各项。

5.1 鼓风恒温干燥箱:能自动控制温度在103 ℃±2 ℃。

5.2 铝质烘皿:具盖,直径75 mm~80 mm。

5.3 干燥器:内盛有效干燥剂。

5.4 分析天平:感量0.001 g。

6 操作方法

6.1 取样

按GB/T 18798.1的规定取样。取样后及时进行测定。

6.2 试样制备

将装有固态速溶茶试样的密封容器摇晃、颠倒,使试样完全混匀。

6.3 铝质烘皿的准备

将烘皿连同皿盖(5.2)置于103 ℃±2 ℃的干燥箱(5.1)中,加热1 h,加盖取出,于干燥器(5.3)中冷却至室温,称量(精确至0.001 g)。

6.4 测定步骤

称取试样 4 g(精确至 0.001 g)于已知质量的烘皿(6.3)中，置于 103 ℃±2 ℃干燥箱(5.1)内(皿盖斜置皿上)，加热 2 h，加盖取出，于干燥器(5.3)内冷却至室温，称量(精确至 0.001 g)。

7 结果计算

7.1 计算方法

固态速溶茶水分含量 X 以质量分数计，数值以%表示，按式(1)计算：

$$X=\frac{m_1-m_2}{m_0}\times 100 \qquad \cdots\cdots(1)$$

式中：

m_1——试样和铝质烘皿烘前的质量，单位为克(g)；

m_2——试样和铝质烘皿烘后的质量，单位为克(g)；

m_0——试样的质量，单位为克(g)。

如果符合重复性(7.2)的要求，取两次测定的算术平均值作为结果(保留小数点后一位)。

7.2 重复性

同一试样的两次测定值之差，每 100 g 不得超过 0.2 g。

ICS 97.060
Y 63

中华人民共和国国家标准

GB/T 18799—2008/IEC 60311:2006(Ed4.1)
代替 GB/T 18799—2002

家用和类似用途电熨斗性能测试方法

Methods for measuring performance of electric irons for household or similar use

[IEC 60311:2006(Ed4.1),IDT]

2008-07-31 发布　　2009-05-01 实施

中华人民共和国国家质量监督检验检疫总局
中国国家标准化管理委员会　发布

前　言

本标准等同采用 IEC 60311:2006(Ed4.1)《家用和类似用途电熨斗性能测试方法》(英文版)。

本标准代替 GB/T 18799—2002《家用和类似用途电熨斗性能测试方法》。

本标准与 GB/T 18799—2002《家用和类似用途电熨斗性能测试方法》的主要差异如下:

——在第 1 章中明确列出适用的电熨斗类别名称;

——在第 3 章中增加六个定义;

——在试验方法的章节重新编排;

——在第 9 章对蒸汽工作的测量方法中,分开口式、压力式和快速式蒸汽电熨斗给出试验方法;

——增加“带短促蒸汽喷发的熨烫”(10.4)、“底板耐划痕的测量”(12.2)、“能量消耗的测量”(11.2)等试验方法和“使用说明”(15)、“在销售点的信息”(16)两章要求。

本标准的附录 B、附录 C 为规范性附录,附录 A、附录 D 和附录 E 为资料性附录。

本标准由中国轻工联合会提出。

本标准由全国家用电器标准化技术委员会(SAC/TC 46)归口。

本标准起草单位:中国电器科学研究院、飞利浦(中国)投资有限公司、美的集团有限公司、华裕电器集团有限公司、上海赛博电器有限公司、广州威凯检测技术研究所。

本标准主要起草人:徐艳容、陈子良、吴晓林、黄照奇、陈欣、李政勇。

本标准所代替标准的历次版本发布情况为:

——GB/T 18799—2002。

IEC 前言

1) IEC(国际电工委员会)是由所有国家的电工委员会(IEC 国家委员会)组成的世界范围内的标准化组织,IEC 的宗旨就是促进各国在电气和电子标准化领域的全面合作。鉴于以上的目的并考虑到其他活动的需要,IEC 还出版国际标准、技术规范、技术报告、公开可得到的规范(PAS)和导则(以下统称为"IEC 出版物"),这些标准的制定工作是委托各技术委员会来完成的。任何对此技术问题感兴趣的 IEC 国家委员会都可以参加制定工作。与 IEC 有联系的国际、政府及非政府组织也可参加标准制定工作。根据 IEC 和 ISO 两组织达成的协议,它们在工作上有着密切的协作关系。

2) IEC 有关技术问题的决议或协议是由所有对此问题感兴趣的 IEC 国家委员会参加的技术委员会制定的,并尽可能表述对所涉及的问题在国际上的一致意见。

3) IEC 出版物具有推荐给国际上使用的形式,并在此意义上为 IEC 国家委员会所接受。虽然 IEC 有责任努力确保 IEC 出版物的技术内容是准确的,但没有责任对他们使用的方式或任何最终使用者的误译进行控制。

4) 为了促进国际上的统一,IEC 希望各国家委员会在本国情况允许的范围内采用 IEC 出版物的内容作为他们国家或地区的标准。IEC 出版物与相应的国家或地区标准有差异的,应尽可能在本国标准中明确地指出。

5) IEC 规定了表示其认可的无标志程序,但并不表示对某一设备声称符合某一 IEC 出版物承担责任。

6) 所有使用者都应保证他们拥有本出版物的最新版本。

7) 由于对本 IEC 出版物或其他任何 IEC 出版物的使用或依赖,而造成的任何人员伤害、财产损坏或任何形式的破坏(不论是直接还是间接的)或者成本(包括法律费用)和支出,IEC 或其理事会、雇员、服务人员或代理,包括其技术委员会及 IEC 国家委员会的专家和委员对此不负任何责任。

8) 要注意本出版物所引用的参考标准。为了正确地应用本出版物,使用这些被引用的出版物是必不可少的。

9) 本 IEC 出版物中的某些内容有可能涉及一些专利权问题,对此应引起注意。IEC 组织不负责识别任一或所有该类专利权问题。

IEC 60311 由 IEC 59 技术委员会:"家用电器的性能"之 59E 分技术委员会:"熨烫和熨平器具"制定。

IEC 60311 的本加强版是基于 2002 年第四版(依据 59E/148/FDIS 和 59E/149/RVD 文件)和 2005 年第一次修改(依据 59L/22/FDIS 和 59L/24/RVD 文件)。

它构成 4.1 版。

页边的垂直线表示基础出版物已经由增补件 1 进行修改。

附录 B 和附录 C 为本标准的必要组成部分。

附录 A 和附录 D 仅提供信息。

在本标准中采用下列印刷体:

——试验规范:斜体;

——注释:小罗马字体;

——其他正体:罗马字体。

正文中用黑体字印刷的词在第 3 章中给出定义。

委员会已经决定本基础出版物(即 IEC 60311 的 2002 年第四版)和其增补件的内容在 IEC 网站

(http://webstore.iec.ch)中与该出版物相关数据栏里发布的维护结果日期前保持不变,届时本出版物将被:

- 重新确认;
- 废止;
- 由修订版本取代,或
- 被修改。

家用和类似用途电熨斗 性能测试方法

1 范围

本标准适用于家用和类似用途的电熨斗。

本标准的目的是说明和定义用户感兴趣的家用和类似用途的电熨斗基本性能特性，并描述测试这些特性的标准方法。

本标准包括的电熨斗有：

——干式熨斗；

——蒸汽熨斗；

——带电动泵的开口式蒸汽电熨斗；

——喷雾式熨斗；

——带有一个容量不超过5 L的独立水容器或蒸发器/发生器的蒸汽熨斗。

本标准既不涉及安全，也不涉及性能要求。

注：在电熨斗性能测评中被考虑的首要特性就是将织物熨烫平整，而不造成织物烫焦或其他损坏的基本能力，设计用一个单一的方法就能稳定而可重复地测出这一特征是不可能的。因此，电熨斗的测试中包括了对这些参数的检查，例如：底板中点的温度、底板温度分布等能影响其基本特性的参数。评价一个电熨斗的好坏时，必须认识到这些能极大地影响性能的参数中任何一个无法预料的结果，在结果的综合考虑中，有一个值得注意的界限，才能给出令人满意的熨烫性能，即不要过于计较单个结果中的细微区别。

2 规范性引用文件

下列文件中的条款通过本标准的引用而成为本标准的条款。凡是注日期的引用文件，其随后所有的修改单(不包括勘误的内容)或修订版均不适用于本标准，然而，鼓励根据本标准达成协议的各方研究是否可使用这些文件的最新版本。凡是不注日期的引用文件，其最新版本适用于本标准。

GB/T 4669—1995 机织物单位长度质量和单位面积质量的测定(eqv ISO 3801:1977 纺织品 机织物 单位长度质量和单位面积质量的测定)

GB/T 8629—2001 纺织品 试验用家庭洗涤和干燥程序(eqv ISO/FDIS 6330:2000 纺织品 试验用家庭洗涤和干燥程序)

GB/T 9279—2007 色漆和清漆 划痕试验(ISO 1518:1992 色漆和清漆 划痕试验,IDT)

IEC 60454-3-3:1998 电气用压敏胶粘带 第3部分:单项材料规范 第3篇:用热固橡胶粘合的聚酯薄膜带

IEC 60734:2001 家用电器性能试验用硬水

ISO 105-F:1985 纺织品 色牢度试验 第F部分:标准贴衬织物

ISO 2409:1992 涂料和清漆 交叉切割试验

ISO 3758:1991 纺织品 使用符号的保养标签规则

ISO 7211-2:1984 纺织品 机织物 结构 分析方法 第2部分:单位长度纱线根数的测定

ISO 9073-2:1995 纺织品 非织造布试验方法 第2部分:厚度的测定

ISO 13934-1:1999 纺织品 织物拉伸特性 第1部分:用条样法测定断裂强力和断裂伸长率

IEC 60051-1:1997 直接作用指示模拟电气测量仪器及其附件 第1部分:定义和所有部件的通用要求

3 术语和定义

下列术语和定义适用于本标准。

3.1

电熨斗 electric iron

带有电加热的底板，用于熨烫织物的便携式器具。

注：在本标准中"电熨斗"也称为"熨斗"。

3.2

调温型熨斗 thermostatic iron

装有温控器的熨斗，其温控器的设定可用手动调节，以在整个范围内改变底板的温度，并将此温度保持在一定的限值内。

3.3

带非自复位热断路器的熨斗 electric iron with non-self-resetting thermal cut-out

装有非自复位热断路器的熨斗，例如，装有一种当熨斗温度超高时能将电热元件断开的熔断器。

3.4

干式熨斗 dry iron

在熨烫时既不产生和提供蒸汽，也不对织物进行喷雾的熨斗。

3.5

蒸汽式熨斗 steam iron

在熨烫时能对织物产生和提供蒸汽的熨斗，这种熨斗可装有提供短促蒸汽喷发的装置。

3.5.1

短促喷发蒸汽式熨斗 shot-of-steam iron

装有在熨烫时能提供短促蒸汽喷发到织物上的装置的熨斗。

3.5.2

短促喷发蒸汽 shot of steam

在一个短促时间内从熨斗的底板喷发一个增量的蒸汽。

3.5.3

开口式蒸汽电熨斗 vented steam iron

水容器处于常压(大气压力)下，当水接触熨斗的底板时产生蒸汽的蒸汽电熨斗。

注：水容器可以被装在电熨斗中或通过软管连接到电熨斗上。

3.5.4

压力式蒸汽电熨斗 pressurized steam iron

蒸发器在压力超过 50 kPa 时产生蒸汽的蒸汽电熨斗。

注：蒸发器可以被装在电熨斗中或通过软管连接到电熨斗上。

3.5.5

快速式蒸汽电熨斗 instantaneous steam iron

在水容器处于常压(大气压力)下，从水容器抽取少量的水并当水接触到蒸发器/发生器的各壁时产生蒸汽的蒸汽电熨斗。

注：把水容器和蒸发器通过软管接到电熨斗上。

3.5.6

带电动泵的开口式蒸汽电熨斗 vented steam iron with motor pump

通过电泵把水从内部水容器抽至蒸汽室的开口式蒸汽电熨斗。

3.6

喷雾式熨斗　spray iron

装有在熨烫时能对织物进行喷雾的装置的熨斗。

3.7　**额定电压　rated voltage**

3.7.1

额定电压　rated voltage

制造厂给熨斗规定的电压。

3.7.2

额定电压范围　rated voltage range

制造厂给熨斗规定的电压范围，用其上限和下限来表示。

3.8

额定输入功率　rated input

制造厂规定的在正常工作条件下熨斗的输入功率。

3.9

底板　sole-plate

熨烫时用电加热并压在织物上的熨斗的平表面。

3.10

中点　mid-point

底板中线的几何中心为中点。

若该中点位于蒸汽出口处、槽或盖处，可选择底板中线上距其最近的点作为中点。

3.11

直立位置　upright position

后座式熨斗的直立静止位置，或是除后座式之外的其他熨斗，按照制造厂说明的正常放置位置。

3.12　**无绳式熨斗　cordless iron**

3.12.1

无绳式熨斗　cordless iron

仅当放置在本机支座上才能与电源连接的熨斗。

3.12.2

带一个电源连接转换装置的无绳式熨斗　cordless iron having a mains supply attachment

附带可拆卸的电源连接转换装置，使其在熨烫时也可直接与电源连接的无绳式熨斗。

3.13

自动切断装置　auto switch-off device

当熨斗在一定时间内不移动时中断电热元件的装置，这个装置由制造厂负责提供。

4　各种类型熨斗的测量

熨斗性能按表1给出的测量项目进行测量，各种类型熨斗的相关测量项目在表1中用×表示。

测量的顺序按表1所列顺序进行。

表 1 各种类型熨斗的测量

测量项目	调温型干式熨斗	带非自复位热断路器的调温型干式熨斗	调温型蒸汽式熨斗和带电动泵的开口式蒸汽电熨斗	带非自复位热断路器的调温型蒸汽式熨斗	无绳式熨斗	带一个电源连接转换装置的无绳式熨斗
6.1(质量测定)	×	×	×	×	×	×
6.2(电源软线长度测量)	×	×	×	×	×	×
7.1(加热时间测量)	×	×	×	×	×	×
7.2(初次超常温度和加热超温测量)	×	×	×	×	×	×
7.3(底板温度测量)	×	×	×	×	×	×
7.4(最热点测定)	×	×	×	×	×	×
7.5(温度分布测量)	×	×	×	×	×	×
7.6(最热点温度的周期性波动测量)	×	×	×	×	×	×
8(喷雾功能评测)	(×)	(×)	(×)	(×)	(×)	(×)
9.1(蒸汽工作的加热时间测量)	×	×	×	×	×	×
9.2(蒸发时间的测量)			×	×	×	×
9.2(蒸发速率的测量)			×	×	×	×
9.3(短促喷发蒸汽质量的测定)			(×)	(×)	(×)	(×)
10(熨平度评测)	×	×	×	×	×	×
10.4(带短促蒸汽喷发的熨烫)			(×)	(×)	(×)	(×)
11.1(输入功率测量)	×	×	×	×	×	×
11.2(能量消耗测量)	×	×	×	×	×	×
12.1(底板光滑度测定)	×	×	×	×	×	×
12.2(底板耐划痕测量)	×	×	×	×	×	×
12.3(底板上聚四氟乙烯[PTFE]涂层或类似涂层附着力的测定)	×	×	×	×	×	×
13(调温稳定性测量)	×	×	×	×	×	×
14(硬水总蒸发时间的测定)			×	×		×

注 1:喷雾式熨斗按本表测量项目进行测量,无论其是调温型、蒸汽式、短促喷发蒸汽式还是无绳式或带一个电源连接转换装置的无绳式熨斗。

对于不产生蒸汽的喷雾式熨斗则按对干式熨斗规定的项目进行测量。

蒸汽和喷雾式熨斗在水容器空置状态进行试验。

注 2:(×)表示“如果适用”。

注 3:报告数据应由权威检测部门给出。

5 测量的一般条件

除非另有规定,否则应按下述条件进行测量。

5.1 环境条件

测量的环境温度为20℃±5℃,并且测量的地点不受气流影响。

5.2 测量用电压

测量时加在熨斗上的电压应能保证在稳定状态下给出额定输入功率。如果熨斗上标明额定输入功率范围,则要求电压为能满足额定输入功率范围的平均值。

5.3 稳定状态

一般认为熨斗在通电30 min后,或者在此时间之前温控器动作4次时达到测量所需的稳定状态。

5.4 测量用熨斗支架

测量时把熨斗放置在三点式金属支架上,三点式支架的结构应使其能将熨斗的底板水平地支撑在熨斗放置的基础面以上至少100 mm处。

对于无绳式熨斗,应将其放置在本机支座上。

5.5 温度测量

用细线热电偶来测量熨斗的温度,热电偶的线径不得超过0.3 mm。

测量仪器的准确度要求超过或等于IEC 60051-1:1997中规定的1级。

一个直径为10 mm、厚度为1 mm的可移动银圆片放置在指定陶瓷管的顶部,陶瓷管内有两个分开的管来放置热电偶线,示例见图1。

银圆片中心被至少1 N的压力施加于熨斗的底板上。为了提高底板与银圆片之间的热传导,可以使用硅胶或导热胶。

对于无绳式熨斗的测量,除带一个电源连接转换装置的无绳式熨斗之外,其他在底板处直接安装一个如图1所示的带有银圆片的热电偶。

5.6 带一个电源连接转换装置的无绳式熨斗

带一个电源连接转换装置的无绳式熨斗作为普通熨斗进行试验。

5.7 装有独立蒸汽蒸发器/发生器的熨斗

装有独立蒸发器/发生器的熨斗在测量时必须保持在熨烫状态。

5.8 装有自动切断装置的熨斗

装有自动切断装置的熨斗在测量时必须保持在熨烫状态。

5.9 试验样品

在第13章的试验中使用一个新样品。

5.10 带附件的熨斗

如果制造厂要求使用专用附件作为熨斗功能的一个整体部分,则熨斗要在使用该部件的情况下进行试验。

单位为毫米

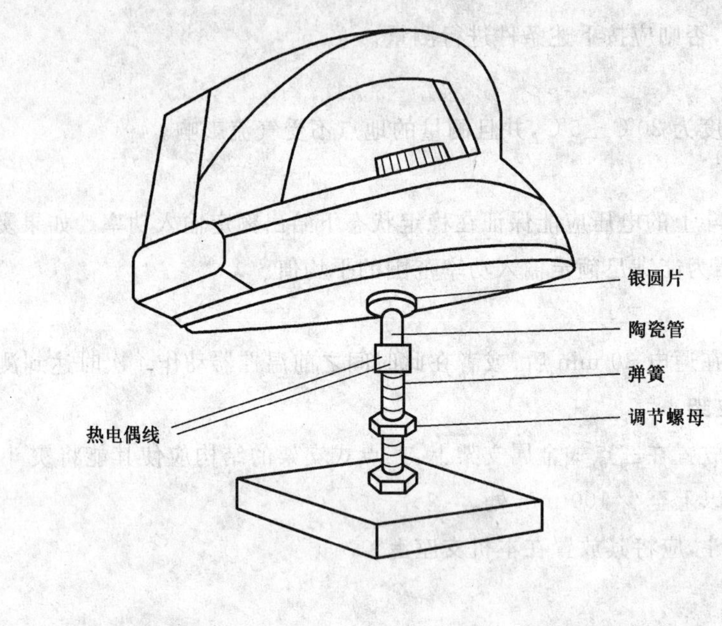

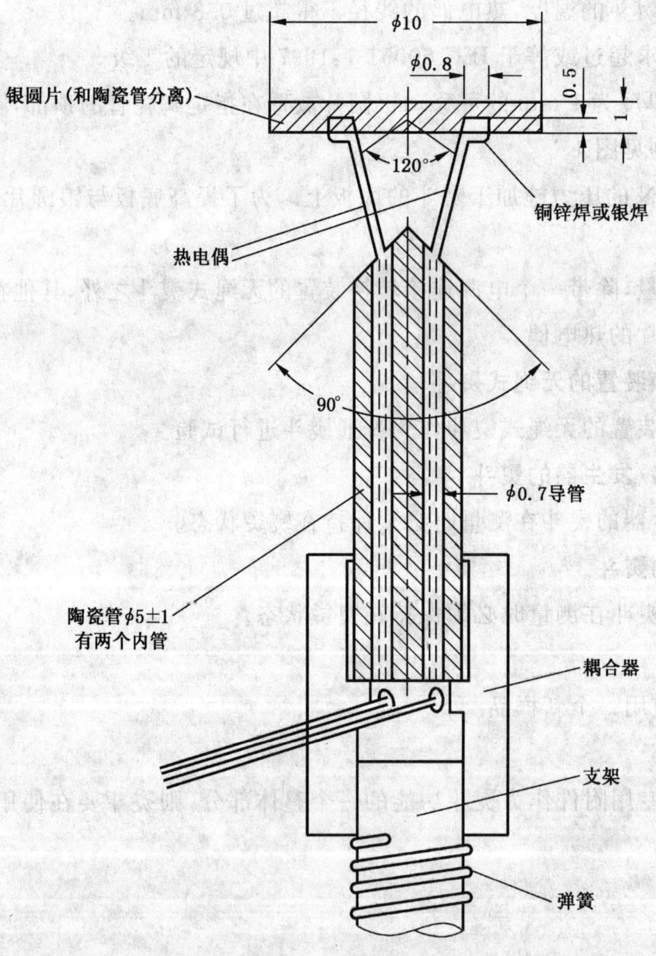

图 1 底板温度测量方法

6 一般要求

6.1 质量测定

对于不带独立水容器或蒸发器/发生器的所有类型熨斗，在测量熨斗质量时不带电源软线。电源软线从熨斗的接线端子处断开或从连接器处拆去。

对于带一个独立水容器或蒸发器/发生器的蒸汽式熨斗，分下述两步来测量熨斗的质量：

——在不充水时整机的总质量，和

——带有互连软管的熨斗。

质量单位用 g 表示，修整到小数点后一位数字。

对于无绳式熨斗，测量熨斗质量时不带支座。

6.2 电源软线长度测量

对于不带独立水容器或蒸发器/发生器的熨斗，其电源软线长度的测量从熨斗的入口处或入口处的连接器到电源插头，包括所有的软线护套。

长度单位用 m 表示，修约到 50 mm。

7 温度测量

7.1 加热时间测量

把熨斗放置在三点式金属支架上；对于无绳式熨斗，将其放置在本机支座上。把热电偶连接到底板中点。

从环境温度开始，熨斗按 5.2 规定的电压加热，如果有温控器，则将温控器设置于最高温度。

测量超过环境温度 180 K 所需的加热时间，并用 min 和 s 表示。

7.2 初次超常温度和加热超温测量

把熨斗放置在三点式金属支架上；对于无绳式熨斗，将其放置在本机支座上。把热电偶连接到底板中点。

给熨斗接通电源，电压按 5.2 的规定。

使用记录仪，在温控器位于 1 点标志位置和最高位置上，通过 5 个连续周期，测量中点的时间和温度，形成图 2 所示的温度-时间图。

温控器首先设置在 1 点标志位置上。如果没有标志，则调节温控器，使得在稳定状态下，底板平均温度尽可能接近 95℃。

第一次测量后，允许熨斗冷却至室温 20℃±5℃，然后在温控器的最高位置上再次测量底板的温度。

从曲线图(图 2)可以得出以下结论：

1) 初次超常温度为温控器第一次和第二次断开之间的第 1 个峰值温度；

2) 峰值温度的平均值是最后 3 个峰值温度的平均值；

3) 加热超温是初次超常温度和峰值温度平均值之差。

7.3 底板温度测量

把熨斗放置在三点式金属支架上；对于无绳式熨斗，将其放置在本机支座上(见 5.4)，并把热电偶连接到底板中点。接通熨斗电源，达到稳定状态后，对于温控器的每一档，在 5 个温度变化的连续周期内，测出最高和最低温度。5 个最高温度和 5 个最低温度的平均值就是每一档的底板温度。

对于温控器的设置采用区域表示的熨斗，每一档的设置位于调节范围的中点。

改变温控器的设置，按增加温度的方向调整。

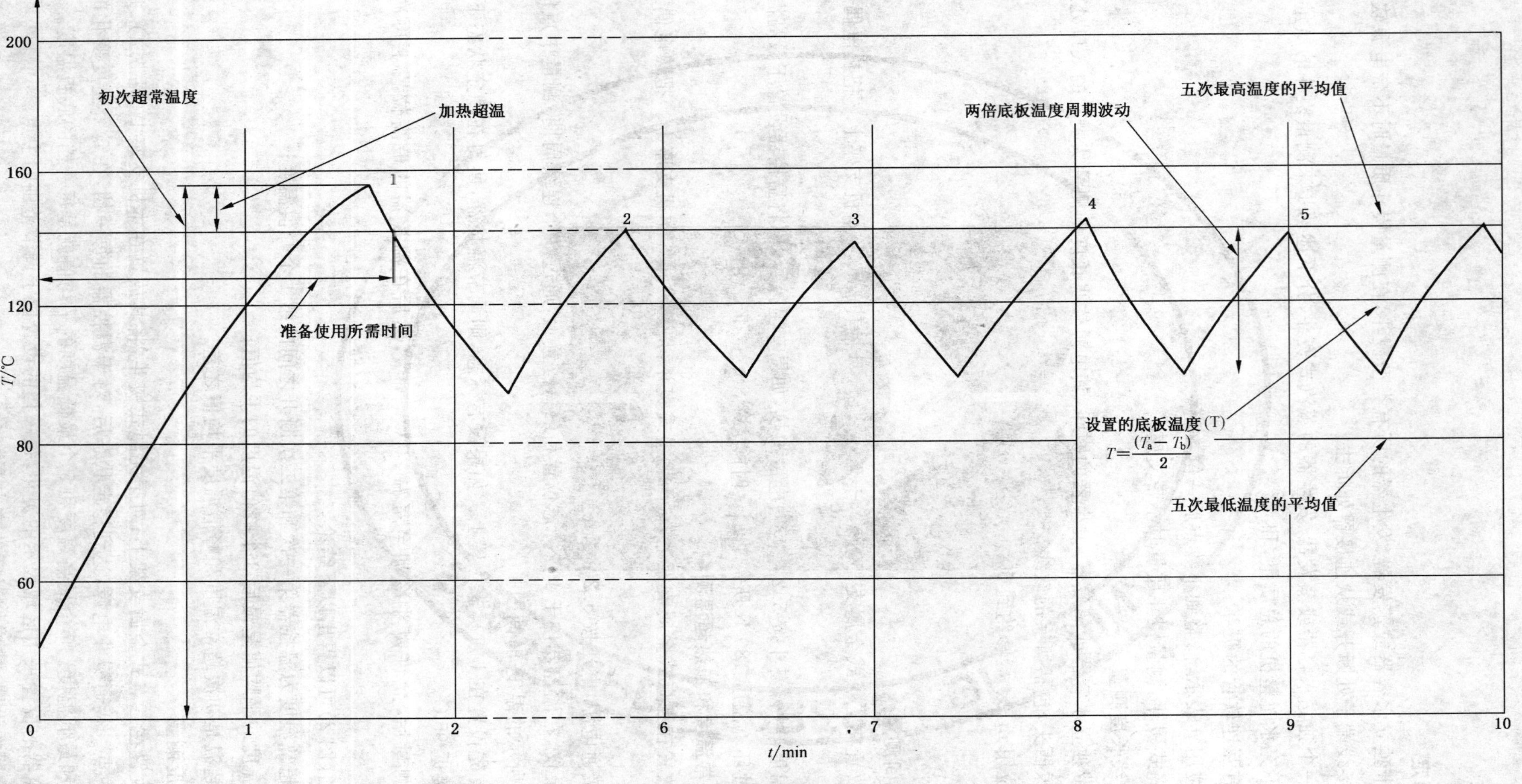

图 2 接通电源后底板温度的变化

注1：7.2、7.3和7.6的测量可同时进行。

注2：ISO 3758介绍了最高熨烫温度的织物警告标志，ISO标准的织物警告标签用熨斗标志中的1个、2个和3个点表示。考虑到本标准是推荐性技术标准，但为了获得改进的熨烫效果，温度已被调整。如下表所示：

标　志	底板温度 T/℃	材 料 举 例
•（1点）	70＜T＜120	醋酸纤维、腈纶、聚酰胺、聚丙烯
••（2点）	100＜T＜160	铜、聚酯、丝绸、三乙酸酯、粘胶纤维、羊毛
•••（3点）	140＜T＜210	棉花、亚麻

将温控器设置到这些点中每一个点标志的中点位置，待达到稳定状态后测量底板温度。

底板温度（T）是在温度变化的5个连续循环内，底板中点的5个最高温度（T_a）的平均值和5个最低温度（T_b）的平均值。

7.4　最热点测定

把熨斗放置在三点式金属支架上；对于无绳式熨斗，将其放置在本机支座上（见5.4），按5.2规定的电压加热，温控器置于最高温度的位置。在温控器动作两次后，立即将熨斗置于白纸之上数秒钟，白纸平铺展开在一块法兰绒布上，而法兰绒布又盖在一块木板上。在移开熨斗后，纸上的焦黑痕迹表示底板上的温度分布，把最黑区域的中心作为最热点进行测量。

注：未曝光但已冲洗的正片照相纸、白色描图纸或白色吸墨水纸均可作为上述测量的白纸。

7.5　温度分布测量

把熨斗放置在三点式金属支架上；对于无绳式熨斗，将其放置在本机支座上（见5.4）；热电偶连接到底板上的下列四个点：

a)　在7.4中所测定的最热点；

b)　底板中点；

c)　底板轴向中线上距底板顶端20 mm处的点；

d)　底板轴向中线上距底板末端20 mm处的点。

对于调温型熨斗，调整温控器，使中点温度在稳定状态下保持在大约150℃，并在熨斗达到稳定状态后进行测量。对于其他类型的熨斗，在测量前，通过接通和断开电源，使得中点温度保持在大约150℃至少15 min。

使用记录仪，记录10 min内每个点的温度变化，并确定10 min内每一个点的平均温度。然后确定4个点平均温度的平均值，并计算4个点平均温度与平均值之差。记录这4个温差值作为底板上的温度分布。

7.6　最热点温度的周期性波动测量

温度测量的步骤与7.2相同，只是应在熨斗达到稳定状态后，在5个连续周期内测量每个周期的最高和最低温度，确定最高温度的平均值和最低温度的平均值。两个平均值之差的一半即为最热点温度的周期性波动值，用±℃表示。

注：本条款的测量可以与7.2结合进行。

8　喷雾功能评测

8.1　喷雾质量测定

8.1.1　带手动喷雾泵的熨斗的喷雾质量测定

水容器中充满制造厂所规定的最大容量的蒸馏水，其温度为20℃±2℃。

喷雾系统通过使喷雾装置工作几次来准备。

用准确度至少为0.1 g的天平测定包括电源线的熨斗的质量 m_1。

把熨斗水平放置,让喷雾装置以 5 s 的时间间隔共工作 50 次。

然后测定包括电源线的熨斗的质量 m_2。

注:熨斗不与电源相连,如果有蒸汽装置,则将其设置在干燥位置上。

对于每次运行的喷雾质量 m,可用式(1)计算:

$$m = \frac{m_1 - m_2}{50} \qquad \cdots\cdots(1)$$

式中:

m——喷雾质量,单位为克(g)。

8.1.2 带连续喷雾装置的熨斗的喷雾质量测定

水容器中充满制造厂所规定的最大容量的蒸馏水,其温度为 20℃±2℃。

喷雾系统通过使喷雾装置工作 3 s 来准备。

用准确度至少为 0.1 g 的天平测定包括电源线的熨斗的质量 m_1。

把熨斗水平放置,让喷雾装置连续工作 20 s。

然后测定包括电源线的熨斗的质量 m_2。

对于连续工作的喷雾质量 m_{SC},用 g/min 表示,可用式(2)计算:

$$m_{SC} = 3(m_1 - m_2) \qquad \cdots\cdots(2)$$

8.2 喷雾图案的测定

水容器中充满制造厂所规定的最大容量的蒸馏水,其温度为 20℃±2℃。

喷雾系统通过使喷雾装置工作几次来准备。

把熨斗水平放置在平底面上,将一块尺寸为 500 mm×500 mm 的棉布放在熨斗尖的前方。

注:熨斗不与电源相连,如果有蒸汽装置,则将其设置在干燥位置上。

布料规格如下:

——未上浆的棉织物按 GB/T 8629—2001 的第 5 章和 6.3 中步骤 C(干燥平面)的要求进行洗涤和干燥;

——每厘米经向和纬向根数为(25±2)根,纱线(30±2)特,光滑编织 1/1;

——每平方米质量:170 g±10 g。

为了显示喷雾的效果,布料可用 10%的氯化钴($CoCl_2$)溶液浸透。

浸透以后,把布料放置在温度为 100℃±10℃的空气循环室中干燥。

把布料放平,在布料干燥之后,用底板温度约为 120℃的熨斗熨平。

浸过 $CoCl_2$ 溶液的布料干燥后为蓝色,当用水浸湿后则会变成浅粉色。

使喷雾装置工作一次,然后按照图 3 评价喷雾的图案。

对带连续喷雾特性的熨斗,应使其喷雾装置工作 1 s。

测量以下尺寸:

——熨斗的尖端与喷雾图案始边的距离(A_1);

——熨斗的中心线与喷雾图案中心线的距离(A_2);

——喷雾图案的宽度(B);

——喷雾图案的长度(L);

——喷雾图案的集中面积(A)。

进行三次试验,并计算出结果的平均值。

应注意喷雾图案是否集中在一个区域或有些区域根本没有喷雾。

在评价不同的熨斗时,可对布料进行视觉比较。

图 3 喷雾图案的测定

9 涉及蒸汽工作的测量

9.1 蒸汽工作的加热时间测量

9.1.1 对开口式蒸汽电熨斗

水容器中充满制造厂所规定的最大容量的蒸馏水，其温度为 20℃±2℃。然后将熨斗放在本机支座上或置于直立位置，温控器设置为蒸发熨烫的最大值。

对于带有单独水容器的熨斗，容器要按制造厂规定的容量充满水。

给熨斗通电，当温控器第二次断开之后，立即使蒸汽控制器工作，给出最大流速。如果没有信号灯，则要使用测量装置来确定温控器的第二次断开。

然后用准确度至少为±0.1 g 的天平吊起熨斗，保持底板在水平位置，偏差为±1°，如图 4a)所示。将一个已知质量偏差为±0.1 g 的容器放置在底板下方约 200 mm 处，用于收集在试验过程中可能漏下的所有的水。为了避免将冷凝蒸汽收集到容器中，可以用一个慢速运转的风扇将水蒸汽吹走。

从信号灯关闭以及蒸汽工作的瞬间开始，每隔1 min测量一次熨斗的总质量。蒸发速率在1 min内测量，用g/min表示，然后作为时间的函数作曲线图。加热时间是指从连接到电源到蒸发速率达到5 g/min的瞬间所需的时间。

重复本试验，但温控器设置为蒸发熨烫的最小值。

蒸发熨烫的加热时间在温控器设置为最大值和最小值时都用s表示。

本项测量不适用于：

——带有当熨斗不移动时可自动断开电源的切断装置的熨斗；

——结构上使得当熨斗处于静止位置时蒸汽产生不规则的熨斗。

注：有些熨斗可能需要预先准备。在这种情况下，应在进行试验前按照说明书规定将熨斗准备好。

9.1.2 对压力式蒸汽电熨斗或快速式蒸汽电熨斗

对于压力式蒸汽电熨斗或快速式蒸汽电熨斗，其蒸发器应充满所规定的额定容量的蒸馏水，其温度为20℃±2℃。然后将熨斗放在本机支座上。

将熨斗的温控器设置为蒸汽工作及当蒸发器的任何最大温度或压力设置适用时的最大值。

给熨斗通电，并记录以下时间t_1和t_2：

t_1为熨斗达到温升为160 K时所需的时间；

t_2为加热至蒸发器蒸发所需的时间。

重复本试验，但将熨斗的温控器设置为蒸汽工作及当蒸发器的任何最小温度或压力设置(如果适用)时的最小值。

记录在温控器设置为最大值和最小值时蒸发熨烫的加热时间，用min和s表示。

记录两个t_1和t_2中较大的加热时间。

本项测量不适用于：

——结构上使得当熨斗处于静止位置时蒸汽产生不规则的熨斗。

注：有些熨斗可能需要预先准备。在这种情况下，应在进行试验前按照说明书规定将熨斗准备好。

9.2 蒸发时间、蒸发速率和水泄漏速率的测量

9.2.1 对开口式蒸汽电熨斗

对于不带单独水容器的开口式蒸汽电熨斗，将温控器设置于最大值，继续进行9.1的试验直至注入熨斗的90%的水被蒸发掉。

蒸发时间是指从加热结束并且蒸汽开始工作到90%的水被蒸发掉之间的时间，这个时间用min和s表示。

再次测量9.1.1中所指的容器的质量，并且测定未被蒸发掉而被泄漏的水的质量。

对于带电动泵的开口式蒸汽电熨斗，在试验期间电泵可以通过外部装置控制。

对于无绳式熨斗，测量要在断电状态下进行20 s，并在断电状态下重复进行直至水容器中90%的水被蒸发掉。

蒸发速率S_R用式(3)计算：

$$S_R = \frac{m_1 - m_2 - m_3}{t} \qquad \cdots\cdots(3)$$

式中：

m_1——加热时间结束时熨斗和水的质量，单位为克(g)；

m_2——90%的水蒸发掉时熨斗和水的质量，单位为克(g)；

m_3——未被蒸发掉而是被泄漏的水的质量，单位为克(g)；

t——蒸发时间，单位为秒(s)。

水泄漏速率L_R用式(4)计算：

$$L_R = \frac{m_3}{t} \qquad \cdots\cdots(4)$$

蒸发速率和泄漏速率单位用g/s表示。

9.2.2 对压力式蒸汽电熨斗或快速式蒸汽电熨斗

对于压力式蒸汽电熨斗或快速式蒸汽电熨斗，测量步骤根据图 4b)(参见附录 A)进行。

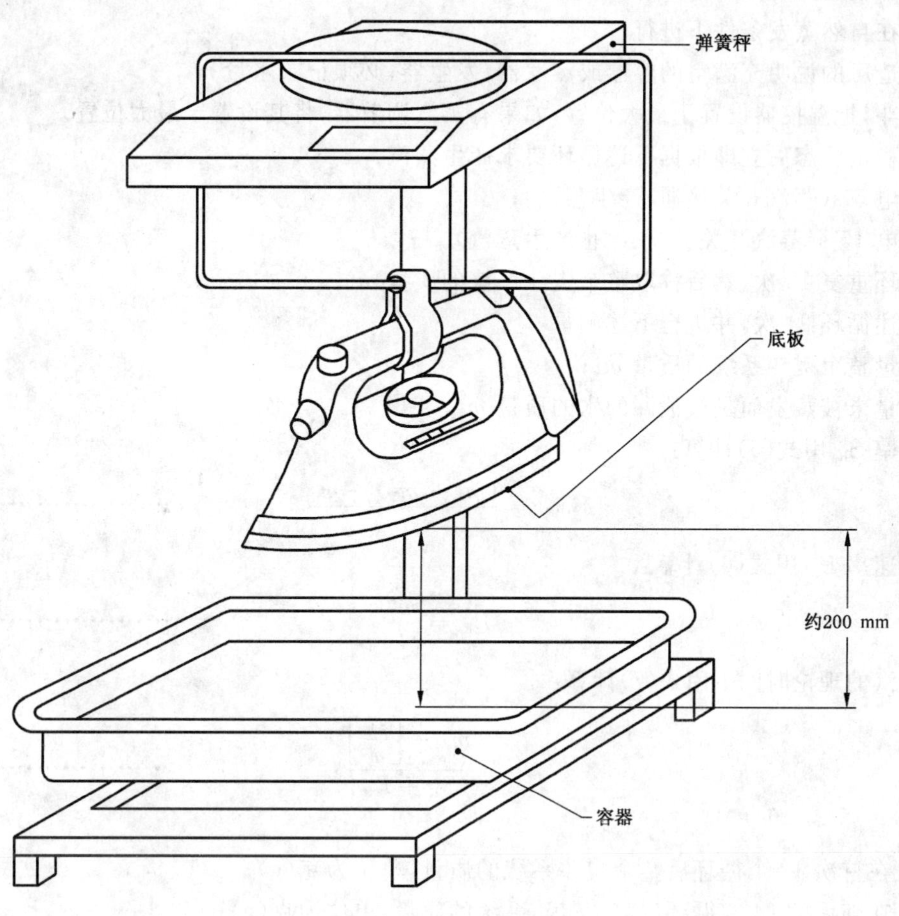

a) 开口式蒸汽电熨斗

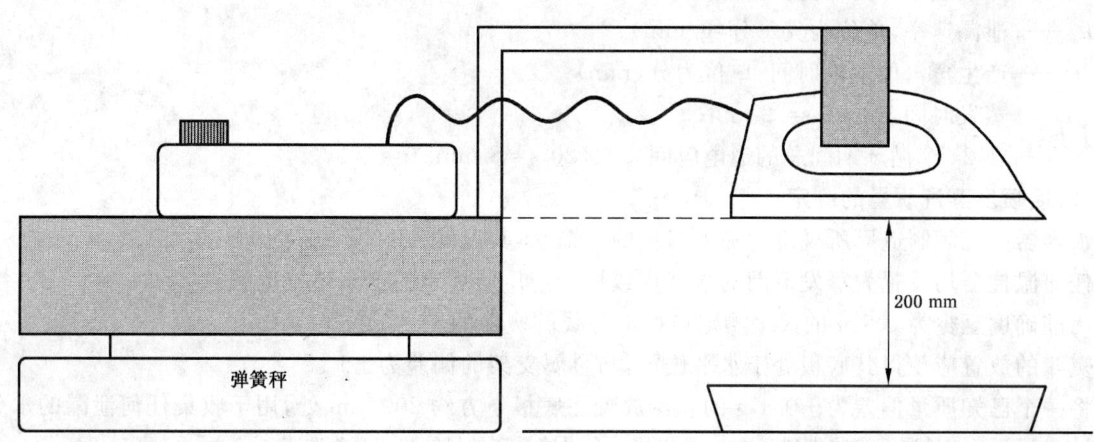

b) 压力式或快速式蒸汽电熨斗

图 4 试验装置

底板应放在水平位置,偏差为±1°,并与容器的较低一面位于同一水平面上。

把容器放在熨斗下面,用来接收未被蒸发而被泄漏的水。

容器到底板之间的高度至少应为200 mm。

试验应在自然蒸发条件下进行。

根据制造厂的说明充满空的容器或蒸发器/发生器,必须记录水量 m_7。

接通熨斗,把温控器设置于最大位置,如果有蒸汽调节器,将其设置于最大位置。

在达到稳定状态后立即根据下述循环要求产生蒸汽:

——通电5 s(蒸汽开关接通、产生蒸汽);

——断电15 s(蒸汽开关关断、停止产生蒸汽)。

这个循环重复12次,然后称取整个熨斗系统的质量 m_4。

重复上述循环24次,并进行下述测量:

——测量整个熨斗系统的质量 m_5;

——测量未被蒸发而是被泄漏的水的质量 m_6。

蒸发速率 S_R 用式(5)计算:

$$S_R = \frac{(m_4 - m_5) - m_6}{t} \qquad (5)$$

水泄漏速率 L_R 用式(6)计算:

$$L_R = \frac{m_6}{t} \qquad (6)$$

产生蒸汽的理论时间 t' 用式(7)计算:

$$t' = \frac{m_7 \times \left[\frac{t_1}{t}\right]}{S_R + L_R} \qquad (7)$$

式中:

m_4——在首次12个循环后整个熨斗系统的质量,单位为克(g);

m_5——在随后的24个循环后整个熨斗系统的质量,单位为克(g);

m_6——未被蒸发而是被泄漏的水的质量,单位为克(g);

m_7——根据制造厂的说明注入容器或蒸发器/发生器的水的质量,单位为克(g);

S_R——蒸发速率,单位为克每分(g/min);

L_R——泄漏速率,单位为克每分(g/min);

t'——产生蒸汽的理论时间,单位为分(min);

t——蒸发时间,24×5 s=2 min;

t_1 在24个循环期间总的通电时间,24×20 s=8 min。

9.3 短促喷发蒸汽质量的测定

水容器中充满制造厂所规定的最大容量的蒸馏水,其温度为20℃±2℃。

任何温控器均设置为蒸发范围的最高点或按制造厂所规定的蒸汽喷发范围。

用准确度至少为0.1 g的天平测定包括电源线的熨斗的质量 m_1。

熨斗的放置应使得其底板处于水平位置,与金属支架的偏差为±1°。

将一个已知质量偏差为±0.1 g的容器放置在底板下方约200 mm处,用于收集任何泄漏的水分。

注:为了避免将冷凝蒸汽收集到容器中,可以用一个慢速运转的风扇将水蒸汽吹走。

给熨斗通电,在温控器第二次断开或接通5 min后,二者选较短的时间,立即运行蒸汽喷发装置,时间间隔为15 s,共运行50次。

然后断开熨斗的电源,测量包括电源线的熨斗的质量 m_2。

再次测量容器的质量,即可测定未被蒸发而是被泄漏的水的质量 m_3。

蒸汽喷发质量 m 用式(8)计算：

$$m=\frac{m_1-m_2-m_3}{50} \qquad \cdots\cdots(8)$$

式中：

m——蒸汽喷发质量，单位为克(g)。

每次蒸汽喷发的泄漏量 L 用式(9)计算：

$$L=\frac{m_3}{50} \qquad \cdots\cdots(9)$$

式中：

L——每次蒸汽喷发的泄漏量，单位为克(g)。

对于无绳式熨斗，按照说明书的要求在蒸汽喷发的间隔加热。

10 熨平度评测

通过以下步骤确定电熨斗的熨平度。

注：这种方法适用于不同熨斗之间的比较。

10.1 试验织物的折痕

10.1.1 试验织物

把符合 ISO 105-F 所规定的羊毛、棉、粘胶纤维和聚酯制成的织物样品以及聚酯/棉布料按照 GB/T 8629—2001 的规定清洗并用滚筒方法甩干，再用蒸汽熨烫方式熨平所有皱纹。然后用干式熨烫将所有水分除去。

样品的尺寸为 14 cm×30 cm，并且边与经线平行。用压花剪子裁剪这些样品，并且将它们放置在温度为 20℃±5℃的干燥环境下至少 48 h。

注 1：样品由同一批料制成，每一织物材料使用两个样品。

注 2：聚酯/棉试验材料：

——组成：65%聚酯、35%棉；

——纱线支数：(14±2) tex(1 tex=10^{-6} kg/m)；

——经向密度：(40±4)根/cm；

——纬向密度：(28±3)根/cm；

——每平方米净重：0.09 kg。

注 3：为防止磨损，可以用疏松的锁紧针代替压花。

10.1.2 折痕前试验织物的状态

用温度为 45℃±5℃的热水均匀喷洒到干燥的试验织物上，直至试验织物上的水量达到其质量的 10%～15%。

注：无需对聚酯布料进行喷水处理。

然后将试验织物疏松卷起，并放置在温度为 30 ℃±2 ℃、相对湿度为 90%～95%的环境下至少 24 h，但不超过 72 h。

10.1.3 折痕工具

折痕工具如图 5 所示，应维持放置在温度为 30 ℃±2 ℃的环境中。

10.1.4 试验织物的卷曲与折痕

用木棒和铅笔以 1 N 的拉力将试验织物卷起，如图 6 所示。试验织物的末端用一小片胶带固定，并将铅笔取出。

把总质量为 4 kg 的环形块状物穿过棒中心，置于其上方，用来给织物加载。环形块状物与底座之间用厚度为 10 mm 的矩形块状物分开，如图 7 所示。

单位为毫米

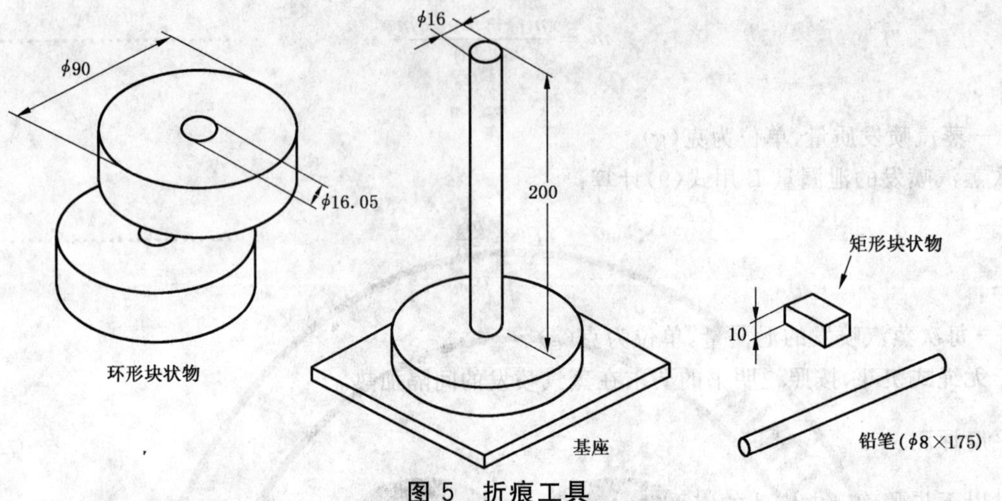

图 5　折痕工具

单位为毫米

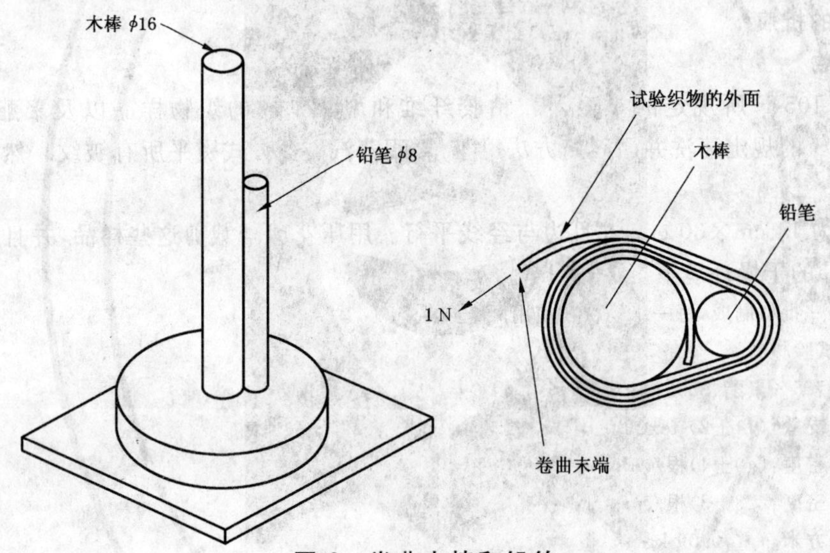

图 6　卷曲木棒和铅笔

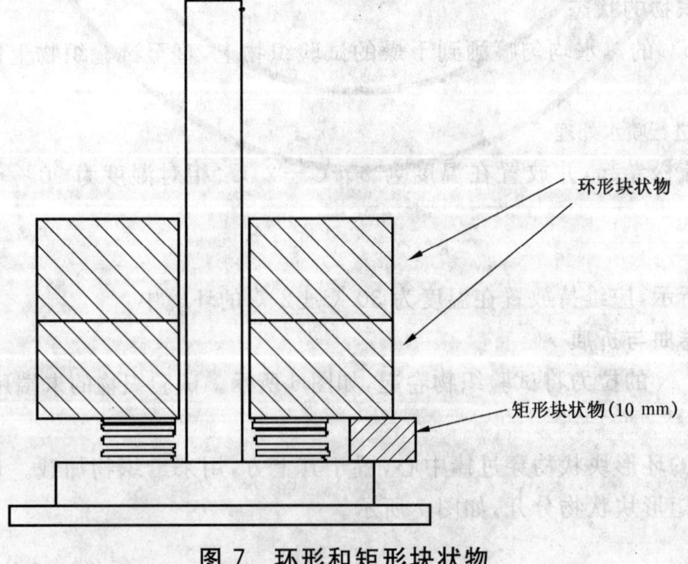

图 7　环形和矩形块状物

将此装置放置在温度为 30 ℃±2 ℃、相对湿度为 90%～95%的室内 30 min。

然后将试验织物从装置上取下，仍然保持卷曲，在使用前放置在温度为 30 ℃±2 ℃、相对湿度为 90%～95%的室内 2 h～24 h。

10.2 熨斗的状态

按照第 5 章的规定使用熨斗，调节温控器以使底板的峰值温度在试验棉布样品时保持为 200 ℃，试验羊毛、粘胶纤维、聚酯和聚酯/棉样品时保持为 150 ℃。

如果没有温控器，则通过断开电源来使底板的峰值温度保持为：

——棉布料：200 ℃；

——羊毛、粘胶纤维、聚酯和聚酯/棉布料：150 ℃。

并在下述温度下接通电源：

——棉布料：185 ℃；

——羊毛、粘胶纤维、聚酯和聚酯/棉布料：140 ℃。

在第 3 次断开电源后立即进行熨烫试验。对于蒸汽式熨斗，应使水容器中充满制造厂所规定容量的水，并连接蒸汽电源使其在最高蒸发速率下工作 15 s±1 s 后再进行熨烫试验。

10.3 熨烫

试验在相对湿度为 65%±15%的环境下进行。

把有折痕的织物从室内取出，在熨烫板上慢慢展开(见附录 B)。

把一个质量为 3 kg 的重物置于处理过的熨斗的手柄上，如图 8 所示。将熨斗尖部施加在已展开的有折痕的试验织物的外边末端，以 0.1 m/s±0.03 m/s 的速度水平拉动熨斗。拉力施加于距底板 20 mm上方点(见图 8)，把熨斗拉出织物一次。试验棉及羊毛织物时，熨斗处于蒸汽状态熨烫；试验聚酯、聚酯/棉和粘胶纤维织物时，熨斗采用干式熨烫。

注：为进行比较，每次试验后可以用参照熨斗进行试验。

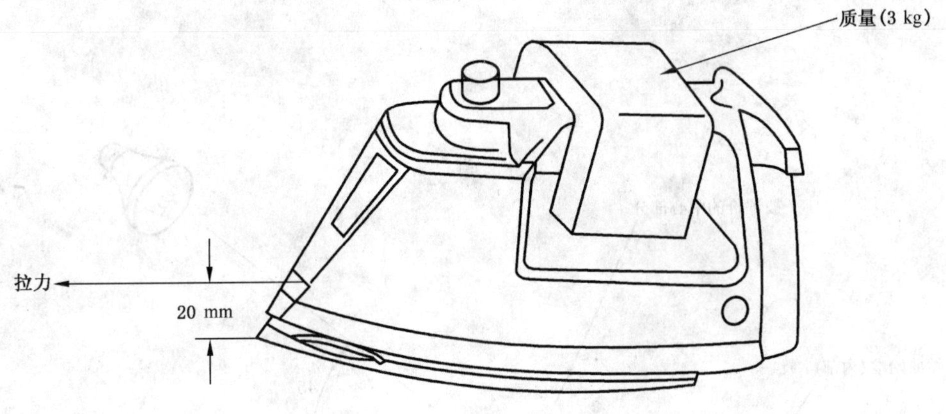

图 8 熨斗状态

10.4 带短促蒸汽喷发的熨烫

熨斗的水容器中充满制造厂所规定的最大容量的蒸馏水，其温度为 20 ℃±2 ℃。

如果有温控器，则设置为制造厂所规定的蒸发范围的最高位置或蒸汽喷发范围的最高位置。

把根据 10.1 要求准备的有折痕的试验织物放置在一个标准的熨烫板上。

拉伸试验应在相对湿度为 65%±15%下进行。

然后给熨斗通电并加热。

首先，在无蒸发功能的情况下进行试验，然后在带有蒸发功能的情况下再次进行试验。

在温控器第二次断开后，立即用手将熨斗在试验织物上前后移动，向前移动的速度为 0.1 m/s±

0.03 m/s,并运行蒸汽喷发装置三次,向后移动时不启动蒸发功能。

在干燥的试验织物上附加两个行程(包括一个向前和向后行程)的试验,不启动任何蒸发功能。

在熨烫后,应通过10.5规定的要求对试验织物进行评价。

对于蒸汽式熨斗,把温控器设置于供蒸发/蒸汽喷发的最高温度位置及最大蒸发速率。

第一个回程和两个附加的行程均带蒸发运行。

10.5 评价

熨完之后,立即把试验织物放置于相对湿度为65%±15%的空气环境中24 h±4 h。

把试验织物放在平板上,评价中间部分,如图10所示。

如果需要,则以45°角照射试验织物,并将试验结果与图11所示的图表进行比较。

对于不同熨斗的比较试验,试验织物使用同一种材料来进行比较。重复试验,表述最差的结果。

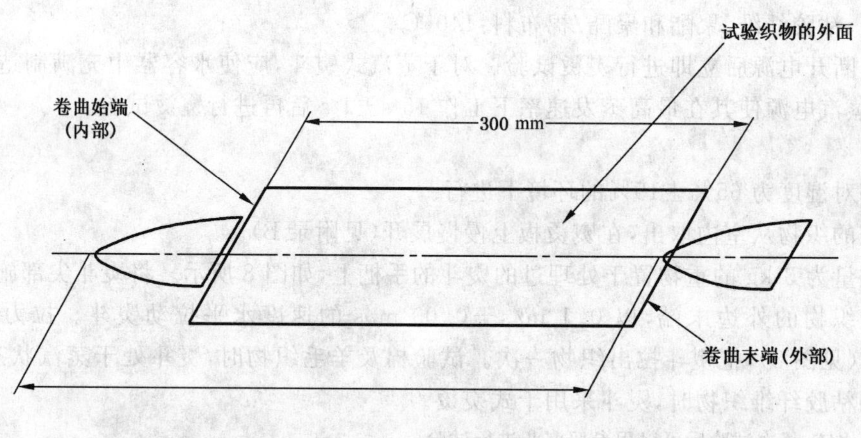

图9 熨烫

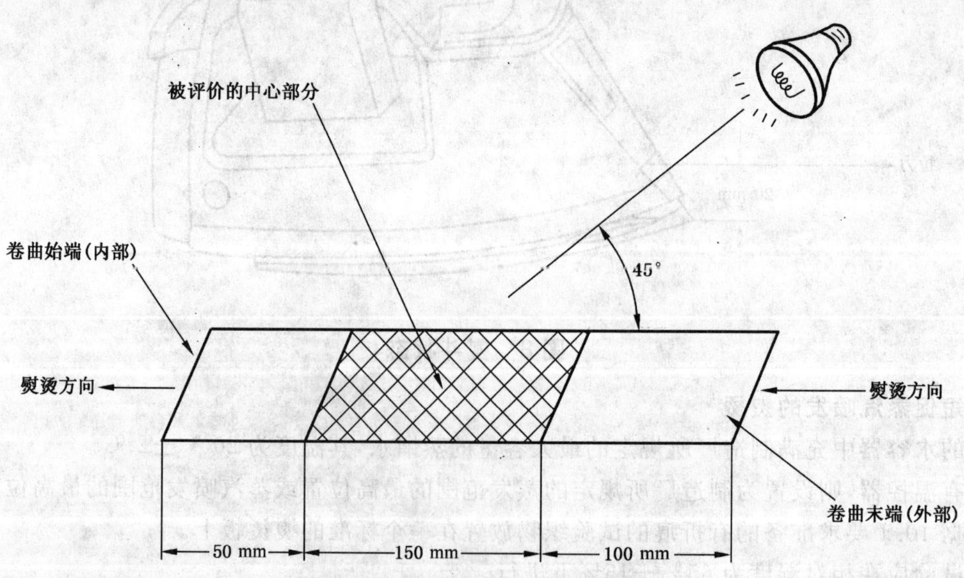

图10 评价

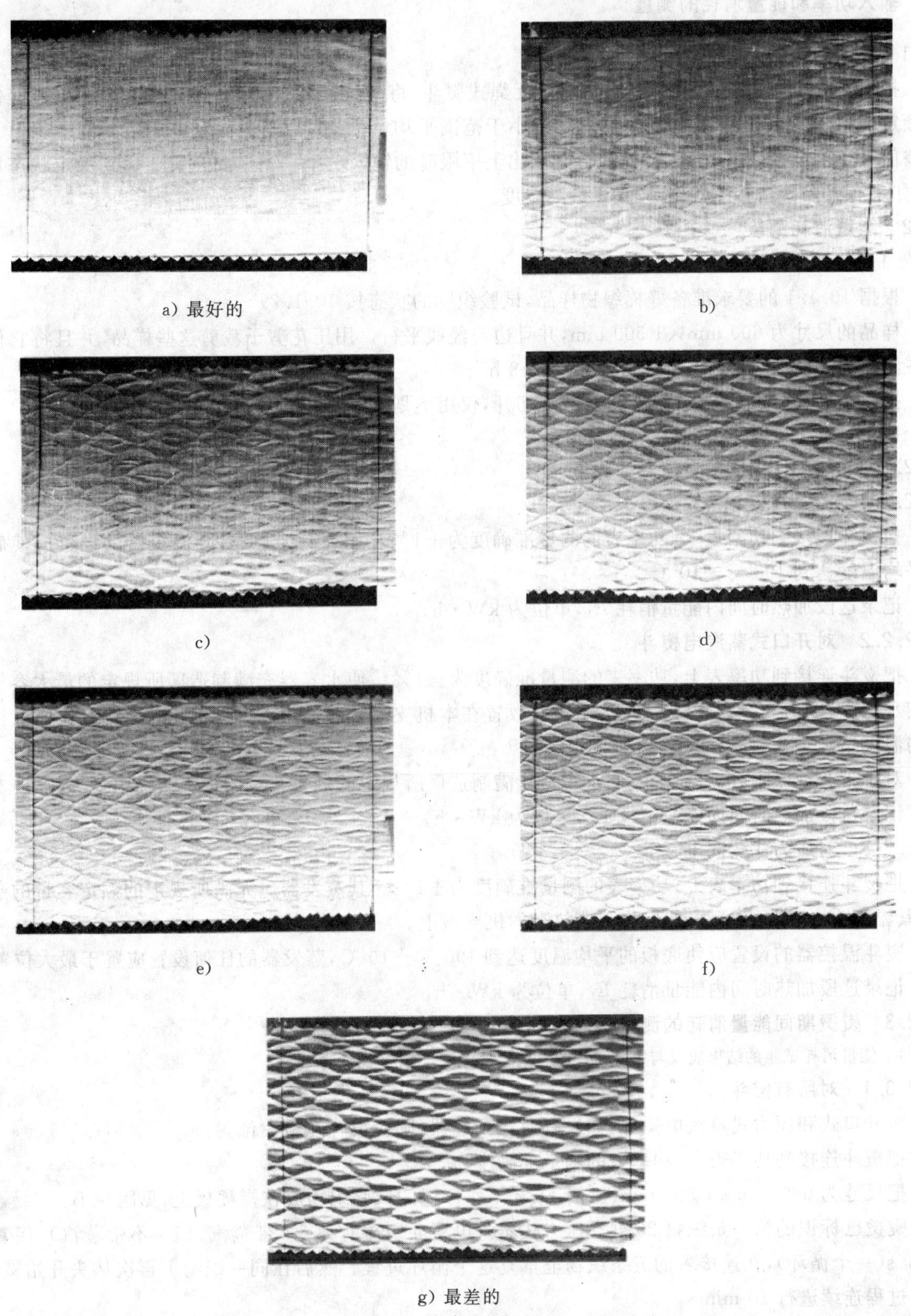

a) 最好的

b)

c)

d)

e)

f)

g) 最差的

图 11 比较图示

11 输入功率和能量消耗的测量

11.1 输入功率测量

把熨斗放置在三点式金属支架上;对于无绳式熨斗,将其放置在本机支座上(见5.4)。电压应保持在额定值,如果额定电压范围的上下限之差小于范围平均值的10%,则取额定电压范围的平均值。当其差值大于范围平均值的10%时,应分别测出上下限时的输入功率。测量要在熨斗达到稳定状态后进行,如果有温控器,则将温控器设置于最高温度。

11.2 能量消耗测量

11.2.1 准备试验织物

根据10.1.1的要求准备好棉织物样品,试验织物的状态按10.1.2。

样品的尺寸为600 mm×1 500 mm,并且边与经线平行。用压花剪子裁剪这些样品,并且将它们放置在温度为20 ℃±5 ℃的干燥环境下至少48 h。

把每个样品分成300 mm宽的五条(不切开,仅用笔划标识)。

注:标准熨烫板的尺寸:650 mm×350 mm。

11.2.2 加热工作期间能量消耗的测量

11.2.2.1 对干式熨斗

把熨斗连接到功率表上,功率表的测量准确度为±1%。如果有温控器,则温控器的设置应使底板的平均温度达到190 ℃±10 ℃。

记录这段加热时间内能量消耗 E_1,单位为kW·h。

11.2.2.2 对开口式蒸汽电熨斗

把熨斗连接到功率表上,功率表的测量准确度为±1%。使水容器充满制造厂所规定的最大容量的蒸馏水,其温度为20 ℃±2 ℃。然后把熨斗放置在本机支座上或直立位置上,温控器设置在使底板的平均温度达到190 ℃±10 ℃。

对于带有独立水容器的熨斗,使水容器充满制造厂所规定的最大容量的水。

记录这段加热时间内能量消耗 E_1,单位为kW·h。

11.2.2.3 对压力式蒸汽电熨斗

把熨斗连接到功率表上,功率表的测量准确度为±1%。其蒸发器应充满所规定的额定容量的蒸馏水,其温度为20 ℃±2 ℃。然后将熨斗放在本机支座上。

熨斗温控器的设置应使底板的平均温度达到190 ℃±10 ℃,蒸发器的任何设置应置于最大位置。

记录这段加热时间内能量消耗 E_1,单位为kW·h。

11.2.3 熨烫期间能量消耗的测量

注:能量消耗试验的结果应仅与第10章熨平度相关联。

11.2.3.1 对所有熨斗

对开口式和压力式蒸汽电熨斗,如果有蒸汽调节器,则应设置在最大位置。

把熨斗连接到功率表上,功率表的测量准确度为±1%。

把尺寸为600 mm×1 500 mm、已按11.2.1作标识的试验织物放在熨烫板上,见附录B。

熨烫已标识的第一条织物20 s(在压力式蒸汽电熨斗熨烫时为5 s带蒸汽、15 s不带蒸汽),接着停止10 s(一个循环),在连接着的五条织物上重复这个循环过程。然后在同一织物上再次从头开始熨烫,这个过程连续进行10 min。

记录这段加热时间内能量消耗 E_2,单位为kW·h。

11.2.3.2 熨烫过程总能量消耗的计算

记录熨斗的能量消耗,即在1 h熨烫期间的能量消耗加上加热期间的能量消耗,单位为kW·h。

1 h能量消耗为在10 min后的测量值的六倍,即 $E_3=6\times E_2$。

在一个熨烫过程期间的总能量消耗见式(10):

$$E_{总}=(E_1+E_3) \tag{10}$$

11.3 熨烫效率

正在考虑中。

12 底板评测

12.1 底板光滑度测定

将熨斗放在标准熨烫板(见附录B)表面上,通过测量水平拉动熨斗所需的拉力来评价底板的光滑度。

在相对湿度为65%±15%的环境下进行测量。

试验开始前,应按制造厂的说明清洗底板。如果没有说明,则用体积含量为10%的乙酸溶液清洗底板。

将标准熨烫板水平放置,并且倾斜角不超过0.5°。

将根据附录C要求所特制的干棉布铺放在标准熨烫板的表面上。

熨斗在无水状态下工作,设置温控器以使熨斗按照第5章的规定在中点处测量时,底板的平均温度保持在190 ℃±10 ℃。

峰值温度不应超过210 ℃。

在温控器断开后,立即将熨斗放置在熨烫板上,把电源软线附在手柄上以使结果不受影响。

蒸汽式熨斗也按照制造厂规定的最大容量给水容器充满蒸馏水进行试验,所有的蒸汽控制装置均设置在最大蒸汽位置。熨斗按规定进行干式熨烫预热,在温控器动作几次并伴随蒸汽释放之后,将熨斗放置在熨烫板上。

在熨斗放在熨烫板上的3 s内,将熨斗以0.25 m/s±0.05 m/s的速度水平拉动。

测量移动过程中所需的最大拉力。

通过准确度不小于0.1 N的弹簧秤来测量在表面拉动熨斗所需的力,如图12所示,单位为N。

试验要进行三次,每次都要更换棉布料。

如果弹簧秤放在熨斗的后面,则试验要进行三次以上。

注:要记录熨烫板支撑垫的温度,用来帮助试验结果的重现。

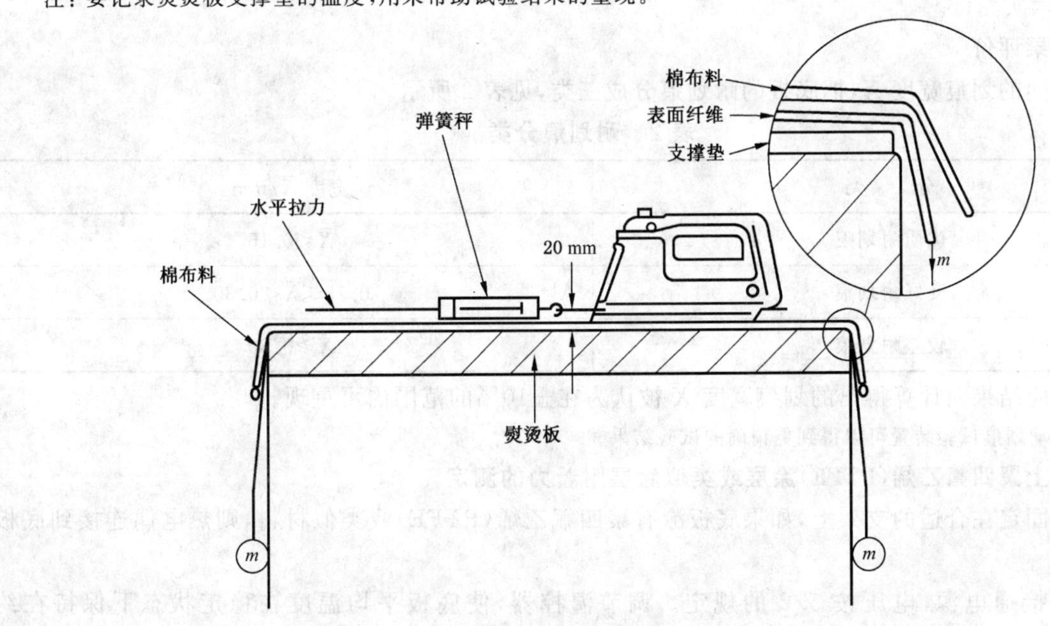

图12 底板光滑度的试验装置

计算在每个方向上三次测量的平均值，底板光滑度用 N 表示，精确到 0.1 N。

对于蒸汽式熨斗，底板光滑度要用两种熨烫状态表示。

12.2 底板耐划痕测量

12.2.1 概要

按照 GB/T 9279—2007 的要求对底板的耐划痕进行评价。

主要的试验是用一根施加了规定的力的划针对熨斗的底板进行划痕，然后测量划痕的宽度并分类。

关于试验步骤的概要说明可以在 GB/T 9279—2007 中找到。

12.2.2 试验步骤

把熨斗固定在一个如图 13a)所示的装置上，使得熨斗的底板朝上并处于水平位置。

划针有一个直径为 1 mm 的淬火硬质钢的半球型针头，在每组测量前应使用 30 倍放大镜检查确认硬针头是光滑的、半球状的，且无污染物。

在划针上施加一个 20 N±0.02 N 的力，并以 35 mm/s±5 mm/s 的恒定速度在底板上划痕。

仅以一个方向、并且平行于熨斗的中心线对底板进行划痕。试验应在底板处于室温的情况下，在底板平面的未划部分进行。

注 1：熨斗可以是新的或是已使用过的。

对底板进行两次划痕，每次划痕的长度应至少为 40 mm。

注 2：有些熨斗，例如强抛光表面，可能需要预先做准备。在这种情况下，进行试验前应在底板的待划痕部分加上一层薄的可对比的彩色墨水以形成无光涂层。

然后在每条划痕的中部以及距中部 10 mm±1 mm 的上、下位置测量两划痕的宽度。

使用准确度为±0.001 mm 的合适的光学测量仪器在两条边的顶部(如图 13c)之间测量宽度。结果精确到小数点后两位数字。

然后用式(11)计算这六个值的算术平均值 $\overline{X}$：

$$\overline{X}=\frac{1}{n}\sum_{i=1}^{n}X_i \qquad \cdots\cdots(11)$$

式中：

$\overline{X}$——算术平均值；

n——六次测量。

12.2.3 结果评价

根据不同的划痕宽度 $\overline{X}$，把底板的耐划痕分成三类，见表 2 所示。

表 2 耐划痕分类

分　类	宽度 $\overline{X}$/mm
优质耐划痕	$\overline{X}<0.15$
良好耐划痕	$0.15\leqslant\overline{X}<0.30$
较差耐划痕	$\overline{X}\geqslant0.30$

根据试验结果而计算得出的划痕宽度 $\overline{X}$ 被认为在±10%的范围内可重现。

注：用电动划痕试验装置可以得到更精确的试验结果。

12.3 底板上聚四氟乙烯(PTFE)涂层或类似涂层附着力的测定

把熨斗固定在合适的支架上，如果底板涂有聚四氟乙烯(PTFE)或类似材料，则热电偶连接到底板中点。

给熨斗接通电源，电压按 5.2 的规定。调节温控器，使底板平均温度在稳定状态下保持在约 150 ℃。

对于非调温型熨斗，用接通和断开电源的方法使底板中点的温度保持在 150 ℃±10 ℃。

a) 底板耐划痕的试验装置

b) 划痕测量点

c) 划痕宽度的测量点

图 13　划痕

此温度至少保持 30 min。

按照 ISO 2409 的要求进行横切试验，底板平面的温度保持在约 150 ℃。

用一个六刃的切割工具向各个方向切割底板成栅格图案。

如果每次切割都会由于底板弯曲而没有均匀穿透涂层到达底板的基底表面，则可以使用单边切割工具。

每个方向的切割间距均为 1 mm。

把切割工具施加于试验表面的正常平面上，在均匀压力下以 20 mm/s～50 mm/s 的速度进行切割。切割在底板上 4 个不同的位置进行,每个位置形成 25 个正方形。

其中两个位置在纵向中线上,相距约 50 mm。另外两个位置在中线的中点和底板两条边之间的中点(见图 14)。

在冷却到室温(20 ℃±5 ℃)后,用软刷沿着底板栅格图案的两条线方向向后 5 次、向前 5 次轻轻刷洗。

用合适的胶带紧密黏结到栅格区域,然后快速拉离胶带以除去涂层上剥落的部分。

注:对于此项试验,可以使用符合 IEC 60454-3-3 中第 3 章要求的非热固粘合的聚酯薄膜胶带(宽度为 25 mm、厚度 >0.02 mm)。

通过观察每个位置的切割表面来评价试验结果,并按照 ISO 2409 给出的表进行分类。

试验在底板的 4 个位置上进行,但仅对最差的栅格图案进行评价。

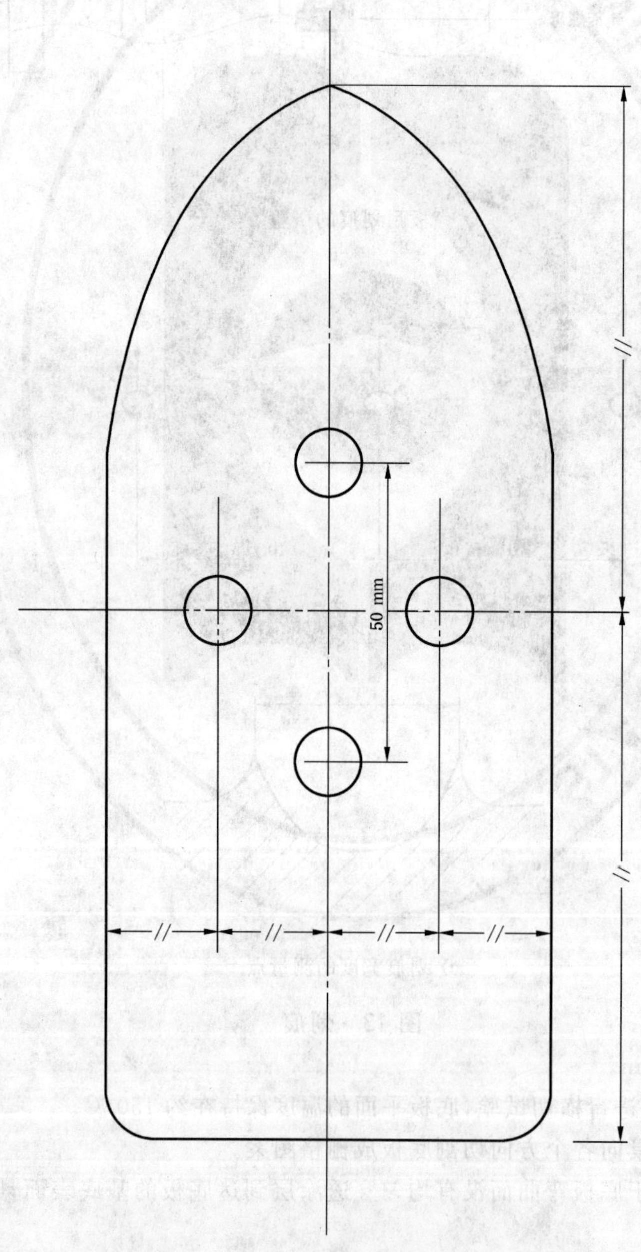

图 14 切割区域的位置

13 调温稳定性测量

13.1 加热试验

把熨斗放置在三点式金属支架上;对于无绳式熨斗,将其放置在本机支座上(见 5.4);热电偶连接到底板中点。

然后熨斗加热,调节温控器使平均温度在稳定状态下保持在约 190 ℃±10 ℃。用合适的方法固定温控器的设置以使其在测量中不会被改变。

用 7.3 中的方法确定平均温度 T_1。

然后熨斗工作 11 h,接着断开电源 1 h,由 11 h 的通电时间和 1 h 的断电时间组成一个完整的循环周期。重复这个循环周期直至总通电时间达到 500 h。之后,立即用测量 T_1 的方法来测量底板的平均温度 T_2。

13.2 跌落试验

在 13.1 的测量之后立即进行本试验,温控器固定在相同的设置位置。

在跌落试验过程中,无绳式熨斗不与电源连接。

从底板上移走热电偶,以 5 次/min 的速度、从 4 cm 的高度对熨斗进行 1 000 次的跌落试验。跌落时,熨斗应以水平位置撞击到一块厚度至少为 5 mm、质量至少为 15 kg 的刚性支撑平钢板上。试验装置如图 15 所示。在跌落试验过程中,熨斗应与电源连接。

在跌落试验之后,立即用测量 T_1 的方法来测量中点的平均温度 T_3。

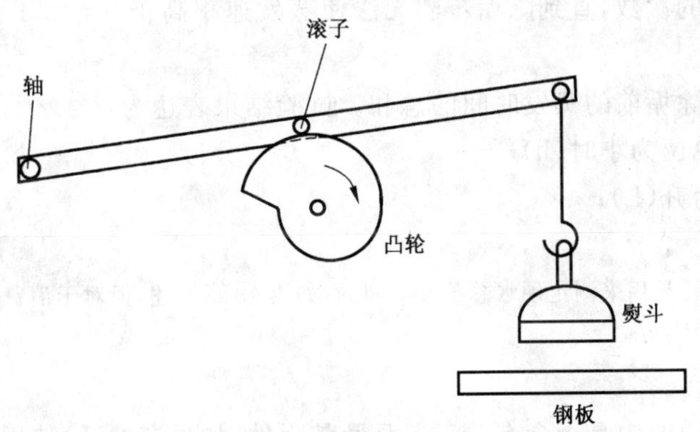

图 15 跌落试验装置

13.3 温控器漂移的测定

作为调温稳定性的一种反映,上述试验后温控器的漂移由式(12)~(14)确定:

$$\text{加热试验温控器的漂移} = (T_2 - T_1)/T_1 \quad \cdots\cdots(12)$$

$$\text{跌落试验温控器的漂移} = (T_3 - T_2)/T_1 \quad \cdots\cdots(13)$$

$$\text{总漂移} = (T_3 - T_1)/T_1 \quad \cdots\cdots(14)$$

数值用%表示。

14 硬水总蒸发时间的测定

除非制造厂要求使用蒸馏水、软化水或类似的水,否则应进行下述试验。

对压力式蒸汽电熨斗或快速式蒸汽电熨斗的试验步骤正在考虑中。

对带电动泵的开口式蒸汽电熨斗,在直立位置上电泵必须关断电源。

本项试验不适用于无绳式熨斗。

把熨斗放置于图 15 所示装置的支架上,使底板在静止空气中处于水平位置,并沿着平行于底板中线的方向向前和向后移动,移动距离大于 500 mm,速度约为 0.4 m/s。通过将 15 r/min 的旋转运动转换成15周期/min的往复运动。5个周期(20 s)后停止运动,将熨斗尽可能快地直立放置10 s。在把熨斗回复到水平位置后再重新开始运动,这种过程连续重复。

注1:如果制造厂推荐了另一种静止位置,则采用这种位置。

按照制造厂规定的容量给水容器充满硬水。硬水按照IEC 60734中方法A制备,硬度为300×10^{-6}。给熨斗通电,温控器设置为蒸汽熨烫时的最高位置。如果有温控器,则当温控器第二次断开后,蒸汽控制器开始工作以产生最大的流速,同时往复运动开始。当蒸汽停止产生并且熨斗直立放置时,蒸汽控制器关闭并且水容器和之前一样重新充满水。在工作2 h(包括熨斗处于直立位置放置10 s的静止时间)后,熨斗要断开电源至少1 h进行冷却。在冷却期间,熨斗保持直立位置放置,并且使蒸汽控制器关闭,把水容器中的残留水分清除掉。

上述过程要不断重复,蒸发速率S_R和水泄漏速率L_R要按照9.2的要求进行测量,每次要有5 L的水蒸发,并作为所用水量的函数作图。连续试验直至蒸发速率降至5 g/min或水泄漏速率升至蒸发速率的3%。

如果熨斗带有除垢装置,例如蒸汽喷发装置,则清洁步骤在试验中根据制造厂的规定进行处于直立位置放置10 s的静止时间。

除垢前的蒸发时间是在试验期间蒸汽喷发时的总时间,用h表示。

注2:蒸发时间不包括熨斗处于直立位置放置10 s的静止时间和冷却时间。

试验后,根据制造厂的说明对熨斗进行除垢,并按9.2的规定测量和记录蒸发时间、蒸发速率和水泄漏速率。

重复上述试验至足够的次数,直到除垢步骤无法使蒸发速率高于5 g/min或水泄漏速率低于蒸发速率的3%。

总的蒸发时间是每个除垢前的蒸发时间的总和。试验结果表达为:

——总的蒸发时间,单位为小时(h);

——水蒸发量,单位为升(L);

——熨斗的充水次数。

注3:硬水S_R和L_R的特性是用来测定硬水总蒸发时间的,如第13章所述,但对于消费者来说并不是有用的信息。

15 使用说明

应检查制造商的使用说明中是否含有关于器具及其附件(如果有的话)使用方面的信息和关于为保证器具的正常运行所必须的清洁方面的信息。

16 在销售点的信息

如果适用,则销售点应给消费者提供下列信息:

a) 熨斗类型(干式熨斗、蒸汽式熨斗、带电动泵的开口式蒸汽电熨斗、带蒸汽蒸发器/发生器的熨斗等);

b) 电压/电压范围(V);

c) 频率(Hz);

d) 输入功率(W);

e) 软线长度(m);

f) 质量(g)(不带电源软线的熨斗);

g) 质量(g)(整个器具,例如:包括电源软线、水箱/蒸发器);

h) 底板材料和涂层;

i) 耐划痕(优质、良好、较差);

j) 使用的水(硬度由制造厂指定的自来水、软化水);

k) 专用附件的使用；

l) 蒸发速率(g/min)；

m) 短促喷发蒸汽(g/shot)；

n) 附加的功能/特征，例如：

——喷雾；

——除垢装置；

——防滴漏；

——自动切断；

——可分离水箱。

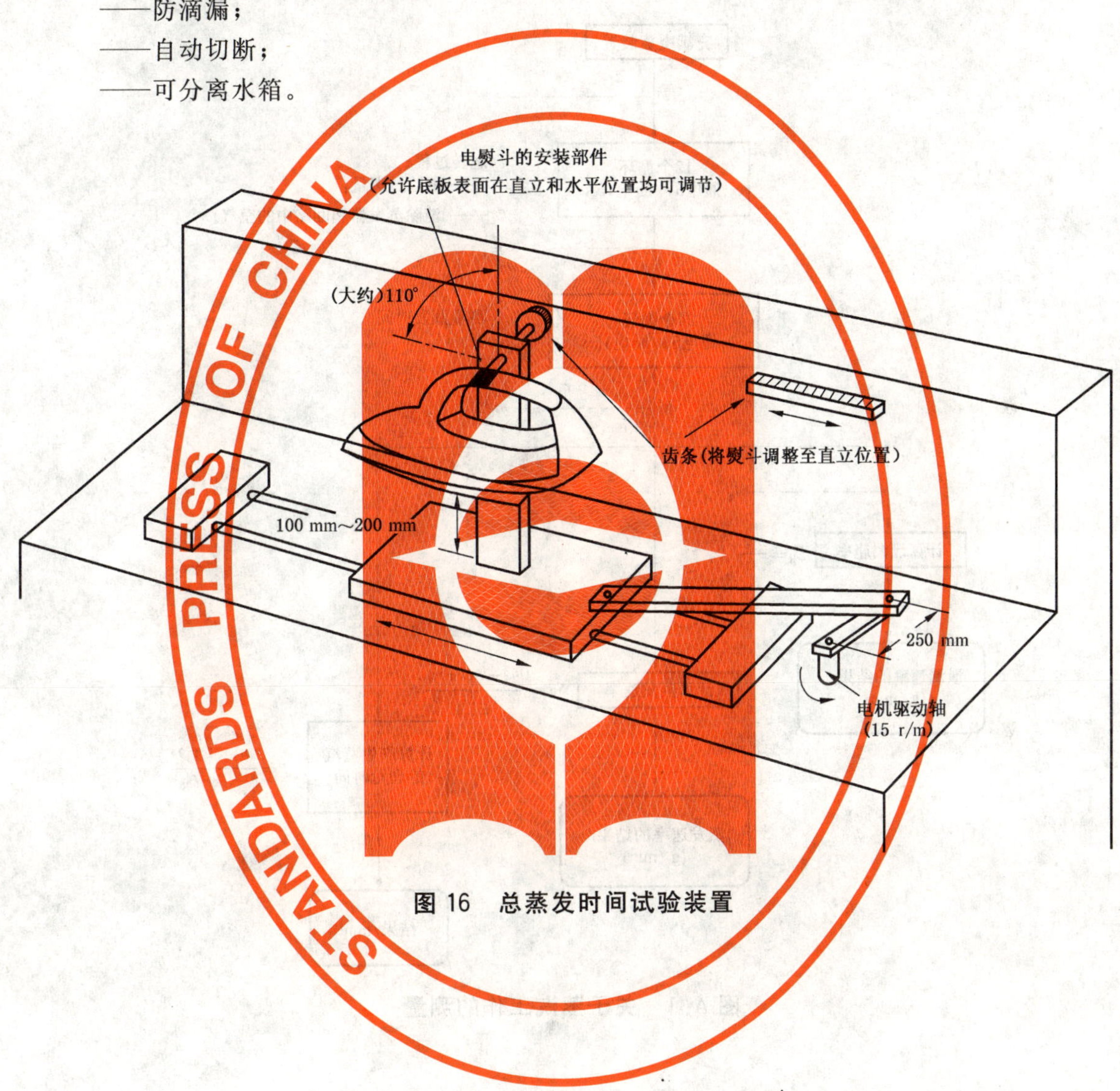

图 16 总蒸发时间试验装置

附 录 A
(资料性附录)
压力式蒸汽电熨斗或快速式蒸汽电熨斗的蒸发时间、蒸发速率和水泄漏速率的测量

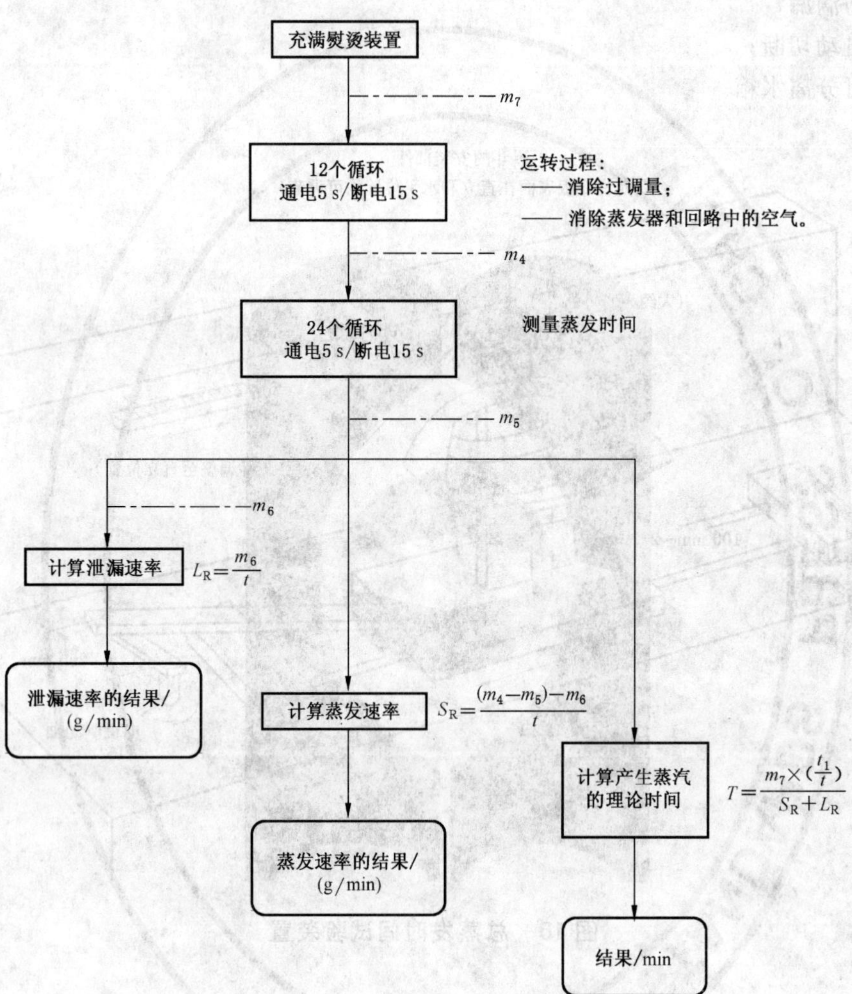

图 A.1 关于蒸汽工作的测量

附 录 B
(规范性附录)
熨 烫 板

熨烫板应是平的、有弹性的、防止吸湿的并且通过网状钢板或硬性钢丝网格结构支撑。

熨烫板结构如下(见图 B.1 的示例):

——尺寸

• 顶部表面至少为宽 35 cm、长 65 cm。

——表面纤维

• 未上浆的棉织物按 GB/T 8629—2001 的第 5 章和 6.2 中步骤 B、6.3 中步骤 C 或 6.4 中步骤 D 的要求进行清洗和漂洗,并在支撑垫上展开;

• 每厘米经向和纬向线数(按照 ISO 7211-2),光滑编织 1/1,(25±2)线,(30±2) tex;

• 每平方米质量(按照 GB/T 4669—1995):170 g±10 g;

• 经向抗拉力(按照 ISO 13934-1):至少 500 N(50 cm 宽试样)。

——支撑垫

• 材料:无纺芳基聚酰胺或类似的耐热材料;

• 厚度:9 mm±1 mm(按照 ISO 9073-2:标准板直径为 20 mm,施加 0.5 kPa 的压力)。

注:交织玻璃纤维就是耐热材料的一个例子。

——中间金属支架

扩张网或打孔钢板:

• 正方形的边长至少为 1.4 mm×1.4 mm,其长度应为 10 mm;

• 正方形的边应与熨烫板的中线成 45°±5°;

• 总的开放区域不应小于表面积的 60%。

或金属网格支架,其内部为焊接连接:

• 大约直径为 1.6 mm 的钢:钢丝网格;

• 10 mm×10 mm 的网格。

——金属底座

• 把 U 形钢条切断后焊接或铆接以形成坚固的金属底座。

——表面织物的展开方法

• 在每边每隔 20 cm 挂一个 200 g 的重物。

——快速冷却装置

• 应在熨烫板上安装冷却和抽湿装置,空气流速对每平方米面积的支撑垫应尽可能保持均匀,并在 10 m^3/min 到 15 m^3/min 之间;

• 在使用熨烫板后就应接通冷却装置的电源,使支撑垫能迅速冷却至环境温度;

• 在熨烫开始时,应通过装在支撑垫和表面织物间的细线热电偶测量温度。

注 1:表面织物的状态应为 20 ℃±5 ℃,相对湿度为 65%±5%,至少保持 24 h,在每天开始试验前均应更换。

注 2:试验进行条件应为 20 ℃±5 ℃,相对湿度为 65%±5%。

注 3:当表面织物和支撑垫用尽时应更换,当支撑垫的厚度降到最初时的 90%就认为其用尽了。

单位为毫米

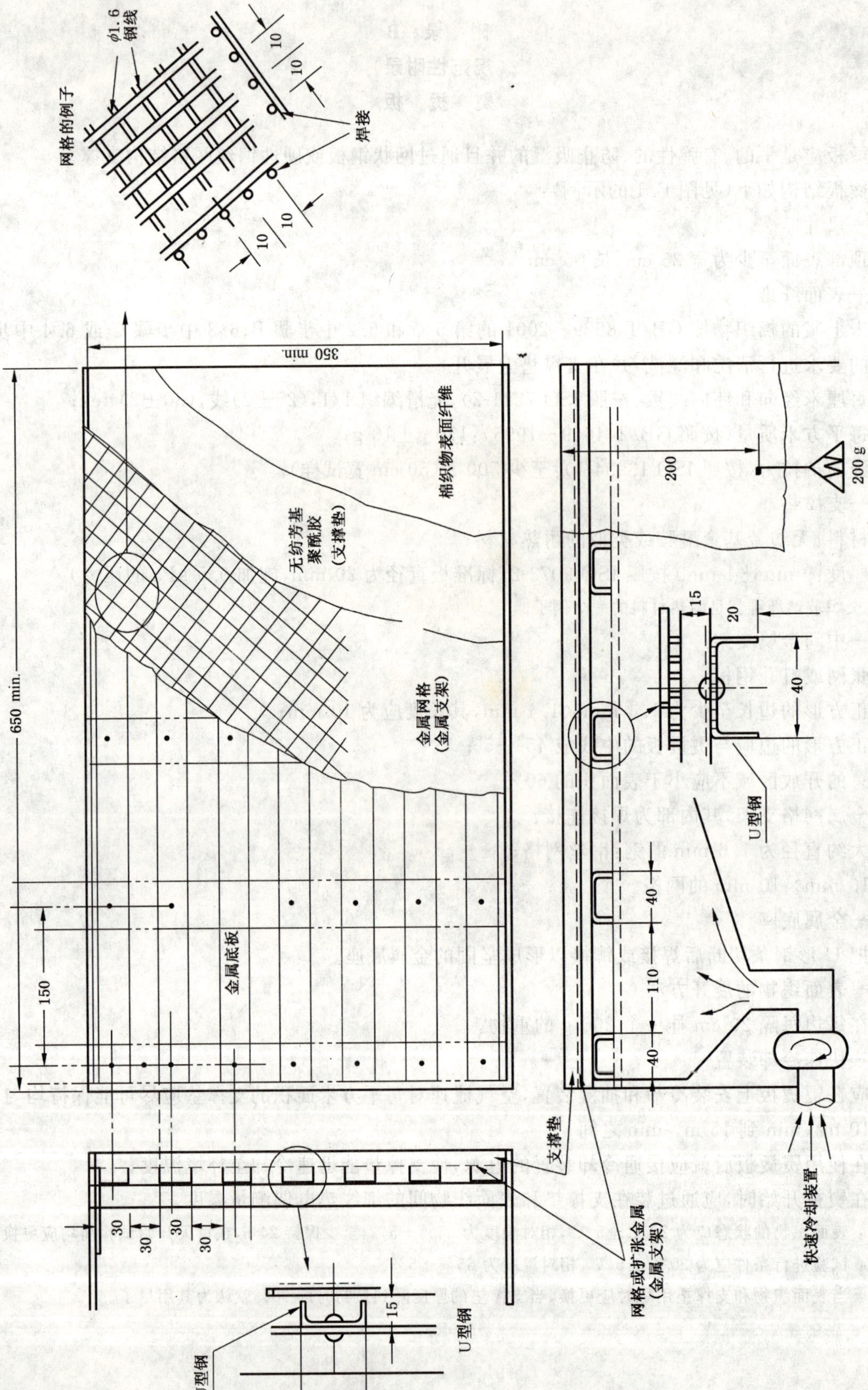

图 B.1 熨烫板结构示例

附 录 C
（规范性附录）
棉 制 织 物

在测量底板光滑度时所用棉织物的组成如下：

——尺寸：长度足以盖住熨烫板，宽度比底板宽；

——预处理：未上浆的，按 GB/T 8629—2001 的第 5 章和 6.2(湿平面)或 6.3(干燥平面)清洗并漂洗；

——经向每厘米根数：(25±2)根，(30±2) tex；

——纬向每厘米根数：(25±2)根，(30±2) tex；

——每平方米质量：170 g ±10 g，在 20 ℃、相对湿度为 65％的状态下；

——经向抗拉力：至少为 500 N，用 50 cm 宽的试样测定；

——用于对不同熨斗做比较试验的织物应取自同一批料；

——织物应存放在温度为 20 ℃±2 ℃，相对湿度为 65％±5％的容器中至少 24 h，并应在 1 h 内使用。

附 录 D
（资料性附录）
电熨斗的分类

D.1 按照温度控制分类

——调温型熨斗；
——带非自复位热断路器的熨斗；
——无热断路器的非调温型熨斗。

D.2 按照有无产生蒸汽能力分类

——蒸汽式熨斗；
——干式熨斗；
——短促喷发蒸汽式熨斗。

D.3 蒸汽式熨斗按照蒸汽控制分类

蒸汽式熨斗的蒸汽喷发可以通过手动开关进行蒸汽控制，并且当底板置于垂直位置时蒸汽喷发停止。这种型式的熨斗通常被称为滴式进给熨斗。

蒸汽式熨斗无控制蒸汽喷发的方式，蒸汽连续喷发直至水容器排空为止。这种型式的熨斗通常被称为沸腾式熨斗。

D.4 按照有无喷雾能力分类

——喷雾式熨斗；
——非喷雾式熨斗。

D.5 按照电源性质分类

——交流(AC)熨斗；
——交/直流(AC/DC)熨斗。

D.6 按照电压分类

——单电压熨斗；
——多电压熨斗；
——一个电压范围的熨斗；
——两个或多个电压范围的熨斗。

D.7 按照用途分类

——一般用途熨斗；
——旅行用熨斗。

D.8 熨斗标识

熨斗需用必要的分类术语的组合来标明。

例如：

——调温型,干式熨斗；

——带自复位热断路器的蒸汽式熨斗；

——带短促喷发蒸汽的无绳式熨斗。

附　录　E
（资料性附录）
熨斗的型号命名

产品型号及含义如下：

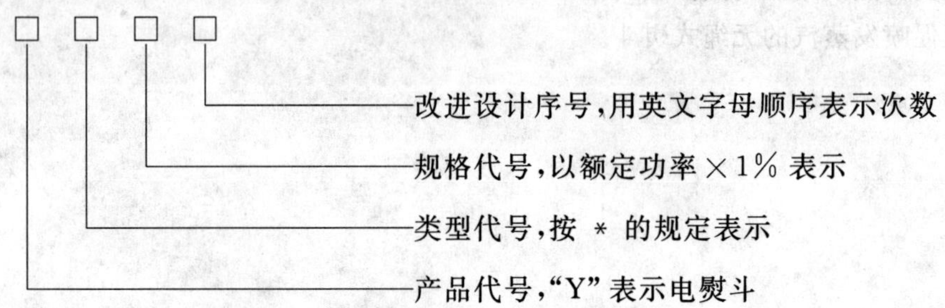

* 类型代号：

蒸汽式——Q；
喷雾式——P；
分体式——F；
整体式——Z（也可不标识）；
压力式——L。

ICS 97.040.20
Y 68

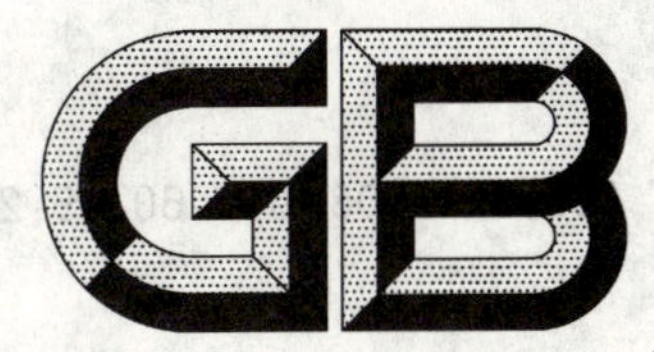

中华人民共和国国家标准

GB/T 18800—2008/IEC 60705:2006
代替 GB/T 18800—2002

家用微波炉 性能试验方法

Household microwave oven—
Methods for measuring performance

(IEC 60705:2006,IDT)

2008-06-26 发布 2009-05-01 实施

中华人民共和国国家质量监督检验检疫总局
中国国家标准化管理委员会 发布

前言

本标准等同采用 IEC 60705:2006《家用微波炉　性能试验方法》。

在标准出版时，本标准所引用的标准均为有效版本。IEC 的标准仍在发展和完善中，其所有的标准都会被修订。使用本标准的各方应探讨使用最新 IEC 标准的可能性，以符合我国积极采用国际标准方针和等同 IEC 标准的原则。

本标准代替 GB/T 18800—2002《家用微波炉　性能试验方法》。

本标准与 GB/T 18800—2002 的主要差异如下：

——对第 6 章测量的一般条件增加对使用金属附件情况下的附件要求；

——在 6.4 中，增加注释；

——在 12.3 中，各试验的实验步骤中对于测试功率的确认的要求进行修改；

——在 13.2 中，增加一个评价等级；

——附录 B 中，B.2.2.2 要求的配料和 B.2.2.3 实验步骤有所修改；

——删除原附录 C“型号命名方式”。

本标准的附录 A 和附录 B 均为资料性附录。

本标准由中国轻工业联合会提出。

本标准由全国家用电器标准化技术委员会归口。

本标准起草单位：中国家用电器研究院、广东格兰仕集团有限公司、美的集团有限公司、宁波方太厨具有限公司、上海松下微波炉有限公司。

本标准主要起草人：李一、苏涛、陈星华、吴远兴、诸永定、王剑明、张文浩 。

本标准于 2002 年首次发布，本次为第一次修订。

IEC 前言

1） 国际电工委员会（IEC）是由所有的国家电工委员会（IEC NC）组成的国际范围的标准化组织。其宗旨是促进在电气和电子领域有关标准化问题上的国际间合作。为此，IEC开展相关活动，并出版国际标准、技术规范、技术报告、公共可用规范（PAS）、指南（以后统称为IEC出版物）。这些标准的制定委托各技术委员会完成。任何对该技术问题感兴趣的IEC国家委员会均可参加制定工作。与IEC有联系的国际、政府及非政府组织也可以参加标准的制定工作。IEC与国际标准化组织（ISO）在两个组织协议的基础上密切合作。

2） IEC在技术方面的正式决议或协议，是由对其感兴趣的所有国家委员会参加的技术委员会制定的。因此，这些决议或协议都尽可能表述了相关问题在国际上的一致意见。

3） IEC标准以推荐性的方式供国际使用，并在此意义上被各国家委员会接受。在为了确保IEC出版物技术内容的准确性而做出任何合理的努力时，IEC对其标准被使用的方式以及任何最终用户的误解不负有任何责任。

4） 为了促进国际上的统一，各国家委员会要保证在其国家或区域标准中最大限度地采用国际标准。IEC标准与相应的国家或区域标准之间的任何差异必须清楚地在后者中表明。

5） IEC规定了表示其认可的无标志程序，但并不表示对某一设备声称符合某一标准承担责任。

6） 所有的使用者应确保他们拥有本标准的最新版本。

7） IEC或其管理者、雇员、后勤人员或代理（包括独立专家和技术委员会的成员）和IEC国家委员会不应对使用或依靠本IEC出版物或其他IEC出版物造成的任何个人伤害、财产损失或其他任何属性的直接或间接损失，或源于本出版物之外的成本（包括法律费用）和支出承担责任。

8） 应注意在本标准中罗列的引用标准（规范性引用文件）。对于正确使用本标准来讲，使用引用标准（规范性引用文件）是不可缺少的。

9） 应注意本国际标准的某些条款可能涉及专利权的内容，IEC将不承担确认专利权的责任。

IEC 60705 由 IEC 59 技术委员会家用电器性能第59微波炉分委会制定。

IEC 60705 基于该标准第3版（1999）[文件号 59H/97/FDIS 和 59H/98/RVD]及其第1增补件（2004）[文件号 59K/94/FDIS 和 59K/96/FDIS]和第2增补件（2006）[文件号 59K/129/FDIS 和 59K/130/RVD]整理形成第3.2版标准。

页边空白处竖线表示第1增补件和第2增补件对第3版标准修改的内容。

附录A、附录B和附录C仅供参考。

在本标准中，采用下列印刷体：

——试验规范：斜体；

——注释：小号印刷体；

——正文：印刷体。

正文中的黑体字在第3章中定义。

在某些国家中存在下列差异：

——第7章：公制（米制）的长度单位不是常用单位（美国）。

委员会决定原版本及其增补件的内容仍然保持不变，直到IEC网站（http://webstore.iec.ch）上发布涉及该特殊标准的维持结果日期。在到达该日期后，该标准将会被

- 再确认；
- 撤销；
- 被修正版本所代替，或
- 增加增补件。

家用微波炉 性能试验方法

1 范围

本标准适用于家用微波炉和组合型微波炉。

本标准定义了用户感兴趣的家用微波炉基本性能的特性，并描述测量这些特性的标准方法。

注1：本标准不涉及：

——放置负载直径小于200 mm的微波炉；

——安全要求（见参考文献中的GB 4706.21和IEC 60335-2-90）。

注2：本标准不适用于仅有常规加热方式的炉具。

2 规范性引用文件

下列文件中的条款通过在本标准中的引用而构成为本标准的条款。凡是注日期的引用文件，其随后所有的修改单（不包括勘误的内容）或修订版均不适用于本标准，然而，鼓励根据本标准达成协议的各方研究是否可使用这些文件的最新版本。凡是不注日期的引用文件，其最新版本使用于本标准。

GB 4824—2001 工业、科学和医学（ISM）射频设备无线电骚扰特性的测量方法及限值（idt CISPR 11:1997）

3 术语和定义

下述术语和定义适用于本标准。

3.1

微波炉 microwave oven

利用频率在ISM的2 450 MHz频段电磁能量来加热腔体中食物和饮料的家用器具。

注1：微波炉可带有着色元件。

注2：ISM频段为ITU和GB 4824—2001中所规定的电磁频率。

3.2

组合型微波炉 combination microwave oven

微波功能和电热功能相结合的微波炉。

3.3

微波穿透性 microwave transparent

材质对微波的吸收和反射可忽略不计的特性。

注：微波穿透材质相应的介电常数小于7，且相应的损耗因数小于0.015。

3.4

额定电压 rated voltage

制造商在器具上的标出的电压。

4 分类

器具依据其类型和特性进行分类。

4.1 按类型分：

——微波炉；

——组合型微波炉。

微波炉的类型应在报告中说明。

4.2 按特性分：

——按有效腔体尺寸；

——按有无转盘。

微波炉的特性应在报告中说明。

5 测试一览表

性能测试清单见表1。

表1 测试一览表

测量项目	章条	再现性	微波炉[1]	组合型微波炉
外形尺寸	7.1	Yes	*	*
有效腔体尺寸	7.2	Yes	*	*
有效腔体容积	7.3	Yes	*	*
微波输出功率	8	Yes	*	
效率	9	Yes	*	
正方形箱槽	10.1	Yes	*	
多杯试验	10.2	Yes	*	
加热饮料	11.1	Yes	*	
加热模拟食物	11.2	Yes	*	
牛奶蛋糊	12.3.1	No	*	
松软蛋糕	12.3.2	No	*	
肉块	12.3.3	No	*	
土豆	12.3.4	No		*
蛋糕	12.3.5	No		*
鸡	12.3.6	No		*
肉解冻试验	13.3	No	*	
糊状物	附录A	No	*	
* 表示适用。				
1) 当使用微波方式工作时除10.1试验，其他试验也适用于组合型微波炉。				

6 测量的一般条件

除非另有规定，测量在下述条件下进行。

当试验方法中要求使用金属的转台或任何金属附件时，负载的位置和金属转台或附件的相应的形状和试验的结果应记录在报告中。

注：上述位置会影响试验结果的再现性。

6.1 电源电压

器具在额定电压±1%条件下工作。如果器具规定了额定电压范围，则试验按该器具使用时所在国的供电电压标称值进行试验。电压应在报告中说明。

注：供电电压应为基本正弦波，否则试验结果将受到影响。

6.2 试验房间

试验在良好通风的房间进行，房间环境温度为 20 ℃±5 ℃。

6.3 水

试验使用饮用水。

6.4 微波炉的初始条件

每次试验前：

——磁控管和电源变压器与环境温度之差在 5 K 以内；或

——微波炉至少 6 h 没有进行操作。然而，该情况在满足下述情况下时间可缩短：如果能够确认在第 8 章微波输出功率测试期间可以更早的恢复。

注：可采用强制冷却的方法来辅助降低微波炉的温度。

6.5 控制装置设置

试验在给定的最大输出功率下进行。

7 尺寸和容积

7.1 占用空间尺寸

器具整体的高度、宽度和深度。测量时应包括前面板的所有旋钮和手柄。深度也应在门全开的状态下进行测量。具体如图 1 所示。如果器具带有可调节支脚，那么器具高度应在其最小和最大位置分别测量。单位为毫米。

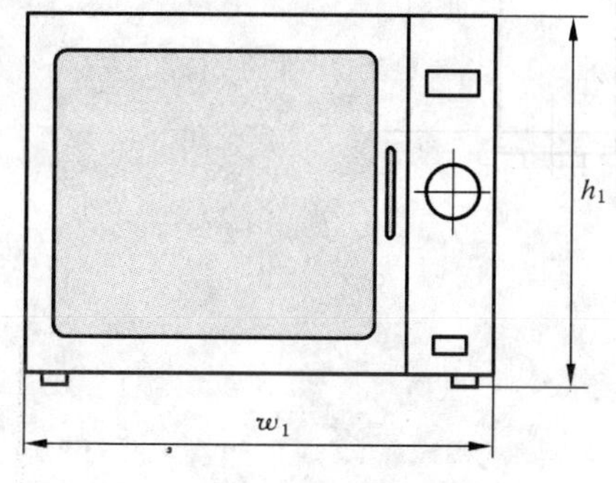

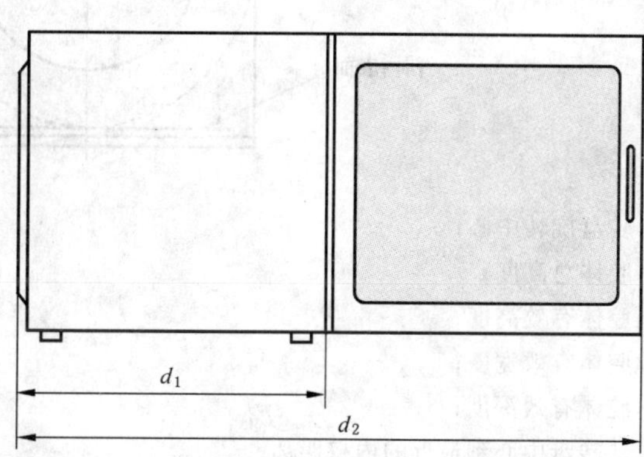

h_1——高度；

w_1——宽度；

d_1——深度；

d_2——门全开时深度。

图 1 微波炉占用空间尺寸

7.2 有效腔体尺寸

有效腔体尺寸提供可放置食物容器的空间。像搅拌器罩，这样明显凸出物应计算在内，但较小的圆角边之类的情况，则不必考虑。

有效尺寸按下述定义的确定：

——有效高度：搁架与顶面的垂直距离，由距离内腔垂直中心线半径为 100 mm 的最低点来确认；

——有效宽度：主要内侧壁间的水平距离；

——有效深度：关闭状态的门内侧面的主要部分与后壁面主要部分之间的水平距离；

——有效直径：从转盘电机旋转中心到最近的壁或门的最小距离的 2 倍。

见图 2 示例，单位为毫米。

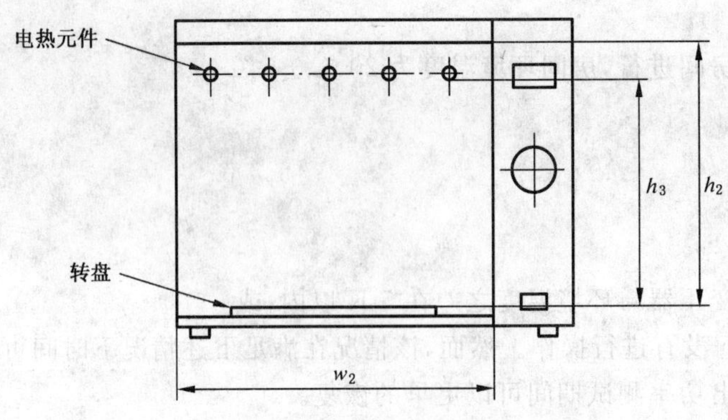

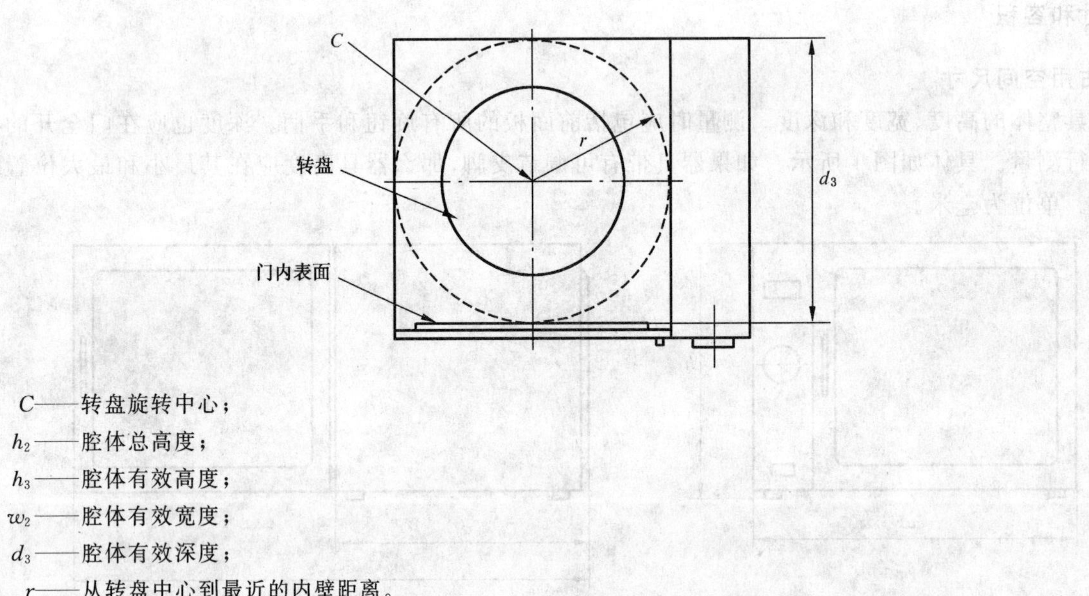

C——转盘旋转中心；

h_2——腔体总高度；

h_3——腔体有效高度；

w_2——腔体有效宽度；

d_3——腔体有效深度；

r——从转盘中心到最近的内壁距离。

图 2　有效腔体尺寸示例

7.3　有效容积

有效容积提供了腔体尺寸的分级信息。

有效容积计算源于 7.2 中测量得到的有效高度、有效宽度和有效深度。对于带有转盘电机的微波炉，有效容积就是由直径和高度计算得出的圆柱体体积。容积单位为升(L)，圆整为最接近的整数。

8　微波输出功率的确定

测量时在玻璃容器中盛放水负载，初始水温低于环境温度，然后用微波炉加热到近似环境温度，该步骤应保证对容器的热损耗，热容量影响最小，由此要考虑修正系数。总之，该程序要求准确测量水温。

试验使用圆柱形硼硅玻璃容器，最大壁厚 3 mm，外径约为 190 mm，高约为 90 mm，容器的质量即定。

测量开始时，炉具和空容器为室温，水初始温度为 10 ℃±1 ℃，在水被加入容器之前迅速测量水温。

把 1 000 g±5 g 的水加到容器中，测得实际质量，把容器马上放到炉具搁架中心上，搁架处于正常使用的最低位置，启动微波炉，测量水温加热到 20 ℃±2 ℃所需的时间，然后切断电源，在 60 s 之内测量最终水温。

注1：在测量水温之前搅动水。

注2：搅动和测试装置均为低热容量材质。

微波输出功率 P 用式(1)计算：

$$P=\frac{4.187\cdot m_{w}(T_{2}-T_{1})+0.55\cdot m_{c}(T_{2}-T_{0})}{t} \qquad \cdots\cdots(1)$$

式中：

P——微波输出功率，W；

m_{w}——水的质量，g；

m_{c}——容器质量，g；

T_{0}——环境温度，℃；

T_{1}——初始水温，℃；

T_{2}——最终水温，℃；

t——加热时间，除去磁控管灯丝预加热时间，s。

微波功率单位为瓦(W)，圆整到最接近的50 W。

9 效率

在第8章试验中测出能量损耗。

微波炉效率用式(2)计算：

$$\eta=100\frac{Pt}{W_{in}} \qquad \cdots\cdots(2)$$

式中：

P——微波输出功率，W；

t——加热时间，s；

η——效率，%；

W_{in}——输入能量，W·s。

注：输入能量包括磁控管灯丝预加热时的损耗。

效率用百分数表示，圆整为最接近的整数。

10 性能的技术试验

此项试验的目的是为了评价用水加热的均匀性，这提供了由数字直接给出结果的优越性。鉴于被加热、烹调和解冻的负载的几何形状、其他特性对微波场分布的影响，所以利用此项试验结果应谨慎。此项水试验是对第11章～第13章的性能试验的补充试验，并提供了加热均匀性的附加评估。

负载水温为20 ℃±2 ℃。

用第8章测出的微波输出功率用来计算与不同负载的能量值相对应的加热时间。

10.1 正方形箱槽试验

10.1.1 试验步骤

如图3专用箱槽盛放1 000 g±10 g水，测出水温。箱槽放置于搁架中心，使其一边与微波炉正面平行。用相当于100 kWs的输出能量使微波炉工作一段时间。

将箱槽移出炉具，加热周期结束后，在30 s内测量出水温。

注：温度记录仪具有25个热电偶测温头。

如果微波炉有多于一个搁架位置，依次进行另一位置该项试验。

单位为毫米

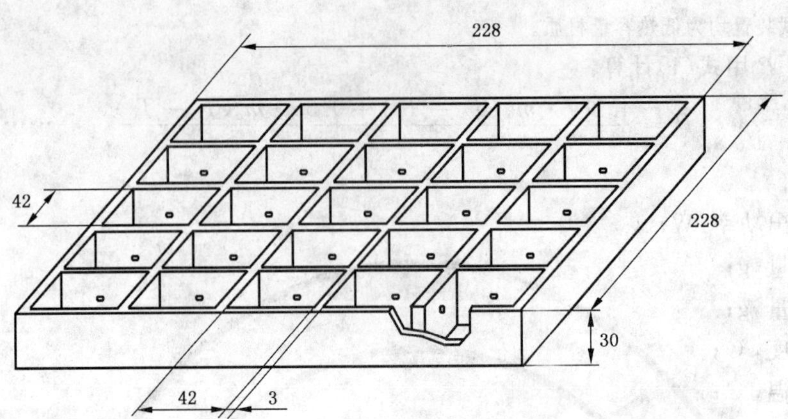

注 1：每个小格中心有一个小的近似圆形。

注 2：箱槽使用微波穿透性材料制造。

图 3　方形箱槽

10.1.2　评价

用 9 个内格温升的最大值和最小值算出相对于所有 25 个格的平均温升的百分数。

用 16 个外格温升的最大值和最小值算出相对于所有 25 个格的平均温升的百分数。

计算结果应圆整为最接近的整数。

10.2　多杯试验

10.2.1　试验步骤

将具有图 4 规格要求的 5 个杯子浸入水中使其温度相同，然后取出将其外部擦干。每个杯子盛放 100 g±1 g 水放到绝热垫片上，测量水温。按照图 5 所示将杯子放在搁架上，然后用相当于 50 kWs 的输出能量工作一段时间。

从炉中取出杯子放回绝热垫上。搅动水测量水温，按杯子号顺序在加热周期结束后 30 s 内测量。

重复上述步骤，最终温度测量为按杯子号逆序进行。

单位为毫米

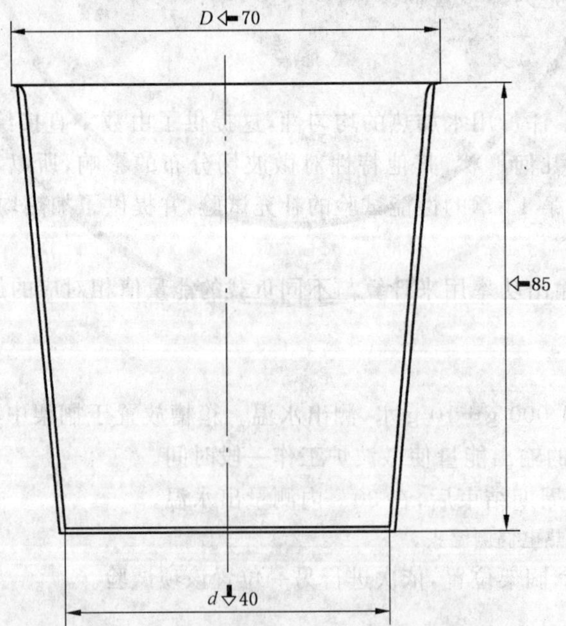

注：杯子由薄的微波穿透性材料制造，截面为圆形。

图 4　杯子

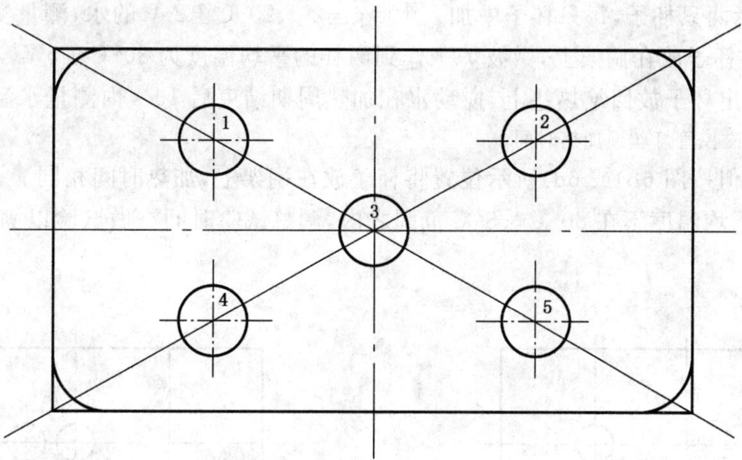

3 号杯子放在中心，其他杯子放在对角线每个角和中心之间的中心点

a) 长方形搁架杯子分布图

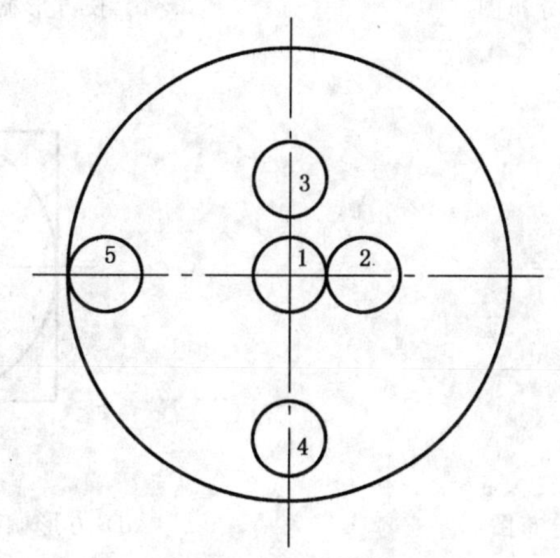

1 号杯放在转盘中心；

2 号杯紧挨 1 号杯；

3 号杯放在距转盘中心 $r/3+d/2$ 处；

4 号杯放在距转盘中心 $2r/3$ 处；

5 号杯紧挨转盘边缘放置；

r——转盘半径；

d——杯子最大直径。

b) 转盘上杯子分布图

图 5　10.2 规定的试验中杯子分布图

10.2.2　评价

计算每个位置上杯子中水平均温升。算出 5 个值中的最大值和最小值之差，再除以总的平均温升。结果用百分数表示，圆整为最接近的整数。

11　加热性能

11.1　加热饮料

此项试验的目的是当微波炉加热饮料时，评价其温度的均匀性和加热时间。

11.1.1 试验步骤

使用如图4所示两只杯子，每只杯子中加入100 g±2 g、20 ℃±2 ℃的水，测量实际水温。按图6a)或图6c)所示位置将杯子放在搁架上，微波炉工作到两杯的平均温度为80 ℃±5 ℃，测量加热时间。加热结束后，从炉中取出杯子放回绝热垫上，搅动水在加热周期结束后10 s内测量水温。

注：加热时间包括磁控管灯丝预加热时间。

重复上述试验，但按图6b)或6d)所示位置将杯子放在搁架上，加热时间相同。

如果4只杯子平均温度不在80 ℃±5 ℃范围之内，调整试验时间重做试验以满足规定要求。

单位为毫米

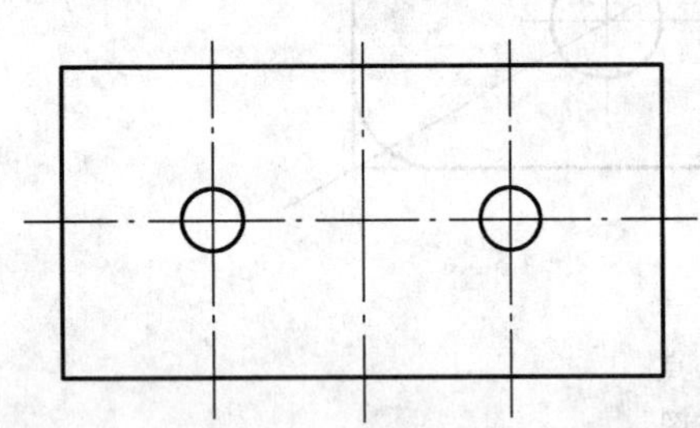

a) 长方形搁架的第一种杯子分布图

b) 长方形搁架的第二种杯子分布图

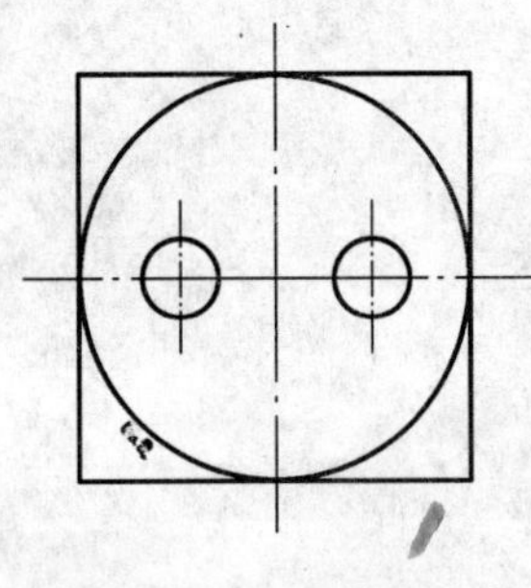

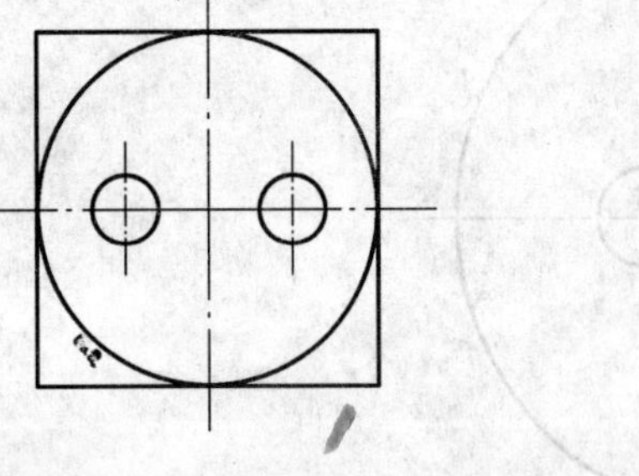

c) 方形搁架的第一种杯子分布图

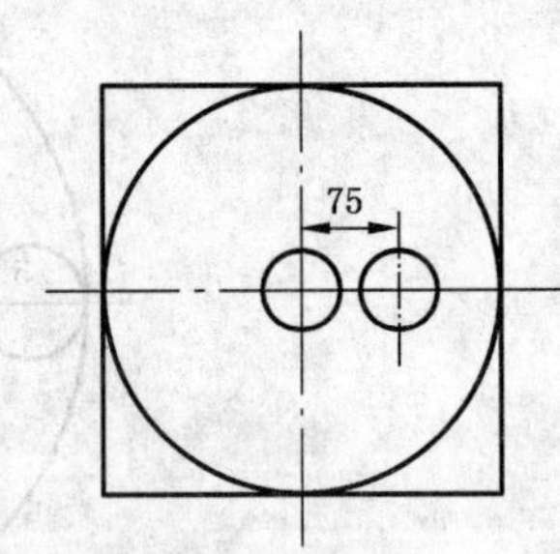

d) 方形搁架的第二种杯子分布图

图6　11.1规定的试验中杯子分布回

11.1.2 评价

计算出水的温升为60 K的加热时间，圆整到最接近的秒。

计算出4只水杯中水的平均温升，与平均值的最大偏差除以平均温升，结果用百分数表示，圆整为最接近的整数。

11.2 加热模拟食品

此项试验的目的是当微波炉加热模拟食品时，评价其微波炉加热均匀性方面的能力。

注1：结果用来评价加热单个小块食品的均匀性。

注2：用糊状物作为模拟食品的附加试验见附录A。

11.2.1 试验步骤

将具有图7要求规格的箱槽冷却到大约10 ℃，放入400 g±4 g水温为10 ℃±2 ℃的水，将箱槽其长边与微波炉正面平行放在搁架中心，在25个箱槽格中固定25根热电偶，并搅动水，测量每格水温，移走热电偶，微波炉在15 s之内工作。

箱槽加热至最高温度为40 ℃±5 ℃停机。

箱槽在微波炉中，布热电偶，使热电偶固定在每格中间距底部10 mm以上，注意不要搅动水，在试验结果后30 s内测量水温。

单位为毫米

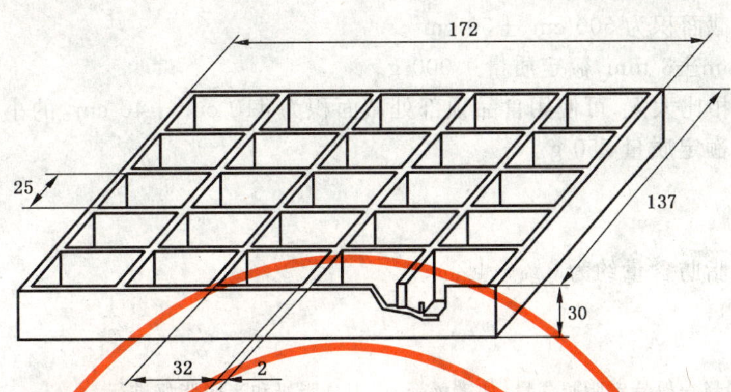

注1：每个小格底部有一个小孔。

注2：箱槽使用微波炉穿透性材料制造。

图7 长方形箱槽

11.2.2 评价

计算出所有格子的平均温升，最高和最低温升分别除以平均温升。

结果用百分数表示，圆整为最接近的整数。

12 烹调性能

12.1 综述

本章提供用食品评价微波炉烹调、烘烤、焙烧性能的试验方法。试验根据制造商的说明书进行，各类食品用厚度不超过 6 mm 的硼硅玻璃盘盛放。

注：除非制造商规定，试验用微波炉所提供的全部方式，如固定或旋转搁架。

12.2 评价

评价烹调速度、烹调结果和使用微波炉的方便程度。

烹调速度包括总的烹调时间和其间歇周期，但不包括加热以后的任何停滞时间。

烹调结果这样来评价：

——烹调、烘烤、着色或焙烧的均匀性依据外观和实质来确定与预期的结果的比较。

——依据其尺寸大小和位置来判定没有烧烤或烹调到的部分。

——使食品烤成烧焦面的尺寸大小和位置。

用下列指标来评价结果：

——无烹调过度和烹调不足；

——某些部分轻微烹调过度或某些部分轻微烹调不足；

——某些部分轻微烹调过度和某些部分轻微烹调不足；

——某些部分严重烹调过度和某些部分严重烹调不足。

方便性的评价由整个烹调期间所需的步骤数决定。

——食品的分开或部分食品的取出；

——食品的手控翻转；

——手控复位和间歇时间。

注：控制器的初始调整过程除外。

12.3 试验

12.3.1 牛奶蛋糊

本项试验目的为了评价中等厚度大块方形食品的烹调均匀性。

12.3.1.1 容器

方形盘：

——高 50 mm±10 mm；

——食品顶部处截面积为 500 cm^2 ±50 cm^2。

食品高度为 20 mm±3 mm，额定质量 1 000 g。

如果盘子与炉具相比太大，可使用食品顶部处截面积为 410 cm^2 ±40 cm^2 的小盘代替，这时食品高度为 20 mm±3 mm，额定质量 750 g。

12.3.1.2 **配料**

配料为：

——750 g 鲜奶(脂肪含量约为 3%～4%)；

——375 g 蛋(液)；

——125 g 白糖。

注：牛奶不可用水稀释获得特定脂肪含量，如需稀释，应用全脂奶和半脱脂奶进行。

12.3.1.3 **试验步骤**

将牛奶加热到约 60 ℃，打碎鸡蛋，把牛奶倒入鸡蛋，加糖，并用食品混合器中速搅拌，过滤混合物后，倒入容器中，盖好保鲜膜，放入冰箱直到混合物的温度为 5 ℃±2 ℃。

移开保鲜膜，对于这类食品的烹调按制造商的说明书进行。如果未提供说明，则将盘子放在搁架的中心，使其一边与门平行。如果评价后认为试验适合在一个更低的功率等级下进行，那么试验也许需要在该功率等级下重复进行。

将方形盘从腔体中移出，放置 2 h 后进行评价。

12.3.2 **松软蛋糕**

此试验目的为评价圆柱形、厚的膨胀食品烘烤的均匀性。

12.3.2.1 **容器**

圆形盘子：

——高 50 mm±10 mm；

——外径 220 mm±10 mm；

食品高度为 20 mm±2 mm，额定质量为 475 g。

12.3.2.2 **配料**

配料为：

——170 g 低麸质精白面粉；

——170 g 白糖；

——10 g 发酵粉；

——100 g 水；

——50 g 脂肪含量 80%～85%的人造黄油；

——125 g 蛋(液)。

直径约为 200 mm 的烤面包纸。

12.3.2.3 **试验步骤**

在室温下进行配料，搅打蛋和糖 2 min～3 min，加入融化的黄油，逐渐加入面粉、发酵粉和水，把烤面包纸放入盘子底，将糊状物倒入盘中。

混合后 10 min，把盘子放入炉腔中央，这类食品的制作根据制造商说明书中关于负载的说明进行。如果未提供说明，则将盘子放在搁架中心，如果评价后认为试验适合在一个更低的功率等级下进行，那么试验也许需要在该功率等级下重复进行。

从炉中将负载取出，间歇 5 min 后，测量蛋糕的最大和最小高度，然后把负载切成 8 块进行评价。

12.3.3 **肉块**

此项试验目的是评价厚形、长方食品的烹调均匀性。

12.3.3.1 **容器**

长方矩形盘子：

——长和宽比例约为 2.25∶1；
——高度：75 mm±15 mm；
——食品顶部处截面积为 225 cm^2±25 cm^2。

食物高度为 45 mm±3 mm，食品额定质量为 900 g。

12.3.3.2 配料

配料为：
——800 g 脂肪含量最多至 20％的碎牛肉；
——115 g 蛋(液)；
——2 g 盐。

保鲜膜

12.3.3.3 试验步骤

打碎鸡蛋与碎牛肉和盐混合，尽快将混合物放入盘中，确认其中无气囊后，将表面抹平，用保鲜膜盖好并放置在冰箱中直到混合物温度为 5 ℃±2 ℃。

去掉保鲜膜，根据说明书中关于此类食品的说明进行烹调，如果未提供说明，则将盘子放在搁架中心，如果评价后认为试验适合在一个更低的功率等级下进行，那么试验也许需要该功率等级下重复进行。

把盘子从炉中取出，间歇 5 min 后，测量肉块的中心温度，然后把肉块垂直切成 6 等份进行评价。

12.3.4 土豆

此项试验目的为评价中等厚度的大圆形食品烹调、着色的均匀性。

12.3.4.1 容器

圆形盘子：
——高度：50 mm±10 mm；
——外径：220 mm±10 mm；

食品高度约为 40 mm，额定质量为 1.1 kg。

12.3.4.2 配料

配料为：
——750 g 质地坚硬的去皮土豆；
——100 g 脂肪含量为 25％～30％的碎乳酪；
——50 g 蛋(液)；
——200 g 脂肪含量为 15％～20％的牛奶和奶油混合物；
——5 g 盐。

12.3.4.3 试验步骤

把土豆切成 3 mm～4 mm 厚的薄片，将约一半的土豆片放入无油盘中，并用一半的乳酪覆盖表面，放入剩下的土豆片并用剩下的乳酪覆盖其上，混合鸡蛋、奶油和盐，一起将这混合物倒在土豆片上。

根据制造商的说明书中关于此类食品的说明进行烹调，微波和电热应按说明书同时或顺序工作。如果未提供说明，调整功率控制器使微波功率等级为 300 W～400 W，电热加热使炉中温度为 180 ℃～220 ℃，烹调时间为 20 min～30 min。

将盘中从炉中取出，间歇 5 min 后，进行评价。

如果评价后认为试验适合在不同的控制设置进行，那么试验也许需要该控制设置情况下重复进行。

12.3.5 蛋糕

此项试验目的为评价圆柱形、厚的膨胀食品烘烤和着色的均匀性。

12.3.5.1 容器

圆形盘子
——高度：50 mm±10 mm；

——外径:230 mm±10 mm。

食品高度为 22 mm±3 mm,额定质量为 700 g。

12.3.5.2 配料

配料为:

——250 g 低麸质精白面粉;

——250 g 白糖;

——15 g 发酵粉;

——150 g 水;

——75 g 脂肪含量为 80%～85%的人造黄油;

——185 g 蛋(液)。

直径约 200 mm 的烤面包纸。

12.3.5.3 试验步骤

在室温下进行配料,搅打蛋和糖 2 min～3 min,加入融化的黄油,逐渐加入面粉、发酵粉和水,把烤面包纸放在盘子底,将糊状物倒入盘中。

根据说明书中关于此类食品的说明进行烹调,微波和电热功能应按说明书同时或顺序工作。如果未提供说明,那么将炉温预加热至 180 ℃。然后调整控制器使微波功率等级为 300 W～400 W,电热加热使炉中温度为 190 ℃～230 ℃,烹调时间为 15 min～25 min。

将盘子从炉中取出,间歇 15 min 后,将蛋糕切成 8 块进行评价。

如果评价后认为试验适合在不同的控制设置进行,那么试验也许需要该控制设置情况下重复进行。

12.3.6 鸡

此项试验的目的为评价家禽焙烧和烹调的均匀性。

12.3.6.1 容器

烤架栅格板,收集盘或说明书中其他指定容器。

12.3.6.2 配料

——鸡:1 200 g±200 g(净鸡)。

保鲜膜。

12.3.6.3 试验步骤

洗净晾干鸡,盖上保鲜膜放到温度为 5 ℃±2 ℃的冰箱中至少 12 h。去掉保鲜膜,把鸡放在烤架和收集盘上,收集盘放在炉中根据说明书烹调。微波和电热功能按说书同时或顺序工作。如未提供说明,则将收集盘放在微波炉搁架中心,调整控制器使适合这类食品烹调要求。

从炉腔中取出鸡,放置 2 min。

测量用探针式温度计测量鸡肉上最冷部分温度。

注:最冷部分一般为:

——最厚部分;

——接近骨头处;

——翅膀或腿下。

如果温度小于 85 ℃,则用更长的时间或不同的控制方式重复进行试验。

鸡被用来评价着色程度和脆性。

13 解冻功能

13.1 综述

该条款提供了对评估固体食物块解冻处理能力的试验方法,试验根据制造商的说明书中关于此类食品的解冻说明进行。

注:对不同地区使用的附加解冻试验见附录 B。

13.2 评价

对解冻速度、结果和使用微波炉的方便性进行评价。

解冻速度是包括间歇时间的总的解冻时间，不包括解冻后任何等待时间，结果由下述内容进行评价：

——无超过 25 ℃，小于 0 ℃部分；

——无超过 25 ℃，某些部分小于 0 ℃；

——某些部分大于 25 ℃而无烹调好部分，无小于 0 ℃部分；

——某些部分大于 25 ℃并有部分烹调好，无小于 0 ℃部分；

——某些部分大于 25 ℃并有部分烹调好，某些部分小于 0 ℃。

注 1：温度用探针式温度计在肉的不同高度处进行测量。

方便性评价为整个解冻过程所需步骤数。例如：

——把食品分开或做部分移动；

——用手翻动食品；

——间歇时间和手控复位。

注 2：开始设置步骤操作不进行评价。

13.3 肉解冻试验

此项试验为评价厚型食品解冻的均匀性。

13.3.1 容器

见图 8 所示专用盘。

约 3 mm 厚平底、微波炉类似性塑料板。

食品高度为 25 mm±4 mm，其额定质量为 500 g。

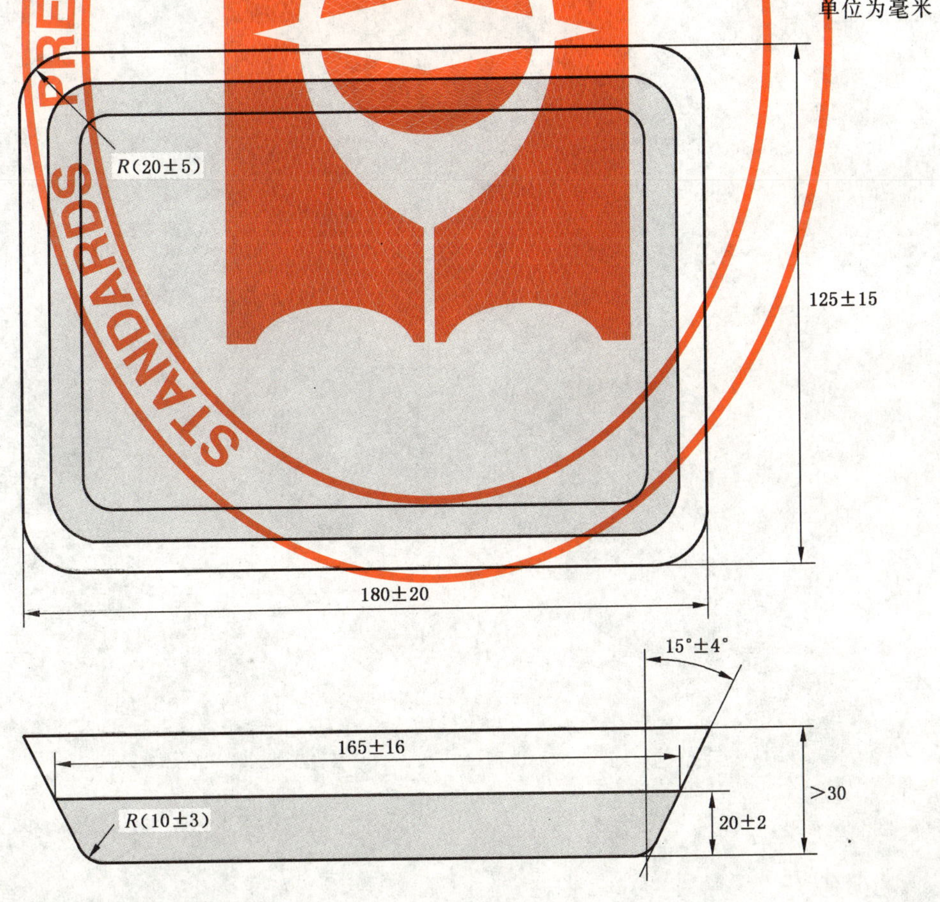

注：盘子用薄壁微波穿透性材料制造。

图 8 浅盘子

13.3.2 配料

500 g脂肪含量不超过20%的碎肉。

保鲜膜或铝箔。

13.3.3 试验步骤

把保鲜膜或铝箔放到容器内，尽快将碎肉装入盘子，确认其中无气囊后，将表面抹平。把肉用保鲜膜或铝箔包好，从盘中取出放到平板上，置于温度约为−20 ℃的冰箱中至少12 h。

去掉保鲜膜或铝箔，把冻肉块放在平的塑料板上，根据制造商说明书中关于此类食品的说明进行解冻。如果未提供说明，应进行附加试验来决定微波炉的解冻能力。

把肉从炉中取出，间歇5 min后，进行评价。

注：带自动解冻功能微波炉也按其解冻说明试验。

附 录 A
（资料性附录）
糊状物选择加热试验

本项试验为本标准的使用者提供了关于此类模拟食品的使用经验，在适当的时候可以重新审议。

此项试验目的是评价使用模拟食品负载微波炉加热均匀性的能力。

A.1 容器

图8所示规格的盘子。

A.2 设备

0.1 g精度的数字天平。

0.1 K精度测温设备。

如图8所示，在盘子上有10 mm方格的平底板。

A.3 配料

配料为：

——200 g低麸质精白面粉；

——70 g蛋（液）；

——20 g白糖；

——4 g盐；

——165 g水。

注：蛋液可用鸡蛋代替。

A.4 试验步骤

将面粉、糖、盐和水混合，然后慢慢掺入鸡蛋，把此糊状物倒进容器中封好，放到温度为5 ℃±2 ℃的冰箱中。

把盘子放在绝热垫上，加350 g±4 g，温度为5 ℃±1 ℃的水。搅动水测水温及质量，盘子长边平行于门放到搁架上。

根据制造商说明书关于食品的某一单独部分进行再加热的说明调整控制装置，如果说明书没有提供该方面内容，则调整控制装置使其最大功率输出。测量水温接近30 ℃±5 ℃的工作时间。

注：器具工作时间包括磁控管发热时间。

把盘子从炉中取出放在绝热垫上，搅动水并在30 s内测量水温。

微波炉输出功率用式（A.1）计算：

$$P_a = \frac{4.19 \cdot m_w (T_2 - T_1)}{t_w} \quad \cdots\cdots\cdots\cdots (A.1)$$

式中：

P_a——微波输出功率，W；

m_W——水的质量，g；

T_1——初始水温，℃；

T_2——最终水温，℃；

t_W——加热时间，s。

糊状物加热时间用下式计算：

$$\frac{130\ 000}{P_{a}}$$

式中：

P_{a}——微波输出功率，W；

当糊状物温度在 24 h 之内达到稳定状态时，从冰箱中取出搅动，把 415 g±5 g 糊状物放入盘中，测量温度及质量。

把盘子长边平行于门放在微波炉搁架上，微波炉在相同的功率等级按计算出的时间工作。

把盘子从炉中取出放在绝热垫上，在加热结束后 15 s 之内测量总的质量，计算糊状物的质量。

加热结束后 60 s 之内，在糊状物 5 mm～15 mm 之间的高度位置测量出最低温度。

测量栅格和盘子质量，把糊状物的盘子倒扣在栅格上，1 min 之后，把糊状物盘子和已成型糊状物移开，测量液体糊状物质量。

A.5 评价

计算糊状物最冷部分温升，单位为 K，圆整为最接近的整数。

计算在加热期间蒸发的糊状物质量，单位为 g，圆整为最接近的整数。

液体糊状物的情况，圆整为最接近的 5 g。

附 录 B
（资料性附录）
区域性解冻试验

此项附加试验在某些国家适用。

B.1 介绍

本试验考虑对大量小型模拟解冻试验项目的评价。通过对最冷和最热的部分的测量来帮助评价大量不连续小块物体在解冻期间显示出的同质的物理变化的趋势。

B.2 试验方法

小型解冻项目的完成用山莓或用类似的人造物质。

B.2.1 山莓

此项试验的目的是评价小个水果解冻的均匀性。

B.2.1.1 容器

约3 mm厚直径250 mm平底微波穿透性塑料板材料。

注：对小型微波炉，可用直径200 mm塑料板。

B.2.1.2 配料

把小个山莓冷冻，选60个使质量至少为250 g。

B.2.1.3 试验步骤

把250 g±20 g冷冻山莓散布在塑料板上，根据说明书进行化冻，如果未提供相关说明，调整控制装置使微波输出功率接近180 W，解冻时间为7 min。

试验应在不同功率等级或不同的工作时间的条件下重复进行，使至少70%的山莓解冻。

注：带自动解冻功能的微波炉也应采用手动解冻方式进行试验。

持续3 min后，把山莓移出炉腔，测量山莓最热处温度及仍未解冻部分质量。

B.2.2 冻胶

此项试验的目的是评价小块人造食品解冻的均匀性。

B.2.2.1 容器

厚度3 mm，直径250 mm具有微波炉穿透性塑料板

注1：对小型微波炉，塑料板直径可为200 mm。

B.2.2.2 配料

配料为：

——3.15 g三羟甲基化物—氨基甲烷；

——1.32 g柠檬酸（无水）；

——5.3 g醋酸钾；

——5 g氯化钾；

——100 g标准的87%的甘油（丙三醇）；

——100 g白糖；

——830 g水；

——15 g凝胶剂（角叉（菜）胶-10）；

——3 mL指示剂（正甲酚酞溶液，每100 g的96%的普通酒精中溶解2 g得到）。

B.2.2.3 试验步骤

除了白糖、凝胶剂、丙三醇，把其他固体物质放到盘子里加水混合，加糖搅动直到溶解，然后加入丙

三醇搅拌。加入凝胶剂并加热到沸腾,再连续搅动,搅动时缓慢加入指示剂溶液,从热源处取出盘子。把溶液倒入单独的模具中,每个模具的形式均为直径为 27 mm±0.5 mm,高度接近 10 mm 端部为半球状的圆柱形。

胶体冷却凝固后,把凝胶块从模具中取出,分别放在盘子上,用保鲜膜盖好。然后放入温度接近 −20 ℃的冷冻箱中至少 12 h。

把 250 g±20 g 冻胶块均匀的散布在平板上,根据制造商提供说明书进行解冻。

如未提供相关说明,调整控制装置使微波炉输出功率接近 180 W,解冻 7 min。

试验应在不同功率等级或不同的工作时间的条件下重复进行,使至少 70%的冻胶块解冻。

注 2:带自动解冻功能的微波炉也应采用手动解冻方式进行试验。

保持 3 min 后,将冻胶从炉中取出,测量冻胶最热处温度及未解冻质量。

B.3 评价

评价见 13.2。

确定最热处的温度和未解冻部分质量。

参 考 文 献

[1] GB 4706.21—2002 家用和类似用途电器的安全 微波炉的特殊要求.

[2] IEC 60335-2-90:1997 家用和类似用途电器的安全 商用微波炉的特殊要求.

[3] IEC 60350:1999 家用电灶、烤炉的性能测量方法.

ICS 97.030
Y 62

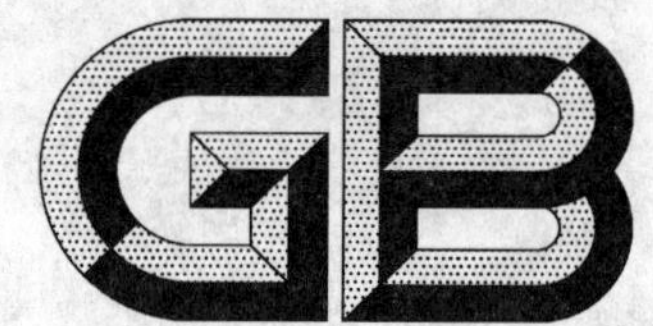

中华人民共和国国家标准

GB/T 18801—2008
代替 GB/T 18801—2002

空 气 净 化 器

Air cleaner

2008-12-30 发布　　2009-09-01 实施

中华人民共和国国家质量监督检验检疫总局
中国国家标准化管理委员会　发布

前　言

本标准是对 GB/T 18801—2002《空气净化器》的修订。

本标准代替 GB/T 18801—2002《空气净化器》。

本标准和 GB/T 18801—2002 的主要差异如下：

——范围中增加不适用的器具类型；

——增加 3.4　净化能效、3.5　总净化能效、3.10　空气污染物的术语和定义；

——增加 5.6.2.1　空气净化器固态污染物净化效能分级；

——增加 5.6.2.2　空气净化器气态污染物净化效能分级；

——增加 5.6.2.3　多功能式空气净化器空气污染物总净化效能分级；

——增加 6.2.1、6.2.2、6.2.3 仪器设备精度；

——增加 6.8.2、6.8.3 和 6.8.4。

本标准附录 A、附录 B 为规范性附录，附录 C 为资料性附录。

本标准由中国轻工业联合会提出。

本部分由全国家用电器标准化技术委员会(SAC/TC 46)归口。

本标准起草单位：中国家用电器研究院、北京亚都科技股份有限公司、国家家用电器质量监督检验中心、美的集团有限公司。

本标准主要起草人：马德军、鲁建国、陈卉、宋力强、曾文礼、朱焰、孙鹏、刘武全。

本标准首次发布于 2002 年 9 月，本次是对 GB/T 18801—2002 的第一次修订。

空 气 净 化 器

1 范围

本标准规定了空气净化器的术语和定义、分类、技术要求、试验方法、检验规则、标志、包装、运输和贮存。

本标准适用于单相额定电压 220 V、三相额定电压 380 V 家用和类似用途的空气净化器。

本标准也适用于在公共场所由非专业人员使用的空气净化器。

本标准不适用于：

——专为汽车用途而设计的空气净化器；

——专为工业用途而设计的空气净化器；

——在经常产生腐蚀性和爆炸性气体(如粉尘、蒸气和瓦斯气体)特殊环境场所使用的空气净化器；

——具有医疗用途的空气净化器。

2 规范性引用文件

下列文件中的条款通过本标准的引用而成为本标准的条款。凡是注日期的引用文件，其随后所有的修改单(不包括勘误表的内容)或修订版均不适用于本标准。然而，鼓励根据本标准达成协议的各方研究是否可使用这些文件的最新版本。凡是不注日期的引用文件，其最新版本适用于本标准。

GB/T 191　包装储运图示标志(GB/T 191—2008,ISO 780:1997,MOD)

GB/T 1019　家用和类似用途电器包装通则

GB/T 2828.1　计数抽样检验程序　第 1 部分：按接收质量限(AQL)检索的逐批检验抽样计划(GB/T 2828.1—2003,ISO 2859-1:2003,IDT)

GB/T 2829　周期检验计数抽样程序及表(适用于对过程稳定性的检验)

GB/T 4214.1—2000　声学　家用电器及类似用途器具噪声测试方法　第 1 部分：通用要求(IEC 60704-1:1997,EQV)

GB 4706.45　家用和类似用途电器的安全　空气净化器的特殊要求(GB 4706.45—1999,IEC 60335-2-65:2005,IDT)

GB 5296.2　消费品使用说明　第 2 部分：家用和类似用途电器

GB/T 13306　标牌

GB/T 18883—2002　室内空气质量标准

3 术语和定义

下列术语和定义适用于本标准。

3.1

空气净化器　air cleaner

对室内空气中的固态污染物、气态污染物等具有一定去除能力的电器装置。

3.2

多功能式空气净化器　multifunction air cleaner

可去除两种或两种以上空气污染物的空气净化器。

3.3

洁净空气量　clean air delivery rate

表征空气净化器净化能力的参数，用单位时间提供洁净空气的量值表示（简称 CADR），用字母 Q 表示，以立方米每小时（m^3/h）为单位。

3.4

净化效能　efficiency of clean

空气净化器单位功耗所产生的洁净空气量，用字母 η 表示，以立方米每小时瓦（$m^3/h \cdot W$）为单位。

3.5

总净化效能　total efficiency of clean

多功能式空气净化器单位功耗所产生的去除各种空气污染物的洁净空气量的总和，用字母 η_z 表示，以立方米每小时瓦（$m^3/h \cdot W$）为单位。

3.6

自然衰减　natural decay

在实验室内，由于沉降、附聚和表面沉积等自然现象，导致空气中的污染物浓度的降低。

3.7

总衰减　total decay

在试验时，实验室内空气中的污染物的自然衰减和被运行中的空气净化器去除污染物总浓度的降低。

3.8

净化寿命　cleaning life span

当空气净化器（或可更换式净化部件）运行到去除某一种空气污染物的洁净空气量降低至初始值的 50％时，累计所使用的时间即为空气净化器（或可更换式净化部件）去除该污染物的净化寿命，用天或月表示。

3.9

实验室　test chamber

用于测定空气净化器去除空气中污染物性能的实验室，其规格见附录 A。

3.10

空气污染物　air pollutants

空气污染物是指由于人类活动或自然过程排入空气的并对人类或环境产生有害影响的那些物质。一般分固态污染物和气态污染物两大类，固态污染物常见的有粉尘、烟雾等（通常称为颗粒物）；气态污染物常见的有装修污染产生的甲醛、苯、氨、挥发性有机物等。

4　产品分类

4.1　型式

按净化原理分类：

a）G-过滤式；

b）X-吸附式；

c）L-络合式；

d）H-化学催化式；

e）P-光催化式；

f）J-静电式；

g）N-负离子式；

h）D-等离子式；

i) F-复合式；

j) Q-其他类型。

注 1：复合式指采用 2 种或 2 种以上净化原理，可去除 2 种或 2 种以上空气污染物的空气净化器。

注 2：若空气净化器采用 2 种或 2 种以上净化原理，但去除的空气污染物只有一种，则可按贡献最大的净化原理分类。

4.2 规格

空气净化器的洁净空气量，单位 m^3/h。

4.3 产品型号表示

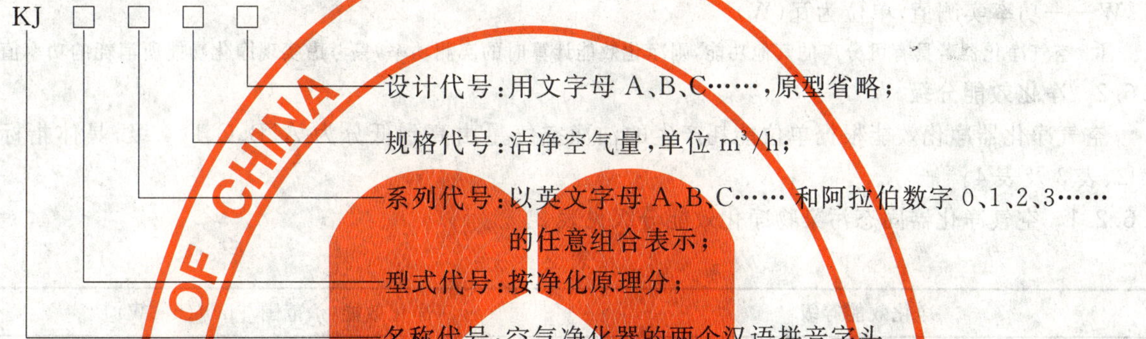

型号示例：

KJGT20 即洁净空气量为 20 m^3/h 的 T 系列过滤式空气净化器，原型设计。

KJFOA30B 即洁净空气量为 30 m^3/h 的 OA 系列复合式空气净化器，第二次改进设计。

5 技术要求

5.1 外观

空气净化器外观不应有指纹、划痕、气泡和缩孔等缺陷。主要部件应使用安全、无害、无异味、不造成二次污染材料制作，并坚固、耐用。

5.2 试运转

按照空气净化器产品使用说明书要求操作，应能正常工作，并能完成产品使用说明书所述功能（关于这些功能的技术要求，如本标准未规定，可执行相应的国家标准、行业标准或备案的企业标准的要求）。

5.3 洁净空气量

空气净化器洁净空气量实测值应不小于标称值的 90%。

空气净化器对于可去除的每一种空气污染物都有一个对应的洁净空气量，洁净空气量与去除的空气污染物应对应标注。

5.4 净化寿命

空气净化器（或可更换式净化部件）的净化寿命实测值应不小于标称值的 90%。

5.5 噪声

空气净化器洁净空气量与噪声对应关系应符合表 1 的要求。

表 1

洁净空气量(CADR)/(m^3/h)	声功率级/dB(A)
≤150	≤55
$150<Q\leq 400$	≤60
>400	≤65
注：如果空气净化器可去除多种污染物时，则可按最大 CADR 值对应表中的噪声值。	

5.6 净化效能分级及限值

5.6.1 净化效能

空气净化器净化效能按式(1)计算：

$$\eta = \frac{Q}{W} \qquad \cdots\cdots(1)$$

式中：

η——净化效能，单位为立方米每小时瓦[$m^3/(h \cdot W)$]；

Q——洁净空气量实测值，单位为立方米每小时(m^3/h)；

W——功率实测值，单位为瓦(W)。

注：空气净化器若具有可分离的其他功能，则净化效能计算时的实测功率，只考虑实现净化功能所消耗的功率值。

5.6.2 净化效能分级

空气净化器净化效能根据单位能耗产生的洁净空气量由高到低分为 A、B、C、D 4 级，具体指标见表 2、表 3 及表 4。

5.6.2.1 空气净化器固态污染物净化效能分级见表 2。

表 2

净化效能等级	净化效能(η)范围/[$m^3/(h \cdot W)$]
A	$\eta \geqslant 2.00$
B	$1.50 \leqslant \eta < 2.00$
C	$1.00 \leqslant \eta < 1.50$
D	$0.50 \leqslant \eta < 1.00$

5.6.2.2 空气净化器气态污染物净化效能分级见表 3。

表 3

净化效能等级	净化效能(η)范围/[$m^3/(h \cdot W)$]
A	$\eta \geqslant 0.80$
B	$0.60 \leqslant \eta < 0.80$
C	$0.40 \leqslant \eta < 0.60$
D	$0.20 \leqslant \eta < 0.40$

5.6.2.3 多功能式空气净化器空气污染物总净化效能分级见表 4。

多功能式空气净化器空气污染物总净化效能按其去除各种污染物洁净空气量的总和标定。其总净化效能分级表见表 4。

表 4

净化效能等级	净化效能(η)范围/[$m^3/(h \cdot W)$]
A	$\eta \geqslant 1.60$
B	$1.20 \leqslant \eta < 1.60$
C	$0.80 \leqslant \eta < 1.20$
D	$0.40 \leqslant \eta < 0.80$

5.6.3 净化效能限值

5.6.3.1 单一功能空气净化器去除固态污染物或气态污染物的净化效能应不低于表 2 或表 3 规定的 D 级。

5.6.3.2 多功能空气净化器的去除固态污染物及气态污染物的单一净化效能应不低于表 2 或表 3 规

定的D级，总净化性能应不低于表4规定的D级。

注：为实现净化功能以外功能所消耗的电能除外。

6 试验方法

6.1 测试的一般条件

a) 环境温度：(25±2)℃；

b) 环境湿度：相对湿度(50±10)%。

6.2 试验设备

试验前检查污染物发生、测量和记录等器具，均应处于正常使用状态。试验用仪器仪表的性能、精度、量程应满足被测量的要求。

6.2.1 用于型式试验的电工测量仪表，除已具体规定的仪表外，其精度应不低于0.5级，出厂试验应不低于1.0级。

6.2.2 测量温度用的温度计，其精度应在0.5 ℃。

6.2.3 测量时间用的仪表，其精度应在0.5%以内。

6.3 试验样品

通过视检确认空气净化器外观质量是否符合5.1的要求。如果室内空气净化器的风量是多档可调的，试验时应按产品说明书调至性能最佳的运行状态。

6.4 固态污染物去除试验

用标准香烟烟雾作为固态污染物的尘源，固态污染物浓度以0.3 μm以上颗粒物总数表示。

测试仪器为温湿度仪和激光尘埃粒子计数仪，各仪器需定期校正。

测试空气净化器去除固态污染物的洁净空气量，应按6.4.1和6.4.2所叙述的试验程序进行。

6.4.1 固态污染物自然衰减试验

a) 将待检验的空气净化器放置于附录A实验室中心的台面上(立式空气净化器除外)。把空气净化器调节到试验的工作状态，检验运转正常，然后关闭空气净化器。

b) 将采样点位置布置好，避开进出风口，离墙壁距离应大于0.5 m，相对实验室地面高度0.5 m～1.5 m。同一采样点安置1个或多个采样头并与舱外采样器相连接。

c) 确定试验的记录文件。

d) 开启高效空气过滤器，净化实验室内空气，使颗粒物粒径在0.3 μm以上的粒子背景浓度小于检测初始浓度的千分之一，同时启动温湿度控制装置，使室内温度和相对湿度达到规定状态。

e) 待颗粒物背景浓度降低到适合水平[6.4.1d)已规定]，记录颗粒物背景浓度，关闭高效空气过滤器和湿度控制装置，启动循环风扇。将标准香烟放入香烟燃烧器内，燃烧器与低压空气源连接，燃烧器香烟烟雾出口连接一根穿过实验室壁的管子，排出的烟雾可被卷入循环风扇搅拌所形成的空气涡流中去。点燃香烟，盖好燃烧器。用低压空气吹送燃烧器中的香烟烟雾持续至达到试验初始浓度[6.4.1f)已规定]。然后关闭低压空气源和穿过实验室壁的管子，循环风扇再搅拌10 min，使固态污染物混合均匀后关闭循环风扇。

f) 稍后待循环风扇停止转动，用激光尘埃粒子计数器测定固态污染物的浓度。一般试验开始时0.3 μm以上颗粒物的粒子浓度为2×10^6个/L左右，该测试点的数值作为实验室内的初始浓度$c_0(t=0\ \text{min})$。

g) 待实验室内的初始浓度$c_0(t=0\ \text{min})$测定后，开始检测试验。检测试验过程中固态污染物浓度每2 min测定一次，连续测定20 min。要求最少有9个数据点的浓度大于仪器测定下限的2倍。

h) 记录试验时实验室内的温度和相对湿度。

i) 固态污染物的自然衰减常数k_n按附录B计算。

j) 确定试验的可靠程度，用相关系数来评价。按附录B计算相关系数 R^2，要求 $R^2 \geqslant 0.98$。

6.4.2 固态污染物的总衰减试验

a) 按6.4.1a)至6.4.1e)的规定进行试验。

b) 稍后待循环风扇停止转动，用激光尘埃粒子计数器测定固态污染物的浓度。一般试验开始时0.3 μm以上颗粒物的粒子浓度为 2×10^6 个/L左右。该测试点的数值作为实验室内的初始浓度 $c_0(t=0\ \text{min})$。

c) 待实验室内的初始浓度 $c_0(t=0\ \text{min})$测定后，开启待检验的空气净化器，开始检测试验。检测试验过程中固态污染物的浓度每2 min测定一次，连续测定20 min。要求最少有9个数据点的粒子浓度大于仪器测定下限2倍。

d) 关闭空气净化器。记录试验时实验室内的温度和相对湿度。

e) 固态污染物的总衰减常数 k_e 按附录B计算。

f) 确定试验的可靠程度，用相关系数来评价。按附录B计算相关系数 R^2，要求 $R^2 \geqslant 0.98$。

6.4.3 空气净化器去除固态污染物的洁净空气量计算

依据式(2)计算空气净化器去除固态污染物的洁净空气量：

$$Q = 60 \times (k_e - k_n) \times V \qquad \cdots\cdots(2)$$

式中：

Q——洁净空气量，单位为立方米每小时(m^3/h)；

k_e——总衰减常数；

k_n——自然衰减常数；

V——实验室容积，单位为立方米(m^3)。

6.5 去除气体污染物的试验

测试仪器为温湿度仪、气态污染物采样仪和分析仪器，各仪器需定期校正。

测试空气净化器去除某一种气体污染物的洁净空气量，应按6.4.1和6.4.2规定的试验程序进行。

6.5.1 气态污染物自然衰减试验

a) 将待检验的空气净化器放置于附录A实验室中心的台面上(立式空气净化器除外)。把空气净化器调节到试验的工作状态，检验运转正常，然后关闭空气净化器。

b) 将采样点位置布置好，避开进出风口，离墙壁距离应大于0.5 m，相对实验室地面高度0.5 m～1.5 m。同一采样点安置1个或多个采样头并与舱外采样器相连接。

c) 确定试验的记录文件。

d) 启动温湿度控制装置，使室内温度和相对湿度达到规定状态。

e) 将试验用气体污染物发生器连接一根穿过实验室壁的管子，发生的污染物可被卷入循环风扇搅拌所形成的空气涡流中去。待气态污染物浓度达到试验初始浓度[6.4.1f)规定]后，关闭发生器。循环风扇再搅拌10 min，使气体污染物混合均匀后关闭循环风扇。

f) 稍后待循环风扇停止转动，测定气态污染物的浓度，初始($t=0$)样品浓度计为 c_0。气态污染物采样依据相应标准中规定的采样方法进行，建议每个样品采样量为5 L，采样时间为5 min。用气体分析仪检测污染物的浓度，浓度应在GB/T 18883—2002中规定的相应气体污染物限值8倍至12倍范围内。

g) 待实验室内的初始样采集完成后，开始试验。试验过程中，每10 min采集1次，全部试验时间持续60 min。

h) 记录试验时实验室内相对湿度和温度。

i) 样品分析按GB/T 18883—2002规定的方法进行。

j) 气体污染物的自然衰减常数 k_n 按附录B计算。

k) 确定试验的可靠程度，用相关系数评价。按附录B计算相关系数 R^2，要求 $R^2 \geqslant 0.98$。

6.5.2 **气体污染物的总衰减试验**

a) 按6.5.1a)至6.5.1e)的规定进行试验。

b) 稍后待循环风扇停止转动,测定气态污染物的浓度,初始($t=0$)样品浓度计为c_0。气态污染物采样依据相应标准中规定的方法进行,建议每个样品采样量为5 L,采样时间为5 min。用气体分析仪检测污染物的浓度,浓度应在GB/T 18883—2002中规定的相应的气体污染物限值8倍至12倍范围内。

c) 待实验室内的初始样采集完成后,开启待检验的空气净化器,开始检测试验。检测试验过程中,每10 min采集1次,全部试验时间持续60 min。

d) 关闭空气净化器。记录实验室内的温度和相对湿度。

e) 样品分析按GB/T 18883—2002规定的方法进行。

f) 按附录B计算气体污染物的总衰减常数k_e。

g) 确定试验的可靠程度,用相关系数来评价。按附录B计算相关系数R^2,要求$R^2 \geqslant 0.98$。

6.5.3 **空气净化器去除气态污染物的洁净空气量计算**

按式(2)计算空气净化器去除气态污染物的洁净空气量。

6.6 **净化寿命的试验**

6.6.1 将待检验的空气净化器放置于附录A实验室中心的桌子上(立式空气净化器除外)。把空气净化器调节到试验的工作状态,检查运转正常是否正常,然后关闭设在实验室外面的开关。

6.6.2 按6.4或6.5的规定测定空气净化器去除固态污染物或气体污染物的洁净空气量,记录作为初始值。

6.6.3 启动温湿度控制装置,使室内温度和相对湿度达到规定状态。启动循环风扇,将试验用固态污染物或气体污染物的发生器连接一根穿过实验室壁的管子,发生的污染物可被卷入循环风扇搅拌所形成的空气涡流中去。实验室污染物浓度应维持在GB/T 18883规定值的100倍以内,在净化寿命的试验过程中,浓度变化应维持在平均值的10 %以内。

6.6.4 开启待检验的空气净化器,记录时间作为起始时间($t=0$)。空气净化器继续运行适当的时间间隔,再按6.4或6.5规定测定空气净化器去除固态污染物或气体污染物的洁净空气量,一直进行到去除污染物的洁净空气量降低至初始值的50%为止。

6.6.5 关闭空气净化器。记录试验时实验室内的温度和相对湿度的平均值。

6.6.6 按附录B计算净化寿命。应符合5.4的要求。

6.7 **试运转试验**

空气净化器接通电源后,按照产品使用说明书的要求操作,应符合5.2的要求。

6.8 **噪声试验**

6.8.1 空气净化器噪声测量在正常使用状态、风量最大的条件下运行,其声学环境、试验条件、测量仪器应符合GB/T 4214.1—2000的相关要求。

6.8.2 空气净化器的运行和放置应符合GB/T 4214.1—2000第6章的要求。

6.8.3 空气净化器的声压级的测量应符合GB/T 4214.1—2000第7章的要求。

6.8.4 空气净化器的声压级和声功率级的计算应符合GB/T 4214.1—2000第8章的要求。

7 检验规则

7.1 检验分类

净化器的检验分为出厂检验和型式检验。

7.2 出厂检验

7.2.1 产品出厂检验的抽检项目见表5安全项目中的电气强度、泄漏电流、接地电阻和序号2、3、4、5项目。

7.2.2 产品出厂检验抽样应按 GB/T 2828.1 进行。检验批量、抽样方案、检查水平及合格质量水平，由生产厂和订货方共同商定。

表 5

序　号	检验项目	不合格分类	技术要求	试验方法
1	安全项目[a]	A	GB 4706.45	GB 4706.45
2	标志	A	8.1、8.2	视检
3	包装	B	8.3、8.3	视检
4	外观	C	5.1	视检
5	试运转	A	5.2	6.7
6	洁净空气量	A	5.3	6.4、6.5
7	净化寿命	B	5.4	6.6
8	噪声	B	5.5	6.8
9	净化效能	B	5.6	6.4、6.5

[a] GB 4706.45 中规定的所有安全检验项目。

7.3 型式试验

7.3.1 净化器在下列情况之一时，应进行型式检验：

a) 经鉴定定型后制造的第 1 批产品或转厂生产的老产品；

b) 正式生产后，当结构、工艺和材料有较大改变可能影响产品性能时；

c) 产品停产一年后再次生产时；

d) 国家质量监督机构提出进行型式检验要求时。

7.3.2 型式试验应包括本标准和 GB 4706.45 中规定的所有检验项目，检验项目见表 5。

7.3.3 型式检验抽样应按 GB/T 2829 进行，检验用的样本应从出厂检验合格批中抽取 2 台，寿命试验另抽 1 台，共计 3 台。按每百台单位产品不合格品数计算，采用判别水平Ⅰ的 1 次抽样方案。不合格分类、不合格质量水平判定和判定数组见表 6。

表 6

不合格分类		A	B	C
不合格质量水平		30	65	100
判定数组	Ac	0	1	2
	Re	1	2	3

7.4 检验样品处理

经出厂检验后，合格样品可作为合格产品交付订货方；经型式检验的样品一律不能作为合格产品交付订货方。

8 标志、包装、运输及贮存

8.1 每台空气净化器应在明显位置固定标牌，标牌按 GB/T 13306 和 GB 4706.45 的相关规定，并标有下列内容：

a) 制造商或责任承销商的名称、商标或标志；

b) 产品型号及名称；

c) 主要技术参数：

额定电压、额定频率、额定输入功率、可去除的每一种污染物及相对应洁净空气量、净化效能

(或总净化效能)等级；

d) 制造日期和/或产品编号。

8.2 空气净化器应按 GB/T 191 和 GB 1019 的有关规定进行包装。

8.3 包装箱内应附有合格证、装箱单和产品使用说明书。

8.4 产品使用说明书应内容详尽，符合 GB 4706.45 和 GB 5296.2 的规定。

8.5 产品在运输过程中禁止碰撞、挤压、抛扔和强烈的振动以及雨淋、受潮和曝晒。

8.6 空气净化器应贮存于干燥、通风、无腐蚀性及爆炸性气体的库房内，并防止产品磕碰。

附 录 A
(规范性附录)
实验室结构及设备

A.1 实验室的结构

实验室结构和设备的制作按下述要求，也可以使用符合 A.1.8、A.1.9、A.1.10 要求的类似实验室进行试验。

A.1.1 实验室容积

3.5 m×3.4 m×2.5 m=30 m^3

A.1.2 框架

76 mm×44 mm 铝型材，安装在地板上。

A.1.3 壁

用厚度为 5 mm 浮法平板玻璃。

A.1.4 地板

用厚度为 0.8 mm 不锈钢板。

A.1.5 顶板

金属复合板。

A.1.6 密封材料

用硅橡胶条及玻璃密封胶。

A.1.7 吊扇

家用吊扇，直径为 1.4 m。

A.1.8 过滤器

高效空气过滤器 630 mm×630 mm 2 个，效率为 99.9%；中效过滤器 1 个，效率为 60%。

A.1.9 送风机

通风量 1 800 m^3/h。

A.1.10 气密性

实验室内的空气泄漏率应小于 0.05。

A.2 实验室详图

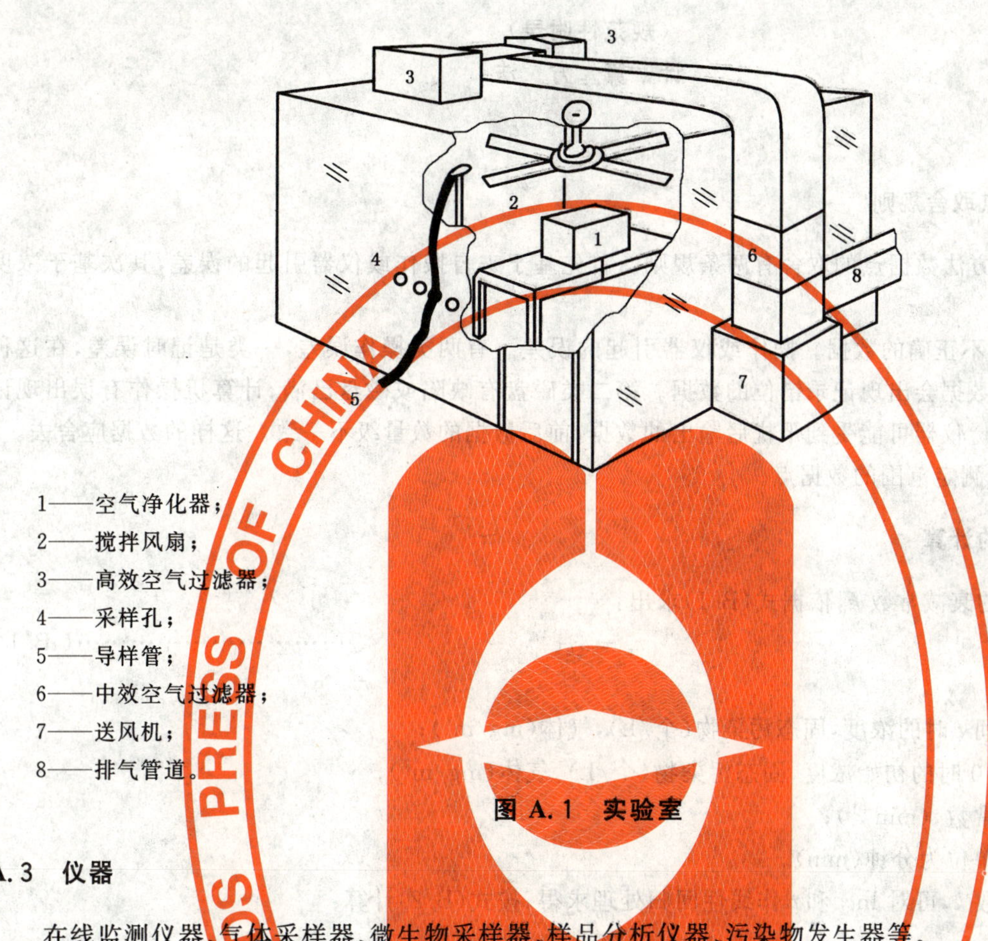

1——空气净化器；
2——搅拌风扇；
3——高效空气过滤器；
4——采样孔；
5——导样管；
6——中效空气过滤器；
7——送风机；
8——排气管道。

图 A.1 实验室

A.3 仪器

在线监测仪器、气体采样器、微生物采样器、样品分析仪器、污染物发生器等。

A.4 污染物

用香烟(红塔山牌)发生颗粒物。

用分析纯物质发生化学气体污染物或专门制备污染物。

附 录 B
（规范性附录）
计 算 方 法

B.1 试验数据点取舍规则

本标准试验方法数据点的取舍有两条规则。首先基于来自操作或仪器引起的误差，其次基于浓度下限。

规则 1：记录不正确的数据。操作或仪器引起的误差。有两类操作误差，一类是记时误差，在这种情况下的污染物数据会出现记录错位的数据。第二类磁盘有缺陷或磁盘已满、计算机操作有误出现记录不正确的数据。仪器可能受到干扰后输出的数据，前后数据的数量级不一致。这样的数据应舍去。

规则 2：超出测定范围的数据点。

B.2 衰减常数的计算

B.2.1 污染物的衰减常数 k，依据式(B.1)求出：

$$c_t = c_0 e^{-kt} \qquad \text{(B.1)}$$

式中：

c_t——在时间 t 时的浓度，固态污染物(个/L)，气体(mg/m^3)；

c_0——在 $t=0$ 时的初始浓度，固态污染物(个/L)，气体(mg/m^3)；

k——衰减常数，(min^{-1})；

t——时间单位为分钟(min)。

B.2.2 衰减常数 k，可对 $\ln c_t$ 和 t 作线性回归处理求得，按式(B.2)计算：

$$-k = \frac{\left(\sum_1^n t_i \ln c_{t_i}\right) - \frac{1}{n}\left(\sum_1^n t_i\right)\left(\sum_1^n \ln c_{t_i}\right)}{\left(\sum_1^n t_i^2\right) - \frac{1}{n}\left(\sum_1^n t_i\right)^2} \qquad \text{(B.2)}$$

式中：

t_i——在 t 时的时间；

$\ln c_{t_i}$——在 t 时的浓度自然对数。

在自然衰减试验中，用本计算方法进行计算得出的结果，表示实验室内空气中的颗粒物或气体污染物的自然衰减的回归直线的斜率，即自然衰减常数 k_n。

在颗粒物或气体污染物去除试验中，用本计算方法进行计算得出的结果，表示实验室内空气中的颗粒物或气体污染物的自然衰减和被空气净化器去除效果的总和的回归直线的斜率，即总衰减常数 k_e。

B.3 相关系数的计算

相关系数表示自变量与因变量之间的离散程度，说明线性回归的相关关系的显著程度，R^2 应当大于 0.98。按式(B.2)计算：

$$R^2 = \frac{\left(\sum_1^n x_i y_i\right)^2}{\left(\sum_1^n x_i^2\right)\left(\sum_1^n y_i^2\right)} \qquad \text{(B.3)}$$

式中：

R^2——相关系数的平方；

t_i——时间(自变量)；

$\ln c_t$——粒子浓度的自然对数(因变量)；

n——数据对的数目。

$$\left(\sum_1^n x_i y_i\right)^2 = \sum_1^n t_i \ln c_{t_i} - \frac{1}{n}\left(\sum_1^n x_i\right)\left(\sum_1^n y_i\right)^2$$

$$\sum_1^n x_i^2 = \sum_1^n t_i^2 - \frac{1}{n}\left(\sum_1^n t_i\right)^2$$

$$\sum_1^n y_i^2 = \sum_1^n \ln c_{t_i}^2 - \frac{1}{n}\left(\sum_1^n \ln c_{t_i}\right)^2$$

可利用 EXCEL 等具有统计功能的软件直接模拟出上述指数方程，得到衰减常数和 R^2 值。

B.4　净化寿命的计算

净化寿命采用空气净化器在净化寿命的试验过程中待试验污染物的平均浓度和运行时间的乘积，再与该污染物的室内空气卫生标准容许浓度的比值来表示，净化寿命的计算方法见式(B.4)。

$$t_m = \frac{c_a t_a}{c_s} \qquad \cdots\cdots\cdots\cdots(\text{B.4})$$

式中：

t_m——净化寿命，单位为小时(h)；

c_a——试验浓度，固态污染物(cpm)，气体(mg/m^3)；

c_s——标准容许浓度，固态污染物(cpm)，气体(mg/m^3)；

t_a——试验时间，单位为小时(h)。

附　录　C
（资料性附录）
空气净化器实验室操作程序

C.1　试验设备的验收

C.1.1　收到检验用的设备，需检查验收有无装运损坏或其他明显缺陷。

如果有问题，应立即通知设备供应商，说明设备缺陷或损坏的程度和部位。

C.1.2　如果无问题，将设备记录在案，搬至试验的地方。

C.1.3　仪器的精度应符合计量和相关检测标准的要求。

C.2　实验室的准备

实验室应按第 C.5 章的规定进行彻底清洁。

C.3　污染物的制备

C.3.1　固态污染物

C.3.1.1　准备足够的标准香烟(红塔山或品质相当的香烟)。每一次试验最少需 3 支。

C.3.1.2　固态污染物发生器。

C.3.2　气体污染物

C.3.2.1　需专门制备污染物或分析纯试剂。

C.3.2.2　设定吹送气体污染物的气压，检查干燥器。

C.4　关机程序

C.4.1　待机操作(在一系列试验之间暂时停机)

C.4.1.1　关闭测量仪器(见测尘仪、气体测定仪和温度-湿度记录仪使用说明书)。

C.4.1.2　关闭高效空气过滤器、气源和湿度计的水源。

C.4.1.3　将去湿器盆中的水倒掉。

C.4.1.4　开启空气净化器，保持室内清洁。

C.4.1.5　关闭循环风扇。

C.4.1.6　定期进行清洁(见第 C.5 章)。

C.4.2　长期关闭

C.4.2.1　完成 C.4.1.1、C.4.1.2 和 C.4.1.3 操作。

C.4.2.2　关闭全部电源。

C.4.2.3　关闭热泵的水源。

C.4.2.4　按规定时间进行清洁(见第 C.5 章)。

C.5　实验室和设备的清洁方法

C.5.1　如果需要，每天或经常清洁光学仪器。

C.5.2　每天清洁所有水平表面。

C.5.3 使用 5 d 后，用湿拖把拖地板。

C.5.4 使用 20 d 后，需清洗墙面。

C.5.5 如果有必要，每使用 5 d 后或经常喷洒抗静电剂，保证传感器接地良好和数据记录。

ICS 29.240.10
K 30

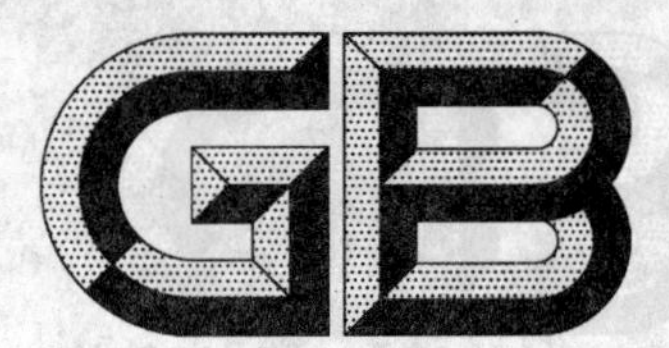

中华人民共和国国家标准

GB/T 18802.22—2008/IEC 61643-22:2004

低压电涌保护器 第22部分:电信和信号网络的电涌保护器(SPD) 选择和使用导则

Low-voltage surge protective devices—Part 22:surge protective devices connected to telecommunications and signalling networks—Selection and application principles

(IEC 61643-22:2004,IDT)

2008-12-31 发布　　2009-11-01 实施

中华人民共和国国家质量监督检验检疫总局
中国国家标准化管理委员会　发布

前　言

GB/T 18802 系列国家标准等同采用 IEC 61643 系列标准，目前已经转化为我国国家标准的有：

——GB 18802.1—2002　低压配电系统的电涌保护器(SPD)　第 1 部分：性能要求和试验方法；

——GB/T 18802.12—2006　低压配电系统的电涌保护器(SPD)　第 12 部分：选择和使用导则；

——GB/T 18802.21—2004　低压电涌保护器　第 21 部分：电信和信号网络的电涌保护器(SPD)——性能要求和试验方法；

——GB/T 18802.22—2008　低压电涌保护器　第 22 部分：电信和信号网络的电涌保护器(SPD)选择和使用导则；

——GB/T 18802.311—2007　低压电涌保护器元件　第 311 部分：气体放电管(GDT)规范；

——GB/T 18802.321—2007　低压电涌保护器元件　第 321 部分：雪崩击穿二极管(ABD)规范；

——GB/T 18802.331—2007　低压电涌保护器元件　第 331 部分：金属氧化物压敏电阻(MOV)规范；

——GB/T 18802.341—2007　低压电涌保护器元件　第 341 部分：电涌抑制晶闸管(TSS)规范。

本部分是 GB/T 18802 的第 22 部分，等同采用 IEC 61643-22:2004，除有编辑性修改外，也更正了 IEC 61643-22:2004 中的错误。

本部分的附录 A、附录 B、附录 C、附录 D、附录 E 均为资料性附录。

本部分由中国电器工业协会提出。

本部分由全国避雷器标准化技术委员会归口。

本部分主要起草单位：西安电瓷研究所、上海电器科学研究所(集团)有限公司。

本部分参与起草单位：南京菲尼克斯电气有限公司、南通信达电器有限公司、广东省佛山科星电子有限公司。

本部分主要起草人：程文怡、尹天文。

引　言

本部分是电信和信号SPD及其与电源线路的SPD组合在同一个外壳中的组件应用于电信和信号线路的导则。定义、要求和试验方法在GB/T 18802.21—2004中给出。确定使用SPD是基于对所述及的网络和系统中可预见的风险分析。因为电信和信号系统可能需要长距离的线路，无论是地下线路或架空线路可能遭受到雷电、电力线路故障和电源线路或负载线路开闭产生的过电压的严重影响，如果这些线路没有保护，则对信息技术设备(ITE)产生的风险也可能是严重的。其他可能影响决定使用SPD的因素有当地的规程和保险条款。本部分为评估是否需要SPD、SPD的选择、安装和规格，以及为达到SPD之间和SPD与安装在电信和信号线路中的ITE之间的配合等提供了指南。

SPD的配合确保SPD之间以及SPD和被保护的ITE之间的相互作用能实现。SPD的配合要求前级SPD的电压保护水平(U_P)和允通电流(I_P)不超过后接SPD或ITE的耐受能力。

一般来说，最接近电涌冲击源的SPD转移了大部分的电涌，下级的SPD将转移剩下的或残余的电涌。系统中SPD的配合受到SPD和被保护设备的操作以及连接SPD的系统特性的影响。

在试图达到适当的配合时，应检查下列的变化因素：

——电涌冲击的波形(脉冲或交变)；

——设备耐受过电压/过电流而不损坏的能力；

——安装，例如SPD之间或SPD和ITE之间的距离；

——SPD的限压水平和响应时间。

SPD的性能及其与其他SPD的配合可能受到先前遭受过的瞬态冲击的影响。对达到SPD极限能力的瞬态冲击，这种影响尤其明显。如果对所考虑的SPD处理电涌的大小和严酷性有较大的疑问，建议使用具有较高能力的SPD。

配合不好的一个直接影响可能是最接近电涌源的SPD被旁路，产生的后果是使得后级的SPD不得不承受全部电涌，这可能导致该SPD损坏。

缺乏配合也可能导致设备损坏，严重时可能导致火灾危险。

用于本部分的SPD的设计有几种技术，这些技术在标准正文中阐明，也在资料性附录A和附录B中说明。

低压电涌保护器
第22部分:电信和信号网络的
电涌保护器(SPD) 选择和使用导则

1 范围

GB/T 18802的本部分适用于系统标称电压不超过交流1 000 Vr.m.s和直流1 500 V的电信和信号网络中电涌保护器(SPD)的选择、运行、安装和配合等的导则。

本部分也适用于组合在同一个外壳中用于信号线路和电源线路保护的SPD。

2 规范性引用文件

下列文件中的条款通过GB/T 18802的本部分的引用而成为本部分的条款,凡是注日期的引用文件,其随后所有的修改单(不包括勘误的内容)或修订版均不适用于本部分,然而,鼓励根据本部分达成协议的各方研究是否可使用这些文件的最新版本。凡是不注日期的引用文件,其最新版本适用于本部分。

GB/T 17626.5—2008 电磁兼容 试验和测量技术 浪涌(冲击)抗扰度试验(IEC 61000-4-5:2005,IDT)

GB 18802.1—2002 低压配电系统的电涌保护器(SPD) 第1部分:性能要求和试验方法(IEC 61643-1:1998,IDT[1]))

GB/T 18802.21—2004 低压电涌保护器 第21部分:电信和信号网络的电涌保护器(SPD)——性能要求和试验方法(IEC 61643-21:2000,IDT)

GB/T 19271.1—2003 雷电电磁脉冲的防护 第1部分:通则(IEC 61312-1:1995,IDT)

GB/T 19271.2—2005 雷电电磁脉冲的防护 第2部分:建筑物的屏蔽、内部等电位连接及接地(IEC/TS 61312-2:1999,IDT)

ITU-T K.31:1993 用户建筑物内电信装置的连接结构和接地

3 术语和定义

下列术语和定义适用于本部分。

3.1

耐受能力 resistibility

SPD或信息技术设备(ITE)耐受过电压或过电流而不损坏的能力。

注:本定义引自IEC 61663-2:2001[1]2)并按其应用做了修改。设备在过电压/过电流期间可能失去某些功能,但在过电压或过电流作用过后应恢复正常工作。

3.2

多通道SPD multiservice surge protective device

一个SPD保护两个或多个服务设施,如电源、电信和信号,其封装于一个外壳中并在电涌时提供各服务设施之间的基准等电位连接。

---

1) IEC 61643-1新的版本目前正在考虑中。

2) 方括号中的数字查阅参考文献。

4 技术说明

下面是各种电涌保护元件技术的简要说明，更详细的描述见附录 A 和 B。

4.1 电压限制器件

这些并联连接的 SPD 元件是非线性元件，通过提供低阻抗分流通道而限制超过规定的过电压。该电压 U_{C1} 的选择应大于系统正常运行电压最大峰值。在系统最大运行电压时，SPD 漏电流应不影响系统正常运行。

可采用多个元件组成一个组件。元件串联后将增高组件的电压保护水平。元件并联后可增加组件的通流容量，但应注意确保并联元件间的电流均流。

有些技术，例如金属氧化物压敏电阻，其所具有的伏安特性对正极性和负极性电压本质上就是对称的，这类器件归类为双向对称型。当器件正负极性伏安特性虽有相同的基本波形但其特征值却显著不同时，则归为双向非对称型。

其他技术，例如 PN 半导体结，其伏安特性对正极性和负极性电压本质上就是不同的。

4.1.1 箝位型

这类 SPD 元件的伏安特性是连续的，通常这意味着对于大多数电压冲击而言，被保护设备将承受 SPD 阀值以上的电压。因此，这类 SPD 元件在过电压过程中将吸收相当大的能量。

4.1.2 开关型

这类 SPD 元件的伏安特性是不连续的，在某一规定的电压值，它们转换至低压状态。在该低压状态，其吸收的能量相比于其他“箝位”在规定的保护水平的 SPD 要低。

由于该开关型元件动作，被保护设备承受的高于系统正常电压时间是很短暂的。如果系统的运行电压和电流超过开关型元件的恢复特性，则这些元件仍处于导通状态，需要采取合适的 SPD 选型及电路设计使其在正常系统电压和电流下恢复至高阻状态。

4.2 电流限制器件

为了限制过电流，保护器件应切断或减小流过被保护负载的电流，限制过电流的方法有三种：切断、衰减或分流。过电流保护所使用的技术大多数是热驱动方式，这导致动作响应时间相对较长。在过电流保护动作之前，负载可能还有 SPD 应具有相应的耐受电涌的能力。

4.2.1 电流切断型

这类器件使 SPD 或 ITE 电涌电流的通道开路(见图 B.1)。载流电路的突然开路通常会产生电弧，尤其当电流处于峰值时。这种电弧必须加以控制以保证安全。电流切断后需要进行维护以恢复运行。熔断器是电流切断型的一个例子。

4.2.2 电流衰减型

这类器件通过有效地接入一个与负载串联的电阻减少电流流过(见图 B.2)，自热式正温度系数(PTC)热敏电阻是用作这种作用的电流衰减型的一个例子。过电流使 PTC 热敏电阻发热，这将导致热敏电阻温度超过其临界温度(典型值为 120 ℃)。因此，热敏电阻的电阻值从欧姆级变为数百千欧级，从而减小了电流。在变为高电阻后，较小的电流仍维持 PTC 热敏电阻的温度，使 PTC 热敏电阻仍保持在高电阻状态。为保持温度，热敏电阻需要的典型功耗约为 1 W，例如交流 200 V 过电压时为 5 mA，如果系统工作电压和电流不超过 PTC 复位的特性，冲击过后 PTC 将冷却并恢复至低阻状态。

4.2.3 电流分流型

这类器件跨接在网络上，在安装点处可有效地设置一个短路(见图 B.3)。电压限制器或负载电流传感器的温升可引起该动作。负载虽然被保护，但网络馈线中的电涌电流却相同或更大。动作以后，可能需要进行维护使之恢复运行。

5 选用 SPD 的参数和 GB/T 18802.21—2004 中相应的试验

本条款讨论 SPD 的参数及其与 SPD 的运行及与相连的 SPD 网络的正常运行有关的问题。这些参数可用于SPD之间互相比较的基础，也可为信号系统和电源系统的SPD选型提供指南。这些参数值可从SPD制造商和供应商处得到。这些参数的验证，或当供应商不能提供这些参数时，应采用GB/T 18802.21—2004所述的试验和方法进行验证。

5.1 受控的和非受控的环境

SPD参数应适用于预期的环境。

5.1.1 受控环境

温度范围：-5 ℃～40 ℃

相对湿度范围：10％～80％

大气压力范围：80 kPa～106 kPa

受控环境是一幢建筑物或其他基础设施的受管理环境中的一种。受控环境至少应是自然冷热的环境，并受到保护而不受极端的自然环境的影响。

5.1.2 非受控环境

温度范围：-40 ℃～70 ℃

相对湿度范围：5％～96％

大气压力范围：80 kPa～106 kPa

5.2 可能影响系统正常运行的SPD参数

用于保护电信和信号系统，且有电压限制功能的或既有电压限制功能又有电流限制功能的SPD的工作的基本特性如下：

——最大持续工作电压 U_C；

——电压保护水平 U_P；

——冲击复位；

——绝缘电阻(泄漏电流)；

——额定电流。

SPD应符合特定的技术要求。某些SPD参数会影响网络的传输特性，这些参数列表如下：

——电容；

——串联电阻；

——插入损耗；

——回波损耗；

——纵向平衡；

——近端串扰(NEXT)。

因此，SPD应按GB/T 18802.21—2004中选取的试验项目进行试验。附录D给出了有关信息技术及其某些传输特性的资料，这些是系统应用SPD时应予以考虑的。

6 风险管理

考虑到过电压和过电流的概率，信息技术系统(ITS)保护措施(例如，SPD保护)的必要性应建立在风险评估的基础之上。信息技术系统所有部分的评估应获得对整个网络的配合良好的保护。这就要考虑客户和网络运营商服务损失的后果、系统的重要性(例如，医院、交通控制)、在特定位置的电磁环境(损坏的概率)和修复的成本等。

决定安装保护措施应根据下列条件评估：

——建筑物内、外网络损坏的风险；

——允许的损坏风险。

对建筑物及其内部网络，用户应分析这两个参数。对于建筑物外部的网络，网络运营商应对它们分析。因为风险因素的权重可以导致在运营商网络和私人网络之间连接处的保护结果不同(见图1，"NT"点)，表1给出了保护措施的管理职责的一般性看法。

表 1　保护方案的管理职责

IT 系统	职　责
建筑物内部设施；私人网络	用户
建筑物外部设施；运营商网络	网络运营商
运营商网络和私人网络的连接区(NT)	网络运营商或用户
信息技术设备 ITE	用户(见注)
基于风险评估的附加保护措施	用户
注：电信设备的耐受能力要求在 ITU-T K 系列中给出，可参考 IEC 61663-2:2001[1]，它们由 ITE 制造商根据市场需求来履行。	

6.1　风险分析

风险分析需考虑下面的电磁现象：

——电源感应；

——雷电放电；

——地电位升高；

——电源碰触。

6.2　风险鉴定

风险鉴定需考虑如下几个经济因素，如：

——成本(没有足够保护的设备的高修复成本相对于有足够保护的设备的无修复成本，损坏性电磁现象的发生概率)；

——预期的使用；

——设备内的保护措施；

——服务的连续性；

——设备的可服务性(设备安装在难以到达的地区，例如，在高山上)。

6.3　风险处理

风险处理考虑减少整个通信网络的损坏，即各类公共的和私人的网络，包括各种传输设备或终端设备。SPD 的安装应接受网络运营商、网络管理局和系统制造商的要求与限制(见图 1)。有关风险管理的更多信息见附录 E。

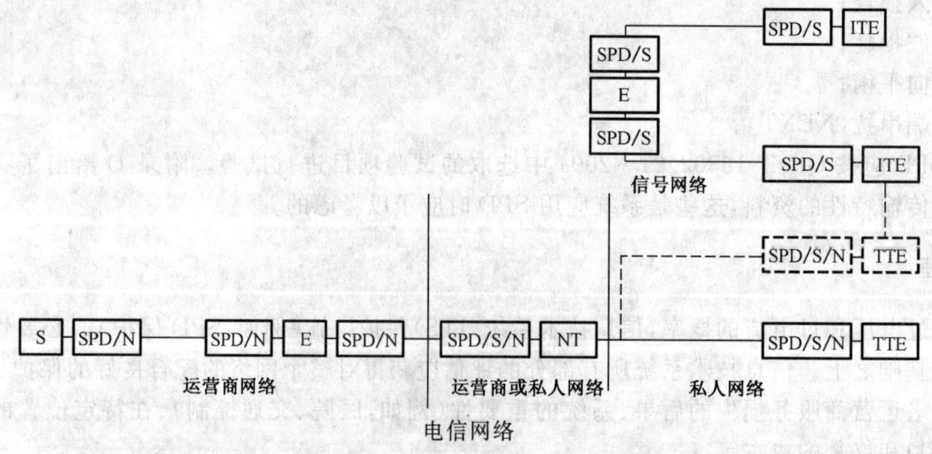

注：

SPD/N——网络运营商/当局所规定的 SPD 要求/规约；

SPD/S——系统制造商可能规定的 SPD 要求/规约；

SPD/S/N——可能由系统制造商和网络运营商/当局规定的 SPD 要求/规约；

S——交换中心；

E——设备(例如，多路转换器)；

NT——网络终端；

ITE——信息技术设备或过程控制；

TTE——电信终端设备。

图 1　电信和信号网络的 SPD 安装

7 SPD的应用

7.1 概论

当考虑SPD在电信和信号网络中的应用时，重要的是确定可能的过电压和过电流的来源以及它们的能量如何耦合至网络。耦合情况如图2所示，这可看作为降低能量耦合到网络的方法。

注：

(d)——等电位连接体(EBB)；

(e1)——建筑物接地；

(e2)——雷电保护系统接地；

(e3)——电缆屏蔽接地；

(f)——信息技术/电信接口；

(g)——电源接口；

(h)——信息技术/电信线路或网络；

(p)——接地电极；

(S1)——建筑物直击雷；

(S2)——建筑物近区雷；

(S3)——雷直击电信线/电源线；

(S4)——雷击电信线/电源线的近区；

(1)…(5)——耦合机理，见表2。

图2 耦合机理

7.2 耦合机理

对电信和信号系统构成威胁的主要暂态源是雷电和电源系统。耦合的方式包括直击雷和电源系统的直接耦合以及与两个源头的电容耦合、电感耦合和辐射耦合。第四种耦合机理是地电位升高，这也来源上述两个源头。

保护措施应与被保护系统相配合。一栋建筑物中任何需要保护的地方，都应安装等电位连接体(EBB)。进一步的重要措施是将所有从设备至建筑物EBB的等电位连接体阻抗减至最小。如果使用了电缆的金属屏蔽层，则它应是连续的，即金属屏蔽层应沿电缆长度方向贯通所有接头、再生器等。在电缆的终端它也应与EBB相连，最好直接相连或通过SPD相连(以避免腐蚀问题)。另一种保护措施是用足够的SPD提供入户服务，以使暂态过电压和过电流减小到与系统兼容的水平。SPD应尽可能位于靠近建筑物公共入口,例如所有入户服务通过的进户入口箱。如果被保护设备和电缆入口之间要求有一定的距离,应特别注意把设备等电位体阻抗和SPD等电位体阻抗减至最小。

图2描述了雷电和交流电源的能量耦合至装有暴露设备的建筑物的方式。应注意直击雷会导致需要耐受能力更高的SPD(见表2),但这种情况是最不常见的。第6章中关于风险管理的资料对理解该图和表的内容提供指导。为了简化起见,该图中举例说明的是直击雷沿单根引下线下行的情况。实际上,系统有许多根引下导线,并且直击雷电流在它们之间分配,雷电流分配的结果使通过电感耦合产生的电涌电压将随之减小。

图3示出一个典型建筑物,它具有雷电保护系统(包含有附属终端,等电位网络和接地系统),入户服务设施[可能是电话或另一种电信连接(h)和电源(g)]及安装的设备。该图包括有单点雷电保护等电位连接体(d)。由推荐的布置可见,所有入户服务设施在建筑物入口处与单独的公共接地点(主EBB)相连接。该公共接地点与雷电引下线单点相连,并且由于电力规程的原因而将其独立接地。所有进入建筑物的服务均应与该接地点相连以得到所有建筑物系统的等电位环境。图中也示出了在建筑物设备或其近处(楼层EBB)局域等电位连接布置。在该布置中通过电缆入口处的公共接地基准点,使每个楼层、设备室且甚至可能是设备架等产生等电位环境。所有进入该区域的服务设施均由此基准点接地(或通过SPD或直接连接)。该局域等电位连接点与主建筑物等电位体单独相连并且不再独立与地相连。

表2示出了暂态电涌的来源及其耦合机理(例如:直击雷阻性耦合)之间的关系。电压和电流波形及试验项目从GB/T 18802.21—2004中的表3中选取。

表2 耦合机理

电涌源	雷直击建筑物(S1)		雷击建筑物近处的地面(S2)	雷直击导线(S3)	雷击导线附近地面(S4)[b]	交流影响
耦合	电阻性(1)	电感性(2)	电感性[a](2)	电阻性(1,5)	电感性(3)	电阻性(4)
电压波形(μs)	—	1.2/50	1.2/50	—	10/700	50/60 Hz
电流波形(μs)	10/350	8/20	8/20	10/350[d] 10/250	5/300	—
优选的试验项目[c]	D1	C2	C2	D1,D2	B2	A2

注:(1)~(5)见图2,耦合机理。

[a] 也适用于邻近供电网络开关操作的容性/电感性耦合。

[b] 由于远处距离增加使耦合效应场显著减小,直击雷可忽略不计。

[c] 见GB/T 18802.21—2004中表3。

[d] IEC TC 81将该模拟直击雷冲击试验表述为峰值电流和总电荷,能够达到这些参数的典型波形是双指数冲击,在这个例子中采用10/350波形。

7.3 电涌保护器(SPD)的应用、选择和安装

7.3.1 SPD的应用要求

SPD应符合GB/T 18802.21—2004和与被保护系统有关的技术规范。

应用于公共电源系统的SPD,可能要采用其他的或附加的要求,在下面的分条款中不再叙述。以下各分条款涉及SPD在建筑物内部信息技术系统中的应用。

7.3.1.1 减小雷电效应的SPD的选用

SPD通过吸收或反射能量来限制电涌的动作,SPD特性应由制造商根据GB/T 18802.21—2004表3进行规定,包括峰值冲击电流和波形的详细情况(例如5kA(8/20))。

当确定保护措施时，应考虑每个不同保护位置(见图 3)的保护要求。雷电防护区级联时应在防护区接口处使用保护器(雷电防护区，参考 GB/T 19271.1—2003)。对于雷电保护系统(LPS)，区级概念尤为适用。例如，位于建筑物的入口处的第一级保护水平(j,m)，主要保护使装置不被损坏。该级保护应按此设计并取额定参数，该保护的输出具有一个降低的能量，此输出又成为后面一级保护的输入。下级的保护水平(k,l 及 n,o)进一步将电涌水平降低至随后的下级保护或设备可以接受的值(也可见 7.3.1.2)。

图 3 是与 GB/T 19271.1—2003 和 ITU-T K.31:1993 相一致的星型配置示例。

根据过电压/过电流水平及 SPD 特性，建筑物内的设备也可由单个 SPD 保护。数个保护水平可通过一个 SPD 中的保护电路的组合而确定。根据设备位置，一种 SPD 可用于建筑中的多个区域。

当存在串接级联的 SPD 时，应考虑第 9 章的配合条件。

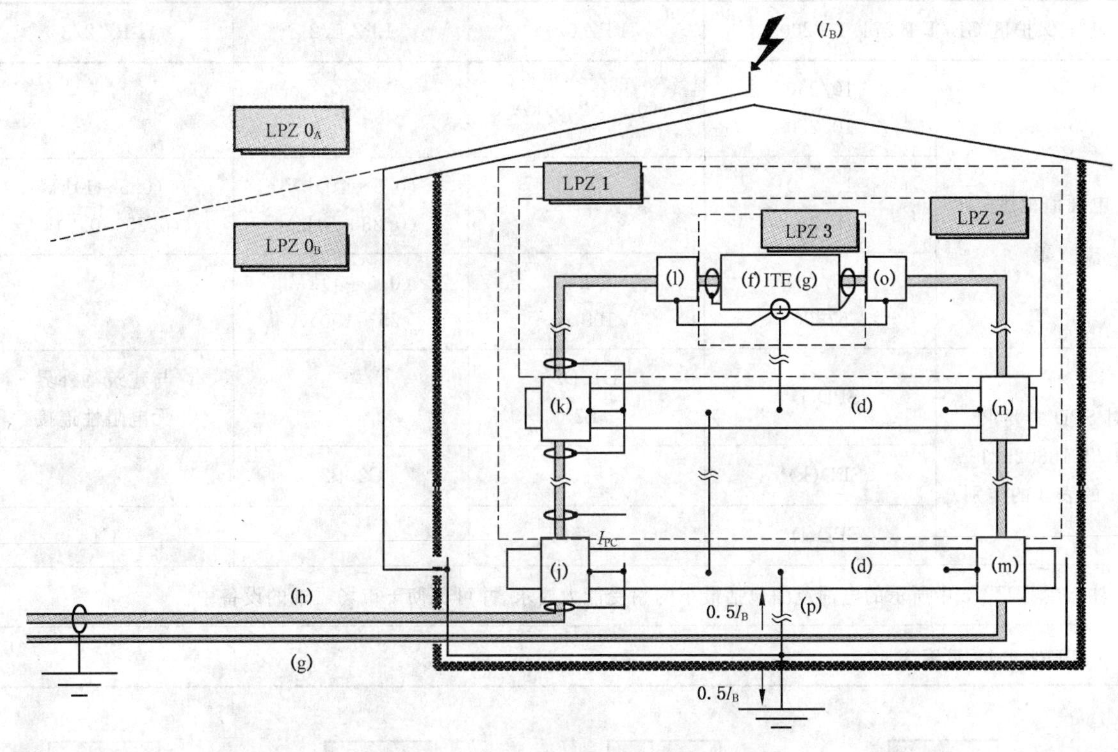

注：

(d)——雷电防护区(LPZ)边界的等电位连接体(EBB)；

(f)——信息技术/电信接口；

(g)——电源接口/电源线；

(h)——信息技术/电信线路或网络；

I_{PC}——雷电流的部分电涌电流；

I_B——GB/T 19271.1—2003 的直击雷电流，其通过不同耦合路径在建筑物内产生的雷电局部电流 I_{PC}；

(j,k,l)——按表 3 的 SPD(也可见 GB/T 18802.21—2004 表 3)；

(m,n,o)——按 GB/T 18802.1—2002 试验类别Ⅰ类、Ⅱ类和Ⅲ类的 SPD；

(P)——接地导体；

LPZ 0_A…LPZ 3——按 GB/T 19271.1—2003 的雷电防护区 0_A…3。

图 3 雷电保护原理的配置示例

7.3.1.2 降低瞬变的 SPD 的选用

SPD 应按第 7.3.1.1 级联的防护区和表 3 的保护水平选用(对于配合参考第 9 章)。为此目的，保护器件的选用方法是 SPD 的限制电压标称值 U_P 小于下级 SPD 或 ITE 可耐受的电压值(见图 4)。

表 3 中关于雷电防护区的选择是假设防护区接口 LPZ 0/LPZ 1 的总雷电流的各分量通过 SPD(j)

由电阻耦合进入信息技术系统(局部雷电流 I_{PC})。这样在信息技术系统传播产生的雷电波形并将受到系统接线和 SPD 动作的影响。如果 SPD(j)的保护水平高于设备耐受水平,就再安装一个具有合适的保护水平的附加 SPD,且能与 SPD(j)相配合,另外一种方法,就是采用一个具有合适保护水平的 SPD 取代 SPD(j)。

由雷击的电磁效应或预先安装的限制类器件(SPD)允许通过的瞬间感应的电涌电流用 8/20 雷电流来表示。

靠近信息技术/电信线路的附近但又远离连接在这些线路的 ITE 的雷击所产生的电压,用 10/700 冲击波来表示(参考 GB/T 18802.21—2004 表 9)。

表 3 根据 GB/T 19271.1—2003 和 GB/T 17626.5—1999 且用于防护区接口的 SPD 额定值的选型推荐

雷电保护区 GB/T 19271.1—2003		LPZ 0/1	LPZ 1/2	LPZ 2/3
电涌值范围	10/350 10/250	(0.5～2.5)kA	—	—
	1.2/50 8/20	—	(0.5～10)kV (0.25～5)kA	(0.5～1)kV (0.25～0.5)kA
	10/700 5/300	4 kV 100 A	(0.5～4)kV (25～100)A	—
对 SPD 的要求 (GB/T 18802.21—2004 的表 3 的类别)	SPD(j)[a]	D1,D2 B2	—	与建筑物外界 无电阻性连接
	SPD(k)[a]	—	C2/B2	—
	SPD(l)[a]	—	—	C1
注:在 LPZ2/3 中所示的电涌范围包括最小的耐受能力要求,并可贯彻于市场需求的设备中。				
[a] SPD(j,k,l),见图 3。				

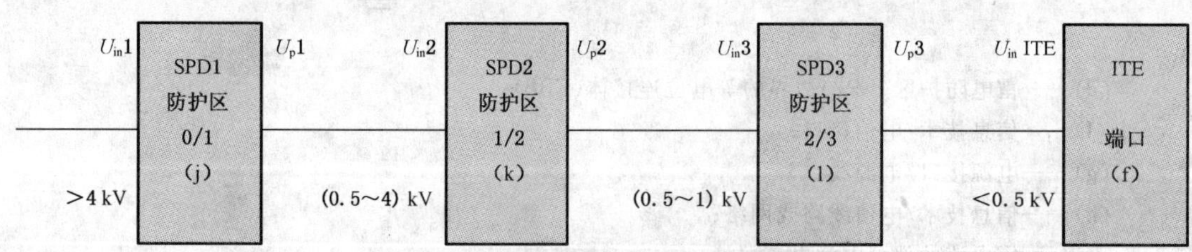

图 4 雷电保护区(图 3)配置示例

一般来说,为达到设备保护所需 SPD 的数量决定于安装 SPD 处 LPZ 分界面的数量。设备的保护也可采用单个 SPD,它采用了 7.3.1.1 中所述的组合保护电路。

串接级联保护装置从(j)至 SPD3(l)之间的配合条件应根据第 9 章考虑。

7.3.1.3 限制低频电涌电压的 SPD 的选择

电信线路容易受到电源线故障过电压的影响的区域,线路与局部地电位间的电压应通过连接在线路导线与接地端子间的 SPD 来限制。在考虑保护装置的击穿电压和该保护器导线对地联接阻抗时,应选择终端设备的介电强度。应从产品系列/产品标准中选择恰当的要求,即 ITU-T 建议 K.20、K.21 和 K.45[2-4]。保护电信线路免受工频电涌的影响,可通过电压限制型或开关型 SPD 而获得。

7.3.1.4 **SPD与被保护系统限制电压的兼容性**

确保SPD的差模和共模限制电压的技术要求与系统的保护设备相匹配(见图5)是很重要的。

为达到系统兼容性,与SPD有关的技术要求(见5.2)应从制造商处获得。

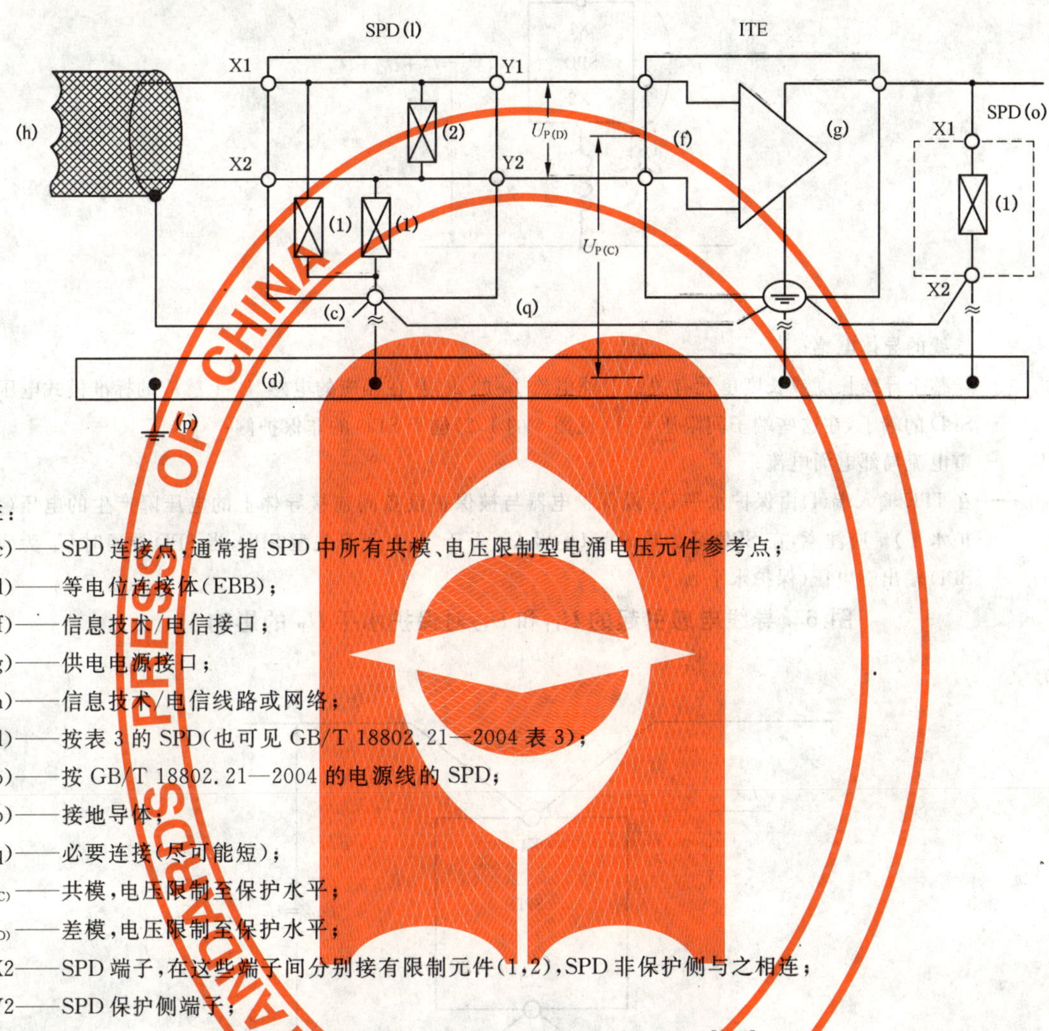

注:

(c)——SPD连接点,通常指SPD中所有共模、电压限制型电涌电压元件参考点;

(d)——等电位连接体(EBB);

(f)——信息技术/电信接口;

(g)——供电电源接口;

(h)——信息技术/电信线路或网络;

(l)——按表3的SPD(也可见GB/T 18802.21—2004表3);

(o)——按GB/T 18802.21—2004的电源线的SPD;

(p)——接地导体;

(q)——必要连接(尽可能短);

$U_{P(C)}$——共模,电压限制至保护水平;

$U_{P(D)}$——差模,电压限制至保护水平;

X1,X2——SPD端子,在这些端子间分别接有限制元件(1,2),SPD非保护侧与之相连;

Y1,Y2——SPD保护侧端子;

(1)——按IEC 61643-300系列标准中限制共模电压的电涌电压保护元件[22-25];

(2)——按IEC 61643-300系列标准中限制差模电压的电涌电压保护元件[22-25]。

图5 ITE数据(f)和电源输入电压(g)的共模电压和差模电压的保护方法示例

7.3.2 **SPD安装布线**

安装应把在导线/连接线上的线电压降至最小。

下述的方法与SPD低保护水平U_P共同构成了防止任何由于不正确布线(耦合,环,电缆电感)引起的在限压过程中附加电压升高的基本规则,从而得到有效的电压限制效果。

有效的电压限制效果通过下列方式达到:

——尽可能靠近设备安装SPD(见7.3.2.2);

——避免长导线并减小SPD端子X1,X2(见图6)与被保护区域之间的不必要的弯曲。图7对应的安排是最佳的。

7.3.2.1 **两端子SPD**

图6和图7表示两种可行的安装两端子SPD的方法,第二种安装方式去除了保护器导线长度的附加影响。

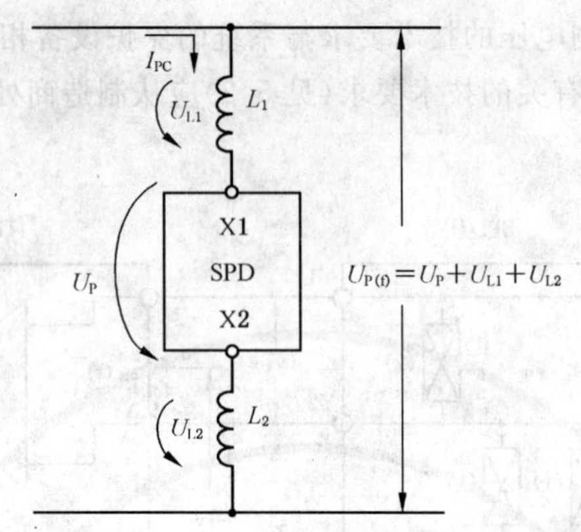

注：

L_1,L_2——导线的导体电感；

U_{L1},U_{L2}——与整个导线长度或长度单元有关的电涌电流 I_{PC} 的 di/dt 在相应的电感“L”上感应的标准模式电压；

X1,X2——SPD 的端子，在这些端子间限压元件(见图 5 的 1,2)位于 SPD 的非保护侧；

I_{PC}——雷电流局部电涌电流；

$U_{P(f)}$——在 ITE 输入端(f)由保护水平 U_P 及保护电器与被保护设备间连接导体上的电压降产生的电压(实际保护水平)。应注意，在 SPD 开始导通前 U_{L1} 及 U_{L2} 等于零，对于开关型 SPD，当 SPD 导通时 U_P 为残压；

U_P——SPD 输出端电压(保护水平)。

图 6 导线电感引起的 U_{L1} 和 U_{L2} 对保护水平 U_P 的影响

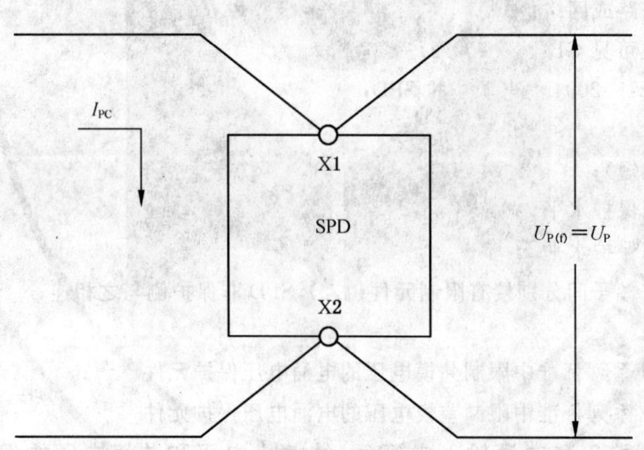

注：

X1,X2——SPD 端子，在这些端子间限压元件(见图 5)位于 SPD 的非保护侧；

I_{PC}——雷电流局部电涌电流；

$U_{P(f)}$——在设备输入端(f)由保护水平 U_P 及保护器件与被保护设备间连接导线产生的电压(实际保护水平)；

U_P——SPD 输出端电压(保护水平)。

图 7 通过把导线连接至公共点去除保护单元的电压 U_{L1} 和 U_{L2}

7.3.2.2 三端子、五端子或多端子 SPD

有效的限制电压输出需要系统特定的研究并考虑保护器件与 ITE 之间各种状况。

附加措施：

——不要将至保护端口的电缆与至非保护端口的电缆布置在一起；

——不要将至保护端口的电缆与接地导体(p)布置在一起；

——SPD 保护侧至被保护 ITE 的连接应尽可能短，或采取屏蔽。

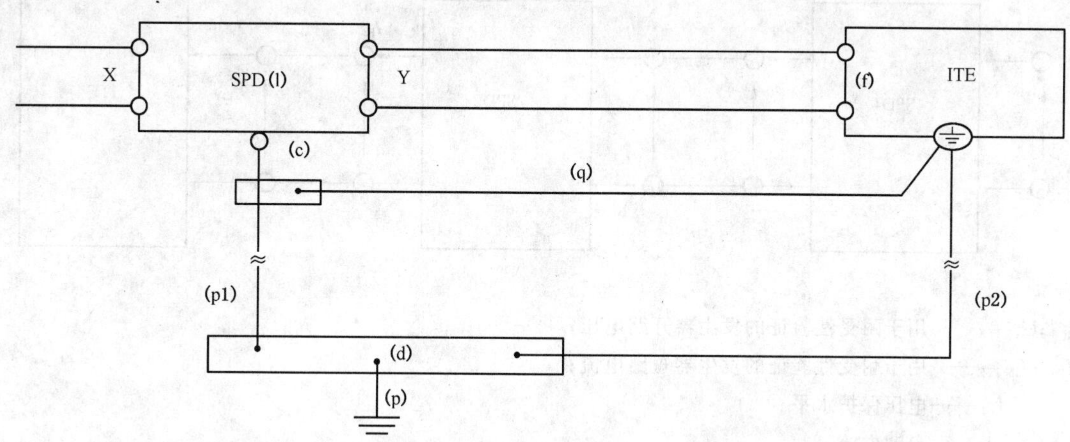

注：

(c)——SPD 公共参考端，SPD 内的所有共模、限压型电涌电压元件通常以此为参考点；

(d)——等电位连接体(EBB)；

(f)——信息技术/电信接口；

(l)——根据表 3 的 SPD(也见 GB/T 18802.21—2004 表 3)；

(p)——接地导体；

(p1,p2)——接地导体(尽可能短)，对于远程供电 ITE，(p2)可能不存在；

(q)——必要接线(尽可能短)；

X,Y——SPD 端子，在这些端子间限压元件(1,2,见图 5)位于 SPD 的非保护侧。

图 8 使保护水平最少受干扰影响的 ITE 与三、五或多端子 SPD 的必要安装条件

7.3.2.3 雷电感应过电压对建筑物内部系统的影响

建筑物内部可能存在雷电感应过电压，可通过 7.2 中所述的机理，耦合进入内部网络。这类过电压通常是共模的，但也可能以差模形式出现，这类过电压会造成绝缘击穿和/或 ITE 元件损坏。

为限制过电压影响，应按图 5 安装 SPD。

其他可采取的措施如下：

——SPD 与 ITE 间的等电位连接(q)以减小共模电压(见图 8)；

——采用双绞线以减小差模电压；

——采用屏蔽线以减小共模电压；

——关于各种回路的计算方法，见 GB/T 19271.2—2005 附录 B。

8 多通道电涌保护器

这类器件在一个单独的外壳中包含有一个组合保护电路，至少具有两种不同功能，它限制设备电涌电压并为不同服务设施提供等电位连接。组合保护器件的电涌电压保护电路应符合 GB 18802.1—2002 对电源电路的要求，并符合 GB/T 18802.21—2004 电信/信号电路的要求。

这类器件的特定试验正在考虑之中。

9 SPD/ITE 的配合

为确保在过电压情况下两个串接级联的 SPD 或一个 SPD 与一个被保护的 ITE 间的配合，在所有已知和额定条件下 SPD1 的输出保护水平不应超过 SPD2 或 ITE 输入的耐受水平。

如果满足下面的判据，则两个串接级联 SPD 就达到配合：

$U_P < U_{IN}$ 并 $I_P < I_{IN}$(图 9)。如果不能达到这些配合条件，可通过一个去耦元件来实现配合。这个去耦元件可能需要通过测量来确定。

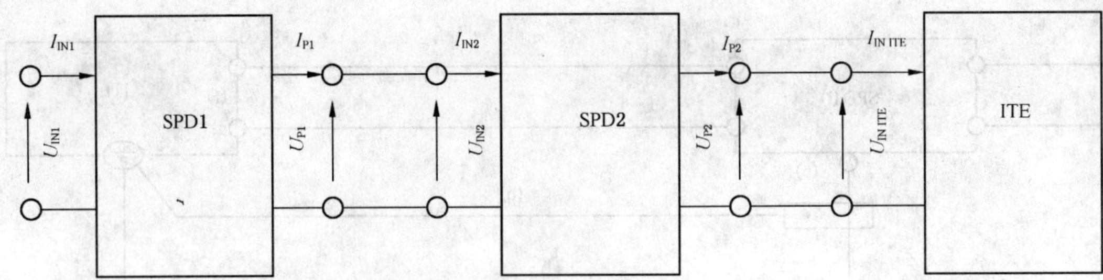

注：

U_{IN2}；$U_{IN ITE}$——用于耐受性验证的发生器开路电压；

I_{IN2}；$I_{IN ITE}$——用于耐受性验证的发生器短路电流；

U_P——电压保护水平；

I_P——允通电流。

图9 两个 SPD 的配合

因为 SPD 至少包含一个非线性限压器件，保护端开路输出的电压是试验发生器所施加的(开路)过电压的畸变形式。这使 SPD 的配合不可能被当做“黑匣子”那样进行一般的描述。使用制造商推荐的 SPD 是最安全的。制造商有能力评估如何取得配合或如何由试验确定配合。为使 SPD 与 ITE 配合，需要 ITE 制造商提供的技术要求/资料/试验报告。

附 录 A
（资料性附录）
电压限制器件

A.1 电压箝位器

这类并联连接的箝位 SPD 元件是非线性元件，通过提供低阻通道以泄流，限制超过规定值的过电压。

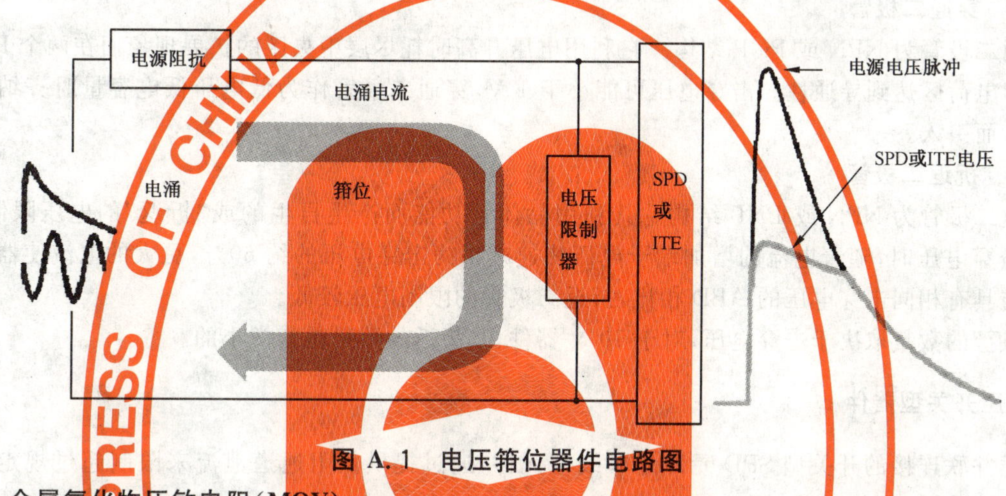

图 A.1 电压箝位器件电路图

A.1.1 金属氧化物压敏电阻（MOV）

金属氧化物压敏电阻是由金属氧化物制造的非线性电阻器。在大部分电压限制范围内，MOV 的电压随电流非线性地增加。在最大电流水平处，材料体积电阻起主导作用，使其实际上为线性特性。

当 U_C 约为 5 V 及以上时，MOV 元件有效，通常误差约±10%。大电流冲击时，MOV 的限制电压可显著增加，这对串接级联 SPD 的配合有益，但下游设备有可能承受高电压。

MOV 响应时间短，使其适合于快速暂态电压。其还具有较大的热容量，并能吸收相当高的能量。承受多次额定电流冲击或承受数次超过器件额定值的冲击将使 MOV 劣化。劣化的表现是 U_C 降低，使用这些器件时应予考虑。

MOV 元件呈高电容量，这使其在高频应用中受到限制。

A.1.2 硅半导体

这类 SPD 元件由单个或多个 PN 结构成。

通常，这类 SPD 元件能量处理能力较低且对温度敏感。它们用于需要快速限压的场合时，其限压值为 1 V 及以上。

A.1.2.1 正向偏压 PN 结

正向偏压 PN 结的正向电压（V_f）约 0.5 V。在电压限制的大多数范围内，二极管电流随外加电压快速增加。大电流时，正向电压 V_f 可增加至 10 V 或更高。

在施加电压迅速上升的情况下，二极管可呈现一些电压过冲。该过冲电压（正向恢复电压，V_{frm}）可大于大电流正向电压。在正向偏压极性下，二极管具有相对较高的电容量。该电容量取决于信号和直流偏压水平。如果二极管用于反向偏压，电容量则减小。因为串联的缘故，用于较高工作电压而串联组装的器件使用时也可明显地降低电容量。

A.1.2.2 雪崩击穿二极管（ABD）

ABD 为反向偏压 PN 结，其阈值电压或击穿电压范围为 7 V 及以上。在工作电流的大多数范围内，典型 ABD 端子电压不随电流变化。

ABD 的响应时间非常短，使其适合于限制快速上升的暂态电压。ABD 的电容量与击穿电压成反比，也与施加电压成反比，不论其为信号电压还是直流工作电压。

单结 ABD 是单向的。为制造双向器件，第二个反极性 ABD 与第一个 ABD 相串联。对任一极性，该器件当作与一个正向偏压二极管相串联的雪崩 ABD。该两器件可集成为一个片式单个 NPN 或 PNP 结构。

A.1.2.3 齐纳二极管

反向偏压 PN 结为齐纳击穿时，其击穿电压约为 2.5 V～5.0 V。与 ABD 不同，齐纳管端子电压随电流显著增加，其增量可为击穿电压的二倍。

A.1.2.4 穿通二极管

穿通二极管为 NPN 或 PNP 结构。它利用电压升高时耗尽层中央区的扩展现象而在两个 PN 结之间的空间电荷区达到导通性。击穿电压可能小于 1 V，穿通二极管作为低电压低电容量时齐纳二极管的替代品而引入。

A.1.2.5 折返二极管

折返二极管为 NPN 或 PNP 结构。其利用晶体管功能而产生再生的或“折返”的电压限制特性。当达到击穿电压时，随着电流的增加端子电压快速减小为击穿电压的约 60%，更大的电流使器件电压增大。与具有相同击穿电压的 ABD 相比，折返二极管的限制电压较低。

“折返”的数量取决于击穿电压，对于 10 V 器件，其折返的数量是非常小的。

A.2 电压开关型器件

这类并联连接的开关型 SPD 元件是非线性元件，通过提供低阻通道泄流来限制超过规定值的过电压。

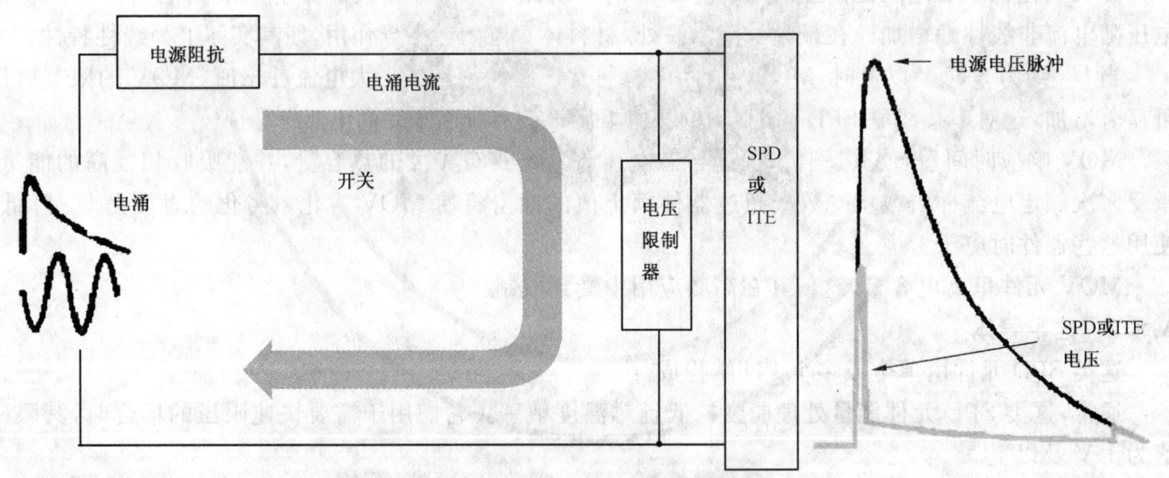

图 A.2 电压开关器件电路图

A.2.1 气体放电管(GDT)

气体放电管由装在陶瓷或玻璃圆柱管内的两个或多个金属电极组成，电极由间隙隔开，间隙的距离为 1 mm 或更小。放电管内部填充高于或低于大气压的惰性混合气体。当放电管间隙两端的电压缓慢上升到一个主要由电极的间距、气体压力和气体混合物而决定的数值时，则发生电离过程。该过程迅速导致电极间隙间形成电弧，并且装置的残压降低为典型值 30 V 以下。电离过程发生的电压定义为器件放电(击穿)电压。

如果外施电压(如瞬态电压)上升很快，电离/电弧形成所需的时间可允许瞬态电压超过上节中所要求的击穿电压。该电压被称为冲击击穿电压，其通常为外施电压(瞬态电压)上升速率的正函数。

因为开关动作和刚性结构，气体放电管的载流能力大于其他 SPD 元件。许多类型的气体放电管能够容易地承载高达 8/20，峰值为 10 kA 的电涌电流。

气体放电管的结构使其电容量很小，通常小于 2PF，这使其广泛应用于高频电路。

当 GDT(气体放电管)工作时，其可产生能够影响敏感电子的高频幅射。因此，将 GDT 回路放置在与电子器件有一定距离是明智的，距离取决于电子器件的敏感性和电子器件的屏蔽程度。另一种避免影响的方法是将 GDT 放置在一个屏蔽外壳内。

A.2.2 空气间隙

这类 SPD 元件的工作原理与气体放电管类似。所不同的是其结构，如其名称所示，实际上间隙电极间的气体为周围的空气，结构的差异包括一个非常小的间隙，通常其数量级为 0.1 mm，并且电极不是金属电极而是碳电极。周围空气中的尘埃和潮气及电弧产生的石墨尘埃一起很快地减小此类器件的使用寿命。同时，尘粒能够实际上桥接间隙从而引起电阻的变化，这可在通信时产生杂音。

因为大气压空气被用做气体介质，这类元件最小的实际击穿电压的典型值为 350 V，而气体放电管的约为 70 V。由于间隙距离小，空气间隙的冲击系数或冲击击穿电压与击穿电压的比值要小于气体放电管。现在仍有数百万此类器件在使用，并仍在大量生产。

A.2.3 晶闸管电涌限制器(TSS)——固定电压型(自门型)

固定电压晶闸管电涌限制器(TSS)利用内层 NP 结的击穿电压以设定阀值电压(见 A.1.2.2，A.1.2.3和 A.1.2.5)，该电压在 TSS 制造过程中设置。大于一定的击穿电流时，NPNP 结构重生并转换至低电压状态。击穿电压的峰值被称为转折电压($V_{(BO)}$)。为使 TSS 关断，被保护系统所提供的电流必须小于 TSS 的保持电流，通常要小数百毫安。所有 TSS 参数都对温度敏感，因此使用采用该技术的 SPD 时应予考虑。

双向 TSS 元件可是对称的，也可是非对称的。单向 TSS 元件仅在一种极性下动作。对于另一种极性，TSS 可阻塞电流通过，或者当集成并联有二极管(PN 结)时导通大电流。这类单向型器件对某些应用是有益的。

TSS 的多个 PN 结的确减小了总电容，数十至数百 PF 很普通。对于所有的 PN 结器件，电容量都取决于直流偏压和信号幅值。击穿电压与电流升速有关。工频电压被用来确定慢速的转折电压。对于快速的上升速度，冲击转折电压可能高 10%～20%。

当 TSS 动作时，可产生高频振荡，这可能影响敏感电子器件，当使用这种形式保护时，应注意把耦合至临近电子器件的干扰减至最小。

A.2.4 晶闸管电涌限制器(TSS)——门极型

电压控制 TSS 在 NPNP 结构的中央 P 区或 N 区应用门极连接。设置 TSS 的阀值电压为其近似值。这种型式的 TSS 使用在要求将过电压限制到接近基准值的场合，外部基准可以是电子设备的电源电压。P 门型提供负保护电压，而 N 门型提供正保护电压。双向和单向装置均有效用。

附 录 B
（资料性附录）
电流限制器件

B.1 电流切断器件

这类器件是串联元件，可导通正常状态的回路电流。过电流使该器件开路，中断电流流通。该类器件通常是不可恢复的。

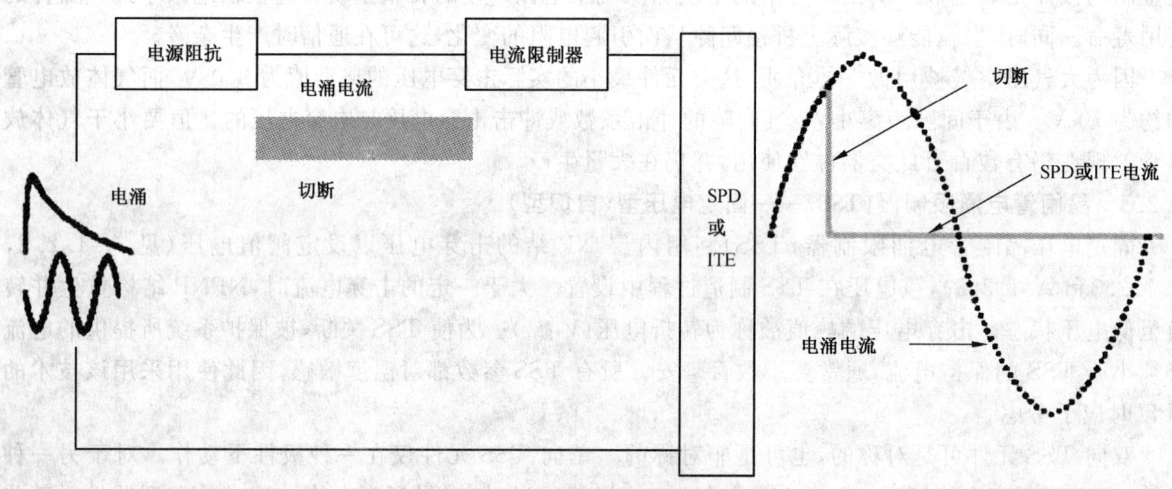

图 B.1 切断器件电路图

B.1.1 可熔断电阻器

这类器件为线性电阻器，并具有过电流熔断功能。熔断功能可直接与电阻器技术合为一体，或作为集成器件的一个分离元件。

B.1.1.1 厚膜电阻

该器件由在陶瓷基体上沉积电阻性迹道而制成。利用激光修迹以精确调整电阻值。某些情况下，基体的一侧可有两个功率电阻，匹配于平衡线路之应用，而另一侧可能有一个供其他系统使用的电阻阵列。

厚膜电阻的热质量和排列意味着其电阻对冲击能量不敏感。该器件主要用于长期交流过电流下的电流切断。有时称它们为脉冲吸收电阻器。

交流过电流时发热使陶瓷基体产生严重热梯度。如果该梯度过大，基体断裂或粉碎，从而击破电阻迹道并切断流过的电流。

在某些场合下，为减小长期熔断电流特性而增加一个串联的钎焊合金热熔丝。

B.1.1.2 线绕可熔断电阻器

该器件为线绕电阻器，常为无感缠绕，其与熔丝或可焊弹簧或引线等形成一体。

B.1.2 熔断器

熔断器是保护电路过电流的自动断开的元件。电流的切断是因为流过电流的熔丝的熔化。熔断器的熔解可导致瞬态电压。

B.1.3 热熔断器

该器件有时称为热切断器(TCO)，通过环境温升切断电流而提供过负荷保护，它们有不可恢复型和可恢复型。

B.2 电流衰减器件

该器件是可导通正常电流的串联元件，过电流使其电阻增大，从而减小了通流。

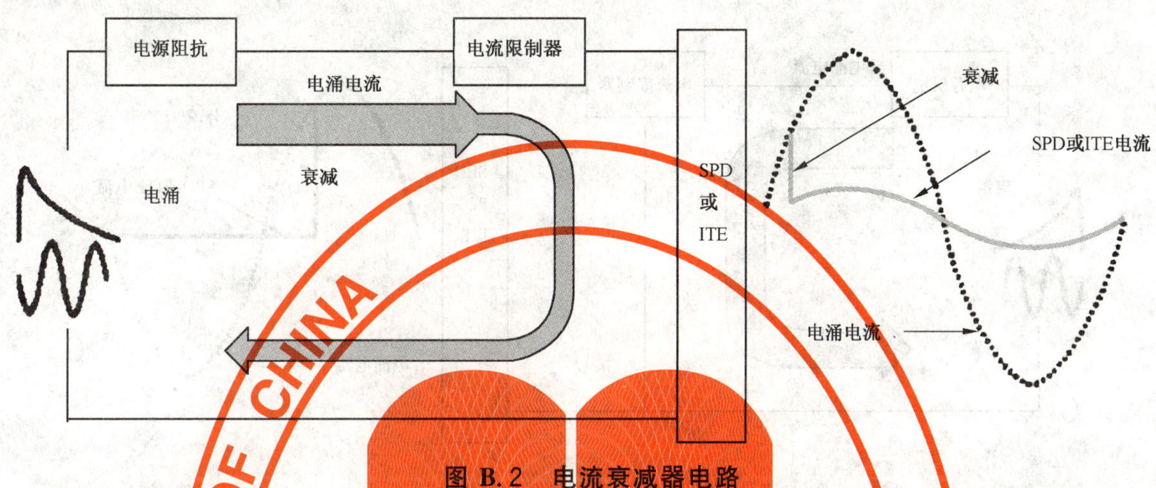

图 B.2 电流衰减器电路

正温度系数热敏电阻(PTC)，是常用的电流衰减器件。PTC 为电阻元件，当其本体温度增大到超过某特定的突变温度(典型温度为 130 ℃)时，其电阻增加很多数量级。当冷却至参考温度(通常为 25 ℃)时，PTC 的电阻减小至与突变前相似之值。PTC 通常用于直接(本征)加热模式；回路电流通过 PTC 引起器件发热和温升。来自冲击电流的发热通常太小而不足引起 PTC 突变。较大的电流使发生突变的时间较短(PTC 响应时间)，当突变时，高 PTC 电阻使回路电流减小至低值。如果电源电压足够，PTC 将保持在高电压低电流受激状态。当干扰电压取消后，PTC 将冷却并逆变为小电阻值。PTC 的额定值为最大(未受激)冲击电流和(受激)电压，超过该范围 PTC 可被损坏。

B.2.1 聚合物 PTC(正温度系数电阻器)

这种典型的 PTC 常由聚合物混合导电材料(常为石墨)而制成，其典型的电阻常用值为 0.01 Ω～10 Ω，未受激电阻随温度变化而呈一合理常数。受激并冷却后，电阻可比初始值高 10%～20%，受激后 PTC 的电阻变化的偏差将改变系统线路平衡值。该变化应按最小平衡要求来评估。

聚合物 PTC 的热容量小于陶瓷 PTC。这使其突变时间更短。

B.2.2 陶瓷 PTC

这种典型的 PTC 常由铁电半导体材料制成，其电阻常用值为 10 Ω～50 Ω，在大多数未受激温度区，电阻随温度升高而略有减小，受激并冷却后，电阻恢复至初始值附近，使其适合应用于平衡线路。

冲击时陶瓷 PTC 有效电阻随电压降低，可能减至零电流值的 70%。

B.2.3 电子限流器

该串联电子器件对阀值以下的电流呈小电阻，之后则转变为高电阻状态，在某些方面，该限制器的功能类似于 PTC 热敏电阻，但做为电子电路，其有几个不同的性能。

——不需要电源来维持它的高阻态，并且被保护 ITE 被有效地脱离；

——由过电流直接激发，而不是温升，响应时间为毫秒数量级，并在冲击和交流脉冲时均可减小电流；

——元件特性不受多重冲击影响；

——快速响应时间确保串接级联 SPD 和 SPD 与 ITE 在冲击和交流电涌条件下的自动配合，此外，地电势升高冲击的传播被阻断。

主要元件参数包括常态电阻，阀值电流，响应时间和高阻态的最大耐受电压。

B.3 电流分流器

有效地分流使负载短路,动作的发生原因是器件的温升或负载电流的传感。

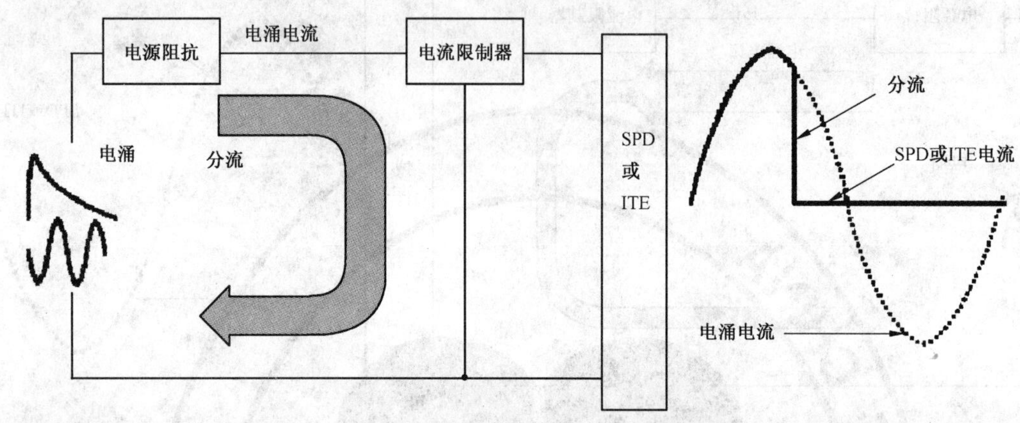

图 B.3 分流器电路图

B.3.1 热线圈

热线圈是热激活的机械装置,与被保护线路串联,其功能是对地分流,从而阻止这部份电流通过被保护设备。通常其结构为用焊料将接地触头保持在非工作位置。热源,一般为一个电阻线圈和一个弹簧,迫使接地触头在焊料熔化时接地。

热源是流经电阻线圈的不需要的电流。通信型热线圈的电阻一般为 4.0 Ω,也有用 21 Ω 和 0.4 Ω。当热线圈接地触头关闭时(动作时),接地触头的安排应使电流可以通过旁路该线圈而直接接地。

热线圈通常为单次动作器件,除了更换含有热线圈的 SPD,没有其他的办法使线路恢复至工作状态。热线圈已被设计成可手动复原,不需要更换 SPD。其应用一般严格限制在经常发生 50 Hz 或 60 Hz电源系统的感应电流场合。

也可能构造电流中断型热线圈,过电流时可造成开路。

B.3.2 电流动作型门极晶闸管

电流动作型 TSS 有一个门级联结于 NPNP 结构的中央 P 区或 N 区。门极及其相邻的保护端子与回路相串联,使回路电流通过该门。当回路电流超过门极电流触发值时,发生开关操作并分流总电流。在触发电流值下,门极与相邻保护端子的电势差约为 0.6 V。

实际上,门电流触发值可小于正常回路电流。为避免过早触发,在门极与恰当的主端子间连有小电阻(通常为 1 Ω～10 Ω),通过旁路一部分该电阻的电流可增加回路开关电流。

电流操作型 TSS 元件可作成单双极性电流的开关,P 门极 TSS 仅能对正极性门电流操作,N 门极 TSS 仅能对负极性门电流操作。P 门极与 N 门极组合的 TSS 对两种极性的门极电流均可操作。

电流操作型 TSS 被用于需要快速分流时。当超过电流触发值时,在数微秒内就分流,雷电冲击及交流过电流均可被过电流保护。快速分流通常使后继的负载自动保护配合。此类电流操作型 TSS 兼有固定电压 TSS 的功能,可提供过压和过流保护之组合。

B.3.3 热开关

该开关为热驱动机械器件,安装于电压限制器件(通常为 GDT),常为非恢复器件。有三种通用的激活技术:熔化塑料绝缘子,熔化焊料片或脱离装置。

——塑料熔化开关含有一个塑料绝缘体,它将电压限制器金属导体与弹簧触头片隔开。当塑料熔化时,弹簧使两导体接触并短接电压限制器。

——焊料片开关含有弹簧机构,它通过焊料片将导线与地线隔开。当热过载时,焊料片熔化并短接电压限制器。

——典型的脱离开关常用弹簧组,其通过焊接保持在开放状态,并当开关温度达到时使电压限制器短接,当焊料熔化时,开关释放且短接电压限制器。

当承受持续电流时,电压限制器过热负荷引起的温升导致熔融。当开关操作时,其短接电压限制器,通常是接地,并使电涌电流先流过电压限制器。

附 录 C
（资料性附录）
风 险 管 理

C.1 雷电放电的风险

C.1.1 风险估算

雷电造成的可能破坏的风险评估包括对拟安装点的下列数量的评估：

——落雷密度；

——土壤电阻率；

——安装状态（掩埋，天馈线，屏蔽或非屏蔽电缆）；

——被保护设备的耐受性。

评估完成后将确定是否需要保护措施，如 SPD。

如果需要，方案的选择应建立在初始的和得到的资料及维护成本等的基础上。进一步的信息和计算方法在参考文献中论述。

C.1.2 风险分析

风险分析的目的是减小预期雷电破坏风险（R_p），使其等于或小于容许破坏风险（R_a）。

然而，如果 $R_p > R_a$，需要采取保护措施以减小 R_p。

破坏风险是指那些引起电信和信号线路（如绝缘击穿）和相连的设备损坏的风险：

——R_{pi}是影响电信和信号线路非直击雷风险；取决于落雷密度，线路长度，绝缘材料，土壤电阻率和屏蔽效果；

——R_{ps}是雷直击建筑物的风险，该建筑物中有电信和信号线路通过或为这些线路的终端；取决于雷直击建筑物年平均次数，直击雷电流峰值及其发生的概率；

——R_{pd}和 R_{pa}是雷直击地下电缆或天馈电线的风险，取决于落地雷密度，安装条件，环境因素，线路长度，土壤电阻率和电缆的屏蔽效果。

预期破坏风险 R_a 是估算的预期年破坏频度与预期用户服务下线小时数之总和：

$$R_p = R_{pi} + R_{ps} + R_{pd} + R_{pa}$$

C.1.3 风险评估

风险评估涉及电缆的损坏风险，诸如绝缘的穿孔或导体的熔融和/或与电缆相连的设备的损坏风险，这导致服务的中断或低于可接受水平的劣化。

C.1.3.1 风险判据

电缆和与之相连设备的最小耐受特性应设为风险判据。

——任意两个金属导体之间最小电缆耐受性假定如下：

- 纸绝缘电缆为 1.5 kV；
- 塑料绝缘电缆（含端头块）为 5 kV。

——电信或信号线沿线或终端所连的设备预期耐受如下最小冲击共模过电压：

- 按 ITU-T Rec. K.20 对电信中枢终端设备的要求为 1 kV 10/700 μs ；
- 按 ITU-T Rec. K.21 和 K.45 对用户建筑物终端或沿线设备的要求为 1.5 kV 10/700 μs 。

——所有其他情况（信号网络），应适用通用 EMC 标准和合适的产品标准。

C.1.3.2 评估程序

保护必要性的评估程序如图 C.1 所示，如下：

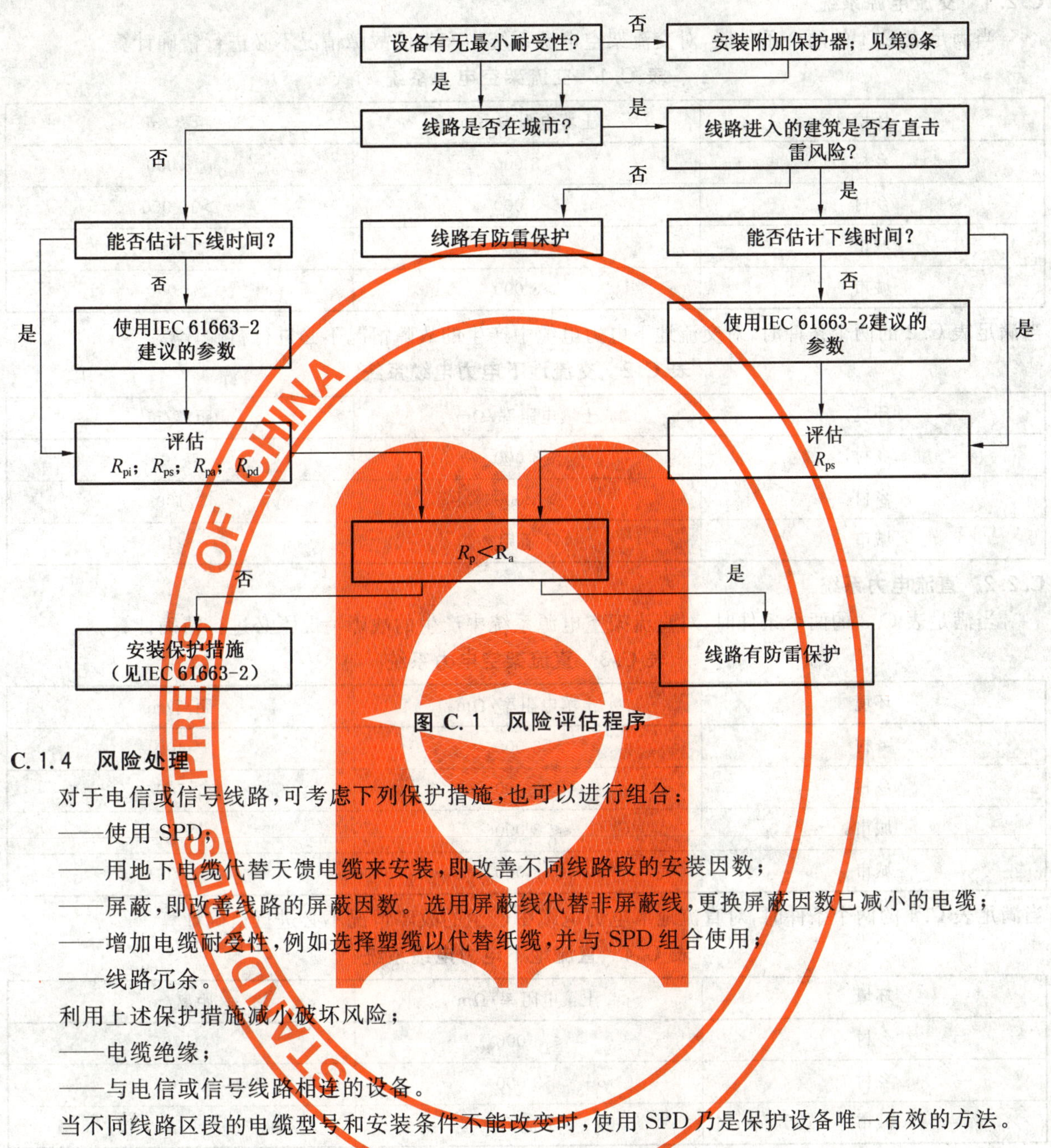

图 C.1　风险评估程序

C.1.4　风险处理

对于电信或信号线路，可考虑下列保护措施，也可以进行组合：

——使用 SPD；

——用地下电缆代替天馈电缆来安装，即改善不同线路段的安装因数；

——屏蔽，即改善线路的屏蔽因数。选用屏蔽线代替非屏蔽线，更换屏蔽因数已减小的电缆；

——增加电缆耐受性，例如选择塑缆以代替纸缆，并与 SPD 组合使用；

——线路冗余。

利用上述保护措施减小破坏风险；

——电缆绝缘；

——与电信或信号线路相连的设备。

当不同线路区段的电缆型号和安装条件不能改变时，使用 SPD 乃是保护设备唯一有效的方法。

C.2　电源线故障的风险

电源线系统(供电电源和牵引系统)的故障对电信和信号网络的过电压风险取决于：

——电信或信号线至电源线的距离；

——土壤电阻率；

——电压等级和电源系统的类型。

电源系统接地故障造成电源线过大的不平衡电流流过电源线，在相邻的并行电信和信号线路上感应过电压。过电压可升高至数千伏且延续 200 ms～1 000 ms(有时更长久)，这由电源线所用的故障清除系统而定。

电源线路故障的过电压计算方法在 GB/T 18802.12—2006 的附录 E 中给出。

C.2.1 交流电源系统

当满足表C.1的两个条件时，对交流架空电源系统中产生的故障情况不必进行精确计算。

表C.1 交流架空电力系统

环境	土壤电阻率/Ωm	距离/m
乡村	≤3 000	>3 000
乡村	>3 000	>10 000
城市	≤3 000	>300
城市	>3 000	>1 000

当满足表C.2的两个条件时，对交流地下电力电缆中产生的故障情况不必进行精确计算。

表C.2 交流地下电力电缆系统

环境	土壤电阻率/Ωm	距离/m
乡村	≤3 000	>10
乡村	>3 000	>100
城市	不适用	>1

C.2.2 直流电力系统

当满足表C.3的两个条件时，对直流架空电源系统中产生的故障情况不必进行精确计算。

表C.3 直流架空电力系统

环境	土壤电阻率/Ωm	距离/m
乡村	≤3 000	>400
乡村	>3 000	>700
城市	≤3 000	>40
城市	>3 000	>70

当满足表C.4的两个条件时，对直流地下电力电缆中产生的故障情况不必进行精确计算。

表C.4 直流地下电力电缆系统

环境	土壤电阻率/Ωm	距离/m
乡村	≤3 000	>10
乡村	>3 000	>100
城市	不适用	>1

C.3 地电位升高

正在考虑中。

附 录 D
（资料性附录）
与 IT 系统有关的传输特性

附录 D 提供了在选用 SPD 时必须予以考虑的有关 IT 系统传输特性的数据。取决于其应用，SPD 可用 GB/T 18802.21—2004 中的相应试验方法进行试验。SPD 安装可能要受到来自网络运营商、网络管理局和系统制造商的附加技术要求和/或限制条件的限制（见第 6 章）。

D.1 电信系统

表 D.1 数据网络端电信系统传输特性

系 统	比特率/(kbit/s)	带宽/kHz	信 道	标 准	Z/Ω	最大许可衰减/dB（在 kHz 下）	备 注
模拟		(0.025) 0.3～ 3.4(16)		ETSI ETS 300 001[5]， TBR 21[6]， TBR 38[7]	Z （复数）	各种	
PCM11	784	0～>600	11×64 kbit/s+ 1×64 kbit/s 信号传输	ETSI TS 101 135[8]	135	31/150	
ISDN PMXA	2 048	0-～5 000	30×64 kbit/s		130	40/1 000	此传输系统尚未有有效国际标准。 ITU-T G.703[9] 为用户端规范 (6dB@1 MHz)
ISDN-BA	160	0-～120	2×64 kbit/s+ 1×16 kbit/s	ITU-T G.961[10] ETSI TS 102 080 附录 B[11]	150	32/40	EURO-ISDN ISDN-BA 与 Euro-ISDN 之间物理层没有差异；然而，协议中第 2 层和第 3 层有差异
PCM2A， PCM4	160 192	～120～80	PCM4： 4×32 kbit/s PCM2： 2×64 kbit/s	ITU-T G.961[10] ETSI TS 102 080，附录 B 附录 A[11]	150 135	32/40 36/40	根据 ETSI 102 080 附录 A 和附录 B[11]，两个系统均允许使用 2B1Q 和 4B3T 线路码
SDSL	192～ 2 312	各种，直至 ～800	各种	ETSI TS 101 524[12]	135	各种	
HDSL	784，1 568 或 2 312	0～>1 000	12～32× 64 kbit/s	ETSI TS 101 135[8]	135	31，27 或 22/150	
ADSL	32～ 8 192	138～ 1 104	各种	ETSI TS 101 388[13]； ITU-T G.992.1 附录 B[14]	100	各种	
VDSL	2-～ 30 000	138(1 104) ～12 000	各种	ETSI TS 101 270-1[15]； ETSI TS 101 270-2[16]	135	各种	

D.2 信号,测量和控制系统

表 D.2 用户端 IT 系统传输特性

系　　统	比特率/Mbit/s	等级	近端串扰[a]/dB	标　　准	Z/Ω	最大许可衰减/dB(在 kHz 下)	备　　注
千兆比特以太网 (1 000 Base T)	1 000	D(5e)	30.1@100 MHz	EN 50173-1[17]	100	24@100 MHz	最大长度 100 m ACR[a][dB]6.1 @100 MHz
以太网 (100 Base T)	100	D(5)	27.1@100 MHz	ISO/IEC 8802-5[18]	100	24@100 MHz	最大长度 100 m
ATM	155	D(5)	27.1@100 MHz	EN 50173-1[17]	100	24@100 MHz	最大长度 100 m
令牌环	16	C(3)	19.3@ 16 MHz	ISO/IEC 8802-5[18] EN 50173-1[17]	150	14.9@16 MHz	最大长度 100/150 m
[a] 信道特性。							

在 EN 50173 中所述的更多传输参数如下所示：

回波损耗,PSNEXT,PSACR,ELFEXT 及 PSELFEXT7.2.2:测量和控制。

D.3 有线电视系统

表 D.3 有线电视系统传输特性

系　统	带宽/MHz	回波损耗/dB (f>50 MHz)	系统出口(用户端)在 50 MHz 时的最小回波损耗/dB	标　准	Z/Ω	在 450 MHz 下最大许可衰减/(dB/100 m)(依照电缆类型)	备　注
宽带电视分配网络	47～450	从≤24 dB～1dB/倍频至≤26dB～1dB/倍频(依照电缆类型)	≤20 dB～1.5 dB/倍频	国家标准 (DE)	75	2.9 dB 4.1 dB 6.2 dB 12.2 dB	在系统出口端载波信号水平为 47 dB(最小)～77 dB(最大)
宽带电视分配网络	47～862	从≤24dB～1dB 倍频至≤26dB～1dB/倍频(依照电缆类型)	待定	国家标准 EN 50083-1[19]	75	2.9 dB 4.1 dB 6.2 dB 12.2 dB	

附　录　E
（资料性附录）
SPD/ITE 的配合

第 9 章讨论的因素不可能给出一个“黑匣子”式 SPD 的配合的通用方法。对于用户来说，最安全的方法是按照制造商的推荐选用合适的 SPD。制造商了解 SPD 电路，能够计算是否已配合好或是否必须进行试验。如果用户了解 SPD 电路，他也能够计算配合是否良好。由于在一般性分析中要涉及如此多的配置，这里不包含这类计算。

下面对“黑匣子”式 SPD 配合的分析以线性假设为基础，这种设计是保守的和非优化的。这种方法假设来自制造商或试验的 SPD 电气参数是有效的。某些类型的 SPD 需要对共模和差模过电压条件进行试验，这种方法有三个步骤：

——确定 SPD2 输入端耐受电压和电流波形；

——确定 SPD1 输出保护电压和电流波形；

——比较 SPD1 和 SPD2 参数。

保护端开路输出电压 U_p 的试验方法在 GB/T 18802.21—2004 第 5.2.1.3 中描述。GB/T 18802.21—2004 未来的修改件将描述保护短路输出电流 I_P 的试验方法。

E.1　确定 U_{IN} 和 I_{IN}

SPD1 和 SPD2 的配合可按 GB/T 18802.21—2004 进行。

如果从 ITE 制造商或相关 ITE 产品标准中得到的 $U_{IN\ ITE}$ 和 $I_{IN\ ITE}$ 有效的话，SPD2 与 ITE 间的配合是可能的。假设 ITE 能耐受在额定条件下 SPD2 产生的保护水平 U_{P2} 和 I_{P2}，ITE 的阻抗在保护条件下可能变化很大，因此应在开路和短路条件下考虑 SPD2 输出端的极端负载。

SPD2 在额定冲击值下试验时，电压和电流耐受波形将在 SPD2 的输入端产生变化。对于每一个额定条件都有两套波形：其一为开路输出，而另一种为短路输出，配合验证步骤示于图 E.1。

E.2　确定 SPD1 的输出保护电压和电流波形

SPD1 的目的是增加系统的耐受能力，应用与 SPD2 相同的试验进行额定值试验，但试验电压等级更高。当 SPD1 在额定冲击下试验时，在其输出端将产生电压电流保护波形。每种额定条件有两套波形：其一为开路输出而另一种为短路输出。在较低的电压下检查 SPD1 是可取的，从而确保在额定条件下产生的保护水平是能够达到的最大值。

为确保两个串接级联 SPD 在过电压条件下的配合，在任何已知的和额定条件下，SPD1 的输出保护水平应不超过 SPD2 的输入耐受水平（见图 E.1）。

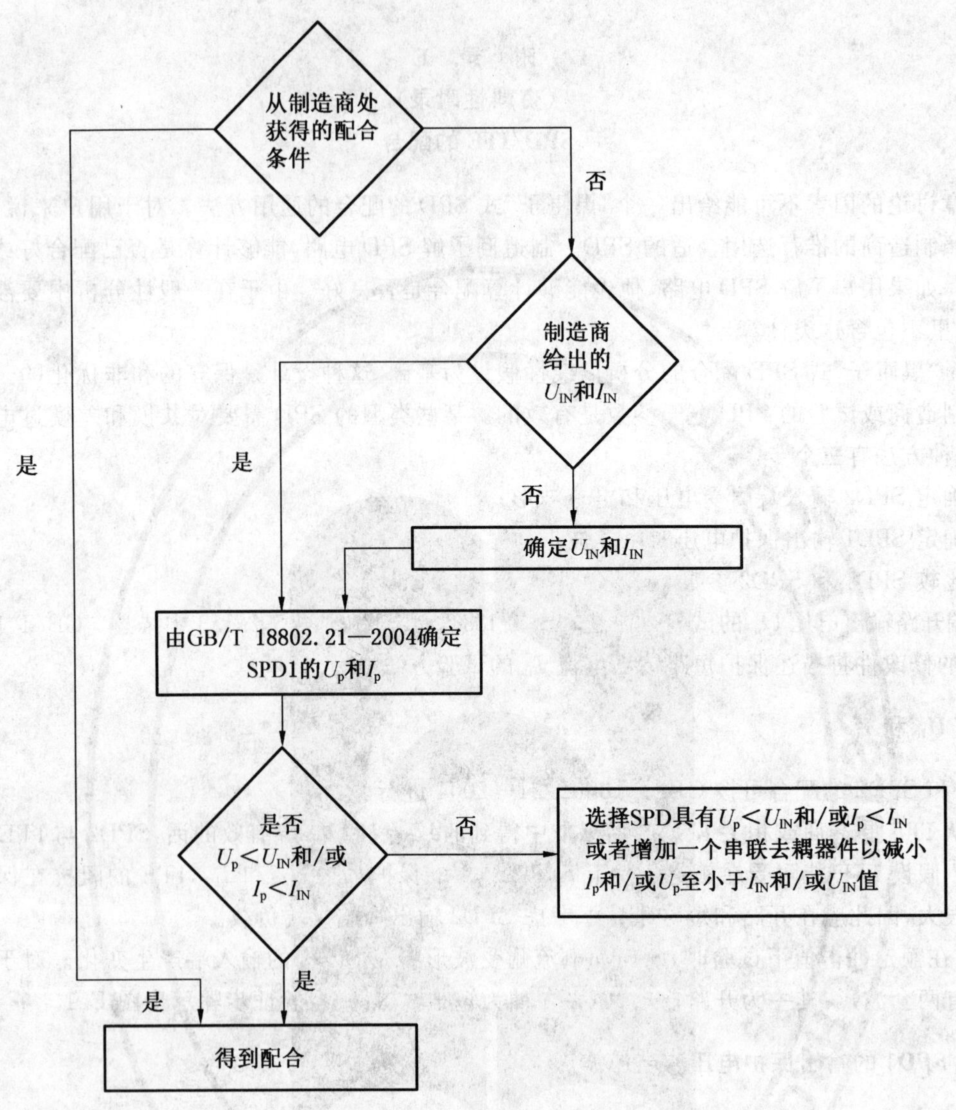

图 E.1　配合验证步骤

E.3　SPD1 与 SPD2 参数比较

如果下列所有条件满足则得到了配合：

——$U_P<U_{IN}$；

——$I_P<I_{IN}$；

——U_P 波形被 U_{IN} 波形覆盖；

——I_P 波形被 I_{IN} 波形覆盖。

如果保护波形被相应的耐受性波形所覆盖，那么就得到了时间配合。在波形的峰值和时间上也得到了配合。然而，某些元件对变化率敏感(例如，TSS 有 di/dt 额定值)，配合结果可能失败。此细节超出本方法的范围。

E.4　试验验证配合的必要性

下列的所有条件需要对 SPD1 和 SPD2 组合进行试验验证：

——$U_P>U_{IN}$；

——$I_P > I_{IN}$；

——U_P 波形比 U_{IN}波形更长；

——I_P 波形比 I_{IN}波形更长。

如果制造商已给出配合条件则不必进行试验验证(见图 E.1)。

参 考 文 献

[1] IEC 61663-2:2001 雷电防护 通信线路 第2部分:使用金属导体的线路.

[2] ITU-T 建议 K.20:2003 安装在电信中心的电信设备对过电压和过电流的耐受能力.

[3] ITU-T 建议 K.21:2003 安装在用户终端的电信设备对过电压和过电流的耐受能力.

[4] ITU-T 建议 K.45:2003 安装在接入网络和干线网络的电信设备对过电压和过电流的耐受能力.

[5] ETSI ETS 300 001:1997 公共交换电话网络(PSTN)的附加装置;在 PSTN 中连接到模拟用户接口的设备的一般技术要求.

[6] ETSI TBR 21:1998 终端设备(TE);全欧洲批准的对 TE(不包括 TE 支持的语音电话设施)与模拟公共交换电话网络(PSTN)连接附加要求,在 TE 中的网络寻址(如果有的话)采用双音多频(DTMF)信号来实现.

[7] ETSI TBR 38:1998 公共交换电话网络(PSTN);对带有模拟手持式送受话器功能的终端设备的附加要求,当连接至欧洲 PSTN 的模拟接口时这种设备能支持公正的案例服务.

[8] ETSI TS 101 135:2000 传输和多路技术(TM);在本地金属线路上的高比特率数字用户线路(HDSL)传输系统;HDSL 的核心技术规范及对组合式 ISDN-BA 和 2 048 kbit/s 传输的应用.

[9] ITU-T G.703:2001 分级数字界面的物理/电气特性.

[10] ITU-T G.961:1993 在本地金属线路上的 ISDN 基本速率接入的数字传输系统.

[11] ETSI TS 102 080:2003 传输和多路技术(TM);综合服务数字网(ISDN)基本速率接入;在本地金属线路上的数字传输系统.

[12] ETSI TS 101 524:2001 传输和多路技术(TM);在金属接入电缆上的接入传输系统;对称单偶高比特率数字用户线路(SDSL).

[13] ETSI TS 101 388:2002 传输和多路技术(TM);在金属接入电缆上的接入传输系统;非对称数字用户线路(ADSL) 欧洲的特定要求.

[14] ITU-T G.992.1:1999 非对称数字用户线路(ADSL)收发机.

[15] ETSI TS 101 270-1:2003 传输和多路技术(TM);在金属接入电缆上的接入传输系统;超高速数字用户线路(VDSL) 第1部分:功能要求.

[16] ETSI TS 101 270-2:2001 传输和多路技术(TM);在金属接入电缆上的接入传输系统;超高速数字用户线路(VDSL) 第2部分:收发机技术规范.

[17] EN 50173-1:2002 信息技术 通用电缆敷设系统 第1部分:一般技术要求和功能区域.

[18] ISO/IEC 8802-5:1998 信息技术 通信和信息交换系统 局域网和城域网 特殊要求 第5部分:令牌环网物理层技术规范.

[19] EN 50083-1:1993 电视信号、声音信号、交互服务的电缆网络 第1部分:安全技术要求.

[20] IEC 60728-2:2002 电视和声音信号的电缆分配系统 第2部分:设备的电磁兼容性[3].

[21] GB 18802.12—2006 低压配电系统的电涌保护器(SPD)第12部分:选择和使用导则(IEC 61643-12:2002,IDT).

[22] GB 18802.311—2007 低压电涌保护器的元件 第311部分:气体放电管(GDT)规范(IEC 61643-311:2001,IDT).

[23] GB 18802.321—2007 低压电涌保护器的元件 第321部分:雪崩击穿二极管(ABD)规范(IEC 61643-321:2001,IDT).

---

3) 虽然那些 IEC 出版物在本标准中未提及,但还是对它们进行编号。

[24] GB18802.331—2007 低压电涌保护器的元件 第331部分:金属氧化物压敏电阻(MOV)规范(IEC 61643-331:2003,IDT).

[25] GB 18802.341—2007 低压电涌保护器元件 第341部分:电涌抑制晶闸管(TSS)规范(IEC 61643-341:2001,IDT).

[26] IEC 61662 雷电引起的损失风险评估.

[27] IEC 62305-1 雷电防护 第1部分:通则[4].

[28] IEC 62305-2 雷电防护 第2部分:风险管理[5].

[29] CENELEC 报告 ROBT 003;ETSI 导则 EG 201 280 对有电信端口设备的耐受能力技术要求.

[30] IEC ACOS/226/INF 08/2000 一般风险管理术语,在标准中使用指南.

[31] prEN 50351:有关供电电源和牵引系统对电信系统影响的计算和测量方法的基本标准[6].

[32] ITU-T 推荐 K.11:1993 过电压和过电流的保护原则.

[33] ITU-T 推荐 K.12:2000 用于保护电信设施的气体放电管的特性.

[34] ITU-T 推荐 K.22:1995 连接到 ISDN T/S 总线的设备的过电压耐受能力.

[35] ITU-T 推荐 K.27:1996 电信局站建筑物内的等电位连接的配置和接地.

[36] ITU-T 推荐 K.30:1993 正温度系数(PTC)热敏电阻器.

[37] ITU-T 推荐 K.39:1996 雷电放电对电信站点造成损失的风险评估.

[38] ITU-T 推荐 K.44:2003 遭受过电压和过电流的电信设备的耐受能力试验——基本推荐.

[39] ITU-T 推荐 K.46:2003 采用金属对称导线的电信线路的雷电感应脉冲防护.

[40] ITU-T 有关电信线路对电源和电气化铁路线路的有害影响防护的指令;卷Ⅱ在实际情况下计算感应电压和电流(1989).

4) 正在编制。

5) 正在考虑中。

6) 待出版。

ICS 67.060
B 20

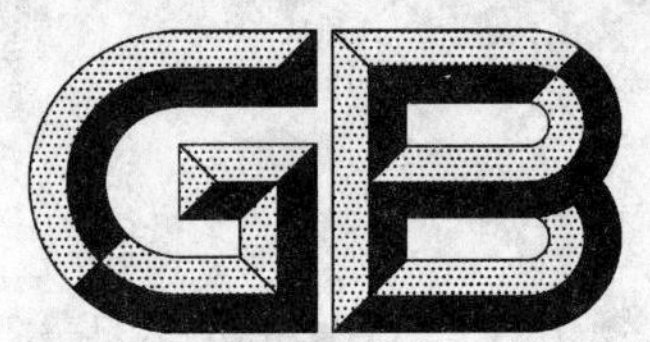

中华人民共和国国家标准

GB/T 18824—2008
代替 GB 18824—2002

地理标志产品 盘锦大米

Product of geographical indication—Panjin rice

2008-07-31 发布 2008-11-01 实施

中华人民共和国国家质量监督检验检疫总局
中国国家标准化管理委员会 发布

前　言

本标准根据国家质量监督检验检疫总局颁布的《地理标志产品保护规定》及GB/T 17924《地理标志产品标准通用要求》制定。

本标准代替GB 18824—2002《原产地域产品　盘锦大米》。

本标准与GB 18824—2002相比主要变化如下：

——标准属性由强制性国家标准改为推荐性国家标准；

——根据国家质量监督检验检疫总局颁布的《地理标志产品保护规定》，将标准名称改为《地理标志产品　盘锦大米》；

——修改并提高了感官指标和加工质量指标中部分项目的指标水平；

——增加了净含量负偏差规定；

——增加了加工生产过程中的卫生要求。

本标准的附录A为规范性附录。

本标准由全国原产地域产品标准化工作组提出并归口。

本标准主要起草单位：辽宁省盘锦市质量技术监督局、国家农业标准化监督与监测中心、辽宁省粮油检验监测所、辽宁省盘锦市农村经济发展局、辽宁省盐碱地利用研究所。

本标准主要起草人：张晓辉、张文学、张力华、杨继武、曹鹤、徐长兴、王洪田。

本标准所代替标准的历次版本发布情况为：

——GB 18824—2002。

地理标志产品　盘锦大米

1　范围

本标准规定了盘锦大米的术语和定义、地理标志产品保护范围、要求、检验方法、检验规则及标志、标签、包装、运输、贮存。

本标准适用于国家质量监督检验检疫行政主管部门根据《地理标志产品保护规定》批准保护的盘锦大米。

2　规范性引用文件

下列文件中的条款通过本标准的引用而成为本标准的条款。凡是注日期的引用文件，其随后所有的修改单(不包括勘误的内容)或修订版均不适用于本标准，然而，鼓励根据本标准达成协议的各方研究是否可使用这些文件的最新版本。凡是不注日期的引用文件，其最新版本适用于本标准。

GB 1350　稻谷

GB 2715　粮食卫生标准

GB 3095　环境空气质量标准

GB/T 5009.36　粮食卫生标准的分析方法

GB 5084　农田灌溉水质标准

GB 5491　粮食、油料检验　扦样、分样法

GB/T 5492　粮食、油料检验　色泽、气味、口味鉴定法

GB/T 5494　粮食、油料检验　杂质、不完善粒检验法

GB/T 5496　粮食、油料检验　黄粒米及裂纹粒检验法

GB/T 5497　粮食、油料检验　水分测定法

GB/T 5502　粮食、油料检验　米类加工精度检验法

GB/T 5503　粮食、油料检验　碎米检验法

GB 5749　生活饮用水卫生标准

GB 7718　预包装食品标签通则

GB 14881　食品企业通用卫生规范

GB/T 15682　稻米蒸煮试验品质评定

GB/T 15683　稻米直链淀粉含量的测定

GB/T 17109　粮食销售包装

GB/T 17891　优质稻谷

JJF 1070　定量包装商品净含量计量检验规则

国家质量监督检验检疫总局令[2005]第75号《定量包装商品计量监督管理办法》

国家粮食储备局(国粮储[1997]225号)《国家粮食储备局粮食运输管理规则》

3　术语和定义

下列术语和定义适用于本标准。

3.1

盘锦大米　Panjin rice

在本标准第4章规定的范围内，以滨海盐碱地的优质粳稻谷为原料，经加工精制而成的大米。

4 地理标志产品保护范围

4.1 盘锦大米地理标志产品保护范围限于国家质量监督检验检疫行政主管部门根据《地理标志产品保护规定》批准的范围。见附录 A。

4.2 盘锦大米地理标志产品保护范围面积为 4 017 km²,即:东临辽河,与台安县、海城市、营口市相邻,西靠凌海市,北与北宁市接壤,南濒临辽东湾。地理位置在北纬 40°29′～41°27′,东经 121°25′～122°30′。

5 要求

5.1 自然环境

盘锦大米地理标志产品保护区域位于东北松辽平原南端,气候四季分明,水稻生产季节热量资源丰富,雨热同季,日照充足,属于暖温带大陆性半湿润季风气候。

5.1.1 日照

年平均日照时数为 2 786 h,水稻生长季节平均日照时数为 1 508 h。

5.1.2 气温

年平均气温 8.4 ℃,无霜期 175 d,大于等于 10 ℃积温 3 428 ℃～3 448 ℃,在水稻抽穗至成熟期内平均气温在 20.0 ℃,在成熟后期日照充足,9 月中下旬降温速度较缓。

5.1.3 降水

年平均降水量 602 mm～656 mm,水稻生长季节降水量 503 mm～568 mm。

5.1.4 土壤

盘锦大米地理标志产品保护区域属退海冲积平原,地势平坦,土壤类型是滨海盐渍型水稻土,耕层土壤 pH 值 8.0～9.1;全盐含量 1.0 g/kg～6.0 g/kg;有机质含量 12 g/kg～25 g/kg,平均含18.9 g/kg;全氮含量 0.7 g/kg～1.15 g/kg,平均含量 1.04 g/kg;碱解氮含量 56.7 mg/kg～108 mg/kg,平均含量 96 mg/kg;有效磷含量 2 mg/kg～8 mg/kg,平均含量 3.8 mg/kg;速效钾含量 100 mg/kg～300 mg/kg,平均含量 241 mg/kg。

5.1.5 水源

本区域水稻用灌溉水主要以太子河上游水库和地下水为水源,水质符合 GB 5084 规定。

5.1.6 大气

本区域大气符合 GB 3095 规定。

5.2 原料来源

盘锦大米原料来源于本标准第 4 章规定的地理范围内,质量符合 GB 1350 的规定。

5.3 生产过程中的卫生要求

5.3.1 生产过程应符合 GB 14881 规定。

5.3.2 生产过程中除符合 GB 5749 规定的水之外,不得添加任何物质。

5.4 感官指标

感官指标应符合表 1 的规定。

表 1 感官指标

项目		指标
色泽		米质半透明,色泽青白
气味		具有本区域大米固有的自然清香味
品尝评分值/分	≥	75
垩白粒率/%	≤	30
垩白度/%	≤	5.0

5.5 加工质量指标

加工质量指标应符合表2的规定。

表2 加工质量指标

<table>
<tr><th rowspan="2">等级</th><th rowspan="2">加工精度</th><th rowspan="2">黄粒米
/%
≤</th><th rowspan="2">不完
善粒
/%
≤</th><th colspan="5">杂质</th><th colspan="2">碎米/%</th></tr>
<tr><th>总量
/%
≤</th><th>糠粉
/%
≤</th><th>矿物质
/%
≤</th><th>带壳稗粒/
(粒/kg)
≤</th><th>稻谷粒/
(粒/kg)
≤</th><th>总量
≤</th><th>其中
小碎米
≤</th></tr>
<tr><td>特等</td><td>背沟无皮，或有皮不成线，米胚和粒面皮层去净的占90%以上</td><td>0.2</td><td>2.0</td><td>0.20</td><td>0.10</td><td rowspan="3">0.01</td><td>1</td><td>1</td><td>7.5</td><td>0.5</td></tr>
<tr><td>优质一等</td><td>背沟有皮，米胚和粒面皮层去净的占85%以上</td><td>0.3</td><td>3.0</td><td>0.25</td><td>0.15</td><td>2</td><td>2</td><td>10.0</td><td>1.0</td></tr>
<tr><td>优质二等</td><td>背沟有皮，粒面皮层残留不超过1/5的占80%以上</td><td>0.4</td><td>4.0</td><td>0.30</td><td>0.20</td><td>4</td><td>4</td><td>12.5</td><td>1.5</td></tr>
</table>

5.6 理化指标

盘锦大米理化指标应符合表3规定。

表3 理化指标

<table>
<tr><th rowspan="2">项目</th><th colspan="2">水分/%
≤</th><th rowspan="2">直链淀粉含量(干基)/
%</th><th rowspan="2">胶稠度/mm
≥</th></tr>
<tr><th>一、四季度</th><th>二、三季度</th></tr>
<tr><td>指标</td><td>15.5</td><td>14.5</td><td>15.0～20.0</td><td>60</td></tr>
</table>

5.7 卫生指标

盘锦大米不得使用添加剂，卫生指标应符合GB 2715规定并符合国家卫生检验和检疫的有关规定。

5.8 净含量负偏差

净含量负偏差应符合国家质量监督检验检疫总局令[2005]第75号规定。

6 检验方法

6.1 感官指标

6.1.1 色泽、气味按GB/T 5492规定执行。

6.1.2 品尝评分值按GB/T 15682规定执行。

6.1.3 垩白粒率按GB/T 17891规定执行。

6.1.4 垩白度按GB/T 17891规定执行。

6.2 加工质量指标

6.2.1 加工精度指标按GB/T 5502规定执行。从平均样品中按四分法取试验样品约50 g。

6.2.2 黄粒米按GB/T 5496规定执行。

6.2.3 不完善粒按GB/T 5494规定执行。

6.2.4 碎米按GB/T 5503规定执行。

6.3 理化指标

6.3.1 水分按 GB/T 5497 规定执行。

6.3.2 直链淀粉按 GB/T 15683 规定执行。

6.4 净含量负偏差

按 JJF 1070 规定执行。

6.5 卫生指标

按 GB/T 5009.36 规定执行。

7 检验规则

7.1 每批产品应按本标准规定进行常规检验,经检验合格签发合格证后,方可出厂和销售。

7.2 盘锦大米加工精度以实物标准样或合同成交样为依据。

7.3 产品以相同工艺、相同原材料、相同设备、同班次加工的产品为一批。按 GB 5491 进行抽样。

7.4 检验分类

7.4.1 常规检验

常规检验项目包括:色泽、气味、垩白粒率、垩白度、加工质量指标和水分。

7.4.2 型式检验

型式检验周期为每年一次,型式检验的检验项目为本标准的全部要求。有下列情形之一时,应进行型式检验:

a) 新产品投产时;

b) 原料、工艺、设备等有较大改变,可能影响产品质量时;

c) 国家质量监督机构提出型式检验要求时。

7.5 判定规则

7.5.1 凡不符合 GB 2715 以及国家卫生检验和植物标准有关规定的产品,判为非食用产品。

7.5.2 产品的加工质量指标中有一项达不到该等级质量要求的,则降为下一等级;低于最低等级指标的,作为非等级产品。其他指标有一项不符合表 1、表 2 要求的,作为非等级产品。初次检验不合格时,可加倍抽样复检,以复检结果为准。

8 标志、标签、包装、运输、贮存

8.1 标志、标签

8.1.1 获得批准的企业,可在其产品外包装上使用地理标志产品专用标志。

8.1.2 标签应符合 GB 7718 规定。

8.2 包装

8.2.1 包装应符合 GB/T 17109 的规定和卫生要求。

8.2.2 若采用包装袋,则包装袋应坚固结实,封口或者缝口应严密。

8.3 运输

运输按国家粮食储备局(国粮储[1997]225 号)执行。

8.4 贮存

贮存仓库应满足干燥、清洁、无阳光直射的要求,严禁与有毒、有异味(气)、潮湿、易生虫、易污染的物品混放。

附 录 A
（规范性附录）
盘锦大米地理标志产品保护范围图

盘锦大米地理标志产品保护范围见图 A.1。

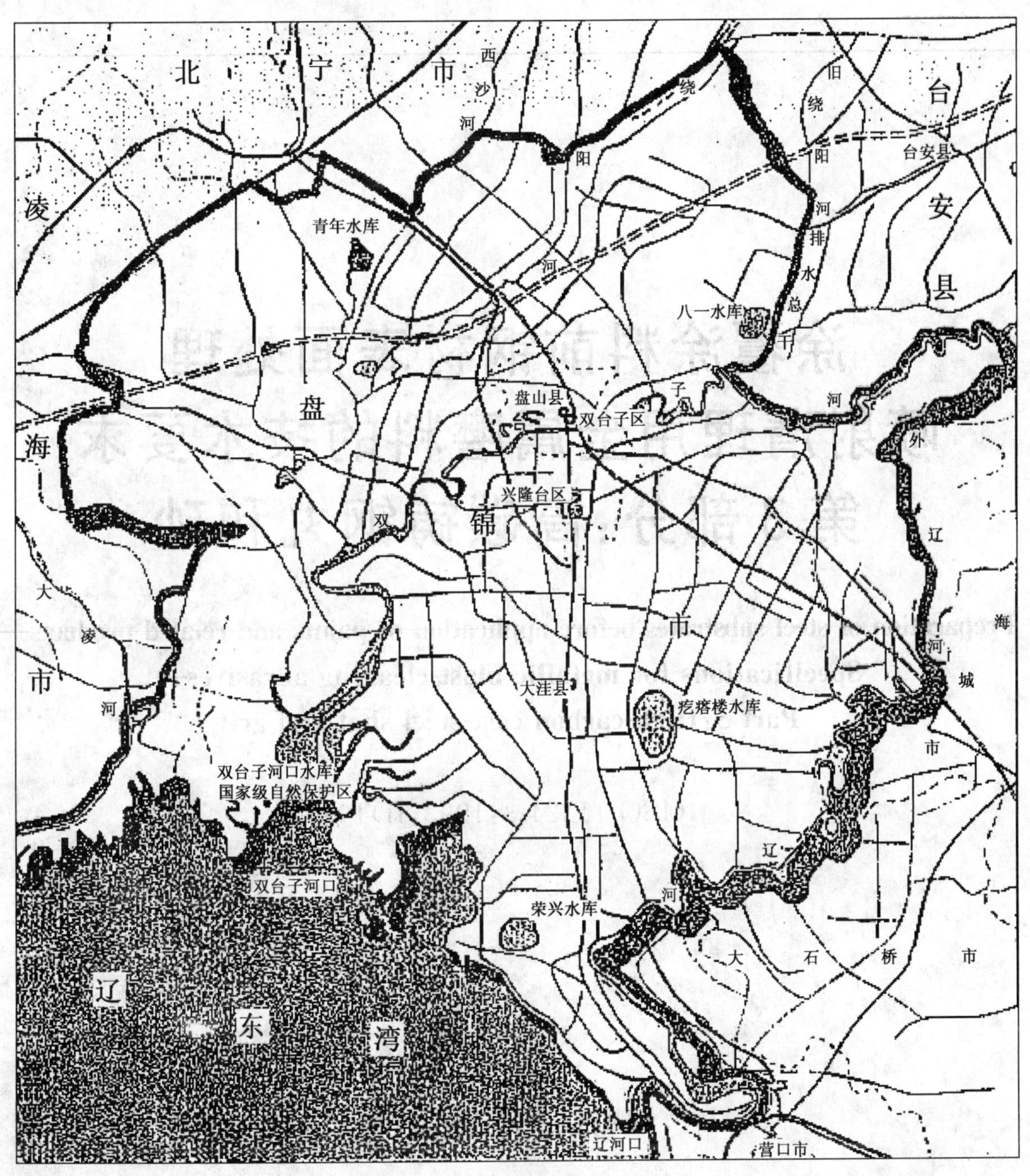

图 A.1

ICS 25.220.10
A 29

中华人民共和国国家标准

GB/T 18838.3—2008/ISO 11124-3:1993

涂覆涂料前钢材表面处理
喷射清理用金属磨料的技术要求
第3部分:高碳铸钢丸和砂

Preparation of steel substrates before application of paints and related products—Specifications for metallic blast-cleaning abrasives—Part 3:High-carbon cast-steel shot and grit

(ISO 11124-3:1993,IDT)

2008-04-01 发布　　2008-09-01 实施

中华人民共和国国家质量监督检验检疫总局
中国国家标准化管理委员会　发布

前　言

GB/T 18838《涂覆涂料前钢材表面处理　喷射清理用金属磨料的技术要求》分为下列几部分：

——第1部分:导则和分类;

——第2部分:冷硬铸铁砂;

——第3部分:高碳铸钢丸和砂;

——第4部分:低碳铸钢丸;

——第5部分:钢丝段。

本部分为GB/T 18838的第3部分。

本部分等同采用ISO 11124-3:1993《涂覆涂料前钢材表面处理　喷射清理用金属磨料的技术要求　第3部分:高碳铸钢丸和砂》(英文版)。

本部分等同翻译ISO 11124-3:1993。

为便于使用,本部分做了下列编辑性修改:

——"本国际标准"一词改为"本部分";

——用小数点"."代替作为小数点的逗号",";

——用顿号"、"代替作为分述的逗号",";

——增加了表3的表题;

——删除了国际标准的前言。

本部分的附录A、附录B均为资料性附录。

本部分由中国船舶工业集团公司提出。

本部分由全国涂料和颜料标准化技术委员会涂漆前金属表面处理及涂漆工艺分技术委员会归口。

本部分起草单位:中国船舶工业综合技术经济研究院、中国船舶工业第十一研究所、山东开泰金属磨料股份有限公司、山东大学。

本部分主要起草人:宋艳媛、刘冰扬、傅建华、刘如伟、王瑞国、宋庆安。

涂覆涂料前钢材表面处理
喷射清理用金属磨料的技术要求
第3部分:高碳铸钢丸和砂

警告:对于表面处理所用的磨料、材料和设备,如果使用不小心,可能出现危险。许多国家对在使用期间或使用后(废物管理)认为存在危险的材料和磨料,如:游离硅、致癌物质或有毒物质,均作了规定。因此,应遵守这些规定。重要的是应确保给予适当的指导和所有要求的预防措施得以执行。

1 范围

GB/T 18838的本部分规定了喷射清理用的14种等级的高碳铸钢丸和12种等级的高碳铸钢砂磨料的技术要求,包括硬度、密度、缺陷和结构要求以及化学成分等。

GB/T 18838的本部分规定的要求只适用于未经使用过的磨料,不适用于使用过的磨料。

喷射清理用金属磨料的试验方法见GB/T 19816的各个部分。

高碳铸钢丸和砂是可回收和重复使用的磨料,既可用于固定的又可用于现场的喷射设备。

注1:通常参考的有关金属磨料的世界各国标准及其与本部分的关系参见附录A和附录B。

注2:虽然GB/T 18838的本部分是为满足钢结构表面处理要求而特别制定的,但规定的这些特性一般也适用于使用喷射清理技术处理的其他材料的表面或部件。这些规定已在ISO 8504-2:2000[1)]《涂覆涂料前钢材表面处理 表面处理方法 第2部分:磨料喷射清理》中给出。

2 规范性引用文件

下列文件中的条款通过GB/T 18838的本部分的引用而成为本部分的条款。凡是注日期的引用文件,其随后所有的修改单(不包括勘误的内容)或修订版均不适用于本部分,然而,鼓励根据本部分达成协议的各方研究是否可使用这些文件的最新版本。凡是不注日期的引用文件,其最新版本适用于本部分。

GB/T 19816.1—2005 涂覆涂料前钢材表面处理 喷射清理用金属磨料的试验方法 第1部分:抽样(ISO 11125-1:1993,IDT)

GB/T 19816.2—2005 涂覆涂料前钢材表面处理 喷射清理用金属磨料的试验方法 第2部分:颗粒尺寸分布的测定(ISO 11125-2:1993,IDT)

GB/T 19816.3—2005 涂覆涂料前钢材表面处理 喷射清理用金属磨料的试验方法 第3部分:硬度的测定(ISO 11125-3:1993,IDT)

GB/T 19816.4—2005 涂覆涂料前钢材表面处理 喷射清理用金属磨料的试验方法 第4部分:表观密度的测定(ISO 11125-4:1993,IDT)

GB/T 19816.5—2005 涂覆涂料前钢材表面处理 喷射清理用金属磨料的试验方法 第5部分:缺陷颗粒百分比和微结构的测定(ISO 11125-5:1993,IDT)

GB/T 19816.6—2005 涂覆涂料前钢材表面处理 喷射清理用金属磨料的试验方法 第6部分:外来杂质的测定(ISO 11125-6:1993,IDT)

GB/T 19816.7—2005 涂覆涂料前钢材表面处理 喷射清理用金属磨料的试验方法 第7部分:含水量的测定(ISO 11125-7:1993,IDT)

ISO 439:1982 钢和铸铁 总的硅含量的测定 重量分析法

1) 该标准在ISO 11124-3:1993中为ISO 8504-2:1992。GB/T 18839.2—2002为修改采用ISO 8504-2:2000。

ISO 629:1982 钢和铸铁 锰含量的测定 分光光度法

ISO 4935:1989 钢和铁 硫含量的测定 感应炉中燃烧后的红外吸收法

ISO 9556:1989 钢和铁 总的碳含量的测定 感应炉中燃烧后的红外吸收法

ISO 10714:1992 钢和铁 磷含量的测定 磷钒钼酸盐分光光度法

3 定义

下列定义适用于 GB/T 18838 的本部分。

3.1

高碳铸钢丸 high-carbon cast-steel shot

一种喷射清理用的金属磨料,将熔融高碳钢通过雾化而成的丸粒形(见 3.3)铸造加工产品。

3.2

高碳铸钢砂 high-carbon cast-steel grit

一种喷射清理用的金属磨料,通过破碎各种尺寸的高碳铸钢丸而成的尖锐边缘的角形颗粒。

3.3

丸粒 shot

主要形状为圆形的,其长度不大于最大颗粒宽度两倍,并且无棱边、破碎断面和其他尖锐表面缺陷的颗粒。

3.4

砂粒 grit

主要形状为棱角形的,具有破碎断面和锐边,并且断面尺寸小于横截面一半的颗粒。

3.5

缺陷 defect

磨料的空穴、缩孔、裂纹或颗粒形状不规则等,若大于等于规定的值,将会有害于磨料的性能(见表 3)。

3.5.1

空穴 void

光滑表面的内孔,面积不大于颗粒横截面 10%的内孔。

3.5.2

缩孔 shrinkage defect

具有粗糙的枝状表面或微气孔区域的内孔,面积不大于颗粒横截面 40%的内孔。

3.5.3

裂纹 crack

线形非连续性缺陷,其长宽比为 3:1 或更大,长度超过直径或颗粒最小尺寸的 20%,并且呈放射状。

3.6

外来杂质 foreign matter

非磁性的,不属于磨料颗粒而混合于磨料中的任何材料或颗粒。

4 磨料标记

高碳铸钢丸和砂应使用“磨料 GB/T 18838”和表示金属高碳铸钢磨料的缩写字母“M/HCS”来标识,其后标注要求购买的颗粒形状为丸粒或砂粒的符号“S”或“G”,最后标注表示要求的等级或颗粒标称尺寸的三位数字。如果磨料的硬度可以选择,则应规定要求的颗粒维氏硬度(HV)范围。

示例 1:

磨料 GB/T 18838 M/HCS/S140

表示高碳铸钢型金属磨料,符合 GB/T 18838 的本部分要求,初始颗粒形状为丸粒,等级为 140(即颗粒标称尺寸为

1.40 mm)。

示例2:

磨料 GB/T 18838 M/HCS/G140/570-710 HV

表示高碳铸钢型金属磨料,符合GB/T 18838的本部分要求,初始颗粒形状为砂粒,等级为140(即颗粒标称尺寸为1.40 mm),硬度范围为570 HV~710 HV。

在订货单上标出这个完整的产品标记是必要的。

注1:表1和表2给出了等级要求和代码规定。等级代码是一个代表每个等级颗粒尺寸范围中间近似值或标称直径的数字,以毫米值乘以100表示。

注2:附录A提供了关于铸造金属磨料通常参考的其他国家标准中近似等效的等级和代码。

5 抽样

按GB/T 19816.1—2005的规定进行抽样。

6 高碳铸钢丸和砂磨料的要求

高碳铸钢丸和砂磨料的要求按表3的规定。

7 包装标志和批号标志

所有供应品均应按第4章规定清楚地进行标记和标识。销售单元(例如集装箱、桶、箱等)应清楚地贴有完整的产品代码标签,如果可能,还应包括硬度范围。

分包装(例如袋)应标志出颗粒的形状和等级代码。

注:建议在包装标志中,应包括能追朔到某个具体产品周期或批号的附加标志,至少在集装箱、桶或箱等包装标志中应包括可追朔性标志。

8 制造商和供应商应提供的资料

需要时,制造商或供应商应提供试验报告,详细列出按表3中规定的方法测定有关性能的结果。

表 1 高碳铸钢丸筛分等级规格——累计筛余百分数

%

等级代码	筛网孔径/mm																			
	4.75	4.00	3.35	2.80	2.36	2.00	1.70	1.40	1.18	1.00	0.85	0.71	0.60	0.50	0.425	0.355	0.300	0.250	0.180	0.125
S400	0		>90	>97																
S300		0		>90	>97															
S280			0		>90	>97														
S240				0		>85	>97													
S200					0		>85	>97												
S170						0		>85	>97											
S140						0	<5		>85	>96										
S120							0	<5		>85	>96									
S100								0	<5		>85	>96								
S080									0	<5		>85	>96							
S070										0	<10		>85	>97						
S060											0	<10			>85	>97				
S040													0	<10			>80		>90	
S030															0	<10			>80	>90

注：为了方便，GB/T 18838 的各部分均使用类似的表格，但不同表中的筛网孔径有所不同。

表 2　高碳铸钢砂筛分等级规格——累计筛余百分数

%

等级代码	筛网孔径/mm																		
	2.80	2.36	2.00	1.70	1.40	1.18	1.00	0.85	0.71	0.60	0.50	0.425	0.335	0.300	0.250	0.180	0.125	0.075	0.045
G240	0		>80	>90															
G200		0		>80	>90														
G170			0		>80	>90													
G140				0		>75	>85												
G120					0		>75		>85										
G100						0			>70			>80							
G070							0					>70		>80					
G050									0					>65		>75			
G030												0				>65	>75		
G020														0			>60	>70	
G010																0		>55	>65
G005																	0		>20

注：为了方便，GB/T 18838 的各部分均使用类似的表格，但不同表中的筛网孔径有所不同。

表 3 高碳铸钢丸和砂磨料的性能要求

性　能	要　　求	试验方法
等级	见表 1 和表 2	GB/T 19816.2—2005
硬度	90%被测颗粒的硬度应在下列规定的一种范围之内： 标准硬度： 丸粒：390 HV～530 HV 砂粒：390 HV～530 HV 470 HV～610 HV 570 HV～710 HV ≥700 HV 特殊硬度(丸粒和砂粒)：其他硬度范围可由订购方确定，但至少有90%的粒子硬度差范围约在 140 HV 之内。 磨料有时包含一些存在于抛光样品表面下隐性的内部收缩缺陷或空穴，会引起一些不均匀硬度压痕，从而给出一个错误的硬度读数，在测试时，这些读数应舍弃	GB/T 19816.3—2005
表观密度	≥7.0×10³ kg/m³(7.0 kg/dm³)	GB/T 19816.4—2005
缺陷(见 3.5) 颗粒形状 a) 丸粒 b) 砂粒 空穴 缩孔 裂纹 a) 丸粒 b) 砂粒 缺陷总量 a) 丸粒 b) 砂粒	被测颗粒中的缺陷颗粒数不应超过下列规定： 非球形颗粒数不超过 5% 在硬度不超过 700 HV 的砂粒中，丸粒或超过半球形的颗粒数不超过10%，在硬度大于 700 HV 的砂粒中，丸粒或超过半球形的颗粒数不超过 5% ≤10% ≤10% ≤15% ≤40% ≤20% ≤40% 具有一种以上上述缺陷的颗粒，在缺陷总量中只计算一次	GB/T 19816.5—2005
外来杂质(包括渣子)	质量分数不大于 1%	GB/T 19816.6—2005

表 3（续）

性　能	要　求	试验方法
金相组织	高碳铸钢丸和砂磨料应具有均匀的马氏体和(或)贝氏体显微组织,热处理到与硬度范围一致的程度,具有细而均匀分布的碳化物。因高温转变形成的产品,如珠光体的部分脱碳、网状碳化物和枝状晶界偏析是不希望出现的。 具有这种不希望出现的显微组织的被测颗粒数不应超过 15%	GB/T 19816.5—2005
化学成分	碳:质量分数为 0.8%～1.2% 锰:质量分数为 0.35%～1.2% 硅:质量分数不小于 0.4% 硫:质量分数不大于 0.05% 磷:质量分数不大于 0.05% 锰的含量应足够高,使所有颗粒的切面硬度达到要求	ISO 9556:1989 ISO 629:1982 ISO 439:1982 ISO 4935:1989 ISO 10714:1992
含水量	质量分数不大于 0.2% 注:重要的是高碳铸钢丸和砂磨料应在干燥的条件下提供和使用,并应贮存在室内干燥的环境条件下,以防止磨料结露、锈蚀、损坏,从而变得不适合使用。	GB/T 19816.7—2005

附 录 A
（资料性附录）
丸粒和砂粒磨料的近似等效代码

通常参考的有关金属磨料的世界各国标准，是以不同的颗粒尺寸范围和等级代码系统为依据的。表 A.1 列出了某些国家标准中的近似等效代码，右边是 ISO 11124 中最接近的等效代码。

表中列出的这些代码仅供参考，不应认为表示的这些等级是等同的，它覆盖了 ISO 11124 代码的整个范围。ISO 11124 的本部分没有包含所有已列出的代码。

ISO 11124 尺寸极限与 SAE J444:1984 中规定的相同。

表 A.1

	SAE J444:1984	BS 2451:1963	DIN 8201-2:1985	ISO 代码
丸粒	S1320	S1320	—	S400
	S1110	S1110	—	S300
	S930	S950	—	S280
	S780	S800	2.0～2.8	S240
	S660	S660	1.6～2.24	S200
	S550	S550	1.25～2.0	S170
	S460	S470	—	S140
	S390	S390	1.0～1.6	S120
	S330	S340	0.8～1.25	S100
	S280	—		S080
	S230	S240	0.6～1.0	S070
	S170	S170	0.4～0.8	S060
	S110	S120	0.3～0.6	S040
	S70	S070	0.2～0.4	S030
砂粒	—	G95	—	—
	G10	G80	2.0～2.8	G240
	G12	G66	1.6～2.24	G200
	G14	G55	1.25～2.0	G170
	G16	G47	1.0～1.6	G140
	G18	G39	1.0～1.6	G120
	G25	G34	0.8～1.25	G100
	G40	G24/G17	0.6～1.0/0.4～0.8	G070
	G50	G12	0.3～0.6	G050
	G80	G07	0.2～0.4	G030
	G120	G05	0.16～0.3	G020
	G200	G02	0.1～0.2	G010
	G325	G02	—	G005

注：“S”表示丸粒，即圆形颗粒形状。

“G”表示砂粒，即棱角形颗粒形状。

附 录 B
（资料性附录）
参 考 书 目

下面是通常参考的有关金属磨料的世界各国标准：

BS 2451:1963 冷硬铸铁丸和砂规范

DIN 8201-1:1985 磨料分类 表示方法

DIN 8201-2:1985 金属磨料 铸铁丸粒

DIN 8201-3:1985 金属磨料 铸铁砂粒

DIN 8201-4:1985 磨料 钢丸

JIS G5903:1975 铸丸和砂

SAE J444:1984 喷射清理用铸丸和砂颗粒尺寸规格

SAE J827:1990 铸钢丸

SAE J441:1987 钢丝切丸

ICS 25.220.10
A 29

中华人民共和国国家标准

GB/T 18838.4—2008/ISO 11124-4:1993

涂覆涂料前钢材表面处理 喷射清理用金属磨料的技术要求 第4部分:低碳铸钢丸

Preparation of steel substrates before application of paints and related products—Specifications for metallic blast-cleaning abrasives—Part 4 : Low-carbon cast-steel shot

(ISO 11124-4:1993,IDT)

2008-04-01 发布　　2008-09-01 实施

中华人民共和国国家质量监督检验检疫总局
中国国家标准化管理委员会　发布

前　言

GB/T 18838《涂覆涂料前钢材表面处理　喷射清理用金属磨料的技术要求》分为下列几部分：

——第1部分：导则和分类；

——第2部分：冷硬铸铁砂；

——第3部分：高碳铸钢丸和砂；

——第4部分：低碳铸钢丸；

——第5部分：钢丝段。

本部分为GB/T 18838的第4部分。

本部分等同采用ISO 11124-4:1993《涂覆涂料前钢材表面处理　喷射清理用金属磨料的技术要求 第4部分：低碳铸钢丸》(英文版)。

本部分等同翻译ISO 11124-4:1993。

为便于使用，本部分做了下列编辑性修改：

——"本国际标准"一词改为"本部分"；

——用小数点"."代替作为小数点的逗号"，"；

——用顿号"、"代替作为分述的逗号"，"；

——增加了表2的表题；

——删除了国际标准的前言。

本部分的附录A、附录B均为资料性附录。

本部分由中国船舶工业集团公司提出。

本部分由全国涂料和颜料标准化技术委员会涂漆前金属表面处理及涂漆工艺分技术委员会归口。

本部分起草单位：中国船舶工业第十一研究所、中国船舶工业综合技术经济研究院、山东开泰金属磨料股份有限公司、山东大学。

本部分主要起草人：傅建华、宋艳媛、刘冰扬、刘如伟、张来斌、吴成民。

涂覆涂料前钢材表面处理
喷射清理用金属磨料的技术要求
第4部分:低碳铸钢丸

警告:对于表面处理所用的磨料、材料和设备,如果使用不小心,可能出现危险。许多国家对在使用期间或使用后(废物管理)认为存在危险的材料和磨料,如:游离硅、致癌物质或有毒物质,均作了规定。因此,应遵守这些规定。重要的是应确保给予适当的指导和所有要求的预防措施得以执行。

1 范围

GB/T 18838 的本部分规定了喷射清理用的12种等级的低碳铸钢丸磨料的技术要求,包括硬度、密度、缺陷和结构要求以及化学成分等。

GB/T 18838 的本部分规定的要求只适用于未经使用过的磨料,不适用于使用过的磨料。

喷射清理用金属磨料的试验方法见 GB/T 19816 的各个部分。

低碳铸钢丸是可回收和重复使用的磨料,既可用于固定的又可用于现场的喷射设备。

注1:通常参考的有关金属磨料的世界各国标准及其与本部分的关系参见附录A和附录B。

注2:虽然 GB/T 18838 的本部分是为满足钢结构表面处理要求而特别制定的,但规定的这些特性一般也适用于使用喷射清理技术处理的其他材料的表面或部件。这些规定已在 ISO 8504-2:2000[1)]《涂覆涂料前钢材表面处理 表面处理方法 第2部分:磨料喷射清理》中给出。

2 规范性引用文件

下列文件中的条款通过 GB/T 18838 的本部分的引用而成为本部分的条款。凡是注日期的引用文件,其随后所有的修改单(不包括勘误的内容)或修订版均不适用于本部分,然而,鼓励根据本部分达成协议的各方研究是否可使用这些文件的最新版本。凡是不注日期的引用文件,其最新版本适用于本部分。

GB/T 19816.1—2005 涂覆涂料前钢材表面处理 喷射清理用金属磨料的试验方法 第1部分:抽样(ISO 11125-1:1993,IDT)

GB/T 19816.2—2005 涂覆涂料前钢材表面处理 喷射清理用金属磨料的试验方法 第2部分:颗粒尺寸分布的测定(ISO 11125-2:1993,IDT)

GB/T 19816.3—2005 涂覆涂料前钢材表面处理 喷射清理用金属磨料的试验方法 第3部分:硬度的测定(ISO 11125-3:1993,IDT)

GB/T 19816.4—2005 涂覆涂料前钢材表面处理 喷射清理用金属磨料的试验方法 第4部分:表观密度的测定(ISO 11125-4:1993,IDT)

GB/T 19816.5—2005 涂覆涂料前钢材表面处理 喷射清理用金属磨料的试验方法 第5部分:缺陷颗粒百分比和微结构的测定(ISO 11125-5:1993,IDT)

GB/T 19816.6—2005 涂覆涂料前钢材表面处理 喷射清理用金属磨料的试验方法 第6部分:外来杂质的测定(ISO 11125-6:1993,IDT)

GB/T 19816.7—2005 涂覆涂料前钢材表面处理 喷射清理用金属磨料的试验方法 第7部分:含水量的测定(ISO 11125-7:1993,IDT)

1) 该标准在 ISO 11124-4:1993 中为 ISO 8504-2:1992。GB/T 18839.2—2002 为修改采用 ISO 8504-2:2000。

ISO 439:1982　钢和铸铁　总的硅含量的测定　重量分析法

ISO 629:1982　钢和铸铁　锰含量的测定　分光光度法

ISO 4935:1989　钢和铁　硫含量的测定　感应炉中燃烧后的红外吸收法

ISO 9556:1989　钢和铁　总的碳含量的测定　感应炉中燃烧后的红外吸收法

ISO 10714:1992　钢和铁　磷含量的测定　磷钒钼酸盐分光光度法

3　定义

下列定义适用于 GB/T 18838 的本部分

3.1

低碳铸钢丸　low-carbon cast steel shot

一种喷射清理用的金属磨料，将熔融低碳钢通过雾化而成的丸粒形(见 3.2)铸造加工产品。

3.2

丸粒　shot

主要形状为圆形的，其长度不大于最大颗粒宽度两倍，并且无棱边、破碎断面和其他尖锐表面缺陷的颗粒。

3.3

缺陷　defect

磨料的空穴、缩孔、裂纹或颗粒形状不规则等，若大于等于规定的值，将不利于磨料的性能(见表 2)。

3.3.1

空穴　void

光滑表面的内孔，面积不大于颗粒横截面的 10%的内孔。

3.3.2

缩孔　shrinkage defect

具有粗糙的枝状表面或微气孔区域的内孔，面积不大于颗粒横截面 40%的内孔。

3.3.3

裂纹　crack

线形非连续性缺陷，其长宽比为 3∶1 或更大，长度超过直径或颗粒最小尺寸的 20%，并且呈放射状。

3.3.4

外来杂质　foreign matter

非磁性的，不属于磨料颗粒而混合于磨料中的任何材料或颗粒。

4　磨料标记

低碳铸钢丸应使用“磨料 GB/T 18838”和表示金属低碳铸钢磨料的缩写字母“M/LCS”来标识，其后标注要求购买的颗粒形状为丸粒的符号“S”，最后标注表示要求的等级或颗粒标称尺寸的三位数字。

示例 1：

磨料 GB/T 18838 M/LCS/S100

表示低碳铸钢型金属磨料，符合 GB/T 18838 的本部分要求，初始颗粒形状为丸粒，等级为 100(即颗粒标称尺寸为 1.00 mm)。

在订货单上标出这个完整的产品标记是必要的。

注1:表1给出了等级要求和代码规定。等级代码是依据每一个等级颗粒尺寸范围中间近似或标称直径,用毫米乘以100表示。

注2:附录A提供了关于铸造金属磨料通常参考的其他国家标准中近似等效的等级和代码。

5 抽样

按GB/T 19816.1—2005的规定进行抽样。

6 低碳铸钢丸磨料的要求

低碳铸钢丸磨料的要求按表2的规定。

7 包装标志和批号标志

所有供应品均应按第4章规定清楚地进行标记和标识。销售单元,例如集装箱、桶、箱等应清楚地贴有完整的产品代码标签。

分包装,例如袋,应标志出颗粒的形状和等级代码。

注:建议在包装标志中,应包括能追朔到某个具体产品周期或批号的附加标志,至少在集装箱、桶或箱等包装标志中应包括可追朔性标志。

8 制造商和供应商应提供的资料

需要时,制造商或供应商应提供试验报告,详细列出按表2中规定的方法测定有关性能的结果。

表1 低碳铸钢丸筛分等级规格——累计筛余百分数

%

等级代码	筛网孔径/mm																
	3.35	2.80	2.36	2.00	1.70	1.40	1.18	1.00	0.85	0.71	0.60	0.50	0.425	0.355	0.300	0.250	0.180	0.125
S280	0		>90	>97														
S240		0		>85	>97													
S200			0		>85	>97												
S170				0		>85	>97											
S140				0	<5		>85	>96										
S120					0	<5		>85	>96									
S100						0	<5		>85	>96								
S080							0	<5		>85	>96							
S070								0	<10		>85	>97						
S060									0	<10			>85	>97				
S040											0	<10			>80		>90	
S030													0	<10			>80	>90

注:为了方便,GB/T 18838的各部分均使用类似的表格,但不同表中的筛网孔径有所不同。

表 2 低碳铸钢丸磨料的性能要求

性 能	要 求	试验方法
等级	见表1	GB/T 19816.2—2005
硬度	90%受试粒子的硬度范围应为 390 HV～520 HV,磨料有时包含一些存在于抛光样品表面下隐性的内部收缩缺陷或空穴,会引起一些不均匀硬度压痕,从而给出一个错误的硬度读数,在测试时,这些读数应舍弃	GB/T 19816.3—2005
表观密度	≥ 7.0×10^3 kg/m³ (7.0 kg/dm³)	GB/T 19816.4—2005
缺陷 颗粒形状 空穴 缩孔 裂纹 缺陷总量	被测颗粒中的缺陷颗粒数不应超过下列规定: 非球形颗粒数不超过 15% ≤15% ≤5% 无 ≤20% 具有一种以上上述缺陷的颗粒,在缺陷总量中只计算一次	GB/T 19816.5—2005
外来杂质(包括渣子)	质量分数不大于 1%	GB/T 19816.6—2005
金相组织	低碳铸钢丸磨料应具有均匀的贝氏体或马氏体显微组织。 注:这种金相组织是产生同时具有高硬度、长寿命和标准耐久性三种特性的磨料粒子所必需的,具体制造方法由制造者决定。 在单独颗粒中,铁素体和珠光体的组织应不大于 5%,具有这种组织的颗粒数应不超过被测颗粒总数的 15%	GB/T 19816.5—2005
化学成分	碳:质量分数为 0.08%～0.20% 锰:质量分数为 0.35%～1.50% 硅:质量分数为 0.10%～2.00% 硫:质量分数不大于 0.05% 磷:质量分数不大于 0.05%	ISO 9556:1989 ISO 629:1982 ISO 439:1982 ISO 4935:1989 ISO 10714:1992
含水量	质量分数不大于 0.2% 注:重要的是低碳铸钢丸磨料应在干燥的条件下提供和使用,并应贮存在室内干燥的环境条件下,以防止磨料结露、锈蚀、损坏,从而变得不适合使用。	GB/T 19816.7—2005

附 录 A
（资料性附录）
丸粒和砂粒磨料的近似等效代码

通常参考的有关金属磨料的世界各国标准，是以不同的颗粒尺寸范围和等级代码系统为依据的。

表 A.1 列出了某些国家标准中的近似等效代码，右边是 ISO 11124 中最接近的等效代码。

表中列出的这些代码仅供参考，不应认为表示的这些等级是等同的，它覆盖了 ISO 11124 代码的整个范围。ISO 11124 的本部分没有包含所有已列出的代码。

ISO 11124 尺寸极限与 SAE J444:1984 中规定的相同。

表 A.1

	SAE J444:1984	BS 2451:1963	DIN 8201-2:1985	ISO 代码
丸粒	S1320	S1320	—	S400
	S1110	S1110	—	S300
	S930	S950	—	S280
	S780	S800	2.0～2.8	S240
	S660	S660	1.6～2.24	S200
	S550	S550	1.25～2.0	S170
	S460	S470	—	S140
	S390	S390	1.0～1.6	S120
	S330	S340	0.8～1.25	S100
	S280	—		S080
	S230	S240	0.6～1.0	S070
	S170	S170	0.4～0.8	S060
	S110	S120	0.3～0.6	S040
	S70	S070	0.2～0.4	S030
砂粒	—	G95	—	—
	G10	G80	2.0～2.8	G240
	G12	G66	1.6～2.24	G200
	G14	G55	1.25～2.0	G170
	G16	G47	1.0～1.6	G140
	G18	G39	1.0～1.6	G120
	G25	G34	0.8～1.25	G100
	G40	G24/G17	0.6～1.0/0.4～0.8	G070
	G50	G12	0.3～0.6	G050
	G80	G07	0.2～0.4	G030
	G120	G05	0.16～0.3	G020
	G200	G02	0.1～0.2	G010
	G325	G02	—	G005

注："S"表示丸粒，即圆形颗粒形状。

"G"表示砂粒，即棱角形颗粒形状。

附　录　B

（资料性附录）

参　考　书　目

下面是通常参考的有关金属磨料的世界各国标准：

BS 2451:1963　冷硬铸铁丸和砂规范

DIN 8201-1:1985　磨料分类　表示方法

DIN 8201-2:1985　金属磨料　铸铁丸粒

DIN 8201-3:1985　金属磨料　铸铁砂粒

DIN 8201-4:1985　磨料　钢丸

JIS G5903:1975　铸丸和砂

SAE J444:1984　喷射清理用铸丸和砂颗粒尺寸规格

SAE J827:1990　铸钢丸

SAE J441:1987　钢丝切丸

ICS 21.120.30
J 18

中华人民共和国国家标准

GB/T 18842—2008
代替 GB/T 18842—2002

圆锥直齿渐开线花键

Taper cylindrical involute splines

2008-09-27 发布　　2009-05-01 实施

中华人民共和国国家质量监督检验检疫总局
中国国家标准化管理委员会　发布

前　言

本标准是对 GB/T 18842—2002《圆锥直齿渐开线花键》的修订。

本标准与 GB/T 18842—2002 相比主要变化如下：

——按照 GB/T 1.1—2000 要求进行了编辑性的修改；

——将表 2 中“作用齿槽宽最大值 $E_{Vmax}=E_{Vmin}-\lambda$”改为“$E_{Vmax}=E_{max}-\lambda$”；

——将表 2 中外花键渐开线起始圆最大值公式中的“2”改为“2×”，“D_h”改为“D_b”；

——将表 8 中“作用齿厚最大值 1.606”改为“作用齿厚最大值 1.660”；

——将表 8 中“作用齿厚最小值 1.660”改为“作用齿厚最小值 1.606”；

——将表 8 中“6H　GB/T 18842—2002”改为“6k　GB/T 18842—2008”；

——将表 9～表 13 中“内花键实际齿槽宽最大值”改为“作用齿槽宽最小值 $E_{Vmin}=0.5\pi m$”。

本标准由全国机器轴与附件标准化技术委员会提出并归口。

本标准起草单位：机械科学研究总院中机生产力促进中心、哈尔滨东安发动机有限公司、中国第一汽车集团公司。

本标准主要起草人：明翠新、常宝印、巨建辉、邓高见 。

本标准所代替标准的历次版本发布情况为：

——GB/T 18842—2002。

圆锥直齿渐开线花键

1 范围

本标准规定了圆锥直齿渐开线花键(以下简称花键)的术语、代号和定义、尺寸的计算公式、尺寸系列、公差等级与配合类别、公差、参数标注、检验方法和尺寸表等内容。

本标准适用于内花键齿形为直线、外花键齿形为渐开线、标准压力角为45°、模数为0.50 mm～1.50 mm和锥度为1∶15的圆锥直齿渐开线花键。

2 规范性引用文件

下列文件中的条款通过本标准的引用而成为本标准的条款。凡是注日期的引用文件,其随后所有的修改单(不包括勘误的内容)或修订版均不适用于本标准,然而,鼓励根据本标准达成协议的各方研究是否可使用这些文件的最新版本。凡是不注日期的引用文件,其最新版本适用于本标准。

GB/T 1800.1 产品几何技术规范(GPS) 极限与配合 第1部分:公差、偏差和配合的基础(GB/T 1800.1—2008,ISO 286-1:1988,MOD)

GB/T 3478.1—2008 圆柱直齿渐开线花键 (米制模数 齿侧配合) 第1部分:总论(ISO 4156-1:2005,MOD)

GB/T 15758 花键基本术语

3 术语、代号和定义

3.1 花键通用的术语和定义见GB/T 15758。

3.2 花键专用的术语、代号和定义见图1和图2。

下列术语和定义适用于本标准。

3.2.1

基面 base plane

规定花键参数、尺寸及其公差的端平面。基面的位置规定在外花键的小端,并与设计给定的内花键基面重合。

3.2.2

圆锥素线 conical line

小径圆锥面与花键轴平面的交线。

3.2.3

齿槽角 space angle

β

内花键同一齿槽两侧齿形所夹的锐角。

3.2.4

圆锥素线斜角 conical line bevel

θ

内外花键圆锥素线与花键轴线所夹的锐角。

3.2.5

基面距离 base level distance

l

从基面到内花键小端端面的距离。

4 尺寸的计算

花键基面上尺寸的计算公式见图 1、图 2 和表 1。

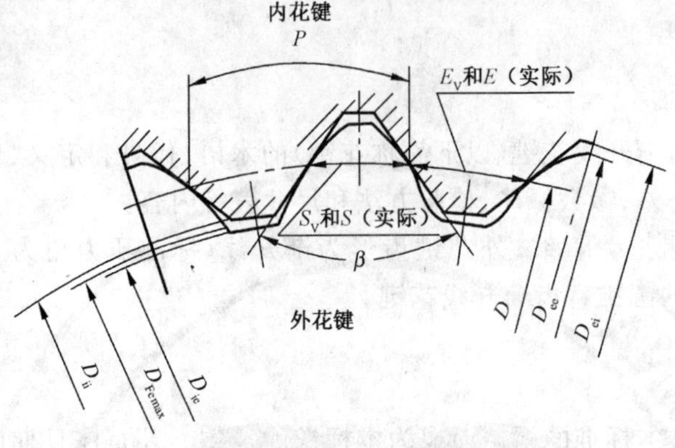

图 1

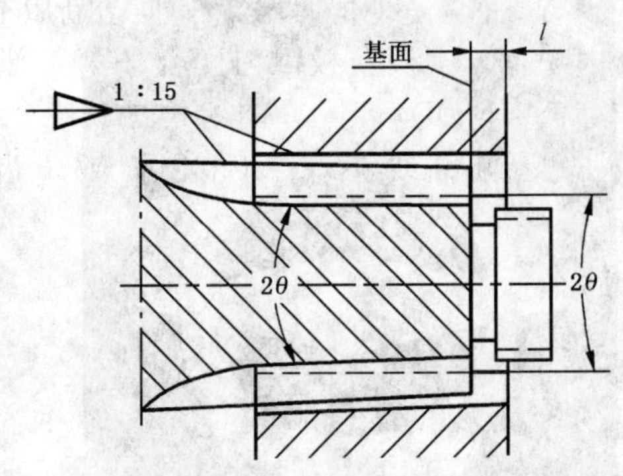

图 2

表 1 计算公式

项 目	代 号	公式或说明
模数	m	0.50、0.75、1.00、1.25、1.50
齿数	z	
标准压力角	α_D	45°
分度圆直径	D	mz
基圆直径	D_b	$mz\cos\alpha_D$
齿距	P	πm
内花键大径基本尺寸	D_{ei}	$m(z+1.2)$
内花键大径下偏差		0
内花键大径公差		从 IT12、IT13 或 IT14 中选取[a]
内花键小径基本尺寸	D_{ii}	$D_{Femax}+2C_F$ [b]
内花键小径极限偏差		见表 8 至表 12
基本齿槽宽	E	$0.5\pi m$
作用齿槽宽最小值	E_{Vmin}	$0.5\pi m$
实际齿槽宽最大值	E_{max}	$E_{Vmin}+(T+\lambda)$

表 1（续）

项　　目	代　　号	公式或说明
实际齿槽宽最小值	$E_{\min}$	$E_{V\min}+\lambda$
作用齿槽宽最大值	$E_{V\max}$	$E_{\max}-\lambda$
外花键作用齿厚上偏差	es_v	$+(T+\lambda)$（按基本偏差 k）
外花键大径基本尺寸	D_{ee}	$m(z+0.8)$
外花键大径极限偏差		见表 9 至表 13
外花键渐开线起始圆直径最大值	$D_{Fe\max}$	$2\times\sqrt{(0.5D_b)^2+\left[0.5D\cdot\sin\alpha_D-\frac{0.5m-\frac{0.5es_v}{\tan\alpha_D}}{\sin\alpha_D}\right]^2}$
外花键小径基本尺寸	D_{ie}	$m(z-1.2)$
外花键小径上偏差		$+(T+\lambda)$
外花键小径公差		从 IT12、IT13 或 IT14 中选取
基本齿厚	S	$0.5\pi m$
作用齿厚最大值	$S_{V\max}$	$S+es_v$
实际齿厚最小值	$S_{\min}$	$S_{V\max}-(T+\lambda)$
实际齿厚最大值	$S_{\max}$	$S_{V\max}-\lambda$
作用齿厚最小值	$S_{V\min}$	$S_{\min}+\lambda$
齿形裕宽	C_F	$0.1m$
内花键齿槽角	β	$90°-360°\cdot E/(\pi D)$
圆锥素线斜角	θ	$\tan^{-1}[(z-1.2)/30(z+0.8)]$

[a] IT 是标准公差，数值见 GB/T 1800.1；

[b] 计算 D_{ii} 时，其中 $D_{Fe\max}$ 公式中的 es_v 取 0。

5　尺寸系列

5.1　外花键基面上大径基本尺寸 D_{ee} 的尺寸系列见表 2。

5.2　当表 2 中的尺寸不能满足产品结构需要时，允许齿数不按表中规定，但必须保持本标准的几何参数关系及公差配合，以便采用标准刀具。此时，相应的公差见 GB/T 3478.1，β 和 θ 值按表 1 公式计算。

表 2　D_{ee} 的尺寸系列

m	0.50	0.75	1.00	1.25	1.50
z	$D_{ee}=m(z+0.8)$				
32	16.4	24.6	32.8	41.0	49.2
34	17.4	26.1	34.8	43.5	52.2
36	18.4	27.6	36.8	46	55.2
38	19.4	29.1	38.8	48.5	58.2
40	20.4	30.6	40.8	51.0	61.2
44	22.4	33.6	44.8	56.0	67.2
48	—	36.6	48.8	61.0	73.2
52	—	—	—	66.0	79.2

6 公差等级与配合类别

6.1 花键的公差等级与配合类别采用 GB/T 3478.1—2008 中的 6H/6K 和 7H/7K，即公差等级为 6 级和 7 级，配合类别为 H/K。

6.2 齿槽宽和齿厚的公差带分布见图 3。

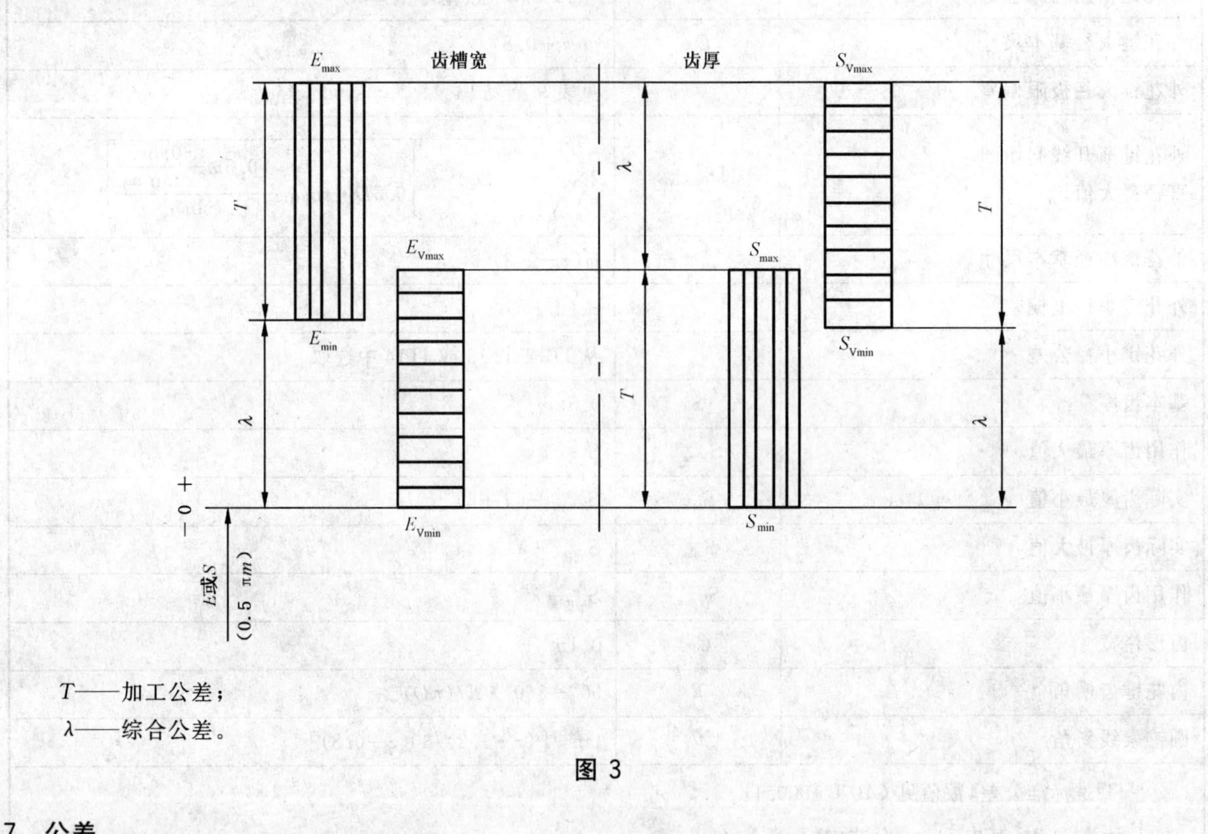

T——加工公差；

λ——综合公差。

图 3

7 公差

7.1 内外花键大径和小径的尺寸公差(在基面上)见表 1。

7.2 内花键齿槽宽和外花键齿厚的总公差($T+\lambda$)、综合公差 λ、齿距累积公差 F_P 和齿形公差 f_f，见表 3(公差等级为 6 级时)或表 4(公差等级为 7 级时)。

7.3 花键的齿向公差 F_β 见表 5。

表 3 齿槽宽和齿厚的公差(6 级用) 单位为微米

m	0.50				0.75				1.00				1.25				1.50			
z	$T+\lambda$	λ	F_P	f_f	$T+\lambda$	λ	F_P	f_f	$T+\lambda$	λ	F_P	f_f	$T+\lambda$	λ	F_P	f_f	$T+\lambda$	λ	F_P	f_f
32	70	29	38	28	81	32	43	29	89	35	48	31	96	37	52	32	102	40	56	33
34	71	29	38	28	81	32	44	29	90	35	49	31	97	38	53	32	103	41	57	34
36	72	29	39	28	82	33	45	29	91	36	50	31	98	39	55	32	104	41	59	34
38	73	30	40	28	83	33	46	29	91	37	51	31	98	39	56	32	105	42	60	34
40	74	30	41	28	83	34	47	30	92	37	52	31	99	40	57	32	106	43	61	34
44	75	31	42	28	85	35	48	30	93	38	54	31	101	41	59	33	107	44	63	34
48	76	32	43	28	86	36	50	30	95	39	56	31	102	42	61	33	109	45	66	35
52	76	32	44	28	87	37	52	30	96	40	58	32	103	44	63	33	110	47	68	35

表 4　齿槽宽和齿厚的公差(7 级用)

单位为微米

m	0.50				0.75				1.00				1.25				1.50			
z	$T+\lambda$	λ	F_P	f_f	$T+\lambda$	λ	F_P	f_f	$T+\lambda$	λ	F_P	f_f	$T+\lambda$	λ	F_P	f_f	$T+\lambda$	λ	F_P	f_f
32	113	43	54	44	129	47	62	47	42	52	68	49	154	55	74	51	164	59	80	53
34	114	43	55	44	130	48	63	47	144	52	70	49	155	56	76	51	165	60	82	53
36	114	44	56	45	131	49	64	47	145	53	71	49	156	57	78	51	166	61	83	54
38	115	45	57	45	132	49	66	47	146	54	73	49	158	58	79	52	168	62	85	54
40	116	46	58	45	133	50	67	47	147	55	74	49	159	59	81	52	169	63	87	54
44	118	46	60	45	135	51	69	47	149	56	77	50	161	61	84	52	172	65	90	55
48	119	47	62	45	137	53	71	48	151	58	80	50	163	62	87	53	174	66	94	55
52	121	48	63	45	139	54	74	48	153	59	82	50	165	64	90	53	176	68	97	56

表 5　花键的齿向公差 F_β

单位为微米

花键长度/mm		~15	>20~25	>25~30	>30~35	>35~40	>40~45	>45~50	>50~55	>55~60	>60~70	>70~80	>80
公差等级	6 级	11	12	13	13	14	14	15	15	16	16	17	17
	7 级	18	19	20	21	22	23	23	24	25	25	27	28

7.4　表 3 和表 4 中的单项公差供设计刀量具参考,不作为产品验收的依据。

8　参数标注

在零件图样中,应给出制造花键所需的全部参数、尺寸和公差,列出花键参数表(示例见表 6 和表 7)。参数表中的项目,按需要填写。

表 6　内花键参数表(示例)

齿数	32
模数	1
齿槽角	84°22′03″
实际齿槽宽最大值	1.660(参考)
作用齿槽宽最大值	1.625
作用齿槽宽最小值	1.571
公差等级与配合类别	6H　GB/T 18842—2008
配对零件图号	×××—××××

表 7　外花键参数表(示例)

齿数	32
模数	1
齿槽角	45°
实际齿厚最大值	1.571(参考)
作用齿厚最大值	1.660
作用齿厚最小值	1.606
公差等级与配合类别	6k　GB/T 18842—2008
配对零件图号	×××—××××

9 检验方法

9.1 内花键小径尺寸可用普通光滑塞规(通规和止规)检验或用其他方法测量。

9.2 外花键大径尺寸可用普通光滑环规(通规和止规)检验或用其他方法测量。

9.3 内花键大径、外花键小径、齿根圆弧最小曲率半径等尺寸,可由工艺保证。

9.4 齿槽宽和齿厚采用 GB/T 3478.1—2008 标准中规定的综合检验法(方法 B)检验。

9.4.1 用大端有台阶 h 的全齿综合塞规(见图 4)检验内花键作用齿槽宽的最大值 E_{Vmax} 和最小值 E_{Vmin}。即当塞规放入内花键后,内花键大端面应在塞规台阶高度 h 范围内。

9.4.2 用小端有台阶 h 的全齿综合环规(见图 5)检验外花键作用齿厚的最大值 S_{Vmax} 和最小值 S_{Vmin}。即当环规套入外花键后,外花键小端面应在环规台阶高度 h 范围内。环规齿形可为直线。

注:图 4 中的台阶高度 h 是按内花键作用齿槽宽公差换算的;图 5 中的台阶高度 h 是按外花键作用齿厚公差换算的。

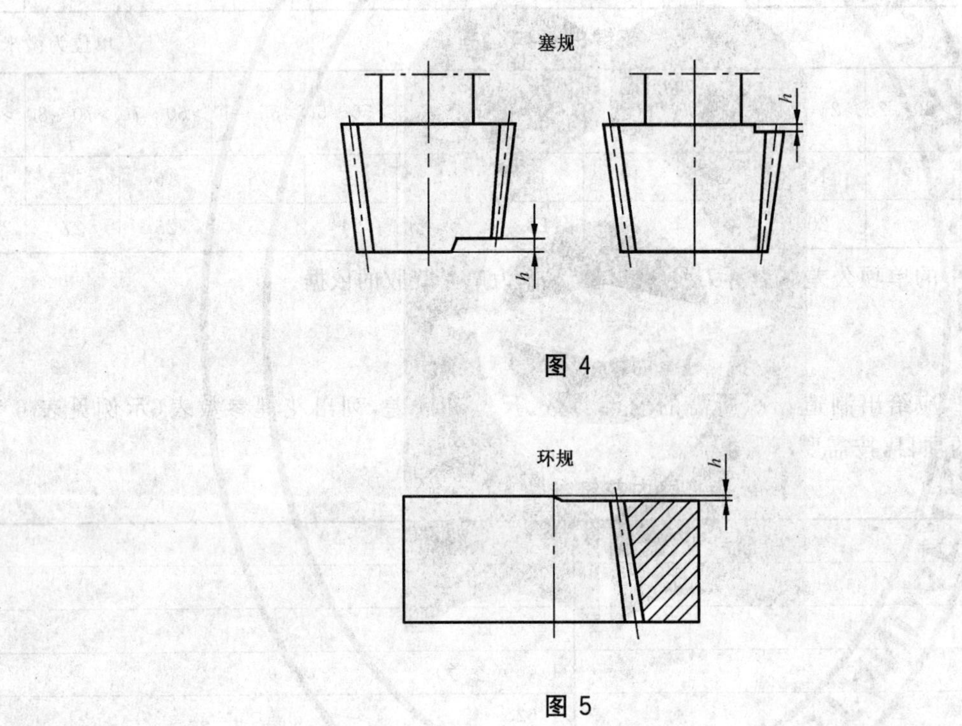

图 4

图 5

10 尺寸表

花键的尺寸见表 8 至表 12,其中内花键大径 D_{ei} 和外花键小径 D_{ie} 的极限偏差及公差按表 1 的规定。内花键的齿槽角 β 和圆锥素线斜角 θ 见表 13。

表 8 $m=0.5$ $E=S=E_{V\min}=S_{\min}=0.5\pi m=0.785$

单位为毫米

齿数 z	分度圆直径 D	内花键						外花键									齿数 z
		大径 D_{ei}	小径 D_{ii}		作用齿槽宽最小值 $E_{V\min}=0.5\pi m$	作用齿槽宽最大值 $E_{V\max}=E_{V\min}+T$		基面距离 l(参考)	大径 D_{ee}		小径 D_{ie}	作用齿厚最大值 $S_{V\max}=S+es_v$		作用齿厚最小值 $S_{V\min}=S_{V\max}-T$		渐开线起始圆直径最大值 $D_{Fe\max}$	
			基本尺寸	极限偏差		6H	7H		基本尺寸	极限偏差		6k	7k	6k	7k		
32	16.0	16.60	15.61	+0.070 0	0.785	0.826	0.855	3	16.40	0 −0.070	15.40	0.855	0.898	0.814	0.828	15.51	32
34	17.0	17.60	16.61			0.827	0.856	3	17.40		16.40	0.856	0.899	0.814	0.828	16.51	34
36	18.0	18.60	17.61			0.828	0.856	3	18.40		17.40	0.857	0.899	0.814	0.829	17.51	36
38	19.0	19.60	18.61	+0.084 0		0.828	0.856	4	19.40	0 −0.084	18.40	0.857	0.900	0.815	0.829	18.51	38
40	20.0	20.60	19.61			0.828	0.856	4	20.40		19.40	0.858	0.901	0.815	0.830	19.51	40
44	22.0	22.60	21.61			0.828	0.857	4	22.40		21.40	0.859	0.903	0.816	0.831	21.51	44

表 9 $m=0.75$ $E=S=E_{V\min}=S_{\min}=0.5\pi m=1.178$

单位为毫米

齿数 z	分度圆直径 D	内花键						外花键									齿数 z
		大径 D_{ei}	小径 D_{ii}		作用齿槽宽最小值 $E_{V\min}=0.5\pi m$	作用齿槽宽最大值 $E_{V\max}=E_{V\min}+T$		基面距离 l(参考)	大径 D_{ee}		小径 D_{ie}	作用齿厚最大值 $S_{V\max}=S+es_v$		作用齿厚最小值 $S_{V\min}=S_{V\max}-T$ 基本尺寸		渐开线起始圆直径最大值 $D_{Fe\max}$	
			基本尺寸	极限偏差		6H	7H		基本尺寸	极限偏差		6k	6H	7H	6H		
32	24.0	24.90	23.41	+0.084 0	1.178	1.227	1.260	4	24.60	0 −0.084	23.10	1.259	1.307	1.210	1.225	23.26	32
34	25.5	26.40	24.91			1.227	1.260	4	26.10		24.60	1.259	1.308	1.210	1.226	24.76	34
36	27.0	27.90	26.41			1.227	1.260	4	27.60		26.10	1.260	1.309	1.211	1.227	26.26	36
38	28.5	29.40	27.91			1.228	1.261	5	29.10		27.60	1.261	1.310	1.211	1.227	27.76	38
40	30.0	30.90	29.41			1.228	1.261	5	30.60	0 −0.100	29.10	1.261	1.311	1.212	1.228	29.26	40
44	33.0	33.90	32.41	+0.100 0		1.228	1.262	5	33.60		32.10	1.263	1.313	1.213	1.229	32.26	44
48	36.0	36.90	35.41			1.228	1.262	5	36.60		35.10	1.264	1.315	1.214	1.231	35.26	48

表 10　$m=1.00$　$E=S=E_{V\min}=S_{\min}=0.5\pi m=1.571$

单位为毫米

齿数 z	分度圆直径 D	内花键							外花键								齿数 z
		大径 D_{ei}	小径 D_{ii}		作用齿槽宽最小值 $E_{V\min}=0.5\pi m$	作用齿槽宽最大值 $E_{V\max}=E_{V\min}+T$		基面距离 l(参考)	大径 D_{ee}		小径 D_{ie}	作用齿厚最大值 $S_{V\max}=S+es_v$		作用齿厚最小值 $S_{V\min}=S_{V\max}-T$		渐开线起始圆直径最大值 $D_{Fe\max}$	
			基本尺寸	极限偏差		6H	7H		基本尺寸	极限偏差		6k	6H	7H	6H		
32	32.0	33.20	31.22	+0.160 0	1.571	1.625	1.661	5	32.80	0 −0.160	30.80	1.660	1.713	1.606	1.623	31.02	32
34	34.0	35.20	33.22			1.626	1.663	5	34.80		32.80	1.661	1.715	1.606	1.623	33.02	34
36	36.0	37.20	35.21			1.626	1.663	5	36.80		34.80	1.662	1.716	1.607	1.624	35.01	36
38	38.0	39.20	37.21			1.626	1.663	6	38.80		36.80	1.662	1.717	1.608	1.625	37.01	38
40	40.0	41.20	39.21			1.626	1.663	6	40.80		38.80	1.663	1.718	1.608	1.626	39.01	40
44	44.0	45.20	43.21			1.626	1.664	6	44.80		42.80	1.664	1.720	1.609	1.627	43.01	44
48	48.0	49.20	47.21			1.626	1.664	6	48.80		46.80	1.665	1.722	1.610	1.629	47.01	48

表 11　$m=1.25$　$E=S=E_{V\min}=S_{\min}=0.5\pi m=1.963$

单位为毫米

齿数 z	分度圆直径 D	内花键							外花键								齿数 z
		大径 D_{ei}	小径 D_{ii}		作用齿槽宽最小值 $E_{V\min}=0.5\pi m$	作用齿槽宽最大值 $E_{V\max}=E_{V\min}+T$		基面距离 l(参考)	大径 D_{ee}		小径 D_{ie}	作用齿厚最大值 $S_{V\max}=S+es_v$		作用齿厚最小值 $S_{V\min}=S_{V\max}-T$		渐开线起始圆直径最大值 $D_{Fe\max}$	
			基本尺寸	极限偏差		6H	7H		基本尺寸	极限偏差		6k	6H	7H	6H		
32	40.0	41.50	39.02	+0.160 0	1.963	2.022	2.062	6	41.00	0 −0.160	38.50	2.059	2.117	2.000	2.018	38.77	32
34	42.5	44.00	41.52			2.022	2.062	6	43.50		41.00	2.060	2.118	2.001	2.019	41.27	34
36	45.0	46.50	44.02			2.022	2.062	6	46.00		43.50	2.061	2.119	2.002	2.020	43.77	36
38	47.5	49.00	46.52			2.022	2.063	6	48.50		46.00	2.061	2.121	2.002	2.021	46.27	38
40	50.0	51.50	49.02			2.022	2.063	6	51.00		48.50	2.062	2.122	2.003	2.022	48.77	40
44	55.0	56.50	54.01	+0.190 0		2.023	2.063	6	56.00	0 −0.190	53.50	2.064	2.124	2.004	2.024	53.76	44
48	60.0	61.50	59.01			2.023	2.064	6	61.00		58.50	2.065	2.126	2.005	2.025	58.76	48
52	65.0	66.50	64.01			2.023	2.064	6	66.00		63.50	2.066	2.128	2.007	2.027	63.76	52

表 12 $m=1.50$ $E=S=E_{V\ min}=S_{min}=0.5\pi m=2.356$

单位为毫米

齿数 z	分度圆直径 D	内花键						外花键									齿数 z
		大径 D_{ei}	小径 D_{ii}		作用齿槽宽最小值 $E_{V\ min}=0.5\pi m$	作用齿槽宽最大值 $E_{V\ max}=E_{V\ min}+T$		基面距离 l(参考)	大径 D_{ee}		小径 D_{ie}	作用齿厚最大值 $S_{V\ max}=S+es_v$		作用齿厚最小值 $S_{V\ min}=S_{V\ max}-T$		渐开线起始圆直径最大值 $D_{Fe\ max}$	
			基本尺寸	极限偏差		6H	7H		基本尺寸	极限偏差		6k	6H	7H	6H		
32	48.0	49.80	46.82	+0.160 0	2.356	2.418	2.461	6	49.20	0 −0.160	46.20	2.458	2.520	2.396	2.415	46.52	32
34	51.0	52.80	49.82			2.418	2.461	6	52.20		49.20	2.459	2.521	2.397	2.416	49.52	34
36	54.0	55.80	52.82	+0.190 0		2.419	2.461	6	55.20	0 −0.190	52.20	2.460	2.523	2.397	2.417	52.52	36
38	57.0	58.80	55.82			2.419	2.462	6	58.20		55.20	2.461	2.524	2.398	2.418	55.52	38
40	60.0	61.80	58.82			2.419	2.462	6	61.20		58.20	2.462	2.525	2.399	2.419	58.52	40
44	66.0	67.80	64.82			2.419	2.463	6	67.20		64.20	2.463	2.528	2.400	2.421	64.52	44
48	72.0	73.80	70.82			2.420	2.464	6	73.20		70.20	2.465	2.530	2.401	2.422	70.52	49
52	78.0	79.80	76.81			2.420	2.464	6	79.20		76.20	2.466	2.532	2.403	2.424	76.51	52

表 13　齿槽角 β 和圆锥素线斜角 θ

齿数 z	内花键齿槽角 β	内花键圆锥素线斜角 θ
32	84°22′3″	1°47′34″
34	84°42′21″	1°47′58″
36	85°	1°48′20″
38	85°15′47″	1°48′39″
40	85°30′	1°48′56″
44	85°54′33″	1°49′26″
48	86°15′	1°49′51″
52	86°32′18″	1°50′13″

ICS 67.080
B 66

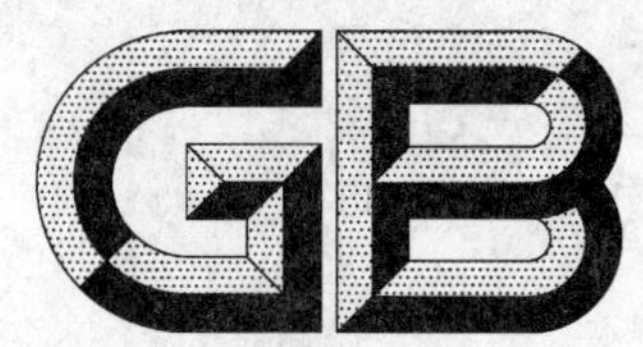

中华人民共和国国家标准

GB/T 18846—2008
代替 GB 18846—2002

地理标志产品 沾化冬枣

Product of geographical indication—
Zhanhua Dong jujube

2008-06-03 发布 2008-12-01 实施

中华人民共和国国家质量监督检验检疫总局
中国国家标准化管理委员会 发布

前 言

本标准根据《地理标志产品保护规定》及 GB 17924—1999《原产地域产品通用要求》制定。

本标准代替 GB 18846—2002《原产地域产品　沾化冬枣》。

本标准与 GB 18846—2002 相比主要变化如下：

——将标准由强制性改为推荐性；

——根据国家质量监督检验检疫总局颁布的《地理标志产品保护规定》，修改相关名称内容；

——修改了术语和定义，使之表述更准确；并增加了“脆熟期”的定义（本版的 4.7）；

——修改了“苗木繁育”和“栽培技术”（本版的 5.3、5.4）；

——根据生产实际情况调整了“质量等级”中“单果重”指标（本版的 5.6）。

本标准的附录 A 为规范性附录。

本标准由全国原产地域产品标准化工作组提出并归口。

本标准起草单位：沾化县质量技术监督局。

本标准主要起草人：郭艳灵、贾善银、张建新、樊玉东、刘云富、邢利民、郭增禄、王信锋、巴明华。

本标准所代替标准的历次版本发布情况为：

——GB 18846—2002。

地理标志产品　沾化冬枣

1　范围

本标准规定了沾化冬枣的地理标志产品保护范围、术语和定义、要求、试验方法、检验规则及标志、标签、包装、运输和贮存。

本标准适用于国家质量监督检验检疫行政主管部门根据《地理标志产品保护规定》批准保护的沾化冬枣。

2　规范性引用文件

下列文件中的条款通过本标准的引用而成为本标准的条款。凡是注日期的引用文件，其随后所有的修改单(不包括勘误的内容)或修订版均不适用于本标准，然而，鼓励根据本标准达成协议的各方研究是否可使用这些文件的最新版本。凡是不注日期的引用文件，其最新版本适用于本标准。

GB/T 5009.8　食品中蔗糖的测定

GB/T 5009.10　植物类食品中粗纤维的测定

GB/T 6195　水果、蔬菜维生素C含量测定法(2,6-二氯靛酚滴定法)

GB 7718　预包装食品标签通则

GB/T 10651　鲜苹果

GB/T 12456　食品中总酸的测定方法(GB/T 12456—1990,neq ISO 750:1981)

3　地理标志产品保护范围

沾化冬枣的地理标志产品保护范围限于国家质量监督检验检疫行政主管部门根据《地理标志产品保护规定》批准保护的范围，见附录A。

4　术语和定义

下列术语和定义适用于本标准。

4.1

沾化冬枣　Zhanhua Dong jujube

在本标准第3章规定的范围内栽植冬枣苗木，以本标准栽培技术进行管理，果品质量符合本标准要求的冬枣。

4.2

着色面积　coloring area

单个枣果表面着红色的面积。

4.3

可食率　edible proportion

取出枣核以外的果肉部分占整个枣质量的比例。

4.4

浆头　serous part

枣的两头或局部出现浆包，色泽发暗。

注：进一步发展即成霉烂果。

4.5

果实硬度 fruit firmness

果实胴部单位面积去皮后所承受的试验压力，检测时应用果实硬度计测试，以牛顿每平方厘米(N/cm^2)计。

4.6

可溶性固形物 soluble solids

果实汁液中所含能溶于水的糖类、有机酸、维生素、可溶性蛋白、色素和矿物质等。

4.7

脆熟期 crisp ripe time

果皮褪绿，并出现红色，富光泽，果肉绿白或乳白色，浓甜微酸，啖食无渣。

5 要求

5.1 自然环境

5.1.1 环境特征

本区域地处黄河三角洲腹地，北濒渤海湾，南靠黄河(北纬37°34′～38°11′，东经117°45′～118°21′)，气候四季分明，冬枣生长季节日照充足，属于北温带大陆性季风气候，冬季多偏北风，夏季多偏南风，春秋风向多变，形成相对独立的小气候。

5.1.2 日照

年平均日照时数2 627.3 h；年平均日照百分率61%；年平均太阳辐射总量5.29×10^5 J/cm^2，平均生理辐射总量2.65×10^5 J/cm^2。

5.1.3 气温

年平均气温12.5℃，平均无霜期203 d。

5.1.4 降水

降水主要靠夏季风带来的水气，雨季的起止和冬、夏季风交汇形成的锋面进退一致，年平均降水量544.3 mm(季平均降水量为第一季度21.6 mm，第二季度129.9 mm，第三季度341.3 mm，第四季度51.5 mm)，生长期平均降水量488.2 mm。

5.1.5 土壤

土壤系黄河冲积平原，土体厚，养分含量高，其中有机质含量7.55 g/kg～12.75 g/kg，平均含量10.25 g/kg；全氮含量0.461 g/kg～0.815 g/kg，平均含量0.668 g/kg；全磷含量1.123 g/kg～1.449 g/kg，平均含量1.298 g/kg；碱解氮含量29.04 mg/kg～53.89 mg/kg，平均含量38.74 mg/kg；速效磷含量4.64 mg/kg～14.56 mg/kg，平均含量8.46 mg/kg；速效钾含量137.18 mg/kg～263.71 mg/kg，平均含量185.22 mg/kg；土壤pH值7.2～7.8，呈中性至微碱性。

5.2 特性

5.2.1 果实特性

果实近圆形或扁圆形，果顶较平，平均单果重14.6 g，最大单果重60.8 g，果面平整，果皮薄，赭红色，富光泽，果肉乳白色，质脆且肉质细嫩多汁，啖食无渣，含糖量高，富含维生素等多种营养物质。

5.2.2 果树特性

5.2.2.1 树体：乔木型，树势及发枝力很强，分枝多，干性强。

5.2.2.2 枝条：多年生枝条，坐果率高，负载量大，枝条较脆易劈裂。嫩梢前期为浅绿色，后期为紫红色。

5.2.2.3 枣吊：枣吊12 cm～30 cm，13节左右，旺树吊长达41 cm以上。

5.2.2.4 叶：叶长圆形，两侧略向叶面褶起。

5.2.2.5 花：花冠直径0.6 cm左右，雄蕊高出雌蕊，柱头分泌粘液多。

5.2.2.6 物候期:4 月初开始萌动,5 月下旬始花,6 月中旬盛花,10 月上中旬果实成熟,11 月上旬落叶,逐渐进入休眠。

5.2.2.7 抗逆性:耐干旱、耐涝、耐盐碱、耐贫瘠、抗病虫能力较强。

5.3 苗木繁育

5.3.1 砧木苗培养

5.3.1.1 酸枣砧木苗的培养:选优良的酸枣种仁,3 月中旬至 5 月下旬播种,行距 40 cm～100 cm 宽窄行,苗高 10 cm 时定苗,株距 15 cm～20 cm。适时中耕除草、病虫害防治,8 月中旬摘心。

5.3.1.2 普通枣砧木苗的培养:春季发芽前或秋季落叶后,将田间散生的根蘖苗收集入圃,每公顷栽植 90 000 株～120 000 株(每亩栽植 6 000 株～8 000 株),适时进行土肥水管理和病虫害防治。

5.3.2 嫁接苗培育

5.3.2.1 砧木选择生长健壮的根茎不小于 0.8 cm 的普通枣苗或酸枣苗,接穗选择沾化冬枣接穗直径大于 0.6 cm 的充实健壮的发育枝或二次枝,在 4 月至 5 月进行劈接和插皮接。

5.3.2.2 抹芽:将嫁接部位(或口)以下的萌芽全部抹去。

5.3.2.3 适时进行中耕除草、土肥水管理和病虫害防治。

5.3.3 苗木出圃要求

嫁接苗木出圃规格见表 1。

表 1 苗木规格

级别	苗高/cm	根茎(嫁接口以上 5 cm)/cm ≥	根系		成熟度
			侧根数量/条 ≥	根幅/cm ≥	
一级	≥100	1.2	5	30	根茎至苗高 2/3 处为灰白或褐红色
二级	≥80～<100	1.0	4	25	
三级	≥60～<80	0.8	3	25	

5.4 栽培技术

5.4.1 主要栽培管理技术措施

5.4.1.1 栽植

选择土层深厚、土质疏松、排灌条件良好的沙质壤土,土壤含盐量小于 3‰,其中氯化钠含量小于 1.50‰,小冠密植,春栽为宜,秋栽亦可。

5.4.1.2 修剪

修剪时以通风透光为原则,采用以下修剪方式:

a) 整形修剪:运用抹芽、摘心、拉枝、开甲、疏枝、短截等技术,培养成小冠疏层形、自由纺锤形、多主枝自然圆头形。

b) 幼龄树修剪:培养骨干枝、培养结果枝组、利用辅养枝。

c) 结果树修剪:清除徒长枝、处理竞争枝、回缩伸长枝、疏截过密枝和细弱枝、清除损伤枝和病虫枝。

d) 老树更新复壮:疏截结果枝组、回缩骨干枝、停甲养树。

5.4.1.3 土肥水管理

5.4.1.3.1 松土除草:春秋两季进行土壤翻耕,枣树生长期及时中耕除草。

5.4.1.3.2 施肥:秋施基肥在冬枣采收后至落叶前进行,以有机肥为主,化肥为辅,采用放射状沟施或条状沟施法;追肥每年三次,分别在萌芽前(4 月上旬)、花前(5 月中旬)、幼果期(7 月上旬果实膨大期)追肥,施肥量及种类依树龄、树势、结果情况、土壤肥力确定。

5.4.1.3.3 灌水与排水:冬枣发芽期、花前期、幼果期、封冻前应视土壤情况及时补水,雨季注意排水防涝。

5.4.1.4 **保花保果**

5.4.1.4.1 开甲:3年生以上枣树可在盛花期进行开甲,甲口宽度为树干直径的十分之一,最宽不大于2 cm;开甲时留总枝量的12%~18%为辅养枝;开甲宽度和留辅枝数量应视树势强弱而定。

5.4.1.4.2 摘心:利用枣头摘心和二次枝摘心,提高坐果率,摘心时间为5月下旬至6月上旬。

5.4.1.4.3 花期喷水:盛花期每隔2 d~3 d傍晚叶面喷清水,保持空气相对湿度75%~85%之间。

5.4.1.4.4 喷肥和植物生长素:盛花期喷10 mg/kg~15 mg/kg的赤霉素或0.3%~0.5%尿素溶液或0.3%的硼砂稀释液,可交替使用。

5.4.1.4.5 花期放蜂:初花期将蜂箱放入园内,每0.67 hm^2(10亩)放1箱蜂,放蜂期枣园内禁止喷药。

5.4.2 **病虫害防治**

病虫害防治以预防为主,综合防治为原则。主要防治龟蜡蚧、枣缨蚊、红蜘蛛、绿盲蝽象、枣锈病、轮纹病、斑点病、细菌性疮痂病等病虫害。在病虫害防治中宜使用物理与生物防治。

5.5 采收

5.5.1 采收时间:10月上中旬,冬枣脆熟期。

5.5.2 采收要求:成熟一批,采收一批。

5.5.3 采收方法:一手抓好枣吊,一手拿好枣果,拇指掐住果柄,向上用力,保证每枣带柄,并轻拿轻放。不得用杆震落后拾捡。

5.6 质量等级

质量等级见表2。

表2 质量等级要求

项 目	要 求		
	特级	一级	二级
单果重/g	17~20	14~16	12~13
果形	近圆形或扁圆形	近圆形或扁圆形	近圆形或扁圆形
机械伤、病虫害	无	无病虫果,裂口果不超过3%	无病虫果,裂口果不超过5%
色泽	果皮赭红光亮,着色50%以上	果皮赭红光亮,着色50%以上	果皮赭红光亮,着色30%以上
口感	皮薄肉脆,细嫩多汁,浓甜微酸爽口,啖食无渣		皮薄肉脆,浓甜微酸爽口,啖食无渣

5.7 感官指标

果实近圆形或扁圆形,果顶较平,果粒均匀,果实阳面赭红色,富光泽,皮薄肉脆,细嫩多汁,浓甜微酸爽口,啖食无渣。

5.8 理化指标

理化指标应符合表3规定。

表3 理化指标

项 目		指 标		
		特级	一级	二级
可食率(以质量计)/%	≥	90.0		
硬度/(N/cm^2)	≥	35.0		
可溶性固形物/%	≥	25.0		
总糖(以蔗糖计)/%	≥	30	30	25.0
总酸(以苹果酸计)/(mg/100 g)		0.3~1.0		
维生素C/(mg/100 g)	≥	250.0		
膳食纤维/%	≤	5.0		
总黄酮/(μg/100 g)	≥	0.2		

5.9 卫生指标

按 GB/T 10651 规定执行。

6 试验方法

6.1 感官指标

将样品放于洁净的瓷盘中，在自然光下用肉眼观察样枣的形状、颜色、光泽和果粒的均匀程度，并品尝。

6.2 质量等级

对样枣进行单果称量，用肉眼观察样枣的形状和着色面积，有无病虫果、浆头及裂果，计算其占总数的比例，归等分级。

6.3 理化指标

6.3.1 可食率的测定

称取样枣 200 g～300 g，逐个切开，将枣肉与核分离，分别称量，按式(1)计算：

$$A = \frac{m_2 - m_1}{m_2} \times 100\% \quad \cdots\cdots\cdots\cdots (1)$$

式中：

A——可食率，%；

m_1——果核质量，单位为克(g)；

m_2——全果质量，单位为克(g)。

6.3.2 硬度的测定

6.3.2.1 仪器：硬度压力计。

6.3.2.2 测定方法：将样果在果实胴部中央阴阳两面的预测部位削去薄薄的一层果皮，尽量少损及果肉，梢部略大于压力计测头的面积，将压力计测头垂直地对准果实的测试部位，徐徐施加压力，使测头压入果肉至规定标线为止，从指示器所示处直接读数，即为果实硬度。每批试验不得少于 10 个样果，求其平均值，计算至小数点后一位。

6.3.3 总糖的测定

按 GB/T 5009.8 规定执行。

6.3.4 总酸的测定

按 GB/T 12456 规定执行。

6.3.5 维生素 C 的测定

按 GB/T 6195 规定执行。

6.3.6 膳食纤维的测定

按 GB/T 5009.10 规定执行。

6.3.7 总黄酮的测定

6.3.7.1 试剂

6.3.7.1.1 聚酰胺粉。

6.3.7.1.2 芦丁标准溶液：称取 5.0 mg 芦丁，加甲醇溶解并定容至 100 mL，即得 50 μg/mL 芦丁标准溶液。

6.3.7.1.3 乙醇：分析纯。

6.3.7.1.4 甲醇：分析纯。

6.3.7.1.5 苯：分析纯。

6.3.7.2 分析步骤

6.3.7.2.1 样品处理

称取一定量的样品，加乙醇定容至 25 mL。摇匀后超声提取 20 min 放置，吸取上清液 1.0 mL 于蒸发皿中,加 1 g 聚酰胺粉吸附,于水浴上挥发去乙醇,然后转入层析柱。先用 20 mL 苯洗,苯液弃去,然后用甲醇洗脱黄酮,定容至 25 mL,此液于波长 360 nm 测定吸收值,同时以芦丁为标准,测定标准曲线,求回归方程,计算样品中总黄酮含量。

6.3.7.2.2 芦丁标准曲线

吸取芦丁标准溶液 0 mL、1.0 mL、2.0 mL、3.0 mL、4.0 mL、5.0 mL 于 10 mL 比色管中,加甲醇至刻度,摇匀,于波长 360 nm 比色,计算样品中总黄酮含量。

6.3.7.2.3 计算和结果表示

样品中总黄酮含量按式(2)计算:

$$X = \frac{A \times V_2}{V_1 \times m \times 1\,000} \quad \cdots\cdots (2)$$

式中:

X——样品中总黄酮含量,单位为微克每百克(μg/100 g);

A——由标准曲线算得被测液中总黄酮含量,单位为微克(μg);

m——样品质量,单位为克(g);

V_1——测定用样品体积,单位为毫升(mL);

V_2——样品定容总体积,单位为毫升(mL)。

6.3.8 可溶性固形物的测定

按 GB/T 10651 规定执行。

6.4 卫生指标

按 GB/T 10651 规定执行。

7 检验规则

7.1 检验分类

7.1.1 交收检验

产品交收前应按照本标准要求进行质量等级检验,按等级要求分别包装,并将合格证附于包装箱内。

7.1.2 型式检验

7.1.2.1 有下列情况之一时应进行型式检验:

a) 每年采摘初期;

b) 国家质量监督机构提出进行型式检验时。

7.1.2.2 型式检验项目

型式检验项目为本标准全部要求。

7.2 组批

同一等级、同样包装、同一贮存条件下存放的枣品为一批。

7.3 抽样方法

抽取样品应在同批货物中按表 4 规定的数量抽取,然后每件抽取样品 500 g,并置于洁净的铺垫上,将全部样品充分混合,以四分法取样,待检。

表 4 抽样数量

每批数量/件	抽 样 件 数
≤200	抽取 6 件,但最终样本质量≥1 kg
201~600	以 200 件抽取 8 件为基数,每增加 100 件增抽 1 件
601~1 200	以 600 件抽取 8 件为基数,每增加 200 件增抽 1 件
1 200 以上	以 1 200 件抽取 10 件为基数,每增加 300 件增抽 1 件,不足 300 件按 300 件计

7.4 判定规则

检验结果应符合相应等级的规定，当单果重、着色面积、病虫果机械伤出现不合格项时，允许降等或重新分级。理化指标和卫生指标有一项不合格时，允许加倍抽样复检，如仍有不合格项即判为该批产品不合格。

8 标志、标签、包装、运输和贮存

8.1 标志、标签

产品标签应按 GB 7718 规定执行，并按规定使用地理标志产品专用标志。

8.2 包装

8.2.1 外包装

包装材料应轻质牢固，不变形，无污染，对冬枣有一定的保护作用，通常可采用纸箱和瓦楞纸箱。

8.2.2 内包装

包装材料应清洁、无毒、无污染、透明，具有一定的透气性，与冬枣接触不易产生摩擦伤。

8.3 运输和贮存

运输应采用冷藏车或冷藏集装箱，贮存时应采用冷藏或气调贮藏。

附 录 A
（规范性附录）
沾化冬枣地理标志产品保护范围图

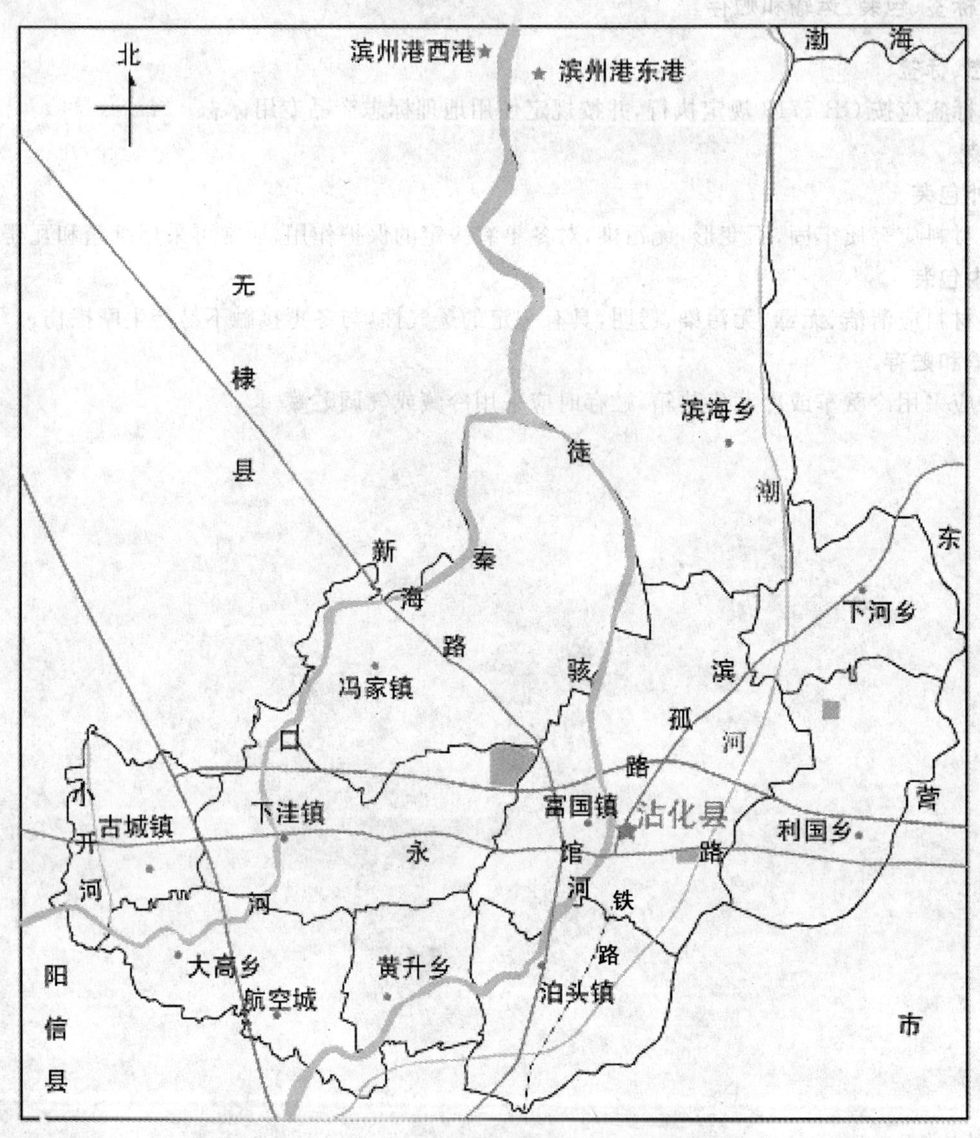

注：沾化县地理位置为东经 117°45′～118°21′、北纬 37°34′～38°11′。

图 A.1 沾化冬枣地理标志产品保护范围图

ICS 19.100
J 04

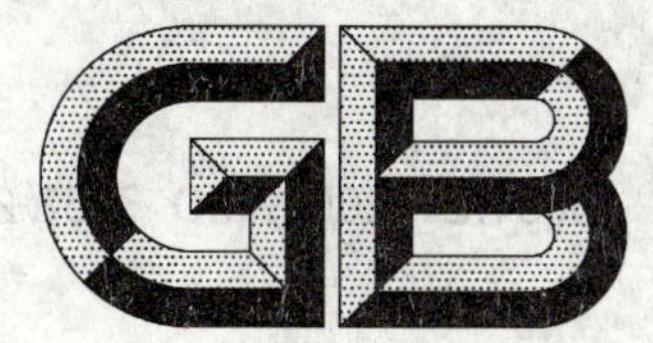

中华人民共和国国家标准

GB/T 18851.2—2008/ISO 3452-2:2006
代替 GB/T 18851.2—2005

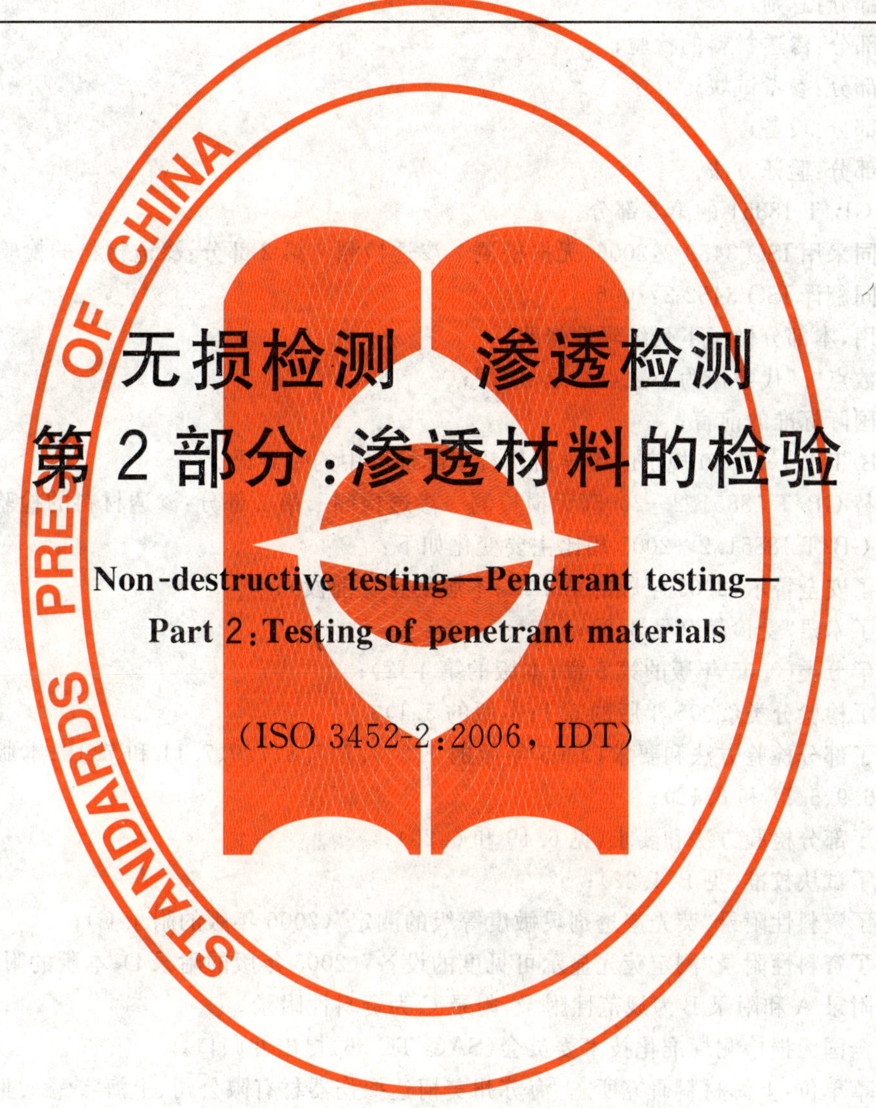

无损检测 渗透检测
第2部分:渗透材料的检验

Non-destructive testing—Penetrant testing—
Part 2:Testing of penetrant materials

(ISO 3452-2:2006,IDT)

2008-09-26 发布 2009-05-01 实施

中华人民共和国国家质量监督检验检疫总局
中国国家标准化管理委员会 发布

前　言

GB/T 18851《无损检测　渗透检测》分为五个部分：

——第1部分：总则；

——第2部分：渗透材料的检验；

——第3部分：参考试块；

——第4部分：设备；

——第5部分：验证方法。

本部分为 GB/T 18851 的第2部分。

本部分等同采用 ISO 3452-2:2006《无损检测　渗透检测　第2部分：渗透材料的检验》(英文版)。

本部分等同翻译 ISO 3452-2:2006。

为便于使用，本部分做了下列编辑性修改：

——用小数点"."代替作为小数点的逗号","；

——删除国际标准的前言；

——用 GB/T 1.1—2000 规定的引导语代替国际标准中的引导语。

本部分代替 GB/T 18851.2—2005《无损检测　渗透检测　第2部分：渗透材料的检验》。

本部分与 GB/T 18851.2—2005 相比主要变化如下：

——调整了安全警示(2005年版的第4章；本版的正文前段)；

——增加了术语"受检品"(见3.2)；

——修改了分类(2005年版的第5章；本版的第4章)；

——修改了检验分类(2005年版的6.1；本版的5.1)；

——修改了部分检验方法和要求(2005年版的7.2、7.7、7.8、7.9、7.11和7.12；本版的6.2、6.7、6.8、6.9、6.11和6.12)；

——增加了部分检验方法和要求(见6.19和6.20)；

——增加了试块校准(见B.4.22)；

——删除了资料性附录"荧光渗透剂灵敏度等级的测定"(2005年版的附录C)；

——修改了资料性附录"测定荧光显示可见度的设备"(2005年版的附录D；本版的附录C)。

本部分的附录A和附录B为规范性附录，附录C为资料性附录。

本部分由全国无损检测标准化技术委员会(SAC/TC 56)提出并归口。

本部分起草单位：上海材料研究所、上海苏州美柯达探伤器材有限公司、上海宝钢工业检测公司。

本部分主要起草人：金宇飞、吴勤箴、赵成、吴小明、宓中玉、罗云东。

本部分所代替标准的历次版本发布情况为：

——GB/T 18851.2—2005。

无损检测　渗透检测
第 2 部分:渗透材料的检验

安全警示:GB/T 18851 的本部分所涉及的渗透材料所需的化学制品,可能是有害的、易燃的和/或挥发性的,因此均应注意预防,并应遵循国家、地方颁布的所有有关安全卫生、环保法的规定。

1　范围

GB/T 18851 的本部分规定了渗透材料型式检验和批量检验的技术要求和检验方法。本部分也详述了现场控制的要求和方法。

2　规范性引用文件

下列文件中的条款通过 GB/T 18851 的本部分的引用而成为本部分的条款。凡是注日期的引用文件,其随后所有的修改单(不包括勘误的内容)或修订版均不适用于本部分,然而,鼓励根据本部分达成协议的各方研究是否可使用这些文件的最新版本。凡是不注日期的引用文件,其最新版本适用于本部分。

GB/T 5097　无损检测　渗透检测和磁粉检测　观察条件(GB/T 5097—2005,ISO 3059:2001,IDT)

GB/T 12604.3　无损检测　术语　渗透检测(GB/T 12604.3—2005,ISO 12706:2000,IDT)

GB/T 18851.1　无损检测　渗透检测　第 1 部分:总则(GB/T 18851.1—2005,ISO 3452:1984,IDT)

GB/T 18851.3　无损检测　渗透检测　第 3 部分:参考试块(GB/T 18851.3—2008,ISO 3452-3:1998,IDT)

GB/T 27025　检测和校准实验室能力的通用要求(GB/T 27025—2008,ISO/IEC 17025:2005,IDT)

3　术语和定义

GB/T 12604.3 确立的以及下列术语和定义适用于 GB/T 18851 的本部分。

3.1

批　batch

一次投产的具有相同性能和全部用特定标志符号标记的渗透材料产品的数量。

3.2

受检品　candidate

符合 GB/T 18851 的本部分要求的送检的检测产品样品。

4　分类

4.1　检测产品

渗透检测产品应按表 1 进行型号、方法和方式的分类。

4.2 灵敏度等级

4.2.1 概述

灵敏度等级应分别按渗透剂、去除剂和显像剂，以及产品族进行定义。

4.2.2 荧光产品族

荧光产品族的灵敏度等级应通过参考产品进行定义：

——1/2 级灵敏度(超低)；

——1 级灵敏度(低)；

——2 级灵敏度(中)；

——3 级灵敏度(高)；

——4 级灵敏度(超高)。

4.2.3 着色产品族

着色产品族的灵敏度等级应使用 GB/T 18851.3 中的 1 型参考试块进行定义：

——1 级灵敏度(普通)；

——2 级灵敏度(高)。

4.2.4 两用产品族

两用渗透剂没有灵敏度等级，可按着色产品族进行分类(见 4.2.3)。

表 1 检测产品

渗透剂		去除剂		显像剂	
型号	种类	方法	种类	方式	种类
Ⅰ	荧光渗透剂	A	水	a	干粉
Ⅱ	着色渗透剂	B	亲油性乳化剂： 1. 油基型乳化剂 2. 流动水冲洗	b	水溶性
Ⅲ	两用(荧光着色渗透剂)			c	水悬浮
				d	溶剂型(非水，适用于Ⅰ型)
		C	溶剂(液体)： 1 级 已卤化 2 级 未卤化 3 级 特殊应用	e	溶剂型(非水，适用于Ⅱ型和Ⅲ型)
				f	特殊应用
		D	亲水性乳化剂： 1. 可选预冲洗(水) 2. 乳化剂(水稀释) 3. 最终冲洗(水)		
		E	水和溶剂		

5 渗透材料的检验

5.1 检验分类

5.1.1 型式检验

渗透材料的型式检验应按 GB/T 18851.1 进行，以确保符合 GB/T 18851 的本部分的要求。

型式检验应由取得 GB/T 27025 认可的具有渗透材料型式检验项目的实验室进行。

5.1.2 批量检验

GB/T 18851 的本部分要求的批量检验，应对每批产品按 GB/T 18851.1 进行，以确保该批与相应的经型式检验认可的试样具有相同的性能。气雾罐内装的渗透材料，其硫和卤素的含量应按 6.12 作附加测定。

批量检验应由质量体系予以限定和保证。该体系宜符合 GB/T 19001 的要求。

5.1.3 过程控制检验

过程控制检验应按 GB/T 18851.1 和 GB/T 18851.3,由用户或用户委托进行。

5.2 报告

5.2.1 型式检验

型式检验实验室(见 5.1.1)应出具一份执行 GB/T 18851 的本部分的证书和一份详列了所得结果的报告。

如果生产渗透材料的成分出现变化,应重新进行型式检验。

5.2.2 批量检验

渗透材料的制造商应出具一份执行 GB/T 18851 的本部分的证书(样例参见 GB/T 18253)。

5.2.3 过程和控制检验

所得结果应作记录(见附录 B)。

5.3 检验

5.3.1 渗透剂

渗透剂性能应按表 2 进行型式和批量检验。

表 2 渗透剂的性能和检验要求

性　　能	检验类型	检验方法依据章条
外观	批量	6.1
灵敏度	型式和批量	6.2
密度	型式和批量	6.3
黏度	型式和批量	6.4
闪点	型式和批量	6.5
渗透剂的可水洗性(仅对 A 方法渗透剂)	批量	6.6
荧光亮度(Ⅰ型渗透剂)	型式和批量	6.7
UV 稳定性(Ⅰ型渗透剂)	型式	6.8
热稳定性(Ⅰ型渗透剂)	型式	6.9
容水率(仅对 A 方法渗透剂)	型式	6.10
腐蚀性	型式和批量	6.11
硫和卤素的含量[a]	型式和批量	6.12
含水量(A 和 E 方法)	批量	6.20
其他相关污染物(有特别要求的)	批量	

a 仅对要求标明“低硫和卤素”的产品。

5.3.2 去除剂(A 方法除外)

去除剂性能应按表 3 进行型式和批量检验。

表 3 去除剂的性能和检验要求

性　　能	检验类型	检验方法依据章条
外观	批量	6.1
灵敏度	型式和批量	6.2
密度	型式和批量	6.3
黏度(仅对 B 和 D 方法)	型式和批量	6.4

表 3(续)

性　能	检验类型	检验方法依据章条
闪点	型式和批量	6.5
容水率(仅对 B 方法)	型式和批量	6.10
腐蚀性	型式和批量	6.11
硫和卤素的含量[a]	型式和批量	6.12
蒸发的残余物/固体含量	型式和批量	6.13
容渗透剂率(仅对 B 和 D 方法)	型式	6.14
含水量(仅对 B 方法)	批量	6.20
其他相关污染物(有特别要求的)	批量	
[a] 仅对要求标明“低硫和卤素”的产品。		

5.3.3　显像剂

显像剂性能应按表 4 进行型式和批量检验。

表 4　显像剂的性能和检验要求

性　能	检验类型	检验方法依据章条
外观	批量	6.1
闪点(仅对 d 和 e 方式)	型式和批量	6.5
腐蚀性(a 方式除外)	型式和批量	6.11
硫和卤素的含量[a]	型式和批量	6.12
固体含量(仅对 d 和 e 方式)	型式和批量	6.13
显像剂性能(f 方式除外)	型式和批量	6.15
再分散性(仅对 c、d 和 e 方式)	型式和批量	6.16
(载液的)密度(仅对 d 和 e 方式)	型式和批量	6.17
粒度分布	型式	6.19
其他相关污染物(有特别要求的)	批量	
[a] 仅对要求标明“低硫和卤素”的产品。		

5.3.4　气雾罐批量检验

批量检验应按 6.18 规定的产品性能检验进行。

每批的第一个和最后一个容器,以及当中的容器应进行检验。若是按 6.12 检验硫和卤素的含量,仅需检验第一个容器。

6　检验方法和要求

6.1　外观

被检样品的外观应与型式检验样品的外观相同。

6.2　渗透剂系统灵敏度

6.2.1　荧光渗透剂(Ⅰ型)

6.2.1.1　检验规定

6.2.1.1.1　渗透剂(Ⅰ型)

A 方法(水洗型)渗透剂和 B、D 方法(后乳化型)渗透剂和乳化剂,应采用适当的参考干粉显像剂

D-1进行检验。C方法渗透剂,应采用上述针对A、B或D方法材料的任一方法,也可采用适当的参考去除剂R-1和参考干粉显像剂D-1(见表5)进行检验。

6.2.1.1.2 **显像剂**

除f方式(特殊应用)之外的所有与Ⅰ型(荧光)渗透剂配用的显像剂,应采用4级灵敏度B方法的参考渗透剂和乳化剂系统FP-4PE/FE-B(见表6)进行检验。f方式显像剂应按6.2.1.1.4进行检验。

应保存根据表5和表6所指定的用来比较每个产品的参考试样。制造商应记录这些参考试样及其批号。

注:列表记录参考产品,在某些检验实验室已被有效应用,例如德国汉诺威MPA实验室。

6.2.1.1.3 **溶剂去除剂**

1级和2级溶剂去除剂,应采用参考渗透剂FP-4PE和参考显像剂D-1进行检验。3级溶剂去除剂应按6.2.1.1.4进行检验。

6.2.1.1.4 **特殊应用——显像剂/去除剂**

f方式显像剂和3级去除剂,应采用制造商指定的经认可的特定材料进行检验。

6.2.1.1.5 **产品族**

若单个检测产品已检验,制造商可按GB/T 18851的本部分的要求来确定产品族(例如Ⅰ型2级灵敏度D方法a方式)。

6.2.1.2 **灵敏度**

6.2.1.2.1 **概述**

Ⅰ型渗透剂系统的灵敏度,应采用一组试块通过比较受检品和标准参考产品的结果来测定。

6.2.1.2.2 **试块**

宜采用适当的试块,例如1型参考试块,见GB/T 18851.3。

符合GB/T 18851.3的试块,具有厚度为10 μm、20 μm、30 μm和50 μm的铬-镍镀层。每种厚度的试块有一对,且带有相似裂纹。荧光或着色渗透剂皆宜采用该试块,但同一试块不宜用于两种系统。

6.2.1.2.3 **检验规程**

受检品和参考渗透剂的检验,应采用同一规定规程。参考渗透剂的灵敏度等级与受检品的应相同。表7给出了一个参数示例。每个规程至少应重复3次,结果取平均值。

6.2.1.2.4 **设备**

应采用适当的设备来比较显示。附录C给出了一个示例。

6.2.1.2.5 **结果解释**

应评定显示的可见度。可见度的评估方法应由检测实验室规定。评估时的观察条件应按GB/T 5097。采用不同的评估方法,应在报告中陈述观察条件。

受检品的结果,应相似于或优于参考产品。进行定量评估,受检品显示的结果应至少为参考产品的90%。

表5 参考材料名称

参考材料	代号	
	方法A	方法B、C和D
1/2级灵敏度,Ⅰ型,渗透剂	FP-1/2	
1级灵敏度,Ⅰ型,渗透剂	FP-1W	FP-1PE
2级灵敏度,Ⅰ型,渗透剂	FP-2W	FP-2PE
3级灵敏度,Ⅰ型,渗透剂	FP-3W	FP-3PE
4级灵敏度,Ⅰ型,渗透剂	FP-4W	FP-4PE

表 5（续）

参考材料	代　号	
	方法 A	方法 B、C 和 D
1 级灵敏度，Ⅱ型，渗透剂	VP-1W	VP-1PE
2 级灵敏度，Ⅱ型，渗透剂	VP-2W	VP-2PE
B 方法，Ⅰ型，乳化剂		FE-B
D 方法，Ⅰ型，乳化剂		FE-D
B 方法，Ⅱ型，乳化剂		VE-B
C 方法，1 级，去除剂	R-1	R-1
C 方法，2 级，去除剂	R-2	R-2
a 方式，显像剂	D-1	D-1
e 方式，显像剂	D-2	D-2

注：FP——荧光渗透剂；FE——荧光渗透剂用乳化剂；W——水洗型；VP——着色渗透剂；PE——后乳化型；VE——着色渗透剂用乳化剂。

表 6　灵敏度与材料配用表

受检品	处理受检品用材料			参考材料		
渗透剂系统						
Ⅰ型，A 方法，1/2 级灵敏度			D-1	FP-1/2		D-1
Ⅰ型，A 方法，1 级灵敏度			D-1	FP-1W		D-1
Ⅰ型，B 方法，1 级灵敏度			D-1	FP-1PE	FE-B	D-1
Ⅰ型，C 方法，1 级灵敏度			D-1	FP-1PE	R-1	D-1
Ⅰ型，D 方法，1 级灵敏度			D-1	FP-1PE	FE-D	D-1
Ⅰ型，A 方法，2 级灵敏度			D-1	FP-2W		D-1
Ⅰ型，B 方法，2 级灵敏度			D-1	FP-2PE	FE-B	D-1
Ⅰ型，C 方法，2 级灵敏度			D-1	FP-2PE	R-1	D-1
Ⅰ型，D 方法，2 级灵敏度			D-1	FP-2PE	FE-D	D-1
Ⅰ型，A 方法，3 级灵敏度			D-1	FP-3W		D-1
Ⅰ型，B 方法，3 级灵敏度			D-1	FP-3W	FE-B	D-1
Ⅰ型，C 方法，3 级灵敏度			D-1	FP-3PE	R-1	D-1
Ⅰ型，D 方法，3 级灵敏度			D-1	FP-3PE	FE-D	D-1
Ⅰ型，A 方法，4 级灵敏度			D-1	FP-4W		D-1
Ⅰ型，B 方法，4 级灵敏度			D-1	FP-4PE	FE-B	D-1
Ⅰ型，C 方法，4 级灵敏度			D-1	FP-4PE	R-1	D-1
Ⅰ型，D 方法，4 级灵敏度			D-1	FP-4PE	FE-D	D-1

表 6（续）

受检品	处理受检品用材料			参考材料		
渗透剂系统						
Ⅱ型，A 方法，1 级灵敏度			D-2	VP-1PE	VE-B	D-2
Ⅱ型，B 方法，1 级灵敏度			D-2	VP-1PE	VE-B	D-2
Ⅱ型，C 方法，1 级灵敏度			D-2	VP-1PE	R-2	D-2
Ⅱ型，D 方法，1 级灵敏度			D-2	VP-1PE	VE-B	D-2
Ⅱ型，A 方法，2 级灵敏度			D-2	VP-2PE	VE-B	D-2
Ⅱ型，B 方法，2 级灵敏度			D-2	VP-2PE	VE-B	D-2
Ⅱ型，C 方法，2 级灵敏度			D-2	VP-2PE	R-2	D-2
Ⅱ型，D 方法，2 级灵敏度			D-2	VP-2PE	VE-B	D-2
去除剂						
1 级	FP-4PE		D-1	FP-4PE	R-1	D-1
2 级	FP-4PE		D-1	FP-4PE	R-2	D-1
显像剂						
a 方式	FP-4PE	FE-B		FP-4PE	FE-B	D-1
b 方式	FP-4PE	FE-B		FP-4PE	FE-B	D-1
c 方式	FP-4PE	FE-B		FP-4PE	FE-B	D-1
d 方式	FP-4PE	FE-B		FP-4PE	FE-B	D-1
e 方式	VP-2PE	VE-B		VP-2PE	VE-B	D-2

表 7 Ⅰ型渗透剂灵敏度检验参数

渗透剂保持	全部方法	浸，然后滴沥 5 min，与垂直呈 5°～10°
预洗	D 方法	喷射 1 min(160 kPa±10%，20 ℃±5 ℃)
乳化	B 方法	浸，然后滴沥 2 min
	D 方法	浸没 5 min，不搅动： ——参考系统，浓度为 20% ——受检品系统，制造商推荐的浓度
水洗	A 方法	喷射 1 min
	B 方法	在 UV-A 辐射下喷射，直到荧光背景消失；如果不能在 2 min 内完成，则检验失败
	D 方法	放入水中停止乳化，随后喷射 2 min
		此三种方法，在水管接近喷嘴处：160 kPa±10%，20 ℃±5 ℃
溶剂去除	C 方法	用干净的布沾湿溶剂擦，然后用干净的干布擦，以去除多余溶剂
干燥	A、B、D 方法	在烘箱中干燥 5 min，烘箱中的温度不宜高于 50 ℃ 若检验为 b 和 c 方式时，干燥后施加显像剂
	C 方法	在室温下干燥 5 min
显像	全部方法	浸在 a 方式（干粉）显像剂中最多为 5 s，允许最少保持 5 min

6.2.2 着色渗透剂

6.2.2.1 检验规定

A、B、C和D方法渗透剂及其关联去除剂(若有的话),应采用参考非水湿式显像剂D-2进行检验。C方法(溶剂去除型)渗透剂也可采用参考溶剂去除剂R-2和参考非水显像剂D-2(见表6)进行检验。

除f方式之外的所有与Ⅱ型(着色)渗透剂配用的显像剂,应采用II型参考渗透剂和B方法乳化剂VP-PE/VE-B进行检验。

6.2.2.2 试块

应采用符合GB/T 18851.3的1型参考试块中的30 μm和50 μm试块。

6.2.2.3 检验方法

首先应采用3级灵敏度的Ⅰ型(荧光)渗透剂系统校准试块。延伸范围不小于试块宽度80%的明显可见的显示的数目应予记录。然后应彻底清除所有荧光材料的痕迹,以便用于Ⅱ型渗透剂。

用于受检品的试块,应按规定的规程进行处理。表8给出了一个参数示例。

每个规程至少应重复3次,结果取平均值。

表8 Ⅱ型渗透剂灵敏度检验参数

渗透剂保持	全部方法	浸,然后滴沥5 min,与垂直呈5°~10°
预洗	D方法	预洗30 s
乳化	B方法	乳化30 s
	D方法	乳化1.5 min
水洗	A方法	喷射1 min
	B方法	在白光下喷射,直到着色背景消失;如果不能在2 min内完成,则检验失败
	D方法	放入水中停止乳化,随后喷射2 min
		此三种方法,在水管接近喷嘴处:160 kPa±10%,20 ℃±5 ℃
溶剂去除	C方法	用干净的布沾湿溶剂擦,然后用干净的干布擦,以去除多余溶剂
干燥	A、B、D方法	在最高为50 ℃±3 ℃的烘箱中干燥5 min
	C方法	在室温下干燥5 min
显像	全部方法	采用表5中的参考显像剂D-2喷射,允许最少保持5 min

6.2.2.4 结果解释

评估时的观察条件应按GB/T 5097。采用不同的评估方法,应在报告中陈述观察条件。

灵敏度百分率根据两个图像之比求得:

——用肉眼(包括戴眼镜)明显可见的、分布于不小于试块宽度80%的不间断显示的数目;

——试块按6.2.2.3进行首次校准所看到的显示的数目。

此比值乘以100即得到百分率值。

6.2.2.5 要求

应按表9来确定灵敏度等级。

表9 着色渗透剂灵敏度等级的确定

灵敏度等级	检出的不连续的百分数/%	
	30 μm	50 μm
1	<75	90~99
2	≥75	100

6.3 密度

6.3.1 检验方法

密度应采用准确度高于±1%的方法在20 ℃时测定。

6.3.2 要求

型式检验的结果应出具报告(标称值)。批量检验的结果应允许与标称值偏差±5%。

6.4 黏度

6.4.1 检验方法

黏度应采用准确度高于±1%的适当方法测定。应记录检验时的温度。批量检验应在规定的温度下进行。

6.4.2 要求

型式检验的结果应出具报告(标称值)。批量检验的结果应允许与标称值偏差±10%。

6.5 闪点

警告:被检渗透材料的闪点若低于25 ℃,易形成危险。

6.5.1 检验方法

闪点应采用适于具体情况的方法测定,即渗透材料闪点低于100 ℃时准确度应为±2 ℃,渗透材料闪点大于或等于100 ℃时准确度应为±5 ℃。

如果闪点的标称值在20 ℃至110 ℃范围内,批量检验才需测定闪点。闪点应采用适当的方法测定。

6.5.2 要求

型式检验的结果应出具报告(标称值)。批量检验的闪点不应低于标称值减5 ℃。

6.6 可水洗性(A方法渗透剂)

用20 ℃±5 ℃的温水喷射去除后,残留在符合GB/T 18851.3的2型参考试块上表面粗糙度Ra=5 μm和Ra=10 μm区域上的剩余渗透剂,不应比在相同条件下清洗同一渗透剂型式检验试样时多。荧光渗透剂的可水洗性检验,应在大于3 W/m^{2}的UV-A辐射下进行。

6.7 荧光亮度

6.7.1 检验方法

Ⅰ型渗透剂的荧光亮度应按附录A进行检验。

6.7.2 要求

对于型式检验,受检品的荧光亮度不应低于参考FP-4PE(见表5)亮度的百分率:

——1/2级灵敏度渗透剂,50%;

——1级灵敏度渗透剂,65%;

——2级灵敏度渗透剂,80%;

——3级灵敏度渗透剂,90%;

——4级灵敏度渗透剂,95%。

批量检验应与型式检验样品进行比较,其偏差应为±10%,且荧光亮度不应低于型式检验要求。

6.8 UV稳定性

6.8.1 检验方法

按附录A的方法用受检品渗透剂制备10张过滤纸试样。防止其中5张受光、热和气流的影响,另外5张则在防热和气流的同时,在(10±1)W/m^{2}的UV-A(365 nm)下照射1 h。然后采用附录A给出的方法测定每张试样的荧光亮度。

6.8.2 要求

经UV-A照射的试样,其平均荧光亮度应大于未照射试样的百分率:

——1/2 级灵敏度渗透剂,50%;

——1 级灵敏度渗透剂,50%;

——2 级灵敏度渗透剂,50%;

——3 级灵敏度渗透剂,70%;

——4 级灵敏度渗透剂,70%。

6.9 荧光亮度的热稳定性

6.9.1 检验方法

按附录 A 的方法用受检品渗透剂制备 10 张过滤纸试样。防止其中 5 张受光、热和气流的影响,另外 5 张放置于空气不流通的烘箱内的干净金属板上,并在(115±2)℃下烘 1 h。然后采用附录 A 给出的方法测定每张试样的荧光亮度。

6.9.2 要求

经加热的试样,其平均荧光亮度应大于未加热试样的百分率:

——1/2 级灵敏度渗透剂,60%;

——1 级灵敏度渗透剂,60%;

——2 级灵敏度渗透剂,60%;

——3 级灵敏度渗透剂,80%;

——4 级灵敏度渗透剂,80%。

6.10 容水率

6.10.1 检验方法

容水率应在精确计量的被检渗透材料(典型的量为 20 mL)中,逐步添加水并不断搅拌直至被检渗透材料变浑浊、黏稠和分离之时测定。容水率的测定应在(15±0.5)℃时进行。

容水率是指最终总容量(水和被检渗透材料在浑浊和黏稠出现之时)中添加水的百分率。

6.10.2 要求

容水率应大于 5%。

6.11 腐蚀性

6.11.1 概述

渗透材料和被检材料间的相容性,应通过以下方法确认。

6.11.2 型式检验

6.11.2.1 适宜温度腐蚀

6.11.2.1.1 检验规程

试图用于金属工件的渗透材料,应在磨光的冶金状态为 T6 的 EN AW 7075 铝合金或等效材料、AZ-31B 镁合金或等效材料、以及 30CrMo4 钢或等效材料上进行检验[1)]。这些材料的每一试块表面,应先用金刚砂纸(240 粗砂)磨光,再用易挥发的、不含硫的碳氢化合物溶剂(例如分析级丙酮)洗净,然后立即使用。

检验时,试块应放置在一个足够大的玻璃烧杯中,将一半长度浸入渗透材料中,并封装在巴氏(Parr)量热器(或等同于经得起 700 kPa 内部压力的容器)里,如图 1 所示。

应将已密封的量热器放在一个烘箱中,或用热水浴,在(50±1)℃下保持 2 h±5 min。恒温时间结束后,应将试块放在蒸馏水或适宜的有机溶剂下粗略地进行去除和冲洗,以去除所有剩余的渗透材料,并进行检验。

---

1) 与 7075-T6 铝合金、AZ-31B 镁合金和 30CrMo4 钢等金属材料牌号对应的我国牌号分别是:LC4 铝合金、MB-2 镁合金和 30CrMo 钢。

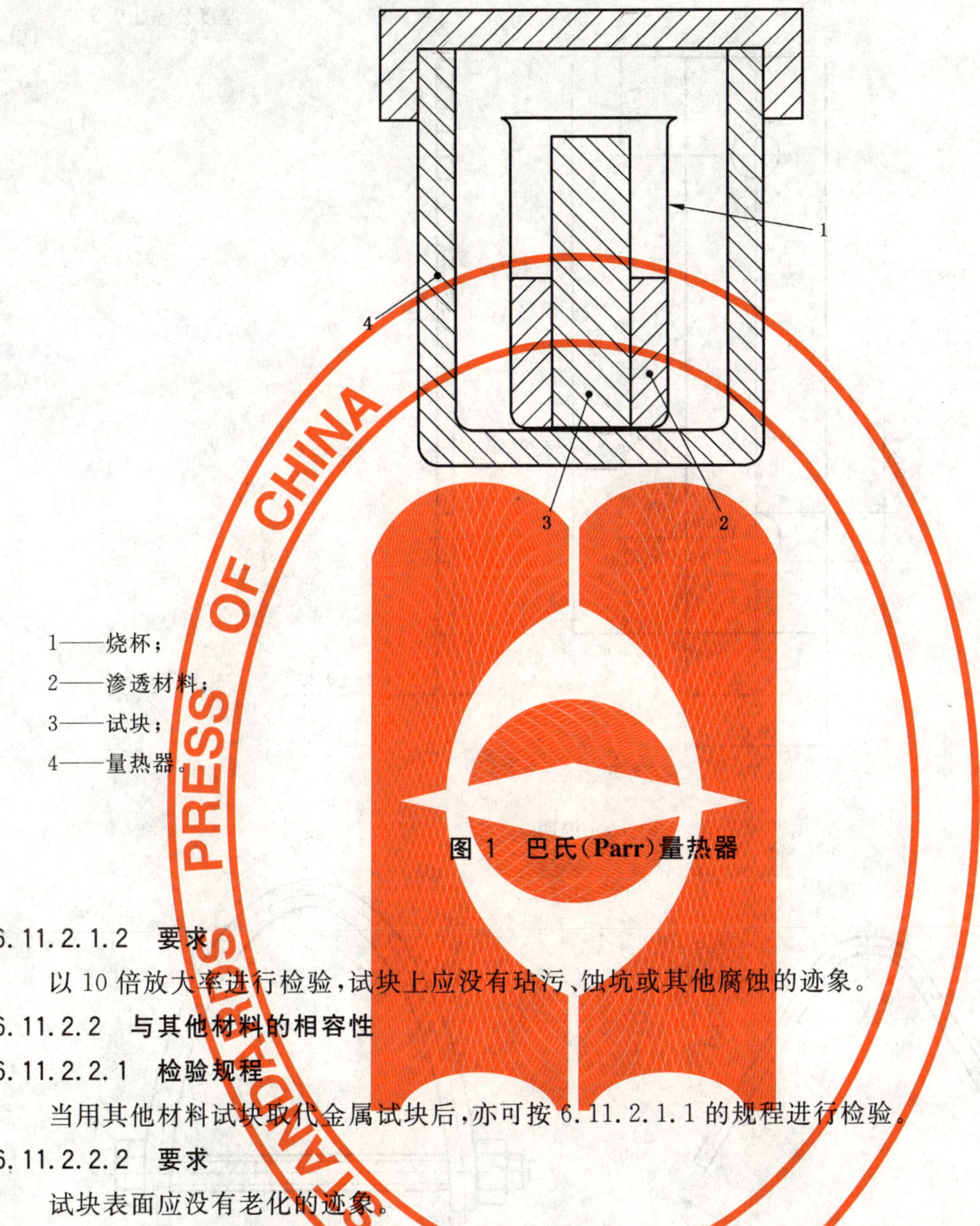

1——烧杯；

2——渗透材料；

3——试块；

4——量热器。

图 1 巴氏(Parr)量热器

6.11.2.1.2 要求

以 10 倍放大率进行检验，试块上应没有玷污、蚀坑或其他腐蚀的迹象。

6.11.2.2 与其他材料的相容性

6.11.2.2.1 检验规程

当用其他材料试块取代金属试块后，亦可按 6.11.2.1.1 的规程进行检验。

6.11.2.2.2 要求

试块表面应没有老化的迹象。

6.11.2.3 高温钛加载腐蚀

6.11.2.3.1 试块

试块材料应为完全退火的 Ti-8Al-1Mo-1V(又名 Ti 811)。

6.11.2.3.2 试样制备

试样应如图 2 所示，且其晶粒方向与试块长度平行。试块表面应制备达到 Ra=20 μm。以(7.11±0.25)mm 为半径，弯曲试块使之形成 65°±5°的角度(见图 2)。

6.11.2.3.3 检验规程

每种被检样品应采用四个试样进行检验。加载之前，试样应采用溶剂擦或浸的办法进行清洗，再放入 40%硝酸(HNO_3)、3.5%氢氟酸(HF)溶液中使之轻度蚀刻。蚀刻之后，试块应进行冲洗，以确保酸被去除，并干燥。采用如图 2 c)所示的 6.4 mm 螺栓来加载试样。一个试样应保持无涂层，一个试样应涂有 3.5%氯化钠(NaCl)溶液，其余试样应涂有被检样品。涂覆的方式应采用将加载试块端部朝上进行浸没。然后将加载试块滴沥 8 h～11 h。再将加载试样放入(540±10)℃的烘箱中烘(4.5±0.9)h。

单位为毫米

厚度公差±0.5

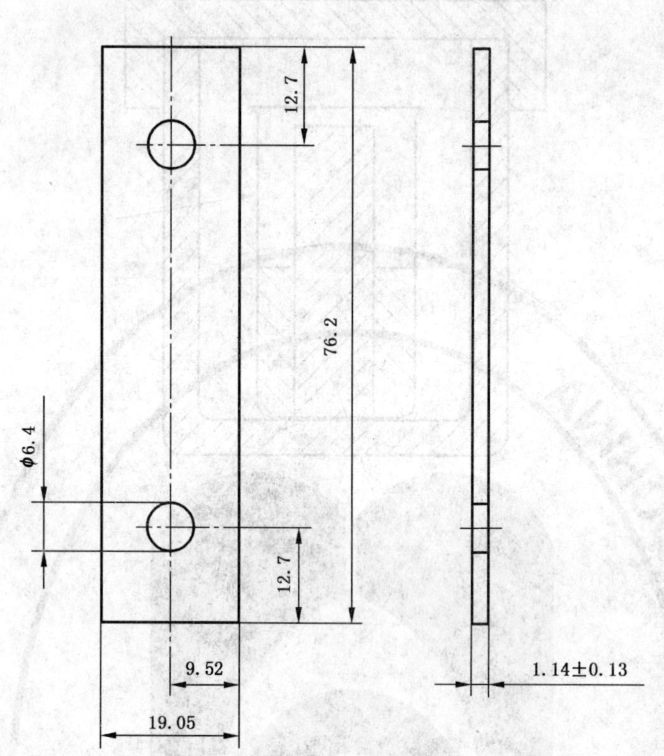

a) 尺寸说明

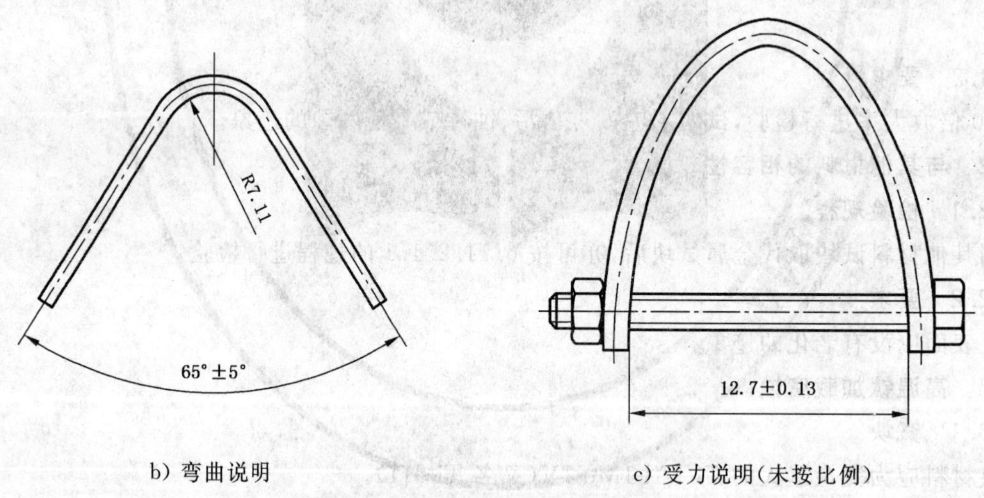

b) 弯曲说明

c) 受力说明(未按比例)

注：本图数据源自于英制(英寸)。

图 2 高温钛加载腐蚀试样

6.11.2.3.4 解释

应观察试样有否因加载引起的裂纹。如果带有 NaCl 溶液的试块没有呈现出裂纹，则移去螺栓，并将其有涂层的表面浸透在 140 ℃±5 ℃的 50%氢氧化钠(NaOH)溶液中 30 min，然后用水冲洗。再放入 40%HNO_3、3.5%HF 溶液中 3 min～4 min 进行蚀刻。以 10 倍放大率来检查蚀刻后的表面。如果其余试样始终不能观察到蚀坑或裂纹，它们也应如上那样进行清洗、蚀刻和检查。如果涂有 NaCl 的试样没有蚀坑或裂纹，或无涂层的试样有裂纹，则检验无效而应重做。试样不应重复使用。如果确认检验是有效的，则涂有被检样品的试样，应无明显裂纹显现。

6.11.2.4 镍合金铸件的高温腐蚀

6.11.2.4.1 试样制备

试样材料应为713LC合金，并切割成形状为25 mm×13 mm×2.5 mm。其表面应采用600号粗砂纸研磨光滑和均匀。

6.11.2.4.2 检验规程

被检样品应采用四个试样进行检验。将被检材料浸没或涂覆两个试样。再将两个有涂层和两个无涂层的试样放入(1 000±50)℃的烘箱保持(100±4)h。然后从烘箱中取出试样，并在室温下进行冷却。最后将试样切断和磨光而形成标本。

6.11.2.4.3 解释

以200倍放大率来检查每个试样的横截面是否有明显的腐蚀和氧化。有涂层的试样不应比无涂层的试样呈现更多的腐蚀、氧化、粗晶或其他的侵蚀。

6.11.3 批量检验

6.11.3.1 与金属的相容性

批量检验应仅在6.11.2.1.1的镁合金试块上进行。试块的一半长度应浸入装有被检渗透材料的玻璃烧杯。试块应在室温下保持24 h，然后应按6.11.2.1.1进行清洗和检验。

6.11.3.1.1 要求

与未浸有被检材料的一半比较，试块上应没有玷污、蚀坑或其他腐蚀的迹象。

6.11.3.2 与其他材料的相容性

当用其他材料试块取代镁合金试块，亦可按6.11.2.1.1的规程进行检验。

6.11.3.2.1 要求

经检验，材料应没有老化的迹象。

6.12 硫和卤素的含量(标明低硫和卤素的产品)

6.12.1 检验方法

硫和卤化物的含量应采用适于具体情况的方法测定。当质量比小于200×10^{-6}(200 ppm)时，液体中质量比的测定准确度应为$\pm10\times10^{-6}$(200 ppm)。当质量比小于200×10^{-6}(200 ppm)时，固体中质量比的测定准确度应为$\pm50\times10^{-6}$(200 ppm)。

气雾罐的前5 s取样应废弃。紧接着立即将罐内产品喷入100 mL烧杯中，并立即倒入铂盘中。此项操作从开始取样到关闭巴氏(Parr)量热器不应超过2 min。

6.12.2 要求

未蒸发的硫的总含量质量比应少于200×10^{-6}(200 ppm)。未蒸发的卤素的总含量(氯化物和氟化物)质量比应少于200×10^{-6}(200 ppm)。

6.13 蒸发的残余物/固体含量

6.13.1 溶剂去除剂

6.13.1.1 检验规程

应将盛有最初容量为(100±1)mL试样的(15±1)cm的皮氏(Petri)盘，放在高于产品最终沸点(15±1)℃下水浴或烘箱中蒸发1 h。随后应立刻测定残余物的质量。

6.13.1.2 要求

残余物的质量应小于5mg。

6.13.2 d式和e式显像剂

6.13.2.1 检验规程

应将盛有最初质量为(100±1)g试样的(15±1)cm的皮氏(Petri)盘，放在高于产品最终沸点(15±1)℃下水浴或烘箱中蒸发1 h。随后应立刻测定残余物的质量，并记录其相对于最初质量的百分率。

6.13.2.2 要求

型式检验的结果应出具报告(标称值)。批量检验应允许与标称值偏差±10%。

6.14 容渗透剂率

6.14.1 亲油性乳化剂(B 方法)

所使用的乳化剂中加入 20%(体积比)渗透剂,不应导致背景噪声增加。

6.14.2 亲水性乳化剂(D 方法)

在浓缩乳化剂合格的情况下,被检验的去除剂中加入 1%(体积比)渗透剂,不应导致背景噪声增加。

6.15 显像剂性能

按制造商的推荐进行施加时,显像剂应形成细微、平滑、无反射和无荧光的覆盖层。与适宜的渗透剂一起使用时,显像剂应能增加渗透剂显示的可见度。

6.16 再分散性

6.16.1 水悬浮显像剂

当搅拌或摇动时,固体应易于悬浮。

6.16.2 溶剂型显像剂(非水)

当搅拌或摇动时,固体应易于分散。在猛力摇动了 30 s 之后,气雾罐中的固体应呈悬浮状。

6.17 载液的密度

6.17.1 检验方法

载液的密度应采用准确度高于±1%的方法测定。

6.17.2 要求

型式检验的结果应出具报告(标称值)。批量检验应允许与标称值偏差±5%。

6.18 产品性能(压力罐)

当按制造商的推荐进行使用时,从压力罐中喷出的产品应满足该产品的合格要求和 6.12 的要求。

6.19 粒度分布

应采用衍射方法或等效方法测定显像剂干粉粒度分布和湿式显像剂的固体含量。

粒度分布用下列参数表征:

——下限直径 d_l:粉粒的 10%小于 d_l;

——平均直径 d_a:粉粒的 50%大于和 50%小于 d_a;

——上限直径 d_u:粉粒的 10%大于 d_u。

6.20 含水量

6.20.1 检验方法

A 和 E 方法渗透剂,以及 B 和 D(未搀水)乳化剂,应采用规定的规程精确测定含水量。参考文献列出了这些规程的例子。

6.20.2 要求

非水基渗透剂的含水量应小于 5%。水基渗透剂应遵照制造商的说明书。

亲水性乳化剂的含水量应小于 5%。

7 包装和标识

包装和标识应符合所有适用的国际、国家和地方的规定。容器与其内装物应一致。容器上应标记有可追溯的批号和使用有效期。

附 录 A
（规范性附录）
荧光亮度的比较

A.1 装置

A.1.1 荧光仪

具有如下特性：装有可夹过滤纸试样（见 A.2）的夹具和不透光的试样分隔空间，激发波长为（365±20）nm，以及用带有类似于照相条件 CEI 响应曲线的响应传感器来测定发射光谱。

A.1.2 玻璃器皿

用于精确配置 4.0%溶液的吸管和量筒（测容量的烧瓶）；50 mL 烧杯。

A.1.3 适于吸湿、无荧光的过滤纸

例如 Whatman (R) No.4。裁切成 2 cm×2 cm 或与荧光仪的要求相适配（A.1.1）。这些纸应在使用前一直保持干燥，例如放在干燥柜中。

A.1.4 过滤纸干燥台

具有垂直夹住过滤纸试样的“鳄鱼嘴”或类似的夹具。

A.1.5 干燥柜

与夹住过滤纸试样相配（A.1.4）。

A.1.6 适宜的干燥剂

适用于干燥柜，如硅胶（A.1.5）。

A.1.7 溶剂

快干、可 100%挥发、无荧光的，且能与被检渗透剂充分混和。

A.2 过滤纸试样的制备

A.2.1 在适宜的溶剂中，分别精确地加入 4.0%（体积比）被检溶液和标准渗透剂溶液。

A.2.2 将每种溶液分别倒入各自的玻璃烧杯，然后各浸入五张过滤纸试样于溶液中浸润 5 s。

A.2.3 用“鳄鱼嘴”或类似的夹具将每张试样垂直悬吊在干燥柜中干燥（约 5 min）。

A.3 荧光亮度的测定

待荧光仪稳定后，调节仪器至零位，接着将过滤纸试样一张一张地夹在试样夹具上。关上不透光的封盖，测定荧光仪中被照试样的发光强度。

A.4 计算

A.4.1 计算五个标准试样的平均读数（S）。

A.4.2 计算五个被检试样的平均读数（T）。

A.4.3 被检试样的荧光亮度＝$T/S\times100\%$。

附 录 B
（规范性附录）
过程控制检验

B.1 概述

当检测是按 GB/T 18851.1 进行时，应采用本附录进行过程控制检验。

为使渗透过程保持完整，整个过程和系统的个别组成均应定期进行校验，以确保其满足标准要求。本要求仅适用于检测流水线，因为气雾剂或触变性的渗透剂仅用于单次检测。另外，流水线所用的渗透材料，也能采用常规的或静电喷射的方法施加于任一工件。鉴于这些渗透材料仅被用于一次检测，本附录亦不适用于这种检测。

注：检测过程中喷射出的某些元素，不排除因为其他原因而有控制检验的必要。

B.2 控制检验

表 B.1 所列是实施控制检验的细节及其频次。适用于特定的流水线的检验，由符合 GB/T 9445 的 3 级人员负责决定。若要确保有效的过程条件，可以进行较频繁的检验或增加检验次数。

B.3 控制检验表格

每次控制检验的结果应记录在如表 B.1 所示的控制检验表格中。每块渗透试块应分别用一张表格记录。发现有任何偏差应报告给负责人，还必须作适当的纠正。

表格应包含：

——公司和地址；

——流水线型号规格；

——日期；

——班次；

——检验者姓名和资格；

——签名。

B.4 控制检验

B.4.1 渗透材料液位

所有检测系统的渗透材料液位应采用目测，以确保渗透材料完全覆盖被检工件。系统中的渗透材料如果不够，应在其他检验实施之前添加和掺入额外的渗透材料。

B.4.2 系统性能

使用符合 GB/T 18851.3 的 2 型参考试块进行检验。通常有效地使用带有符合标准要求的已知不连续类型的工件。

应在与日常使用同等的条件下，用新的未曾用过的同族渗透材料，制备一个反映不连续（包括背景水平）的诸如永久性的复制件、照片或其他有效方式等形式的记录，以留作参考。这些记录应用来比较以同样检测方法对系统性能进行日常检验时所得的结果。不良显像剂所得显示与标准显像剂所得显示是不相同的。在 2 型参考试块的镀铬层上或在带有已知不连续的工件上的显示，应与以同样渗透材料和操作过程制备的记录所显示出的显示数目和花样相同。与此类似，背景水平也应与记录上的相似。

表 B.1 控制检验

控制检验	GB/T 18851 的本部分的条款	频次					记录	
		每次工期开始时	每周	每月	每 12 个月	其他	平均值	目测估计（签名）
系统检验								
渗透材料液位(包括喷射系统)	B.4.1	×					不适用	
使用 2 型参考试块校准系统性能	B.4.2	×					不适用	
通用检验								
渗透剂外观	B.4.3	×					不适用	
冲洗水外观	B.4.4	×					不适用	
冲洗水温度	B.4.5	×						不适用
烘箱温度	B.4.6	×						不适用
工作区域	B.4.7	×					不适用	
压缩空气过滤器	B.4.8		×				不适用	
UV-A 滤光片的完整性(荧光系统)	B.4.9	×					不适用	
UV-A 辐射强度(荧光系统)	B.4.10			×				不适用
检测室可见光亮度(荧光系统)	B.4.11			×				不适用
可见光亮度(着色系统)	B.4.12			×				不适用
渗透剂								
荧光亮度[a]	B.4.13			×			不适用	
着色强度[a]	B.4.14			×			不适用	
供应商附加的检验	B.4.15				×		不适用	
乳化剂								
新近配制的亲水性去除剂浓度	B.4.16					×		不适用
显像剂								
干粉的外观	B.4.17.1	×					不适用	
干粉的荧光	B.4.17.2	×						不适用
水溶性显像剂：								
a) 浓度	B.4.17.3.1	×						不适用
b) 润湿性检验	B.4.17.3.2	×						不适用
c) 温度	B.4.17.3.3	×						不适用
d) 溶液的荧光	B.4.17.3.4	×					不适用	
水悬浮显像剂：								
a) 浓度	B.4.17.4.1	×						不适用
b) 温度	B.4.17.4.2	×						不适用
c) 悬浮液的荧光	B.4.17.4.3	×					不适用	
校准								
紫外辐射计	B.4.18					≤24 月	不适用	

表 B.1（续）

控制检验	GB/T 18851 的本部分的条款	频次					记录	
		每次工期开始时	每周	每月	每 12 个月	其他	平均值	目测估计（签名）
校准								
照度计	B.4.19					≤24 月	不适用	
温度计	B.4.20				×		不适用	
压力表	B.4.21				×			不适用
试块	B.4.22							
[a] 不适合气雾剂。								

B.4.2.1 参考试件的清洗

为确保参考试件能在渗透参数改变时仍具有足够的灵敏性，在检验后必须去除滞留在不连续内的所有渗透剂，但不得严重损伤不连续自身形态。

最好的办法是消除残留的渗透剂，因在不连续的底壁中受较强的表面张力作用而产生吸附作用。用溶剂型（非水）显像剂是一种最适宜的办法。

应采用以下规程：

a) 完成检验后立即用水冲洗，去除显像剂；

b) 干燥，但不能擦；

c) 施加一层厚厚的 d 方式显像剂，在表面上形成湿的覆盖层；

d) 等待 10 min～15 min；

e) 重复 a)～d)，允许显像剂保持 30 min；

f) 在足够的照明条件下，检查渗透剂痕迹。如果还有，重复 a)～d)直至所有渗透剂痕迹全部被去除；

g) 用水清洗，并干燥。

B.4.3 渗透剂外观

检查渗透剂的任何反常现象（如乳状外观、可见污染、在渗透剂底部或顶部积水）。

B.4.4 冲洗水外观

使用循环水时，冲洗用水若被检查出有浑浊、荧光、泡沫或泛色等任一现象，则该检测系统丧失有效功能。

B.4.5 冲洗水温度

检查冲洗用水的温度是否在规定范围内。

B.4.6 烘箱温度

检查工件所在区域的烘箱温度是否在规定范围内。

B.4.7 工作区域

确保工作区域干净和整洁。当使用荧光渗透系统检测工件时，检验工作台上或检验区域旁边不应有反射面，诸如白纸等。此外，靠近检验区域处也不应有散射的白光源。

B.4.8 压缩空气过滤器

确保相关部件不被污染。

B.4.9 UV-A 滤光片的完整性

确保带滤光片的 UV-A 灯处于良好状态。

B.4.10 UV-A 辐射强度

按 GB/T 5097 测定 UV-A 的辐射强度。

B.4.11 检测室可见光强度(荧光系统)

按 GB/T 5097 测定检测室中的最大可见光强度。

B.4.12 可见光强度(着色系统)

按 GB/T 5097 测定工作区域中的最小可见光强度。

B.4.13 荧光亮度

B.4.13.1 分别将 1/2 级、1 级和 2 级渗透剂的标准参考试样,按 1%、0.9%、0.8%的比例溶解于高闪点煤油中。分别将 3 级和 4 级渗透剂的标准参考试样,按 0.1%、0.09%、0.08%的比例溶解于高闪点煤油中。参考试样应贮存在不透光的密封容器内。

参考试样的制备,建议首先稀释至 10%、9%、8%,然后再最终分别稀释至 1∶10 或 1∶100。

B.4.13.2 将 1/2 级、1 级和 2 级被检渗透剂,按 1%的比例溶解于 B.4.13.1 所述的相同溶剂中。3 级和 4 级被检渗透剂,则按 0.1%比例溶解于 B.4.13.1 所述的相同溶剂中。

B.4.13.3 利用试管,目测比较被检渗透剂与同一渗透剂参考试样的荧光亮度。所用的 UV-A 辐射应均匀分布,照度不小于 10 W/m^2(1 000 μW/cm^2)。

记录相似的荧光亮度等级。

除此之外,可按 6.7 的方法使用。

要求:荧光亮度应大于参考试样的 90%。

B.4.14 着色强度

B.4.14.1 将着色渗透剂的标准参考试样按 1%、0.9%、0.8%和 0.7%的比例溶解于高闪点煤油或其他适当的不挥发溶剂中。

参考试样的制备,推荐首先稀释至 10%、9%、8%和 7%,然后再最终稀释至 1∶10。

这些参考试样应贮存在不透光的密封容器内。

B.4.14.2 将被检渗透剂,按 1%的比例溶解于 B.4.14.1 所述的相同溶剂中。

B.4.14.3 利用试管,在均匀分布的可见光下,比较被检渗透剂和参考试样的着色强度。

记录相似的着色强度等级。

要求:着色强度应大于参考试样的 80%。

B.4.15 供应商附加的检验

每年应至少抽取一次在用渗透剂的典型试样,送供应商或其他适宜的实验室进行复验认可。否则,此渗透剂就应报废和更新。

实施附加检验的实验室应签发一份与新渗透剂标称值相比,被检渗透剂的物理-化学性能全部是在可接受范围内的报告。应当注意的是,这是一份罗列了实测值的报告,而不仅仅是一份声明。

需要校验的参数由供应商负责选定。

B.4.16 亲水性去除剂浓度

适用于新近配制的溶液和用折射计进行的检验。

折射计应使用由新的亲水性乳化剂正确配制的溶液来校准。至少应使用五种溶液。一种应是正常浓度的,有两种应是高于正常浓度的,另两种应是低于正常浓度的。浓度值应绘成图。

亲水性去除剂的浓度,通过刚配制的产品试样所给出的读数和从图上测得的浓度值来估算。

所有的检验应在环境温度下进行。

检验的结果应出具报告。

要求:调整浓度使符合要求值。复验前应充分混和。

注:本检验最初是为新配溶液设计的,但仍能用于通过添加乳化剂或水来调整工作槽中的浓度,不过此时测出的结果可能不太准确。

B.4.17 显像剂

B.4.17.1 干粉的外观

确保干粉是不结块的和松散的。

检验的结果应出具报告。

B.4.17.2 干粉的荧光

在紫外线下检验干粉试样，确保不发出荧光。

检验的结果应出具报告。

B.4.17.3 水溶性显像剂

B.4.17.3.1 浓度

用制造商绘制的浓度与密度关系图来测定显像剂的浓度。

a) 检查槽中显像剂液位，并通过添加水与充分混和使之恢复到初始液位；

b) 从槽内的溶液中取一试样，调节温度至 20 ℃或比重计被校准时的温度；

c) 用比重计测定试样的密度。

则显像剂的浓度就能从图上测得。

检验的结果应出具报告。

B.4.17.3.2 润湿性检验

用于系统性能检验的 2 型参考试块的整个表面上，确保被显像剂均匀覆盖。

B.4.17.3.3 温度

确保显像剂温度在规定范围内。

检验的结果应出具报告。

B.4.17.3.4 溶液的荧光

在紫外线下检验溶液试样，确保不发出荧光。

检验的结果应出具报告。

B.4.17.4 水悬浮显像剂

B.4.17.4.1 浓度

用制造商绘制的浓度与密度关系图来测定显像剂的浓度。

a) 检查槽中显像剂液位，如有必要，通过添加水使之恢复到初始液位，并作充分混和，以确保完全均匀的悬浮；

b) 从槽内取一试样，调节温度至 20 ℃或比重计被校准时的温度；

c) 用比重计测定试样的密度。

则显像剂的浓度就能从图上测得。

检验的结果应出具报告。

B.4.17.4.2 温度

检查显像剂温度在规定范围内。

检验的结果应出具报告。

B.4.17.4.3 悬浮液的荧光

通过搅动槽中的显像剂，确保其粉末呈悬浮状。在紫外线下，检查显像剂悬浮液试样，确保不发出荧光。

检验的结果应出具报告。

B.4.18 紫外辐射计校准

在用的紫外辐射计应具有有效校准标贴或标识，或按 GB/T 5097 进行验证。

操作人员使用辐射计前，应检查标贴的有效日期或下次校准日期。辐射计至少每 24 个月校准一次。

检验的结果应出具报告。

B.4.19 照度计校准

照度计应具有有效校准标贴或标识，或按 GB/T 5097 进行验证。

操作人员使用照度计前，应检查标贴的有效日期或下次校准日期。照度计至少每 24 个月校准一次。

检验的结果应出具报告。

B.4.20 温度计校准

检查所有的温度计是否具有有效校准标识。

温度计可先放在解冻冰中(0 ℃)、然后在沸水中(100 ℃)自校准。

检验的结果应出具报告。

B.4.21 压力表校准

按适当的操作规程,检查所有的仪表是否在规定的正常值范围内。还应检查其是否具有有效校准标识。

检验的结果应出具报告。

B.4.22 试块校准

试块可能随时间而劣化,因此推荐对其定期校验。应注意确保其符合 GB/T 18851.3 的要求。

如果使用参考照片,建议每年更新照片。新照片反映的将是试块当前状态,从而不至于因裂纹可见能力的降低而影响其使用。

注:对于荧光系统,可用 1:1 的参考照片与用在 UV-A 灯下观察呈现荧光显示的照片做简单比较。

附 录 C
（资料性附录）
测定荧光显示可见度的设备

C.1 基本结构

该设备的构成包括：试块所用的工作台，正好照亮试块表面的两侧面上各装有45°方向的UV-A灯，具有适当分辨力的能用于制作图像的电视摄像机。

该设备的感光波长范围宜在450 nm～650 nm。

C.2 图像处理

将显示的图像传入连接PC的图像处理系统。在试块的限定区内，对超出亮度阈值（灰度值）的显示要做简要说明，并列出其主要参数（光通量、长度等）。

C.3 评定

为了对受检品和参考渗透剂进行相互比较，则要对相应显示的可见能力进行比较。这可由可见长度或光通量（亮度乘以显示的面积）来表示。

当受检品和参考渗透剂是用同一裂纹检验时，该工艺规程应在同一条件下一个接一个地进行。若采用一对等效的试块时，该工艺规程应同时进行，并做相应的显示比较。

参考文献

[1] GB/T 6283 化工产品中水分含量的测定 卡尔·费休法(通用方法)(GB/T 6283—2008,ISO 760:1978,NEQ).

[2] GB/T 9445 无损检测 人员资格鉴定与认证(GB/T 9445—2008,ISO 9712:2005,IDT).

[3] GB/T 18253 钢及钢产品 检验文件的类型(GB/T 18253—2000,eqv ISO 10474:1991).

[4] GB/T 19001 质量管理体系 要求(GB/T 19001—2000,idt ISO 9001:2000).

[5] ISO 6296:2000 Petroleum products—Determination of water—Potentiometric Karl Fischer titration method.

[6] ISO 10336:1997 Crude petroleum—Determination of water—Potentiometric Karl Fischer titration method.

[7] ISO 10337:1997 Crude petroleum—Determination of water—Coulometric Karl Fischer titration method.

[8] ISO 12937:2000 Petroleum products—Determination of water—Coulometric Karl Fischer titration method.

[9] EN 473 Non-destructive testing—Qualification and certification of NDT personnel—General principles.

[10] EN 10204 Metallic products—Types of inspection documents.

[11] EN 13267 Surface active agents—Determination of water content—Karl Fischer method.

ICS 19.100
J 04

中华人民共和国国家标准

GB/T 18851.3—2008/ISO 3452-3:1998
代替 GB/T 18851—2002

无损检测　渗透检测
第3部分:参考试块

Non-destructive testing—Penetrant testing—
Part 3: Reference test blocks

(ISO 3452-3:1998, IDT)

2008-09-26 发布　　2009-05-01 实施

中华人民共和国国家质量监督检验检疫总局
中国国家标准化管理委员会　发布

前　言

GB/T 18851《无损检测　渗透检测》分为五个部分:

——第1部分:总则;

——第2部分:渗透材料的检验;

——第3部分:参考试块;

——第4部分:设备;

——第5部分:验证方法。

本部分为GB/T 18851的第3部分。

本部分等同采用ISO 3452-3:1998《无损检测　渗透检测　第3部分:参考试块》(英文版)。

本部分等同翻译ISO 3452-3:1998。

为便于使用,本部分做了下列编辑性修改:

——“本欧洲标准”一词改为“GB/T 18851的本部分”;

——用小数点“.”代替作为小数点的逗号“,”;

——删除国际标准的前言和引言;

——用GB/T 1.1—2000规定的引导语代替国际标准中的引导语;

——删除规范性引用文件EN 10027-1,因为在正文中并未引用;

——将“附录ZA”改为“附录A”,并删除附录中的引导语。

本部分代替GB/T 18851—2002《无损检测　渗透检验　标准试块》。

本部分与GB/T 18851—2002相比主要变化如下:

——增加了规范性引用文件(见第2章);

——修改了参考试块分类(2002年版的第2章;本版的第3章);

——修改了1型参考试块的设计与尺寸(2002年版的3.1和4.1;本版的第4章);

——修改了2型参考试块的设计与尺寸(2002年版的3.2和4.2;本版的第5章);

——删除了“包装”(2002年版的第7章);

——增加了附录A“规范性引用文件中与欧洲标准等效的国际标准”。

本部分的附录A为规范性附录。

本部分由全国无损检测标准化技术委员会(SAC/TC 56)提出并归口。

本部分起草单位:上海材料研究所、上海苏州美柯达探伤器材有限公司、上海宝钢工业检测公司、山东济宁模具厂。

本部分主要起草人:金宇飞、吴勤箴、赵成、吴小明、宓中玉、罗云东、魏忠瑞。

本部分所代替标准的历次版本发布情况为:

——GB/T 18851—2002。

无损检测　渗透检测
第3部分:参考试块

1　范围

GB/T 18851的本部分规定了两种类型的参考试块:

——1型参考试块,用于确定荧光和着色渗透产品族的灵敏度等级;

——2型参考试块,用于评定荧光和着色渗透产品族的性能。

按GB/T 18851.1,参考试块的使用条件与被检工件相同。

2　规范性引用文件

下列文件中的条款通过GB/T 18851的本部分的引用而成为本部分的条款。凡是注日期的引用文件,其随后所有的修改单(不包括勘误的内容)或修订版均不适用于本部分,然而,鼓励根据本部分达成协议的各方研究是否可使用这些文件的最新版本。凡是不注日期的引用文件,其最新版本适用于本部分。

GB/T 18851.1　无损检测　渗透检测　第1部分:总则(GB/T 18851.1—2005,ISO 3452:1984,IDT)

EN 10088-1　不锈钢　第1部分:不锈钢列表(Stainless steels—Part 1: List of stainless steels)

EN 10204　金属产品　检验文件的格式(Metallic products—Types of inspection documents)

EURONORM 96　工具钢　质量要求(Tool steels—Quality requirements)

3　参考试块分类

1型参考试块为一组四块,每块的镍-铬镀层厚度分别为10 μm、20 μm、30 μm、50 μm。其中镀层厚度为10 μm、20 μm和30 μm的试块用于确定荧光渗透系统的灵敏度;30 μm和50 μm的试块用于确定着色渗透系统的灵敏度。

2型参考试块为单独一块,其一半电镀镍后再镀一薄层铬,另一半制成为特定粗糙度的区域。有镀层的一边上分布有5个星形状的不连续。

4　1型参考试块的设计与尺寸

1型试块为矩形,典型尺寸为35 mm×100 mm×2 mm(见图1)。每块试块都是在黄铜板上电镀一均匀的镍-铬层,镍-铬层厚度分别为10 μm、20 μm、30 μm和50 μm。每块试块通过纵向拉伸来形成横向裂纹。每条裂纹的宽深比宜约为1:20。

单位为毫米

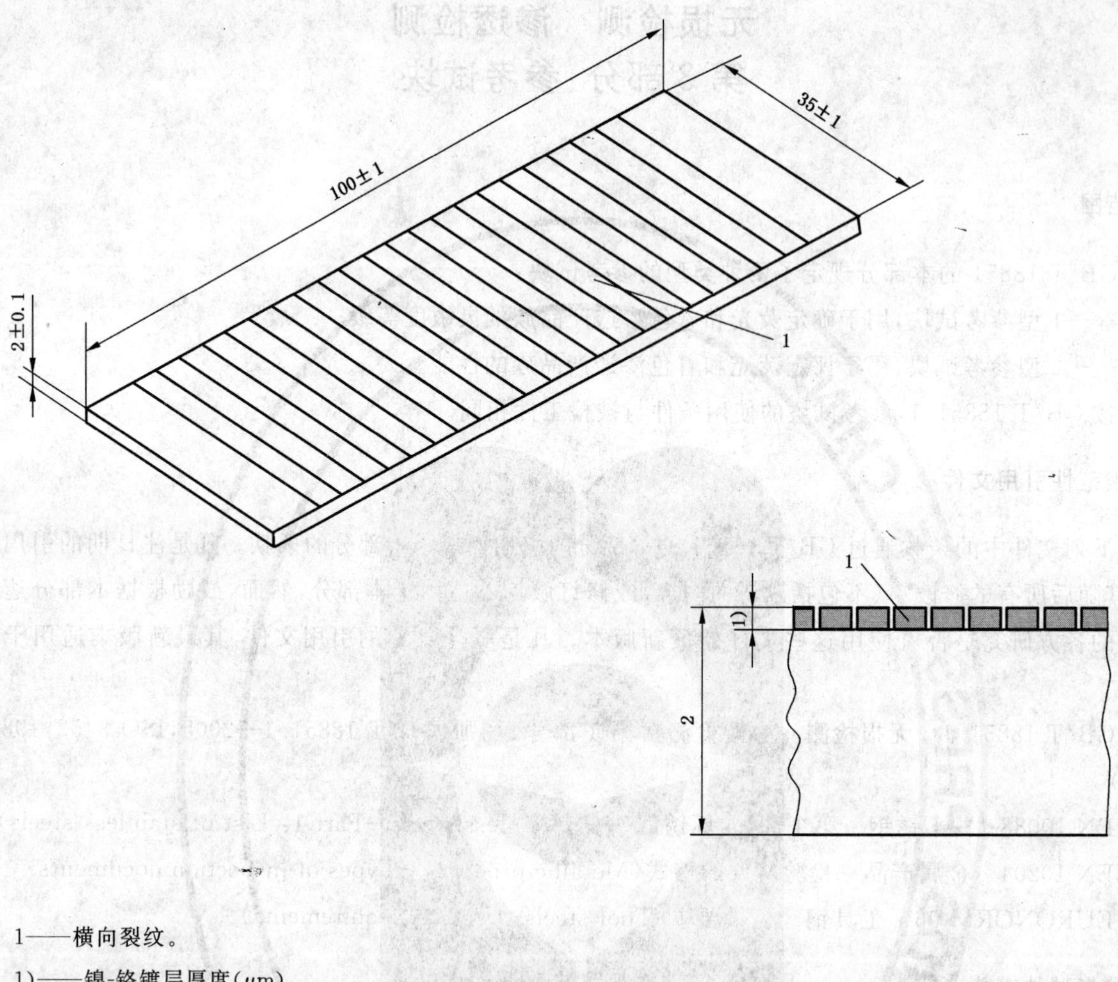

1——横向裂纹。

1)——镍-铬镀层厚度(μm)。

图 1 1型参考试块

5 2型参考试块的设计与尺寸

5.1 设计

5.1.1 概述

2 型试块为矩形,尺寸为 155 mm×50 mm×2.5 mm(见图 2)。

注:如无特殊规定,全部尺寸误差为±10%。

基体材料为符合 EN 10088-1 的牌号为 X2CrNiMo17-12.3(1.4432)[1)]、初始硬度 HV 20=150±10 或等效的不锈钢。

5.1.2 可水洗性区域

为检验渗透剂的可水洗性,在试块的半个检测面上制备成大小为 25 mm×35 mm 的四个相邻区域,其表面粗糙度分别为 Ra=2.5 μm、Ra=5 μm、Ra=10 μm 和 Ra=15 μm(见图 2)。

Ra=2.5 μm 区域可由喷砂制备,其余区域由电腐蚀制备。

5.1.3 缺陷区域

缺陷区域位于试块的另半个检测面上(见图 2)。

1) 相当于我国的牌号:00Cr17Ni13Mo2N 或 00Cr17Ni14Mo2。

单位为毫米

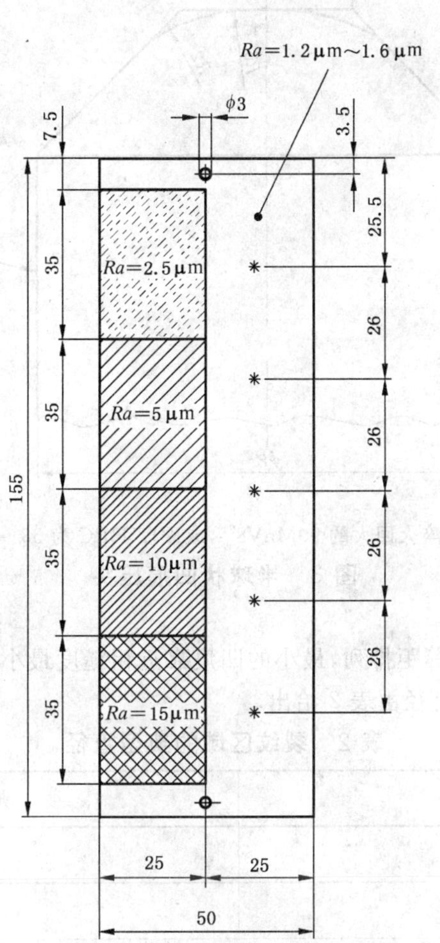

图 2　2 型参考试块

5.1.3.1　电镀

应在试块的检测面上电镀一层厚度为 60 μm±3 μm 的镍，使其硬度达到 HV 0.2=500~600。

应在镍镀层上再镀一层厚度为 0.5 μm~1.5 μm 硬铬。然后将试块进行热处理，使其硬度达到 HV 0.3=900~1 000，例如在 405 ℃下加热 70 min。铬镀层的表面粗糙度 Ra 应为 1.2 μm~1.6 μm。

5.1.3.2　人工缺陷制备

应采用 2 kN~8 kN 的载荷，在试块检测面(镀层区域)的背面压成 5 个等距凹痕。

例如，5 个人工缺陷可采用表 1 方法制备。

表 1　缺陷号码

缺陷	1	2	3	4	5
施加外力/kN	2.0	3.5	5.0	6.5	8.0

人工缺陷的凹痕是采用与半球状凹痕压头匹配的规格为 120 kN 压力机或适当的维氏硬度机制成的。

图 3 给出了专用压头的数据。凹痕制备采用连续施加载荷，加载速度为 0.05 kN/s，卸载速度为 0.5 kN/s。

单位为毫米

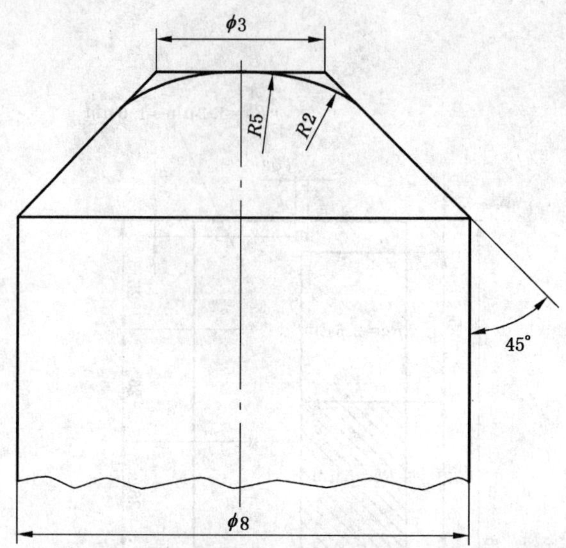

钢牌号:符合 EURONORM 96 的淬火回火的 90MnV8[2],或硬度 HRC 为 53～62 的等效质量。

图 3 半球状凹痕压头

5 个凹痕应以尺寸顺序等距排列,最小的凹痕靠近粗糙度最小的区域。

人工缺陷应展开成圆状,其直径由表 2 给出。

表 2 裂纹区域的典型直径

单位为毫米

缺陷号码	典型尺寸(直径)
1	3
2	3.5
3	4
4	4.5
5	5.5

5.2 测量

应采用校准合格的尺子测量每个缺陷的最大直径。

每块参考试块应附有一份标明 5 个人工缺陷实测值和 4 个可水洗区域粗糙度值的证书(格式按 EN 10204 的 3.1.B)。

6 标识

每块 1 型参考试块上,应标识有 GB/T 18851.3(或 GB/T 18851.3/ISO 3452-3),以及供应商标识和序列号。每块 2 型参考试块上,应标识有 GB/T 18851.3(或 GB/T 18851.3/ISO 3452-3),以及供应商标识和序列号。

每块试块应附有一份表明符合 GB/T 18851.3(或 GB/T 18851.3/ISO 3452-3)的类似于 EN 10204 之 3.1.B 格式的证书。

2) 相当于我国的牌号:9Mn2V。

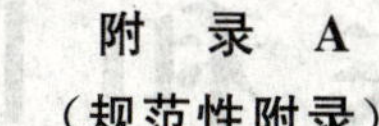

附 录 A
（规范性附录）
规范性引用文件中与欧洲标准等效的国际标准

表 A.1 规范性引用文件中欧洲标准与国际标准等效表

名 称		CEN 编号	ISO 编号
无损检测 渗透检测	第 1 部分：总则	EN 571-1	ISO 3452-1
	第 2 部分：渗透材料的检验	prEN ISO 3452-2[a]	ISO 3452-2
	第 3 部分：参考试块	EN ISO 3452-3	ISO 3452-3
	第 4 部分：设备	EN ISO 3452-4	ISO 3452-4
金属产品 检验文件的格式		EN 10204	ISO 10474
工具钢 质量要求		EURONORM 96	ISO 4967

[a] 此文件在某些欧洲标准中引述为 prEN 571-2。

ICS 75.160
D 20

中华人民共和国国家标准

GB/T 18855—2008
代替 GB/T 18855—2002

水煤浆技术条件

Specifications of coal water mixture（CWM）

2008-07-29 发布　　2009-05-01 实施

中华人民共和国国家质量监督检验检疫总局
中国国家标准化管理委员会　发布

前　言

本标准代替 GB/T 18855—2002《水煤浆技术条件》。

本标准与 GB/T 18855—2002 相比主要作了如下修改和补充：

——修改了部分已整合的规范性引用文件。

——增加了黏度、粒度、水煤浆基等术语和定义。

——修改了水煤浆的浓度、发热量、粒度等指标。

——删去了 2002 年版表 1 中“挥发分”指标的技术要求。

本标准由中国煤炭工业协会提出。

本标准由全国煤炭标准化技术委员会归口。

本标准起草单位：国家水煤浆工程技术研究中心、山东八一燎原水煤浆有限责任公司、枣庄矿业（集团）有限责任公司。

本标准主要起草人：何国锋、王国房、贾传凯、段清兵、王成杰、江卫、张波、王明南。

本标准所代替标准的历次版本发布情况为：

——GB/T 18855—2002。

水煤浆技术条件

1 范围

本标准规定了水煤浆的技术要求、试验方法、贮存、运输和质量测试报告。

本标准适用于工业锅炉、电站锅炉和工业窑炉等燃用的水煤浆。

2 规范性引用文件

下列文件中的条款通过本标准的引用而成为本标准的条款。凡是注日期的引用文件，其随后所有的修改单(不包括勘误的内容)或修订版均不适用本部分，然而，鼓励根据本标准达成协议的各方研究是否可使用这些文件的最新版本。凡是不注日期的引用文件，其最新版本适用于本标准。

GB/T 212 煤的工业分析方法

GB/T 213 煤的发热量测定方法

GB/T 214 煤中全硫的测定方法

GB/T 219 煤灰熔融性的测定方法

GB/T 18856.1 水煤浆试验方法 第1部分:采样

GB/T 18856.2 水煤浆试验方法 第2部分:浓度测定

GB/T 18856.3 水煤浆试验方法 第3部分:筛分试验

GB/T 18856.4 水煤浆试验方法 第4部分:表观黏度测定

3 术语和定义

下列术语和定义适用于本标准。

3.1

水煤浆 coal water mixture

由煤、水和少量添加剂经过加工制成的具有一定粒度分布、能流动的稳定浆体。

3.2

水煤浆表观黏度 apparent viscosity of coal water mixture

在两个平行平面间受剪切的流体，单位接触表面积上法向梯度为1时，由于流体黏性所引起的内摩擦力的大小称为黏度。非牛顿流体在某一剪切速率下的黏度成为在该剪切速率下的表观黏度。本标准采用 $\eta_{100s^{-1}}$ 表示在规定剪切速率为 100 s^{-1} 下水煤浆的表观黏度，单位为毫帕·秒(mPa·s)。下标表示为测定时的剪切速率。

3.3

水煤浆粒度 granularity of coal water mixture

水煤浆中煤颗粒的大小叫作水煤浆粒度。$P_{d,+0.3\,mm}$ 表示大于 0.3 mm 的物料占水煤浆中干煤的含量，$P_{d,-0.075\,mm}$ 表示小于 0.075 mm 的物料占水煤浆中干煤的含量。

3.4

水煤浆基 basis of coal water mixture

分析结果以水煤浆为基准表示时称为水煤浆基。例如水煤浆基全硫，以 $S_{t,cwm}$ 表示。

4 技术要求和试验方法

4.1 外观:黑色黏稠流体，能流动。

4.2 水煤浆的技术要求和试验方法应符合表1的规定。

表1 水煤浆的技术要求和试验方法

项 目	符号	单位	级别	技术要求	试验方法
浓度	C	%	Ⅰ级 Ⅱ级 Ⅲ级	>65.0 >63.0～65.0 ≥60.0～63.0	GB/T 18856.2
发热量	$Q_{net,cwm}$	MJ/kg	Ⅰ级 Ⅱ级 Ⅲ级	>19.00 >18.00～19.00 ≥17.00～18.00	GB/T 213
灰分	A_{cwm}	%	Ⅰ级 Ⅱ级 Ⅲ级	≤6.00 >6.00～8.00 >8.00～10.00	GB/T 212
硫分	$S_{t,cwm}$	%	Ⅰ级 Ⅱ级 Ⅲ级	≤0.35 >0.35～0.65 >0.65～0.80	GB/T 214
黏度(在浆体温度20 ℃,剪切率100 s^{-1}时)	η	mPa·s	—	<1 200	GB/T 18856.4
粒度分布	$P_{d,+0.3\ mm}$	%	Ⅰ级 Ⅱ级 Ⅲ级	≤0.05 >0.05～0.20 >0.20～0.80	GB/T 18856.3
	$P_{d,-0.075\ mm}$	%	—	≥75.0	
煤灰熔融性软化温度(适合于固态排渣方式)	ST	℃	—	>1 250	GB/T 219

5 水煤浆产品采样、制备、贮存、运输和质量测试报告

5.1 水煤浆产品的试样按GB/T 18856.1的规定进行采样和制备。

5.2 水煤浆产品应贮存在具有搅拌装置的有盖容器中,并定期搅拌。

5.3 水煤浆产品用洁净的封闭容器运输或管道输送。

5.4 每批出厂的产品都应附有检验报告。

ICS 75.160
D 21

中华人民共和国国家标准

GB/T 18856.1—2008
代替 GB/T 18856.1—2002

水煤浆试验方法 第1部分:采样

Test methods for coal water mixture—Part 1:Sampling

2008-07-29 发布　　2009-04-01 实施

中华人民共和国国家质量监督检验检疫总局
中国国家标准化管理委员会　发布

前　言

本次修订的 GB/T 18856《水煤浆试验方法》分为 7 个部分：

——第 1 部分：采样；

——第 2 部分：浓度测定；

——第 3 部分：筛分试验；

——第 4 部分：表观黏度测定；

——第 5 部分：稳定性测定；

——第 6 部分：密度测定；

——第 7 部分：pH 值测定。

本标准代替 GB/T 18856—2002《水煤浆质量试验方法》。

本标准与 GB/T 18856—2002 相比，主要差异如下：

——删除了第 6 部分：水煤浆发热量测定方法；

——删除了第 7 部分：水煤浆工业分析方法；

——删除了第 8 部分：水煤浆全硫测定方法；

——删除了第 10 部分：水煤浆灰熔融性测定方法；

——删除了第 11 部分：水煤浆碳氢测定方法；

——删除了第 12 部分：水煤浆氮测定方法；

——删除了第 13 部分：水煤浆灰成分测定方法。

删除的内容分别整合到相关的煤和煤灰的测定方法标准中。

本部分是 GB/T 18856 的第 1 部分。

本部分代替 GB/T 18856.1—2002《水煤浆采样方法》。

本部分与 GB/T 18856.1－2002 相比主要变化如下：

——本部分增加了以下内容：

采样的一般原则(本版第 4 章)；

专用采样方案(本版 5.3)；

采样器的基本要求和落流采样器的设计(本版 6.6 和 7.3)；

水煤浆试样和干燥水煤浆试样的制备(本版第 8 章)；

试样的包装和标识以及采样报告(本版第 9 章和第 10 章)；

——本部分删除了水煤浆流中部取样法(2002 年版 3.3.2)；

——本部分修改了采样单元量少于 900t 时的最小子样数(2002 年版 4.4.2.4，本版 5.2.3.2)；

——本部分修改了提斗采样器的尺寸(2002 年版附录 A，本版附录 D)。

本部分的附录 A、附录 B、附录 C 和附录 D 为资料性附录。

本部分由中国煤炭工业协会提出。

本部分由全国煤炭标准化技术委员会归口。

本部分起草单位：煤炭科学研究总院煤炭分析实验室。

本部分主要起草人：孙刚、韩立亭。

本部分所代替标准的历次版本发布情况为：

——GB/T 18856.1—2002。

水煤浆试验方法
第1部分:采样

1 范围

GB/T 18856 的本部分规定了水煤浆采样的术语和定义、采样的一般原则、采样方案的建立、水煤浆流采样方法、静止水煤浆采样方法、试样制备、试样的包装和标识、以及采样报告。

本部分适用于各种水煤浆。

2 规范性引用文件

下列文件中的条款通过 GB/T 18856 的本部分的引用而成为本部分的条款。凡是注日期的引用文件,其随后所有的修改单(不包括勘误的内容)或修改版均不适用于本部分,然而,鼓励根据本部分达成协议的各方研究是否可使用这些文件的最新版本。凡是不注日期的引用文件,其最新版本适用于本部分。

GB/T 212 煤的工业分析方法(GB/T 212—2008,ISO 11722:1999;ISO 1171:1997;ISO 562:1998,NEQ)

GB/T 19494.3 煤炭机械化采样 第3部分:精密度测定和偏倚试验(GB/T 19494.3—2004,ISO 13909-7:2001,Hard coal and coke—Mechanical sampling—Part 7:Methods for determining the precision of sampling,sample preparation and testing,ISO 13909-8:2001,Hard coal and coke—Mechanical sampling—Part 8:Methods of testing for bias,NEQ)

3 术语和定义

下列术语和定义适用于 GB/T 18856 的本部分。

3.1

水煤浆 coal water mixture

将煤、水和少量添加剂经过物理加工过程制成的具有一定细度、能流动的稳定浆体。

3.2

采样 sampling

从大量水煤浆中采取具有代表性的一部分水煤浆的过程。

3.3

批 lot

需要进行整体性质测定的一个独立水煤浆量。

3.4

采样单元 sampling unit

从一批水煤浆中采取一个总样的水煤浆量。一批水煤浆可以是1个或多个采样单元。

注:相当于 ISO 20904 中的 sub lot(一批水煤浆中的部分,其给出所需的一个试验结果)。

3.5

子样 increment

采样器具操作一次或截取一次水煤浆流全横截段所采取的一份样。

3.6

初级子样　primary increment

在采样第1阶段、于任何干燥和缩分之前采取的子样。

3.7

分样　sub-sample

由均匀分布于整个采样单元的若干初级子样组成的水煤浆试样。

3.8

总样　gross sample

从一采样单元取出的全部子样合并成的水煤浆试样。

3.9

水煤浆试样　sample of coal water mixture

为确定某些特性而从水煤浆中采取的具有代表性的一部分水煤浆。

3.10

水煤浆干燥试样　analysis test sample of dried coal-water-mixture

水煤浆经干燥处理后制备成粒度小于0.2 mm并达到空气干燥状态的水煤浆固体试样。

3.11

标称最大粒度　nominal top size

与筛上物累计质量分数最接近(但不大于)5%的筛子相应的筛孔尺寸。

3.12

系统采样　systematic sampling

按相同的时间、空间或质量间隔采取子样,但第一个子样在第一间隔内随机采取,其余子样按选定的间隔采取。

3.13

随机采样　random sampling

采取子样时,对采样的部位或时间均不施加任何人为意志,能使任何部位的物料都有机会被采出。

3.14

时间基采样　time-basis sampling

对整个采样单元按相同的时间间隔采取子样。

3.15

分层随机采样　stratified random sampling

在质量基采样和时间基采样划分的质量或时间间隔内随机采取一个子样。

3.16

精密度　precision

在规定条件下所得独立试验结果间的符合程度。

注:它经常用一精密度指数,如两倍的标准差来表示。

3.17

偏倚　bias

系统误差。它导致一系列结果的平均值总是高于或低于用一参比采样方法得到的值。

3.18

上部样　upper section sample

从水煤浆液面至全深度的1/3处全液层采取的子样。

3.19

中部样　central section sample

从水煤浆全深度的1/3处至2/3处全液层采取的子样。

3.20

下部样　lower section sample

从水煤浆全深度的2/3处至底面全液层采取的子样。

4　采样的一般原则

若要一采样方案能提供有代表性的试样，那么一批水煤浆的所有部分均应有相等的几率被采集并出现在试样中。与上述要求的任何偏离都将导致一定程度甚至不可接受的准确度的损失。存在不正确采样技术的采样方案，如被采样的批水煤浆各部分被采出的几率不一致，将不应得到有代表性的试样。

水煤浆采样最好的方式是在水煤浆落流处机械切取完整的水煤浆流横段。若不应以这种方式采样，由于固体的分层而导致的水煤浆浓度的不匀将可能给采集的试样带来偏倚。

对于静止水煤浆，例如在罐、容器中的水煤浆，因为无法确保水煤浆的各个部分以相等的几率被采集在试样中，而不宜直接采取，最好在装卸水煤浆时从移动水煤浆流中采样。

5　采样方案

5.1　采样方案选择

本部分规定了两种采样方案：基本采样方案和专用采样方案。采样原则上按本章规定的基本采样方案进行，在下列情况下须另行设计专用采样方案。专用采样方案在征得有关方同意后方可实施。

a)　要求以特定的精密度进行采样时；

b)　经有关方同意需另行设计采样方案时。

5.2　基本采样方案

5.2.1　采样单元的划分

5.2.1.1　以900 t为一基本采样单元量。

5.2.1.2　当批量大于900 t时，既可作为一个采样单元，也可根据实际情况或按式(1)划分为 m 个采样单元：

$$m=\sqrt{\frac{M}{900}} \qquad (1)$$

式中：

M——被采样水煤浆批量，单位为吨(t)。

将一批水煤浆分为若干个采样单元时，采样精密度优于作为一个采样单元时的采样精密度。

5.2.2　每个采样单元子样数

5.2.2.1　基本采样单元子样数

900 t水煤浆应采取的最少子样数目为15。

5.2.2.2　采样单元量少于900 t时的子样数

采样单元水煤浆量小于900 t时，子样数目按比例递减，但不应少于10个子样。

5.2.2.3　采样单元量大于900 t时的子样数

采样单元量超过900 t时的子样数目，按式(2)计算：

$$N=15\sqrt{\frac{M}{900}} \qquad (2)$$

式中：

N——实际应采子样数目；

M——采样单元水煤浆量，单位为吨(t)。

5.2.3　子样和总样体积

5.2.3.1　水煤浆流采样

5.2.3.1.1　子样体积

初级子样体积取决于水煤浆流量和采样器开口尺寸，可按式(3)计算，但不应小于0.5 L：

$$V = \frac{Cb \times 10^{-3}}{3.6 v\rho} \quad \cdots\cdots\cdots\cdots (3)$$

式中：

V——初级子样体积，单位为升(L)；

C——水煤浆流量，单位为吨每小时(t/h)；

b——采样器开口尺寸，单位为毫米(mm)；

ρ——水煤浆密度，单位为千克每升(kg/L)；

v——采样器速度，单位为米每秒(m/s)。

5.2.3.1.2 总样体积

总样体积为子样体积之和，但不应小于5 L。

5.2.3.2 静止水煤浆采样

5.2.3.2.1 子样体积

初级子样最小体积为0.5 L。

5.2.3.2.2 总样体积

总样体积为子样体积之和，但不应小于5 L。

5.3 专用采样方案的设计

5.3.1 采样方案建立的基本程序

建立采样方案的基本程序如下：

a) 明确采样目的：贸易、监测设备性能和过程控制等；

b) 确定水煤浆来源、批量、密度、浓度、固体标称最大粒度以及采样地点；

c) 确定欲测量的品质参数和需要的试样类型；

d) 确定要求的精密度；

注：若要求的精密度导致过多的子样数或采样单元数，则可降低精密度要求。

e) 测定水煤浆的变异性(即初级子样方差)和制样化验方差；

f) 确定采样单元数和采样单元的子样数；

g) 确定总样和子样的最小体积；

h) 决定采样方式和采样基：系统采样、随机采样或分层随机采样；时间基采样或质量基采样，并确定采样间隔(min或t)；

i) 决定将子样合并成总样的方法；

j) 决定试样制备方法。

5.3.2 采样各程序的设计

5.3.2.1 概述

采样方案的设计是根据实际情况拟定供采样人员使用的作业指导书的第一步。

作业指导书是实施采样的操作细则，应涵盖采样方案中所有的要素和可能遇到的问题，指导书应简单、易懂、可行、只能有唯一的解释并被采样人员充分理解和执行。

根据采样目的——技术评定、过程控制、质量控制或商业目的决定试样的类型：水煤浆试样、干燥水煤浆试样、粒度分析水煤浆试样或其他专用试样。根据采样目的和试样类型决定测定的品质参数：水煤浆浓度、密度、灰分、水分、粒度组成或其他物理化学特性参数。

在设计采样方案的同时，还应制定相应的安全操作规程。

5.3.2.2 精密度的确定

5.3.2.2.1 概述

在所有的采样、制样和化验方法中，误差总是存在的，同时用这样的方法得到的任一指定参数的试验结果也将偏离该参数的真值。由于不应确切了解“真值”,一个单个结果对“真值”的绝对偏倚是不可能测定的,而只能对该试验结果的精密度做一估算。对同一水煤浆进行一系列测定所得结果间的彼此符合程度就是精密度,而这一系列测定结果的平均值对一可以接受的参比值的偏离程度就是偏倚。

原则上讲,可以设计出能获得任意精密度水平的采样方案。

估算精密度的方法理论在 GB/T 19494.3 中叙述。对于连续采样,按式(4)估算精密度:

$$P_L = 2\sqrt{\frac{\frac{V_I}{n} + V_{PT}}{m}} \quad \cdots\cdots(4)$$

式中:

P_L——一批水煤浆的在 95%的置信概率下的采样、制样和化验总精密度;

V_I——初级子样方差;

n——每一采样单元的子样数目;

m——一批水煤浆被划分成的采样单元数目;

V_{PT}——制样和化验方差。

5.3.2.2.2 采样精密度的确定

要求达到的采样总精密度应由有关各方协商确定,在缺乏协议精密度下,对干燥水煤浆固体品质测定可取干基灰分的十分之一;对其他水煤浆浆体品质参数测定,可取其浓度测定精密度(重复性限)的 $5/\sqrt{2}$倍。

精密度确定后,应在例行采样中用 GB/T 19494.3 所述的多份采样方法来确认精密度是否达到要求。

当要求的精密度改变时,应按 5.3.2.4 所述来改变采样单元数和每个采样单元的子样数,并重新核验所要求的精密度是否达到;当怀疑被采样水煤浆的变异性增大时,也要对采样精密度进行核验。

5.3.2.3 水煤浆变异性的确定

5.3.2.3.1 初级子样方差

在式(4)中的初级子样方差(V_I)取决于水煤浆种类、加工处理和混匀程度、固体物质标称最大粒度、测量参数的绝对值、子样体积等。初级子样方差可通过以下方法之一求得:

a) 按 GB/T 19494.3 所述的方法直接测定,对干燥水煤浆试样,一般用固体物质灰分值测定;对水煤浆浆体品质测定试样,一般用水煤浆浓度值测定;

b) 根据类似的水煤浆在类似的采样系统中测定的初级子样方差确定;

c) 在没有子样方差资料情况下,对于灰分,可开始假定 $V_I=20$,然后在采样后按 GB/T 19494.3 规定的方法核对。

5.3.2.3.2 制样和化验方差

制样和化验方差 V_{PT}可通过以下方法之一求得:

a) 按 GB/T 19494.3 所述的方法直接测定;对干燥水煤浆试样,一般用固体物质灰分值测定;对水煤浆浆体品质测定试样,一般用水煤浆浓度值测定;

b) 根据类似的水煤浆在类似的采样系统中测定的制样和化验方差确定;

c) 在没有制样和化验方差资料情况下,对于灰分,可开始假定 $V_{PT}=0.2$,然后在制样和化验后按 GB/T 19494.3 规定的方法核对。

5.3.2.4 采样单元、采样单元数和每个采样单元的子样数

5.3.2.4.1 采样单元

对大批量水煤浆(如轮船载水煤浆)基本采样单元 M_0为 4 000 t;对小批量水煤浆(如罐车、容器载水煤浆)M_0为 900 t。

5.3.2.4.2 采样单元数

一批水煤浆可作为一个采样单元采样,也可分为若干采样单元采样。

为了下述目的，宜将一批水煤浆分成数个采样单元：

a) 提高采样的精密度，使之达到要求的值；

b) 保持试样的完整性，即避免试样采取后产生偏倚，特别是减小试样由于放置而产生的水分损失；

c) 当采样周期很长时，便于管理；

d) 使试样量不致太大，便于处理。

按式(5)计算起始采样单元数：

$$m = \sqrt{\frac{M}{M_0}} \qquad \cdots\cdots\cdots\cdots(5)$$

式中：

m——起始采样单元数；

M——批水煤浆量，单位为吨(t)；

M_0——起始采样单元水煤浆量，单位为吨(t)。

5.3.2.4.3 **每个采样单元的子样数**

a) 批量大于基本采样单元量并分若干采样单元采样时，按式(6)计算每个采样单元的子样数：

$$n = \frac{4V_I}{mP_L^2 - 4V_{PT}} \qquad \cdots\cdots\cdots\cdots(6)$$

如计算的 n 值为无穷大(∞)或负数，则证明制样和化验误差较大，在已设定的采样单元数(m)下，达不到要求的精密度。此时，或当 n 大到不切实际时，应用下述方法之一增加采样单元数 m：

估计一适当的 m 值，然后按式(6)计算 n，如计算出的 n 仍不合适，则再给定一 m 值，再计算 n，直到可接受为止；

或设定一实际可接受的最大 n 值，然后按式(7)计算 m：

$$m = \frac{4V_I + 4nV_{PT}}{nP_L^2} \qquad \cdots\cdots\cdots\cdots(7)$$

需要时，可将 m 值调大到一适当值，然后重新计算 n。当计算的 n 小于 10 时，取 $n=10$。

b) 批量大于基本采样单元量(900 t 或 4 000 t)的水煤浆作一个采样单元采样时，按式(8)计算子样数：

$$n = \frac{4V_I}{P_L^2 - 4V_{PT}}\sqrt{\frac{M}{M_0}} \qquad \cdots\cdots\cdots\cdots(8)$$

c) 批量小于基本采样单元量的水煤浆作一个采样单元采样时，子样数可按比例递减，但不应少于10，且总样的体积应符合 5.2.3 的规定。

5.3.2.5 **子样和总样体积确定**

子样和总样体积按 5.2.3 规定确定。

6 水煤浆流采样方法

6.1 概述

从操作方便和经济的角度出发，水煤浆流采样一般按时间基系统采样方式或分层随机采样方式进行。

采样最好用机械化采样系统或机械采样器。在没有机械化系统和机械采样器时，若手工采样能完整截取水煤浆流横截段且对操作者没有任何危险，也可以采用手工采样。考虑到安全和操作困难，本部分不推荐在流量达 100 t/h 以上的水煤浆流中人工采样。

采样时，应尽量截取一完整水煤浆流横截段作为一子样，子样不应充满采样器或从采样器中溢出。

试样应尽可能从流速和负荷都较均匀的水煤浆流中采取。应尽量避免水煤浆流的负荷和品质变化周期与采样器的运行周期重合,以免导致采样偏倚。如果避免不了,则应采用分层随机采样方式。

人工采取子样时不应有意地选采,而且子样应一次采出,多不减,少不补。

无论用何种方式采样,都应通过偏倚试验,证明其无实质性偏倚。

6.2 时间基系统采样

6.2.1 子样分布

初级子样应均匀分布于整个采样单元中。子样按预先设定的时间间隔采取,第1个子样在第1个时间间隔内随机采取,其余子样按相等的时间间隔采取。在整个采样过程中,采样器横过水煤浆流的速度应保持恒定。如果预先计算的子样数已采够,但该采样单元水煤浆尚未流完,则应以相同的时间间隔继续采样,直至结束。

为保证实际采取的子样数不少于规定的最少子样数,实际子样时间间隔应等于或小于计算的子样间隔。

6.2.2 子样间隔

采取子样的时间间隔 Δt(min)按式(9)计算:

$$\Delta t \leqslant \frac{60m}{Gn} \qquad \cdots\cdots(9)$$

式中:

m——采样单元质量,单位为吨(t);

G——水煤浆最大流量,单位为吨每小时(t/h);

n——总样中初级子样数目。

6.2.3 子样体积

时间基采样的子样体积 V(L)与水煤浆流量成正比。平均初级子样体积按式(3)计算,但不应小于0.5 L,否则应调整采样器开口或切割速度,使之达到要求。

6.3 时间基分层随机采样

6.3.1 概述

采样过程中水煤浆的品质可能会发生周期性的变化,应避免其变化周期与子样采取周期重合,否则肯定会带来不可接受的采样偏倚,为此可采用分层随机采样方法。

时间基分层随机采样不是以相等的时间采取子样,而是在预先划分的时间内以随机时间采取子样。

分层随机采样中,两个分属于不同的时间间隔的子样很可能非常靠近,因此初级采样器的存样容器应该至少能容纳两个子样。

6.3.2 子样分布

子样在预先设定的每一时间间隔内随机采取。

时间基采样按式(9)计算采样时间间隔。将每一时间间隔从0到一个间隔时间数划分成若干段(s或min),然后用随机的方法,如抽签,决定各个时间间隔内的采样时间段,并到此时间数时采取子样。

6.4 参比采样

偏倚试验的参比试样,用将一容器置于浆流下接收一定时间或通过一水煤浆管路将其转到合适的容器停留一定的时间的方法采取。

6.5 采样位置的选择

选择采样位置的基本原则如下:

a) 确保操作人员安全;

b) 采样器能完整地切割水煤浆流;

c) 没有明显可见的水煤浆流偏析;

d) 尽可能接近需测定品质特性的位置。

在大多数情况下，只有水煤浆流转运处(落流处)能满足以上要求。如果没有适当的采样位置，则应设计和安装一个图1所示的旁路系统进行采样。

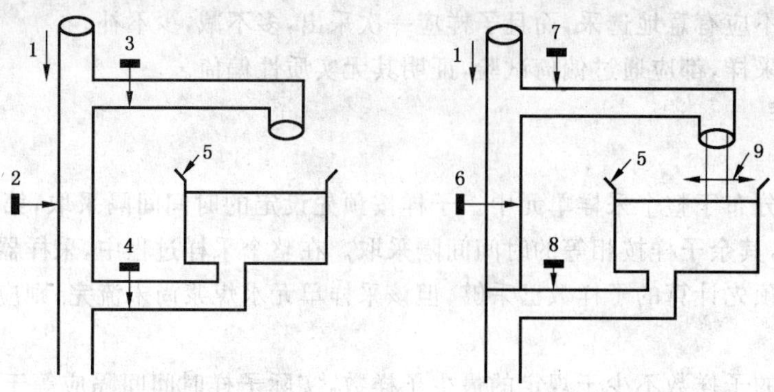

1——水煤浆流；
2——通道阀(开)；
3——通道阀(关)；
4——通道阀(关)；
5——槽；
6——通道阀(关)；
7——通道阀(开)；
8——通道阀(开)；
9——切割器。

图1 旁路采样示意图

6.6 水煤浆流采样器

6.6.1 机械采样器

6.6.1.1 概述

在水煤浆流中采样的令人满意的采样器为落流采样器。它从流体的运行路线中收集子样，如在浆的转换(落流)处或贮藏罐的进(出)口处。若落流切割器能通过水煤浆流的整个宽度和厚度，也能用于在开口斜槽的落流处采样。

本部分不推荐使用不应截取水煤浆流完整横截段的探管或旁路采样器(见附录B图B.1和B.2)。

6.6.1.2 落流采样器的设计

6.6.1.2.1 设计禁忌

采样系统设计应避免以下情况：

a) 试样溢出或浆体在卸浆管外部或卸浆槽下部滴淌及回流而损失；
b) 浆体子样流动受阻而产生回流或溢出；
c) 各次切割间残浆沾在切割器上，
d) 试样污染。

6.6.1.2.2 基本要求

采样切割器应满足以下要求：

a) 能自我清洗，如用不锈钢制作或用聚亚胺酯材料作内衬，以将每个子样排尽；
b) 除了试样外，没有其他水煤浆进入切割器，如应防止切割器在停放位置时水煤浆溅入；
c) 应收集完整的水煤浆横截段，切割器前缘和后缘应以相同的轨迹运行；
d) 应沿与浆流运行主轨迹垂直的平面或弧面切割水煤浆流；
e) 应以均匀的速度切割浆流，速度变化在平均速度的10%以内；
f) 开口的几何形状应保证浆流中任一点的切割时间接近相等，其变化不超过10%；
g) 切割开口尺寸不小于30 mm；
h) 应能容纳在最大流量下的截取的整个子样，且不会从切割器口回流而导致试样损失。

6.6.1.2.3 切割器的速度

在设计机械切割器时，切割器的速度是最重要设计参数之一。切割器速度太快，将导致：

a) 大颗粒偏析而引起试样偏倚；

b) 过度的扰动引起水煤浆回弹和飞溅，从而导致试样偏倚；

c) 冲击载荷问题，同时使切割浆流速度难以维持恒定。

对于落流切割器，切割器速度应不大于 0.6 m/s，否则可能会引起采样偏倚。

不管切割器的运行速度和开口尺寸如何，切割器应经试验证实无不可接受的(实质性)偏倚。

6.6.1.3 示例

附录 A 给出了几种推荐使用的机械化采样器，其他的符合本部分要求、且被试验证明无实质性偏倚的初级采样器也可使用。

附录 B 给出的几种机械化采样器，因采取子样的方式不正确且具有选择性，不推荐使用。

6.6.2 人工采样工具

6.6.2.1 基本要求

人工采样工具应满足以下要求：

a) 采样器的开口宽度不小于 30 mm；

b) 采样器的容量应至少能容纳 1 个子样，且不被试样充满，水煤浆不会从器具中溢出或泄漏；

c) 如果用于落流采样，采样器开口的长度大于被截取水煤浆流的全宽度(前后移动截取时)或全厚度(左右移动截取时)；

d) 粘附在器具上的水煤浆应尽量少且易排出。

6.6.2.2 示例

附录 C 给出了几种推荐使用的人工采样器，其他的符合本部分要求、且无实质性偏倚的人工采样工具也可使用。

7 静止水煤浆采样方法

7.1 概述

本部分规定的静止水煤浆采样方法主要适用于罐车、容器和轮船船舱中水煤浆采样。

静止水煤浆采样应首选在装(或卸)水煤浆过程中于水煤浆流中采取，如不具备在装(或卸)水煤浆过程中采样的条件，也可对静止水煤浆直接采样。

直接从静止水煤浆中采样时，应采取不同深度(上、中、下)的试样。

7.2 子样采取方法

7.2.1 子样分布方法

将水煤浆罐车、容器或轮船船舱按深度分成上、中、下三层(在可能情况下按前、中、后分为 3 区，每区再分成上、中、下三层)，将各层(或各区和各层)编号。第一个子样从第一个罐车(容器或轮船船舱)中随机选择的层(或区和层)采取，其余子样按编号的顺序从后继罐车(容器或轮船船舱)的层(或区和层)中轮流采取。

7.2.2 罐车采样

7.2.2.1 罐车的选择

当要求的子样数等于和少于一采样单元的罐车数时，每一罐车应采取一个子样；当要求的子样数多于一采样单元的罐车数时，每一罐车应采的子样数等于总子样数除以罐车数，如除后有余数，则余数子样应分布于整个采样单元。分布余数子样的罐车可用系统方法选择(如每隔若干罐车增采一个子样)。

7.2.2.2 子样位置选择

子样位置按 7.2.1 所述决定。

所采子样中上部样、中部样和下部样子样数目应该相等，如有必要可对每辆罐车进行上部、中部、下部取样。

7.2.3 容器采样

容器子样分布与罐车采样相同(见 7.2.2)。

7.2.4 驳船采样

船舱子样分布原则上与罐车采样相同(见 7.2.2)。

7.3 静止水煤浆采样器

7.3.1 基本要求

凡满足以下要求并经试验证明无实质性偏倚的采样器都可使用:

a) 采样器具的开口宽度不小于 30 mm,采样器的高度最好不低于水煤浆全液层深度的 1/3;

b) 采样器的容量应至少为 0.5 L;

c) 子样提取过程中,水煤浆不会从器具中溢出或泄漏;

d) 采样器能自我清洗,粘附在器具上的水煤浆应尽量少且易除去。

7.3.2 提斗采样器

图 D.1 的提斗采样器是一种常用的静止水煤浆采样器。采样时,将它垂直插入装有水煤浆罐车、容器和轮船船舱中预定的采样位置,拉起提绳,打开容器压盖,水煤浆即进入容器,待 1 min～2 min 后,松开提绳,压盖在弹簧力的作用下,自动将容器压紧;提出采样器,取出容器,擦净外表面,倒出水煤浆试样。

8 试样制备

8.1 试样的构成

8.1.1 概述

一个试样一般由多个子样合并而成,或由整个采样单元的全部子样合成(即总样),或由一采样单元的一部分子样(即分样)合成。在某些情况下,如偏倚试验时,一个子样即构成一个试样。

8.1.2 子样的合并

8.1.2.1 时间基采样

时间基采样的子样质量正比于采样时的水煤浆流流量,此时的试样可以直接由初级子样合并而成,也可以由以定比缩分法制备到一定阶段的缩分后子样合并而成。

8.1.2.2 质量基采样

如果初级子样质量接近均匀(即子样质量变异系数小于 20%),则可将初级子样合并成试样,或直接合并,或将初级子样用定比缩分法缩分到一定阶段后合并。

如果初级子样质量不均匀,则应将它们按定质量缩分法缩分到一定质量后合并成试样。

8.1.3 试样的合并

一个试样也可以由若干个较小的试样合并而成,如一批水煤浆的试样可以由若干采样单元的总样合并而成。此时,各总样的体积或质量应正比于各采样单元水煤浆的体积或质量,使合并后试样的品质参数值为合并前各总样所代表的水煤浆品质参数的加权平均值。各总样可直接合并,也可用定比缩分法缩分到一定阶段后合并。

8.2 水煤浆试样的制备和保存

8.2.1 水煤浆试样的制备

8.2.1.1 缩分

8.2.1.1.1 缩分方法

水煤浆缩分一般采用定比缩分方法,即保留的试样与被缩分试样体积成正比。缩分可对子样进行也可对总样进行。缩分前水煤浆试样应搅拌均匀。

8.2.1.1.2 试样切割数

每个初级子样至少切割 4 次,若缩分连续进行,则后续缩分中,每个切割样至少再切割 1 次。每个总样至少切割 60 次。若总样由若干分样构成,则每个分样的切割数与分样在总样中所占体积比成正比,且最少为 10 次。由 1 个子样构成的总样的最少切割数为 10 次。

8.2.1.1.3 缩分后试样体积

缩分后总样体积应大于用该样进行的各项分析试验所需试样体积之总和,且不少于 1 000 mL。缩分后子样平均体积为缩分后总样体积除以子样数,但不少于 100 mL。

8.2.1.2 缩分器

8.2.1.2.1 缩分器要求

缩分器应满足以下要求:

a) 应截取完整的水煤浆横截段;

b) 切割开口尺寸不小于 30 mm;

c) 应有自我清洗功能,能完全排出每个子样;

d) 应沿与浆流运行主轨迹垂直的平面或弧面切割水煤浆流;

e) 应以不大于 0.6 m/s 的速度切割浆流,速度变化在平均速度的 10%以内;

f) 切割开口的几何形状应保证浆流中任一点的切割时间接近相等,其变化不超过 10%;

g) 应能容纳在最大流量下的单个子样或让其完全通过;

h) 缩分系统应尽可能密闭,无明显水分损失。

8.2.1.2.2 缩分器型式

水煤浆缩分可用软管式缩分器(见图 A.1)、切割槽式缩分器(见图 A.2)、二分器或其他型式缩分器进行。无论用何种型式缩分器,都应通过试验证明其无实质性偏倚。

8.2.2 水煤浆试样的保存

水煤浆试样应装入不吸水、不透气、与水煤浆不发生作用的密闭容器中,置于无震动、无阳光直射的低温室内保存。

8.3 干燥水煤浆试样的制备

8.3.1 水煤浆试样的脱水和干燥

从搅拌均匀的水煤浆试样中缩分出一部分(约 100 mL~200 mL)并准确称量(m_1),称准到 0.1%;将水煤浆试样用离心法脱去水分;将全部脱水后试样在温度不超过 50 ℃的干燥箱中鼓风干燥一定时间,然后置于试验室大气中暴露到达到空气干燥状态(连续干燥 1 h 后质量变化不大于 0.1%),并准确称量(m_2),称准到 0.1%。

8.3.2 干燥水煤浆试样破碎和缩分

将全部脱水和干燥后试样用对辊破碎机或其他适当机械或人工方法破碎到粒度小于 1 mm,从中缩分出 60 g~100 g 粉碎到粒度小于 0.2 mm,使之达到空气干燥状态后装入不吸水、无腐蚀的气密容器中。

8.4 共用水煤浆试样制备

图 2 为共用水煤浆试样制备程序示意图。制样中为防止水分损失,缩分最好使用密封式缩分器,而且缩分次数应尽可能少,操作尽量快。

8.5 存查样

8.5.1 水煤浆存查样

水煤浆存查样在试样制备最后阶段分取,体积应不小于 1 000 mL。

水煤浆存查样保存期一般为 1 个月(从试样结果报出日算起)。

8.5.2 干燥水煤浆存查样

干燥水煤浆存查样在试样制备最后阶段分取,质量应不少于 100 g。

干燥水煤浆存查样的保存期一般为 2 个月(从试样结果报出日算起)。

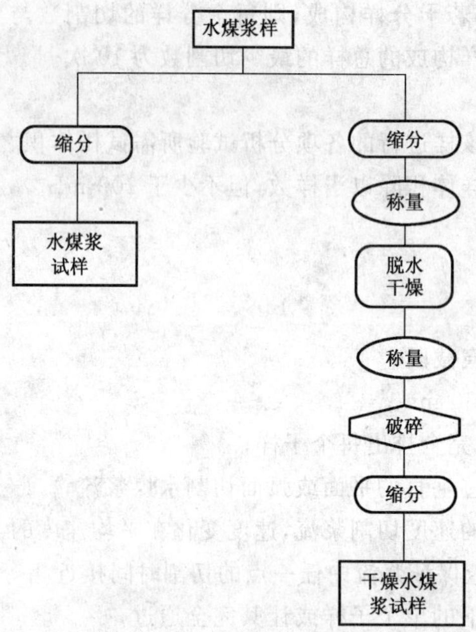

图2 共用水煤浆试样制备程序示意图

9 试样的包装和标识

9.1 试样的包装

水煤浆试样应装在不吸水、不透气、不与浆体发生作用的密闭容器中；干燥水煤浆试样应装在不吸水、无腐蚀的密闭容器中。

9.2 试样的标识

所有试样应有永久性的唯一识别标识，来自同一采样单元或批的水煤浆试样和干燥水煤浆试样的标识应可互相追溯。

水煤浆试样标签或附带文件中应有至少以下信息：

a) 水煤浆的种类、级别和生产企业及批的名称（罐车名或船及班次）；

b) 试样类型：水煤浆试样/干燥水煤浆试样或粒度分析水煤浆试样；

c) 采样地点、日期和时间。

10 采样报告

采样应有正式签发的、全面的采样、制样和试样发送报告。

采样报告除了应给出第9章所述的全部信息外，还应包括以下内容：

a) 报告的名称；

b) 委托人的姓名、地址；

c) 采样方法和采样基；

d) 批量、采样单元数和总样体积或质量；

e) 采样器名称和编号；

f) 气候和其他可能影响试验结果的现象；

g) 制样方法、制样时间和地点；

h) 试验试样、仲裁试样和存查试样的最长保存期；

i) 任何偏离规定方法的采样及其理由，以及采样中观察到的任何异常情况。

采样报告的有关信息应附在试样标签上，或通知制样人员。

附 录 A
（资料性附录）
合适的水煤浆流机械化采样器的示例

图 A.1 为一种软管式采样器，图 A.2 为一种旋转槽式落流采样器，图 A.3 为一种翻转式落流采样器。

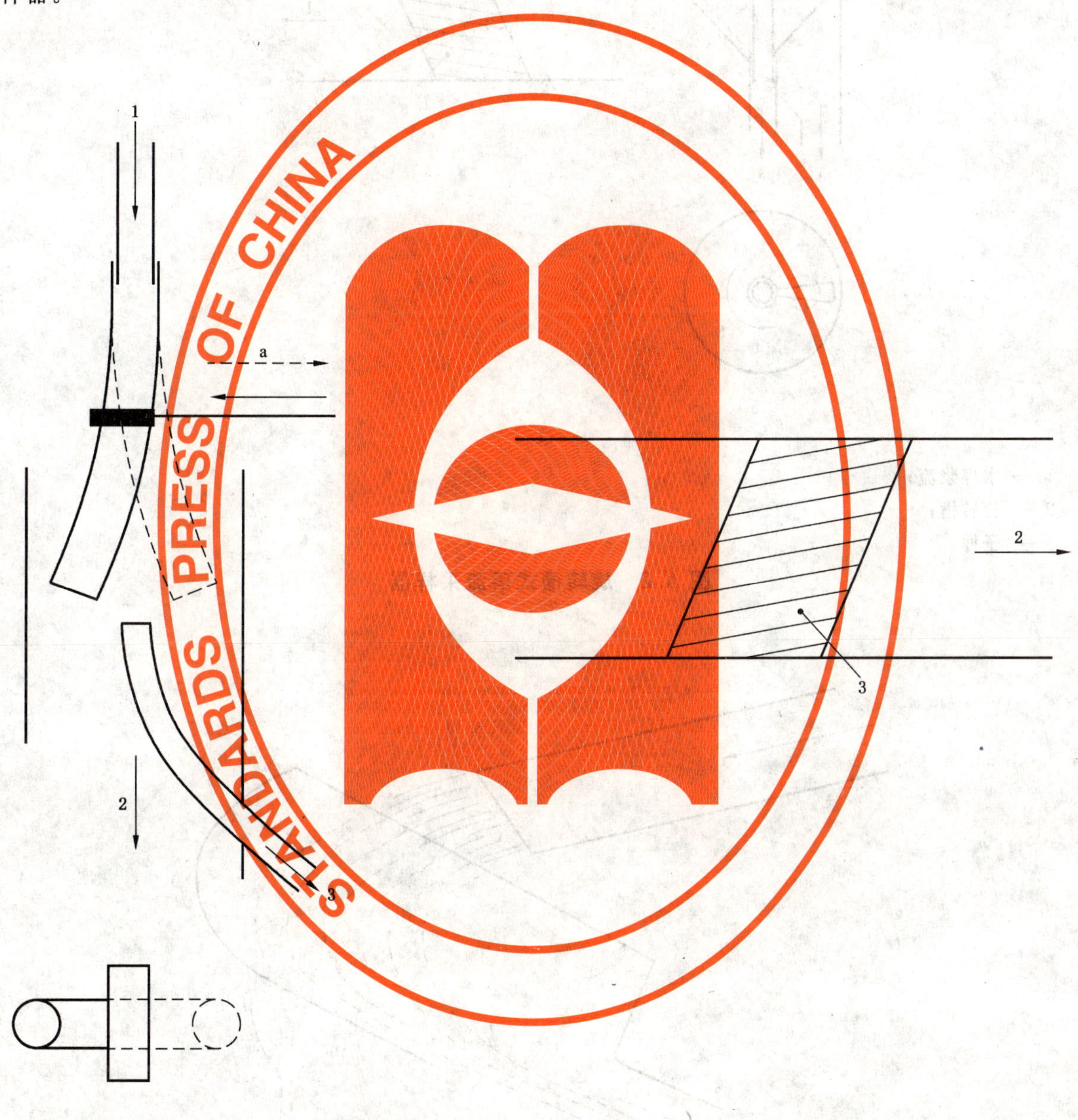

1——水煤浆流；
2——水煤浆流；
3——子样；
a——软管运动方向。

图 A.1 合适的软管式落流采样器

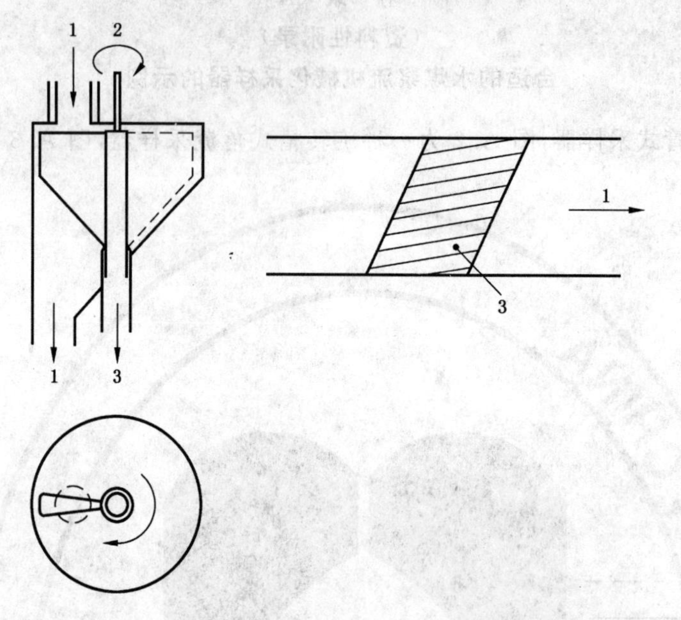

1——水煤浆流；
2——旋转槽；
3——子样。

图 A.2 旋转槽式落流采样器

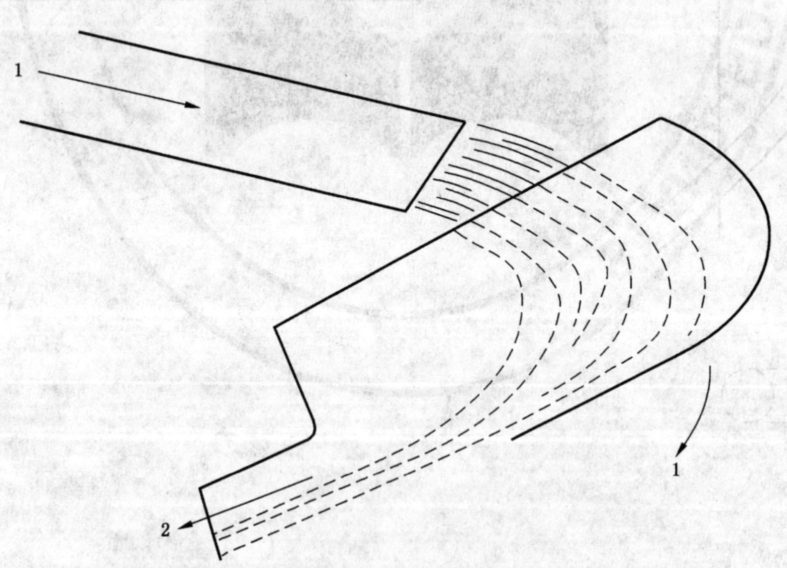

1——水煤浆流；
2——子样。

图 A.3 翻转式落流采样器

附　录　B
（资料性附录）
不合适的水煤浆流机械化采样器的示例

图 B.1 为一种探管采样器，图 B.2 为一种旁路采样器，图 B.3 为一种软管采样器。上述采样器均不可避免地会产生系统偏倚，不推荐使用。

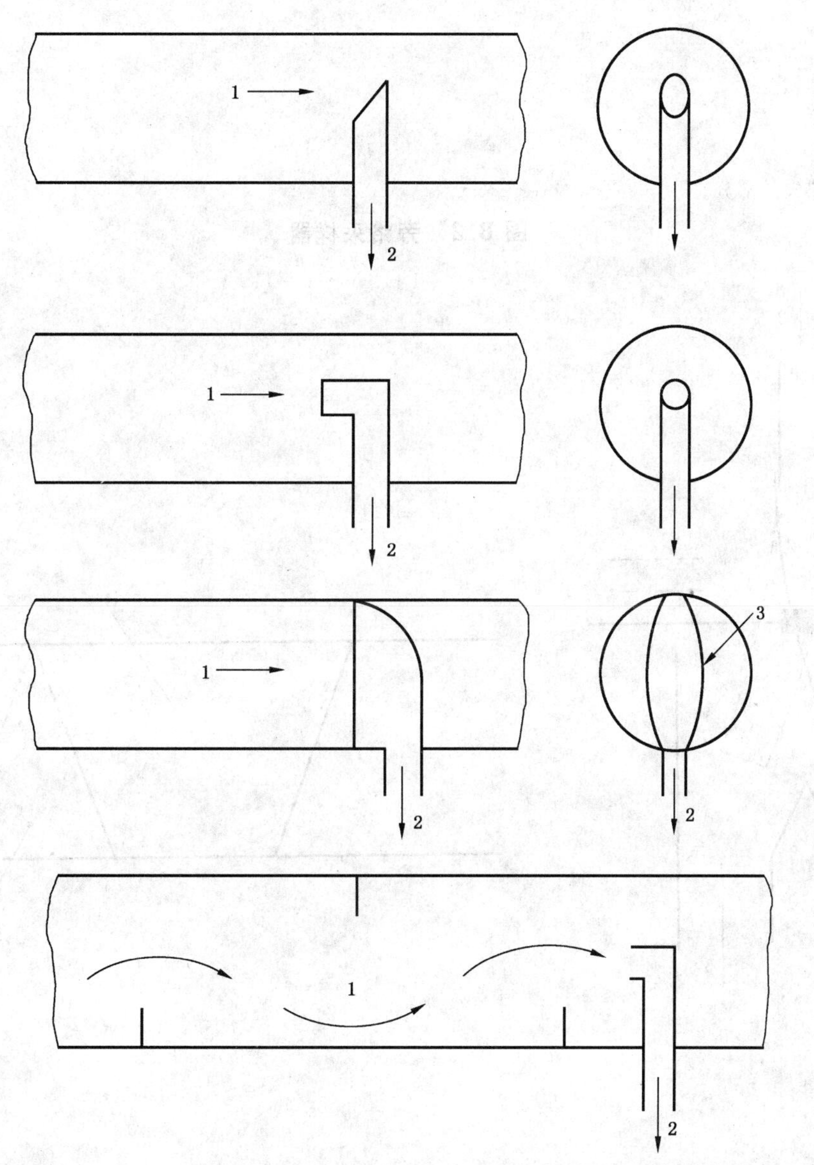

1——水煤浆流；
2——试样；
3——探管孔。

图 B.1　探管采样器

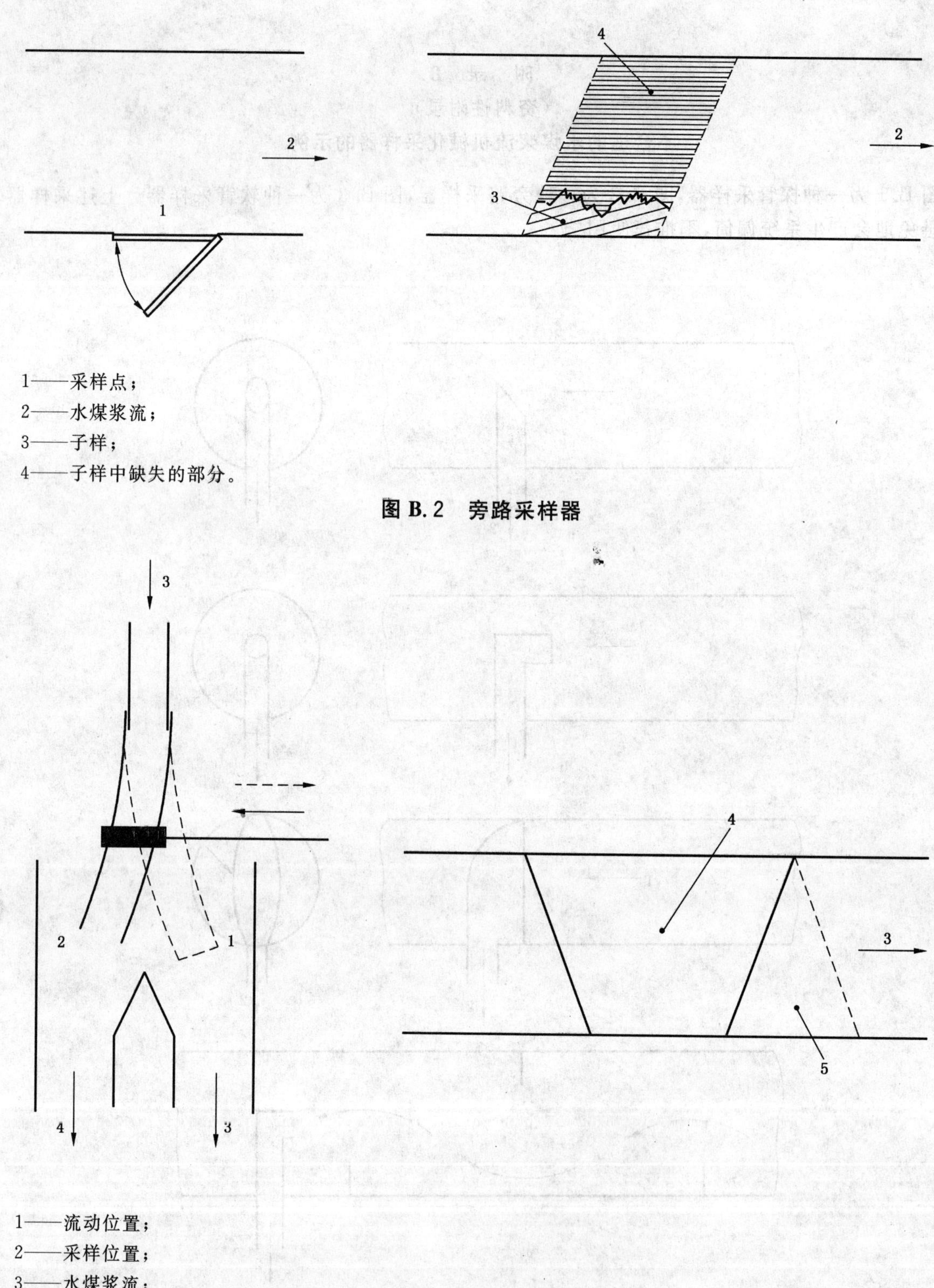

图 B.2 旁路采样器

图 B.3 不正确的软管采样器

附 录 C
（资料性附录）
水煤浆流手工采样器的示例

图 C.1 中给出了手工采样切割器的示例，图 C.2 中给出了手工采样斗的示例。上述采样器可应用于水煤浆流体手工采样。

a——大于水煤浆流体的厚度。

图 C.1 手工采样切割器

图 C.2 手工采样斗

附 录 D
（资料性附录）
静止水煤浆采样器的示例

单位为毫米

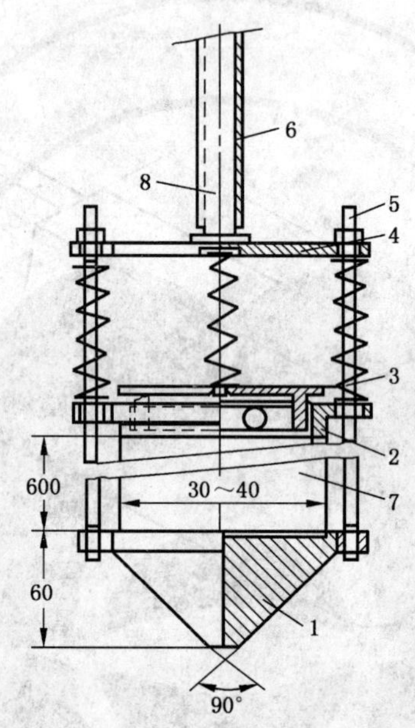

1——底锥体；
2——盛样桶固定压盘；
3——盛样桶顶盖；
4——固定盘；
5——连杆；
6——提杆；
7——容器；
8——提绳。

图 D.1 静止水煤浆提斗采样器

ICS 75.160
D 21

中华人民共和国国家标准

GB/T 18856.2—2008
代替 GB/T 18856.2—2002

水煤浆试验方法
第2部分:浓度测定

Test methods for coal water mixture—
Part 2:Determination of mass percentage of solid

2008-07-29 发布　　2009-04-01 实施

中华人民共和国国家质量监督检验检疫总局
中国国家标准化管理委员会　发布

前 言

本次修订的 GB/T 18856《水煤浆试验方法》分为 7 个部分：

——第 1 部分：采样；

——第 2 部分：浓度测定；

——第 3 部分：筛分试验；

——第 4 部分：表观黏度测定；

——第 5 部分：稳定性测定；

——第 6 部分：密度测定；

——第 7 部分：pH 值测定。

本标准代替 GB/T 18856—2002《水煤浆质量试验方法》。

本标准与 GB/T 18856—2002 相比，主要差异如下：

——删除了第 6 部分：水煤浆发热量测定方法；

——删除了第 7 部分：水煤浆工业分析方法；

——删除了第 8 部分：水煤浆全硫测定方法；

——删除了第 10 部分：水煤浆灰熔融性测定方法；

——删除了第 11 部分：水煤浆碳氢测定方法；

——删除了第 12 部分：水煤浆氮测定方法；

——删除了第 13 部分：水煤浆灰成分测定方法。

删除的内容分别整合到相关的煤和煤灰的测定方法标准中。

本部分为本版 GB/T 18856 的第 2 部分。

本部分代替 GB/T 18856.2 —2002《水煤浆质量试验方法　第 2 部分：水煤浆浓度测定方法》。

本部分与 GB/T 18856.2 —2002 相比主要作了如下修改：

——增加了试验报告一章（本版第 6 章）。

本部分由中国煤炭工业协会提出。

本部分由全国煤炭标准化技术委员会归口。

本部分起草单位：国家水煤浆工程技术研究中心、山东八一燎原水煤浆有限责任公司、枣庄矿业（集团）有限责任公司、国家煤炭质量监督检验中心。

本部分主要起草人：何国锋、王国房、贾传凯、段清兵、王成杰、江卫、张波、王明南、施玉英。

本部分所代替标准的历次版本发布情况为：

—— GB/T 18856.2 —2002。

水煤浆试验方法
第2部分:浓度测定

1 范围

GB/T 18856 的本部分规定了水煤浆浓度测定的仪器设备、测定步骤、结果计算及方法精密度。

本部分适用于各种水煤浆。

2 规范性引用文件

下列文件中的条款通过 GB/T 18856 的本部分的引用而成为本部分的条款。凡是注日期的引用文件,其随后所有的修改单(不包括勘误的内容)或修订版均不适用于本部分,然而,鼓励根据本部分达成协议的各方研究是否可使用这些文件的最新版本。凡是不注日期的引用文件,其最新版本适用于本部分。

GB/T 18856.1 水煤浆试验方法 第1部分:采样

3 试样的采取与制备

水煤浆试样的采取与制备按 GB/T 18856.1 进行。

4 方法 A——干燥箱干燥法(仲裁法)

4.1 方法提要

称取一定量的水煤浆试样,于 105 ℃~110 ℃下干燥至质量恒定,干燥后的试样质量占原样质量的质量分数作为水煤浆浓度。

4.2 仪器设备

4.2.1 干燥箱:带有自动控温装置和鼓风机,并能保持温度 105 ℃~110 ℃。

4.2.2 称量瓶:直径 50 mm,高 30 mm,并带有严密的磨口盖。

4.2.3 分析天平:感量 0.000 1 g。

4.2.4 干燥器:内装变色硅胶或粒状无水氯化钙。

4.3 测定步骤

4.3.1 取充分搅拌均匀的水煤浆试样(3.0±0.2)g 置于预先干燥并称量(称准至 0.000 2 g)过的称量瓶中,迅速加盖,称量(称准至 0.000 2 g),晃动摊平。

4.3.2 打开瓶盖,将称量瓶和瓶盖放入预先鼓风并已加热到 105 ℃~110 ℃的干燥箱中,在鼓风条件下,干燥 1 h。

4.3.3 从干燥箱中取出称量瓶,立即盖上盖在空气中冷却约 3 min 后放入干燥器中,冷却至室温(约 20 min),称量。

4.3.4 进行检查性干燥,每次 30 min,直到连续两次干燥的试样质量的减少不超过 0.003 g 或质量增加为止。在后一种情况下,应采用质量增加前一次的质量作为计算依据。

4.4 结果计算

水煤浆浓度按式(1)计算:

$$C = \frac{m_1}{m_0} \times 100 \qquad \cdots\cdots(1)$$

式中：

C ——水煤浆浓度，以质量分数表示，%；

m_1——试样干燥后的质量，单位为克(g)；

m_0——试样质量，单位为克(g)。

水煤浆浓度测定结果修约至小数点后一位。

4.5 方法精密度

水煤浆浓度测定结果的重复性限为0.2%。

5 方法B——红外干燥法

5.1 方法提要

称取一定量的试样置于红外水分测定仪内，试样中的水分在红外线的照射下，迅速蒸发，干燥至质量恒定，干燥后的试样质量占原样质量的质量分数作为水煤浆浓度。

5.2 红外水分测定仪

凡符合以下条件的红外水分测定仪都可使用：

a) 红外照射时间可调；

b) 试样放置区红外照射均匀；

c) 经试验证明测定结果与方法A的测定结果一致。

5.3 测定步骤

5.3.1 按红外干燥水分测定仪说明书要求，进行准备和状态调节。

5.3.2 取搅拌均匀的水煤浆试样(3.0±0.2)g置于预先干燥并称量过的称量瓶(或仪器自带的称量器皿)中，迅速加盖，称量(称准至0.000 2 g)，晃动摊平。

5.3.3 打开瓶盖，将称量瓶(或仪器自带的称量器皿)和瓶盖放入测定仪的规定区内。

5.3.4 关上门，接通电源，仪器按预先设定的程序进行干燥。

5.3.5 进行检查性干燥，每次30 min，直到连续两次干燥的试样质量的减少不超过0.003 g或质量增加为止。在后一种情况下，应采用质量增加前一次的质量作为计算依据。

5.4 结果计算

按4.4计算水煤浆浓度和取值。

5.5 方法精密度

同4.5。

6 试验报告

试验报告应包括下列信息：

a) 试样编号；

b) 依据标准；

c) 试验结果；

d) 与标准的偏离；

e) 试验中观察到的异常现象；

f) 试验日期。

ICS 75.160
D 21

中华人民共和国国家标准

GB/T 18856.3—2008
代替 GB/T 18856.3—2002

水煤浆试验方法
第3部分:筛分试验

Test methods for coal water mixture—
Part 3:Sieving method

2008-07-29 发布 2009-04-01 实施

中华人民共和国国家质量监督检验检疫总局
中国国家标准化管理委员会 发布

前　言

本次修订的 GB/T 18856《水煤浆试验方法》分为 7 个部分：

——第 1 部分：采样；

——第 2 部分：浓度测定；

——第 3 部分：筛分试验；

——第 4 部分：表观黏度测定；

——第 5 部分：稳定性测定；

——第 6 部分：密度测定；

——第 7 部分：pH 值测定。

本标准代替 GB/T 18856—2002《水煤浆质量试验方法》。

本标准与 GB/T 18856—2002 相比，主要差异如下：

——删除了第 6 部分：水煤浆发热量测定方法；

——删除了第 7 部分：水煤浆工业分析方法；

——删除了第 8 部分：水煤浆全硫测定方法；

——删除了第 10 部分：水煤浆灰熔融性测定方法；

——删除了第 11 部分：水煤浆碳氢测定方法；

——删除了第 12 部分：水煤浆氮测定方法；

——删除了第 13 部分：水煤浆灰成分测定方法。

删除的内容分别整合到相关的煤和煤灰的测定方法标准中。

本部分为 GB/T 18856 的第 3 部分。

本部分代替 GB/T 18856.3—2002《水煤浆质量试验方法　第 3 部分：水煤浆筛分试验方法》。

本部分与 GB/T 18856.3—2002 相比主要作了如下修改：

——将规范性引用文件中的 GB/T 6003（所有部分）明确为 GB/T 6003.1、GB/T 6003.2、GB/T 6003.3，并分别标明了与其等效的国际标准（见第 2 章）；

——调整了“结果计算”章节的结构和改变了小于 0.075 mm 的物料质量分数的计算公式；同时纠正了原公式(4)中的错误（见第 9 章）。

本部分由中国煤炭工业协会提出。

本部分由全国煤炭标准化技术委员会归口。

本部分起草单位：国家水煤浆工程技术研究中心、山东八一燎原水煤浆有限责任公司、枣庄矿业（集团）有限责任公司、国家煤炭质量监督检验中心。

本部分主要起草人：何国锋、王国房、贾传凯、段清兵、王成杰、江卫、张波、王明南、王文亮。

本部分所代替标准的历次版本发布情况为：

——GB/T 18856.3—2002。

水煤浆试验方法
第3部分:筛分试验

1 范围

GB/T 18856的本部分规定了水煤浆筛分试验的仪器设备、测定步骤、结果计算及方法精密度。

本部分适用于各种水煤浆。

2 规范性引用文件

下列文件中的条款通过GB/T 18856的本部分的引用而成为本部分的条款。凡是注日期的引用文件,其随后所有的修改单(不包括勘误的内容)或修订版均不适用于本部分,然而,鼓励根据本部分达成协议的各方研究是否可使用这些文件的最新版本。凡是不注日期的引用文件,其最新版本适用于本部分。

GB/T 6003.1 金属丝编织网试验筛(GB/T 6003.1—1997,eqv ISO 3310-1:1990)

GB/T 6003.2 金属穿孔板试验筛(GB/T 6003.2—1997,eqv ISO 3310-2:1990)

GB/T 6003.3 电成型薄板试验筛(GB/T 6003.3—1999,eqv ISO 3310-3:1990)

GB/T 6005 试验筛 金属丝编织网、穿孔板和电成型薄板筛孔的基本尺寸(GB/T 6005—1997,eqv ISO 565:1990)

GB/T 18856.1 水煤浆试验方法 第1部分:采样

GB/T 18856.2 水煤浆试验方法 第2部分:浓度测定

3 术语和定义

下列术语和定义适用于GB/T 18856的本部分。

3.1

湿式筛分方法 wet sieving method

将试验筛的底部放入水盆的清水中,轻轻摇动,使筛网上小于筛孔尺寸的试样透过筛网,必要时,可用缓慢的水流冲洗筛网上的试样来促进试样透筛的筛分方法。

4 仪器设备

4.1 试验筛:选用的试验筛应符合GB/T 6003.1、GB/T 6003.2、GB/T 6003.3和GB/T 6005。推荐的筛孔尺寸分别为0.300 mm和0.075 mm。根据用户需要筛孔尺寸也可有所增减或改变。

4.2 干燥箱:带有自动控温装置和鼓风机,并能保持温度105℃~110℃。

4.3 天平:感量0.1 g。

4.4 天平:感量0.01 g。

4.5 天平:感量0.000 1 g。

4.6 振筛机:筛摇动次数为每分钟1 400次。

4.7 水盆:直径为300 mm~400 mm搪瓷盆、塑料盆或不锈钢盆均可。

4.8 带盖称量瓶:瓶外径为60 mm或70 mm。

5 试样的采取和制备

筛分用水煤浆试样的采取与制备按GB/T 18856.1进行。

6 试样的浓度测定

将准备试验的水煤浆试样搅拌均匀，按 GB/T 18856.2 测出筛分用水煤浆试样的浓度 C。

7 方法提要

选取一定量的水煤浆试样，放入一定孔径的试验筛内，先用湿式筛分方法进行筛分，烘干后放入振筛机进行筛分。最后算出水煤浆中大于或小于某一筛孔孔径的物料的质量分数。

8 测定步骤

8.1 筛孔为 0.3 mm 的筛分试验

8.1.1 将孔径为 0.3 mm 的试验筛，用刷子刷或轻敲的方法清理，以保证试验筛没有以前试验中留下的固体颗粒。

8.1.2 称量 1 000 g～1 200 g 水煤浆(称准至 0.1 g)，水煤浆试样的质量记为 m_0。

8.1.3 分批将水煤浆试样倒入试验筛中，用湿式筛分方法进行筛分(水煤浆试样温度和湿式筛分所用的水的温度都要小于 30 ℃)，直到从筛下流出的水中只看到极少量的煤浆颗粒或只有清水为止。将所有的筛下水抛弃。在整个湿法筛分试验过程中，注意不要让试验筛中的水煤浆浆液从试验筛框上部流出。

8.1.4 将试验筛放在搪瓷托盘中，放入预先鼓风加热到 105 ℃～110 ℃的干燥箱中，烘 1 h，趁热称量(称准至 0.1 g)，然后进行检查性干燥，每次 10 min，直到煤样的质量减少不超过 0.1 g 或质量有所增加为止。

8.1.5 将试验筛与接收盘、盖子相连，置于振筛机中。振动 5 min 后，称量接收盘中的筛下物(称准至 0.01 g)，若小于 0.10 g，筛分结束；否则进行检查性筛分，每次振动 2 min，直到筛下物质量小于 0.10 g 为止。

8.1.6 筛分结束后，用刷子刷或轻敲的方法收集筛上物，并将嵌入筛孔中的颗粒作为筛上物，它的提取方式是：网筛置于光滑纸板、金属片或托盘上，将筛孔中的煤粒扫落至表面并收集。

8.1.7 将所有的筛上物称量(称准至 0.000 2 g)，得到此次试验中大于 0.3 mm 的物料质量 m_1。

8.2 筛孔为 0.075 mm 的筛分试验

8.2.1 将孔径为 0.075 mm 的试验筛，用刷子刷或轻敲的方法清理，以保证试验筛没有以前试验中留下的固体颗粒。

8.2.2 称量 100 g～120 g 水煤浆(称准至 0.01 g)，水煤浆试样的质量记为 m_0。

8.2.3 分批将水煤浆试样倒入试验筛中，用湿式筛分方法进行筛分(水煤浆试样温度和湿式筛分所用的水的温度都要小于 30 ℃)，直到从筛下流出的水中只看到极少量的煤浆颗粒或只有清水为止。将所有的筛下水抛弃。在整个湿法筛分试验过程中，注意不要让试验筛中的水煤浆浆液从试验筛框上部流出。

8.2.4 将试验筛放在搪瓷托盘中，放入预先鼓风加热到 105 ℃～110 ℃的干燥箱中，干燥 1.5 h，趁热称量(称准至 0.01 g)，然后进行检查性干燥，每次试验时间为 10 min，直到煤样的质量减少不超过0.1 g 或质量有所增加为止。

8.2.5 将试验筛与接收盘、盖子相连，置于振筛机中。振动 10 min 后，将底端筛网所粘附的颗粒刷至接收盘中，将接收盘中的物料抛弃。

8.2.6 进行检查性筛分，每次振动 5 min，直到筛下物质量小于 0.20 g 为止。

8.2.7 筛分结束后，用刷子刷或轻敲的方法收集筛上物，并将嵌入筛子孔中的颗粒作为筛上物，它的提取方式是：网筛置于光滑纸板、金属片或托盘上，将筛孔中的煤粒扫落至表面并收集。

8.2.8 如果整个干筛过程(即从 8.2.5～8.2.7)时间短，在 40 min 以内，并且筛上物的质量小于 10 g，可直接在天平上称量筛上物的质量 $m_{+0.075\ mm}$(称准至 0.000 2 g)。否则,需要将筛上物烘干后称量,具体方法为:将所有的筛上物放入预先称量过的称量瓶(称准至 0.000 2 g)中,开启瓶盖,放入预先鼓风加热到 105 ℃~110 ℃的干燥箱中,干燥 0.5 h。从干燥箱中取出称量瓶,立即盖上盖,放入干燥器中,冷却至室温后,称量(称准至 0.000 2 g),所得数据减去空瓶质量即得到此次试验中大于 0.075 mm 的物料质量 $m_{+0.075\ mm}$。

9 结果计算

9.1 大于 0.3 mm 的物料的质量分数

9.1.1 大于 0.3 mm 的物料占水煤浆的质量分数按式(1)计算:

$$P_{cwm,+0.3mm} = \frac{m_1}{m_0} \times 100 \qquad (1)$$

式中:

$P_{cwm,+0.3\ mm}$——大于 0.3 mm 的物料占水煤浆的质量分数,%;

m_0——水煤浆试样质量,单位为克(g);

m_1——水煤浆试样中大于 0.3 mm 的物料质量,单位为克(g)。

9.1.2 大于 0.3 mm 的物料占水煤浆中干煤的质量分数按式(2)计算:

$$P_{d,+0.3\ mm} = \frac{P_{cwm,+0.3\ mm}}{C} \times 100 \qquad (2)$$

式中:

$P_{d,+0.3\ mm}$——大于 0.3 mm 的物料占水煤浆中干煤的质量分数,%;

$P_{cwm,+0.3\ mm}$——大于 0.3 mm 的物料占水煤浆的质量分数,%;

C——水煤浆试样的浓度,用质量分数表示,%。

结果计算到小数点后两位。

9.2 小于 0.075 mm 的物料的质量分数

9.2.1 小于 0.075 mm 的物料占水煤浆的质量分数按式(3)计算:

$$P_{cwm,-0.075\ mm} = \left(1 - \frac{m_{+0.075\ mm}}{m_0}\right) \times 100 \qquad (3)$$

式中:

$P_{cwm,-0.075\ mm}$——小于 0.075 mm 的物料占水煤浆的质量分数,% ;

$m_{+0.075mm}$——大于 0.075 mm 的物料质量,单位为克(g);

m_0——水煤浆试样质量,单位为克(g)。

9.2.2 小于 0.075 mm 的物料占水煤浆中干煤的质量分数按式(4)计算:

$$P_{d,-0.075\ mm} = \frac{P_{cwm,-0.075\ mm}}{C} \times 100 \qquad (4)$$

式中:

$P_{d,-0.075\ mm}$——小于 0.075 mm 的物料占水煤浆中干煤的质量分数, %;

C——水煤浆试样的浓度,用质量分数表示,%。

结果计算到小数点后两位。

10 方法的精密度

水煤浆筛分试验方法测定结果的重复性限如表 1 所示。

表 1　水煤浆筛分试验方法测定结果的重复性限

项　目	质量分数/%	重复性限/%
$P_{+0.3\ \mathrm{mm}}$	≤0.10	0.01
	>0.10	0.05
$P_{-0.075\ \mathrm{mm}}$		0.5

11　试验报告

试验报告应包括下列信息：

a)　试样编号；

b)　依据标准；

c)　试验结果；

d)　与标准的偏离；

e)　试验中观察到的异常现象；

f)　试验日期。

ICS 75.160
D 21

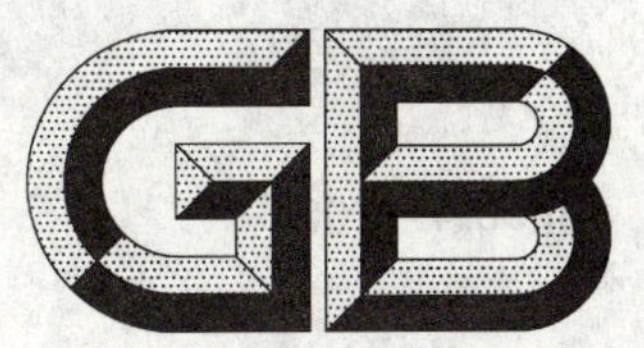

中华人民共和国国家标准

GB/T 18856.4—2008
代替 GB/T 18856.4—2002

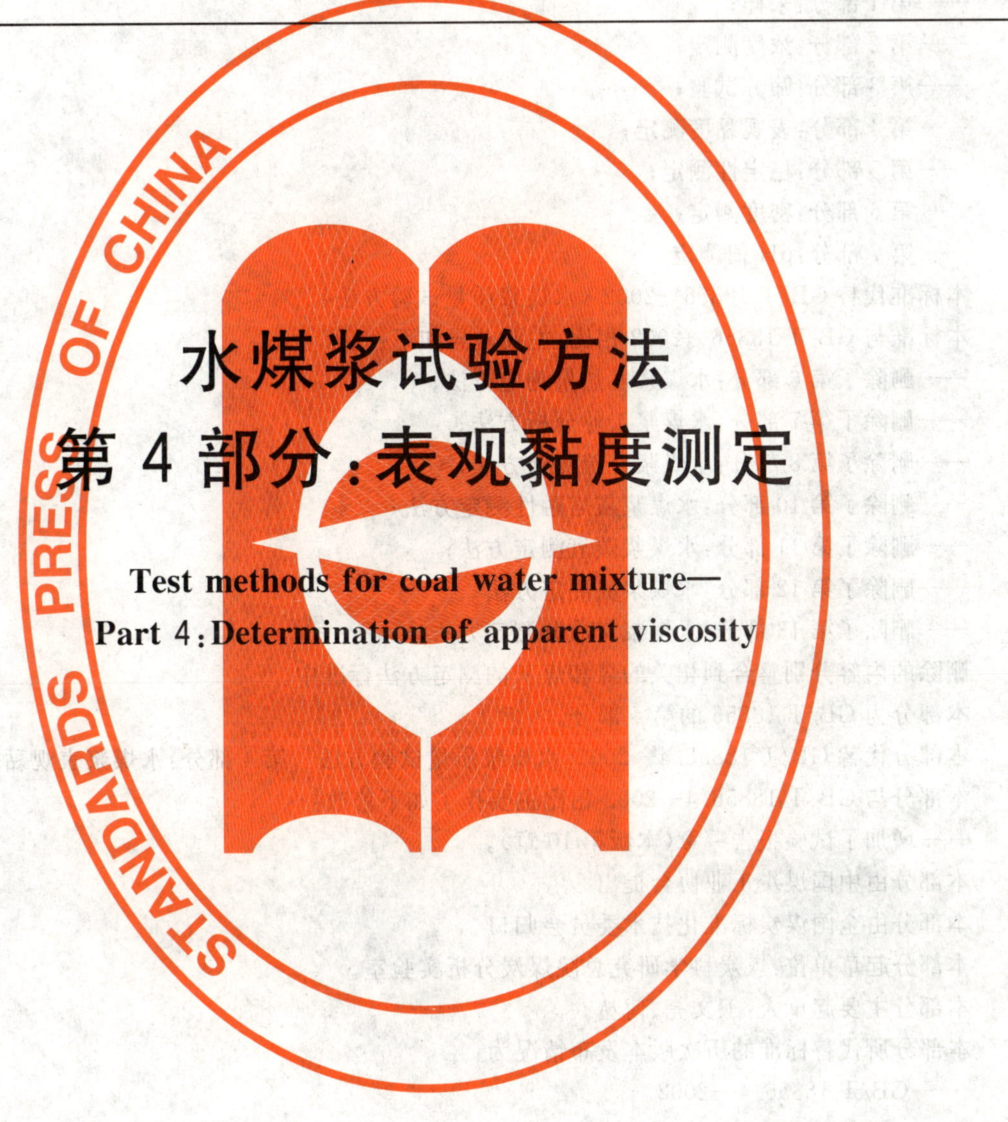

水煤浆试验方法 第4部分：表观黏度测定

Test methods for coal water mixture—Part 4：Determination of apparent viscosity

2008-07-29 发布

2009-04-01 实施

中华人民共和国国家质量监督检验检疫总局
中国国家标准化管理委员会 发布

前　言

本次修订的 GB/T 18856《水煤浆试验方法》分为 7 个部分：

——第 1 部分：采样；

——第 2 部分：浓度测定；

——第 3 部分：筛分试验；

——第 4 部分：表观黏度测定；

——第 5 部分：稳定性测定；

——第 6 部分：密度测定；

——第 7 部分：pH 值测定。

本标准代替 GB/T 18856—2002《水煤浆质量试验方法》。

本标准与 GB/T 18856—2002 相比，主要差异如下：

——删除了第 6 部分：水煤浆发热量测定方法；

——删除了第 7 部分：水煤浆工业分析方法；

——删除了第 8 部分：水煤浆全硫测定方法；

——删除了第 10 部分：水煤浆灰熔融性测定方法；

——删除了第 11 部分：水煤浆碳氢测定方法；

——删除了第 12 部分：水煤浆氮测定方法；

——删除了第 13 部分：水煤浆灰成分测定方法。

删除的内容分别整合到相关的煤和煤灰的测定方法标准中。

本部分为 GB/T 18856 的第 4 部分。

本部分代替 GB/T 18856.4—2002《水煤浆质量试验方法　第 4 部分：水煤浆表观黏度测定方法》。

本部分与 GB/T 18856.4—2002 相比主要作了如下修改：

——增加了试验报告一章(本版第 10 章)。

本部分由中国煤炭工业协会提出。

本部分由全国煤炭标准化技术委员会归口。

本部分起草单位：煤炭科学研究总院煤炭分析实验室。

本部分主要起草人：王文亮、傅丛。

本部分所代替标准的历次版本发布情况为：

—— GB/T 18856.4—2002。

水煤浆试验方法
第4部分:表观黏度测定

1 范围

GB/T 18856 的本部分规定了用同轴圆筒旋转黏度计测定水煤浆表观黏度的术语和定义、方法提要、试剂和材料、仪器设备、试验条件、试验步骤、结果计算、方法精密度和试验报告。

本部分适用于各种水煤浆。

2 术语和定义

下列术语和定义适用于 GB/T 18856 的本部分。

2.1

剪切速率 rate of shear

流体在单位距离间的流速变化量称为剪切速率,以 D_s 表示,单位为 s^{-1}。

2.2

表观黏度 apparent viscosity

在两个平行平面间受剪切的流体,单位接触表面积上法向梯度为1时,由于流体黏性所引起的内摩擦力或剪切力的大小称为黏度。非牛顿流体在某一剪切速率下的黏度称为在该剪切速率下的表观黏度。

2.3

水煤浆表观黏度 apparent viscosity of coal water mixture

本部分采用 $\eta_{100\ s^{-1}}$ 表示在剪切速率为 100 s^{-1} 下水煤浆的表观黏度,单位为毫帕秒(mPa·s)。下标表示测定时的剪切速率。

3 方法提要

在同轴圆筒旋转黏度计外筒中装入适量水煤浆,在规定温度下,内筒以一定角速度旋转,测定旋转过程中圆筒所受的黏性力矩,从而得出相应剪切速率下的表观黏度。

4 试剂和材料

动力黏度值约 300 mPa·s ～2 500 mPa·s (20 ℃)、一组4个有证标准黏度液。

5 仪器设备

5.1 旋转黏度计:符合下述要求的同轴双筒黏度计。

内筒:外径,36.8 mm;高度,60.0 mm;

外筒:内径,42.0 mm;高度,>60.0 mm;

测量范围:1 mPa·s～1×10^4 mPa·s;

剪切速率:1 s^{-1}～150 s^{-1},可调;

测量精度:0.2%;

测量误差:2.5%。

5.2 恒温器:恒温范围,5 ℃～60 ℃;精度,±0.1 ℃。

6 试验条件

6.1 环境温度:18 ℃～28 ℃ 。

6.2 试验温度:(20±0.1)℃。

6.3 剪切速率:100 s^{-1}。其他剪切速率下的表观黏度测定可参照本部分进行。

7 试验步骤

7.1 试验准备

7.1.1 调节恒温器,使温度恒定在(20±0.1)℃。

7.1.2 将试样搅拌均匀,至无软、硬沉淀。但应避免过度搅拌,以减少剪切变稀对试验结果的影响。

7.2 测定步骤

7.2.1 对水煤浆专用黏度计,则按仪器要求,将适量搅拌均匀的水煤浆试样加入测量容器中(对多测量范围的通用黏度计,则需先选择范围适合的测量系统)。加入的水煤浆量以其刚好淹没整个内筒为准(或根据仪器要求控制水煤浆量),且各次测定的水煤浆液面位置一致。连接好测量装置,将容器置于温度为(20±0.1)℃的恒温器中静止恒温 5 min。

7.2.2 启动旋转黏度计,将剪切速率调节到 100s^{-1},开始以 12 s 间隔记读数,共 6 次。

7.2.3 从黏度计标定曲线上查出每次读数相应的黏度值。

7.3 旋转黏度计的标定

7.3.1 标定时间

经常使用时,每月至少标定仪器一次;若不经常使用,则使用前必须加以标定。

7.3.2 标定方法

7.3.2.1 按 7.2 的步骤对 4 个标准黏度液进行测定,但标准黏度液在恒温器中的恒温时间应不少于 90 min。

7.3.2.2 每个标准黏度液连续读数 6 次,取 6 次读数的平均值为读数值。

7.3.2.3 以读数值为横坐标,标准黏度值为纵坐标,绘制读数值与标准黏度值关系曲线。

8 结果计算与表述

按式(1)计算表观黏度值:

$$\eta_{100\ s^{-1}} = \frac{\sum_{i=1}^{n} \eta_i}{n} \qquad \cdots\cdots(1)$$

式中:

$\eta_{100\ s^{-1}}$——水煤浆在 100 s^{-1}剪切速率下的表观黏度,单位为毫帕秒(mPa·s);

η_i——第 i 个读数的表观黏度测定值,单位为毫帕秒(mPa·s);

n——读数次数,6。

每个试样进行 2 次重复测定,以 2 次测定的平均值修约到整数位报出。

9 方法的精密度

水煤浆表观黏度测定的精密度按表 1 规定。

表 1 水煤浆表观黏度测定的精密度

项目	重复性限/(mPa·s)
$\eta_{100\ s^{-1}}$	100

10 试验报告

试验报告应包括以下信息：

a) 试样编号；

b) 依据标准；

c) 试验结果；

d) 任何本部分未规定的或任选的操作；

e) 试验中出现的任何影响结果的情况和其他异常现象；

f) 试验日期。

ICS 75.160
D 21

中华人民共和国国家标准

GB/T 18856.5—2008
代替 GB/T 18856.5—2002

水煤浆试验方法 第5部分：稳定性测定

Test methods for coal water mixture—Part 5: Determination of the stability

2008-07-29 发布　　　　2009-04-01 实施

中华人民共和国国家质量监督检验检疫总局
中国国家标准化管理委员会　发布

前　言

本次修订的 GB/T 18856《水煤浆试验方法》分为 7 个部分：

——第 1 部分：采样；

——第 2 部分：浓度测定；

——第 3 部分：筛分试验；

——第 4 部分：表观黏度测定；

——第 5 部分：稳定性测定；

——第 6 部分：密度测定；

——第 7 部分：pH 值测定。

本标准代替 GB/T 18856—2002《水煤浆质量试验方法》。

本标准与 GB/T 18856—2002 相比，主要差异如下：

——删除了第 6 部分：水煤浆发热量测定方法；

——删除了第 7 部分：水煤浆工业分析方法；

——删除了第 8 部分：水煤浆全硫测定方法；

——删除了第 10 部分：水煤浆灰熔融性测定方法；

——删除了第 11 部分：水煤浆碳氢测定方法；

——删除了第 12 部分：水煤浆氮测定方法；

——删除了第 13 部分：水煤浆灰成分测定方法。

删除的内容分别整合到相关的煤和煤灰的测定方法标准中。

本部分为 GB/T 18856 的第 5 部分。

本部分代替 GB/T 18856.5—2002《水煤浆质量试验方法　第 5 部分：水煤浆稳定性测定方法》。

本部分与 GB/T 18856.5—2002 相比主要变化如下：

——增加了引言；

——将标准中包含要求的“注”内容纳入条文(2002 年版 6.1.4、6.2.4，本版 6.1.4、6.2.3)。

本部分由中国煤炭工业协会提出。

本部分由全国煤炭标准化技术委员会归口。

本部分起草单位：煤炭科学研究总院煤炭分析实验室。

本部分主要起草人：傅丛、孙刚、李英华。

本部分代替的历次版本和发布情况为：

——GB/T 18856.5—2002。

引　言

水煤浆稳定性测定有许多经验方法，如棒测法、浓度差法、静止观测法、倒置定量评价法、振动法和离心法等。本部分采用测量水煤浆振动或静止一定时间后不能垂直流出的残留物（硬沉积）的方法。该方法试验条件容易控制，易实现标准化；试验结果能量化，复现性满足要求；对不同稳定性的水煤浆有较好的区分能力。但该方法不能区分硬沉淀（一般搅拌不能恢复成流体）和软沉淀（轻轻搅拌即可恢复成流体）。

水煤浆试验方法
第5部分:稳定性测定

1 范围

GB/T 18856 的本部分规定了水煤浆动态稳定性和静态稳定性的方法提要、试验室条件、仪器设备、测定步骤、结果计算、方法精密度和试验报告。

本部分适用于各种水煤浆。

2 术语和定义

下列术语和定义适用于 GB/T 18856 的本部分。

2.1

水煤浆动态稳定性 dynamic stability of coal water mixture

水煤浆在振荡一定时间后保持其物性均匀的能力。

2.2

水煤浆静态稳定性 static stability of coal water mixture

水煤浆放置一定时间后保持其物性均匀的能力。

3 方法提要

3.1 动态稳定性

将一定量均匀的水煤浆试样置于容器中,在规定条件下振荡一定时间后,先倾斜容器使水煤浆自由流出,然后将容器垂直倒置 8 min。称量容器内的残留物质量,以水煤浆的残留物占水煤浆试样的质量分数表示水煤浆的动态稳定性。

3.2 静态稳定性

将一定量均匀的水煤浆试样置于容器中,在规定条件下静置 7 d 后,先倾斜容器使水煤浆自由流出,然后将容器垂直倒置 8 min。称量容器内的残留物质量,以水煤浆的残留物占水煤浆试样的质量分数表示水煤浆的静态稳定性。

4 试验室条件

水煤浆稳定性试验应在 18 ℃~28 ℃的室温下进行。试验期间,试验室温度尽量保持恒定,温度变化不应超过 3 ℃。

5 仪器设备

5.1 振荡机:往复式振荡机,振幅(40±2)mm,频率(240±20)min^{-1},顶盘长 42 cm,宽 30 cm,带有计时器并能连续振动 6 h 以上。

5.2 工业天平:最大称量 1 000 g,感量 0.1 g。

5.3 小试样(接收)瓶:高压聚乙烯制品,容积约 180 mL,高约 14 cm,小口,内壁光滑。

5.4 大试样(接收)瓶:高压聚乙烯制品,容积约 500 mL,高约 11 cm,大口,内壁光滑。

6 测定步骤

6.1 水煤浆动态稳定性测定

6.1.1 将搅拌均匀的水煤浆倒入预先干燥并称量过的清洁小试样瓶(5.3)中,至离瓶口约 4 cm 处(190 g～230 g),准确称量,计算水煤浆试样的总质量 m_s。

6.1.2 将装有水煤浆的试样瓶盖上盖并拧紧后放到振荡机(5.1)顶盘上,固定好后开机连续振荡 6 h。

6.1.3 关闭振荡机,立即取下试样瓶。打开盖,先倾斜使瓶内水煤浆自由流入另一预先干燥并称量过的清洁接收瓶(5.3)中,30 s 后将试样瓶垂直倒置于接收瓶上(两瓶口对正),8 min 后,将试样瓶翻正取下,立刻盖上试样瓶和接收瓶瓶盖。

6.1.4 分别称量试样瓶和接收瓶的总质量,计算试样瓶中残留物质量 m_A 和接收瓶中水煤浆质量 m'_A。两者之和(m'_A+m_A)与水煤浆试样总质量 m_s 相差不应超过原质量的1%。否则,本次试验无效。

6.2 水煤浆静态稳定性测定

6.2.1 充分搅拌水煤浆试样使之均匀,将搅拌均匀的水煤浆倒入已知质量的大试样瓶(5.4)中至离瓶口 3 cm 处(400 g～460 g),称量试样瓶总质量,计算水煤浆试样的总质量 m_s。盖上瓶盖并拧紧,在室温下静置 7 d。

6.2.2 静置 7 d 后,打开试样瓶盖,先倾斜将瓶内水煤浆倒入另一已知质量的干燥清洁的大接收瓶(5.4)中,30 s 后将试样瓶垂直倒置于接收瓶上(两瓶口对正)。8 min 后,将试样瓶翻正取下,立刻盖上接收瓶和试样瓶瓶盖。

6.2.3 分别称量试样瓶和接收瓶的总质量,计算试样瓶中残留水煤浆的质量 m_B 和接收瓶中水煤浆的质量 m'_B。两者之和(m'_B+m_B)与水煤浆试样总质量 m_s 相差不应超过原质量的1%。否则,本次试验无效。

7 结果计算

7.1 水煤浆动态稳定性

水煤浆动态稳定性按式(1)计算:

$$SB_{dyn} = \frac{m_A}{m_s} \times 100 \qquad \cdots\cdots (1)$$

式中:

SB_{dyn}——水煤浆动态稳定性,以质量分数表示,%;

m_A——水煤浆振荡后试样瓶中残留物的质量,单位为克(g);

m_s——水煤浆试样的总质量,单位为克(g)。

7.2 水煤浆静态稳定性

水煤浆静态稳定性按式(2)计算:

$$SB_{sta} = \frac{m_B}{m_s} \times 100 \qquad \cdots\cdots (2)$$

式中:

SB_{sta}——水煤浆静态稳定性,以质量分数表示,%;

m_B——水煤浆静置 7 d 后试样瓶中残留物的质量,单位为克(g)。

8 方法精密度

8.1 水煤浆动态稳定性测定的精密度

水煤浆动态稳定性测定的重复性限如表 1 规定。

表 1 水煤浆动态稳定性精密度

项目	质量分数/%	重复性限/%
SB_{dyn}	≤15	1.20
	>15	3.50

8.2 水煤浆静态稳定性测定的精密度

水煤浆静态稳定性测定的重复性限如表 2 规定。

表 2 水煤浆静态稳定性精密度

项目	重复性限/%
SB_{sta}	4.00

9 试验报告

试验报告应包括下列信息：

a) 试样编号；

b) 依据标准；

c) 试验结果；

d) 与标准的偏离；

e) 试验中观察到的异常现象；

f) 试验日期。

ICS 75.160
D 21

中华人民共和国国家标准

GB/T 18856.6—2008
代替 GB/T 18856.9—2002

水煤浆试验方法
第6部分:密度测定

Test methods for coal water mixture—
Part 6:Determination of density

2008-07-29 发布　　　　2009-04-01 实施

中华人民共和国国家质量监督检验检疫总局
中国国家标准化管理委员会　发布

前 言

本次修订的 GB/T 18856《水煤浆试验方法》分为 7 个部分：

——第 1 部分：采样；

——第 2 部分：浓度测定；

——第 3 部分：筛分试验；

——第 4 部分：表观黏度测定；

——第 5 部分：稳定性测定；

——第 6 部分：密度测定；

——第 7 部分：pH 值测定。

本标准代替 GB/T 18856—2002《水煤浆质量试验方法》。

本标准与 GB/T 18856—2002 相比，主要差异如下：

——删除了第 6 部分：水煤浆发热量测定方法；

——删除了第 7 部分：水煤浆工业分析方法；

——删除了第 8 部分：水煤浆全硫测定方法；

——删除了第 10 部分：水煤浆灰熔融性测定方法；

——删除了第 11 部分：水煤浆碳氢测定方法；

——删除了第 12 部分：水煤浆氮测定方法；

——删除了第 13 部分：水煤浆灰成分测定方法。

删除的内容分别整合到相关的煤和煤灰的测定方法标准中。

本部分为本版 GB/T 18856 的第 6 部分。

本部分代替 GB/T 18856.9—2002《水煤浆质量试验方法 第 9 部分：水煤浆密度测定方法》。

本部分与 GB/T 18856.9—2002 相比，主要变化如下：

——删除了表 2 中的错误表示符号%（2002 年版第 8 章，本版第 9 章）；

——纠正了公式（2）的错误（2002 年版第 7 章，本版第 8 章）。

本部分由中国煤炭工业协会提出。

本部分由全国煤炭标准化技术委员会归口。

本部分起草单位：煤炭科学研究总院煤炭分析实验室、国家水煤浆工程技术研究中心。

本部分主要起草人：傅丛、王敏。

本部分所代替标准的历次版本发布情况为：

—— GB/T 18856.9—2002。

水煤浆试验方法
第6部分:密度测定

1 范围

GB/T 18856的本部分规定了水煤浆密度测定的方法提要、试剂、仪器设备、测定步骤、结果计算和精密度。

本部分适用于各种水煤浆。

2 规范性引用文件

下列文件中的条款通过GB/T 18856的本部分的引用而成为本部分的条款。凡是注日期的引用文件,其随后所有的修改单(不包括勘误的内容)或者修订版均不适用于本部分,然而,鼓励根据本部分达成协议的各方研究是否可使用这些文件的最新版本。凡是不注日期的引用文件,其最新版本适用于本部分。

GB/T 6682 分析实验室用水规格和试验方法

3 方法提要

用密度瓶法通过测定20 ℃时一定量水煤浆试样的质量与其体积(即排出的水的体积),测得水煤浆的密度。

4 试剂

4.1 蒸馏水(不含CO_2)

本部分所用的水为符合GB/T 6682所规定的三级水要求。新煮沸并冷却至室温。

4.2 洗液

4.2.1 轻汽油或其他溶剂:能清除密度瓶和塞子上的污染物。

4.2.2 铬酸洗液:称取重铬酸钾(GB/T 642)20 g于500 mL的烧杯中,加入40 mL水,加热使重铬酸钾溶解,冷却至室温。在不停搅拌下,将360 mL浓硫酸(GB/T 625)慢慢加入上述已冷却至室温的溶液。

5 仪器设备

5.1 密度瓶:容积为60 mL。如图1。

5.2 水银温度计:0 ℃~50 ℃,分度0.2 ℃。

5.3 分析天平:感量0.000 1 g。

5.4 恒温水浴:能保持水温(20±0.5)℃。

单位为毫米

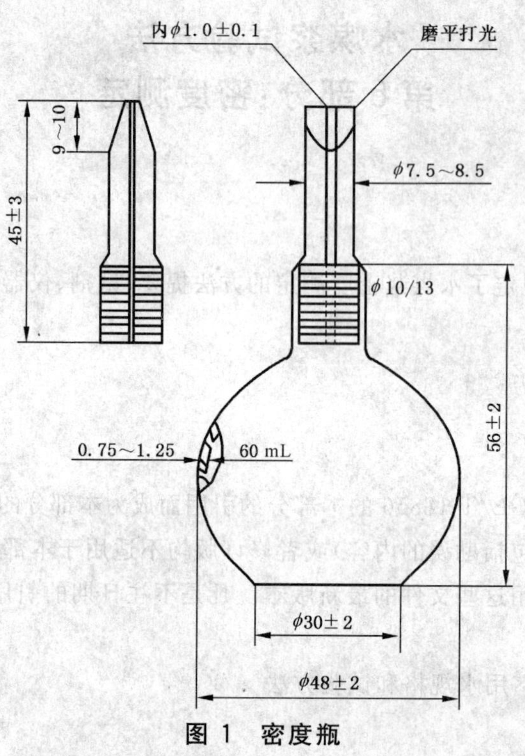

图 1 密度瓶

6 试验准备

6.1 密度瓶的准备

先清除密度瓶和塞子上的污染物，用洗液彻底清洗后，用水洗净，再用蒸馏水冲洗，干燥备用。

注：可先用轻汽油或其他溶剂清除密度瓶和塞子的污染物，若不能清除污染物，则选择铬酸洗液。铬酸洗液为强酸和强氧化剂，使用时需小心。

6.2 密度瓶空白值的测定

沿密度瓶内壁向瓶内注满新煮沸并冷却至室温的蒸馏水，然后置于(20±0.5)℃的恒温水浴中，恒温 1 h。盖上瓶盖，使过剩的水从毛细管上溢出(这时瓶中和毛细管内不得有气泡存在，否则应重新加水塞盖)。迅速擦干密度瓶，立即称量(称准至 0.000 2 g)。再将该密度瓶置于(20±0.5)℃的恒温水浴中，恒温 0.5 h，直至前后两次测定的质量之差小于 0.001 5 g。取两次测定的算术平均值作为密度瓶的空白值 m_0。密度瓶的空白值应一个月测一次。

7 测定步骤

7.1 在预先干燥清洁、测过空白并已称量过的密度瓶(称准至 0.000 2 g)中加入搅拌均匀的水煤浆试样至密度瓶体积的一半处，称量(称准至 0.000 2 g)，得水煤浆试样的质量 m_1。

7.2 沿密度瓶内壁向瓶内注入新煮沸并冷却至室温的蒸馏水至低于瓶口约 1 cm 处，然后置于(20±0.5)℃的恒温水浴中，恒温 0.5 h。

7.3 用吸管沿瓶颈滴加煮沸过的 20 ℃或室温蒸馏水至瓶口，盖上瓶盖，使过剩的水从瓶塞上的毛细管溢出(这时瓶中和毛细管内不得有气泡存在，否则应重新加水盖塞)。

7.4 迅速擦干密度瓶，立即称量(称准至 0.000 2 g)，得装有试样和水的密度瓶质量 m_2。

8 结果计算

水煤浆密度测定结果按式(1)计算：

$$\rho_{20} = \frac{m_1}{m_0 + m_1 - m_2} \times 0.998\,2 \quad \cdots\cdots\cdots(1)$$

式中：

ρ_{20}——在 20 ℃时水煤浆的密度，单位为克每立方厘米（g/cm^3）；

m_1——水煤浆试样质量，单位为克（g）；

m_0——密度瓶和水的质量，即密度瓶的空白值，单位为克（g）；

m_2——密度瓶、水煤浆试样及水的质量，单位为克（g）；

0.998 2——水在 20 ℃时的密度，单位为克每立方厘米（g/cm^3）。

水煤浆密度测定结果修约至小数点后三位，取两次重复测定结果的平均值报出。

t ℃时水煤浆密度按式(2)计算：

$$\rho_t = \rho_{20} \times K_t \quad \cdots\cdots\cdots(2)$$

式中：

ρ_t——水煤浆在 t ℃时的密度，单位为克每立方厘米（g/cm^3）；

K_t——水煤浆 20 ℃时的密度换算为 t ℃时的密度的校正系数，由表 1 查出。

表 1　校正系数 K_t

温度/℃	校正系数 K_t	温度/℃	校正系数 K_t
6	1.001 74	21	0.999 79
7	1.001 70	22	0.999 56
8	1.001 65	23	0.999 53
9	1.001 58	24	0.999 09
10	1.001 50	25	0.998 83
11	1.001 40	26	0.998 57
12	1.001 29	27	0.998 31
13	1.001 17	28	0.998 03
14	1.001 00	29	0.997 73
15	1.000 90	30	0.997 43
16	1.000 74	31	0.997 13
17	1.000 57	32	0.996 82
18	1.000 39	33	0.996 49
19	1.000 20	34	0.996 16
20	1.000 00	35	0.995 82

9　方法的精密度

水煤浆密度测定的重复性限和再现性临界差如表 2 规定。

表 2　重复性限和再现性临界差

项　目	重复性限/(g/cm^3)	再现性临界差/(g/cm^3)
密度	0.002	0.003

10　试验报告

试验报告应包括下列信息：

a) 试样编号；

b) 依据标准；

c) 试验结果；

d) 与标准的偏离；

e) 试验中观察到的异常现象；

f) 试验日期。

ICS 75.160
D 21

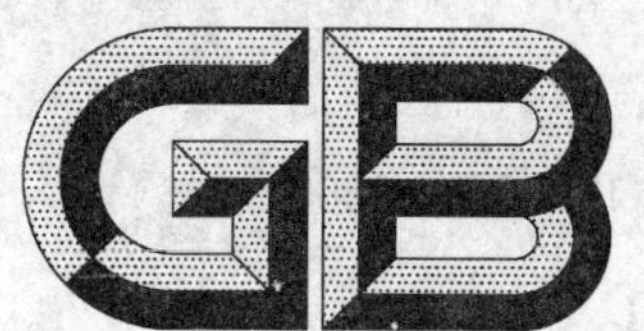

中华人民共和国国家标准

GB/T 18856.7—2008
代替 GB/T 18856.14—2002

水煤浆试验方法 第7部分:pH值测定

Test methods for coal water mixture—Part 7:Determination of pH value

2008-07-29 发布　　2009-04-01 实施

中华人民共和国国家质量监督检验检疫总局
中国国家标准化管理委员会　发布

前　言

本次修订的 GB/T 18856《水煤浆试验方法》分为 7 个部分：

——第 1 部分：采样；

——第 2 部分：浓度测定；

——第 3 部分：筛分试验；

——第 4 部分：表观黏度测定；

——第 5 部分：稳定性测定；

——第 6 部分：密度测定；

——第 7 部分：pH 值测定。

本标准代替 GB/T 18856—2002《水煤浆质量试验方法》。

本标准与 GB/T 18856—2002 相比，主要差异如下：

——删除了第 6 部分：水煤浆发热量测定方法；

——删除了第 7 部分：水煤浆工业分析方法；

——删除了第 8 部分：水煤浆全硫测定方法；

——删除了第 10 部分：水煤浆灰熔融性测定方法；

——删除了第 11 部分：水煤浆碳氢测定方法；

——删除了第 12 部分：水煤浆氮测定方法；

——删除了第 13 部分：水煤浆灰成分测定方法。

删除的内容分别整合到相关的煤和煤灰的测定方法标准中。

本部分为 GB/T 18856 的第 7 部分。本次修订保留了 GB/T 18856.14—2002 版的全部内容，只作格式修订。

本部分代替 GB/T 18856.14—2002《水煤浆质量试验方法　第 14 部分：水煤浆 pH 值测定方法》。

本部分由中国煤炭工业协会提出。

本部分由全国煤炭标准化技术委员会归口。

本部分起草单位：煤炭科学研究总院煤炭分析实验室。

本部分主要起草人：傅丛、施玉英、王敏。

本部分所代替标准的历次版本发布情况为：

——GB/T 18856.14—2002。

水煤浆试验方法
第7部分:pH值测定

1 范围

GB/T 18856的本部分规定了水煤浆pH值测定的方法提要、试剂、仪器设备、测定步骤、结果表述和精密度等。

本部分适用于各种水煤浆。

2 规范性引用文件

下列文件中的条款通过GB/T 18856的本部分的引用而成为本部分的条款。凡是注日期的引用文件,其随后所有的修改单(不包括勘误的内容)或者修订版均不适用于本部分,然而,鼓励根据本部分达成协议的各方研究是否可使用这些文件的最新版本。凡是不注日期的引用文件,其最新版本适用于本部分。

GB/T 6682 分析实验室用水规格和试验方法

3 方法提要

将pH计的玻璃电极和甘汞电极浸入水煤浆中,在两电极之间产生电位差,由此给出水煤浆的pH值。

4 试剂

4.1 水

本部分所用的水为符合GB/T 6682所规定的二级水。使用前应新煮沸并冷却至室温。

4.2 标准pH缓冲溶液

4.2.1 中性磷酸盐溶液:pH值7左右

称取3.40 g磷酸二氢钾(GB/T 6853)和3.55 g磷酸氢二钠(GB/T 6854),溶于水中,稀释至1 000 mL。磷酸二氢钾和磷酸氢二钠预先在(120±10)℃干燥2 h。

4.2.2 苯二甲酸氢钾溶液:pH值4左右

称取10.21 g于110 ℃干燥1 h的苯二甲酸氢钾(GB/T 6857),溶于水中,稀释至1 000 mL。

4.2.3 硼酸盐溶液:pH值9~9.5

称取3.81 g四硼酸钠(GB/T 6856),溶于水中,稀释至1 000 mL。

4.2.4 标准pH值缓冲溶液

可按照pH标准物质证书的说明配制。

不同温度时各标准溶液的pH值如表1所示。

表1 各标准溶液在不同温度时的pH值

温度/℃	中性磷酸盐标准溶液	苯二甲酸氢钾标准溶液	硼酸盐标准溶液
0	6.98	4.00	9.46
5	6.95	4.00	9.40
10	6.92	4.00	9.33

表 1(续)

温度/℃	中性磷酸盐标准溶液	苯二甲酸氢钾标准溶液	硼酸盐标准溶液
15	6.90	4.00	9.27
20	6.88	4.00	9.22
25	6.86	4.01	9.18
30	6.85	4.01	9.14
35	6.84	4.02	9.10
40	6.84	4.04	9.06

5 仪器设备

5.1 pH 计:能测到 0.01 单位,在规定的试验温度下用标准 pH 值缓冲溶液进行标定。

5.2 宽口塑料瓶或 50 mL 烧杯。

5.3 水银温度计:0 ℃～50 ℃,分度 0.2 ℃。

6 试验步骤

6.1 pH 计的标定

选择两种接近或涵盖被测水煤浆 pH 值标准 pH 缓冲溶液。将 pH 计的检测电极插入其中一种标准溶液中,调整指示部分使显示的 pH 值与标准缓冲溶液的 pH 值一致;再把检测电极浸入另一种标准缓冲溶液中,若 pH 计显示的 pH 值与标准值一致,pH 计可用于正常测试。若 pH 计显示值与标准值不一致,则应进一步调整 pH 计,使其显示值与标准值一致,或检查校正仪器所使用的标准缓冲溶液的标准值是否已发生变化。若已发生变化,应重新配制标准溶液,并按说明书要求重新校正 pH 计。

6.2 pH 值的测定

将搅拌均匀的水煤浆试样倒入塑料瓶或 50 mL 烧杯中,将洁净的电极插入试样中,稍做振荡后进行 pH 值测定,取稳定后的读数为水煤浆的 pH 值,取到小数点后一位。同时记录测试温度。

7 结果表述

取两次重复测定的 pH 值的算术平均值,修约至小数点后一位报出,并标明测试温度。

8 方法的精密度

水煤浆 pH 值测定的重复性限为 0.2。

9 试验报告

试验报告应包括下列信息:

a) 试样编号;
b) 依据标准;
c) 试验结果;
d) 与标准的偏离;
e) 试验中观察到的异常现象;
f) 试验日期。

ICS 29.240.01
K 40

中华人民共和国国家标准

GB/T 18857—2008
代替 GB/T 18857—2002

配电线路带电作业技术导则

Technical guide for live working in distribution line

2008-12-30 发布　　2010-02-01 实施

中华人民共和国国家质量监督检验检疫总局
中国国家标准化管理委员会　发布

前　言

本标准代替 GB/T 18857—2002《配电线路带电作业导则》。

本标准与 GB/T 18857—2002 相比主要差异如下：

——增加了对相对湿度大于 80%又必须进行带电作业时的作业方式的规定；

——增加了绝缘承载工具的最小有效绝缘长度不得小于 0.4 m；

——增加了绝缘工器具的试验、运输及保管；

——增加了对工作票签发人的要求。

本标准的附录 A、附录 B 为资料性附录。

本标准由中国电力企业联合会提出。

本标准由全国带电作业标准化技术委员会(SAC/TC 36)归口。

本标准主要起草单位：国网武汉高压研究院、福建省电力公司、厦门电业局、江苏省电力公司、无锡供电公司、北京电力公司、上海市电力公司。

本标准主要起草人：胡毅、刘松喜、李超英、刘伟平、翁旭、丁荣、战福利、易辉、张丽华、王之佩、张锦秀、郑传广、刘庭。

本标准于 2002 年首次发布，本次为第一次修订。

配电线路带电作业技术导则

1 范围

本标准规定了 10 kV 电压等级配电线路带电作业的作业方式、技术要求、绝缘工器具、绝缘防护用具、绝缘遮蔽用具、操作要领及安全措施等。

本标准适用于 10 kV 电压等级配电线路的带电检修和维护作业。

3 kV、6 kV 线路的带电作业可参考本标准。

鉴于各地电气设备型式多样,杆上设备布置差异较大,作业项目种类较多,因此本标准在作业项目及操作方法上只做原则指导。

2 规范性引用文件

下列文件中的条款通过本标准的引用而成为本标准的条款。凡是注日期的引用文件,其随后所有的修改单(不包括勘误的内容)或修订版均不适用于本标准,然而,鼓励根据本标准达成协议的各方研究是否可使用这些文件的最新版本。凡是不注日期的引用文件,其最新版本适用于本标准。

GB/T 12168 带电作业用遮蔽罩(GB/T 12168—2006,IEC 61299:2002,MOD)

GB/T 13035 带电作业用绝缘绳索

GB 13398 带电作业用空心绝缘管、泡沫填充绝缘管和实心绝缘棒(GB 13398—2008,IEC 60855:1985, MOD;IEC 61235:1993, MOD)

GB/T 14286 带电作业工具设备术语(GB/T 14286—2008,IEC 60743:2001,MOD)

GB/T 17622 带电作业用绝缘手套(GB/T 17622—2008, IEC 60903:2002,MOD)

DL 409 电业安全工作规程(电力线路部分)

DL/T 676 带电作业用绝缘鞋(靴)通用技术条件

DL/T 740 电容型验电器

DL/T 803 带电作业用绝缘毯

DL/T 853 带电作业用绝缘垫

DL/T 878 带电作业用绝缘工具试验导则

DL/T 880 带电作业用导线软质遮蔽罩

DL/T 974 带电作业用工具库房

3 术语和定义

GB/T 14286 确立的以及下列术语和定义适用于本标准。

3.1

绝缘防护用具 insulating shielding apparatus

由绝缘材料制成,在带电作业时对人体进行安全防护的用具,包括绝缘服、绝缘裤、绝缘手套、绝缘鞋(靴)、绝缘安全帽、绝缘袖套、绝缘披肩等。

3.2

绝缘遮蔽用具 insulating cover apparatus

由绝缘材料制成,用来遮蔽或隔离带电体和邻近的接地部件的硬质或软质用具。

3.3

绝缘操作工具 insulating hand tools

用绝缘材料制成的操作工具,包括以绝缘管、棒、板为主绝缘材料,端部装配金属工具的硬质绝缘工具和以绝缘绳为主绝缘材料制成的软质绝缘工具。

3.4

绝缘承载工具 insulating carrying tools

承载作业人员进入带电作业位置的固定式或移动式绝缘承载工具,包括绝缘斗臂车、绝缘梯、绝缘平台等。

4 一般要求

4.1 人员要求

4.1.1 配电带电作业人员应身体健康,无妨碍作业的生理和心理障碍。应具有电工原理和电力线路的基本知识,掌握配电带电作业的基本原理和操作方法,熟悉作业工器具的适用范围和使用方法。熟悉DL 409和本导则。应会紧急救护法,特别是触电解救。通过专责培训机构的理论、操作培训,考试合格并持有上岗证。

4.1.2 工作负责人(或安全监护人)应具有3年以上的配电带电作业实际工作经验,熟悉设备状况,具有一定组织能力和事故处理能力,经专门培训,考试合格并具有上岗证,经本单位总工程师或主管生产的领导批准后,负责现场的安全监护。

4.2 气象条件要求

4.2.1 作业应在良好的天气下进行。如遇雷、雨、雪、大雾时不应进行带电作业。风力大于10 m/s(5级)以上时,不宜进行作业。

4.2.2 相对湿度大于80%的天气,若需进行带电作业,应采用具有防潮性能的绝缘工具。

4.2.3 在特殊或紧急条件下,必须在恶劣气候下进行带电抢修时,应针对现场气候和工作条件,组织有关工程技术人员和全体作业人员充分讨论,制定可靠的安全措施,经本单位总工程师或主管生产的领导批准后方可进行。夜间抢修作业应有足够的照明设施。

4.2.4 带电作业过程中若遇天气突然变化,有可能危及人身或设备安全时,应立即停止工作;在保证人身安全的情况下,尽快恢复设备正常状况,或采取其他措施。

4.3 其他要求

4.3.1 对于比较复杂、难度较大的带电作业新项目和研制的新工具,应进行试验论证,确认安全可靠,制定操作工艺方案和安全措施,并经本单位总工程师或主管生产的领导批准后方可使用。

4.3.2 带电作业工作票签发人和工作负责人对带电作业现场情况不熟悉时,应组织有经验的人员到现场查勘。根据查勘结果做出能否进行带电作业的判断,并确定作业方法和所需工具以及应采取的措施。

4.3.3 带电作业工作负责人在工作开始之前应与调度联系。需要停用自动重合闸装置时,应履行许可手续。工作结束后应及时向调度汇报。严禁约时停用或恢复重合闸。

4.3.4 在带电作业过程中如设备突然停电,作业人员应视设备仍然带电。工作负责人应尽快与调度联系,调度未与工作负责人取得联系前不得强送电。

5 工作制度

5.1 工作票制度

5.1.1 配电带电作业应按DL 409中的规定,填写第二种工作票。工作票由工作负责人按票面要求逐项填写。字迹应正确清楚,不得任意涂改。

5.1.2 工作票的有效时间以批准检修期为限，已结束的工作票，应保存三个月。

5.1.3 工作票签发人应由熟悉人员技术水平、熟悉设备情况、熟悉本规程并具有带电作业工作经验的生产领导人、技术人员或经本单位主管生产的领导或总工担任。工作票签发人名单应书面公布。

5.1.4 工作票签发人不得同时兼任该项工作的工作负责人。

5.2 工作监护制度

5.2.1 配电带电作业必须设专人监护，工作负责人(监护人)必须始终在工作现场，对作业人员的安全认真监护，及时纠正违反安全的动作。

5.2.2 工作负责人(监护人)不得擅离岗位或兼任其他工作。

5.2.3 监护的范围不得超过一个作业点。复杂的或高杆塔上的作业应增设(塔上)监护人。

5.3 工作间断和终结制度

5.3.1 配电带电作业过程中，若因故需临时间断，在间断期间，工作现场的带电工具和器材应可靠固定，并保持安全隔离及派专人看守。

5.3.2 间断工作恢复以前，必须检查一切工具、器材和设备，经查明确定安全可靠后才能重新工作。

5.3.3 每项作业结束后，应仔细清理工作现场，工作负责人应严格检查设备上有无工具和材料遗留，设备是否恢复工作状态。全部工作结束后，应向调度部门汇报。

6 作业方式

6.1 绝缘杆作业法

6.1.1 绝缘杆作业法是指作业人员与带电体保持规定的安全距离，戴绝缘手套和穿绝缘靴，通过绝缘工具进行作业的方式。

6.1.2 在杆上作业人员伸展身体各部位有可能同时触及不同电位(带电体和接地体)的设备时，作业人员应对带电体进行绝缘遮蔽，并穿戴全套绝缘防护用具。

6.1.3 绝缘杆作业法既可在登杆作业中采用，也可在斗臂车的工作斗或其他绝缘平台上采用。

6.1.4 绝缘杆作业法中，绝缘杆为相地之间主绝缘，绝缘防护用具为辅助绝缘。

6.2 绝缘手套作业法

6.2.1 绝缘手套作业法是指作业人员使用绝缘承载工具(绝缘斗臂车、绝缘梯、绝缘平台等)与大地保持规定的安全距离，穿戴绝缘防护用具，与周围物体保持绝缘隔离，通过绝缘手套对带电体直接进行作业的方式。

6.2.2 采用绝缘手套作业法时无论作业人员与接地体和相邻带电体的空气间隙是否满足规定的安全距离，作业前均需对人体可能触及范围内的带电体和接地体进行绝缘遮蔽。

6.2.3 在作业范围窄小，电气设备布置密集处，为保证作业人员对相邻带电体或接地体的有效隔离，在适当位置还应装设绝缘隔板等限制作业人员的活动范围。

6.2.4 在配电线路带电作业中，严禁作业人员穿戴屏蔽服装和导电手套，采用等电位方式进行作业。绝缘手套作业法不是等电位作业法。

6.2.5 绝缘手套作业法中，绝缘承载工具为相地主绝缘，空气间隙为相间主绝缘，绝缘遮蔽用具、绝缘防护用具为辅助绝缘。

7 技术要求

7.1 最小安全距离

7.1.1 在配电线路上采用绝缘杆作业法时，人体与带电体的最小安全距离不得小于0.4 m(此距离不包括人体活动范围)。

7.1.2 斗臂车的臂上金属部分在仰起、回转运动中，与带电体间的安全距离不得小于1 m。

7.1.3 带电升起、下落、左右移动导线时，对与被跨物间的交叉、平行的最小距离不得小于1 m。

7.2 最小有效绝缘长度

7.2.1 绝缘操作杆最小有效绝缘长度不得小于0.7 m。

7.2.2 支、拉、吊杆及绝缘绳等承力工具的最小有效绝缘长度不得小于0.4 m。

7.2.3 绝缘承载工具的最小有效绝缘长度不得小于0.4 m。

7.2.4 绝缘操作、承力、承载工具在试验距离为0.4 m时，在100 kV工频试验电压(1 min)下应无击穿、无闪络、无发热。

7.3 绝缘防护及遮蔽用具

7.3.1 绝缘防护用具在20 kV工频试验电压(3 min)下应无击穿、无闪络、无发热。

7.3.2 绝缘遮蔽用具在20 kV工频试验电压(3 min)下应无击穿、无闪络、无发热。

8 工器具的试验、运输及保管

8.1 10 kV配电线路带电作业应使用额定电压不小于10 kV的工器具。每一种工器具均应通过型式试验，每件工器具应通过出厂试验并定期进行预防性试验，试验合格且在有效期内方可使用，试验按DL/T 878要求进行。

8.2 绝缘防护用具的出厂及预防性试验项目见表1。

表1 绝缘防护用具试验项目

工具类型	出厂试验		预防性试验		
	试验电压/kV	试验时间/min	试验电压/kV	试验时间/min	试验周期
绝缘防护用具	20	3	20	1	6个月
注：试验中试品应无击穿、无闪络、无发热。					

8.3 绝缘遮蔽工具的出厂及预防性试验项目见表2。

表2 绝缘遮蔽用具试验项目

工具类型	试验长度/m	出厂试验		预防性试验		
		试验电压/kV	试验时间/min	试验电压/kV	试验时间/min	试验周期
绝缘遮蔽用具	—	20	3	20	1	6个月
注：试验中试品应无击穿、无闪络、无发热。						

8.4 绝缘操作工具的出厂及预防性试验项目见表3。

表3 绝缘操作工具试验项目

工具类型	试验长度/m	出厂试验		预防性试验		
		试验电压/kV	试验时间/min	试验电压/kV	试验时间/min	试验周期
绝缘操作工具	0.4	100	1	45	1	6个月
注：试验中试品应无击穿、无闪络、无发热。						

8.5 绝缘承载工具的出厂及预防性试验项目见表4、表5、表6。

表4 绝缘承载工具试验项目

工具类型	试验长度/m	出厂试验		预防性试验		
		试验电压/kV	试验时间/min	试验电压/kV	试验时间/min	试验周期
绝缘平台、绝缘梯	0.4	100	1	45	1	6个月

表 5 绝缘斗臂车工频耐压试验项目

绝缘斗臂车	试验长度/m	出厂试验		预防性试验		
		试验电压/kV	试验时间/min	试验电压/kV	试验时间/min	试验周期
绝缘臂	0.4	100	1	45	1	6个月
绝缘斗	0.4	100	1	45	1	6个月
绝缘斗	—	50	1	50	1	6个月
整　车	1.0	100	1	45	1	
注：试验中试品应无击穿、无闪络、无发热。						

表 6 绝缘斗臂车交流泄漏电流试验项目

绝缘斗臂车	试验长度/m	出厂试验		预防性试验		
		试验电压/kV	泄漏值/μA	试验电压/kV	泄漏值/μA	试验周期
绝缘臂	0.4	20	≤200	20	≤200	6个月
绝缘斗	0.4	20	≤200	20	≤200	6个月
整　车	1.0	20	≤500	20	≤500	6个月

8.6 工具的运输及保管

8.6.1 在运输过程中，绝缘工具应装在专用工具袋、工具箱或专用工具车内，以防受潮和损伤。

8.6.2 绝缘工具在运输中应防止受潮、淋雨、暴晒等，内包装运输袋可采用塑料袋，外包装运输袋可采用帆布袋或专用皮(帆布)箱。

8.6.3 带电作业用工具应存放在专用库房里，带电作业工具库房应满足 DL/T 974 的规定。

9 作业注意事项

9.1 作业前工作负责人应根据作业项目确定操作人员，如作业当天出现某作业人员明显精神和体力不适的情况时，应及时更换人员，不得强行要求作业。

9.2 作业前应根据作业项目，作业场所的需要，按数配足绝缘防护用具、遮蔽用具、操作工具、承载工具等，并检查是否完好，工器具及防护用具应分别装入规定的工具袋中带往现场。在运输中应严防受潮和碰撞，在作业现场应选择不影响作业的干燥、阴凉位置，分类整理摆放在防潮布上。

9.3 绝缘斗臂车在使用前应认真检查其表面状况，若绝缘臂、斗表面存在明显脏污，可采用清洁毛巾或棉纱擦拭，清洁完毕后应在正常工作环境下置放 15 min 以上，斗臂车在使用前应空斗试操作 1 次，确认液压传动、回转、升降、伸缩系统工作正常，操作灵活，制动装置可靠。

9.4 到达现场后，在作业前应检查确认在运输、装卸过程中工具有无螺帽松动，绝缘遮蔽用具、防护用具有无破损，并对绝缘操作工具进行检测。

9.5 每次作业前全体作业人员应在现场列队，由工作负责人布置工作任务，进行人员分工，交代安全技术措施，现场施工作业程序及配合等，并认真检查有关的工具、材料，备齐合格后方可开始工作。

9.6 作业人员在工作现场要仔细检查电杆及电杆拉线，以及上部的腐蚀状况，必要时要采取防止倒塌的措施。

9.7 作业人员应根据地形地貌，将斗臂车定位于最适于作业位置，斗臂车应良好接地，作业人员进入工作斗应系好安全带，要充分注意周边电信和高低压线路及其他障碍物，选定绝缘斗的升降回转路径，平稳地操作。

9.8 采用斗臂车作业前，应考虑工作负载及工具和作业人员的重量，严禁超载。

9.9 绝缘手套和绝缘靴在使用前要压入空气，检查有无针孔缺陷；绝缘袖套、披肩、绝缘服在使用前应检查有无刺孔、划破等缺陷，若存在以上缺陷应退出使用。

9.10 作业人员进入绝缘斗之前必须在地面上穿戴妥当绝缘安全帽、绝缘靴、绝缘服、绝缘手套及外层防刺穿手套等，并由现场安全监护人员进行检查，作业人员进入工作斗内或登杆到达工作位置时，首先应系好安全带。

9.11 在工作过程中，斗臂车的发动机不得熄火，工作负责人应通过泄漏电流监测警报仪实时监测泄漏电流是否小于规定值。凡具有上、下绝缘段而中间用金属连接的绝缘伸缩臂，作业人员在工作过程中不应接触金属件。工作斗的起升、下降速度不应大于 0.5 m/s，斗臂车回转机构回转时，作业斗外缘的线速度不应大于 0.5 m/s。

9.12 在接近带电体的过程中，要从下方依次验电，对人体可能触及范围内的低压线亦应验电，确认无漏电现象。验电器应满足 DL/T 740 的技术要求。

9.13 验电时人应处于与带电导体保持安全距离的位置。在低压带电导线或漏电的金属紧固件未采取绝缘遮蔽或隔离措施时，作业人员不得穿越或碰触。

9.14 对带电体设置绝缘遮蔽时，按照从近到远的原则，从离身体最近的带电体依次设置；对上下多回分布的带电导线设置遮蔽用具时，应按照从下到上的原则，从下层导线开始依次向上层设置；对导线、绝缘子、横担的设置次序是按照从带电体到接地体的原则，先放导线遮蔽罩，再放绝缘子遮蔽罩、然后对横担进行遮蔽，遮蔽用具之间的接合处应有大于 15 cm 的重合部分。

9.15 如遮蔽罩有脱落的可能时，应采用绝缘夹或绝缘绳绑扎，以防脱落。作业位置周围如有接地拉线和低压线等设施，亦应使用绝缘挡板、绝缘毯、遮蔽罩等对周边物体进行绝缘隔离。另外，无论导线是裸导线还是绝缘导线，在作业中均应进行绝缘遮蔽。

9.16 拆除遮蔽用具应从带电体下方（绝缘杆作业法）或者侧方（绝缘手套作业法）拆除绝缘遮蔽用具，拆除顺序与设置遮蔽相反：按照从远到近的原则，从离作业人员最远的开始依次向近处拆除，如是拆除上下多回路的绝缘遮蔽用具，应按照从上到下的原则，从上层开始依次向下顺序拆除。对于导线、绝缘子、横担的遮蔽拆除，应按照先接地体后带电体的原则，先拆横担遮蔽用具（绝缘垫、绝缘毯、遮蔽罩）、再拆绝缘子遮蔽罩、然后拆导线遮蔽罩。在拆除绝缘遮蔽用具时应注意不使被遮蔽体受到显著振动，要尽可能轻地拆除。

9.17 在从地面向杆上作业位置吊运工具和遮蔽用具时，工具和遮蔽用具应分别装入不同的吊装袋，应避免混装。采用绝缘斗臂车的绝缘小吊或绝缘滑轮吊放时，吊绳下端应不接触地面，要防止受潮及缠绕在其他设施上，吊放过程中应边观察边吊放。杆上作业人员之间传递工具或遮蔽用具时应一件一件地分别传递。

9.18 工作负责人应时刻掌握作业的进展情况，密切注视作业人员的动作，根据作业方案及作业步骤及时做出适当的指示，整个作业过程中不得放松危险部位的监护工作。工作负责人要时刻掌握作业人员的疲劳程度，保持适当的时间间隔，必要时可以两班交替作业。

10 作业项目及安全事项

10.1 更换针式绝缘子

对作业范围内的带电导线、绝缘子、横担等均应进行遮蔽。

可采用绝缘斗臂车小吊臂法、羊角抱杆法或吊、支杆法等进行更换，导线升起高度距绝缘子顶部应不小于 0.4 m。或通过导线遮蔽罩及横担遮蔽罩的双重绝缘将导线放置在横担上，严禁用绝缘斗臂车的工作斗支撑导线。拆除或绑扎绝缘子绑扎线时应边拆（绑）边卷，绑扎线的展放长度不得大于 0.1 m，绑扎完毕后应剪掉多余部分。

10.2 断、接引线

严禁带负荷断、接引线。接引流线前应查明负荷确已切除，所接分支线路或配电变压器绝缘良好无误，相位正确无误，相关线路上确无人工作。

在断接引线时，严禁作业人员一手握导线、一手握引线发生人体串接情况。

在所接线路有电缆、电容器等容性负载时，还需要使用消弧操作杆等消弧工具。

所接引流线应长度适当，与周围接地构件、不同相带电体应有足够的安全距离，连接应牢固可靠。断、接时可采用锁杆防止引线摆动。

10.3 更换跌落保险或避雷器

10.3.1 当配电变压器低压侧可以停电时，更换跌落保险器应在确认低压侧无负荷状况下进行。用绝缘拉闸杆断开三相跌落式保险后再行更换。

10.3.2 当配电变压器低压侧不能停电时，可采用专用的绝缘引流线旁路短接跌落保险以及两端引线，在带负荷的状况下更换跌落保险器。更换完并务必合上跌落保险器后，再拆除旁路引流线。

10.3.3 三相跌落式保险器或避雷器之间须放置绝缘隔离设施，三相引线、构架、横担处均应进行绝缘遮蔽。

10.3.4 一相检修或更换完毕后，应迅速对其恢复绝缘遮蔽，然后检修或更换另一相。

10.4 更换横担

根据线路状况确定作业方法，一般可采用临时绝缘横担法作业。大截面导线线路可采用带绝缘滑车组的吊杆法作业。

10.5 带负荷加装分段开关、加装负荷刀闸等

10.5.1 带负荷作业所用的绝缘引流线和两端线夹的载流容量应满足最大负荷电流的要求，其绝缘层需通过 20 kV/1 min 的工频耐压试验，组装旁路引流线的导线处应清除氧化层，且线夹接触应牢固可靠。

10.5.2 用旁路引流线带电短接载流设备前，应注意一定要核对相位，载流设备应处于正常通流或合闸位置。

10.5.3 在装好旁路引流线后，用钳形电流表检查确认通流正常。

10.5.4 加装分段开关，加装负荷刀闸时，在切断导线并做好终端头之前，应装设防导线松脱的保险绳，保险绳应具有良好的绝缘性能和足够的机械强度。

10.5.5 在装好分段开关或负荷刀闸后，务必合上并检查确认通流正常后再拆除旁路引流线。

附 录 A
（资料性附录）
操作导则

由于各地配电线路杆上电气设备的规格和布置的差异以及作业工器具的不同，各地在使用本导则的过程中也可结合本地区的实际情况加以修改和补充，制定出适用于本单位的操作导则。

A.1 绝缘工具作业法（间接作业）

A.1.1 断引流线

A.1.1.1 人员组合

作业人员共4人：工作负责人（安全监护人）1人；杆上电工2人；地面电工1人。

A.1.1.2 作业步骤

A.1.1.2.1 全体作业人员列队宣读工作票。

A.1.1.2.2 拉开引流线后端线路开关或变压器高压侧的跌落保险器，使所断引流线无负荷。

A.1.1.2.3 登杆电工检查登杆工具和绝缘防护用具；穿上绝缘靴、绝缘手套、绝缘安全帽及其他绝缘防护用具。

A.1.1.2.4 登杆电工携带绝缘传递绳登杆至适当位置，并系好安全带。

A.1.1.2.5 地面电工使用绝缘传递绳将绝缘操作杆和绝缘遮蔽用具分别传至杆上。杆上电工应用绝缘操作杆由近及远对邻近的带电部件安装绝缘遮蔽罩。

A.1.1.2.6 地面电工使用绝缘传递绳将绝缘锁杆传给杆上电工。由第1电工用绝缘锁杆锁住靠近线路一端的引流线。

A.1.1.2.7 断开引流线可用以下多种方法：

a) 缠绕法，地面电工将扎线剪及三齿扒传至杆上，由第2电工将引下线与线路主线连接的绑扎线拆开并剪断。

b) 并沟线夹法，地面电工将并沟线夹装拆杆及绝缘套筒扳手传至杆上，由第2电工用并沟线夹装拆杆夹住并沟线夹。然后，交由第1电工稳住并沟线夹装拆杆，第2电工用绝缘套筒扳手拆卸并沟线夹。

c) 引流线夹法，地面电工将引流线夹操作杆传至杆上，由第2电工用引流线夹操作杆拆卸引流线夹，使引流线夹脱离主导线。

A.1.1.2.8 第1电工用绝缘锁杆锁住引流线徐徐放下，第2电工将放下的引流线固定在横担或电杆上，防止其摆动或影响作业。

A.1.1.2.9 拆除引流线的另一端，并放下引流线至地面。

A.1.1.2.10 应用上述同样方法可拆除另两相的引流线。

A.1.1.2.11 由远到近地逐步拆除绝缘遮蔽装置，并一一放置地面。

A.1.1.2.12 检查完毕后，杆上电工返回地面。

A.1.1.3 安全注意事项

A.1.1.3.1 严禁带负荷断引流线。

A.1.1.3.2 作业时，作业人员对相邻带电体的间隙距离、作业工具的最小有效绝缘长度应满足DL 409和本标准的要求。

A.1.1.3.3 作业人员应通过绝缘操作杆对人体可能触及的区域的所有带电体进行绝缘遮蔽。

A.1.1.3.4 断引线应首先从边相开始，一相作业完成后，应迅速对其进行绝缘遮蔽，然后再对另一相开展作业。

A.1.1.3.5 作业时应穿戴齐备绝缘防护用具。

A.1.1.3.6 停用重合闸参照 DL 409 执行。

A.1.1.4 **所需主要工器具**

A.1.1.4.1 绝缘传递绳 1根

A.1.1.4.2 绝缘锁杆 1副

A.1.1.4.3 绝缘扎线剪 1副

A.1.1.4.4 绝缘三齿扒 1副

A.1.1.4.5 并沟线夹装拆杆 1副

A.1.1.4.6 绝缘套筒扳手 1副

A.1.1.4.7 引流线夹操作杆 1副

A.1.1.4.8 拉闸操作杆 1副

A.1.1.4.9 导线遮蔽罩、引线遮蔽罩及软质绝缘罩 若干

A.1.1.4.10 安装遮蔽罩操作杆 若干

A.1.2 **接引流线**

A.1.2.1 **人员组合**

作业人员共4人:工作负责人(安全监护人)1人;杆上电工2人;地面电工1人。

A.1.2.2 **作业步骤**

A.1.2.2.1 全体作业人员列队宣读工作票。

A.1.2.2.2 拉开引流线后端线路开关或变压器高压侧的跌落保险器,使所接引流线无负荷。

A.1.2.2.3 登杆电工检查登杆工具和绝缘防护用具;穿上绝缘靴、绝缘手套、绝缘安全帽及其他绝缘防护用具。

A.1.2.2.4 登杆电工携带绝缘传递绳登杆至适当位置,并系好安全带。

A.1.2.2.5 地面电工使用绝缘传递绳将绝缘操作杆和绝缘遮蔽用具分别传至杆上,杆上电工利用绝缘操作杆由近及远对邻近的带电部件安装绝缘遮蔽罩。

A.1.2.2.6 杆上2电工相互配合利用绝缘杆(绳)测量所接引线的长度,并由地面电工按测量长度做好引流线。

A.1.2.2.7 地面电工将做好的引流线用绝缘传递绳传至杆上,再将绝缘锁杆传至杆上。

A.1.2.2.8 杆上电工可直接接好无电端的引流线(三相引流线可分别连接好,并固定在合适位置以避免摆动)。

A.1.2.2.9 带电端引流线的连接可采用以下多种方法:

a) 在裸导线上接引流线

1) 缠绕法

地面电工将绑扎线缠绕在绕线器上并注意保证扎线的长度,再传给杆上第2电工。杆上第1电工用绝缘锁杆锁住引流线的另一端,送到带电导线接引位置,杆上第2电工安装绕线器并进行缠绕,直到缠绕长度符合要求为止,地面电工将扎线剪传给杆上,由杆上电工剪掉多余的绑扎线,并放下绕线器。

2) 引流线夹法

地面电工将引流线夹操作杆传至杆上,杆上第1电工用绝缘锁杆锁住引流线的另一端,送到带电导线接引位置,杆上第2电工用引流线夹操作杆将引流线夹的猴头挂在带电导线上,并拧紧螺栓,使引流线夹与导线紧密固定。

3) 并沟线夹法

地面电工将并沟线夹及装拆杆传至杆上,杆上第1电工用绝缘锁杆锁住引流线的另一端,送到带电导线接引位置并固定好,杆上第2电工用并沟线夹装拆杆作业,将并沟线夹安装

在线路导线及引流线上，并沟线夹的一槽卡住导线，一槽卡住引流线。地面电工将套筒扳手操作杆传至杆上，由杆上第1电工拧紧并沟线夹各螺栓。

b) 在绝缘线上接引流线

1) 缠绕法

杆上电工在需接引流线处确定位置和尺寸，用端部装有绝缘线削皮刀的操作杆沿绝缘线径向绕导线切割，切割时注意不要伤及导线。然后在两个径向切割处间(约 220 mm～250 mm)纵向削导线绝缘皮，注意不要伤及导线。待绝缘皮削去后，用绝缘杆将已缠绕好绑扎线的引流线的另一端(端头已削去绝缘皮)，送到已削去绝缘皮的带电导线引流线位置，杆上第二电工安装绕线器并进行缠绕。应注意 70 mm^2 及以上的导线缠绕长度为 200 mm，地面电工将防水胶带传给杆上电工，由杆上电工对裸露部分进行缠绕包扎，以防雨水进入绝缘线内。

2) 绝缘线刺穿线夹法

地面电工将绝缘线刺穿线夹及装拆杆传至杆上电工，杆上第一电工用绝缘锁杆锁住引流线的另一端，送到带电绝缘导线接引位置并固定好；杆上第二电工用绝缘线刺穿线夹装拆杆作业，将绝缘线刺穿线夹安装在绝缘线路导线及引流线上。绝缘线刺穿线夹的一个槽卡住绝缘导线，另一槽卡住绝缘引流线。地面电工将绝缘扳手(或套筒扳手)操作杆传给杆上电工，由杆上第二电工拧紧刺穿线夹的上螺母联结处至断裂为止(注意：拧紧绝缘线刺穿线夹一定要拧上边的螺母，待上下螺母间的联结处断裂后，证明刺穿线夹已将绝缘皮刺穿并与导线接触良好。此时不应再拧紧螺母，以免刺伤导线)。

引流线夹法与并沟线夹法也可用在绝缘线上，绝缘线去外皮方式等与缠绕法中所述相同。

A.1.2.2.10 调整引流线，使之符合安全距离要求且外型美观。

A.1.2.2.11 应用上述同样方法可连接另两相的引流线。

A.1.2.2.12 由远到近地逐步拆除绝缘遮蔽装置，并一一放置地面。

A.1.2.2.13 检查完毕后，将作业工具带回地面，杆上电工返回地面。

A.1.2.3 安全注意事项

A.1.2.3.1 严禁带负荷接引流线，接引流线前应检查并确定所接分支线路或配电变压器绝缘良好无误，相位正确无误，线路上确无人工作。

A.1.2.3.2 作业时，作业人员对相邻带电体的间隙距离，作业工具的最小有效绝缘长度应满足 DL 409 的要求。

A.1.2.3.3 作业人员应通过绝缘操作杆对作业范围内的所有带电体进行绝缘遮蔽。

A.1.2.3.4 接引线应首先从边相开始，一相作业完成后，应迅速对其进行绝缘遮蔽，然后再对另一相开展作业。

A.1.2.3.5 作业时，杆上电工应穿绝缘鞋，戴绝缘手套、绝缘袖套、绝缘安全帽等绝缘防护用具。

A.1.2.3.6 停用重合闸参照 DL 409 执行。

A.1.2.3.7 接引流线时，如采用缠绕法，其扎线材质应与被接导线相同，直径应适宜。

A.1.2.4 所需主要工器具

A.1.2.4.1 绝缘传递绳 1根

A.1.2.4.2 绝缘锁杆 1副

A.1.2.4.3 绝缘扎线剪 1副

A.1.2.4.4 并沟线夹装拆杆 1副

A.1.2.4.5 绝缘套筒扳手 1副

A.1.2.4.6 引流线夹操作杆 1副

A.1.2.4.7 绝缘测距杆(绳) 1副

A.1.2.4.8 绝缘绕线器 1副

A.1.2.4.9 双猴头线夹 1副

A.1.2.4.10 拉闸操作杆 1副

A.1.2.4.11 导线遮蔽罩、引线遮蔽罩及软质绝缘罩 若干

A.1.2.4.12 安装遮蔽罩操作杆 若干

A.1.3 更换边相针式绝缘子

A.1.3.1 人员组合

作业人员共5人:工作负责人(安全监护人)1人;杆上电工2人;地面电工2人。

A.1.3.2 作业步骤

A.1.3.2.1 全体作业人员列队宣读工作票。

A.1.3.2.2 登杆电工检查登杆工具和绝缘防护用具;穿上绝缘靴、绝缘手套、绝缘安全帽及其他绝缘防护用具。

A.1.3.2.3 登杆电工携带绝缘传递绳登杆至适当位置,并系好安全带。

A.1.3.2.4 地面电工使用绝缘传递绳将绝缘操作杆、横担遮蔽罩、导线遮蔽罩、针式绝缘子遮蔽罩逐次传给杆上电工。

A.1.3.2.5 杆上电工按照从近至远、从带电体到接地体的原则逐次对作业范围内的所有带电部件进行遮蔽,分别将导线遮蔽罩和针式绝缘子遮蔽罩安装到导线和绝缘子上。

A.1.3.2.6 地面电工将横担遮蔽罩传至杆上电工,杆上电工将横担遮蔽罩安装在作业相的横担上。

A.1.3.2.7 地面电工将多功能绝缘抱杆传至杆上电工,杆上电工在适当的位置将其安装在杆上。抱杆横担接触且支撑住导线。

A.1.3.2.8 地面电工将扎线剪及三齿扒传给杆上电工,杆上电工用三齿扒解开扎线,再用扎线剪剪断扎线。

A.1.3.2.9 杆上电工摇升多功能抱杆丝杠及抱杆横担辅助丝杠使导线距离针式绝缘子上端约0.4 m。

A.1.3.2.10 杆上电工拆卸需更换的绝缘子。

A.1.3.2.11 地面电工在新绝缘子上绑好扎线,再传给杆上电工,杆上电工装上新绝缘子。

A.1.3.2.12 杆上电工摇降多功能抱杆丝杠,使导线徐徐降下至针瓶线槽内。

A.1.3.2.13 杆上电工用三齿扒在导线上绑好扎线,用扎线剪剪去多余扎线。

A.1.3.2.14 杆上电工拆除多功能抱杆,并用绝缘操作杆由远至近逐次拆除横担遮蔽罩、针式绝缘子遮蔽罩、导线遮蔽罩,并一一放置地面。

A.1.3.2.15 检查完毕后,将作业工具传回地面,杆上电工返回地面。

A.1.3.3 安全注意事项

A.1.3.3.1 作业时,作业人员对相邻带电体的间隙距离,作业工具的最小有效绝缘长度应满足DL 409的要求。

A.1.3.3.2 作业人员应通过绝缘操作杆对作业范围内的所有带电体进行绝缘遮蔽。

A.1.3.3.3 一相作业完成后,应迅速对其恢复和保持绝缘遮蔽,然后再对另一相开展作业。

A.1.3.3.4 作业时,杆上电工应穿绝缘鞋,戴绝缘手套、袖套、绝缘安全帽等绝缘防护用具。

A.1.3.3.5 停用重合闸参照DL 409执行。

A.1.3.3.6 拆开绑扎绝缘子与导线的扎线时,必须注意扎线线头不能太长,以免接触接地体。

A.1.3.3.7 导线的拉起及放下的速度应均匀而缓慢。

A.1.3.4 所需主要工器具

A.1.3.4.1 绝缘传递绳 1根

A.1.3.4.2 导线遮蔽罩、绝缘子遮蔽罩 若干

A.1.3.4.3 横担遮蔽罩 1个

A.1.3.4.4 遮蔽罩安装操作杆 1副

A.1.3.4.5 多功能绝缘抱杆及附件 1套

A.1.3.4.6 绝缘扎线剪操作杆 1副

A.1.3.4.7 绝缘三齿扒操作杆 1副

A.1.3.4.8 扎线 若干

A.1.4 更换中相针式绝缘子(三角排列)

A.1.4.1 人员组合

作业人员共5人:工作负责人(安全监护人)1人;杆上电工2人;地面电工2人。

A.1.4.2 作业步骤

A.1.4.2.1 全体作业人员列队宣读工作票。

A.1.4.2.2 登杆电工检查登杆工具和绝缘防护用具;穿上绝缘靴、绝缘手套、绝缘安全帽及其他绝缘防护用具。

A.1.4.2.3 登杆电工携带绝缘传递绳登杆至适当位置,并系好安全带。

A.1.4.2.4 地面电工使用绝缘传递绳将绝缘操作杆、横担遮蔽罩、导线遮蔽罩、针式绝缘子遮蔽罩逐次传给杆上电工。

A.1.4.2.5 杆上电工按照从近至远、从带电体到接地体的原则分别对作业范围内的所有带电部件进行遮蔽,先将导线遮蔽罩、再将针式绝缘子遮蔽罩安装到带电导线和绝缘子上。

A.1.4.2.6 地面电工将绝缘隔板传至杆上电工,杆上电工用绝缘隔板操作杆将绝缘隔板安装在中相针式绝缘子根部。

A.1.4.2.7 地面电工将多功能绝缘抱杆传至杆上电工,杆上电工在适当的位置将其安装在电杆上。抱杆横担接触且支撑住导线。

A.1.4.2.8 地面电工将扎线剪及三齿扒传给杆上电工,杆上电工用三齿扒解开扎线,再用扎线剪剪断扎线。

A.1.4.2.9 杆上电工摇升多功能抱杆丝杠及抱杆横担辅助丝杠使导线徐徐上升,距离针式绝缘子上端约0.4 m。

A.1.4.2.10 杆上电工拆卸中相需更换的绝缘子。

A.1.4.2.11 地面电工在新绝缘子上绑好扎线,再传给杆上电工,杆上电工装上新绝缘子。

A.1.4.2.12 杆上电工摇降多功能抱杆丝杠,使导线徐徐降下至针瓶线槽内。

A.1.4.2.13 杆上电工用三齿扒在导线上绑好扎线,用扎线剪剪去多余扎线。

A.1.4.2.14 杆上电工拆除多功能抱杆,并用绝缘操作杆由远至近逐次拆除绝缘隔板、针式绝缘子遮蔽罩、导线遮蔽罩,并一一放置地面。

A.1.4.2.15 检查完毕后,将作业工具返回地面,杆上电工返回地面。

A.1.4.3 安全注意事项

A.1.4.3.1 作业时,作业人员对相邻带电体的间隙距离,作业工具的最小有效绝缘长度应满足DL 409的要求。

A.1.4.3.2 作业人员应通过绝缘操作杆对作业范围内的所有带电体进行绝缘遮蔽。

A.1.4.3.3 作业时,杆上电工应穿绝缘鞋,戴绝缘手套、绝缘袖套、绝缘安全帽等绝缘防护用具。

A.1.4.3.4 停用重合闸参照DL 409执行。

A.1.4.3.5 拆开绑扎绝缘子与导线的扎线时,必须注意扎线线头不能太长,以免接触接地体。

A.1.4.3.6 导线的拉起及放下的速度应均匀而缓慢。

A.1.4.4 所需主要工器具

A.1.4.4.1 绝缘传递绳 1根

A.1.4.4.2 导线遮蔽罩、绝缘子遮蔽罩 若干

A.1.4.4.3 绝缘隔板 1块

A.1.4.4.4 遮蔽罩安装操作杆 1副

A.1.4.4.5 绝缘隔板操作杆 1副

A.1.4.4.6 多功能绝缘抱杆及附件 1套

A.1.4.4.7 绝缘扎线剪操作杆 1副

A.1.4.4.8 绝缘三齿扒操作杆 1副

A.1.4.4.9 扎线 若干

A.1.5 更换跌落式保险器(无负荷状态)

A.1.5.1 人员组合

作业人员共4人:工作负责人(监护人)1人;杆上电工1人;梯上电工1人;地面电工1人。

A.1.5.2 作业步骤

A.1.5.2.1 全体作业人员列队宣读工作票,讲解作业方案,布置任务和分工。

A.1.5.2.2 地面电工用拉闸杆断开作业现场的三相跌落式保险,取下保险管。经验电确认变压器低压侧已经停电。

A.1.5.2.3 全体作业人员配合,在适当的位置竖立好人字绝缘梯,并验证稳定性能良好,若不采用绝缘梯,也可采用绝缘斗臂车作为作业平台。

A.1.5.2.4 杆上电工和梯上电工检查作业工具和绝缘防护用具;穿上绝缘靴、戴上绝缘手套、绝缘安全帽及其他绝缘防护用具。

A.1.5.2.5 登杆电工携带绝缘传递绳登杆至适当位置,并系好安全带。

A.1.5.2.6 梯上电工检查人字梯确认其稳定性后,方可携带绝缘传递绳登梯,并系好安全带。

A.1.5.2.7 地面电工使用绝缘传递绳将绝缘隔板传给杆上电工,并安装在横担上,以起到相间隔离的作用。

A.1.5.2.8 地面电工使用绝缘传递绳将绝缘操作杆和绝缘遮蔽用具分别传给杆上电工和梯上电工。杆上电工和梯上电工用绝缘操作杆按照从近至远的原则对作业范围内的所有带电部件安装遮蔽罩。

A.1.5.2.9 地面电工将绝缘锁杆传至杆上电工,杆上电工用其锁住跌落保险上桩头的高压引下线。

A.1.5.2.10 地面电工将棘轮扳手操作杆传至梯上电工,梯上电工用棘轮扳手操作杆拆除跌落保险上桩头接线螺栓。

A.1.5.2.11 杆上电工用绝缘锁杆将高压引线挑至离跌落保险器大于0.7 m的位置,并扶持固定。若受杆上设备布置的限制而不能确保这一距离时,应对高压引线进行遮蔽和隔离。

A.1.5.2.12 经检查确认被更换跌落保险距周围带电体的安全距离满足DL 409的要求,且做好了与相邻相的各种绝缘隔离和遮蔽措施后,经工作负责人的监护和许可,梯上电工手戴绝缘手套,拆除跌落保险下桩头引流线及旧跌落保险器。然后,安装新跌落保险器及下桩头引流线。

A.1.5.2.13 杆上电工用绝缘锁杆将高压引线送至跌落保险器上桩头;梯上电工用棘轮扳手操作杆拧紧跌落保险上桩头螺母。

A.1.5.2.14 杆上电工拆除绝缘锁杆,并调整高压引线,使尺寸符合安全距离要求且美观。

A.1.5.2.15 杆上电工和梯上电工拆除绝缘隔板和各种遮蔽用具,并返回地面。

A.1.5.2.16 地面电工用拉闸杆装上跌落保险管,经工作负责人许可,确认设备正常后,合闸送电。

A.1.5.2.17 拆除绝缘梯,清理现场。

A.1.5.3 安全注意事项

A.1.5.3.1 检查并确认设备低压侧应无负荷。

A.1.5.3.2 在被作业的跌落保险器与其他带电体之间应安装隔离和遮蔽装置。

A.1.5.3.3 作业时,作业人员与相邻带电体的间隙距离,作业工具的最小有效绝缘长度均应满足DL 409的要求。

A.1.5.3.4 作业人员在拆除旧跌落保险器及安装新跌落保险器时，应始终戴绝缘手套，上桩头高压引线拆下后应在作业人员最大触及范围之外。

A.1.5.3.5 停用重合闸参照 DL 409 执行。

A.1.5.4 所需主要工器具

A.1.5.4.1	人字绝缘梯(或绝缘斗臂车)	1架(1台)
A.1.5.4.2	绝缘传递绳	2根
A.1.5.4.3	绝缘隔板	2块
A.1.5.4.4	引线遮蔽罩	视现场情况决定
A.1.5.4.5	绝缘拉闸杆	1副
A.1.5.4.6	绝缘锁杆	1副
A.1.5.4.7	棘轮扳手操作杆	1副
A.1.5.4.8	遮蔽罩安装操作杆	1副
A.1.5.4.9	绝缘隔板操作杆	1副

A.1.6 更换避雷器

A.1.6.1 人员组合

作业人员共 4 人：工作负责人(安全监护人)1 人；杆上电工 1 人；梯上电工 1 人；地面电工 1 人。

A.1.6.2 作业步骤

A.1.6.2.1 全体作业人员列队宣读工作票，讲解作业方案，布置任务和分工。

A.1.6.2.2 全体作业人员配合，在适当的位置竖立好人字绝缘梯，并验证稳定性能良好，若不采用绝缘梯，也可采用绝缘斗臂车作为作业平台。

A.1.6.2.3 杆上电工和梯上电工检查作业工具和绝缘防护用具；穿上绝缘靴、绝缘手套、绝缘安全帽及其他绝缘防护用具。

A.1.6.2.4 登杆电工携带绝缘传递绳登杆至适当位置，并系好安全带。

A.1.6.2.5 梯上电工检查人字梯确认其稳定性后，方可携带绝缘传递绳登梯，并系好安全带。

A.1.6.2.6 地面电工使用绝缘传递绳将绝缘隔板传给杆上电工，并安装在横担上，以起到相间隔离的作用。

A.1.6.2.7 地面电工使用绝缘传递绳将绝缘操作杆和绝缘遮蔽用具分别传给杆上电工和梯上电工。杆上电工和梯上电工用绝缘操作杆按照从近至远的原则对作业范围内的所有带电部件安装遮蔽罩。

A.1.6.2.8 地面电工将绝缘锁杆传至杆上电工，杆上电工用其锁住避雷器上桩头的高压引下线。

A.1.6.2.9 地面电工将棘轮扳手操作杆传至梯上电工，梯上电工用棘轮扳手操作杆拆除避雷器上桩头接线螺栓。

A.1.6.2.10 杆上电工用绝缘锁杆将高压引线挑至离避雷器大于 0.7 m 的位置，并扶持固定。若受杆上设备布置的限制而不能确保这一距离时，应对高压引线进行遮蔽和隔离。

A.1.6.2.11 经检查确认避雷器距周围带电体的安全距离满足 DL 409 的要求，且做好了与邻相相的各种绝缘隔离和遮蔽措施后，经工作专责人的监护和许可，梯上电工手戴绝缘手套，拆除避雷器下桩头接地线及旧避雷器。然后，安装新避雷器及下桩头接地线。

A.1.6.2.12 杆上电工用绝缘锁杆将高压引线送至避雷器上桩头；梯上电工用棘轮扳手操作杆拧紧避雷器上桩头螺母。

A.1.6.2.13 杆上电工拆除绝缘锁杆，并调整高压引线，使尺寸符合安全距离要求且美观。

A.1.6.2.14 杆上电工和梯上电工拆除绝缘隔板和各种遮蔽用具，并返回地面。

A.1.6.2.15 拆除绝缘梯，清理现场。

A.1.6.3 安全注意事项

A.1.6.3.1 在被作业的避雷器与其他带电体之间应安装隔离和遮蔽装置。

A.1.6.3.2 作业时,作业人员与相邻带电体的间隙距离,作业工具的最小有效绝缘长度均应满足DL 409的要求。

A.1.6.3.3 作业人员在拆除旧避雷器及安装新避雷器时,应始终戴绝缘手套,上桩头高压引线拆下后应在作业人员最大触及范围之外。

A.1.6.3.4 停用重合闸参照DL 409执行。

A.1.6.4 所需主要工器具

A.1.6.4.1	人字绝缘梯	1架(1台)
A.1.6.4.2	绝缘传递绳	2根
A.1.6.4.3	绝缘隔板	2块
A.1.6.4.4	引线遮蔽罩、导线遮蔽罩、软质遮蔽毯	视现场情况决定
A.1.6.4.5	绝缘拉闸杆	1副
A.1.6.4.6	绝缘锁杆	1副
A.1.6.4.7	棘轮扳手操作杆	1副
A.1.6.4.8	遮蔽罩安装操作杆	1副
A.1.6.4.9	绝缘隔板操作杆	1副

A.2 绝缘手套作业法(直接作业法)

A.2.1 更换针式绝缘子

A.2.1.1 人员组合

作业人员共4人:工作负责人(安全监护人)1人;斗内上电工2人;地面电工1人。

A.2.1.2 作业步骤

A.2.1.2.1 全体作业人员列队宣读工作票,讲解作业方案、布置任务、进行分工。

A.2.1.2.2 根据杆上电气设备布置和作业项目,将绝缘斗臂车定位于最适于作业的位置,打好接地桩,连上接地线。

A.2.1.2.3 注意避开邻近的高低压线路及各类障碍物,选定绝缘斗臂车的升起方向和路径。

A.2.1.2.4 在绝缘斗臂车和工具摆放位置四周围上安全护栏和作业标志。

A.2.1.2.5 斗内电工检查绝缘防护用具,穿上绝缘靴、绝缘手套、绝缘安全帽、绝缘服(披肩)等全套绝缘防护用具。

A.2.1.2.6 斗内电工携带作业工具和遮蔽用具进入工作斗,工具和遮蔽用具应分类放置在斗中和工具袋中,并系好安全带。

A.2.1.2.7 在工作斗上升途中,对可能触及范围内的低压带电部件也需进行绝缘遮蔽。

A.2.1.2.8 工作斗定位于便于作业的位置后,首先对离身体最近的边相导线安装导线遮蔽罩,套入的遮蔽罩的开口要翻向下方,并拉到靠近绝缘子的边缘处,用绝缘夹夹紧以防脱落。

A.2.1.2.9 绝缘子两端边相导线遮蔽完成后,采用绝缘子遮蔽罩对边相绝缘子进行绝缘遮蔽,要注意导线遮蔽罩与绝缘子遮蔽罩有15 cm的重叠部分,必要时用绝缘夹夹紧以防脱落。

A.2.1.2.10 按照从近至远、从带电体到接地体、从低到高的原则,采用以上同样遮蔽方式,分别对在作业范围内的所有带电部件进行遮蔽。若是更换中相绝缘子,则三相带电体均必须完全遮蔽。

A.2.1.2.11 采用横担遮蔽用具对横担进行遮蔽,若是更换三角排列的中相针式绝缘子,还应对电杆顶部进行绝缘遮蔽,若杆塔有拉线且在作业范围内,还应对拉线进行绝缘遮蔽。

A.2.1.2.12 遮蔽作业完成后可采用多种方式更换绝缘子。

a) 小吊臂作业法

1) 用斗臂车上小吊臂的吊带轻吊托起导线。

2) 取下欲更换绝缘子的遮蔽罩。

3） 解开绝缘子绑扎线。在解绑扎线的过程中要注意边解边卷。一要防止绑扎线展延过长接触其他物体；二要防止绑扎线端部扎破绝缘手套。

4） 绑线解除后，将导线吊起离绝缘子顶部大于 0.4 m。

5） 更换绝缘子。

6） 绝缘小吊臂使导线缓缓下至绝缘子槽内。

7） 绑上扎线。（注意扎线应捆成圈，边扎边解）剪去多余扎线。

8） 对已完成作业相恢复绝缘遮蔽。

b） 遮蔽罩作业法

1） 取下欲更换绝缘子的遮蔽罩。

2） 解开绝缘子绑扎线，解开绑线时要注意保持导线在线槽内。

3） 将两端导线遮蔽罩拉在一起，接缝处应重叠 15 cm 以上。

4） 将导线遮蔽罩开口朝上，并注意使接缝处避开横担。

5） 通过导线遮蔽罩和横担遮蔽罩双层隔离，将导线放到横担上。

6） 更换绝缘子。

7） 抬起导线，挪开导线遮蔽罩，将导线放至绝缘子槽内，转动导线遮蔽罩使开口朝向下方。

8） 绑上扎线，（注意扎线应捆成圈，边扎边解）剪去多余扎线。

9） 对已完成作业相恢复绝缘遮蔽。

A.2.1.2.13 重复应用以上方法更换其他相绝缘子。

A.2.1.2.14 全部作业完成后，由远至近依次拆除横担遮蔽罩、绝缘子遮蔽罩、导线遮蔽罩等，拆除时注意身体与带电部件保持安全距离。

A.2.1.2.15 检查完毕后，移动工作斗至低压带电导线附近，拆除低压带电部件上的遮蔽罩。

A.2.1.2.16 工作斗返回地面，清理工具和现场。

A.2.1.3 安全注意事项

A.2.1.3.1 斗中电工应穿绝缘鞋，戴绝缘手套、袖套、绝缘安全帽等绝缘防护用具。

A.2.1.3.2 一相作业完成后，应迅速对其恢复和保持绝缘遮蔽，然后再对另一相开展作业。

A.2.1.3.3 停用重合闸。

A.2.1.3.4 绝缘手套外应套防刺穿手套。

A.2.1.4 所需主要工器具

A.2.1.4.1	10 kV 绝缘斗臂车（带绝缘小吊臂）	1 辆
A.2.1.4.2	绝缘子遮蔽罩、导线遮蔽罩、横担遮蔽罩、绝缘毯等	视现场情况决定
A.2.1.4.3	扎线	若干

A.2.2 更换横担

A.2.2.1 人员组合

作业人员共 4 人：工作负责人（安全监护人）1 人；杆上电工 2 人；地面电工 1 人。

A.2.2.2 作业步骤

A.2.2.2.1 全体作业人员列队宣读工作票，讲解作业方案、布置任务、进行分工。

A.2.2.2.2 根据杆上电气设备布置，将绝缘斗臂车定位于最适于作业的位置，打好接地桩，连上接地线。

A.2.2.2.3 注意避开邻近的高低压线路及各类障碍物，选定绝缘斗臂车的升起方向和路径。

A.2.2.2.4 在绝缘斗臂车和工具摆放位置四周围上安全护栏和作业标志。

A.2.2.2.5 斗内电工检查绝缘防护用具，穿上绝缘靴、绝缘手套、绝缘安全帽、绝缘服（披肩）等全套绝缘防护用具。

A.2.2.2.6 斗内电工携带作业工具和遮蔽用具进入工作斗，工具和遮蔽用具应分类放置在斗中和工具袋中,并系好安全带。

A.2.2.2.7 在工作斗上升途中,对可能触及范围内的低压带电部件也需进行绝缘遮蔽。

A.2.2.2.8 工作斗定位于便于作业的位置后,首先对离身体最近的边相导线安装导线遮蔽罩,套入的遮蔽罩的开口要翻向下方,并拉到靠近绝缘子的边缘处,用绝缘夹夹紧以防脱落。

A.2.2.2.9 绝缘子两端边相导线遮蔽完成后,采用绝缘子遮蔽罩对边相绝缘子进行绝缘遮蔽,要注意导线遮蔽罩与绝缘子遮蔽罩有15cm的重叠部分,必要时用绝缘夹夹紧以防脱落。

A.2.2.2.10 按从近至远,从带电体到接地体,从低到高的原则,采用以上同样遮蔽方式,分别对三相带电体进行绝缘遮蔽。

A.2.2.2.11 采用横担遮蔽用具对横担进行遮蔽,采用绝缘毯等用具对电杆顶部进行绝缘遮蔽。若杆塔有拉线且在作业范围内,还应对拉线进行绝缘遮蔽。

A.2.2.2.12 更换旧横担,可采用以下方式:

a) 杆上安装临时绝缘横担

 1) 对齐安装方向,使临时横担与原横担平行。安装U型固定螺栓或其他装置,使横担固定无晃动。临时绝缘横担的导线托槽应略高于绝缘子顶端。

 2) 对U型螺栓或其他接地构件进行绝缘遮蔽,并用绝缘夹或绝缘绳扎紧使不脱落。

 3) 取下边相绝缘子遮蔽罩,拆除绑扎线。拆除绑扎线时要注意边拆边卷。

 4) 托起导线,使导线遮蔽罩开口向上并对接起来,使接缝处有15 cm以上的重叠,将导线移至临时绝缘横担的托槽内。

 5) 采用以上同样方式将其他相导线移至绝缘横担上。

 6) 拆除旧横担,安装新横担。在新横担上应设置好绝缘遮蔽用具。

 7) 装上新横担且检查所有接地构件遮蔽完好后,将导线移至新横担上绝缘子线槽内。注意挪好导线后使导线遮蔽罩的开口朝下。

 8) 绑上绑扎线,注意扎线另一端应卷成团握于手中,边绑边展。

 9) 剪去多余扎线,安装绝缘子遮蔽罩。注意绝缘子遮蔽罩应与导线遮蔽罩接缝处重叠。

 10) 用以上方法,按顺序完成其他相导线的移动和绑扎。

 11) 卸下临时绝缘横担,拆除接地构件的绝缘遮蔽用具。

b) 斗臂车上配带绝缘横担

 1) 作业人员工作范围内的三相导线进行遮蔽。

 2) 使导线对齐进入绝缘横担的线槽托架,操作斗臂车的液压装置适当上托住导线。

 3) 取下绝缘子遮蔽罩,解开绑扎绳,使两端导线遮蔽罩对接起来,一相结束后用同样的方式进行下一相作业。

 4) 操作斗臂车的液压装置升起绝缘斗臂车上绝缘横担,使导线上升距原横担0.4 mm以上。

 5) 拆除旧横担,安装新横担,对新横担安装绝缘遮蔽用具。

 6) 下降绝缘斗臂车上绝缘横担,将导线置入新装横担的绝缘子线槽内,并绑上扎线。

 7) 一相作业完成后,装上绝缘子遮蔽罩,逐次进行下一相作业。

A.2.2.2.13 从远至近、从带电体到接地体、从高到低的原则逐次拆除横担遮蔽用具、绝缘子遮蔽用具、导线遮蔽用具。拆除时注意身体与带电部件保持安全距离。

A.2.2.2.14 检查完毕后,移动工作斗至低压带电导线附近,拆除低压带电部件上的遮蔽罩。

A.2.2.2.15 工作斗返回地面,清理工具和现场。

A.2.2.3 安全注意事项

A.2.2.3.1 斗内电工应穿绝缘鞋,戴绝缘手套、绝缘袖套、绝缘安全帽等绝缘防护用具。

A.2.2.3.2 一相作业完成后,应迅速对其恢复和保持绝缘遮蔽,然后再对另一相开展作业。

A.2.2.3.3 停用重合闸参照DL 409执行。

A.2.2.3.4 绝缘手套外应套防刺穿手套。

A.2.2.4 所需主要工器具

A.2.2.4.1 10 kV 绝缘斗臂车(带绝缘小吊臂) 1 辆

A.2.2.4.2 绝缘子遮蔽罩、导线遮蔽罩、横担遮蔽罩、绝缘毯等 视现场情况决定

A.2.2.4.3 扎线及扎线剪 若干

A.2.3 修补导线

A.2.3.1 人员组合

作业人员共 3 人:工作负责人(安全监护人)1 人,斗内电工 1 人,地面电工 1 人。

A.2.3.2 作业步骤

A.2.3.2.1 全体作业人员列队宣读工作票,讲解作业方案、布置任务、进行分工。

A.2.3.2.2 根据杆上电气设备布置,将绝缘斗臂车定位于最适于作业的位置,打好接地桩,连上接地线。

A.2.3.2.3 注意避开邻近的高低压线路及各类障碍物,选定绝缘斗臂车的升起方向和路径。

A.2.3.2.4 在绝缘斗臂车和工具摆放位置四周围上安全护栏和作业标志。

A.2.3.2.5 斗中电工检查绝缘防护用具,穿上绝缘靴、绝缘手套、绝缘安全帽、绝缘服(披肩)等全套绝缘防护用具。

A.2.3.2.6 斗内电工携带作业工具和遮蔽用具进入工作斗,工具和遮蔽用具应分类放置在斗中和工具袋中,并系好安全带。

A.2.3.2.7 在工作斗上升途中,对可能触及范围内的低压带电部件也需进行绝缘遮蔽。

A.2.3.2.8 工作斗定位于便于作业的位置后,首先对离身体最近的边相导线安装导线遮蔽罩,套入的遮蔽罩的开口要翻向下方,并拉到靠近绝缘子的边缘处,用绝缘夹夹紧以防脱落。

A.2.3.2.9 按照从近至远、从带电体到接地体、从低到高的原则,采用以上遮蔽方法,分别对作业范围内的带电体进行遮蔽。若是修补中相导线,则三相带电体全部遮蔽。若修补位置临近杆塔或构架,还必须对作业范围内的接地构件进行遮蔽。

A.2.3.2.10 移开欲修补位置的导线遮蔽罩,尽量小范围的露出带电导线,检查损坏情况。

A.2.3.2.11 用扎线或预绞丝或钳压补修管等材料修补导线,注意绝缘手套外应套有防刺穿的防护手套。

A.2.3.2.12 一处修补完毕后,应迅速恢复绝缘遮蔽,然后进行另一处作业。

A.2.3.2.13 全部修补完毕后,由远至近拆除导线遮蔽罩和其他遮蔽装置。

A.2.3.2.14 检查完毕后,移动工作斗至低压带电导线附近,拆除低压带电部件上的遮蔽罩。

A.2.3.2.15 工作斗返回地面,清理工具和现场。

A.2.3.3 安全注意事项

A.2.3.3.1 斗内电工应穿绝缘鞋,戴绝缘手套、绝缘袖套、绝缘安全帽等绝缘防护用具。

A.2.3.3.2 一相作业完成后,应迅速对其恢复和保持绝缘遮蔽,然后再对另一相开展作业。

A.2.3.3.3 停用重合闸参照 DL 409 执行。

A.2.3.3.4 绝缘手套外应套防刺穿手套。

A.2.3.4 所需主要工器具

A.2.3.4.1 10 kV 绝缘斗臂车 1 辆

A.2.3.4.2 导线遮蔽罩及其他遮蔽装置 视现场作业情况决定

A.2.3.4.3 修补导线用材料 若干

A.2.4 带电更换 10 kV 线路直线杆

A.2.4.1 人员组合

工作人员共 8 人:工作负责人(安全监护人)1 人;斗内电工 1 人;杆上电工 1 人;地面电工 2 人;绝

缘斗臂车操作员1人;起重吊车司机2人。

A.2.4.2 作业步骤

A.2.4.2.1 全体工作人员列队宣读工作票,工作负责人讲解作业方案、布置工作任务、进行具体分工。

A.2.4.2.2 工作负责人检查两侧导线。

A.2.4.2.3 绝缘斗臂车进入工作现场,定位于最佳工作位置并装好接地线,选定工作斗的升降方向,注意避开附近高低压线及障碍物。

A.2.4.2.4 布置工作现场,在绝缘斗臂车和工具摆放位置四周围上安全护栏和作业标志。

A.2.4.2.5 斗内电工及杆上电工检查绝缘防护用具,穿戴上绝缘靴、绝缘服(披肩)、绝缘安全帽和绝缘手套等全套绝缘防护用具,地面电工检查、摇测绝缘作业工具。

A.2.4.2.6 斗内电工携带绝缘作业工具和遮蔽用具进入工作斗,工具和遮蔽用具应分类放在斗中和工具袋中,并系好安全带。

A.2.4.2.7 在工作斗上升过程中,对可能触及范围内的高低压带电部件需进行绝缘遮蔽。

A.2.4.2.8 工作斗定位在合适的工作位置后,首先对离身体最近的边相导线安装导线遮蔽罩,套入的导线遮蔽罩的开口要向下方,并拉到靠近绝缘子的边缘处,用绝缘夹夹紧防止脱落。

A.2.4.2.9 按照由近至远、从带电体到接地体、从低到高的原则,采用以上同样遮蔽方式,分别对三相导线、横担、瓷瓶及连接构件进行遮蔽。

A.2.4.2.10 杆上电工登杆至工作位置,系好安全带。地面电工将绝缘操作平台用滑车吊至工作位置。

A.2.4.2.11 斗内电工和杆上电工相互配合,将绝缘操作平台固定好。杆上电工由杆上转移至绝缘操作平台上,并系好安全带。

A.2.4.2.12 地面电工将绝缘横担吊至工作位置,斗内电工和绝缘操作平台上电工相互配合,将绝缘横担固定在杆上原横担上方。

A.2.4.2.13 拆除边相导线瓷瓶绝缘毯,将边相导线绑线拆除,绝缘操作平台上电工小心地将边相导线移至绝缘横担上固定好,并对固定处用绝缘毯再次进行绝缘遮蔽。

A.2.4.2.14 依照以上方法,分别将另两相导线移至绝缘横担上,并迅速恢复绝缘遮蔽。

A.2.4.2.15 绝缘操作平台上电工装好绝缘横担的绝缘起吊绳,一台起重吊车进入工作现场,适度地吊住绝缘起吊绳,并保持与带电体足够的安全距离。同时,绝缘操作平台上电工拆除绝缘横担的固定装置,吊车慢慢地将绝缘横担和三相导线吊至0.4 m以上的合适的高度。

A.2.4.2.16 斗内电工拆除线杆上的所有绝缘遮蔽用具,杆上电工回到地面。

A.2.4.2.17 地面电工1人登杆至合适位置,绑好直线杆的起吊绳。

A.2.4.2.18 另一台起重吊车进入工作位置,将线杆吊出,放倒至地面。同时,地面电工装好新的线杆上的横担、绝缘子等设备,并装好横担遮蔽罩和绝缘子遮蔽罩。

A.2.4.2.19 起重吊车将新的线杆吊至指定位置固定好。

A.2.4.2.20 起重吊车配合斗内电工,将三相导线落至线杆上合适位置。

A.2.4.2.21 斗内电工移开中相导线遮蔽罩,将中相导线固定在线杆中相瓷瓶上,导线固定好后,将瓷瓶和中相导线恢复绝缘遮蔽。

A.2.4.2.22 按照上述方法,分别将另两相导线固定在线杆上。

A.2.4.2.23 斗内电工由远及近依次拆除绝缘构件遮蔽罩、绝缘子遮蔽罩、导线遮蔽罩等所有绝缘遮蔽用具。

A.2.4.2.24 斗内电工和杆上电工返回地面,清理施工现场工作负责人全面检查工作完成情况。

A.2.4.3 安全注意事项

A.2.4.3.1 斗内电工应穿绝缘鞋,戴绝缘手套、袖套、绝缘安全帽等绝缘防护用具。

A.2.4.3.2 绝缘横担两端上应绑有绝缘绳,由地面电工控制,防止起吊和回落时,绝缘横担发生摆动。

A.2.4.3.3 一相作业完成后，应迅速对其恢复和保持绝缘遮蔽，然后再对另一相开展作业。

A.2.4.3.4 停用重合闸参照 DL 409 执行。

A.2.4.3.5 对不规则带电部件和接地构件可采用绝缘毯进行遮蔽，但要注意夹紧固定，两相邻绝缘毯间应有重叠部分。

A.2.4.3.6 拆除绝缘遮蔽用具时，应保持身体与被遮蔽物有足够的安全距离。

A.2.4.4 所需主要工器具

A.2.4.4.1	10 kV 绝缘斗臂车	1辆
A.2.4.4.2	起重吊车	2辆
A.2.4.4.3	绝缘滑车、绝缘传递绳	各1副
A.2.4.4.4	绝缘子遮蔽罩、导线遮蔽罩、横担遮蔽罩、绝缘毯、绝缘保险绳等	视现场情况决定
A.2.4.4.5	扳手和其他用具	视现场情况决定

A.2.5 带电断接引线

A.2.5.1 人员组合

工作人员共5人：工作负责人(安全监护人)1人；工作斗内电工1人；地面电工2人；绝缘斗臂车操作员1人。

A.2.5.2 作业步骤

A.2.5.2.1 断引流线

A.2.5.2.1.1 全体工作人员列队宣读工作票，工作负责人讲解作业方案、布置工作任务、进行具体分工。

A.2.5.2.1.2 拉开引流线后端线路开关或变压器高压侧的跌落保险，使所断引流线无负荷。

A.2.5.2.1.3 绝缘斗臂车进入工作现场，定位于最佳工作位置并装好接地线，选定工作斗的升降方向，注意避开附近高低压线及障碍物。

A.2.5.2.1.4 布置工作现场，在绝缘斗臂车和工具摆放位置四周围上安全护栏和作业标志。

A.2.5.2.1.5 斗内电工及杆上电工检查绝缘防护用具，穿戴上绝缘靴、绝缘服(披肩)、绝缘安全帽和绝缘手套等全套绝缘防护用具，同时，地面电工检查、摇测绝缘作业工具。

A.2.5.2.1.6 斗内电工携带作业工具和遮蔽用具进入工作斗，工具和遮蔽用具应分类放在斗中和工具袋中，并系好安全带。

A.2.5.2.1.7 在工作斗上升过程中，对可能触及范围内的高低压带电部件需进行绝缘遮蔽。

A.2.5.2.1.8 工作斗定位在合适的工作位置后，首先对离身体最近的边相导线安装导线遮蔽罩，套入的导线遮蔽罩的开口要向下方，并拉到靠近绝缘子的边缘处，用绝缘夹夹紧防止脱落。

A.2.5.2.1.9 按照由近至远、从带电体到接地体、从低到高的原则，采用以上同样遮蔽方式，分别对三相导线、三相引线、横担、瓷瓶及连接构件进行遮蔽。

A.2.5.2.1.10 斗内电工拆开边相引线的遮蔽用具，利用断线钳将边相引线钳断，并将断头固定好，然后迅速恢复被拆除的绝缘遮蔽。

A.2.5.2.1.11 采用上述方法，对中相引线和另一边相引线进行拆断，并恢复绝缘遮蔽。

A.2.5.2.1.12 全部工作完成后，按从远到近、从上到下的顺序逐次拆除绝缘遮蔽工具，并返回地面。

A.2.5.2.2 接引流线(加装跌落保险)

A.2.5.2.2.1 拉开引流线后端线路开关使所断引流线无负荷。

A.2.5.2.2.2 地面一电工登杆至工作位置，系好安全带。地面另一电工利用绝缘绳和绝缘滑车分别将跌落保险及其连接固定机构传递给斗内电工。

A.2.5.2.2.3 斗内电工和杆上电工相互配合，将跌落保险及其连接固定机构安装在规定位置，分别断开三相跌落保险，并接好跌落保险下桩头的三相引线，然后杆上电工回到地面。

A.2.5.2.2.4 斗内电工拆开边相导线上的遮蔽罩，安装边相跌落保险上桩头引线。安装完好后，恢复被拆除的遮蔽用具。

A.2.5.2.2.5 依照以上方法,分别安装好中相引线和另一边相引线,检查确认安装完好后,斗内电工按由远及近、由上到下的顺序依次拆除绝缘横担遮蔽罩、引线遮蔽罩、绝缘子遮蔽罩、导线遮蔽罩等所有绝缘遮蔽用具,并返回地面。

A.2.5.2.2.6 地面电工用拉闸杆装上跌落保险管,经工作负责人许可,确认设备正常后合闸送电。

A.2.5.2.2.7 清理施工现场。

A.2.5.3 安全注意事项

A.2.5.3.1 斗内电工应穿绝缘鞋,戴绝缘手套、袖套、绝缘安全帽等绝缘防护用具。

A.2.5.3.2 一相作业完成后,应迅速对其恢复和保持绝缘遮蔽,然后再对另一相开展作业。

A.2.5.3.3 停用重合闸参照 DL 409 执行。

A.2.5.3.4 对不规则带电部件和接地构件可采用绝缘毯进行遮蔽,但要注意夹紧固定,两相邻绝缘毯间应有重叠部分。

A.2.5.3.5 拆除绝缘遮蔽用具时,应保持身体与被遮蔽物有足够的安全距离。

A.2.5.4 所需主要工器具

A.2.5.4.1	10 kV 绝缘斗臂车	1 辆
A.2.5.4.2	绝缘滑车、绝缘传递绳	各 1 副
A.2.5.4.3	绝缘断线钳	1 把
A.2.5.4.4	绝缘子遮蔽罩、导线遮蔽罩、横担遮蔽罩、绝缘毯	视现场情况决定
A.2.5.4.5	扳手和其他用具	视现场情况决定

A.2.6 带负荷更换跌落保险

A.2.6.1 人员组合

作业人员共 3 人:工作负责人(安全监护人)1 人,斗内电工 2 人,地面电工 1 人。

A.2.6.2 作业步骤

A.2.6.2.1 全体作业人员列队宣读工作票,讲解作业方案、布置任务、进行分工。

A.2.6.2.2 根据杆上电气设备布置和作业项目,将绝缘斗臂车定位于最适于作业的位置,打好接地线。

A.2.6.2.3 注意避开邻近的高低压线路及各类障碍物,选定绝缘斗臂车的升起方向和路径。

A.2.6.2.4 在绝缘斗臂车和工具摆放位置四周围上安全护栏和作业标志。

A.2.6.2.5 斗内电工检查绝缘防护用具,穿上绝缘靴、绝缘手套、绝缘安全帽、绝缘服(披肩)等全套绝缘防护用具。

A.2.6.2.6 斗中电工携带作业工具和遮蔽用具进入工作斗,工具和遮蔽用具应分类放置在斗中和工具袋中,并系好安全带。

A.2.6.2.7 在工作斗上升途中,对可能触及范围内的低压带电部件也需进行绝缘遮蔽。

A.2.6.2.8 工作斗定位于便于作业的位置后,安装三相带电体之间的绝缘隔板。

A.2.6.2.9 首先对离身体最近的边相导线安装导线遮蔽罩,套入的遮蔽罩的开口要翻向下方,并拉到靠近带电部件的边缘处,用绝缘夹夹紧以防脱落。

A.2.6.2.10 对三相引线,跌落保险中,工作范围内的所有带电部件,接地构件等进行绝缘遮蔽。

A.2.6.2.11 采用横担遮蔽用具或绝缘毯对横担及其他接地构件进行绝缘遮蔽,并注意接缝处应有适当的重叠部分。

A.2.6.2.12 最小范围的移开导线遮蔽罩,采用绝缘引流线短接跌落保险及两端引线;绝缘引流线和两端线夹的载流容量应满足 1.2 倍最大电流的要求。其绝缘层应通过工频 30 kV(1 min)的耐压试验。组装旁路引流线的导线处应清除氧化层,且线夹接触应牢固可靠。

A.2.6.2.13 在绝缘引流线的一端连接完毕后,另一端应注意与其他相带电线和接地物件保持安全距离，在端部线夹处应进行绝缘遮蔽。

A.2.6.2.14 两端连接完毕且遮蔽完好后，应采用钳式电流表检查旁路引流线通流情况正常。

A.2.6.2.15 分别拆下跌落保险器的引线，再撤除旧跌落保险器。

A.2.6.2.16 装上新跌落保险器及两端引线，用钳式电流表检查引线通流情况正常后，恢复绝缘遮蔽。

A.2.6.2.17 拆除绝缘引流线。

A.2.6.2.18 检查设备正常工作后，由远至近依次撤除导线遮蔽罩，引线遮蔽罩，跌落保险遮蔽罩，接地物件遮蔽罩，绝缘隔板等，撤除时注意身体与带电部件保持安全距离。

A.2.6.2.19 工作后返回地面，清理工具和现场。

A.2.6.3 安全注意事项

A.2.6.3.1 斗内电工应穿绝缘鞋，戴绝缘手套、袖套、绝缘安全帽等绝缘防护用具。

A.2.6.3.2 一相作业完成后，应迅速对其恢复和保持绝缘遮蔽，然后再对另一相开展作业。

A.2.6.3.3 停用重合闸参照 DL 409 执行。

A.2.6.3.4 绝缘手套外应套防刺穿手套。

A.2.6.3.5 对不规则带电部件和接地构件可采用绝缘毯进行遮蔽，但要注意夹紧固定。

A.2.6.4 所需主要工器具

A.2.6.4.1	10 kV 绝缘斗臂车	1 辆
A.2.6.4.2	绝缘子遮蔽罩、导线遮蔽罩、横担遮蔽罩、绝缘毯等	视现场情况决定
A.2.6.4.3	绝缘引流线	1～3 根
A.2.6.4.4	钳式电流表	1 块

A.2.7 更换避雷器

A.2.7.1 人员组合

作业人员共 3 人：工作负责人(安全监护人) 1 人；斗内电工 1 人；地面电工 1 人。

A.2.7.2 作业步骤

A.2.7.2.1 全体作业人员列队宣读工作票，讲解作业方案、布置任务、进行分工。

A.2.7.2.2 根据杆上电气设备布置和作业项目，将绝缘斗臂车定位于最适于作业的位置，打好接地桩，连上接地线。

A.2.7.2.3 注意避开邻近的高低压线路及各类障碍物，选定绝缘斗臂车的升起方向和路径。

A.2.7.2.4 在绝缘斗臂车和工具摆放位置四周围上安全护栏和作业标志。

A.2.7.2.5 斗内电工检查绝缘防护用具，穿上绝缘靴、绝缘手套、绝缘安全帽、绝缘服(披肩)等全套绝缘防护用具。

A.2.7.2.6 斗内电工携带作业工具和遮蔽用具进入工作斗，工具和遮蔽用具应分类放置在斗中和工具袋中，并系好安全带。

A.2.7.2.7 在工作斗上升途中，对可能触及范围内的低压带电部件也需进行绝缘遮蔽。

A.2.7.2.8 工作斗定位于便于作业的位置后，安装三相带电体之间的绝缘隔板。

A.2.7.2.9 首先对离身体最近的边相导线安装导线遮蔽罩，套入的遮蔽罩的开口要翻向下方，并拉到靠近带电部件的边缘处，用绝缘夹夹紧以防脱落。

A.2.7.2.10 按照从近至远、从带电体到接地体、从低到高的原则，采用以上同样遮蔽方式，分别对三相引线、避雷器及连接构件进行遮蔽。

A.2.7.2.11 采用横担遮蔽用具或绝缘毯对横担及其他接地构件进行绝缘遮蔽，并注意接缝处应有适当的重叠部分。

A.2.7.2.12 最小范围地掀开欲更换避雷器的绝缘遮蔽，用扳手拆开避雷器上桩头的高压引线。

A.2.7.2.13 将拆开的避雷器上桩头引线端头回折距避雷器 0.4 m 以上，放入引线遮蔽罩内，并用绝缘夹把开缝处夹紧，使引线端头完全封闭在遮蔽罩内。

A.2.7.2.14　经检查确认被更换避雷器与周围带电体的安全距离满足规定，且做好了各种绝缘隔离和遮蔽措施后，斗中电工手戴绝缘手套拆除避雷器下桩头接地线及旧避雷器。然后，安装新避雷器及其下桩头接地线。并确认连接完好。

A.2.7.2.15　恢复对新安装避雷器接地构件的绝缘遮蔽。

A.2.7.2.16　打开遮蔽罩，将高压引线端头展开送至避雷器的上桩头。斗中电工手戴绝缘手套，用扳手拧紧避雷器上桩头螺母。并确认连接完好。

A.2.7.2.17　三相作业完成后，由远至近依次拆除引线遮蔽罩、避雷器遮蔽罩、接地构件遮蔽罩、绝缘隔板等，拆除时注意身体与带电部件保持安全距离。

A.2.7.2.18　工作斗返回地面，清理工具和现场。

A.2.7.3　安全注意事项

A.2.7.3.1　斗内电工应穿绝缘鞋，戴绝缘手套、袖套、绝缘安全帽等绝缘防护用具。

A.2.7.3.2　一相作业完成后，应迅速对其恢复和保持绝缘遮蔽，然后再对另一相开展作业。

A.2.7.3.3　停用重合闸参照 DL 409 执行。

A.2.7.3.4　绝缘手套外应套防刺穿手套。

A.2.7.3.5　对不规则带电部件和接地构件可采用绝缘毯进行遮蔽，但要注意夹紧固定。

A.2.7.4　所需主要工器具

A.2.7.4.1	10 kV 绝缘斗臂车	1 辆
A.2.7.4.2	绝缘子遮蔽罩、导线遮蔽罩、横担遮蔽罩、绝缘毯等	视现场情况决定
A.2.7.4.3	扳手或其他用具	视现场情况决定

A.2.8　带负荷加装负荷刀闸

A.2.8.1　人员组合

工作人员共 6 人：工作负责人（安全监护人）1 人；斗内电工 1 人；杆上电工 1 人；地面电工 2 人；绝缘斗臂车操作员 1 人。

A.2.8.2　作业步骤

A.2.8.2.1　全体工作人员列队宣读工作票，工作负责人讲解作业方案、布置工作任务、进行具体分工。

A.2.8.2.2　工作负责人检查两侧导线。

A.2.8.2.3　绝缘斗臂车进入工作现场，定位于最佳工作位置并装好接地线，选定工作斗的升降方向，注意避开附近高低压线及障碍物。

A.2.8.2.4　布置工作现场，在绝缘斗臂车和工具摆放位置四周围上安全护栏和作业标志。

A.2.8.2.5　斗内电工及杆上电工检查绝缘防护用具，穿戴上绝缘靴、绝缘服（披肩）、绝缘安全帽和绝缘手套等全套绝缘防护用具，地面电工检查、摇测绝缘作业工具。

A.2.8.2.6　斗内电工携带绝缘作业工具和遮蔽用具进入工作斗，工具和遮蔽用具应分类放在斗中和工具袋中，作业人员要系好安全带。

A.2.8.2.7　在工作斗上升过程中，对可能触及范围内的高低压带电部件需进行绝缘遮蔽。

A.2.8.2.8　工作斗定位在合适的工作位置后，首先对离身体最近的边相导线安装导线遮蔽罩，套入的导线遮蔽罩的开口要向下方，并拉到靠近绝缘子的边缘处，用绝缘夹夹紧防止脱落。

A.2.8.2.9　按照由近至远、从带电体到接地体、从低到高的原则，采用以上同样遮蔽方式，分别对三相导线、横担、瓷瓶及连接构件进行遮蔽。

A.2.8.2.10　杆上电工登杆至工作位置，系好安全带。地面电工将绝缘操作平台用滑车吊至工作位置。

A.2.8.2.11　斗内电工和杆上电工相互配合，将绝缘操作平台固定好。杆上电工由杆上转移至绝缘操作平台上，并系好安全带。

A.2.8.2.12　地面电工将绝缘横担吊至工作位置，斗内电工和绝缘操作平台上电工相互配合，将绝缘横担固定在杆上。

A.2.8.2.13　拆除边相导线瓷瓶绝缘毯，将边相导线绑线拆除，绝缘操作平台上电工小心地将边相导线移至绝缘横担上固定好，并对固定处用绝缘毯再次进行绝缘遮蔽。

A.2.8.2.14　依照以上方法，分别将另两相导线移至绝缘横担上，并迅速恢复绝缘遮蔽。

A.2.8.2.15　除原导线横担上的遮蔽罩和绝缘毯，并传回地面。

A.2.8.2.16　松开原导线横担的固定件，拆除原导线横担传至地面。

A.2.8.2.17　地面电工利用吊车将负荷刀闸吊至杆上，斗内电工和杆上电工相互配合，将负荷刀闸固定好，并确认各机构连接牢固。

A.2.8.2.18　地面电工1人登杆至合适位置，地面另一电工将刀闸操作机构吊至规定位置，由杆上电工将操作机构固定好。工作斗内电工配合杆上电工将刀闸操作机构连接好。

A.2.8.2.19　地面电工将中相耐张瓷瓶串吊至杆上，由工作斗内电工和绝缘操作平台上电工配合将瓷瓶串安装好，并用绝缘毯分别将两端耐张瓷瓶遮蔽好。

A.2.8.2.20　拆除中相导线上的遮蔽用具，松开绝缘横担上的中相导线固定夹，安装中相导线两侧的紧线器，并收紧中相导线，注意控制导线弧垂为规定水平。

A.2.8.2.21　装好导线保险绳和旁路引流线，检查确定引流线连接牢固。

A.2.8.2.22　用钳形电流表测量引流线内电流，确认通流正常。

A.2.8.2.23　斗内电工和绝缘操作平台上电工互相配合，利用导线断线钳将中相导线钳断。拆断导线时，应先在钳断处两端分别用绝缘绳固定好，以防止导线断头摆动。然后并分别将中相导线与耐张瓷瓶串连接好。

A.2.8.2.24　分别拆除中相紧线器和保险绳，并对中相导线进行绝缘遮蔽。

A.2.8.2.25　按照上述操作方法，分别对两边相导线进行以上作业，注意每次钳断导线前，都要用钳形电流表测量引流线内电流，确认通流正常。

A.2.8.2.26　斗内电工配合操作平台上电工将绝缘横担拆除传回地面。

A.2.8.2.27　斗内电工按照由近及远的顺序装好刀闸的绝缘隔板，将刀闸两侧的引线分别接至带电导线上。

A.2.8.2.28　地面电工合上刀闸操作机构，斗内电工检查并确认设备工作正常。

A.2.8.2.29　斗内电工分别拆除三相绝缘引流线，按照由远及近、由上至下的顺序，分别拆除刀闸处的绝缘隔板和绝缘毯。

A.2.8.2.30　操作平台上电工由操作平台上转移至杆上，系好安全带。

A.2.8.2.31　斗内电工和杆上电工配合拆除绝缘操作平台传回地面。

A.2.8.2.32　斗内电工由远及近依次拆除绝缘构件遮蔽罩、绝缘子遮蔽罩、导线遮蔽罩等所有绝缘遮蔽用具。

A.2.8.2.33　斗内电工和杆上电工返回地面，工作负责人全面检查工作完成情况。

A.2.8.3　安全注意事项

A.2.8.3.1　斗内电工应穿绝缘鞋，戴绝缘手套、袖套、绝缘安全帽等绝缘防护用具。

A.2.8.3.2　一相作业完成后，应迅速对其恢复和保持绝缘遮蔽，然后再对另一相开展作业。

A.2.8.3.3　停用重合闸参照 DL 409 执行。

A.2.8.3.4　绝缘手套外应套防刺穿手套。

A.2.8.3.5　对不规则带电部件和接地构件可采用绝缘毯进行遮蔽，但要注意夹紧固定，两相邻绝缘毯间应有重叠部分。

A.2.8.3.6　拆除绝缘遮蔽用具时，应保持身体与被遮蔽物有足够的安全距离。

A.2.8.3.7　在钳断导线之前，应安装好紧线器和保险绳。

A.2.8.4 所需主要工器具

A.2.8.4.1 10 kV 绝缘斗臂车 1辆

A.2.8.4.2 5 t 起重吊车 1辆

A.2.8.4.3 绝缘滑车、绝缘传递绳 各1副

A.2.8.4.4 钳形电流表 1块

A.2.8.4.5 绝缘引流线 3根

A.2.8.4.6 绝缘断线钳 1把

A.2.8.4.7 绝缘子遮蔽罩、导线遮蔽罩、横担遮蔽罩、绝缘毯等 视现场情况决定

A.2.8.4.8 扳手和其他用具 视现场情况决定

A.2.9 带负荷开断 10 kV 线路直线杆加装分段开关

A.2.9.1 人员组合

工作人员共6人:工作负责人(安全监护人)1人;斗内电工1人;杆上电工1人;地面电工2人;绝缘斗臂车操作员1人。

A.2.9.2 作业步骤

A.2.9.2.1 开工前,预先装好分段开关和两侧刀闸。

A.2.9.2.2 全体工作人员到达工作现场,列队宣读工作票,工作负责人讲解作业方案、布置工作任务、进行具体分工。

A.2.9.2.3 工作负责人检查两侧导线。

A.2.9.2.4 绝缘斗臂车进入工作现场,定位于最佳工作位置并装好接地线,选定工作斗的升降方向,注意避开附近高低压线及障碍物。

A.2.9.2.5 布置工作现场,在绝缘斗臂车和工具摆放位置四周围上安全护栏和作业标志。

A.2.9.2.6 斗内电工及杆上电工检查绝缘防护用具,穿戴上绝缘靴、绝缘服(披肩)、绝缘安全帽和绝缘手套等全套绝缘防护用具,地面电工检查、摇测绝缘作业工具。

A.2.9.2.7 斗内电工携带绝缘作业工具和遮蔽用具进入工作斗,工具和遮蔽用具应分类放在斗中和工具袋中,作业人员要系好安全带。

A.2.9.2.8 在工作斗上升过程中,对可能触及范围内的高低压带电部件需进行绝缘遮蔽。

A.2.9.2.9 工作斗定位在合适的工作位置后,首先对离身体最近的边相导线安装导线遮蔽罩,套入的导线遮蔽罩的开口要向下方,并拉到靠近绝缘子的边缘处,用绝缘夹夹紧防止脱落。

A.2.9.2.10 按照由近至远、从带电体到接地体、从低到高的原则,采用以上同样遮蔽方式,分别对三相导线、横担、瓷瓶、杆顶支架及连接构件进行绝缘遮蔽。

A.2.9.2.11 杆上电工登杆至工作位置,系好安全带。地面电工将绝缘操作平台用滑车吊至工作位置。

A.2.9.2.12 斗内电工和杆上电工相互配合,将绝缘操作平台固定好。杆上电工由杆上转移至绝缘操作平台上,并系好安全带。

A.2.9.2.13 地面电工将绝缘横担吊至工作位置,斗内电工和绝缘操作平台上电工相互配合,将绝缘横担固定,并对绝缘横担固定构件进行绝缘遮蔽。

A.2.9.2.14 拆除边相导线瓷瓶绝缘毯,将边相导线绑线拆除,绝缘操作平台上电工小心地将边相导线移至绝缘横担上固定好,并对固定处用绝缘毯再次进行绝缘遮蔽。

A.2.9.2.15 依照以上方法,分别将另两相导线移至绝缘横担上,并迅速恢复绝缘遮蔽。

A.2.9.2.16 拆除原导线横担、瓷瓶、杆顶支架上的遮蔽罩和绝缘毯,拆除原导线横担、瓷瓶、杆顶支架传至地面。

A.2.9.2.17 地面电工将中相耐张瓷瓶串吊至杆顶,由斗内电工和绝缘操作平台上电工配合将中相耐张瓷瓶串安装好,并用绝缘毯分别将两端耐张瓷瓶遮蔽好。

A.2.9.2.18　拆除中相导线上的遮蔽用具，松开绝缘横担上的中相导线固定夹，安装中相导线两侧的紧线器，并收紧中相导线，注意控制导线弧垂为规定水平。

A.2.9.2.19　装好导线保险绳和旁路引流线，检查确定引流线连接牢固。

A.2.9.2.20　用钳形电流表测量引流线内电流，确认通流正常。

A.2.9.2.21　斗内电工和绝缘操作平台上电工互相配合，利用导线断线钳将中相导线钳断，并分别将中相导线与耐张瓷瓶串连接牢固。拆断导线时，应先在钳断处两端分别用绝缘绳固定好，防止导线断头摆动。

A.2.9.2.22　分别拆除中相导线紧线器和保险绳，并对中相导线进行绝缘遮蔽。

A.2.9.2.23　地面电工配合操作平台上电工将边相耐张横担吊至合适位置，斗内电工和绝缘操作平台上电工互相配合，将边相耐张横担固定在绝缘横担下方规定位置。

A.2.9.2.24　地面电工配合操作平台上电工将耐张绝缘子串吊至工作位置，斗内电工和绝缘操作平台上电工互相配合，分别将边相耐张绝缘子串安装好。

A.2.9.2.25　对边相耐张横担和边相耐张绝缘子串进行绝缘遮蔽，将橡胶绝缘垫安放在耐张横担上。

A.2.9.2.26　按照上述中相导线施工方法，分别对两边相导线进行拆断施工，注意每次钳断导线前，都要用钳形电流表测量引流线内电流，确认通流正常。并将导线分别与两边相耐张绝缘子连接好，拆去紧线器和保险绳，然后进行绝缘遮蔽。

A.2.9.2.27　操作平台上电工转移至杆上，系好安全带，斗内电工和杆上电工相互配合，拆除缘绝横担和绝缘操作平台，并传回地面。

A.2.9.2.28　杆上电工回到地面，地面另一电工登杆至分段开关位置，系好安全带。

A.2.9.2.29　斗内电工分别将开关的引线接至三相导线上。杆上电工合上刀闸。

A.2.9.2.30　斗内电工拆除三相临时引流线，按由远到近、由上到下的顺序拆除所有遮蔽罩、绝缘毯。

A.2.9.2.31　斗内电工返回地面，工作负责人全面检查、验收工作完成情况。

A.2.9.3　安全注意事项

A.2.9.3.1　斗内电工应穿绝缘鞋，戴绝缘手套、绝缘袖套、绝缘安全帽等绝缘防护用具。

A.2.9.3.2　一相作业完成后，应迅速对其恢复和保持绝缘遮蔽，然后再对另一相开展作业。

A.2.9.3.3　停用重合闸参照 DL 409 执行。

A.2.9.3.4　绝缘手套外应套防刺穿手套。

A.2.9.3.5　对不规则带电部件和接地构件可采用绝缘毯进行遮蔽，但要注意夹紧固定，两相邻绝缘毯间应有重叠部分。

A.2.9.3.6　拆除绝缘遮蔽用具时，应保持身体与被遮蔽物有足够的安全距离。

A.2.9.3.7　在钳断导线之前，应确定安装好紧线器和保险绳。

A.2.9.4　所需主要工器具

A.2.9.4.1　10 kV 绝缘斗臂车	1 辆
A.2.9.4.2　绝缘滑车、绝缘传递绳	各 1 副
A.2.9.4.3　钳形电流表	1 块
A.2.9.4.4　绝缘引流线	3 根
A.2.9.4.5　绝缘断线钳	1 把
A.2.9.4.6　绝缘子遮蔽罩、导线遮蔽罩、横担遮蔽罩、绝缘毯等	视现场情况决定
A.2.9.4.7　扳手和其他用具	视现场情况决定

A.2.10　带负荷迁移 10 kV 线路

A.2.10.1　人员组合

工作人员主要有：工作负责人(安全监护人)1 人；斗内电工 1 人；杆上电工若干人；地面电工若干人；绝缘斗臂车操作员 1 人。

A.2.10.2 作业步骤

A.2.10.2.1 开工前，进行现场实地勘测，制定详细的施工方案，并通过学习，使参加施工的人员明确具体的施工步骤、具体分工和安全注意事项。

A.2.10.2.2 全体工作人员到达工作现场，布置安全护栏和作业标志，绝缘斗臂车进入被迁移线路的一端，定位于最佳工作位置并装好接地线，选定工作斗的升降方向，注意避开附近高低压线及障碍物。

A.2.10.2.3 两台临时负荷开关由载重车分别运至被迁移线路两端现场。在被迁移整个线路的下方，每隔一定的距离安放一个绝缘滑轮支架，作为临时引流电缆的支架。

A.2.10.2.4 临时引流电缆运至施工现场，敷设在两台临时负荷开关之间。敷设电缆时，应注意防止临时引流电缆从支架上滑落而磨损电缆外绝缘。

A.2.10.2.5 将三相临时引流电缆两端分别接至两台临时负荷开关上。连接完好后，分别在两连接处安装绝缘遮蔽罩，并检查两台临时负荷开关均在断开位置。

A.2.10.2.6 斗中电工检查绝缘防护用具，穿戴上绝缘靴、绝缘服(披肩)、绝缘安全帽和绝缘手套等全套绝缘防护用具。

A.2.10.2.7 斗内电工携带绝缘作业工具和遮蔽用具进入工作斗，工具和遮蔽用具应分类放在斗中和工具袋中，并系好安全带。

A.2.10.2.8 在工作斗上升过程中，对可能触及范围内的高低压带电部件需进行绝缘遮蔽。

A.2.10.2.9 工作斗定位在合适的工作位置后，首先对离身体最近的边相导线安装导线遮蔽罩，套入的导线遮蔽罩的开口要向下方，并拉到靠近绝缘子的边缘处，用绝缘夹夹紧防止脱落。

A.2.10.2.10 按照由近至远、从带电体到接地体、从低到高的原则，采用以上同样遮蔽方式，分别对三相导线、横担、瓷瓶、杆顶支架及连接构件进行绝缘遮蔽。

A.2.10.2.11 地面电工利用绝缘绳和绝缘滑车分别将负荷开关三相引线传递给斗内电工，斗内电工按照由近及远的顺序安装好三相引线，三相引线分别安装在被迁移线路前段的配电线路三相导线上。应注意每安装好一相，就要对引线和导线的连接处恢复绝缘遮蔽。

A.2.10.2.12 按照上述方法，安装线路另一端的临时负荷开关的三相引线。

A.2.10.2.13 合上两台临时负荷开关，用钳形电流表测量三相引线上的电流，确认负荷已转移到临时引流电缆上。

A.2.10.2.14 斗内电工按照由远及近的顺序分别钳断被迁移线路的三相引线。钳断时，应采取措施防止引线断头搭接到别的带电部件或接地构件上。钳断后，对带电部分应迅速进行绝缘遮蔽。

A.2.10.2.15 照上述方法，断开被迁移线路另一端的引线。

A.2.10.2.16 地面电工进行迁移线路的施工(包括立线路直杆、安装横担、安装绝缘子、敷设三相导线等)。

A.2.10.2.17 绝缘斗臂车转移至已经迁移后的线路一端电杆处的合适位置固定好，斗内电工控制绝缘斗至合适位置，按照由近至远、从带电体到接地体、从低到高的原则，分别对三相导线、横担、瓷瓶、杆顶支架及连接构件进行绝缘遮蔽。

A.2.10.2.18 按照由近至远的顺序，分别连接好迁移线路与带电线路的三相引线。应注意每连接一相时，只拆除该相的绝缘遮蔽用具，确认连接完好后，迅速对该相的导线、引线、瓷瓶等恢复绝缘遮蔽。

A.2.10.2.19 三相引线连接完毕后，按照由远及近、由上到下的顺序，拆除这一端线杆上的所有绝缘遮蔽用具。

A.2.10.2.20 按照上述方法，完成已经迁移后的线路另一端的引线连接工作，检查确认连接完好、通流正常后，拆除该端线杆上的所有绝缘遮蔽用具。

A.2.10.2.21 地面电工分别断开两台临时负荷开关，解开临时负荷开关与临时引流电缆的连接，回收临时引流电缆。

A.2.10.2.22 绝缘斗臂车转移至带电线路与临时负荷开关的引线连接处，斗内电工转移绝缘斗至合适位置,按照由远至近的顺序分别拆除临时负荷开关的三相引线,同时,按照由远及近、由上到下的顺序,拆除这一端线杆上的所有绝缘遮蔽用具。

A.2.10.2.23 按照上述方法,绝缘斗臂车转移至带电线路另一端固定好,拆除该端的临时负荷开关的三相引线,同时拆除这一端线杆上的所有绝缘遮蔽用具。完工后斗内电工回到地面,收起绝缘斗臂车。

A.2.10.2.24 清理施工现场,工作负责人全面检查工作完成情况。

A.2.10.3 安全注意事项

A.2.10.3.1 施工前应作好充分的勘测和准备工作,明确被迁移线路的负荷大小,确认临时引流电缆和两台临时负荷开关的型号满足施工要求。

A.2.10.3.2 施工现场应作好安全隔离措施和设置施工标志,禁止无关人员进入施工现场,进入现场必须佩带安全帽。

A.2.10.3.3 现场应有专人负责指挥施工,作好现场的组织、协调工作。两台临时负荷开关处也应分别有专人看护和操作,统一听从负责人指挥,防止误操作。

A.2.10.3.4 绝缘斗臂车每次转移至一个不同的工作位置,都要重新接好接地线,选定工作斗的升降方向,注意避开附近高低压带电体及障碍物。

A.2.10.3.5 斗内电工应穿绝缘鞋,戴绝缘手套、袖套、绝缘安全帽等绝缘防护用具,绝缘手套外应套防刺穿手套。所有电工高空作业时都要系好安全带。

A.2.10.3.6 在一相作业完成后,应迅速对其恢复和保持绝缘遮蔽,然后再对另一相开展作业。

A.2.10.3.7 停用重合闸参照 DL 409 执行。

A.2.10.3.8 对不规则带电部件和接地构件可采用绝缘毯进行遮蔽,但要注意夹紧固定,两相邻绝缘毯间应有重叠部分。

A.2.10.3.9 拆除绝缘遮蔽用具时,应保持身体与被遮蔽物有足够的安全距离。

A.2.10.4 所需主要工器具

A.2.10.4.1	10 kV 绝缘斗臂车	1 辆
A.2.10.4.2	载重车	视现场情况决定
A.2.10.4.3	临时负荷开关	两台
A.2.10.4.4	临时三相引流电缆	长度视现场情况决定
A.2.10.4.5	绝缘断线钳、钳形电流表	各 1 副
A.2.10.4.6	绝缘子遮蔽罩、导线遮蔽罩、横担遮蔽罩、绝缘毯、硅橡胶垫、绝缘滑轮支架、绝缘滑车、绝缘传递绳、安全带等	视现场情况决定
A.2.10.4.7	扳手和其他工具	视现场情况决定

附 录 B
（资料性附录）
作业工具及防护用具

B.1 绝缘操作工具

B.1.1 硬质绝缘工具

主要指以环氧树脂玻璃纤维增强型绝缘管、板、棒为主绝缘材料制成的配电作业工具，包括操作工具、运载工具、承力工具等，其电气和机械性能应满足 GB 13398 的要求。在配电作业中对端部装配不同金属工具的绝缘操作杆，其尺寸及电气性能应满足表 B.1 和表 B.2 的要求。

表 B.1 绝缘操作杆的尺寸

额定电压/kV	最小有效绝缘长度/m	端部金属接头长度不大于/m	手持部分长度不小于/m
6～10	0.70	0.10	0.60

表 B.2 绝缘操作杆的电气性能要求

额定电压/kV	试验电极间距离/m	工频闪络击穿电压不小于/kV	100 kV/1 min 工频耐压
6～10	0.40	120	无闪络、无击穿、无发热

B.1.2 软质绝缘工具

主要指以绝缘绳为主绝缘材料制成的工具，包括吊运工具、承力工具等，绝缘绳的电气性能应满足表 B.3 的要求。

绝缘绳的机械性能应满足 GB/T 13035 的要求。

表 B.3 绝缘绳的电气性能要求

试验电极间距离/m	工频闪络击穿电压不小于/kV	90%高湿度下泄漏电流不大于/μA
0.5	170	300

B.2 绝缘承载工具

B.2.1 绝缘斗臂车

B.2.1.1 6 kV～10 kV 绝缘斗臂车的绝缘臂应采用绝缘材料制作，绝缘材料的电气和机械性能应满足 GB 13398 的要求。

B.2.1.2 绝缘臂的电气性能应符合表 B.4 的规定。

表 B.4 绝缘臂的电气性能要求

额定电压/kV	试验距离/m	1 min 工频耐压/kV		交流泄漏电流试验	
		型式试验	出厂试验	施加电压/kV	泄漏电流/μA
10	0.4	100	50	20	200

B.2.1.3 绝缘斗应采用绝缘材料制作，电气性能应符合表 B.5 的规定。

表 B.5 绝缘斗的电气性能要求

额定电压/kV	试验距离/m	1 min 工频耐压/kV		交流泄漏电流试验	
		型式试验	出厂试验	施加电压/kV	泄漏电流/μA
10	0.4	100	50	20	≤200

B.2.1.4 对于带有自动平衡装置或上下两套操作系统的绝缘斗臂车，其电气性能要求应符合表B.6的规定。

表 B.6 带有自动平衡装置斗臂车的电气性能要求

额定电压/kV	试验距离/m	1 min 工频耐压/kV		交流泄漏电流试验	
		型式试验	出厂试验	施加电压/kV	泄漏电流/μA
10	1.0	100	50	20	≤500

B.2.1.5 绝缘斗的层间工频耐压试验值为50 kV，耐压时间为1 min±0.5 s，试验中应无击穿，无闪络，无发热。

B.2.1.6 绝缘斗臂车的机械性能及其他性能应满足GB 13398的要求。

B.2.2 绝缘平台

B.2.2.1 10 kV绝缘平台的应采用绝缘材料制作，绝缘材料的电气和机械性能应满足GB 13398的要求。

B.2.2.2 绝缘平台的电气性能应符合表B.7的规定。

表 B.7 绝缘平台的电气性能要求

额定电压/kV	试验距离/m	1 min 工频耐压/kV		交流泄漏电流试验	
		型式试验	出厂试验	施加电压/kV	泄漏电流/μA
10	0.4	100	50	20	≤500

B.2.2.3 绝缘平台按工作状态布置，在2 000 N/3 min的负荷作用下，应无明显变形。

B.3 绝缘遮蔽工具

B.3.1 绝缘遮蔽罩

绝缘遮蔽罩包括导线遮蔽罩，耐张装置（绝缘子、线头或拉板）遮蔽罩、针式绝缘子遮蔽罩、棒型绝缘子遮蔽罩，横担遮蔽罩、电杆遮蔽罩、特型遮蔽罩及柔形遮蔽罩，其电气和机械性能应满足GB/T 12168和DL/T 880的要求。绝缘遮蔽罩的电气性能应满足表B.8的规定。

表 B.8 绝缘遮蔽罩的电气性能要求

额定电压/kV	工频试验电压/kV	耐压时间/1 min	要　求
10	20	1	无闪络、无击穿、无发热

B.3.2 绝缘隔板及绝缘毯

绝缘隔板和绝缘毯的电气性能要求同表B.8，其电气和机械性能应满足DL/T 803的要求。

B.3.3 遮蔽及隔离用具的机械性能应满足GB/T 12168的要求。

B.4 绝缘防护用具

B.4.1 绝缘手套

绝缘手套指在配电作业中起电气绝缘作用的手套，手套用合成橡胶或天然橡胶制成，其形状为分指式，其电气和机械性能应满足GB/T 17622的要求。

B.4.1.1 绝缘手套的电气性能应满足表B.9的要求。

B.4.1.2 绝缘手套的机械性能要求为：平均拉伸强度应不低于14 MPa，平均拉断伸长率不低于600%，拉伸永久变形不应超过15%，绝缘手套的抗机械刺穿强度不小于18 N/mm，手套还应具有耐老化、耐燃、耐低温性能。

B.4.1.3 绝缘手套表面必须平滑，内外面应无针孔、疵点、裂纹、砂眼、杂质、修剪损伤、夹紧痕迹等各种明显缺陷和明显的波纹及铸模痕迹，应避免阳光直射，挤压折叠，贮存环境温度宜为10 ℃～20 ℃。

表 B.9 绝缘手套的电气性能要求

额定电压/kV	交流试验				直流试验
	验证试验电压/kV	泄漏电流/μA 手套长度/mm			验证试验电压/kV
		360	410	460	
6	20	14	16	18	30
10	30	14	16	18	40

B.4.2 绝缘靴指在带电作业时起电气绝缘作用的靴，靴用合成橡胶或天然橡胶制成，其电气和机械性能应满足 DL/T 676 的要求。

B.4.2.1 绝缘靴的电气性能要求应满足表 B.10 中的规定。

表 B.10 绝缘靴的电气性能要求

额定电压/kV	工频试验电压/kV	耐压时间/1 min	要　求
6～10	20	2	无闪络、无击穿、无发热

B.4.2.2 绝缘靴的机械性能应满足表 B.11 的要求。

表 B.11 绝缘靴的机械性能要求

扯断强度应大于/MPa		扯断伸长率应大于/%		硬度(邵氏)/A		粘附强度应大于/(N/cm)
靴面	靴底	靴面	靴底	靴面	靴底	用手与靴面
13.72	11.76	450	360	55～65	55～70	6.36

B.4.3 绝缘服、披肩、袖套、胸套等指由橡胶或其他绝缘柔性材料制成的穿戴用具，是保护作业人员接触带电导体和电气设备时免遭电击的安全防护用品，其电气和机械性能参照 DL/T 803 和 DL/T 853 的要求。

B.4.3.1 绝缘服、袖套、披肩的电气性能应满足表 B.12 中的要求。

表 B.12 绝缘服、袖套、披肩的电气性能要求

额定电压/kV	工频试验电压/kV	耐压时间/1 min		要　求
		型式或抽样试验	出厂和预防性试验	
6	20	3	1	无闪络、无击穿、无发热
10	20	3	1	无闪络、无击穿、无发热

B.4.3.2 绝缘服、袖套、披肩的机械性能要求为：平均抗拉强度不小于 14 MPa，抗机械刺穿强度应不小于 18 N/mm。

ICS 67.140.10
X 55

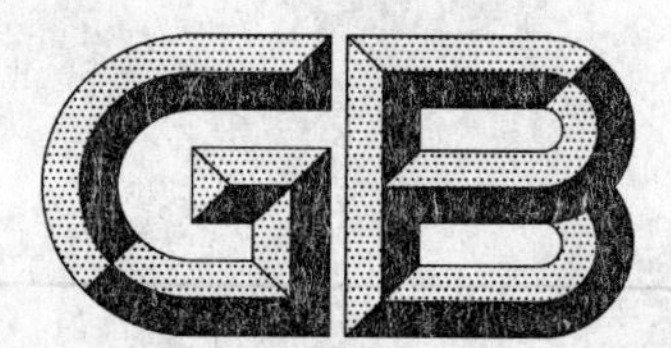

中华人民共和国国家标准

GB/T 18862—2008
代替 GB 18862—2002

地理标志产品　杭白菊

Product of geographical indication—Hangzhou white chrysanthemum

2008-06-25 发布　　2008-10-01 实施

中华人民共和国国家质量监督检验检疫总局
中国国家标准化管理委员会　发布

前　言

本标准根据国家质量监督检验检疫总局颁布的《地理标志产品保护规定》与 GB 17924—1999《原产地域产品通用要求》制定，是对 GB 18862—2002《原产地域产品　杭白菊》的修订。

本标准与 GB 18862—2002 相比变化如下：

——将标准属性由强制性改为推荐性；

——根据国家质量监督检验检疫总局颁布的《地理标志产品保护规定》，将标准名称改为《地理标志产品　杭白菊》；

——将有关“净含量允差”修改为“净含量允许短缺量”；

——增加了敌敌畏技术要求；

——修改了二氧化硫指标数值。

本标准的附录 A 为规范性附录。

本标准由全国原产地域产品标准化工作组提出并归口。

本标准起草单位：浙江省质量技术监督局、桐乡市质量技术监督局。

本标准主要起草人：徐可宁、朱建平、胡燕俐、汪刚、王春霞。

本标准所代替标准的历次版本发布情况为：

——GB 18862—2002。

地理标志产品　杭白菊

1　范围

本标准规定了杭白菊的术语和定义、地理标志产品保护范围、要求、试验方法、检验规则及标志、标签、包装、运输、贮存。

本标准适用于国家质量监督检验检疫行政主管部门根据《地理标志产品保护规定》批准保护的杭白菊。

2　规范性引用文件

下列文件中的条款通过本标准的引用而成为本标准的条款。凡是注日期的引用文件，其随后所有的修改单(不包括勘误的内容)或修订版均不适用于本标准，然而，鼓励根据本标准达成的协议的各方研究是否可使用这些文件的最新版本。凡是不注日期的引用文件，其最新版本适用于本标准。

GB 4285　农药安全使用标准

GB/T 5009.3　食品中水分的测定

GB/T 5009.4　食品中灰分的测定

GB/T 5009.11　食品中总砷及无机砷的测定

GB/T 5009.12　食品中铅的测定

GB/T 5009.13　食品中铜的测定

GB/T 5009.20　食品中有机磷农药残留量的测定

GB/T 5009.34　食品中亚硫酸盐的测定

GB 7718　预包装食品标签通则

GB/T 8321.1～8321.6　农药合理使用准则

国家质量监督检验检疫总局令[2005]第75号《定量包装商品计量监督管理办法》

3　术语和定义

下列术语和定义适用于本标准。

3.1

杭白菊　Hangzhou white chrysanthemum

采自本标准第4章范围内生长的菊花花朵，按照特定工艺在当地加工而成，具有"色玉白、气清香、味甘醇、花形美"品质特征。

3.2

蒸䈬　steamer made of bamboo

一种竹制品，圆形，用于菊花蒸制。

3.3

头批花　first picked chrysanthemum

同一地块第一次采摘的花。

3.4

二批花　secondary picked chrysanthemum

同一地块第二次采摘的花。

3.5

三批花 third-order picked chrysanthemum

同一地块第三次采摘的花。

3.6

生花 raw chrysanthemum

蒸制时间不到，造成不熟，晒后变黑的花。

3.7

潽汤花 chrysanthemum boiled in the hot water

蒸制时锅中水过多，造成水烫花，晒后呈褐色的花。

3.8

霜打花 frosted chrysanthemum

采摘前遭遇早霜危害，造成花瓣颜色变紫红的花。

4 地理标志产品保护范围

地理标志产品保护范围限于国家质量监督检验检疫行政主管部门根据《地理标志产品保护规定》批准保护的范围，位于北纬 30°28′18″～30°47′48″，东经 120°17′40″～120°39′45″。见附录 A。

5 要求

5.1 自然环境

杭白菊产地地处浙北杭嘉湖平原腹地的水网地带，属亚热带季风湿润气候区。全年气候温和，四季分明，年平均气温 15.8 ℃，全年≥10 ℃的平均积温 5 258 ℃，无霜期 238.6 d，年日照时数 1 983.4 h，年降水量 1 193.8 mm。田面高程在海拔吴淞基面 2.8 m～6.0 m 之间，平均 4.05 m，地面高程海拔为 5 m～8 m。地质为钱塘江下游冲积平原，沉积层厚度从西南部约 100 m 增至东北部的 180 m 左右，土层深厚，土壤肥沃，熟化程度高，宜种性广。旱地土壤略偏酸性，pH 值 6.5 左右，多系粉细粘壤土，俗称"硬红壤"。

5.2 栽培技术

5.2.1 品种

应选用适宜本标准第 4 章范围内传统种植的小洋菊、早小洋菊、大洋菊等菊花品种。

5.2.2 苗地管理

利用地下茎的孽芽，培育成翌年菊花的种苗。留种地选择未经压条的地块，割茎在离地面 5 cm 处，割茎后清除枯枝落叶，并堆上松土与草木灰，泥灰厚度应高出根茎 10 cm～15 cm。

5.2.3 扦插定植

在清明前后扦插定植；定植密度，不套种其他作物时，每公顷定植苗数在 65 000 株左右，定植方式为 1.5 m×0.2 m，每穴 2 株。间作其他作物时，每公顷在 55 000 株左右，但间作物应在 7 月中旬前收获。

5.2.4 压条摘心

5.2.4.1 压条：把枝条向行间两边揿倒着地，在离菊苗基部约 10 cm 处用泥压实，使之节节生根，待新梢长到 30 cm～35 cm 时再进行压条，压条时间不超过 7 月底。

5.2.4.2 摘心：苗高 10 cm～15 cm 摘心，最迟不超过 8 月底。

5.2.5 肥水管理

5.2.5.1 防涝抗旱

菊花生育前期适逢春末多雨，土壤含水量较高，要及时开沟排水。菊株进入孕蕾开花阶段，生长旺盛，气温较高，蒸腾作用大，需水量增多，在土壤含水率过低和空气干燥的情况下，要及时做好抗旱工作。

5.2.5.2　合理施肥

菊花大田施肥主要为基肥、活苗肥、长枝肥、吊蕾肥。

栽种前施基肥。

菊苗栽种后随即施用活苗肥。

结合摘头，一般每次摘头后施用长枝肥。

菊花开蕾前使用吊蕾肥，促使花数增加，花蕾增大，瓣层增多，增厚，开花整齐。

5.2.6　病虫害防治

及时防治病虫害，病虫害防治中农药使用按 GB 4285、GB/T 8321.1～8321.6 的规定执行，不得使用国家明令禁止的农药，严格执行农药安全间隔期。

5.3　采收

5.3.1　采收时间

菊花采收一般在当年的 11 月 5 日至 11 月 25 日（立冬前三、四天，至小雪时）采收完毕。

5.3.2　采收标准

采收标准应以花瓣开展平直，花心有 70% 的散开，花色洁白的时候，选择晴天露水干后采花。

5.3.3　采收分级

采花要做好边采边分级，将好花、次花分开放置，分别加工，剔除泥花、虫花、病花。鲜花分级规定见表 1。

表 1　鲜花分级

特　　级	一　　级	二　　级
头批花，好的二批花，花形好，花朵大小均匀，花瓣厚、色玉白，花蕊深黄，无霜打花	二批花，好的三批花，花形较好，花瓣略薄、色白，花蕊黄，无霜打花	三批花，花瓣薄、色灰白，花蕊淡黄，霜打花 5%以内

5.4　加工

采回来的鲜花不能挤压，要摊开阴干花朵表面的水分，然后进行加工。传统菊花加工工艺分三个步骤：上笏 、蒸制、曝晒。

新加工工艺则采用蒸汽杀青、汽流干燥工艺。

5.5　质量等级

按感官指标分为三个等级：特级、一级、二级。应品质正，无异气味，无虫蛀。

5.6　感官指标

感官指标见表 2。

表 2　感官指标

项目	要　　求		
	特　　级	一　　级	二　　级
花形	完整，花瓣厚实，花朵大小均匀，无霜打花、霉花、生花、潽汤花	基本完整，花瓣较厚实，花朵大小略欠均匀，霜打花、霉花、生花、潽汤花在 5%以内	花朵大小略欠均匀，霜打花、霉花、生花、潽汤花在 7%以内
花色	花瓣玉白、花蕊深黄，色泽均匀	花瓣白、花蕊呈黄色	花瓣灰白、花蕊淡黄
汤色	澄清、浅黄鲜亮，清香、甘醇微苦	澄清、浅黄，清香、甘微苦	较澄清、浅黄，较清香、甘微苦

5.7　理化指标

理化指标见表 3。

表 3 理化指标

项　　目		要　　求
水分/%	≤	一般 13;初制花 18
含杂率/%	≤	1
灰分/%	≤	8

5.8 卫生指标

卫生指标见表 4。

表 4 卫生指标

项　　目		要　　求
砷(以 As 计)/(mg/kg)	≤	0.5
铅(以 Pb 计)/(mg/kg)	≤	5.0
铜(以 Cu 计)/(mg/kg)	≤	30
乐果/(mg/kg)	≤	1.0
敌敌畏/(mg/kg)	≤	0.1
二氧化硫/(g/kg)	≤	0.1
注:国家禁用农药从其规定。		

5.9 净含量允许短缺量

5.9.1 销售小包装净含量允许短缺量:按《定量包装商品计量监督管理办法》执行。

5.9.2 大包装的商品净含量允许短缺量:称重量值与结算重量的负偏差不得超过 0.4%。

6 试验方法

6.1 感官指标

在自然光线下采用目测、鼻嗅;取 3 g 本品于干净 500 mL 玻璃容器中,用开水冲泡,对照表 2 要求。

6.2 理化指标

6.2.1 含水率按 GB/T 5009.3 中的直接干燥法测定。

6.2.2 含杂率

称取样品 100 g,置于干燥、洗净的白色容器中,在自然光线下把一切非杭白菊的物质拣出称量,按式(1)计算含杂率。

$$含杂率 = \frac{杂质质量}{样品质量} \times 100\% \qquad \cdots\cdots(1)$$

6.2.3 灰分

样品应去除杂质后称取,灰分的测定按 GB/T 5009.4 规定执行。

6.3 卫生指标

6.3.1 砷按 GB/T 5009.11 的规定执行。

6.3.2 铅按 GB/T 5009.12 的规定执行。

6.3.3 铜按 GB/T 5009.13 的规定执行。

6.3.4 二氧化硫按 GB/T 5009.34 规定执行。

6.3.5 乐果残留量的测定按 GB/T 5009.20 规定执行。

6.3.6 敌敌畏残留量按 GB/T 5009.20 的规定执行。

7 检验规则

7.1 抽样方法

一般以相同等级当日班产量为一批，在每批成品中随机抽样，抽样数量不得少于25件(样品量不少于500 g)，在抽取的样品中确定10件(或500 g)，分别用于各项检验。

7.2 出厂检验

7.2.1 出厂检验的试验项目在正常生产条件下为感官、水分、含杂率、净含量检验。

7.2.2 出厂检验的判定

7.2.2.1 感官

在抽取的样品中发现有部分达不到特级品规定但达到一级品要求时，可对该批成品作挑选整理后进行第二次加倍抽样检验，如第二次抽样检验仍达不到特级品规定时，则该批产品应判为一级品；达不到一级品规定但达到二级品规定时，判为二级品；达不到二级品的规定的，应进行重新挑选整理后进行第二次抽样检验，样品数量加倍，仍达不到二级品规定时判为不合格品。

7.2.2.2 水分

出厂检验中水分不合格，则判该批产品为不合格。

7.2.2.3 含杂率

出厂检验中含杂率不合格，则判该批产品为不合格。

7.2.2.4 净含量

定量包装的杭白菊应检验净含量指标，净含量的判定按《定量包装商品计量监督管理办法》及本标准5.9执行。

7.3 型式检验

7.3.1 型式检验的试验项目为本标准规定的全部项目，型式检验在下列情况时进行：

a) 长期停产后恢复生产、贮存期因贮存情况变化或超过保质期需要重新确定产品质量时；

b) 产品原料来源地变化时；

c) 消费者对产品质量提出异议时；

d) 国家质量监督机构提出型式检验要求时。

7.3.2 型式检验的判定

7.3.2.1 检验结果全部符合本标准规定要求的，则判该批产品为合格。

7.3.2.2 感官指标花形中霜打花、霉花、生花、潽汤花小点不符合质量等级规定要求的，或花形中其他小点、花色、汤色合计有两处以上达不到质量等级规定要求的，判感官指标不符合。

7.3.2.3 感官、杂质、灰分、水分、卫生指标检验结果有一项不符合要求的，则判该批产品为不合格。

7.4 复验

对检验结果有异议的，应对留存样进行复检；无留存样的，按通用规定处理，或者在同批产品中按抽样规定重新加倍抽样；对不合格项目进行复检，以复检结果为准。

8 标志、标签

8.1 标志

获准使用后，可在杭白菊商品包装上使用地理标志产品专用标志。

8.2 标签

产品标签应符合GB 7718的要求，标明以下内容：产品名称、产品标准号、生产者名称和地址、净含量、生产日期(批号)、保质期和质量等级以及GB 7718标准规定的其他内容，并附加合格证明。

9 包装、运输、贮存

9.1 包装

成品杭白菊应采用防潮包装，包装容器应清洁、干燥、无异味，不影响杭白菊品质，严禁使用有毒有害包装材料。

9.2 运输

杭白菊运输时应保持干燥，不得与有毒物品或异物混装，应防潮、防晒、防污染。

9.3 贮存

成品杭白菊贮存时应保持干燥、通风、防污染，不得与有毒物品和异物混合贮存。

9.4 保质期

成品杭白菊盒装保质期一般为18个月；塑料包装常温下保质期一般为3个月，5 ℃以下保质期一般为18个月。

附 录 A
（规范性附录）
杭白菊地理标志产品保护范围图

杭白菊地理标志产品保护范围见图 A.1。

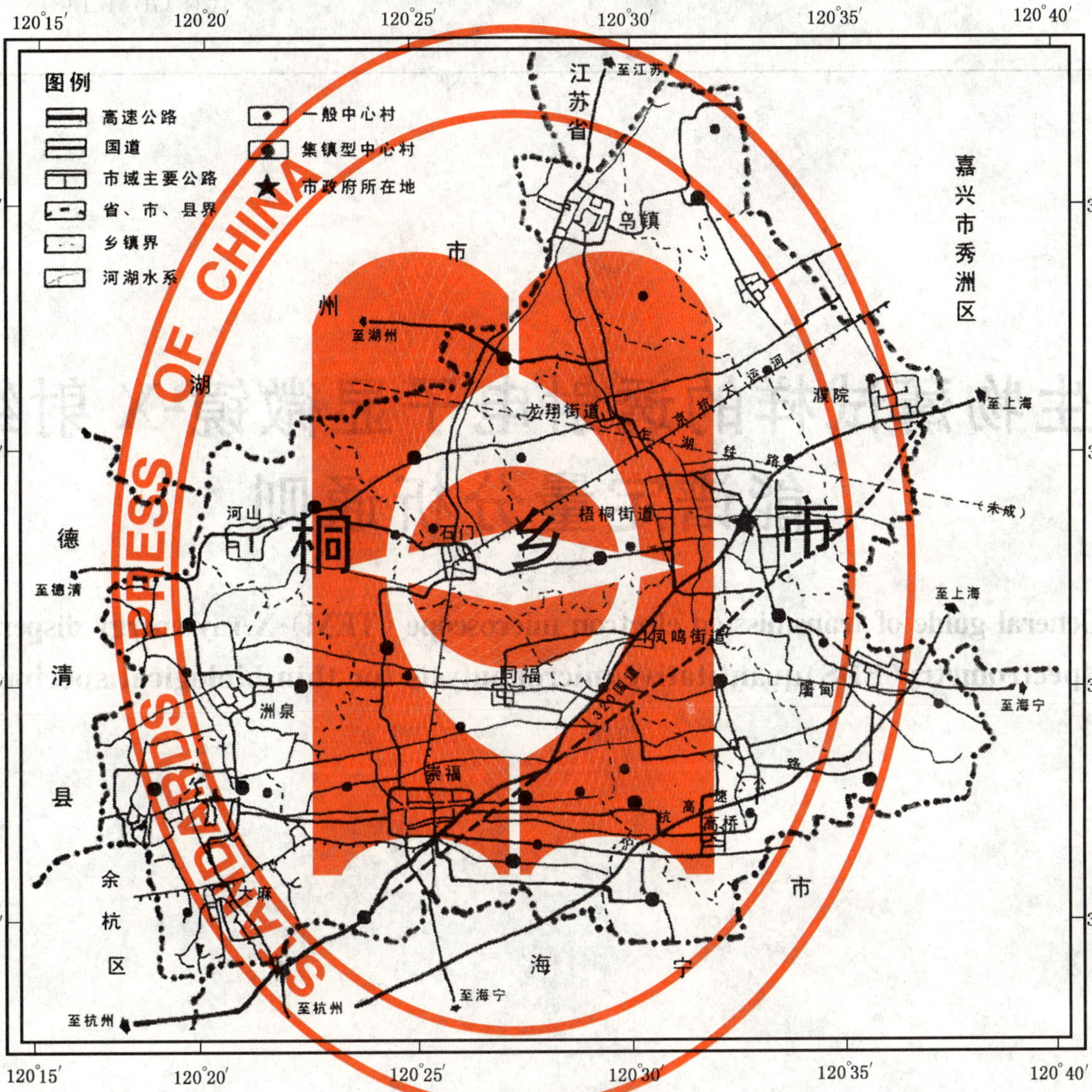

注：杭白菊地理标志产品保护范围为桐乡市所辖行政区域。

图 A.1 杭白菊地理标志产品保护范围图

ICS 71.040.99
N 53

中华人民共和国国家标准

GB/T 18873—2008
代替 GB/T 18873—2002

生物薄试样的透射电子显微镜-X射线能谱定量分析通则

General guide of transmission electron microscope (TEM)-X-ray energy dispersive spectrometry (EDS) quantitative microanalysis for thin biological specimens

2008-06-16 发布　　2009-03-01 实施

中华人民共和国国家质量监督检验检疫总局
中国国家标准化管理委员会　发布

前　言

本标准代替 GB/T 18873—2002《生物薄试样的透射电子显微镜-X 射线能谱定量分析通则》。

本标准与 GB/T 18873—2002 相比主要变化如下：

——生物薄试样的厚度范围定在 50 nm～300 nm(2002 年版的 2.1、2.2；本版的 2.1、2.2)；

——对生物薄试样的常见元素测试时，推荐的加速电压值定为 35 kV～80 kV(2002 年版的 7.1.2、8.1；本版的 7.1.2、8.1)；

——机械推进式超薄切片机改成超薄切片机(2002 年版的 4、5.2；本版的 4、5.2)；

——不推荐使用金网(2002 年版的 5.3、6.2；本版的 5.3、6.2)；

——建议在电镜冷阱中加入液氮或使用冷冻样品台(2002 年版的 7.1.6；本版的 7.1.6)。

本标准的附录 A 为资料性附录。

本标准由全国微束分析标准化技术委员会提出并归口。

本标准起草单位：中国人民解放军第二军医大学、复旦大学上海医学院、上海市计量测试技术研究院、中国人民解放军军事医学科学院。

本标准主要起草人：杨勇骥、俞彰、张训彪、张德添。

本标准所代替标准的历次版本发布情况为：

——GB/T 18873—2002。

生物薄试样的透射电子显微镜-X 射线能谱定量分析通则

1 范围

本标准规定了透射电子显微镜-X 射线能谱仪定量分析生物薄试样的技术要求和规范。

本标准适用于生物薄试样所含非超轻元素的透射电子显微镜 X 射线能谱定量分析。

2 术语和定义

下列术语和定义适用于本标准。

2.1

生物薄试样 biological thin specimen

指采用超薄切片机切成的、厚度为 50 nm～300 nm 的生物试样。

2.2

生物薄标样 biological thin standard specimen

指采用超薄切片机切成的、厚度为 50 nm～300 nm 的生物标准样品。

2.3

G 因子(或平均加重权) G factor(or average aggravating weight)

生物试样和生物标样的化学组成成分的元素因子。G 因子可用式(1)计算得到：

$$G = \sum_{1}^{n} C_i Z_i^2 / A_i \quad \cdots\cdots(1)$$

式中：

C_i——薄试样或薄标样化学组成中元素 i 所占的质量百分比；

Z_i——元素 i 的原子序数；

A_i——元素 i 的原子量。

3 基本原理

用聚焦的高能电子束照射生物薄试样的微小区域，该区域中所含元素的原子受到高能电子束的激发产生特征 X 射线，其特征 X 射线能量对应于相关的元素；特征 X 射线的积分强度对应于元素的浓度。采用能谱仪将接收到的样品特征 X 射线峰强度与背景强度(即连续 X 射线强度)之差与在相同条件下电子束照射生物薄标样获得的特征 X 射线峰强度与背景强度之差进行比较，确定被测生物薄试样激发区域内各元素的含量。

4 仪器和设备

——透射电子显微镜；

——X 射线能谱仪；

——超薄切片机。

5 生物薄标样的选择

5.1 生物薄标样的化学成分要尽可能地与被分析生物薄试样相似，且有化学成分定值。

5.2 生物薄标样的厚度与被分析生物薄试样的厚度应相近，建议采用超薄切片机切成的厚度小于

300 nm的生物薄标样。

5.3 生物薄标样所用的载网应是直径 3 mm 的电镜用标准载网，推荐使用碳载网或尼龙载网。

5.4 用于制备生物薄标样的基质材料，其 G 因子应接近于生物软组织的 G 因子为 3.28。

5.5 标样应具有较高的抗电子辐射及抗污染的能力。

6 生物薄试样

6.1 生物薄试样的厚度应小于 300 nm，建议采用超薄切片机切成的生物薄试样。

6.2 生物薄试样所用的载网应是直径 3 mm 的电镜用标准载网，推荐使用碳载网或尼龙载网。

7 准备工作

7.1 电子显微镜系统

7.1.1 开机，抽真空至电镜正常工作所需的高真空后再稳定 30 min 以上。

7.1.2 选择测试薄标样所需的加速电压，检测生物薄试样所需的加速电压应选择在 35 kV～80 kV 之间。

7.1.3 调节电子枪的灯丝电流，使束流处于稳定饱和状态。

7.1.4 对电子光学系统进行对中调整，使电子显微镜处于最佳工作状态。

7.1.5 在定量分析过程中，不能再对电子光学系统进行对中调整。

7.1.6 建议在电镜冷阱中加入液氮或使用冷冻样品台，以减少样品污染。

7.2 能谱分析系统

7.2.1 开机，一般预热 30 min 左右。

7.2.2 在不加电镜加速电压的条件下，检测 X 射线能谱仪的背景计数率，背景计数率应小于 60 cps。

7.2.3 X 射线能谱仪的能量漂移范围在工作时间内应小于 10 eV。如峰位漂移较大，可调节能谱仪中的零位调节系统，使峰位漂移小于 10 eV。

7.2.4 校检脉冲处理器的状态，调节增益，并使噪音信号尽可能减小。

7.2.5 定量分析前，必须校检能谱仪的分辨本领。用 Mn 等标样检查 Be 窗探测器；用含 F 标样检查超薄窗探测器低能端的分辨本领。

7.2.6 检查所得结果，手动或自动输入到计算机中，以备定量分析时调用。

注：如仪器有自动校正程序，则不需执行 7.2.3 和 7.2.4。

8 选择仪器测量条件

8.1 选择加速电压

因大多数生物试样在高加速电压下极易受损，如使用透射电镜对生物试样中常含的原子序数小于 32 的元素（如 Na、Mg、P、S、Cl、K、Ca 等）进行测试时，推荐的加速电压值为 35 kV～80 kV。

8.2 选择电子束束流

在确定的加速电压下，选择电子束束流使 X 射线的计数率在 800 cps～3 000 cps。

8.3 选择电子束束斑直径

8.3.1 保证电子束束斑产生的激发区尺寸不超过待分析区的尺寸，且被分析元素的特征 X 线的强度足够高（能达到预期的分析精度）。

8.3.2 推荐采用的电子束束斑直径：对生物薄试样检测分析可采用正聚焦，束斑直径小于 0.5 μm。如欲测量较大区域的元素成分，可采用相应的散焦束斑。如欲测量较小区域的元素成分，也可采用直径更小的电子束束斑。

8.4 选择被分析元素的X线系

8.4.1 被分析元素的原子序数 $Z \leqslant 32$ 时，采用 K 线系。

8.4.2　被分析元素的原子序数 $72 \geqslant Z > 32$ 时，采用 L 线系。

8.4.3　被分析元素的原子序数 $Z > 72$ 时，采用 M 线系。

8.4.4　选择不受重叠峰和逃逸峰重叠的谱线，在确定有峰重叠时应作谱峰剥离。

8.5　选择能谱仪收谱计数时间

能谱仪收谱计数时间一般为 100 s。在测量低浓度含量元素并有精度要求时，应适当延长计数时间，并满足式(2)的要求：

$$N_p - N_b \geqslant 3(N_b)^{1/2} \quad \cdots\cdots(2)$$

式中：

N_p——该元素谱峰处计数；

N_b——背景计数。

9　测量分析步骤

9.1　确定分析部位

9.1.1　在透射电子显微镜或扫描透射电子显微镜中寻找试样的分析部位，确定后将分析部位置于电子显微镜的观察中心。

9.1.2　使电子束会聚，并保持图像清晰，调整电子束束斑到观察荧光屏的中心位置上，并使分析部位置于荧光屏的中心位置上。在寻找标样和试样时只能移动 X、Y 轴，不能调整电子光学系统(包括物镜聚焦)。

9.2　定性分析

选用适当的加速电压和计数时间，收谱后采用峰鉴别检查试样中所含元素的种类。

9.3　建立标准样品数据库

根据定性分析结果，建立或调用相应的标准样品的数据文件。建立被分析样品的文件清单(元素、线系、测量条件、处理模式)等。

9.3.1　在完全一致的测量条件下(束流、加速电压、计数时间、放大器的增益、束斑大小及检出角)收集标准样品的 X 射线谱线，并可根据不同类型的试样建立不同类型的标样数据库。如测量条件发生变化，应建立新的标样数据库。

9.3.2　在对试样定量分析前，应调用相应程序测量有关标准样品，其分析结果的误差应小于允许误差。

9.4　定量分析

9.4.1　根据试样的特征，采用完全一致的测量条件及调入生物 X 射线能谱定量分析程序，建立分析试样所需的标准样品数据文件。

9.4.2　选用与已建立的标样数据库完全一致的测量条件进行谱的采集。

9.4.3　重叠谱峰剥离。如有谱线重叠时，应进行重叠峰的剥离。必要时应使用成分相近的标样进行验证。

9.4.4　背景测量。用设置两个背景窗口的方法进行背景扣除，背景窗口建议设置在感兴趣元素谱峰的附近两侧，如感兴趣元素较多，应尽可能将背景窗口分别设置在感兴趣元素谱峰的高、低能量段处。或用手动背景划线法扣除背景。

9.4.5　计算各元素的特征 X 射线相应强度比，并计算出试样中各元素的相应含量。

10　误差

10.1　误差计算公式

在发布分析结果时，应同时给出生物薄试样定量分析的相对误差值，其相对误差值的计算公式如式(3)：

$$\sqrt{0.0025+\frac{18}{nN}}\times\frac{C_b}{C_x} \qquad\cdots\cdots(3)$$

式中：

C_b——标样元素浓度；

C_x——试样元素浓度；

n——测量次数；

N——扣除背景的被测元素的计数平均值。

10.2 为减小相对不确定度值，建议选取浓度值较低的标样作为测试用标样。

11 分析结果的发布

11.1 定量分析结果的报告应包括以下信息：

a) 分析报告的唯一编号；

b) 分析报告的页码；

c) 分析报告的日期；

d) 实验室名称和地址；

e) 送样人姓名，单位和地址；

f) 样品的接收日期；

g) 样品原编号，分析编号及样品特征的描述；

h) 分析所依据的标准方法；

i) 选用标准样品的种类、级别、浓度、G因子；

j) 分析结果和必要的相对误差值；

k) 分析仪器及其工作条件，所用标样等；

l) 分析报告负责人的签字。

11.2 生物薄试样内非超轻元素的能谱探测极限约在0.1 mmol/kg左右，对低于0.1%mmol/kg浓度的元素定量分析值应有分析方法的补充说明。

附 录 A
（资料性附录）
生物组织 G 因子计算法

A.1 导言

本附录给出了生物组织、生物标样 G 因子的计算方法。并已计算出了透射电镜-X 射线能谱仪常测试的生物软组织的 G 因子。

A.2 生物组织的 G 因子计算

生物软组织的 G 因子计算法如式(A.1)：

$$G = Z^2/A = \sum_{1}^{n} C_i Z_i^2 / A_i \qquad \text{(A.1)}$$

式中：

Z——元素的原子序数；

A——元素的原子量；

C_i——薄试样或薄标样化学组成中元素 i 所占的质量百分比；

Z_i、A_i——分别为元素 i 的原子序数与原子量。

A.3 生物软组织的 G 因子计算

生物软组织的元素、所占质量百分比及计算结果如表 A.1。

表 A.1 生物软组织的元素、所占质量百分比及计算结果

元素	质量百分比	Z^2	A	Z^2/A	$C_iZ_i^2/A_i$
H	0.07	1	1	1	0.07
C	0.05	36	12	3	1.50
N	0.16	49	14	3.5	0.56
O	0.25	64	16	4	1.00
S+P	0.02	240	31.5	7.7	0.15
				$Z^2/A=\sum C_iZ_i^2/A_i$	3.28

A.4 生物软组织的 G 因子

由表 A.1，生物软组织的 G 因子为 3.28。

参 考 文 献

[1] Hutchinson TE. Microprobe analysis of biological systems. New York:Academic Press, 1981.

[2] Hall TA, Anderson HC,Appleton T. The use of thin specimens for X-ray microanalysis in biology. J Microsc,1973:99~177.

[3] 杨勇骥,郑尊,夏愿耀.建立一种新型 Agarose 薄标样-应用于生物 EDX 定量分析.第二军医大学学报,1991:12~67.

[4] Chandler JA. A method for preparing absolute standards for quantitative calibration and measurement of section thickness with X-ray microanalysis of biological ultrathin specimens in EMMA. J Microsc,1976:106~291.

[5] Shuman H,Somlyo AV,Somlyo AP. Quantitative electron probe microanalysis of biological thin section: methods and validity. Ultramicroscopy,1976:1~317.

[6] Harvey DMR,Flowers TJ,Kent B. Improvement of quantitative of biological X-ray microanalysis. J Microsc,1984:143~249.

ICS 77.040.01
H 24

中华人民共和国国家标准

GB/T 18876.3—2008

应用自动图像分析测定钢和其他金属中金相组织、夹杂物含量和级别的标准试验方法 第3部分：钢中碳化物级别的图像分析与体视学测定

Standard practice for determining the metallographical constituent and inclusion content of steels and other metals by automatic image analysis—Part 3: Determining the carbides rating in steels by automatic image analysis and stereology

2008-05-13 发布　　　　2008-11-01 实施

中华人民共和国国家质量监督检验检疫总局
中国国家标准化管理委员会　发布

前言

GB/T 18876《应用自动图像分析测定钢和其他金属中金相组织、夹杂物含量和级别的标准试验方法》分为如下三部分：

——第1部分：钢和其他金属中夹杂物或第二相组织含量的图像分析与体视学测定；

——第2部分：钢中夹杂物级别的图像分析与体视学测定；

——第3部分：钢中碳化物级别的图像分析与体视学测定。

本部分为GB/T 18876的第3部分。

本部分的附录A为规范性附录。

本部分由中国钢铁工业协会提出。

本部分由全国钢标准化技术委员会归口。

本部分起草单位：湖北新冶钢有限公司、北京科技大学、冶金工业信息标准研究院。

本部分参加起草单位：首都钢铁公司、武汉钢铁集团公司、黄石理工学院、东北特殊钢集团公司。

本部分主要起草人：赵咏秋、邵鹏星、刘国权、栾燕、李德胜、周立新。

本部分参加起草人：王社教、尹立新、陈长西、刘继雄、刘胜国、何安敏。

引 言

GB/T 18876的本部分描述了钢中碳化物级别的自动图像定量测量方法，适用于按我国标准GB/T 18254—2002进行评级的高碳铬轴承钢中碳化物液析、碳化物带状级别的自动评定。本方法也适用于按ISO 5949:1983进行评级的含碳量(质量分数)为0.1%～1.5%、合金元素总含量(质量分数)不大于5%的工具钢和轴承钢和按SEP 1520—1998进行评级的含碳量(质量分数)约为0.1%～1.2%、合金元素总含量(质量分数)为5%的特殊钢中碳化物带状级别的自动评定。在有特殊协议的情况下也可用于其他钢种。

应用自动图像分析测定钢和其他金属中金相组织、夹杂物含量和级别的标准试验方法 第3部分:钢中碳化物级别的图像分析与体视学测定

1 范围

GB/T 18876的本部分规定了依据GB/T 18254—2002技术标准对铬轴承钢中碳化物液析、碳化物带状的级别进行的自动图像分析测定的各种步骤。同时也描述了应用ISO 5949:1983对工具钢、轴承钢中碳化物带状级别和按SEP 1520—1998对特殊钢中碳化物带状级别进行自动图像测定的方法。

1.1 本部分不涉及珠光体、碳化物网状的测定。

1.2 本部分仅作为推荐的试验方法,不对任何钢或其他金属的验收合格级别进行规定。

1.3 本部分对与应用有关的安全事项并未说明。用户有责任建立正确的安全与健康条例,并在应用本部分前确定条例规定的适用性。

2 规范性引用文件

下列文件中的条款通过本部分的引用而成为本部分的条款。凡是注日期的引用文件,其随后所有的修改单(不包括勘误的内容)或修订版均不适用于本部分,然而,鼓励根据本部分达成协议的各方研究是否可使用这些文件的最新版本。凡是不注日期的引用文件,其最新版本适用于本部分。

GB/T 18254—2002 高碳铬轴承钢

GB/T 13298 金属显微组织检验方法

GB/T 18876.1 应用自动图像分析测定钢和其他金属中金相组织、夹杂物含量和级别的标准试验方法 第1部分:钢和其他金属中夹杂物或第二相组织含量的图像分析与体视学测定

GB/T 18876.2 应用自动图像分析测定钢和其他金属中金相组织、夹杂物含量和级别的标准试验方法 第2部分:钢中夹杂物级别的图像分析与体视学测定

ISO 5949:1983 工具钢和轴承钢 用标准图谱评定碳化物分布的显微方法

SEP 1520—1998 钢中碳化物图谱系列显微检验法

3 术语和定义

GB/T 18876.1和GB/T 18876.2确立的以及下列术语和定义适用于GB/T 18876的本部分。

3.1

碳化物带状

钢在凝固过程中形成的结晶偏析,在热加工过程中形成的或被延伸的与热加工方向平行的碳化物的富集带。

3.2

碳化物液析

钢在凝固过程中,液相中碳及合金元素富集而产生的亚稳态莱氏体共晶,在热加工过程中时延轧制方向分布。

注:一般认为是属于三角晶系的碳化物。

4 符号

i_{PBL}——一个视场里条状碳化物液析按总长度计算的级别。

i_{PBA}——一个视场里条状碳化物液析按面积百分数计算的级别。

i_{PSL}——一个视场里链状碳化物液析按总长度计算的级别。

i_{PSA}——一个视场里链状碳化物液析按面积百分数计算的级别。

i_Z——一个视场里碳化物带状按面积百分数计算的级别。

i_{moy}——被测特征物的平均级别。

A——一个视场里碳化物液析或带状的面积百分数。

L——一个视场里某一类碳化物的总长度。

N——能测到特征物的视场数，或试样数。

i_{tot}——一个试样中某一类碳化物的级别总量。

5 试验方法概述

将碳化物液析和碳化物带状的金相试样制备好后，放在高质量的金相显微镜下观察。用合适的图像采集系统摄取明场图像后传送到图像分析仪显示屏。选择测试视场为显微测试框实际直径0.80 mm的圆形框（放大到100倍时直径为80 mm的圆形框），碳化物液析和碳化物带状均选择放大100倍进行测试。通过比较组织与基体之间的灰度差来完成组织的鉴别和检测，通过测量的各参数值计算各视场上各类组织的级别在移到下一个相邻视场之前对其进行分类和评估，以此类推直到覆盖160 mm^2的总检测面积。

6 意义和用途

6.1 本部分规定了钢中碳化物液析、碳化物带状级别的自动图像分析程序以及测定值的表述指南。

6.2 制定本部分的目的是提供各钢种中各类碳化物级别以整数级或半级数据递增的自动定量评定方法，也可记录具有小数数据的连续级别值，或两者都包括。该试验方法也可通过生产商与购买商之间的协议修改成为仅记录在一定级别水平之上的碳化物。但是，应用中应以供求双方的协议为依据。

6.3 该方法也可以确定各种类型碳化物最严重级别，或记载最严重级别的视场数。也可依据用户需要记载统计级别数据。这些修改的试验报告必须通过供求双方协商决定。

6.4 除按GB/T 18254—2002评级外，其他基础体视学测量（例如：碳化物的体积分数、单位面积内碳化物的计数、间距等）可以单独测定，如果需要增加信息，可以添加到试验报告里去。然而，本部分不描述这些参数的测量。

6.5 本部分不涉及碳化物成分。可以采用其他分析方法（如电子探针、能谱仪等）确定碳化物成分。

7 装置

7.1 一台高质量的正置式或倒置式金相显微镜，并配备合适的低倍明场物镜和手动或自动载物台，用于碳化物成像。

7.2 要求带有高灵敏度图像采集装置的自动图像分析仪在较低的倍率下可以对碳化物颗粒进行分离。

7.2.1 图像分析仪应该能够区分链状、条状碳化物液析和碳化物带状，并具备一定图像处理功能以便测量链状碳化物每个视场的总长度和碳化物带状的视场面积百分数。能够通过一定程序识别和删除人为缺陷。

7.2.2 图像分析仪必须配备有足够存贮能力的计算机，具有级别评定功能，能在计算级别之后存储被测量的视场数目和碳化物类型。

7.3 必须控制试验设备所处的环境。计算机设备必须控制环境温度和湿度。空气必须相对清洁。分析过程中试样表面存留灰尘会影响评定结果。

8 取样

8.1 取样方法和取样数量按产品标准规定执行，也可根据合同或协议选择按 ISO 5949:1983 或 SEP 1520—1998标准执行。

8.2 要将抛光表面的宽度方向与热加工轴线平行。试验试样不能在改变了碳化物真实方向或大小的剪切区切取。所取试样必须对该批材料具有代表性。碳化物不均匀性检验一般与夹杂物检验共料。

9 试样制备

9.1 轴承钢碳化物带状的检验一般与夹杂物检验共料，经淬火的试样磨制前必须经回火处理，一般应符合产品标准的规定。奥氏体化温度、保温时间应依据试样截面尺寸、大小而定，并足以保证该试样完全奥氏体化。试样热处理制度一般按产品标准执行，推荐每毫米厚度(或直径)保温时间为 1.5 min。

9.2 试样制备按 GB/T 13298 标准规定执行。必须小心控制金相试样的制备过程使之达到适合图像分析仪要求的表面质量。抛光过程必须使金相抛光表面无人为缺陷、外来物质或划痕。必须避免因产生过多的浮凸、凹坑、脱落和拖尾而改变碳化物的真实形貌。研磨后必须认真清洗干净。在有特殊协议的情况下，也可采用电解抛光，推荐使用自动磨料抛光机。

9.3 检验碳化物液析和碳化物带状的试样经磨制抛光后，用 4%硝酸酒精溶液浸蚀呈深灰色后用水冲洗并立即用酒精清洗吹干，注意腐蚀颜色深浅合适并保持一致。要求显示碳化物颗粒清晰，保持试样表面干燥无灰尘或水迹。

10 校准与标准化

10.1 载物台的测微尺和量尺应经国家认可的计量中心(或计量标准实验室)校准。通常按制造厂建议的程序用载物台的测微尺和量尺测定系统的放大倍率并对其进行校准。例如，将量尺与测微尺在监视器上的放大像重叠，用量尺测量测微尺上两个定点之间的表观(放大)距离。放大距离除以真实距离就确定了屏幕的放大倍率。通过监视器上已知的一个水平或垂直尺寸的像素点数量来确定像素点的尺寸。将监视器上显示的已知长度的标尺或标记除以像素的数目来确定不同放大倍率下的像素尺寸。并非所有测量系统都使用方型像素。可以在水平和垂直两个方向确定像素尺寸。并非所有测量系统都使用方型像素。非方型像素的校正方法请查阅相关指南手册。

10.2 按照制造厂的建议调节显微镜光源，并正确设定图像采集系统的照度水平。

10.3 对于带有 256 灰度等级的现代图像分析仪，亮度要按 10.2 所述进行设定，通常采用测定各种碳化物的灰度反射直方图来辅助确定正确临界设定值。临界值数据并不是绝对的，它们会随钢种、碳化物种类和图像仪的不同而变化。区分碳化物的门槛值设定之后，使用闪变方法在数个视场的活图像和检测的图像之间将逻辑开关前后切换，以确保设定值的正确性。在碳化物带状的颗粒大小较悬殊的情况下，灰度门槛值不能同时反映不同大小的碳化物的正确尺寸，此时，灰度门槛值的选择应以保证较大颗粒碳化物不致扩大为原则，较小颗粒碳化物以不予检测的方式排除干扰。

11 步骤

11.1 将试样放在显微镜载物台上并使试样表面与光轴垂直。使用倒置式显微镜时，简单地将试样抛光面朝下放在载物台平面上，用台夹将试样夹紧。使用正置式显微镜时，将试样置于载物玻璃上，用压平器辅用粘结剂或橡皮泥将试样压平。某些正置式显微镜配有自动水平载物台安装试样。如果必须使用橡皮泥压平试样，则放在试样抛光面与压平器之间的隔纸纤维就会附着在试样抛光表面产生人为缺陷影响测量。应将试样表面附着的纸纤维吹掉。也可以选择另一种方法来避免这个问题，即将一个椭圆型的铝环或不锈钢环磨平后，放在试样与压块之间。如果试样被镶嵌，则将环压在镶嵌材料上。如果试样没有镶嵌，则必须使试样表面积大于 160 mm²，压平时让环压在试样的边缘，以避免接触检测表面。在载物台上将试样定位，使碳化物带的长度方向或条状、链状液析的长度方向平行于载物台移动的 X

方向，即监视器屏幕的水平方向。如果程序适当，也可将碳化物带状或碳化物液析长度方向平行于载物台 Y 方向放置，即纵向在监视器屏幕上呈竖直方向。

11.2 校正调节显微镜光源，将图像采集系统的光密度调节到需要的水平。

11.3 选择实际直径 0.8 mm(100 倍直径为 80 mm)的圆形测量框为标准测量框。应当使视场直径尽可能接近 0.8 mm，小于±0.01 mm 的偏差对于测定结果不会产生太大影响。

11.4 设置每个视场自动(或手动)聚焦。

11.5 按照 10.3 所述分别设定各种类型碳化物的灰度门槛值。检测链状液析总长度时要在正确设置门槛值之后沿链的长度方向将特征物膨胀-收缩相同次数，将链状液析连成一个整体条状图形而链的总长度不扩大时再进行检测，推荐先连续膨胀 20 次，再连续收缩 20 次。碳化物带状设置门槛值时依据碳化物密集程度和颗粒大小，一个视场中选择最严重的一条带状作为检测对象。设置暂停程序将选定的碳化物带状之外的其他碳化物予以手工删除。

11.6 设置自动载物台控制使试样沿方形或矩形路线移动，保证物镜能在观测面之内。视场呈连续排列，也可选择间隔排列，但不允许视场的重叠。需要报告体视学统计分布数据时，检测评定的总面积要达到 160mm²。受检验面积小于试样磨面面积时，应在试样轮廓上打上标记。根据供需双方之间的协议可以改变测量面积的大小或视场的排列，例如，也可以手动观察整个试样的抛光面后，选择占主导的最恶劣的一个视场进行测量。

注：为了获得更好的体视学统计精确度，测量碳化物统计分布数据或平均数据时，各试样测量的视场数应达到 200 个～300个视场，至少应测试 100 个视场，因此试样的抛光面积最好不小于 160 mm²，小尺寸产品的试样可以采用夹具将多个试样镶嵌或夹在一起，使试样面积满足测量的需要[1)]。

11.7 按第 12 章描述的计算机程序，可选择一个视场里的液析面积占标准测量框面积百分数或者液析总长度来计算条状液析和链状液析级别，通过碳化物颗粒面积占标准测量框面积百分数计算碳化物带状级别。每视场储存结果，控制载物台移动(如果使用自动载物台的话)，形成试验报告。

11.8 该程序结合其他步骤，可以处理在抛光或清理过程中产生的人工产物，或安装试样时带来灰尘等等的视场。而且可以将他们从二值图像中清除出去。如果这一步不能实现，则将这个视场废除，即不储存这个视场的测量结果。如果可能的话，应补充分析其他的视场来代替废除掉的视场(不要测量已测过的视场)。良好的准备工作可以减少出现带有人工产物的视场的频率。不允许将小于 11.6 规定的测量总面积(例如：有废除的视场)的试验结果经数学推算或转换成规定的测试总面积的体视学统计结果。

11.9 计算机程序还可以包括其他步骤用来完成基础体视学测量(见 GB/T 18876.1)，以补充分析结果。本部分不涉及这些测量值。

12 碳化物分类和级别计算

12.1 碳化物分类

12.1.1 GB/T 18254—2002 根据碳化物的形态将碳化物分成了带状和液析。在显微镜下碳化物带状呈圆形颗粒状，碳化物液析呈不规则破碎小块状或长条状。两者灰度相近。

12.1.2 碳化物带状和液析同时出现的情况下，根据不同的形态差异，将碳化物液析从带状中分离出来，分别检测并计算级别。规定链状液析长宽比小于 3；长宽比不小于 3 时归类于条状碳化物液析。

12.1.3 无论碳化物带状还是液析，在试样磨制平整的情况下，其图像聚焦清晰。而人为缺陷(如水迹、灰尘)一般聚焦不清。可通过自动或手动程序将其从二值图像中予以剔除。

12.1.4 一个视场中有多条碳化物带状存在时，选择最严重的一条带状作为被检测特征物，其他碳化物用手工方法从检测的图像中予以删除。当一个视场中的两条带状在任何部位有并联且在并联处颗粒大小和密集程度表现同等强势，在同一门槛值下可以测量时，则将其视作一条带状进行测量。

注 1：采用 ISO 5949：1983 和 SEP 1520—1998 标准系列进行评定时不适用 12.1.4 规定的最严重条带测量方法，而

1) GB/T 18876.1《应用自动图像分析测定钢和其他金属中金相组织、夹杂物含量和级别的标准试验方法 第 1 部分：钢和其他金属中夹杂物或第二相组织含量的图像分析与体视学测定》。

是将一个视场中的碳化物条带全部测量。

注2：以上述限制措施为基础的应用于计算机程序中的鉴别和测量方法有赖于计算机系统及其具备的能力。因此可根据具体条件采用不同的方法，对成功的方法进行评估确认。

12.2 碳化物液析级别的计算

12.2.1 表1是依据GB/T 18254—2002标准图片通过定量测定得出条状碳化物液析、链状碳化物液析的面积百分数A、视场总长度L与级别i的对应数据。

表1 按GB/T 18254—2002评级的碳化物液析的视场总长度和面积百分数

级别 i	条状碳化物液析		链状碳化物液析	
	总长度 $L/\mu m$	面积百分数 $A/\%$	总长度 $L/\mu m$	面积百分数 $A/\%$
1	58.12	0.076 10	184.19	0.055 05
2	112.97	0.138 00	297.17	0.119 65
3	214.49	0.277 00	462.53	0.262 57
4	499.37	0.733 00	650.00	0.560 69

12.2.2 按第11章规定的步骤设置程序，按12.1进行碳化物分类，依据用户要求选择按总长度评级还是面积百分数评级。测量条状碳化物液析或经膨胀——收缩修正后的链状液析的视场总长度L、面积百分数A。条状液析按回归公式(1)、(2)计算级别，链状液析按回归公式(3)、(4)计算级别。大于0级小于1级的液析全部评为0.5级。

$$i_{PBL} = 1.403\,75 \ln L - 4.649\,05 \quad\cdots\cdots(1)$$

$$i_{PBA} = 1.317\,27 \ln A + 4.525\,49 \quad\cdots\cdots(2)$$

$$i_{PSL} = 2.353\,33 \ln L - 11.339\,91 \quad\cdots\cdots(3)$$

$$i_{PSA} = 1.290\,46 \ln A + 4.738\,47 \quad\cdots\cdots(4)$$

12.2.3 依据用户要求选择按GB/T 18254—2002规定的整数级别(或半级)评级或按连续级别(小数级别)评级。选择按整数级别评级时，将各视场所测碳化物液析的级别值自动向上或向下靠至最接近的整数级(如设半级时，自动按0.25级差向上或向下靠至最接近的级别)；将各级别出现的视场数进行累加，将累加值分别存入计算机；将各视场所测液析的级别值按大小排序，将最恶劣视场级别值存入计算机。

12.2.4 将各视场所测各类液析级别值存入计算机，然后将后面一个视场的数据与前面的视场数据相累加，获得液析级别值总量i_{tot}。

12.3 碳化物带状级别的计算

12.3.1 表2是依据GB/T 18254—2002的标准图片通过定量测定出的碳化物带状的面积百分数A与级别i的对应数据。

表2 按GB/T 18254—2002评级的碳化物带状的面积百分数

级别 i	1	2	2.5	3	3.5	4
面积百分数 $A/\%$	0.542	2.200	3.320	5.180	7.090	9.500
若按ISO 5949:1983或按SEP 1520—1998标准评级，其数据见附录A。						

12.3.2 按第11章规定的步骤设置程序，按12.1进行碳化物分类，测量碳化物带状的面积占标准框面积百分数，依据回归公式(5)计算级别。

$$i_z = 1.359\ 75A^{0.484\ 50} \quad \cdots\cdots(5)$$

12.3.3 根据用户要求，选择按 GB/T 18254—2002 规定的级别评级或按连续级别(小数级别)评级。选择按整数级别评级时，将各视场所测碳化物带状的级别值自动向上或向下靠至最接近的整数或半数；将各级别出现的视场数进行累加，将累加值分别存入计算机；将各视场所测碳化物带状的级别值按大小排序，将最恶劣视场级别值存入计算机。

注：按 ISO 5949:1983 标准或按 SEP 1520—1998 标准评级时，其计算公式见附录 A。

12.3.4 将各视场所测碳化物带状级别值存入计算机，然后将后面一个视场的数据与前面的视场数据相累加，获得带状级别值总量 i_{tot}。

12.3.5 图 1 和图 2 表明了每个直径为 0.8 mm 的圆形视场内碳化物液析面积百分数、总长度与级别之间的数学关系坐标图。这种数学关系是应用与表 1 的数据相匹配的最小二乘法产生的，应用公式(1)～(4)计算碳化物液析的级别。图 3 显示了每个直径为 0.8 mm 的圆形视场内碳化物带状的面积百分数与级别之间的数学关系坐标图。这种关系是应用与表 2 的数据相匹配的最小二乘法产生的，应用公式(5)计算碳化物带状级别。

注：按 ISO 5949:1983 标准或按 SEP 1520—1998 标准评级时，其数学关系坐标图见附录 A。

12.3.6 在计算机中建立分布数阵以便将各种级别的视场数量进行列表，这些级别是在对碳化物液析、带状进行分类并对整数级或半级增量进行评定后获得的。对每个视场进行评定并对级别进行计算后，增加适当的分布单元来存储结果。

12.3.7 如果供需双方协议指定了须分析的碳化物类型或级别限值，则 12.3 仅分析、测量和存储感兴趣的数据。

12.3.8 采用随机选择、邻接排列的视场不能产生真实的最恶劣视场级别。有效的最恶劣视场级别要求使用先进的图像分析技术，例如：使用一个能在 160 mm^2 试验面积里任意移动的直径为 0.8 mm 的圆形限制框，通过级别最大化法来控制限制框移动。

12.4 平均级别的计算

12.4.1 将所测的 N 个视场的各类特征物的级别数值总量 i_{tot} 分别除以 N，就获得了一个试样各类特征物平均级别 $\bar{i}_{moy}$。

12.4.2 将每批 N 个试样的一种类型碳化物级别进行累加，将累加值除以试样数 N，就获得一批钢 N 个试样一种碳化物的总平均级别。

12.4.3 将每批 N 个试样一种类型碳化物的最恶劣视场级别分类进行累加，将累加值除以最恶劣视场数 N，就获得了每炉钢一种类型碳化物的最恶劣视场的平均值。

13 试验报告

13.1 除 GB/T 18254—2002 中规定的试验报告外，还应标明以下内容：

a) 本部分编号；
b) 图像仪型号和软件型号；
c) 钢的牌号和炉号、试样号；
d) 取样钢材类型和尺寸；
e) 试样的工艺说明(轧制、锻制、连铸和热处理等)，必要时标明试样的特殊处理状态；
f) 取样方法及检验面位置；
g) 选用的技术标准或协议及结果表示方法；
h) 放大倍率；
i) 视场面积；
j) 观察的视场数和总检验面积；
k) 各项检验结果；

l) 试验报告编号和日期；

m) 送样单位、送样人、试验员姓名。

13.2 碳化物液析、碳化物带状对应的整数级或半级增量的视场数应当报告。也可根据需要报告连续级别值。连续级别和半级级别不能用分数表示。

13.3 根据供需双方协议，可以对报告项目或内容进行修改。例如，仅报告指定的碳化物类型或级别值。也可仅报告最恶劣视场级别值或最恶劣视场级别评定的视场数量。

13.4 根据供需双方协议，可以用其他体视学参数(见 GB/T 18876.1)描述碳化物的含量或特性。

13.5 提供每批 N 个试样的级别平均值时，应按照公式(1)～(5)计算各种碳化物、各级别的视场平均值。级别—视场数据列表方式可根据需要而定。例如：记录某类碳化物在各个视场显示的级别数，或者参照表 3 的规定记录某类碳化物的不同级别出现的视场总数，选择按总长度或按面积百分数评级时表格中只记录所选择参数的评级结果。

13.6 提供每批 N 个试样被测特征物最恶劣视场的级别数据时，应按照表 4 格式列表，并附上每批 N 个试样被测特征物最恶劣视场的平均级别值。

13.7 可依据供需双方需要提供级别分布直方图或补充报告 GB/T 18876.1 规定的其他体视学数据。

13.8 如果需要，可提供关于碳化物成分的信息。如果操作人员不能通过光学显微镜方法鉴别碳化物和夹杂物时，则需要采用电子探针或能谱技术测定成分。

13.9 分析过程中产生的体视学补充数据应按需要写进报告。此类试验数据的标准化问题见GB/T 18876.1。

14 精度与偏差

14.1 截取试样时操作不当，使抛光面偏离纵向轴线，会使测量值产生偏差，尤其对特征物长度、面积影响较大。抛光面与纵轴向的偏差应不大于6°。

14.2 不当的抛光技术在抛光表面上留下的人为缺陷，如较大的划痕、拖尾、剥落孔洞、碳化物变形等，都会导致测量值发生偏差。

14.3 抛光面上的灰尘、纸屑、油迹、水迹，或图像系统里的灰尘会导致特征物级别偏高。要注意试样和图像系统的清洁。

14.4 液析试样腐蚀太轻时，硫化物保持原来本色，使硫化物与碳化物液析难以区别，可能会当作碳化物液析而被检测，使碳化物液析测量值偏高。碳化物带状腐蚀过重或过轻都会导致测量值偏差。要注意腐蚀深度的适当与一致。

14.5 未正确选择门槛值，在选择应用 GB/T 18254—2002 标准进行评级时未正确选择最严重条带，会导致严重的级别偏差。

14.6 检测的视场数太少，不能覆盖碳化物带状分布的密集部位，会使碳化物带状级别的统计数据产生严重偏差。

14.7 影响图像检测的振动会导致结果偏差，应尽可能避免。

14.8 载物台控制不当，使物镜测量了试样夹或试样之外的空白视场会导致结果偏差。要注意试样的正确放置。如果采用手动载物台而不是自动载物台时，会因人为选择视场而产生测量总值和平均值偏差。

14.9 测量链状液析时收缩—膨胀次数不当或没有执行相同的膨胀—收缩次数，可能导致链状液析总长度测量误差。

14.10 选择面积相等的方形测量框代替标准的圆形测量框时，测量值会产生一定偏差。

14.11 对同一试样立即进行重新分析时，如果从同一位置开始，并测量相同的视场，则能够获得非常理想的重复性。各种类型碳化物的各种级别出现的视场数的偏差通常不大于5%。

14.12 如果在相同实验室将一个已经评级的试样平行于原平面重新抛光和重新评级，其结果具有合理的重复性。

表 3 按 GB/T 18254—2002 评级的碳化物级别出现的平均视场数举例

碳化物类型	级别	各号试样的级别视场数					5 个试样平均
		1	2	3	4	5	
条状液析 *L*	1	19	18	10	16	13	15.2
	2	11	13	17	10	15	13.2
	3	4	7	0	4	9	4.8
	4	0	0	0	0	0	0
条状液析 *A*	1	117	18	22	130	205	98.4
	2	31	123	40	35	80	61.8
	3	6	8	9	3	7	6.6
	4	0	1	0	1	0	0.4
链状液析 *L*	1	19	18	10	16	13	15.2
	2	11	13	17	10	15	13.2
	3	4	7	0	4	9	4.8
	4	0	0	0	0	0	0
链状液析 *A*	1	107	18	22	130	105	76.4
	2	31	123	40	35	80	61.8
	3	6	8	9	3	7	6.6
	4	0	1	0	1	0	0.4
碳化物带状	1	5	12	15	9	8	9.8
	2	6	13	10	9	11	9.8
	2.5	5	13	10	7	9	8.8
	3	4	5	4	3	3	3.8
	3.5	0	0	0	0	0	0
	4	0	0	0	0	0	0

表 4 按 GB/T 18254—2002 评级的碳化物最恶劣视场级别举例

试 样	条状碳化物液析级别		链状碳化物液析级别		碳化物带状级别
	按 *L* 评级	按 *A* 评级	按 *L* 评级	按 *A* 评级	按 *A* 评级
1	2	2	1	1	1
2	3	3	1	1	2
3	2	2	1	1	2
4	2	2	1	1	1
5	2	2	1	1	1
平均级别	2.2	2.4	1.0	1.0	1.4

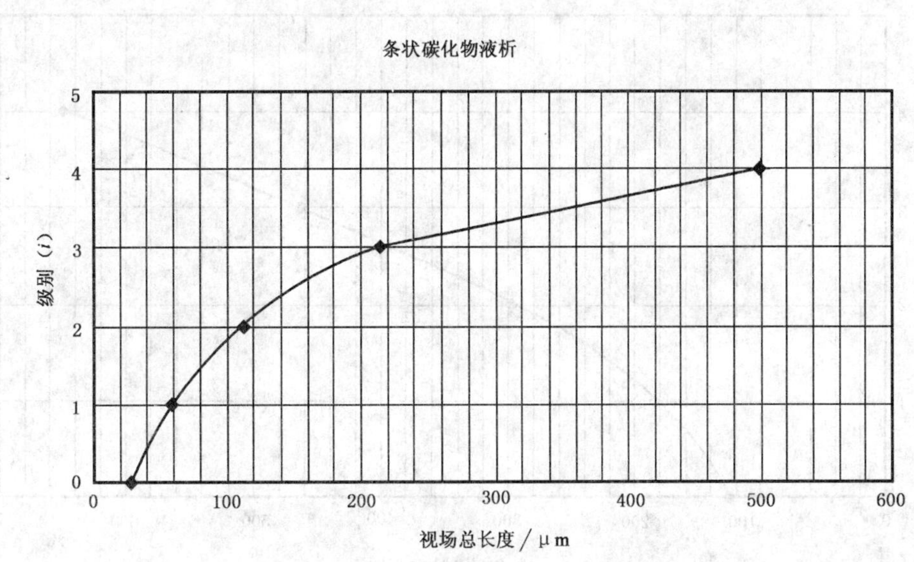

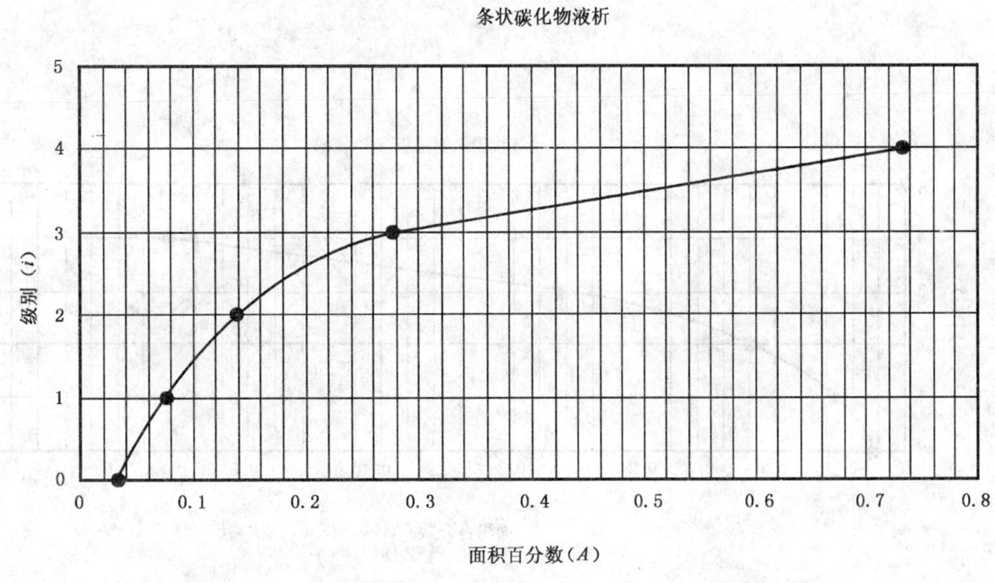

图 1 按 GB/T 18254—2002 评级的铬轴承钢条状碳化物液析视场总长度、面积百分数与级别的关系

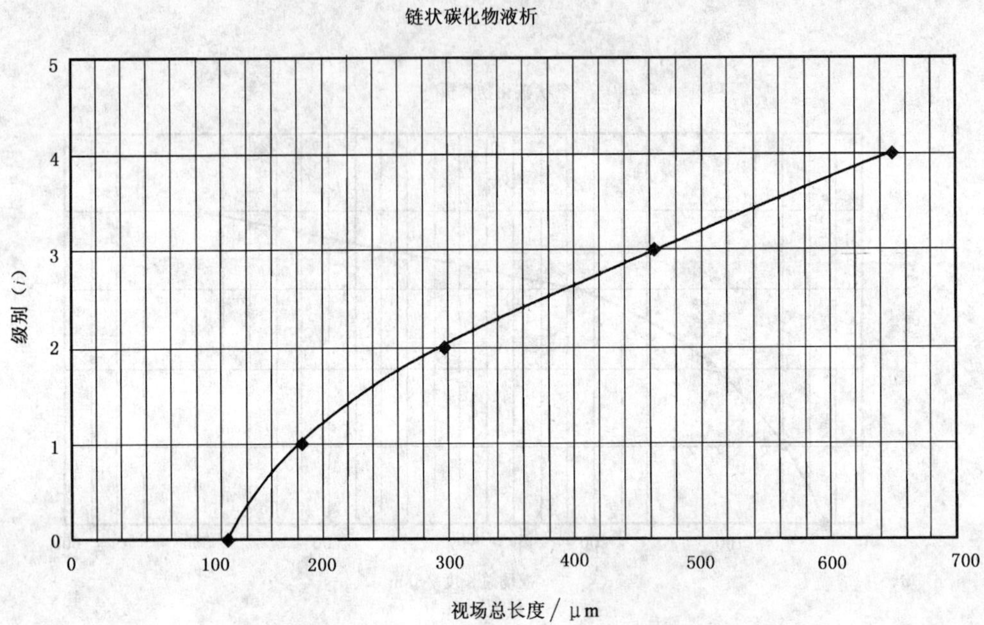

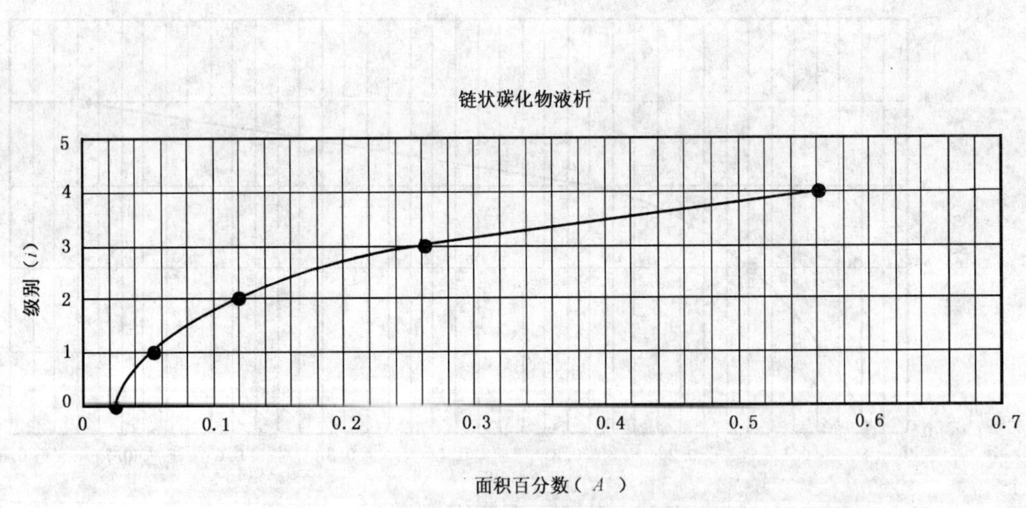

图 2　按 GB/T 18254—2002 评级的铬轴承钢链状碳化物液析视场总长度、面积百分数与级别的关系

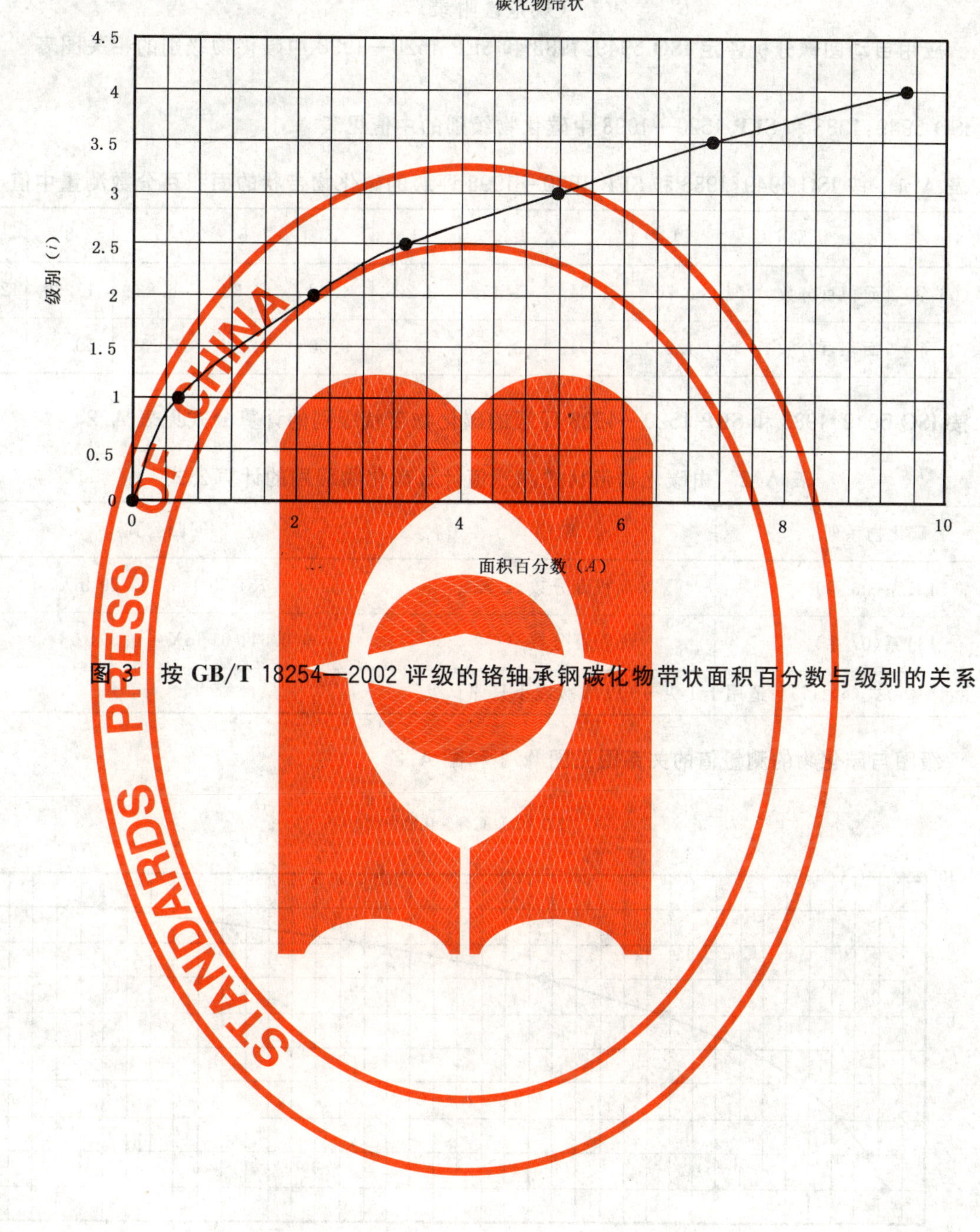

图3 按 GB/T 18254—2002 评级的铬轴承钢碳化物带状面积百分数与级别的关系

附 录 A
（规范性附录）
应用自动图像分析评定 ISO 5949:1983 和 SEP 1520—1998 中碳化物级别的相关图表

A.1 ISO 5949:1983 和 SEP 1520—1998 中碳化物级别的中值见表 A.1。

表 A.1 按 ISO 5949:1983 和 SEP 1520—1998 评级的碳化物带状的面积百分数测量中值

系列	级别 i	1	2	3	4	5	6	7	8	9
LE 系(06 系)	面积百分数 A/%	0.70	1.34	1.45	2.22	4.62	6.38	6.82	11.36	20.61
LD 系(07 系)	面积百分数 A/%	1.23	2.91	3.85	6.61	9.50	12.88	14.39	19.84	30.23

A.2 按 ISO 5949:1983 和 SEP 1520—1998 评级的碳化物带状级别的计算公式见表 A.2。

表 A.2 由碳化物带状的测量值计算碳化物级别的计算公式

碳化物系列	单位	回归公式
LE 系(06 系)	面积百分数 A/%	$i_{z06} = 1.781\ 75 + 2.441\ 29\ \ln X$ (6)
LD 系(07 系)	面积百分数 A/%	$i_{z07} = 2.641\ 01\ \ln X - 0.394\ 08$ (7)
注：计算公式(6)、(7)只适用于 1 级～9 级，1 级以下只评 0 级。		

A.3 评级图与碳化物的测量值的关系图见图 A.1 和图 A.2。

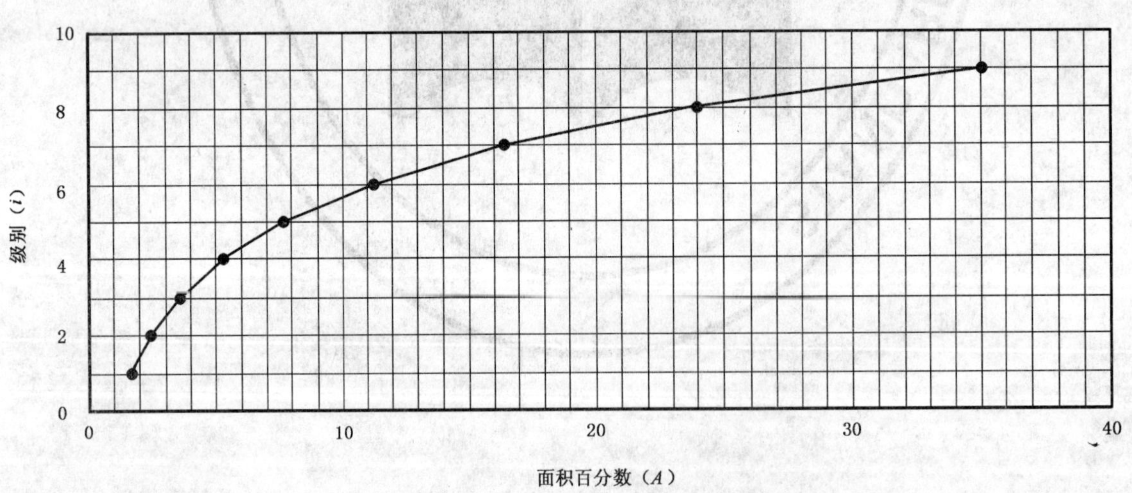

图 A.1 按 ISO 5949:1983 和 SEP 1520—1998 标准评级的碳化物带状面积百分数与级别的关系

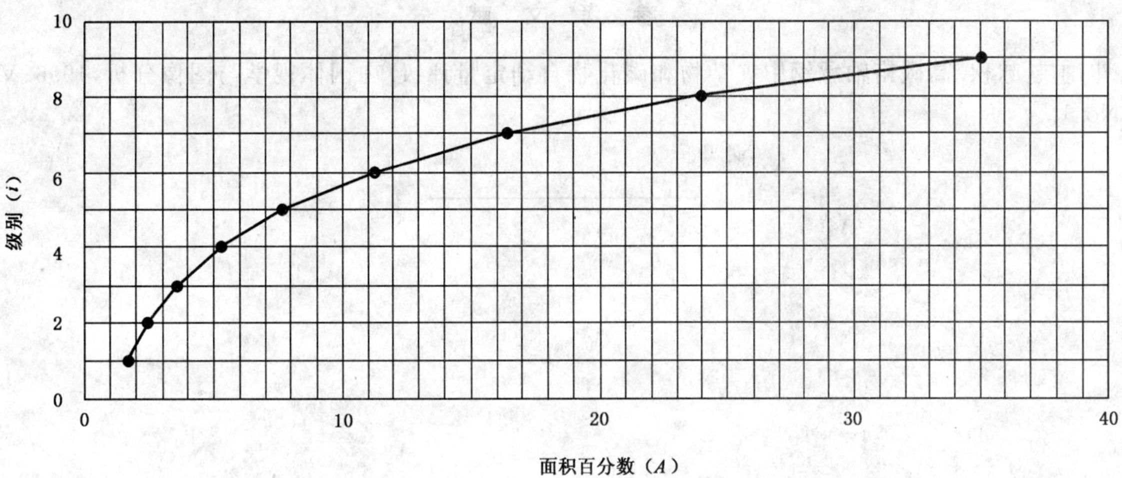

图 A.2　按 ISO 5949:1983 和 SEP 1520—1998 标准评级的碳化物带状面积百分数与级别的关系

参 考 文 献

[1] 赵咏秋.高碳铬轴承钢中夹杂物和碳化物自动定量评级.中国体视学与图像分析,1996;Vol.1,No.1.

ICS 97.200.40
Y 57

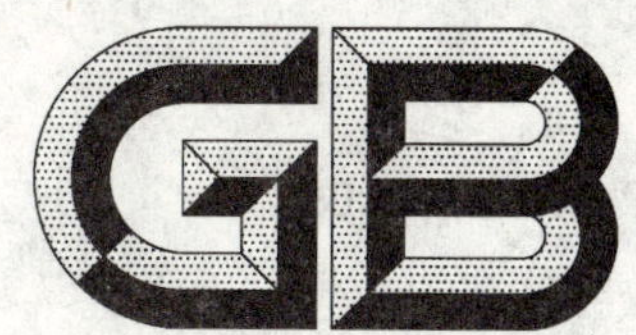

中华人民共和国国家标准

GB/T 18878—2008
代替 GB/T 18878—2002

滑道设计规范

Technology directory for summer toboggan run

2008-11-12 发布　　2009-05-01 实施

中华人民共和国国家质量监督检验检疫总局
中国国家标准化管理委员会　发布

前　言

本标准代替 GB/T 18878—2002《滑道设计规范》，本标准与 GB/T 18878—2002 相比，主要变化如下：

——第 3 章“术语和定义”修改了“滑道”的定义，删除了“滑道运动、滑车地面提升系统”，增加了“过渡段”、“跳跃段”的定义。

——删除了以下条款：第 8 章“下行滑道”。

——第 4 章“一般要求”主要增加和修改了以下内容：修改了滑道土建、结构设计标准。

——将原第 5 章“滑道土建设计一般要求”修改为“滑道土建设计”。

——将原第 6 章“下行滑道线路设计一般要求”修改为“滑行道设计”；增加了跳跃段、过渡段和电动滑车的有关内容，提出了滑道的防腐涂装要求。

——将原第 7 章“滑车提升系统设计选型一般要求”修改为“滑车提升系统设计”，细化了滑车提升系统的计算内容。

——第 8 章“滑车”增加了单轨滑车、电动滑车的主要内容。

——第 9 章“支承、支架及安全通道”增加了支架的防腐要求。

——第 10 章“滑道站房、通讯设备、安全电路”修改为“滑道站房、通讯设备、电气控制系统”，修改了对通讯设施的要求，明确了电气控制系统设计时应遵循的国家标准要求。

本标准由全国索道、游艺机及游乐设施标准化技术委员会提出并归口。

本标准负责起草单位：国家质量监督检验检疫总局，中国特种设备检测研究院，全国索道、游艺机及游乐设施标准化技术委员会。

本标准参加起草单位：四川矿山机器(集团)有限责任公司、北京威岗滑道输送设备有限公司、武汉三特索道集团股份有限公司、哈尔滨鸿基索道工程有限公司、诸暨市新飞娱乐设备制造厂。

本标准主要起草人：邓燕平、肖原、张寿民、罗超、马晓斌、陈茂顺、胡超、涂洪森。

本标准所代替标准的历次版本发布情况为：

——GB 18878—2002。

滑道设计规范

1 范围

本标准规定了依靠重力自行下滑的槽式、管轨式滑道和有动力式滑车滑道设计的基本原则及要求。

本标准适用于滑道及滑道配套设施的设计、制造、安装、改造、检验。

本标准不适用于水上滑道、无载人工具滑道。

2 规范性引用文件

下列文件中的条款通过本标准的引用而成为本标准的条款。凡是注日期的引用文件，其随后所有的修改单(不包括勘误的内容)或修订版均不适用于本标准，然而，鼓励根据本标准达成协议的各方研究是否可使用这些文件的最新版本。凡是不注日期的引用文件，其最新版本适用于本标准。

GB 4053.3 固定式工业防护栏杆安全技术条件

GB 5725 安全网

GB 8408—2008 游乐设施安全规范

GB 12352—2007 客运架空索道安全规范

GB 16754 机械安全 急停 设计原则(GB 16754—1997,eqv ISO/IEC 13850:1995)

GB 50007 建筑地基基础设计规范

GB 50010 混凝土结构设计规范

GB 50017—2003 钢结构设计规范

GB 50057 建筑物防雷设计规范

JTJ 021 公路桥涵设计通用规范

3 术语和定义

下列术语和定义适用于本标准。

3.1

滑道 summer toboggan run

用型材或槽型材料制成的，呈坡型铺设或架设在地面上的由乘坐者操纵滑车沿固定线路滑行的游乐设施。

3.2

槽式滑道 chute summer toboggan run

载人滑车在槽型轨道上滑行的游乐设施。

3.3

管轨式滑道 pipeway summer toboggan run

载人滑车在用型材制成的轨道上滑行的游乐设施。

3.4

平均坡度 average inclination of summer toboggan run

滑道全程高差与滑道展开总长度的水平投影的比值。

3.5

滑道配套设施 complete sets of summer toboggan run

除滑道主体结构外，从事滑道运动所需的其他设施。包括滑车、滑车提升系统、标牌标志、反光镜、安全网、支架、照明设备、电气控制系统等。

3.6

滑车　toboggan for summer toboggan run

具有制动装置,使用滑道进行滑行的载人装置。

3.7

轮式滑车　wheeled toboggan for summer toboggan run

全部通过轮子与轨道面接触的滑车。

3.8

滑块式滑车　toboggan for summer toboggan sun in sliding-block

通过滑块或部分滑块与轨道接触的滑车。

3.9

滑车提升系统　Lifting system of summer toboggan run

将滑车或乘坐有乘客的滑车由下站送往上站的运输系统。

3.10

提升道　Lift rail

架设在滑道下站与滑道上站之间,将滑车送往上站的轨道。

3.11

过渡段　transition

用于渐变连接两种不同曲率的轨道的过渡轨道。

3.12

跳跃段　leap section

产生运动状态骤变、突然或急促的通过、变化的过渡轨道。

4　一般要求

4.1　滑道建设设计时,应收集气象、地质及地下管线等相关资料,提供反映滑道基本地形特征的桩点数据,作为设计、制造、安装和检验的技术资料。

4.2　滑道建设土建结构、钢结构应按 GB 50007、GB 50010、GB 50017—2003 的规定进行设计、制造和安装。

4.3　滑道工程设计的图纸资料基本要求

4.3.1　滑道工程设计说明书。

4.3.2　标有各桩点的滑道水平俯视设计图。

4.3.3　线路平距展开侧形设计图,应包括下列内容:

a)　设计桩点及展开位置;

b)　桩点处原始测量高程;

c)　桩点处基础土建设计高程;

d)　各段坡度值。

4.3.4　采用提升道的,应设计提升道侧形设计图,所表达内容按 4.3.3 的要求。

4.4　滑道线路选择一般原则

4.4.1　线路应避开有可能发生滑坡、塌方、泥石流、洪水等地区。

4.4.2　线路应尽量贴近原始地面,避免大量的开方或填方,减少对植被、原始地貌的影响。

4.4.3　线路应尽量避免跨越道路、峡谷等,当不可避免时应设置可靠的安全设施。

4.4.4　站房布置易于人员的集散。

4.5　滑道设计应规定其整机及主要部件设计使用寿命,整机使用寿命不小于 23 000 h。

5 滑道土建设计

5.1 滑道土建挖填土方形成的道路应夯实，并设置排水系统。需架设桥梁和建设道路时，且应符合JTJ 021的规定。

5.2 滑道在桥梁下、隧道中通过时，桥梁或隧道下限距离滑车面板垂直高度不小于1.5 m。

5.3 滑道基础填方高度不宜超过3 m，高度超过3 m且长度超过6 m时宜架桥，桥的设计负载应包括桥自重和相关载荷。

5.4 槽式滑道试车后，滑槽与地面贴合区段的空隙宜回填砂石土，并夯实。

5.5 滑道支架基础与地面固定牢固，不允许发生滑移、倾覆和扭转。

6 滑行道设计

6.1 滑行道依地形采用直道、过渡段、弯道相互连接的方式架设。

6.2 滑行道弯道最小曲率半径为9 m，站内区域滑道最小曲率半径以滑车顺利通过为原则。

6.3 弯道与弯道连接，当两圆弧中心位于滑道同一侧时，两圆弧应设置过渡段平滑过渡；当两圆弧中心位于滑道异侧时，两圆弧之间的过渡段出、入端长度之和不小于6 m。

6.4 弯道与弯道之间采用过渡段连接时，上侧弯道的过渡段长度不低于3 m；过渡段的两端与连接的滑道轨道应相切，过渡段曲线长度公式：

$$L \geqslant 0.7\sqrt{R} \quad \cdots\cdots(1)$$

式中：

R——曲率半径，$R \geqslant 18$ m。

6.5 滑行道坡度

6.5.1 非动力滑行道坡度

非动力滑行道坡度应符合以下规定：

a) 平均坡度：槽式滑道不大于16%，管式滑道不大于20%；

b) 无跳跃任意区段最小坡度不小于2%；

c) 起始段在20 m内最大坡度不大于30%，其余无跳跃任意区段最大坡度：槽式滑道不大于20%，管轨式滑道不大于30%。

6.5.2 电动滑行道坡度

无跳跃任意区段最大下行坡度为不大于20%，滑车运行在上行坡度段时，任何情况下不应出现滑车逆行现象。

6.6 滑行道跳跃段设置

6.6.1 非动力滑道跳跃段最大坡度不大于50%。

6.6.2 跳跃段长度应不大于12 m。

6.6.3 跳跃段应布置于直线段滑道上，跳跃段起点处距上侧弯道出端过渡段终点间距应不小于5 m。跳跃段终点距下侧弯道入端过渡段起点间距应不小于5 m。

6.6.4 在同一直线段上最多允许设置两个跳跃段，跳跃段的间距应不小于10 m。

6.6.5 电动滑道波浪段设置

非动力滑行道坡度应符合以下规定：

a) 波浪段最大坡度为±30%；

b) 波浪段应设置在直线段滑道上，波浪段起点处距弯道出端过渡段终点间距应≥5 m，波浪段终点距弯道入端过渡段起点间距应不小于5 m；

c) 在同一直线段允许设置连续波浪段，但连续波浪段最多为4处。

6.7 滑行道两侧无障碍物距离应不小于500 mm。

6.8 滑行道沿途各点前方可视距离应不小于15 m,不足时应安装交通反光镜。

6.9 非动力滑道终点前应设置制动装置,其制动长度应不小于8 m;电动滑道制动长度应不小于10 m。

6.10 滑行道宜选用耐磨、表面光滑、易于粘结或焊接的材料如玻璃钢、不锈钢等;采用黑色金属材料应进行防腐处理,一般宜采用镀锌处理,镀锌层厚度应在(0.01～0.05)mm之间。

6.10.1 滑槽和轨道选用不锈钢材质时,主要受力件材料厚度应不小于2 mm;选用碳钢材质时,主要受力件材料厚度应不小于3 mm;选用玻璃钢材质时,主要受力件材料厚度应不小于8 mm。

单轨滑道主承载轨应采用金属材料,轨道宽度宜不小于150 mm,材料厚度不小于4 mm。

6.10.2 滑槽和轨道金属材料应符合GB 50017—2003中3.3和GB 8408—2008中8.2的规定;钢结构构件及其连接的设计指标应按GB 50017—2003中3.4的规定。

6.11 槽式滑道弯道滑槽外侧高度应高于内侧高度,当滑车在最大载重量、最大滑行速度安全通过弯道情况下,滑槽外侧边缘距滑车车轮的轨迹应不小于100 mm。弯道滑槽外侧边缘应设圆滑凸边,防止小车冲出滑槽。

6.12 管轨式滑道各段之间的连接安全可靠,必要时可焊接。

6.13 槽式滑道滑槽表面应光滑、无倒角毛刺和尖锐突出物。

6.14 滑槽、轨道之间,玻璃钢滑槽应采用粘结对接;不锈钢滑槽采用焊接连接时,对接处应平整、圆滑过渡,对接处高低差应不大于1 mm。

6.15 滑道结构温度应力

滑道结构设计应考虑环境温度变化引起温度应力,相应的温度变形应能释放。

6.15.1 槽式滑道在直线段应设置插接板以抵消热胀冷缩对整体滑道支架结构的影响,搭接之间最大直线段长度为10 m,且应保证在最大收缩率情况下,搭接处不出现拉脱现象。

6.15.2 管轨式滑道在直线段和弯道应设置伸缩缝以抵消热胀冷缩对整体滑道支架结构的影响,并有防止管轨热胀冷缩变形后相互脱开的装置。

6.16 管轨式滑道弯道段内、外轨道高低差为:

$$h = k \cdot \frac{s_1 \cdot v^2}{10 \cdot g \cdot R} \qquad \cdots\cdots(2)$$

式中:

h——滑道内、外轨道高低差,单位为米(m);

s_1——轨道宽度,单位为米(m);

v——滑车平均滑行速度,单位为米每秒(m/s);

R——下行滑道的曲率半径,单位为米(m);

g——重力加速度,单位为米每二次方秒(m/s^2);

k——修正系数(见表1);

α——弯道段夹角。

表1 修正系数 *k*

弯道夹角	$0\leqslant\alpha<90°$	$90°\leqslant\alpha<120°$	$120°\leqslant\alpha<150°$	$150°\leqslant\alpha$
k	$\alpha/90$	1.5	2.5	3.5

6.17 管轨式滑道的轨道和立柱的结构设计应按GB 50017—2003中第8章的规定。

7 滑车提升系统设计

7.1 滑道总体设计,应考虑乘客和滑车由下站安全到达上站的方式。

7.1.1 滑车提升线路存在以下情况时,推荐采用客运索道提升方式:

a） 提升线路复杂，不适宜架设提升道。

b） 提升线路上、下两站水平间距超过 500 m。

c） 利用已运行客运索道配套建设滑道。

7.1.2 滑车提升线路存在下列情况时，推荐采用拖牵索道提升方式：

a） 提升线路适宜架设提升道；

b） 利用已有拖牵索道配套建设滑道。

7.1.3 滑车提升线路为下列情况时，推荐选用地面提升方式：

a） 提升线路适宜架设提升道；

b） 提升线路上、下站间距离不大于 500 m。

7.1.4 其他提升方式

采用链传动等其他提升方式时，应有保证乘客人身安全的措施。

7.2 客运索道提升系统

7.2.1 运行方式：滑车挂接于索道运载工具上，乘客乘坐索道从下站到上站。

7.2.2 用于提升滑车、乘客的索道应满足 GB 12352—2007 的要求。

7.2.3 索道运载工具应设置可靠的滑车挂接装置，便于滑车挂接，防止滑车在索道运行中掉落。

7.2.4 滑道上、下站台应与索道有效衔接，便于挂、取滑车，且不影响索道的正常运行。

7.2.5 采用循环式索道时，滑车应能够顺利的绕过索道上、下站房。

7.3 拖牵索道提升系统

7.3.1 运行方式：提升道应按水平投影成直线或折线架设。乘客乘坐于滑车上，拖牵索道通过拖牵杆与滑车挂接，牵引滑车。

7.3.2 用于提升的拖牵索道，应按照 GB 12352—2007 规定进行设计，并满足下列要求：

a） 额定提升速度宜不大于 2 m/s，对提升速度大于 2 m/s 的滑道应采取防止提升时产生的冲击措施；

b） 拖牵杆应具有良好弹性和伸缩功能。

7.3.3 提升道中心线在水平面上的投影应成一直线，且与索道线路中心线在水平面上的投影相平行。

7.3.4 提升时滑车挂接间距应不小于 10 m。

7.3.5 在上站位置，拖牵杆能安全可靠的与滑车脱开。

7.4 地面提升系统

7.4.1 运行方式：提升道应按水平投影成直线或折线架设，滑车通过挂接装置与上行侧钢丝绳或链条挂接，将乘客、滑车输送到上站。

7.4.2 地面提升系统，应符合 GB 12352—2007 的规定，并满足下列基本要求：

a） 额定提升速度宜不大于 2 m/s，对提升速度大于 2 m/s 的滑道应采取防止提升时产生的冲击措施；

b） 提升时，滑车挂接间距应不小于 10 m。

7.4.3 提升道中心线在水平面上的投影应与地面提升系统上行侧钢丝绳在水平面上的投影重合，允差平行度误差±10 mm。

7.4.4 在上站滑车与地面提升系统钢丝绳能安全、可靠的自动脱开。

7.4.5 槽式滑道提升道最大坡度不大于 50%，管轨式提升道最大坡度不大于 60%。

7.4.6 提升道线路平均坡度不大于 35%时，允许乘客面朝上站方向乘坐，提升平均坡度大于 35%时，乘客宜面朝下站方向乘坐。

7.4.7 提升机构

7.4.7.1 驱动轮、迂回轮直径同时符合下列规定：

a） 不小于牵引钢丝绳直径的 50 倍；

b) 不小于牵引钢丝绳表层钢丝直径的500倍；

c) 驱动轮的防滑阻尼系数为1.25。

$$\frac{t_c(e^{\mu\alpha}-1)}{t_r-t_c}\geqslant 1.25 \qquad \cdots\cdots(3)$$

式中：

t_r——驱动轮入侧最大张力，单位为牛顿(N)；

t_c——驱动轮出侧最小张力，单位为牛顿(N)；

μ——牵引索与驱动轮的粘着系数；

α——牵引索在驱动轮上的包角，单位为弧度(rad)。

7.4.7.2 滑车提升系统提升侧钢丝绳与下行钢丝绳间距不小于1 m。

7.4.7.3 钢丝绳应设置张紧力调整装置，钢丝绳静载安全系数不小于3.5。

7.4.7.4 牵引钢丝绳下挠度应能正确调整，保证承载不小于25 kg重物的滑车在任何工况下、任何线路位置滑车都不会被地面抬离提升道。

7.4.7.5 提升道中应设置止逆装置，滑车与钢丝绳之间的挂接应能保证上一辆滑车从牵引钢丝绳脱开停止后，保证滑车意外下滑距离不大于0.5 m，且能被后面的滑车推至上站。

7.4.7.6 牵引钢丝绳宜选用线接触，同向捻纤维芯的股式结构钢丝绳，在有腐蚀环境中推荐选用镀锌钢丝绳。张紧索要采用挠性好特别耐弯曲的钢丝绳，不宜采用多层钢丝绳。

7.4.7.7 驱动装置、迂回装置及张力调节装置应设置有效防护设施，避免伤及人员。

7.4.7.8 回绳侧托索轮应防止人员从侧面触及，必要时安装防护罩。

7.4.8 提升道

7.4.8.1 提升道材质选用应符合6.10的规定。

7.4.8.2 提升道整体应圆滑过渡，表面应光滑、无倒角毛刺等尖锐突出物。

7.4.8.3 提升道活动搭接缝的设置应符合6.17的规定。

8 滑车

8.1 类型与允许载客人数

8.1.1 非动力滑道滑车一般设计为轮式滑车或滑块式滑车。用槽式滑道的轮式滑车适合平均坡度为5%～12%，滑块式滑车适合平均坡为12%～16%。

8.1.2 非动力滑道滑车设计为单人滑车、双人滑车和多人滑车：

a) 单人车：供1人乘坐，载重量按1 000 N计算；

b) 双人车：供2人同时乘坐，载重量按1 600 N计算；

c) 多人滑车：载客人数为2人以上，载重量为750 N×乘客人数。

8.2 滑车整体性能要求

8.2.1 滑车应设置制动装置，制动装置应满足下列要求：

8.2.1.1 采用制动手柄时，应有弹性复位装置，在滑车侧面布置手柄时，操纵手柄应对称布置。手柄应操作简便、可靠。操作方向向后拉为制动，向前推为加速。

8.2.1.2 采用其他制动方式，应符合国家机械安全和人机工程学相关标准要求。

8.2.1.3 滑车在轨道上停放时，应处于制动状态，此时滑车在除跳跃段外的任何下行滑道上不应自行下滑。

8.2.1.4 非动力滑车在下行滑道的制动距离不大于8 m，在跳跃段的制动距离不大于13 m，条件如下：

a) 滑槽、轨道应干燥、洁净；

b) 正常负载；

c) 制动前运行速度为最大时速。

8.2.1.5 自然状态时,操纵手柄的上顶端应倾斜设置。

8.2.2 直线段上负载 25 kg 时,重力滑道轮式滑车前后车轮应能同时接触滑槽;滑块式滑车前滑块和车轮应能同时接触滑槽。

8.2.3 非动力滑车面板材料推荐采用橡胶、塑料等具有弹性的材料,采用其他材料时,应在滑车前、后部位设置弹性缓冲装置。

8.2.4 管轨式滑道的滑车,应设置安全带或其他有效的保护装置;单轨滑道滑车的稳定轮应有磨损补给可调机构。

8.2.5 管轨式滑道应设置防止滑车脱轨、翻转的保护装置。

8.3 电动滑车

8.3.1 滑车前后应设置防碰撞缓冲装置,座椅背高应不小于 400 mm,座椅宽度应不小于 400 mm,且应设置安全带和安全把手。

8.3.2 滑车制动距离应不大于 10 m;

滑车制动时应满足下列条件:

a) 滑行道干燥、洁净;

b) 正常负载;

c) 制动前运行速度为最大时速。

8.4 其余主要零、部件

8.4.1 在最大负载情况下,滑车车架应有足够的强度和刚性。其车架宜采用钢结构。

8.4.2 黑色金属材料制作表面时应进行防腐处理,一般宜采用镀锌处理。镀锌层厚度为 0.01 mm～0.05 mm。

8.4.3 滑块式滑车的滑块宜选用动、静摩擦系数接近的工程塑料。

9 支承、支架及安全通道

9.1 在滑道安装时应设置支承,以有效固定滑道和防止滑道变形。所设支承应同时符合下列条件:

a) 支承有足够的刚度和强度,能满足使用要求;

b) 支架材料采用黑色金属材料时应进行防腐处理,一般宜采用镀锌处理,镀锌层厚度为 0.01 mm～0.05 mm;

c) 支承与下部基础应牢固固定。

9.2 滑道加高安装时,应采用钢结构或钢筋混凝土结构的支架。

9.3 支架与下部基础应采用钢管插入、锚栓、螺栓等方式进行固定。

9.4 支架高度 1 m 至 2 m 时,滑道两侧应设置安全网。支架高度大于 2 m 时,在一侧设置安全可靠的安全网的情况下,另一侧设置带护栏的安全通道。或在滑道两侧均设置带护栏的安全通道。

9.5 安全网、防护栏应符合 GB 5725、GB 4053.3、GB 8408—2008 的规定。

9.6 在单侧设置带护栏的安全通道时,其通道宜安装在弧线段外侧。

9.7 提升道下行钢丝绳与安全通道不应同侧安装。

10 滑道站房、通讯设备、电气控制系统

10.1 滑道站房

10.1.1 应有足够的供乘客集散所需的候车及上下车的场所与通道,场所与地面应铺设防滑地面,台阶高度不大于 200 mm。进出站口分开,不应相互干扰。

10.1.2 站房应配备必要的功能用房,如办公、售票、贮存、维修、机电设备安装等房屋。同时,站房及相关建筑应符合国家有关的防火规定,并应配备必要的消防措施。

10.1.3 有供滑车集散所需的暂存场地和设施。

10.2 通讯设备

10.2.1 站房之间应有通讯设备。

10.2.2 巡线人员应配备必要的联络设备，确保通讯及时、可靠。

10.3 电气控制系统

10.3.1 滑道电气控制电路设置应符合 GB 8408—2008 的要求。

10.3.2 站房、机械设备及所有金属构件均应进行防雷接地，且应符合 GB 50057 的规定。

10.3.3 所有沿线的安全装置和站内的安全装置应组成连锁安全电路，在安全装置出现异常时应能自动停车。

10.3.4 紧急停车、制动装置的设计应按 GB 16754 的要求；在上、下站内，控制室等处应设置控制提升系统停车的手动复位式紧急事故开关；提升系统紧急制动或突然断电后，在事故开关复位之前，驱动装置不应重新启动。

ICS 97.200.40
Y 57

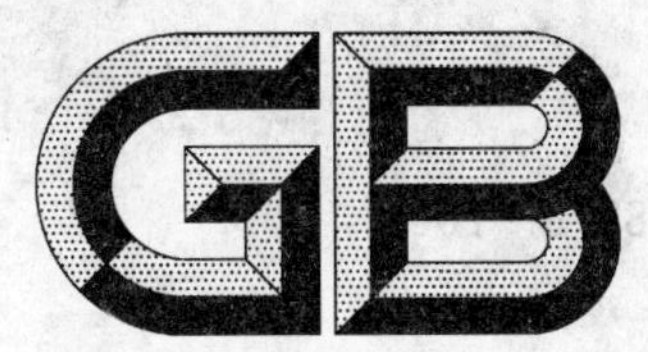

中华人民共和国国家标准

GB 18879—2008
代替 GB/T 18879—2002

滑道安全规范

Safety code for summer toboggan run

2008-12-11 发布　　2009-07-01 实施

中华人民共和国国家质量监督检验检疫总局
中国国家标准化管理委员会　发布

前　言

本标准的第3章、6.3.2、6.4、6.12、7.3.3、8.2、8.3、8.5为推荐性的，其余为强制性的。

本标准代替GB/T 18879—2002《滑道安全规范》，本标准与GB/T 18879—2002相比，主要变化如下：

——第3章“术语和定义”修订了“滑道”的定义；

——修改了附录A、附录B，删除了附录C、附录D；

——将原第4章“一般规定”修改为“一般要求”，修改了选址和电动滑道的要求；

——将原第5章“下行滑道”修改为“滑道”；

——第6章“滑车”：增加了电动滑车的有关内容；

——第7章“滑车提升系统”细化了滑车提升系统的钢丝绳的要求；

——将原第9章“通讯设备与安全电路”修改为“通讯设备及电气控制系统”，修改了对通讯设施的要求，明确了电气控制系统设计时应遵循的国家标准要求；

——第10章“标牌与标志”修改了对乘客的身体条件限制；

——修改了前版的附录A和附录B的内容。

本标准的附录A、附录B为规范性附录。

本标准由全国索道、游艺机及游乐设施标准化技术委员会提出并归口。

本标准负责起草单位：国家质量监督检验检疫总局、中国特种设备检测研究院、全国索道、游艺机及游乐设施标准化技术委员会。

本标准参加起草单位：四川矿山机器(集团)有限责任公司、北京威岗滑道输送设备有限公司、武汉三特索道集团股份有限公司、哈尔滨鸿基索道工程有限公司、诸暨市新飞娱乐设备制造厂。

本标准主要起草人：邓燕平、肖原、张寿民、罗超、马晓斌、陈茂顺、胡超、涂洪森。

本标准所代替标准的历次版本发布情况为：

——GB/T 18879—2002。

滑道安全规范

1 范围

本标准规定了滑道及滑道配套设施的安全要求。

本标准适用于滑道及滑道配套设施的设计、制造、安装、使用、维修保养、改造、检验、使用。

本标准不适用于水上滑道、无载人工具滑道及其他非依靠重力下滑滑道。

2 规范性引用文件

下列文件中的条款通过本标准的引用而成为本标准的条款。凡是注日期的引用文件，其随后所有的修改单(不包括勘误的内容)或修订版均不适用于本标准，然而，鼓励根据本标准达成协议的各方研究是否可使用这些文件的最新版本。凡是不注日期的引用文件，其最新版本适用于本标准。

GB 2894 安全标志(GB 2894—1996,neq ISO 3864:1984)

GB 5226.1—2002 机械安全 机械电气设备 第1部分:通用技术条件(IEC 60204-1:2000,IDT)

GB 8408—2008 游乐设施安全规范

GB 9075 索道用钢丝绳检验和报废规范

GB 12352 客运架空索道安全规范

GB/T 18878—2008 滑道设计规范

GB/T 20438 电气/电子/可编程电子安全相关系统的功能安全

GB 50017—2003 钢结构设计规范

GB 50057 建筑物防雷设计规范

JTJ 021 公路桥涵设计通用规范

3 术语和定义

下列术语和定义适用于本标准。

3.1

滑道 summer toboggan run

用型材或槽型材料制成的，呈坡型铺设或架设在地面上的由乘坐者操纵滑车沿固定线路滑行的游乐设施。

3.2

槽式滑道 chute summer toboggan run

载人滑车在用槽型轨道上滑行的设施。

3.3

管轨式滑道 pipeway summer toboggan run

载人滑车在用型材制成的轨道上滑行的设施。

3.4

平均坡度 average inclination of summer toboggan run

滑道全程高差与滑道展开总长度的水平投影的比值。

3.5

滑道配套设施 accessory of summer toboggan run

除滑道主体结构外，从事滑道运动所需的其他设施。包括滑车、滑车提升系统、标牌标志、反光镜、安全网、支架、照明设备、配电设备、电气控制系统等。

3.6

滑道运动　summer toboggan sports

乘客操纵滑车顺滑道由上滑下的运动。

3.7

滑车　toboggan for summer toboggan run

具有制动装置,使用滑道进行滑行的载人装置。

3.8

滑车提升系统　lifting system of summer toboggan run

将滑车或乘坐有乘客的滑车由下站送往上站的系统。

3.9

提升道　lift rail

架设在滑道下站与滑道上站之间,将滑车送往上站的轨道。

3.10

滑车地面提升系统　lifter for summer toboggan run

由提升道、牵引装置等组成,将滑车沿提升道从下站运送到上站的系统。

3.11

过渡段　transition

用于渐变连接两种不同曲率的轨道的过渡轨道。

3.12

跳跃段　leap section

产生运动骤变,突然或急促地通过变化的过渡轨道。

4　一般要求

4.1　滑道线路和站址的选择应符合 GB/T 18878—2008 中 4.4 的规定。

4.2　滑行道坡度

4.2.1　非动力滑行道坡度

非动力滑行道坡度应符合以下规定:

a)　平均坡度:槽式滑道不大于 16%,管轨式不大于 20%;

b)　任意区段最小坡度不小于 2%;

c)　起始段 20 m 内最大坡度不大于 30%,其余无跳跃任意区段最大坡度:槽式滑道不大于 20%,管式滑道不大于 30%。

4.2.2　电动滑行道坡度

无跳跃任意区段最大下行坡度为不大于 20%,滑车运行在上行坡度段时,任何情况下不应出现滑车逆行现象。

4.3　滑行速度

滑行车的滑行速度范围为:

a)　滑车的最大滑行速度不大于 40 km/h,平均滑行速度不大于 36 km/h;

b)　电动滑车最大滑行速度不大于 40 km/h,雨天最大滑行速度不大于 25 km/h。

4.4　下行滑道最小曲率半径设置应大于 9 m。

4.5　发车最小间距

4.5.1　采用拖牵索道或地面输送系统提升时,上行单车发车间距应不小于 10 m。

4.5.2　滑行道单车发车间距应不小于 20 m。

4.6 允许载客人数

4.6.1 单人滑车：只允许单人使用，最大载重量按 1 000 N 计算。

4.6.2 双人滑车：载客人数为 1～2 人，最大载重量按 1 600 N 计算。

4.6.3 多人滑车：载客人数为 2 人以上，最大载重量：750N×乘客数量。

4.7 滑道在夜间运营时，应在上站、下站及滑道沿线设足够的照明设备。

4.8 滑道的整体结构应牢固可靠。滑槽、滑轨表面平整、圆滑。凡乘客可触及之处，不允许有外露的锐边、尖角、毛刺等危险突出物。

4.9 滑道的支承、支架、通道、栏杆和安全网的设置应符合 GB/T 18878—2008 中第 9 章的规定。

4.10 滑道沿线应布置完善的排水系统，滑道土建工程排水系统应符合 JTJ 021 的规定。

4.11 滑道设计、制造、安装、使用、维修保养和改造过程中应具备的技术文件见规范性附录 A；标志牌格式和格式牌内容见附录 B，应符合 GB 2894 的规定。

5 滑道

5.1 槽式滑道弯道滑槽外侧应延伸加高。滑车在最大载重量下，以最大滑行时速通过弯道时，滑车滑槽边缘距车轮的轨迹应不小于 100 mm。弯道滑槽外侧边缘应设圆滑凸起，以阻挡小车冲击滑槽。

5.2 管轨式滑道弯道处外侧管轨应高于内侧管轨。且内外轨道平面与水平夹角不应大于 25°，管轨式滑道弯道段内、外轨道高低差按 GB/T 18878—2008 的要求。

5.3 槽式滑道弯道处应设置过渡段，过渡段设置长度应符合 GB/T 18878—2008 中 6.3 的规定。

5.4 滑道跳跃段设置应符合 GB/T 18878—2008 中 6.6 的规定。

5.5 滑道应设置防止热胀冷缩造成形变的措施，且应符合 GB/T 18878—2008 中 6.15 的规定。

5.6 滑道两侧无障碍物距离应不小于 500 mm。

5.7 滑道从桥梁或隧道中通过时，停放于该处的滑车面板表面距桥梁或隧道下限的垂直高度应不小于 1.5 m。

5.8 滑道沿途各点前方的可视距离应不小于 15 m，不足时应安装反光镜。

5.9 滑道与上方的架空索道、滑行道、提升道或其他设施交叉时，该处滑行道上方应设置有效的防范隔离设施。防范隔离设施的下限至停放于该处的滑车面板表面垂直距离应不小于 1.5 m。

5.10 滑道下站应设置可靠的制动装置，制动长度应不小于 8 m。

6 滑车

6.1 所有滑车应编号，且字体清晰醒目。

6.2 滑车在下行滑道任意区段内停车后，在松开制动装置时，滑车能自行启动下滑。

6.3 滑车应设置制动装置，制动装置应满足下列要求：

6.3.1 采用制动手柄时，应有弹性复位装置。在滑车侧面布置手柄时，操纵手柄应对称布置。手柄应操作简便、可靠，操作方向向后拉为制动，向前推为加速。

6.3.2 采用其他制动方式，应符合国家机械安全和人机工程学相关标准要求。

6.3.3 滑车在轨道上停放时，自然处于制动状态，且滑车在除跳跃段外的任何下行滑道上不应自行下滑。

6.3.4 在下列条件下，滑车制动距离在下行滑道非跳跃段的任何区段不应超过 8 m：

a) 滑轨干燥、洁净；

b) 正常负载；

c) 制动前运行速度为最大时速。

6.4 滑车面板材料宜采用橡胶、塑料等具有一定弹性的材料，采用其他无弹性材质时，应在滑车前、后部位设置弹性缓冲装置。

6.5 滑车车身钢架、车轮、制动块采用螺栓或销轴等连接紧固时，应采取防止松动和脱落的措施。

6.6 用提升道提升的滑车和提升道应设置防止滑车意外下滑的止逆装置。

6.7 管轨式滑道的滑车，应设置安全带或其他有效的保护装置。

6.8 电动滑车驱动电机与变速箱连接可靠，密封良好、无渗漏现象，制动装置有效可靠。

6.9 电动滑车上应设置手动复位式紧急事故开关。

6.10 电动滑车操作手柄应能自动复位。

6.11 电动滑车集电器应接触良好，与滑车相连的馈电装置应为柔性结构，供电滑行小车车轮磨损量应不大于 5 mm，导向滑块磨损余量应不小于 1 mm。

6.12 电动滑车滑行时，当两车间距不大于 12 m 时，后车宜能自动减速且不应与前车发生碰撞。

6.13 电动滑车进入终点服务区段前 15 m 处时运行速度应减速，在终点服务区段内，移动速度应不大于 0.3 m/s。

6.14 电动滑道的制动距离应不大于 10 m。

7 滑车提升系统

7.1 客运架空索道提升系统

7.1.1 用于提升滑车、乘客的索道应获得国家有关部门颁发的安全运营许可证。

7.1.2 索道运载工具上设置的挂接装置应可靠，不应在索道运行过程中出现滑车掉落。

7.1.3 采用循环式索道时，滑车应能顺利绕过索道上、下站房。

7.2 拖牵索道提升系统

7.2.1 拖牵索道的检验符合 GB 12352 的规定。

7.2.2 在上站位置，拖牵杆应能安全可靠与滑车脱开。

7.3 地面提升系统

7.3.1 提升系统设置应符合 GB/T 18878—2008 中 7.3.3 的规定。

7.3.2 提升道中心线与上行钢丝绳的投影重合应符合 GB/T 18878—2008 中 7.3.4 的规定。

7.3.3 滑车设计的额定提升速度宜不大于 2 m/s，对提升速度大于 2 m/s 的滑道应采取有效措施防止提升时产生的冲击。

7.3.4 提升系统应设置防跳绳保护装置。

7.3.5 提升系统应设置紧急事故开关。

7.3.6 提升系统应采取与行人通道隔离的措施。

7.3.7 提升道中应设置止逆装置，保证滑车意外下滑距离不大于 0.5 m，且能被后面的滑车推至上站。

7.3.8 提升钢丝绳应设置张紧力调整装置。

7.3.9 牵引钢丝绳下挠度应正确调整，保证承载不小于 25 kg 重物的滑车在任何工况下，任何线路位置，滑车都不会被抬离滑槽。

7.3.10 提升系统应能保证滑车到达上站位置，并能可靠的与滑车脱开。

7.3.11 驱动装置、迂回装置及张力调节装置应设置有效防护设施，避免伤及人员。

7.3.12 回绳侧托索轮组应防止人员从侧面接触，必要时设置防护设施。

7.3.13 牵引钢丝绳的检验应符合 GB 9075 的要求。

7.4 采用提升道时，槽式滑道提升道最大坡度不大于 50%，管轨式提升道最大坡度不大于 60%。当坡度小于 35%时，允许乘客面朝上站方向乘坐，否则乘客宜面朝山下方向乘坐。

8 滑道站房

8.1 滑道站房应有满足乘客集散所需的候车及上、下车的场所与通道。

8.2 滑道站房应有供滑车集散所需的暂存场地和设施。

8.3 滑道站房应配备一定的维修场地和维修设备。

8.4 滑道站房乘客进出站口分开，不应相互干扰。

8.5 滑道站房应配备必要的功能用房，如办公、售票、贮存、维修、机电设备安装等房屋。

8.6 站内机械设备、电气设备、钢丝绳等不应危及乘客和工作人员的安全。

8.7 站房应有针对性的照明设施和备用照明设施。

8.8 站房及相关建筑应符合国家有关的防火规定，制定消防措施，并应配备必要的消防器材。

9 通讯设备及电气控制系统

9.1 站房之间应设有通讯系统。

9.2 巡线人员应配备必要的联络设备，确保通讯及时、畅通。

9.3 滑道电气控制电路设置应符合 GB 8408—2008、GB/T 20438 和 GB 5226.1—2002 的要求。

9.4 站房、钢丝绳、机械设备及所有金属构件均应设置防雷接地系统，避雷装置的接地电阻应不大于 30 Ω。避雷装置的设计和施工应符合 GB 50057 的规定。

10 标牌与标志

10.1 乘客须知

在滑道的进出口处，应设有醒目乘客须知标牌（必要时应有英文说明），标牌应包含以下内容：

a) 滑行时，乘客应保持车距，避免追尾；如发生追尾，后车乘客应负一定责任。

b) 乘客应遵守滑道运营规章制度，听从工作人员指挥。

c) 下列人员不应从事滑道运动：患脊柱疾病、高血压、心脏病、癫痫症、精神疾病的人员或酗酒者、孕妇等无自控能力人员。

d) 下列人员不应单独乘坐滑道：老弱病残行动不便者、身高不足 1.3 m 以下且不满八岁的儿童。

e) 滑车行至弯道处，乘客应将身体重心向圆心倾斜。

f) 乘坐过程中双手应始终握住制动手柄。

g) 乘坐管轨式滑道应系好安全带。

h) 在乘车过程中不应携带零散物品。

i) 不允许停车照相，擅自中途下车。

10.2 警示标牌、标志

在滑道沿线相应区域应设置下列警示标牌、标志。

10.2.1 在滑道跳跃段前 10 m 处，设“下陡坡”标志。

10.2.2 在急弯道、反向弯道和连续弯道前 10 m 处，分别设“急弯道”标志、“反向弯道”标志和“连续弯道”标志，并同时设“减速”标志。

10.2.3 在滑道直道处设“保持车距”警告标志。

10.2.4 距离下站 25 m 处需设“终点 25 m”标志，或“进站停车”标志。

10.2.5 滑道下站需设“终点”标志。

10.2.6 进入涵洞、过桥及其他特殊地段前应设置相应标志。

10.2.7 游客有可能跨越滑道的地段设“禁止行人通行”提示标志。

10.3 所有标志应清晰醒目，标志高度应与乘客视线基本平齐以便于乘客识别，且应符合 GB 2894 的规定。

10.4 所有标牌均为白边，蓝或绿底，白字，见附录 B。

11 使用管理

11.1 滑道运营安全要求

11.1.1 应建立与滑道运营相适应的规章制度和岗位责任制，内容至少包括以下内容：

a) 滑道运营安全管理制度，包括对人、机、物、环境的管理；

b) 运营记录，包括运营开停机时间、故障、事故、交接班记录、运行状况等；

c) 巡线制度，包括每班营运前对滑道沿线检查巡视及试滑，运营中除保证滑道中无异物外，同时指导乘客正确乘坐滑车；

d) 岗位责任制，所有工作人员应恪守岗位职责，以保证安全运营；

e) 检查维修制度，包括早检、日巡检、周检、季检、年检等，针对各类检查周期制定不同的项目内容和检查要求；

f) 事故分析处理制度，包括对事故责任的落实、处理及预防措施；

g) 奖惩制度，包括对各类人员的奖罚规定等；

h) 档案管理制度，包括各种技术、运营资料等，一般应分类长期保存。

11.1.2 应建立与滑道运营相适应的各项安全操作规程，内容至少包括：

a) 设备操作规程，包括滑车、滑道、提升系统、电气、通讯等分别制定操作程序和操作内容；

b) 岗位操作规程，包括服务、巡线、检查、维护、管理人员等分别制定操作程序和操作内容。

11.1.3 在滑车起动前，应告知乘客乘坐方式及滑车功能、如何操作制动手柄、在滑道转弯处向内倾斜重心及在终点前及时减速制动。

11.1.4 应对滑车与滑车地面提升系统的挂接及脱开进行不间断的监视。

11.1.5 在滑道的弯道处应提醒乘客注意安全并减速。

11.1.6 雨天或天气潮湿造成滑道积水时，应禁止营运。

11.1.7 每天运营前应检查提升钢丝绳，钢丝绳的检验和报废应符合 GB 9075 的规定。

11.2 人员配备

11.2.1 滑道运营单位应配备足够的工作人员，站长作为安全第一负责人并建立安全小组，同时配置一定的服务人员、巡线人员、机电维护人员及其他必备的工作人员。

11.2.2 滑道站内各类工作人员应进行岗前培训和定期培训，考核合格后持证上岗。

11.2.3 各类工作人员应佩带与乘客区别的身份标识。

11.2.4 滑道运营单位指定的安全员，专职负责日常的滑道营运安全管理工作。

11.3 维护

11.3.1 设备维护人员对滑道配套设施进行的日常维护和定期保养，应做好工作记录。

11.3.2 滑道及配套设施大修后运营前，全部滑车应沿滑道全程额定负载试滑 5 次以上，并对提升系统进行 8 小时连续无故障试车。

11.4 救援预案

11.4.1 滑道设备故障的处理规程及方法。

11.4.2 滑道事故处理措施及人员安排。

11.4.3 突发性灾害天气的预防及处理措施。

11.4.4 滑道运营单位应配备急救用品和救援设施及具备外科救护知识的工作人员。

11.4.5 针对事故的处理及救援预案定期组织员工演练以熟悉操作程序。

附　录　A
（规范性附录）
滑道设计、制造、安装、使用、维修保养和改造过程中应具备的技术文件

A.1　设计总体文件

A.1.1　滑道工程总体工艺设计资料
A.1.1.1　滑道设计平面图
A.1.1.2　滑道设计侧型图
A.1.1.3　提升道设计侧型图
A.1.2　滑道工程设计说明书
A.1.3　详细设计、计算说明及主要设计、配置图纸资料

A.2　设计图纸和随机文件

A.2.1　滑道工程测量技术资料
A.2.2　滑道工程地质勘察报告
A.2.3　滑道工程总体工艺施工资料
A.2.3.1　下行滑道施工平面图
A.2.3.2　下行滑道施工侧型图
A.2.3.3　提升道施工侧型图
A.2.3.4　上站配置图
A.2.3.5　下站配置图
A.2.3.6　滑车总装图
A.2.3.7　提升系统装配图
A.2.3.8　制动道装配图
A.2.3.9　电气图纸
A.2.4　土建设计资料
A.2.4.1　下行滑道土建施工图册
A.2.4.2　提升道土建施工图册
A.2.4.3　上、下站房施工图
A.2.5　滑道使用与维护说明书
A.2.6　机电设备产品合格证及质量证明书
A.2.7　重要配套件合格证及质量证明书
A.2.8　重大技术问题处理的协议文件、设计更改通知或图纸
A.2.9　机电设备安装工程记录（含隐蔽工程）
A.2.10　土建验收竣工测量资料
A.2.11　机电设备安装工程验收文件
A.2.12　滑道试验运行记录
A.2.13　滑道自检报告
A.2.14　设计文件鉴定报告

附　录　B
（规范性附录）
标志牌格式和标志牌内容

B.1　标志牌格式

图中长度单位均为 m，尺寸样式如图 B.1 所示。

图 B.1　标志牌尺寸样式

B.2　标志牌内容

滑道沿线应配备如下内容标牌：

1） 弯道减速 TURN WAY REDUCE SPEED
2） 进站停车 ENTRANCE STOP!
3） 扶稳坐好 FIRMLY SIT ON THE SEAT
4） 距终点 25 m 25m TO TERMINAL
5） 车辆出站 START ATTENTION
6） 跳跃扶牢手柄 SLOPING SECTION GRIP THE BRAKE HANDLE
7） 手脚请勿伸出车外 ATTENTION STAY INSIDE
8） 禁止行人通行 PASSING STRICTLY PBOHIBITED
9） 禁止私自下车 DO NOT GET OFF YOURSELF
10） 限定高度 1.5 m 1.5 m LIMITED HIGHT

ICS 77.120.99
H 14

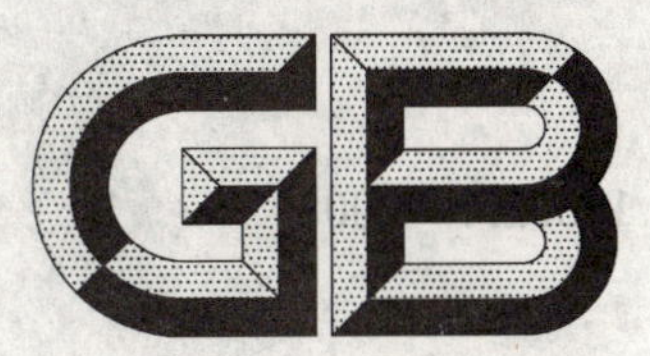

中华人民共和国国家标准

GB/T 18882.1—2008
代替 GB/T 18882.2～18882.3—2002

离子型稀土矿混合稀土氧化物化学分析方法 十五个稀土元素氧化物配分量的测定

Chemical analysis methods of mixed rare earth oxide of ion-absorpted type RE ore—Determination of fifteen REO relative content

2008-06-17 发布 2008-12-01 实施

中华人民共和国国家质量监督检验检疫总局
中国国家标准化管理委员会 发布

前　言

本标准共分两个部分。第1部分GB/T 18882.1—2008《离子型稀土矿混合稀土氧化物化学分析方法　十五个稀土元素氧化物的配分量的测定》;第2部分GB/T 18882.2—2008《离子型稀土矿混合稀土氧化物化学分析方法　三氧化二铝量的测定》。

本部分是第1部分。本部分是对GB/T 18882.2—2002《离子型稀土矿混合稀土氧化物化学分析方法　X-射线荧光光谱法测定十五个稀土元素氧化物的配分量》和GB/T 18882.3—2002《离子型稀土矿混合稀土氧化物化学分析方法　电感耦合等离子体发射光谱法测定十五个稀土元素氧化物的配分量》的整合修订。本部分与GB/T 18882.2—2002、GB/T 18882.3—2002相比主要变化如下:

——电感耦合等离子体发射光谱法增加了4条参考谱线,分别为La379.477 nm、Ce413.380 nm、Pr422.293 nm、Sm428.078 nm;

——对标准文本进行编辑性修改;

——增加了精密度(重复性)条款。

两个方法的分析范围出现重叠时,以方法1作为仲裁方法。

本部分由国家发展和改革委员会稀土办公室提出。

本部分由全国稀土标准化技术委员会归口。

本部分由赣州有色冶金研究所负责起草。

本部分方法1由北京有色金属研究总院参加起草。

本部分方法2由广东珠江稀土有限公司、宜兴新威利成稀土有限公司、江阴加华新材料资源有限公司、赣州虔东(实业)有限公司参加起草。

本部分方法1主要起草人:钟道国、潘建忠。

本部分方法2主要起草人:张少夫、刘鸿、吕道荣。

本部分参加起草人:宋永清、宋耀、蒋伟、何凤娟、温斌。

本部分所代替标准的历次版本发布情况为:

——GB/T 18882.2—2002;

——GB/T 18882.3—2002。

离子型稀土矿混合稀土氧化物
化学分析方法
十五个稀土元素氧化物配分量的测定

方法1 X-射线荧光光谱法

1 范围

本方法规定了离子型稀土矿混合稀土氧化物中十五个稀土元素氧化物配分量的测定方法。

本方法适用于离子型稀土矿混合稀土氧化物(TREO≥80%)中十五个稀土元素氧化物配分量的测定。测定范围(质量分数):0.20%～99.00%。

2 方法原理

试样经盐酸溶解蒸至近干,加入钒内标溶液,制成薄样,按分析条件测量待测元素分析特征线和内标元素特征线的X射线荧光强度比值。根据该比值与待测元素含量之间的线性关系,选择相应的数学模型,计算出待测元素的相对含量。

3 试剂与材料

3.1 氧化钇(REO>99.5%,Y_2O_3/REO>99.99%)。

3.2 氧化镧(REO>99.5%,La_2O_3/REO>99.99%)。

3.3 氧化铈(REO>99.5%,CeO_2/REO>99.99%)。

3.4 氧化镨(REO>99.5%,Pr_6O_{11}/REO>99.99%)。

3.5 氧化钕(REO>99.5%,Nd_2O_3/REO>99.99%)。

3.6 氧化钐(REO>99.5%,Sm_2O_3/REO>99.99%)。

3.7 氧化铕(REO>99.5%,Eu_2O_3/REO>99.99%)。

3.8 氧化钆(REO>99.5%,Gd_2O_3/REO>99.99%)。

3.9 氧化铽(REO>99.5%,Tb_4O_7/REO>99.99%)。

3.10 氧化镝(REO>99.5%,Dy_2O_3/REO>99.99%)。

3.11 氧化钬(REO>99.5%,Ho_2O_3/REO>99.99%)。

3.12 氧化铒(REO>99.5%,Er_2O_3/REO>99.99%)。

3.13 氧化铥(REO>99.5%,Tm_2O_3/REO>99.99%)。

3.14 氧化镱(REO>99.5%,Yb_2O_3/REO>99.99%)。

3.15 氧化镥(REO>99.5%,Lu_2O_3/REO>99.99%)。

3.16 盐酸(ρ1.19 g/mL)。

3.17 硝酸(ρ1.42 g/mL)。

3.18 过氧化氢(30%)。

3.19 偏钒酸铵。

3.20 盐酸(1+1)。

3.21 单一稀土标准贮存溶液:分别称取1.000 0 g于950℃灼烧1 h后置干燥器中冷却至室温的各单一稀土氧化物(3.1～3.15)于200 mL烧杯中。除氧化铈外,其他稀土氧化物用水湿润,加入15 mL盐酸(3.20),低温加热溶解清亮,冷却后分别移入 100 mL 容量瓶中,用盐酸(1+19)定容,混匀。将氧化铈置于 300 mL 烧杯中,用水湿润,先用 10 mL 硝酸(3.17)和少量过氧化氢(3.18)低温分解清亮(不清亮可重复操作),再加入盐酸(3.20)和过氧化氢(3.18)反复蒸干几次,将硝酸盐转化成氯化物,冷却后移入 100 mL 容量瓶中,用盐酸(1+19)定容混匀;以上溶液 1 mL 各含 10 mg 单一稀土氧化物。

3.22 单一稀土标准溶液:分别移取 10.00 mL 单一稀土标准贮存溶液(3.21)于 15 个 200 mL 容量瓶中,用盐酸(1+19)定容,混匀。此溶液 1 mL 各含 0.50 mg 单一稀土氧化物。

3.23 钒内标溶液:称取 15.435 6 g 已于 105℃烘 1 h 的偏钒酸铵(3.19)于 400 mL 烧杯中,加入一定量的水,加热溶解完全,冷却后移入 2 000 mL 容量瓶中,先加入约 1 500 mL 水,再加入 60 mL 盐酸(3.16),用水稀释至刻度,混匀。此溶液 1 mL 含 6.00 mg 五氧化二钒。

3.24 滤纸:ϕ50 mm,快速定性。

3.25 P10 氩-甲烷气体:10%甲烷+90%氩气。

4 仪器与设备

4.1 X 射线荧光光谱仪:X 光管功率≥3kW,带专用计算机。

4.2 分光晶体:LiF200。

5 试样

将试样研磨后,在干燥箱内于 105℃烘 1 h,并置于干燥器内冷却至室温备用。

6 分析步骤

6.1 试料

称取 0.100 0 g 试样(5)。

6.2 测定数量

称取两份试料(6.1),进行平行测定,取其平均值。

6.3 试样片的制备

将试料(6.1)置于 100 mL 烧杯中,加入 5 mL 盐酸(3.20)和少许过氧化氢(3.18),于低温电炉溶解清亮,蒸至近干,冷却至室温后加入 5.0 mL 钒内标溶液(3.23),溶解清亮,混匀。移取 0.30 mL 试液,均匀滴在平铺于玻璃板上的滤纸片(3.24)上,放置 20 min,在红外线灯下烘干,待测。每份试料制备 2 片样片。

6.4 标准样片的制备

按表 1 分别移取单一稀土标准贮存溶液(3.21)或单一稀土标准溶液(3.22)置于 100 mL 烧杯中,蒸至近干,冷却至室温后加入 5.0 mL 钒内标溶液(3.23),溶解清亮,混匀。移取 0.30 mL 该溶液,均匀滴在平铺于玻璃板上的滤纸(3.24)上,放置 20 min,在红外线灯下烘干,待测。

表 1

标液编号	稀土氧化物量/mg														
	Y_2O_3	La_2O_3	CeO_2	Pr_6O_{11}	Nd_2O_3	Sm_2O_3	Eu_2O_3	Gd_2O_3	Tb_4O_7	Dy_2O_3	Ho_2O_3	Er_2O_3	Tm_2O_3	Yb_2O_3	Lu_2O_3
1	100	—	—	—	—	—	—	—	—	—	—	—	—	—	—
2	—	100	—	—	—	—	—	—	—	—	—	—	—	—	—
3	—	—	100	—	—	—	—	—	—	—	—	—	—	—	—
4	—	—	—	100	—	—	—	—	—	—	—	—	—	—	—
5	—	—	—	—	100	—	—	—	—	—	—	—	—	—	—
6	—	—	—	—	—	100	—	—	—	—	—	—	—	—	—

表 1（续）

标液编号	稀土氧化物量/mg														
	Y_2O_3	La_2O_3	CeO_2	Pr_6O_{11}	Nd_2O_3	Sm_2O_3	Eu_2O_3	Gd_2O_3	Tb_4O_7	Dy_2O_3	Ho_2O_3	Er_2O_3	Tm_2O_3	Yb_2O_3	Lu_2O_3
7	—	—	—	—	—	—	100	—	—	—	—	—	—	—	—
8	—	—	—	—	—	—	—	100	—	—	—	—	—	—	—
9	—	—	—	—	—	—	—	—	100	—	—	—	—	—	—
10	—	—	—	—	—	—	—	—	—	100	—	—	—	—	—
11	—	—	—	—	—	—	—	—	—	—	100	—	—	—	—
12	—	—	—	—	—	—	—	—	—	—	—	100	—	—	—
13	—	—	—	—	—	—	—	—	—	—	—	—	100	—	—
14	—	—	—	—	—	—	—	—	—	—	—	—	—	100	—
15	—	—	—	—	—	—	—	—	—	—	—	—	—	—	100
16	50.00	—	—	—	50.00	—	—	—	—	—	—	—	—	—	—
17	—	50.00	—	—	—	50.00	—	—	—	—	—	—	—	—	—
18	—	—	50.00	—	50.00	—	—	—	—	—	—	—	—	—	—
19	—	—	—	50.00	—	—	—	—	—	—	50.00	—	—	—	—
20	—	—	—	—	—	—	50.00	—	—	—	—	—	50.00	—	—
21	—	—	—	—	—	—	—	50.00	—	—	—	—	—	50.00	—
22	—	—	—	—	—	—	—	—	50.00	—	—	—	—	—	50.00
23	—	—	—	—	—	—	—	—	—	50.00	—	50.00	—	—	—
24	—	25.00	25.00	—	25.00	25.00	—	—	—	—	—	—	—	—	—
25	—	—	—	25.00	—	—	—	25.00	—	—	25.00	—	—	25.00	—
26	—	—	—	—	—	—	25.00	—	25.00	—	—	—	25.00	—	25.00
27	25.00	—	—	—	25.00	—	—	—	—	25.00	—	25.00	—	—	—
28	—	12.50	12.50	12.50	12.50	12.50	—	12.50	—	—	12.50	—	—	12.50	—
29	12.50	—	—	—	12.50	—	12.50	—	12.50	12.50	—	12.50	12.50	—	12.50
30	6.667	6.667	6.667	6.667	6.667	6.667	6.667	6.667	6.667	6.667	6.667	6.667	6.667	6.667	6.667
31	58.00	3.00	3.00	3.00	3.00	3.00	3.00	3.00	3.00	3.00	3.00	3.00	3.00	3.00	3.00
32	3.00	3.00	3.00	3.00	58.00	3.00	3.00	3.00	3.00	3.00	3.00	3.00	3.00	3.00	3.00
33	86.00	1.00	1.00	1.00	1.00	1.00	1.00	1.00	1.00	1.00	1.00	1.00	1.00	1.00	1.00
34	1.00	1.00	1.00	1.00	86.00	1.00	1.00	1.00	1.00	1.00	1.00	1.00	1.00	1.00	1.00
35	93.00	0.50	0.50	0.50	0.50	0.50	0.50	0.50	0.50	0.50	0.50	0.50	0.50	0.50	0.50
36	0.50	0.50	0.50	0.50	93.00	0.50	0.50	0.50	0.50	0.50	0.50	0.50	0.50	0.50	0.50
37	95.80	0.30	0.30	0.30	0.30	0.30	0.30	0.30	0.30	0.30	0.30	0.30	0.30	0.30	0.30
38	0.30	0.30	0.30	0.30	95.80	0.30	0.30	0.30	0.30	0.30	0.30	0.30	0.30	0.30	0.30
39	98.60	0.10	0.10	0.10	0.10	0.10	0.10	0.10	0.10	0.10	0.10	0.10	0.10	0.10	0.10
40	0.10	0.10	0.10	0.10	98.60	0.10	0.10	0.10	0.10	0.10	0.10	0.10	0.10	0.10	0.10

6.5 监控样的制备

按表2分别移取单一稀土氧化物标准贮存溶液(3.21)或单一稀土标准溶液(3.22)置于100 mL烧杯中,按(6.4)制备样片。

表 2

控样编号	稀土氧化物量/mg														
	Y_2O_3	La_2O_3	CeO_2	Pr_6O_{11}	Nd_2O_3	Sm_2O_3	Eu_2O_3	Gd_2O_3	Tb_4O_7	Dy_2O_3	Ho_2O_3	Er_2O_3	Tm_2O_3	Yb_2O_3	Lu_2O_3
1	9.00	36.50	3.00	9.00	30.00	4.70	0.50	3.50	0.5	2.00	0.30	0.50	0	0.50	0
2	30.00	25.00	1.40	5.00	18.00	4.00	1.00	5.00	1.00	4.00	1.00	2.00	0.30	2.00	0.30
3	61.00	2.00	0.30	1.00	4.50	3.00	0.20	6.00	1.00	8.00	1.50	5.00	1.00	4.50	1.00

6.6 分析条件

激发电压:50 kV,激发电流:50 mA,细准直器,LiF200晶体,FC-SC计数器联用,真空光路,其他条件见表3。

表 3

元　　素	V	Y	La	Ce	Pr	Nd	Sm	Eu
分析线	$K_{\beta1}$	$K_{\alpha1}$	$L_{\alpha1}$	$L_{\alpha1}$	$L_{\beta1}$	$L_{\alpha1}$	$L_{\beta1}$	$L_{\alpha1}$
2θ°	69.15	23.76	82.91	79.05	68.25	72.16	59.53	63.58
测量时间/s	30	20	30	30	30	30	20	20
元素	Gd	Tb	Dy	Ho	Er	Tm	Yb	Lu
分析线	$L_{\alpha1}$	$L_{\alpha1}$	$L_{\alpha1}$	$L_{\beta1}$	$L_{\beta1}$	$L_{\alpha1}$	$L_{\alpha1}$	$L_{\beta1}$
2θ°	61.13	58.85	56.52	48.32	46.44	50.80	49.06	41.40
测量时间/s	20	20	20	20	20	20	20	20

6.7 谱线干扰校正因子的计算

按式(1)计算扣除谱线干扰。

$$I_n = I_i - \sum L_{ij} \times I_j \qquad \cdots\cdots(1)$$

式中:

I_n——分析特征线的净强度;

I_i——分析特征线的测量强度;

L_{ij}——元素j对元素i的谱线干扰系数;

I_j——元素j的分析特征线测量强度。

6.8 回归分析

按仪器分析条件(6.6)测定标样(6.4),由仪器所带的计算机将测得标样(6.4)各元素特征线与内标元素特征线的强度比,按选用的数学模型进行回归计算,所得系数保存在计算机中。

6.9 测定

按照分析条件(6.6)先测定监控样(6.5),测定结果满足允许差要求后再测定试样片(6.3)。

7 分析结果的计算与表述

7.1 按式(2)计算各待测元素归一化前的氧化物质量分数 w'_i,数值以%表示:

$$w'_i = \left(k_i \times \frac{I_n}{I_v} + b_i\right) \times 100 \qquad \cdots\cdots(2)$$

式中：

b_i——某稀土元素工作曲线截距；

k_i——某稀土元素工作曲线斜率；

I_n——某稀土元素分析特征线强度；

I_v——内标元素特征线强度。

7.2 按式(3)计算归一化后某稀土元素的氧化物配分量 w_i，数值以%表示：

$$w_i = \frac{w'_i}{\sum w_j} \times 100 \quad \cdots\cdots (3)$$

式中：

w'_i——某稀土元素归一化前的氧化物质量分数；

$\sum w_j$——稀土元素归一化前的氧化物质量分数之和。

8 精密度

8.1 重复性

在重复性条件下获得的两次独立测试结果的测定值，在以下给出的平均值范围内，这两个测试结果的绝对差值不超过重复性限(r)，超过重复性限(r)的情况不超过5%。重复性限(r)按表4数据采用线性内插法求得：

表 4

稀土氧化物	稀土氧化物质量分数/%	重复性限(r)/%
Y_2O_3、La_2O_3、CeO_2、Pr_6O_{11}、Nd_2O_3、Sm_2O_3、Eu_2O_3、Gd_2O_3、Tb_4O_7、Dy_2O_3、Ho_2O_3、Er_2O_3、Tm_2O_3、Yb_2O_3、Lu_2O_3	1.98	0.09
	8.56	0.16
	22.94	0.22
	64.58	0.32
注：重复性限(r)为 $2.8\times S_r$，S_r 为重复性标准差。		

8.2 允许差

实验室之间分析结果的差值应不大于表5所列的允许差。

表 5

稀土氧化物	质量分数/%	允许差/%
Y_2O_3、La_2O_3、CeO_2、Pr_6O_{11}、Nd_2O_3、Sm_2O_3、Eu_2O_3、Gd_2O_3、Tb_4O_7、Dy_2O_3、Ho_2O_3、Er_2O_3、Tm_2O_3、Yb_2O_3、Lu_2O_3	0.20～0.50	0.04
	>0.50～1.00	0.06
	>1.00～3.00	0.15
	>3.00～10.00	0.30
	>10.00～20.00	0.40
	>20.00～40.00	0.60
	>40.00～60.00	0.70
	>60.00～99.00	0.80

9 质量保证和控制

分析时，用标准样品或控制样品进行校核，或每年至少用标准样品或控制样品对分析方法校核一次。当过程失控时，应找出原因。纠正错误后，重新进行校核。

方法2 电感耦合等离子体发射光谱法

10 范围

本方法规定了离子型稀土矿混合稀土氧化物中十五个稀土元素氧化物配分量的测定方法。

本方法适用于离子型稀土矿混合稀土氧化物中十五个稀土元素氧化物配分量的测定。测定范围(质量分数):0.20%~80.00%。

11 方法原理

试样经盐酸分解,在稀盐酸介质中,直接以氩等离子体光源激发,进行光谱测定。

12 试剂与材料

12.1 氧化钇(REO>99.5%，Y_2O_3/REO>99.99%)。
12.2 氧化镧(REO>99.5%，La_2O_3/REO>99.99%)。
12.3 氧化铈(REO>99.5%，CeO_2/REO>99.99%)。
12.4 氧化镨(REO>99.5%，Pr_6O_{11}/REO>99.99%)。
12.5 氧化钕(REO>99.5%，Nd_2O_3/REO>99.99%)。
12.6 氧化钐(REO>99.5%，Sm_2O_3/REO>99.99%)。
12.7 氧化铕(REO>99.5%，Eu_2O_3/REO>99.99%)。
12.8 氧化钆(REO>99.5%，Gd_2O_3/REO>99.99%)。
12.9 氧化铽(REO>99.5%，Tb_4O_7/REO>99.99%)。
12.10 氧化镝(REO>99.5%，Dy_2O_3/REO>99.99%)。
12.11 氧化钬(REO>99.5%，Ho_2O_3/REO>99.99%)。
12.12 氧化铒(REO>99.5%，Er_2O_3/REO>99.99%)。
12.13 氧化铥(REO>99.5%，Tm_2O_3/REO>99.99%)。
12.14 氧化镱(REO>99.5%，Yb_2O_3/REO>99.99%)。
12.15 氧化镥(REO>99.5%，Lu_2O_3/REO>99.99%)。
12.16 过氧化氢(30%)。
12.17 盐酸(1+1)。
12.18 氩气(>99.99%)。
12.19 稀土氧化物混合标准贮存溶液：根据表6称取相应量的单一稀土氧化物(12.1~12.15,经950℃灼烧1h于干燥器中冷却)于250 mL烧杯中,加20 mL盐酸(12.17)及1 mL过氧化氢(12.16)加热溶解完全,冷却,移入500 mL容量瓶中,加入80 mL盐酸(12.17),用水稀释至刻度,混匀。此溶液1 mL含6 mg总的稀土氧化物。

表6

稀土氧化物混合标准贮存溶液标号	稀土氧化物量/mg							
	Y_2O_3	La_2O_3	CeO_2	Pr_6O_{11}	Nd_2O_3	Sm_2O_3	Eu_2O_3	Gd_2O_3
1# 高钇型	2 100	30	0	0	60	60	60	300
2# 高钇型	1 500	90	60	75	150	150	30	180
3# 高钇型	900	150	120	150	240	240	0	60
4# 中钇及轻稀土型	1 050	450	0	0	1 050	210	90	60
5# 中钇及轻稀土型	600	825	60	150	750	135	45	120
6# 中钇及轻稀土型	150	1 200	120	300	450	60	0	180

表 6（续）

稀土氧化物混合标准贮存溶液标号	稀土氧化物量/mg							
	Tb_4O_7	Dy_2O_3	Ho_2O_3	Er_2O_3	Tm_2O_3	Yb_2O_3	Lu_2O_3	—
1# 高钇型	0	120	150	60	0	60	0	—
2# 高钇型	75	210	90	150	45	150	45	—
3# 高钇型	150	300	30	240	90	240	90	—
4# 中钇及轻稀土型	0	30	0	0	60	0	0	—
5# 中钇及轻稀土型	30	105	30	45	30	45	30	—
6# 中钇及轻稀土型	60	180	60	90	0	90	60	—

13 仪器与设备

13.1 电感耦合等离子发射光谱仪：分辨率<0.006 nm(200 nm 处)。

13.2 光源：氩等离子体光源。

14 试样

将试样研磨后，在干燥箱内于105℃烘 1 h，置于干燥器内冷却至室温后称量。

15 分析步骤

15.1 试料

称取 0.300 0 g 试样(14)。

15.2 测定数量

独立进行两次测定，取其平均值。

15.3 分析试液的制备

15.3.1 将试料(15.1)置于 100 mL 烧杯中，加入 20 mL 盐酸(12.17)及 0.5 mL 过氧化氢(12.16)(当 Ce 含量较高时，可多加过氧化氢或用硝酸处理)，加热溶解至冒大气泡清亮，冷却，移入 100 mL 容量瓶中，用水稀释至刻度，混匀。

15.3.2 移取 10.00 mL 上述试液(15.3.1)于 100 mL 容量瓶中，补加 8 mL 盐酸(12.17)，用水稀释至刻度，混匀待测。

15.4 标准溶液的配制

按表 7 分别移取对应体积量的稀土氧化物混合标准贮存溶液(12.19)于 200 mL 容量瓶中，加 18 mL 盐酸(12.17)，用水稀释至刻度，混匀。此标准溶液 1mL 含 0.3 mg 稀土氧化物，各稀土氧化物配分量见表 8。

表 7

标准溶液标号	移取稀土氧化物混合标准贮存溶液/mL					
	1#	2#	3#	4#	5#	6#
7# 高钇型	10.00	—	—	—	—	—
8# 高钇型	5.00	5.00	—	—	—	—
9# 高钇型	—	10.00	—	—	—	—
10# 高钇型	—	5.00	5.00	—	—	—
11# 高钇型	—	—	10.00	—	—	—

表 7（续）

标准溶液标号	移取稀土氧化物混合标准贮存溶液/mL					
	1#	2#	3#	4#	5#	6#
12# 中钇及轻稀土型	—	—	—	10.00	—	—
13# 中钇及轻稀土型	—	—	—	5.00	5.00	—
14# 中钇及轻稀土型	—	—	—	—	10.00	—
15# 中钇及轻稀土型	—	—	—	—	5.00	5.00
16# 中钇及轻稀土型	—	—	—	—	—	10.00

表 8

标准溶液标号	稀土氧化物配分量/%							
	Y_2O_3	La_2O_3	CeO_2	Pr_6O_{11}	Nd_2O_3	Sm_2O_3	Eu_2O_3	Gd_2O_3
7#	70	1	0	0	2	2	2	10
8#	60	2	1	1.25	3.5	3.5	1.5	8
9#	50	3	2	2.5	5	5	1	6
10#	40	4	3	3.75	6.5	6.5	0.5	4
11#	30	5	4	5	8	8	0	2
12#	35	15	0	0	35	7	3	2
13#	27.5	21.25	1	2.5	30	5.75	2.25	3
14#	20	27.5	2	5	25	4.5	1.5	4
15#	12.5	33.75	3	7.5	20	3.25	0.75	5
16#	5	40	4	10	15	2	0	6
标准溶液标号	稀土氧化物配分量/%							
	Tb_4O_7	Dy_2O_3	Ho_2O_3	Er_2O_3	Tm_2O_3	Yb_2O_3	Lu_2O_3	
7#	0	4	5	2	0	2	0	—
8#	1.25	5.5	4	3.5	0.75	3.5	0.75	—
9#	2.5	7	3	5	1.5	5	1.5	—
10#	3.75	8.5	2	6.5	2.25	6.5	2.25	—
11#	5	10	1	8	3	8	3	—
12#	0	1	0	0	2	0	0	—
13#	0.5	2.25	0.5	0.75	1.5	0.75	0.5	—
14#	1	3.5	1	1.5	1	1.5	1	—
15#	1.5	4.75	1.5	2.25	0.5	2.25	1.5	—
16#	2	6	2	3	0	3	2	—

15.5 测定

15.5.1 分析线见表 9。

15.5.2 在仪器最佳工作条件下，根据待测试样的稀土类型，将对应类型的标准溶液(15.4)与分析试液(15.3.2)依次进行氩等离子体光谱测定。

表 9

元　素	分析线波长/nm	元　素	分析线波长/nm
Y	242.219、320.332	Tb	332.440
La	408.672、379.477	Dy	353.170
Ce	413.765、413.380	Ho	341.646
Pr	405.654、422.293	Er	326.478
Nd	401.225	Tm	313.126
Sm	443.432、428.078	Yb	289.138
Eu	412.970	Lu	261.542
Gd	310.050	—	—

16　分析结果的计算与表述

16.1　按式(4)计算各待测元素归一化前的氧化物质量分数 w_i'，数值以%表示：

$$w_i' = \frac{(\rho_i - \rho_0) \times V_1}{m_0 \times 10^3} \times 100 \qquad \cdots\cdots(4)$$

式中：

ρ_i——计算机给出的试样溶液中某稀土氧化物的质量浓度，单位为毫克每毫升(mg/mL)；

ρ_0——计算机给出的空白溶液中某稀土氧化物的质量浓度，单位为毫克每毫升(mg/mL)；

V_1——测定试液的体积，单位为毫升(mL)；

m_0——试样量，单位为克(g)。

16.2　按式(5)计算归一化后某稀土元素的氧化物配分量 w_i，数值以%表示：

$$w_i = \frac{w_i'}{\sum w_j} \times 100 \qquad \cdots\cdots(5)$$

式中：

w_i'——某稀土元素归一化前的氧化物质量分数；

$\sum w_j$——稀土元素归一化前的氧化物质量分数之和。

17　精密度

17.1　重复性

在重复性条件下获得的两次独立测试结果的测定值，在以下给出的平均值范围内，这两个测试结果的绝对差值不超过重复性限(r)，超过重复性限(r)的情况不超过5%。重复性限(r)按表10数据采用线性内插法求得：

表 10

稀土氧化物	稀土氧化物质量分数/%	重复性限(r)/%
Y_2O_3、CeO_2、Pr_6O_{11}、Sm_2O_3、Eu_2O_3、Gd_2O_3、Tb_4O_7、Dy_2O_3、Ho_2O_3、Er_2O_3、Tm_2O_3、Yb_2O_3、Lu_2O_3、La_2O_3、Nd_2O_3	1.56	0.08
	7.73	0.19
	22.76	0.27
	61.85	0.39
注：重复性限(r)为 $2.8 \times S_r$，S_r 为重复性标准差。		

17.2 允许差

实验室之间分析结果的差值应不大于表 11 所列的允许差。

表 11

稀土氧化物	质量分数/%	允许差/%
Y_2O_3、CeO_2、Pr_6O_{11}、Sm_2O_3、Eu_2O_3、Gd_2O_3、Tb_4O_7、Dy_2O_3、Ho_2O_3、Er_2O_3、Tm_2O_3、Yb_2O_3、Lu_2O_3	0.20～0.50	0.04
	>0.50～1.00	0.06
	>1.00～3.00	0.15
	>3.00～10.00	0.30
	>10.00～20.00	0.40
	>20.00～40.00	0.60
	>40.00～60.00	0.70
	>60.00～80.00	0.80
La_2O_3、Nd_2O_3	0.50～1.00	0.20
	>1.00～5.00	0.40
	>5.00～10.00	0.50
	>10.00～20.00	0.60
	>20.00～30.00	0.70
	>30.00～80.00	0.80

18 质量保证和控制

分析时，用标准样品或控制样品进行校核，或每年至少用标准样品或控制样品对分析方法校核一次。当过程失控时，应找出原因。纠正错误后，重新进行校核。

ICS 77.120.99
H 14

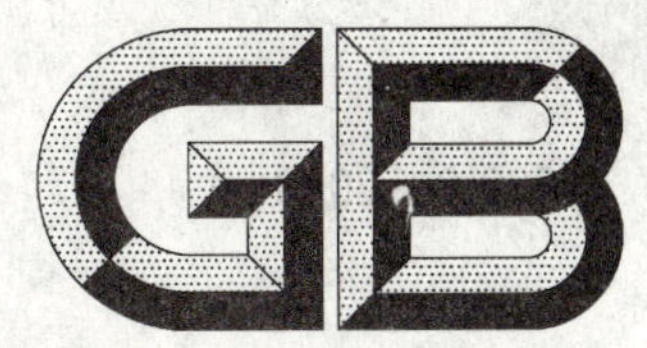

中华人民共和国国家标准

GB/T 18882.2—2008
代替 GB/T 18882.4～18882.5—2002

离子型稀土矿混合稀土氧化物化学分析方法 三氧化二铝量的测定

Chemical analysis methods for mixed rare earth oxide of ion-absorpted type RE ore—Determination of aluminum oxide content

2008-06-17 发布　　　　2008-12-01 实施

中华人民共和国国家质量监督检验检疫总局
中国国家标准化管理委员会　发布

前　言

本标准共分两个部分。第1部分GB/T 18882.1—2008《离子型稀土矿混合稀土氧化物化学分析方法　十五个稀土元素氧化物的配分量的测定》;第2部分GB/T 18882.2—2008《离子型稀土矿混合稀土氧化物化学分析方法　三氧化二铝量的测定》。

本部分为第2部分。本部分是对GB/T 18882.4—2002《离子型稀土矿混合稀土氧化物化学分析方法　发射光谱法测定三氧化二铝量》和GB/T 18882.5—2002《离子型稀土矿混合稀土氧化物化学分析方法　EDTA滴定法测定三氧化二铝量》的整合修订。本部分与GB/T 18882.4—2002和GB/T 18882.5—2002相比主要变化如下:

——样品分解方法由酸溶加碱熔改为复合酸溶;

——粉末发射光谱法改为等离子体发射光谱法;

——增加了精密度(重复性)条款。

本部分由国家发展和改革委员会稀土办公室提出。

本部分由全国稀土标准化技术委员会归口。

本部分由赣州有色冶金研究所负责起草。

本部分方法1由广东珠江稀土有限公司、江阴加华新材料资源有限公司、上海跃龙新材料股份有限公司、赣州虔东实业(集团)有限公司、宜兴新威利成稀土有限公司参加起草。

本部分方法2由上海跃龙新材料股份有限公司、赣州虔东实业(集团)有限公司、广东珠江稀土有限公司参加起草。

本部分方法1主要起草人:刘鸿、潘建忠。

本部分方法2主要起草人:杨峰、钟道国、黎英。

本部分方法1参加起草人:邓汉芹、赵峰、姚南红、李小军、蒋伟。

本部分方法2参加起草人:张飞、姚南红、梁志杰。

本部分所代替标准的历次版本发布情况为:

——GB/T 18882.4—2002;

——GB/T 18882.5—2002。

离子型稀土矿混合稀土氧化物 化学分析方法 三氧化二铝量的测定

方法1 等离子体发射光谱法

1 范围

本方法规定了离子型稀土矿混合稀土氧化物中三氧化二铝含量的测定方法。

本方法适用于离子型稀土矿混合稀土氧化物中三氧化二铝含量的测定。测定范围(质量分数):0.030%~2.00%。

2 方法原理

试样经盐酸、氢氟酸分解,高氯酸冒尽烟后,加入草酸,调节至微酸性(pH1.5~2.0),使铝与稀土分离。加入硝酸和高氯酸破坏草酸根,以氩等离子体光源激发,进行光谱测定。

3 试剂

3.1 盐酸(ρ1.19 g/mL)。

3.2 氢氟酸(ρ1.13 g/mL)。

3.3 高氯酸(ρ1.67 g/mL)。

3.4 硝酸(ρ1.42 g/mL)。

3.5 盐酸溶液(1+1)。

3.6 草酸溶液(100 g/L)。

3.7 甲酚红指示剂:称取0.2 g甲酚红,溶于100 mL乙醇溶液(1+1)中。

3.8 氨水溶液(1+1)。

3.9 铝标准贮存溶液:称取1.000 0 g金属铝(光谱纯,用前除尽表面氧化物)于500 mL烧杯中,加入水50 mL,再加入40 mL盐酸(3.1),低温溶至清亮(溶解期间补加盐酸和水),冷却。移入1 000 mL容量瓶中,用盐酸(5+95)稀至刻度,混匀。此标准溶液1 mL含1 mg铝。

3.10 铝标准溶液:移取10.00 mL铝标准贮存溶液(3.9)于100 mL容量瓶中,加入5 mL盐酸(3.1),用水定容,混匀。此标准溶液1 mL含0.1 mg铝。

3.11 氩气(>99.99%)。

4 仪器

4.1 电感耦合等离子发射光谱仪:分辨率<0.006 nm(200 nm处)。

4.2 光源:氩等离子体光源。

5 试样

5.1 试样粒度小于0.074 mm。

5.2 试样预先在105℃~110℃烘1 h,置于干燥器中冷却至室温。

6 分析步骤

6.1 试料

称取 0.100 0 g 试样(5.2)。

6.2 测定次数

独立地进行两次测定,取其平均值。

6.3 空白试验

随同试料做空白试验。

6.4 分析试液的制备

6.4.1 将试料(6.1)置于 150 mL 聚四氟乙烯烧杯中,加入 5 mL 盐酸(3.5),加热分解约 3 min,加入 2 mL 氢氟酸(3.2)继续分解 5 min,加入 5 mL 高氯酸(3.3)冒烟并蒸干,取下稍冷后加入 5 mL 盐酸(3.5)分解清亮,移入 200 mL 烧杯中,加入 10 mL 热的草酸溶液(3.6),摇匀后加入 3~5 滴甲酚红指示剂(3.7),用盐酸(3.5)和氨水(3.8)调成橘红色(pH1.5~2.0),于 40℃保温 30 min。

6.4.2 将试液移入 100 mL 容量瓶中并稀释至刻度,摇匀。干滤,移取滤液 25.00 mL 于 200 mL 烧杯中,加入 10 mL 硝酸(3.4)和 5 mL 高氯酸(3.3),低温蒸发至冒尽白烟,取下冷却。

6.4.3 加入 5 mL 盐酸(3.5),吹水少许,于低温电炉上,微热至沸片刻,使盐类全部溶解,冷却后移入 25 mL 容量瓶中,以水定容混匀,待测。

6.5 标准系列溶液的配制

分别移取 0.00 mL、2.00 mL、5.00 mL 、10.00 mL 铝标准溶液(3.10)于一系列 100 mL 容量瓶中,加入 5 mL 盐酸(3.1),以水稀至刻度,混匀,待测。

6.6 测定

将标准系列溶液(6.5)和分析试液(6.4.3)按仪器最佳工作条件于 396.152 nm 处依次进行测定。

7 分析结果的计算

按式(1)计算三氧化二铝的质量分数 $w(Al_2O_3)$,数值以%表示:

$$w(Al_2O_3) = \frac{(\rho_1 - \rho_0) \times V_1}{m_0 \times 10^6} \times 1.889\,5 \times 100 \quad \cdots\cdots(1)$$

式中:

ρ_1——计算机输出的试样溶液中铝的质量浓度,单位为微克每毫升(μg/mL);

ρ_0——计算机输出的空白溶液中铝的质量浓度,单位为微克每毫升(μg/mL);

V_1——测定试液的体积,单位为毫升(mL);

m_0——试样量,单位为克(g);

1.889 5——三氧化二铝对铝的换算系数。

8 精密度

8.1 重复性

在重复性条件下获得的两次独立测试结果的测定值,在以下给出的平均值范围内,这两个测试结果的绝对差值不超过重复性限(r),超过重复性限(r)的情况不超过 5%。重复性限(r)按表 1 数据采用线性内插法求得:

表 1

三氧化二铝质量分数/%	重复性限(r)/%
0.76	0.07
1.44	0.12
2.00	0.20
注：重复性限(r)为 2.8×S_r，S_r 为重复性标准差。	

8.2 允许差

实验室之间分析结果的差值不应大于表 2 所列允许差。

表 2

三氧化二铝质量分数/%	允许差/%
0.03～0.10	0.02
>0.10～0.50	0.05
>0.50～1.00	0.10
>1.00～1.50	0.15
>1.50～2.00	0.20

9 质量保证和控制

分析时，用标准样品或控制样品进行校核，或每年至少用标准样品或控制样品对分析方法校核一次。当过程失控时，应找出原因。纠正错误后，重新进行校核。

方法 2 EDTA 容量法

10 范围

本方法规定了离子型稀土矿混合稀土氧化物中三氧化二铝含量的测定方法。

本方法适用于离子型稀土矿混合稀土氧化物中三氧化二铝含量的测定。测定范围(质量分数)：>2.00%～15.00%。

11 方法原理

试样经盐酸、氢氟酸、高氯酸分解，调节酸度(pH1.5～2.0)，用草酸分离稀土，加入硝酸和高氯酸破坏草酸根，用 EDTA 络合铝，以二甲酚橙作指示剂，采用硫酸锌返滴定法测定 Al_2O_3 量。

12 试剂

12.1 盐酸(ρ1.19 g/mL)。

12.2 氢氟酸(ρ1.13 g/mL)。

12.3 过氧化氢(30%)。

12.4 高氯酸(ρ1.67 g/mL)。

12.5 硝酸(ρ1.42 g/mL)。

12.6 草酸溶液(100 g/L)。

12.7 氢氧化钠溶液(200 g/L)。

12.8 盐酸溶液(1+1)。

12.9 盐酸溶液(1+4)。

12.10　氨水溶液(1+1)。

12.11　EDTA(乙二胺四乙酸二钠)溶液(约为 0.05 mol/L):称取 20 g EDTA 溶于少量水中,移入 1 000 mL 容量瓶中,以水定容,混匀。

12.12　甲酚红指示剂:称取 0.2 g 甲酚红,溶于 100 mL 乙醇溶液(1+1)中。

12.13　酚酞乙醇溶液(10 g/L)。

12.14　乙酸-乙酸纳缓冲溶液(pH5.5):称取 200 g 乙酸钠溶于少量水中,移入 1 000 mL 容量瓶中,加入 10 mL 冰乙酸,以水定容,混匀。

12.15　二甲酚橙指示剂(4 g/L):称取 0.4 g 二甲酚橙和 20 g 硝酸钾溶于少量水中,移入 100 mL 容量瓶中,用水定容,混匀。贮存于棕色瓶中。

12.16　氟化钠溶液(40 g/L)。

12.17　铝标准溶液:称取 1.000 0 g 金属铝(光谱纯,用前除尽表面氧化物)于 500 mL 烧杯中,加入 50 mL 水,再加入 40 mL 盐酸(12.1),低温溶至清亮(间补盐酸和水),冷却。移入 1 000 mL 容量瓶中,用盐酸(5+95)稀至刻度,混匀。此标准溶液 1 mL 含 1 mg 铝。

12.18　硫酸锌溶液(约 0.1 mol/L):称取 30 g 固体硫酸锌($ZnSO_4 \cdot 7H_2O$)溶于适量水中,移入 1 000 mL 容量瓶中,用水定容,混匀。

12.19　硫酸锌标准溶液。

12.19.1　配制:称取 2.4 g 固体硫酸锌($ZnSO_4 \cdot 7H_2O$)溶于少量水中,移入 1 000 mL 容量瓶中,用水定容,混匀。

12.19.2　标定:移取 10.00 mL 铝标准溶液(12.17)于 250 mL 锥形瓶中,加入 30 mL EDTA 溶液(12.11),并加入 1~2 滴酚酞指示剂(12.13),用氢氧化钠(12.7)中和至红色出现。用盐酸(12.9)中和至无色并过量 1 滴,加入 20 mL 乙酸-乙酸纳缓冲溶液(12.14),低温微沸 1 min~2 min,取下冷却。以下按分析步骤(14.4.4)进行操作。

按式(2)计算硫酸锌标准溶液的浓度。

$$c = \frac{\rho_0 \cdot V_1}{M \cdot V_2} \qquad \cdots\cdots\cdots\cdots (2)$$

式中:

c——硫酸锌的浓度,单位为摩尔每升(mol/L);

ρ_0——铝标准溶液质量浓度,单位为毫克每毫升(mg/mL);

M——铝的摩尔质量,单位为克每摩尔(g/mol);

V_1——移取铝溶液的体积,单位为毫升(mL);

V_2——消耗硫酸锌标准溶液的体积,单位为毫升(mL)。

13　试样

13.1　试样粒度小于 0.074 mm。

13.2　试样预先在 105℃~110℃烘 1 h,置于干燥器中冷却至室温。

14　分析步骤

14.1　试料

称取 0.25 g 试样(13.2),精确至 0.000 1 g。

14.2　测定次数

独立地进行两次测定,取其平均值。

14.3　空白试验

随同试料做空白试验。

14.4 测定

14.4.1 将试料(14.1)置于 150 mL 聚四氟乙烯烧杯中,加入 5 mL 盐酸(12.8),1 mL 过氧化氢(12.3)加热分解 3 min,加入 5 mL 氢氟酸(12.2)继续分解 5 min,加入 8 mL 高氯酸(12.4)冒烟并蒸干,取下稍冷后加入 5 mL 盐酸(12.8)分解清亮,移入 200 mL 烧杯中,加入热的 10 mL 草酸溶液(12.6),摇匀后加入 3～5 滴甲酚红指示剂(12.12),用盐酸(12.9)和氨水(12.10)调成橘红色(pH1.5～2.0),于 40℃保温 30 min。将试液移入 100 mL 容量瓶中并稀释至刻度,混匀。

14.4.2 将试液(14.4.1)用中速定量滤纸干滤于 100 mL 烧杯中,移取 50.00 mL 溶液于 250 mL 锥形瓶中,加入 10 mL 硝酸(12.5)和 5 mL 高氯酸(12.4),低温蒸发至冒尽白烟,取下冷却,加入 5 mL 盐酸(12.8),淋少许水,微热至沸片刻,使盐类全部溶解。

14.4.3 将试液(14.4.2)取下,加入 30 mL EDTA 溶液(12.11),加入 1～2 滴酚酞指示剂(12.13),用氢氧化钠(12.7)中和至红色出现。用盐酸(12.9)中和至无色并过量 1 滴,加入 20 mL 乙酸-乙酸纳缓冲溶液(12.14),微沸 1 min～2 min,取下冷却。

14.4.4 在试液(14.4.3)中加入 2 滴二甲酚橙指示剂(12.15),用硫酸锌溶液(12.18)滴定至接近红色,再用硫酸锌标准溶液(12.19)继续滴定至刚好出现纯红色(不计读数)。加入 15 mL 氟化钠溶液(12.16),微沸 1 min～2 min,取下冷却,用硫酸锌标准溶液(12.19)滴定至纯红色为终点。记录消耗的硫酸锌标准溶液(12.19)的体积。

15 分析结果的计算

按式(3)计算三氧化二铝的质量分数 $w(Al_2O_3)$,数值以%表示:

$$w(Al_2O_3) = \frac{c \times M \times (V_2 - V_0) \times V}{m_0 \times V_1 \times 10^3} \times 1.8895 \times 100 \qquad (3)$$

式中:

c——硫酸锌标准溶液的浓度,单位为摩尔每升(mol/L);

M——铝的摩尔质量,单位为克每摩尔(g/mol);

V——试液总体积,单位为毫升(mL);

V_1——分取试液的体积,单位为毫升(mL);

V_2——试料消耗硫酸锌标准溶液,单位为毫升(mL);

V_0——空白消耗硫酸锌标准溶液,单位为毫升(mL);

m_0—— 试料的质量,单位为克(g);

1.889 5——三氧化二铝对铝的换算系数。

16 精密度

16.1 重复性

在重复性条件下获得的两次独立测试结果的测定值,在以下给出的平均值范围内,这两个测试结果的绝对差值不超过重复性限(r),超过重复性限(r)的情况不超过 5%。重复性限(r)按表 3 数据采用线性内插法求得:

表 3

三氧化二铝质量分数/%	重复性限(r)/%
2.00	0.15
5.00	0.20
9.27	0.25
注：重复性限(r)为 $2.8\times S_r$，S_r 为重复性标准差。	

16.2 允许差

实验室之间分析结果的差值不应大于表 4 所列允许差。

表 4

三氧化二铝质量分数/%	允许差/%
>2.00～5.00	0.20
>5.00～10.00	0.30
>10.00～15.00	0.40

17 质量保证和控制

分析时，用标准样品或控制样品进行校核，或每年至少用标准样品或控制样品对分析方法校核一次。当过程失控时，应找出原因。纠正错误后，重新进行校核。

ICS 33.180.20
M 33

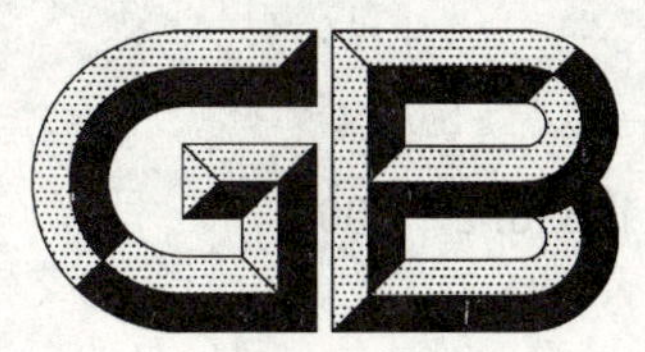

中华人民共和国国家标准

GB/T 18898.2—2008

掺铒光纤放大器 L波段掺铒光纤放大器

Erbium-doped fiber amplifier—
L-band Erbium-doped fiber amplifier

2008-03-31 发布 2008-11-01 实施

中华人民共和国国家质量监督检验检疫总局
中国国家标准化管理委员会 发布

前言

GB/T 18898《掺铒光纤放大器》分为两个部分：

——C 波段掺铒光纤放大器；

——L 波段掺铒光纤放大器。

本部分是 GB/T 18898《掺铒光纤放大器》的第 2 部分。

本部分在结构格式上与 GB/T 18898.1—2002 相同，主要区别是其技术内容中的参数指标，并略去模拟传输的掺铒光纤放大器内容。其他内容按 GB/T 18898.1—2002 相关规定进行编排。

本部分中关于 L 波段掺铒光纤放大器的技术要求，由于单通道应用的功率放大器技术较成熟，因此该要求较具体并且量化；而多波道应用的技术尚未成熟，故其技术要求为框架式，没有量化指标。

本部分由中华人民共和国信息产业部提出。

本部分由信息产业部（通信）归口。

本部分起草单位：武汉邮电科学研究院。

本部分主要起草人：梁臣桓、邓韬、龙浩。

掺铒光纤放大器
L 波段掺铒光纤放大器

1 范围

GB/T 18898 的本部分规定了 L 波段掺铒光纤放大器(EDFA)的术语和定义、分类，单波道、多波道数字传输应用的 L 波段掺铒光纤放大器性能参数指标和试验方法，检验程序，包装、标志、运输、贮存和安全的要求。

本标准适用于 L 波段中单波道、多波道数字传输应用的 EDFA 器件。

2 规范性引用文件

下列文件的条款通过 GB/T 18898 的本部分的引用而成为本部分的条款。凡是注日期的引用文件，其随后所有的修改单(不包括勘误的内容)或修订版本均不适用于本部分，然而，鼓励根据本部分达成协议的各方研究是否可使用这些文件的最新版本。凡是不注日期的引用文件，其最新版本适合于本部分。

GB/T 2421—1999 电工电子产品基本环境试验 第 1 部分：总则(idt IEC 60068-1:1988)

GB/T 16850.1—1997 光纤放大器试验方法基本规范 第 1 部分：增益参数的试验方法(eqv IEC TC86/75/CDV)

GB/T 16850.2—1999 光纤放大器试验方法基本规范 第 2 部分：功率参数的试验方法(eqv IEC 61290-2:1998)

GB/T 16850.3—1999 光纤放大器试验方法基本规范 第 3 部分：噪声参数的试验方法(eqv IEC 61290-2:1998)

GB/T 16850.4—2006 光纤放大器试验方法基本规范 第 4 部分：模拟参数——增益斜率的试验方法

GB/T 16850.5—2001 光纤放大器试验方法基本规范 第 5 部分：反射参数的试验方法(neq IEC 61290-5)

GB/T 16850.6—2001 光纤放大器试验方法基本规范 第 6 部分：泵浦泄漏参数的试验方法(eqv IEC 61290-6-1:1998)

GB/T 18898.1—2002 掺铒光纤放大器 C 波段掺铒光纤放大器

YD/T 1065—2000 单模光纤偏振模色散试验方法

IEC 60825-1:2003 激光器产品安全 第 1 部分 设备分类、要求和用户指南

3 分类

3.1 按应用分类

按照掺铒光纤放大器的应用系统分为如下三类：

——EDFA-A：模拟应用的掺铒光纤放大器；

——EDFA-S：单波道数字传输应用的掺铒光纤放大器；

——EDFA-M：多波道数字传输应用的掺铒光纤放大器。

3.2 按功能分类

按照掺铒光纤放大器应用功能分为如下三类：

——EDFA-BA:掺铒光纤功率放大器,它是直接用在光发射端机之后,以提高其功率的高饱和光功率的 EDFA 器件;

——EDFA-PA:掺铒光纤预放大器,它是直接用在光接收机端机之前,以改善其灵敏度的具有低噪声的 EDFA 器件;

——EDFA-LA:掺铒光纤线路放大器,它是用在无源光纤段之间以增加中继长度或在光接入网相应的点到多点连接中以补偿分支损耗的较低噪声的 EDFA 器件。

4 术语和定义

下列术语和定义适用于本部分。

4.1

掺铒光纤放大器 Erbium-doped fiber amplifier

掺铒光纤放大器是用铒离子掺杂的光纤作为有源光纤的光纤放大器(OFA),被想象成一个"黑盒子",如图 1 所示,至少具有两个光端口和供电的电连接口(图中未给出)。

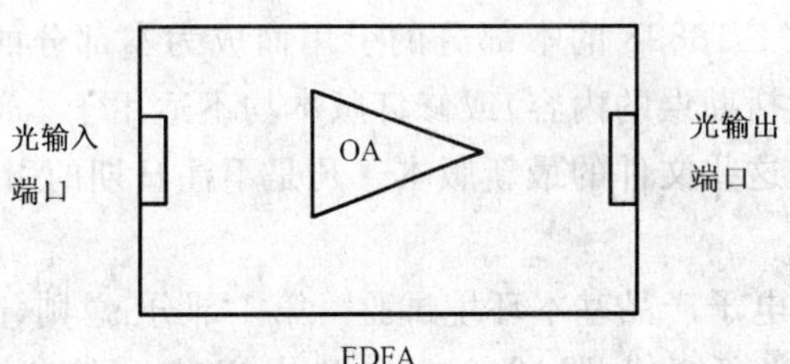

图 1 掺铒光纤放大器

4.2

输出信号功率 output signal power

在标称工作条件下,对一个规定的输入信号光功率所对应的输出信号光功率,以 dBm 表示。

注:标称工作条件是由制造者对 EDFA 的正常运行而提出的条件。

4.3

最大输出信号功率 maximum output signal power

在标称工作条件下,从 EDFA 能够得到的最大输出信号光功率,以 dBm 表示。

4.4

增益 gain

从 EDFA 输出端口输出的信号光功率与输入端口输入信号光功率的比值,以 dB 表示。

注 1:增益包括输入光纤跳线和 EDFA 之间的连接损耗。

注 2:假定跳线与用作 EDFA 输入端口和输出端口的光纤是同类型号。

注 3:注意,应从信号光功率中排除 ASE 噪声功率。

4.5

小信号增益 small-signal gain

放大器工作在线性区时的增益。这时,在给定的信号波长和泵浦光功率电平下,它基本与输入信号功率无关。

4.6

输入光功率范围 input power range

当 EDFA 的输出信号光功率在规定的输出功率范围内、使其满足性能规范要求时,EDFA 输入信号功率所在的光功率范围。

4.7

输出光功率范围　output power range

当EDFA的输入信号光功率在规定的输入功率范围内、使其满足性能规范要求时，EDFA输出信号功率所在的光功率范围。

4.8

输入光反射　input optical reflectance

在标称工作条件和工作波长情况下，从输入端口被EDFA反射的入射光功率与总入射光功率之比，以dB表示。

注：用给定的输入信号光功率进行测量。

4.9

输出光反射　output optical reflectance

在标称工作条件和工作波长情况下，从输出端口被EDFA反射的入射光功率与总入射光功率之比，以dB表示。

注：用给定的输入信号光功率进行测量。

4.10

噪声系数　noise figure;NF

受限于散弹噪声通过EDFA传输引起的具有特定量子效率光检测器输出端信噪比(SNR)的减少量，即输入端SNR与输出端SNR之比，以dB表示。

4.11

偏振相关增益　polarization dependent gain

在标称工作条件下，由于输入信号光偏振状态变化引起的EDFA小信号增益的最大变化量，以dB表示。

4.12

偏振模色散　polarization mode dispersion

在标称波长范围内，由于通过EDFA所产生的任意偏振光之间最大群时延差，以ps表示。

4.13

最大总输出功率　maximum total output power

EDFA工作在绝对最大额定值时，在输出端口的最高光功率电平，以dBm表示。

4.14

输入端泵浦泄漏功率　pump leakage at input

从EDFA输入端口泄漏的泵浦光功率。

4.15

输出端泵浦泄漏功率　pump leakage at output

从EDFA输出端口泄漏的泵浦光功率。

4.16

前向ASE功率电平　forward ASE power level

在标称工作条件下，从输出端输出的与ASE有关的特定波长带宽内的ASE噪声光功率。

注1：该参数对于PA或LA很重要，它主要取决于所用滤波器。

注2：应该说明规定ASE功率电平的工作条件(如增益和输入信号光功率等)。

4.17

反向ASE功率电平　reverse ASE power level

在标称工作条件下，从输入端输出的与ASE有关的特定波长带宽内的ASE噪声光功率。

4.18

输入端最大光反射容限　maximum reflectance tolerable at input

在 EDFA 能满足其规范时，从其输入端口得到的最大反射。

注 1：用给定的输入信号光功率进行测量。

注 2：噪声系数是对反射最敏感的参数。

4.19

输出端最大光反射容限　maximum reflectance tolerable at output

在 EDFA 能满足其规范时，从其输出端口得到的最大反射。

注：同 4.18。

4.20

工作波长范围　operating wavelength range

一个工作波长 λ 附近，从 λ_{min} 至 λ_{max} 的规定范围，在此范围内，EDFA 能在规定的光学特性下工作，用 nm 表示。

4.21

输入参考面　input reference plane

如图 2 所示，输入参考面在 EDFA 的输入端定义。来自发送机 Tx_1、Tx_2……Tx_n 的 n 个信号，每个分别具有单一波长 λ_1、λ_2、……λ_n，由光复用器(OM)进行合波，每个信号分别具有单一功率 P_{i1}、P_{i2}……P_{in}，输送到 EDFA 的输入端。

4.22

输出参考面　output reference plane

如图 2 所示，输出参考面在 EDFA 的输出端定义。n 个输入信号被 EDFA 放大后，每个分别具有单一功率 P_{01}、P_{02}……P_{0n}，从 EDFA 输出端输出，经光解复用器(OD)分离出 λ_1、λ_2、……λ_n 的 n 个信号，由接收机 Rx_1、Rx_2……Rx_n 接收。在输出参考面上还应考虑被放大了的自发辐射(ASE)具有噪声光功率谱密度 $P_{ASE}(\lambda)$。

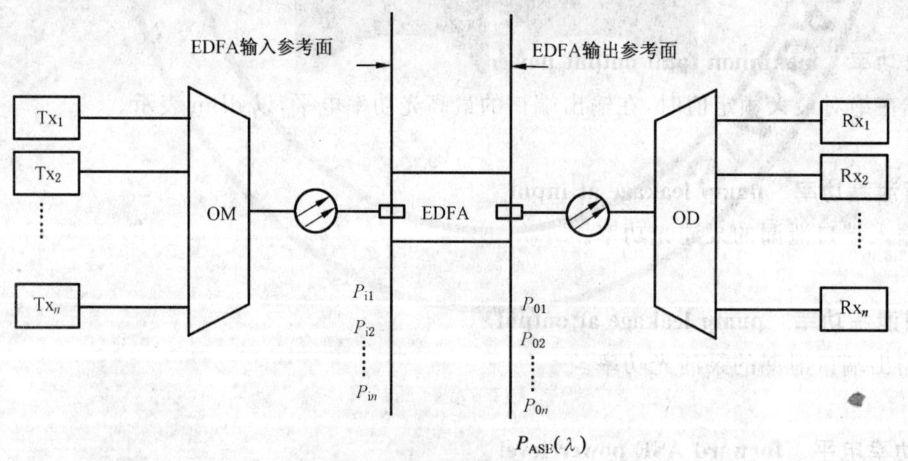

图 2　多波道应用中的 EDFA

4.23

波道增益　channel gain

对于规定的多波道配置，每一波道(在波长 λ_j 上)的增益。

波道增益可用下式表达：

$$G_j = P_{oj} - P_{ij} \cdots\cdots (\mathrm{dB})$$

式中：

P_{oj}——第 j 波道的输出功率，dBm，$j=1,2,\cdots,n$，n 为总波道数；

P_{ij}——第 j 波道的输入功率，dBm，$j=1,2,\cdots,n$，n 为总波道数。

注：由于 EDFA 饱和功率是由所有波长输入信号复合效应确定，所以信号增益与所有信号输入功率相关。

4.24

多波道增益变化　multichannel gain variation

波道间增益差　inter-channel gain difference

对于规定的多波道配置，任意两波道之间的波道增益差。

多波道增益变化可用下式表示：

$$\Delta G_{ji} = G_j - G_i \cdots\cdots(\text{dB})$$

式中：

G_j——第 j 波道的波道增益，$j=1,2,\cdots,n$，但，$j\neq i$，n 为总波道数；

G_i——第 i 波道的波道增益，$i=1,2,\cdots,n$，但，$i\neq j$，n 为总波道数。

注：通常情况下，这一参数被规定为波道增益变化最大值，表示为多波道增益变化最大绝对值，输入功率通常将取规定的最大值和最小值，也可以是规定达到中心增益值或总输出功率时的输入功率。

最大多波道增益变化（又称增益平坦度）可用下式表示：

$$\Delta G_{\max} = MAX_{j}、i\{|\Delta G_{ji}|\}\cdots\cdots(\text{dB})$$

式中：

ΔG_{ji}——第 j 和第 i 波道之间的多波道增益变化，j、$i=1,2,\cdots,n$，但 $j\neq i$，n 为总波道数。

4.25

增益交叉浸透　gain cross-saturation

在规定的多波道配置中，当所有其他波道输入功率保持恒定时，某一给定波道的输入功率的变化 ΔP_i 对于另外波道的增益变化 ΔG_j 的比率。

增益交叉浸透可用下式表示：

$$GXS_{ji} = \Delta G_j / \Delta P_i \cdots\cdots(\text{dB/dB})$$

式中：

j、i——$1,2,\cdots,n$，但 $j\neq i$，n 为总波道数。

注：通常，这一参数被指定为当每个波道处于最小允许功率时的多波道中的一种初始输入功率分配，其分配可在相应的详细规范里表示。

4.26

多波道增益变化差　multichannel gain-change difference

波道间增益变化差　inter-channel gain-change difference

对于某一规定的波道配置，在两个规定的波道输入功率设定值中，某一波道增益变化值与相关的另一波道增益变化值之间的差。

多波道增益变化差可用下式表示：

$$GD_{ji} = [G_j(1) - G_j(2)] - [G_i(1) - G_i(2)] \cdots\cdots(\text{dB})$$

式中：

$G_j(1)$——第 j 波道在规定的波道输入功率值设定值(1)的波道增益，$j=1,2,\cdots,n$，n 为总波道数；

$G_j(2)$——第 j 波道在规定的波道输入功率值设定值(2)的波道增益，$j=1,2,\cdots,n$，n 为总波道数；

$G_i(1)$——第 i 波道在规定的波道输入功率值设定值(1)的波道增益，$i=1,2,\cdots,n$，n 为总波道数；

$G_i(2)$——第 i 波道在规定的波道输入功率值设定值(2)的波道增益，$i=1,2,\cdots,n$，n 为总波道数。

注 1：通常，两个规定的波道输入功率设定值中：(1)为所有输入功率调至最小值，(2)为所有输入功率调至最大值。

注 2：通常应规定的多波道最大增益变化差，不同输入设定值的情况应在相应的详细规范中加以定义。

注 3：前向 ASE 功率与相应使用的预放大器或线路放大器有关，因此波道输入功率将包含前向 ASE 成分。

注 4：当不能使用增益斜率定义时，该参数可用作替代多波道增益斜率。

4.27

多波道增益斜率　multichannel gain tilt

相互波道间增益变化率　inter-channel gain-change ratio

在第 j 波道中，由第(1)功率值变到第(2)功率值时，每一波道增益变化相对于参考波道增益变化的比率。多波道增益斜率可用下式表示：

$$GT_j = [G_j(1) - G_j(2)]/[G_r(1) - G_r(2)] \cdots\cdots (\mathrm{dB/dB})$$

式中：

$G_j(1)$——第 j 波道在规定的波道输入功率值(1)的波道增益，$j=1,2,\cdots,n$，n 为总波道数；

$G_j(2)$——第 j 波道在规定的波道输入功率值(2)的波道增益，$j=1,2,\cdots,n$，n 为总波道数；

$G_r(1)$——参考波道 r 在规定的波道输入功率设定值(1)的波道增益；

$G_r(2)$——参考波道 r 在规定的波道输入功率设定值(2)的波道增益。

注 1：多波道增益斜率通常用作预计基于参考波道变化的各种输入波道功率设定值的每一波道的增益。

注 2：通常，把输入波道功率值调到：(1)为所有功率中等于最大允许值；(2)为所有功率中等于最小允许值。

注 3：参考波道可在适合详细规范中规定，参考波道的多波道增益斜率用 dB/dB 来定义。

注 4：在混合多级放大、不均匀增益媒介的情况下，特别是当放大器工作在自动增益控制模式时，不适宜采用多波道增益斜率来预测不同条件的波道增益。

4.28

波道增加/移去增益响应(稳态)　channel addition/removal gain response(steady-state)

对于某一规定的多波道配置，由于增加/移去一个或多个别的波道而引起任一波道所产生的波道增益的稳态变化。

注 1：通常，当每一输入波道的最终和最初功率等于最小允许值时，最大波道增加/移去增益响应为规定的参数。不同的最终或最初功率可在适合的详细规范里标出。

注 2：当加上所有波道或在所有波道中减到仅剩下一个波道时，通常会预期发生最坏情况的波道增加/移去增益响应。

4.29

波道噪声系数　channel noise figure

对于规定的多波道配置，在规定的光带宽中每波道的噪声系数称为波道噪声系数，用 dB 表示。

4.30

波道信号自发辐射噪声系数　channel signal-spontaneous noise figure

对于规定的多波道配置，每波道的信号自发辐射噪声系数称为波道信号自发辐射噪声系数，用 dB 表示。

5　技术要求

5.1　单波道用 EDFA 的性能参数要求

5.1.1　功率放大器(BA)的性能参数要求

功率放大器(BA)的性能参数如表 1 所示。

表 1　L 波段单波道应用中功率放大器相关性能参数

参数名称	单位	最小值	典型值	最大值
工作波长范围	nm	1 569		1 604
输入功率范围	dBm	−6		+3
输出功率范围	dBm	a	15	a
偏振相关增益	dB			0.5

表 1(续)

参数名称	单位	最小值	典型值	最大值
反向 ASE 功率	dBm			−20
输入光反射	dB			−27
输入端泵浦泄漏功率	dBm			−15
输入端最大光反射容限	dB			−27
输出端最大光反射容限	dB			−27
最大总输出功率	dBm		待研究	
工作温度	℃	0		50
最大工作相对湿度	%	20		80
贮存温度	℃	−20		+70
贮存相对湿度	%	10		90
激光器安全级别		按 IEC 60825-1:2003 规定		

[a] 由于输出功率是系统特有的,其数值参照 ITU-T G.691:2000 规定。

5.1.2 预放大器(PA)的性能参数要求

预放大器(PA)的性能参数如表 2 所示。

表 2 L 波段单波道应用中预放大器相关性能参数

参数名称	单位	最小值	最大值
工作波长范围	nm	1 569	1 604
输入功率范围	dBm	[a]	[a]
输出功率范围	dBm	待研究	待研究
噪声系数	dB		待研究
偏振相关增益	dB		0.5
前向 ASE 功率	dBm		待研究
反向 ASE 功率	dBm		−20
输入光反射	dB		−27
输出端泵浦泄漏功率	dBm		−40
输入端最大光反射容限	dB		−27
输出端最大光反射容限	dB		−27
最大总输出功率	dBm	待研究	待研究
小信号增益	dB	待研究	
工作温度	℃	0	50
最大工作相对湿度	%	20	80
贮存温度	℃	−20	+70
贮存相对湿度	%	10	90
激光器安全级别		按 IEC 60825-1:2003 规定	

[a] 由于输出功率是系统特有的,其数值参照 ITU-T G.691:2000 系列建议规定。

5.1.3 线路放大器(LA)性能参数要求

线路放大器(LA)性能参数如表3所示。

表3 L波段单波道应用中线路放大器相关性能参数

参数名称	单位	最小值	最大值
工作波长范围	nm	1 569	1 604
输入功率范围	dBm	待研究	
输出功率范围	dBm	待研究	
噪声系数	dB		待研究
偏振相关增益	dB		0.5
前向ASE功率	dBm	待研究	
反向ASE功率	dBm	待研究	
输入光反射	dB		−27
输出光反射	dB		−27
输入端泵浦泄漏功率	dBm		−15
输入端最大光反射容限	dB		−27
输出端最大光反射容限	dB		−27
偏振模色散	Ps	待研究	
小信号增益	dB	待研究	
工作温度	℃	0	50
最大工作相对湿度	%	20	80
贮存温度	℃	−20	+70
贮存相对湿度	%	10	90
激光器安全级别		按IEC 60825-1:2003规定	

5.2 多波道用EDFA的性能参数要求

表4～表6对多波道用EDFA的性能参数作出框架式规定。

表4 L波段EDFA光功率放大器性能参数

参数名称	单位	指标
工作波长范围	nm	1 569～1 604
总输入功率范围	dBm	[a]
波道噪声系数	dBm	[a]
波道输入功率范围	dBm	[a]
波道输出功率范围	dBm	[a]
输入光反射	dB	[a]
输出光反射	dB	[a]
输入端泵浦泄漏功率	dBm	[a]
输入端最大光反射容限	dB	[a]
输出端最大光反射容限	dB	[a]

表 4(续)

参数名称	单位	指标
最大总输出功率	dBm	a
波道增加/移去的增益响应(稳态)	dB	a
波道增益	dB	a
增益平坦度	dB	a
多波道增益变化差	dB	a
多波道增益斜率	dB/dB	a
工作温度	℃	0～50
最大工作相对湿度	%	20～80
贮存温度	℃	−20～+70
贮存相对湿度	%	10～90
激光器安全级别	按 IEC 60825-1:2003 规定	

a 待研究。

表 5　L 波段 EDFA 光线路放大器性能参数

参数名称	单位	指标
工作波长范围	nm	1 569～1 604
总输入功率范围	dBm	a
波道噪声系数	dB	a
波道输入功率范围	dBm	a
波道输出功率范围	dBm	a
输入光反射	dB	a
输出光反射	dB	a
输入端泵浦泄漏功率	dBm	a
输入端最大光反射容限	dB	a
输出端最大光反射容限	dB	a
最大总输出功率	dBm	a
波道增加/移去的增益响应(稳态)	dB	a
波道增益	dB	a
增益平坦度	dB	a
多波道增益变化差	dB	a
多波道增益斜率	dB/dB	a
工作温度	℃	0～50
最大工作相对湿度	%	20～80
贮存温度	℃	−20～+70
贮存相对湿度	%	10～90
激光器安全级别	按 IEC 60825-1:2003 规定	

a 待研究。

表 6 L 波段 EDFA 光预放大器性能参数

参数名称	单位	指标
工作波长范围	nm	1 569～1 604
总输入功率范围	dBm	[a]
波道噪声系数	dB	[a]
波道输入功率范围	dBm	[a]
波道输出功率范围	dBm	[a]
输入光反射	dB	[a]
输出光反射	dB	[a]
输出端泵浦泄漏功率	dBm	[a]
输入端最大光反射容限	dB	[a]
输出端最大光反射容限	dB	[a]
最大总输出功率	dBm	[a]
波道增加/移去的增益响应(稳态)	dB	[a]
波道增益	dB	[a]
增益平坦度	dB	[a]
多波道增益变化差	dB	[a]
多波道增益斜率	dB/dB	
工作温度	℃	0～50
最大工作相对湿度	%	20～80
贮存温度	℃	−20～+70
贮存相对湿度	%	10～90
激光器安全级别	按 IEC 60825-1:2003 规定	

[a] 待研究。

5.3 EDFA 环境和机械性能试验的技术要求

各种环境和机械试验后 EDFA 参数变化量规定如表 7 所示。

表 7 各种环境和机械试验 EDFA 参数变化量

单位为 dB

试验项目	最大变化量		
	输出信号光功率	噪声系数	增益
高温(静态)	0.5	0.2	0.5
低温(静态)	0.5	0.2	0.5
湿热(静态)	0.5	0.2	0.5
高温老化	0.5	0.2	0.5
振动	0.5	0.2	0.5
冲击	0.5	0.2	0.5
尾缆保持力	0.5	0.2	0.5
尾缆扭转	0.5	0.2	0.5

6 测量

6.1 外观检查

进行光学性能测量前，首先对EDFA进行外观检查。其外观必须平滑、洁净、均匀、无伤痕及裂纹，整个EDFA牢固，引线无松动或与连接器插拔平顺；EDFA标志清晰。

6.2 环境

EDFA的性能测试应在满足GB/T 2421—1999规定的标准大气条件下进行，即：

——温度：15℃～35℃；

——相对湿度：25%～75%；

——气压：86 kPa～106 kPa。

注：包括首尾两项在内的范围值；绝对湿度≤22 g/m³。

6.3 仪表装置

用于进行EDFA光学性能测量的仪器仪表及装置，应按规定进行校检，并在有效期内使用。

6.4 输入功率范围、输出功率范围、最大总输出功率和工作波长范围测量

这四个性能参数按GB/T 16850.2—1999规定进行测量，并按定义取值。

6.5 小信号增益、波道增益、增益平坦度、多波道增益变化差、偏振相关增益测量

这六个性能参数按GB/T 16850.1—1997规定进行测量，并按定义取值。

6.6 噪声系数、波道噪声系数、ASE功率和反向ASE功率测量

这四个性能参数按GB/T 16850.3—1999规定进行测量，并按定义取值。

6.7 输入光反射、输出光反射、输入端最大光反射容限和输出端最大光反射容限测量

这四个性能参数按GB/T 16850.5—2000规定进行测量，并按定义取值。

6.8 输入泵浦泄漏功率和输出泵浦泄漏功率测量

这两个性能参数按GB/T 16850.6—2000规定进行测量，并按定义取值。

6.9 偏振模色散测量

该参数按YD/T 1065—2000规定进行。

6.10 多波道增益斜率测量

该参数按GB/T 16850.4—2004规定进行。

6.11 替代法

EDFA性能参数的测量可用"测试平台"或"综合性能测试系统"等进行。

7 环境和机械性能试验

试验条件应与6.2相同。试验前，试样应先在标准大气条件下做预处理，试验后也应在标准大气条件下恢复。

7.1 机械性能试验

7.1.1 振动试验

振动试验按GB/T 18898.1—2002中7.1.1规定进行。

7.1.2 冲击试验

冲击试验按GB/T 18898.1—2002中7.1.2规定进行。

7.1.3 尾缆保持力

尾缆保持力试验按GB/T 18898.1—2002中7.1.3规定进行。

7.1.4 尾缆扭转

尾缆扭转试验按GB/T 18898.1—2002中7.1.4规定进行。

7.2 环境试验

7.2.1 低温(静态)试验

低温(静态)试验按GB/T 18898.1—2002中7.2.1规定进行。

7.2.2 高温(静态)试验

高温(静态)试验按GB/T 18898.1—2002中7.2.2规定进行。

7.2.3 湿热(静态)试验

湿热(静态)试验按GB/T 18898.1—2002中7.2.3规定进行。

7.2.4 高温老化

高温老化试验按GB/T 18898.1—2002中7.2.4规定进行。

7.3 试验判据

EDFA机械和环境试验项目及其判据如表8所示。

表8 EDFA机械和环境试验判据表

试验项目	试验方法	取样数量	允许失效数量
振动试验	7.1.1	3	0
冲击试验	7.1.2	3	0
尾缆保持力试验	7.1.3	3	0
尾缆扭转力试验	7.1.4	3	0
低温(静态)试验	7.2.1	3	0
高温(静态)试验	7.2.2	3	0
湿热(静态)试验	7.2.3	3	0
注:允许备用试样替代那些不是由于制造厂商的原因而导致失效的试样。			

7.4 拒收批

不符合要求的检验批称为拒收批,对拒收批可进行返工,以纠正缺陷或筛除失效产品,然后重新检验,但不得超过两次,如能通过检验,判为合格产品,并应清楚标志为重新检验批。

8 检验

8.1 检验职责

EDFA由具有独立职能的质量检验部门按标准要求检验合格并发给合格证后方可出厂。

8.2 检验分类

检验分两类,出厂检验(交收检验)和型式检验。

8.2.1 出厂检验

分日常检验和抽样检验两种。

8.2.1.1 日常检验

该检验是生产厂家对产品进行100%的检验,其检验数据应随同产品提交给用户,EDFA需要进行日常检验的项目是:外观、输入信号波长、输入信号功率、输出信号功率、最大输出信号功率、增益、噪声系数及高温老化试验。

8.2.1.2 抽样检验

它是从批量生产中或不同时期产品中按一定比例抽取完整的产品或样品进行的检验。检验项目按8.2.1.1规定。

8.2.2 型式检验

EDFA有下列情况之一时,一般进行型式检验。型式检验需进行全部项目的测量和试验。

a) 新产品或老产品转厂生产的试制定型鉴定；

b) 正式生产后，如结构、材料、工艺有较大改变，可能影响产品性能时；

c) 正常生产时，定期或积累一定产量后，应周期性(一般两年)进行一次检验；

d) 产品长期停产后，恢复生产时；

e) 出厂检验结果与上次型式检验有较大差别时；

f) 国家质量监督机构提出进行型式检验要求时。

9 包装、标志、运输、贮存和安全

9.1 标志

9.1.1 产品上应标有产品名称、型号规格、编号、生产厂家、生产日期。

9.1.2 产品上应标有激光安全警告标志、防静电要求。

9.2 包装

产品一般为一台一个内包装，包装内应注意防静电措施，并附有产品性能指标测试数据、附件及说明书，包装盒上应标有产品名称、规格型号、生产厂家、产品执行标准号。

9.3 运输

当产品需要长途运输时，需用木箱或硬纸箱作外包装，在箱上写明不能大力抛甩、碰压，应有防雨标志，以免损坏产品。

9.4 贮存

产品不能放置在露天或有严重腐蚀的环境中，应放置在贮存温度及湿度范围以内的环境中保存。

9.5 安全

EDFA输出为肉眼看不见的激光，而且光功率较大，其安全等级按IEC 60825-1:2003规定，在安装使用和维护过程中，严禁用肉眼直视器件输出端面或与之相连接的光纤连接器/尾缆的端面，并按防静电要求进行操作，以免损坏器件。

ICS 31.120
L 47

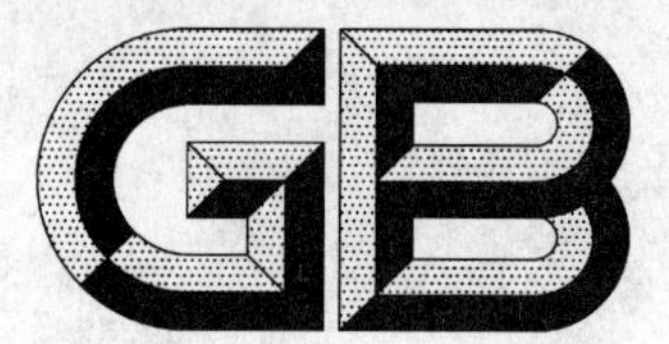

中华人民共和国国家标准

GB/T 18910.3—2008/IEC 61747-3:1998

液晶和固态显示器件 第3部分:液晶显示屏分规范

Liquid crystal and solid-state display devices—
Part 3: Sectional specification for liquid crystal display(LCD) cells

(IEC 61747-3:1998,IDT)

2008-06-18 发布　　2008-11-01 实施

中华人民共和国国家质量监督检验检疫总局
中国国家标准化管理委员会 发布

前　言

GB/T 18910《液晶和固态显示器件》的预计结构如下：

——第1部分：总规范；

——第2部分：液晶显示模块分规范；

——第2-1部分：无源矩阵单色液晶显示模块空白详细规范；

——第3部分：液晶显示屏分规范；

——第3-1部分：液晶显示屏空白详细规范；

——第4部分：液晶显示模块和屏　基本额定值和特性；

——第5部分：环境、耐久性和机械试验方法；

——第6部分：液晶显示模块测试方法——透射型。

本部分是GB/T 18910的第3部分，等同采用IEC 61747-3:1998(QC720200)《液晶和固态显示器件　第3部分：液晶显示屏分规范》(英文版)。

为便于使用，本部分做了下列编辑性修改：

a) 用小数点“.”代替作为小数点的逗号“,”；

b) 删除国际标准的前言；

c) 在第2章原引用的国际标准IEC 61747-1改为等同采用该标准的国家标准GB/T 18910.1；

d) 本部分表2、表4、表5和表6中引用了国际标准IEC 61747-5，在第2章补充了等同采用该标准的国家标准GB/T 18910.5；

e) 取消第2章注1；

f) 在3.3.1 c)中“STAN”改为“STN”；

g) 在4.6中根据GB/T 18910.1—2002/IEC 61747-1:1998的实际内容将“3.6”改为“5.6”；

h) 在表5注1中根据GB/T 18910.1—2002/IEC 61747-1:1998的实际内容将“2.6”改为“4.5”；

i) 在表6的C4分组中补充标识“(D)”。

本部分由中华人民共和国信息产业部提出。

本部分由中国电子技术标准化研究所(CESI)归口。

本部分起草单位：中国电子技术标准化研究所(CESI)。

本部分主要起草人：赵英。

液晶和固态显示器件
第3部分:液晶显示屏分规范

1 范围

GB/T 18910 的本部分适用于字段型无源单色液晶显示屏,它给出了评定液晶显示屏所需的质量评定程序、检验要求、筛选序列、抽样要求、试验和测试方法的细节。

对于按规定工艺生产的所有产品,能力批准程序可代替鉴定批准程序(见 QC001002 程序规定的 11.7,但液晶显示屏的能力批准程序目前正在考虑中)。

除非在 4.7 提出修订要求,本规范中全部要求都保持有效。

2 规范性引用文件

下列文件中的条款通过 GB/T 18910 的本部分的引用而成为本部分的条款。凡是注日期的引用文件,其随后所有的修改单(不包括勘误的内容)或修订版均不适用于本部分,然而,鼓励根据本部分达成协议的各方研究是否可使用这些文件的最新版本。凡是不注日期的引用文件,其最新版本适用于本部分。

GB/T 18910.1—2002 液晶和固态显示器件 第1部分:总规范(IEC 61747-1:1998,IDT)

GB/T 18910.5 液晶和固态显示器件 第5部分:环境、耐久性和机械试验方法(GB/T 18910.5—2008,IEC 61747-5:1998,IDT)

3 定义

下列术语和定义适用于 GB/T 18910 的本部分。

3.1

生产线 production line

是由下述一个或几个制造阶段组成的工艺流程:

a) 电极图形制作过程;

b) 定向处理过程;

c) 成盒过程;

d) 液晶注入过程;

e) 最后完工过程;

f) 检测过程。

注:在这些步骤中不包括质量评定程序。

3.2

生产批 production lot

通常指在一个月内,在相同生产线通过相同的指定工序制造的相同类型的屏。

3.3

制造中的改变 changes in manufacturing operations

3.3.1

重大改变 major changes

制造工艺或技术中的任何改变,能影响按已认可的技术指标供应的产品的质量或性能,或者可导致一个产品从一种结构相似组转至另一种结构相似组(见 4.4.1)。确定改变是否为重大改变是总检查员的职责。

任何重大改变必须向国家监督检查机构(NSI)通告并说明质量的试验数据后才能执行。

重大改变示例:

a) 电极图形:图形完全不同;

b) 基板材料:玻璃基板的厚度;

c) 液晶(LC)材料类型:电-光效应类型不同,如 TN、STN 等;

d) 管脚排列改变。

注:不改变技术时的设备改变不被认为是重大改变。

4 质量评定程序

质量评定程序规定如下。

4.1 初始制造阶段

适用于本部分的液晶显示屏的初始制造阶段,是指电极图形制作的第一道工序。

4.2 制造过程

液晶显示屏的制造过程分类如下:

a) 电极图形制作过程

该过程是指从初始阶段到最后一步将电极图形完成的制造过程;

b) 定向处理过程

该过程是指在玻璃基板上涂覆定向层以及形成取向的制造过程;

c) 成盒过程

该过程是指包括印刷密封胶与贴合的制造过程;

d) 液晶注入过程

该过程是指液晶注入并密封的制造过程;

e) 最后完工过程

该过程是指贴偏振片、反射片并标识的制造过程;

f) 检测过程

该过程是指在批放行前进行的尺寸目检、电光特性测试。

4.3 转包合同

当许可的制造厂引用 IEC QC 001002《程序规定》中 11.1.2 有关转包合同条文时,必须满足下列条件:

——明确转包合同的生产过程是屏和/或模块制造过程的一部分还是全部,包括筛选步骤。组装工艺完成后的筛选操作可以独立转包。

为使国家监督检查机构满意,总检查员应证明元器件是遵循 IECQ 体系的。

——对 IECQ 以外地区的任何操作,应提供全面的质量评定和检验文件。文件应包括受检产品中每个样品的检验记录。

——定期核查采用的质量评定和检验是否与商定的要求一致。

总检查员提供并同意将生产产地的器件转运至 IECQ 区域内鉴定元器件的制造厂的程序。通报 NSI 并提供可应用的文件。

检验要求及制造过程的任何改变必须向鉴定模块的总检查员报告。重大改变应由已认可的总检查员向国家监督检查机构报告(见 3.3.1)。

已认可的制造厂应按受检元器件的详细规范进行验收试验。也可以在IECQ区域外,国家监督检查机构监管下的设备上进行验收试验。验收试验可以转包给IECQ区域内已认可的试验室。

4.4 结构相似程序

结构相似程序旨在允许减少质量评定需试验的检验批的数量。因而,由于认可类型放宽或更改设计而需重新评定时,可采用相同组结构相似产品的试验数据。

4.4.1 结构相似屏

结构相似屏是由同一制造厂,采用相同的设计、相同的材料、生产工艺和方法生产的。结构相似屏的类型组合的关键依据是,各类型间的差别不影响所形成组合的试验结果。

4.4.2 结构相似屏对应试验判别规则

表1给出用于B组逐批检验和C组周期检验的结构相似屏对应试验判别规则。

a)至i)项对结构相似屏对应试验判别规则作了详细说明。

a) 材料

玻璃基板:玻璃基板材料应相同;

定向层材料:定向层材料应相同;

密封材料:密封材料应相同;

液晶材料:液晶材料应相同;

偏振片和反射片材料:偏振片和反射片材料应相同。

b) 屏尺寸

屏的面积在50%~150%以内时,可被认为是结构相似的。

c) 电极结构

材料和基本设计应相同。

d) 工艺(通用)

基本工艺和工艺材料应相同。

e) 生产线(通用)

屏应在相同生产线生产。

f) 测试方法

基本技术参数测试方法应相同。

例:电光效应类型(TN/STN等);光学工作模式(反射型、透射型等)。

g) 结构

玻璃基板厚度、屏间距等应相同。

h) 标志

标志应采用相同的材料,并且标志的基本工艺条件应相同。

i) 额定值

除与屏尺寸有关的项目外,详细规范中规定的额定值应相同,如功耗电流、电容等。

4.5 鉴定批准程序

鉴定批准试验的检验要求如下。按程序规则(QC 001002)中第11.3.1给出的方法a),并采用本规范表2中规定的试验要求(包括试验项目、条件、最终抽样样本大小等)完成并取得满意的结果,则通常被认为通过了质量认证。

然而,如要求也可采用程序规则(QC 001002)中第11.3.1规定的方法b),抽样要求采用本规范表7和表8中的规定。

4.6 质量一致性检验

质量一致性检验按GB/T 18910.1—2002的5.6规定执行。

表 1　结构相似模块对应试验判别规则

试验项目	判别规则													
	基板		电极图形				定向层				成盒			
	4.4.2 a) 材料	4.4.2 g) 结构	4.4.2 a) 材料	4.4.2 c) 电极结构	4.4.2 d) 工艺（通用）	4.4.2 e) 生产线（通用）	4.4.2 a) 材料	4.4.2 d) 工艺（通用）	4.4.2 e) 生产线（通用）	4.4.2 f) 测试和方法	4.4.2 a) 材料	4.4.2 d) 工艺（通用）	4.4.2 e) 生产线（通用）	4.4.2 g) 结构
外部目检	×	×										×	×	
显示缺陷			×		×	×	×	×	×	×	×	×	×	
25℃时电特性				×			×	×	×	×	×	×	×	×
在最高、最低温度时电特性							×	×	×	×	×	×	×	×
25℃时光特性				×			×	×	×	×	×	×	×	×
在最高、最低温度时光特性							×	×	×	×	×	×	×	×
尺寸	×											×	×	
强度(引出端)[a]														
贮存(高温下)											×	×	×	×
贮存(低温下)											×	×	×	×
湿热循环(12 h 高温 12 h 低温/每周期)											×	×	×	×
电耐久性或等效加速试验							×	×			×	×		
光暴露														
标志耐久性														
可焊性[a]														
耐焊接热[a]														
冲击或振动	×	×									×	×	×	×

表 1（续）

试验项目	判别规则													
	液晶注入				完工						额定值			
	4.4.2 a) 材料	4.4.2 d) 工艺（通用）	4.4.2 e) 生产线（通用）	4.4.2 f) 测试和方法	4.4.2 a) 材料	4.4.2 b) 屏尺寸	4.4.2 d) 工艺（通用）	4.4.2 e) 生产线（通用）	4.4.2 f) 测试和方法	4.4.2 h) 标志	4.4.2 i) 湿热、温度特性	4.4.2 i) 电特性	4.4.2 i) 光特性	4.4.2 i) 机械特性
外部目检					×		×	×	×	×	×			×
显示缺陷	×	×	×	×	×		×	×	×					
25℃时电特性	×	×	×	×								×		
在最高、最低温度时电特性	×	×	×	×	×		×	×	×		×	×		
25℃时光特性	×	×			×		×	×	×				×	
在最高、最低温度时光特性	×	×			×		×	×	×		×		×	
尺寸					×	×	×	×	×					×
强度(引出端)[a]					×		×							
贮存(高温下)	×	×	×	×	×		×	×	×		×			
贮存(低温下)	×	×	×	×	×		×	×	×		×			
湿热循环(12 h 高温 12 h 低温/每周期)	×	×	×	×	×		×	×	×		×			
电耐久性或等效加速试验	×	×										×		
光暴露	×	×			×		×							
标志耐久性										×				
可焊性[a]							×	×						
耐焊接热[a]							×	×						
冲击或振动					×		×							×

注：表中的×表示判别规则对于所对应的试验是强制性的。

[a] 该项是适用于引出端的方法。

4.6.1 组和分组的划分

组和分组的划分同 GB/T 18910.1—2002。此外，组和分组必须满足下列条件：

——A 组和 B 组：一个试验批包括用日期编码标识的在一个月或四周内生产的器件。

——C 组：提交用于周期性试验的样品应是三个月之内生产，由连续的三个月的日期编码或连续的 13 周的日期编码标识。

——D 组：提交用于周期性试验的样品应是 12 个月内生产的，由连续的 12 个月的日期编码或连续 52 周的日期编码标识。

4.6.2 组和质量评定类别

组应按表 3 要求。

4.6.3 A 组——逐批检验

这些试验应按表 4 规定。

4.6.4 B 组——逐批检验

这些试验应按表 5 规定。

4.6.5 C 组——周期性试验

这些试验应按表 6 规定。

4.6.6 D 组——周期性试验

进行这些试验是为了质量认证，其后，仅在有要求时，每年进行一次。试验应在详细规范中规定。

4.6.7 须检验的尺寸

须检验的尺寸作为 B 组和 C 组的一部分在详细规范中规定。适用时，光学相关尺寸和相应测试的组别在详细规范中规定。

4.6.8 抽样要求（固定抽样样本大小）

表 7 中给出 A 组检验的抽样要求，表 8 中给出 B 组和 C 组检验的抽样要求，它们都对应于501～3 200之间的批量。对于不同的批量的其他抽样样本大小，在空白详细规范(BDS)中规定。

4.7 能力批准程序

考虑中。

4.8 筛选

当详细规范或订单中规定了筛选项目时，生产的所有屏应进行筛选。

筛选通常在 A、B、C 组检验前进行。如在满足了 A、B 组逐批检验和 C、D 组周期检验要求后进行筛选，则必须重复 A 组检验。

其他筛选后的试验按详细规范规定的要求。

试验按表 9 规定。

4.9 延期交货

对于存贮超过一年的屏，在交货之前，要交货的批或数量应按 A 组规定进行试验及 B 组可焊性试验。一旦在整批完成了试验，则一年内不再要求重新试验。

5 试验和测试程序

液晶显示屏的电光特性的试验和测试方法应与 GB/T 18910.1—2002 一致。如要求，这些试验应在详细规范中规定。

表 2 鉴定批准试验

组	分组	检查或试验	引用标准	要求和条件	质量评定类别 Ⅰ		质量评定类别 Ⅱ		质量评定类别 Ⅲ	
					n	c	n	c	n	c
0	0-1	外部目检	GB/T 18910.5		24	0	40	0	40	0
	0-2	可视缺陷		黑点、开、短						
	0-3A 0-3B	电特性	IEC 61747-6	在详细规范中规定						
	0-4	25℃时光特性								
1	1-1	尺寸	GB/T 18910.5	在详细规范中规定	3	0	5	0	5	0
	1-2	引出端强度(D)	GB/T 18910.5	在详细规范中规定						
	1-3	可焊性(D)								
2	2-1	耐焊接热 和温度变化 继之以: ——湿热循环 或低气压 ——电光特性测试 (D)	GB/T 18910.5	在详细规范中规定	3	0	5	0	5	0
	2-2	冲击 或振动 继之以: ——稳态加速度 ——电光特性测试 (D)			3	0	5	0	5	0
3	3-1	电耐久性 或等效加速试验 (D)		在详细规范中规定	3	0	5	0	5	0
	3-2	贮存(高温下) (D)		对于Ⅰ类:240 h 对于Ⅱ类:500 h 对于Ⅲ类:1 000 h	3	0	5	0	5	0
	3-3	贮存(低温下) (D)		对于Ⅰ类:240 h 对于Ⅱ类:500 h 对于Ⅲ类:1 000 h	3	0	5	0	5	0
	3-4	光暴露(D)		在详细规范中规定	3	0	5	0	5	0
	3-5	标志耐久性(D)			3	0	5	0	5	0

注 1:在该表中

n=样本大小;

c=组的判据(每组或每分组允许失效数);

D=破坏性的。

注 2:下列项目不适用于无引出端的屏:1-2、1-3 和 2-1 中耐焊接热。

表3　组和质量评定类别

组	质量评定类别 Ⅰ	质量评定类别 Ⅱ	质量评定类别 Ⅲ
筛选			×
A	×	×	×
B	×	×	×
C	×	×	×
注：每年一批做一次B组和C组检验。			

表4　A组——逐批检验

分组	检验或试验	引用标准	细节和条件
A1	外部目检	GB/T 18910.5	
A2	显示完整性		按规定
A3 A4	电光特性	IEC 61747-6	按详细规范规定
注：本规范未规定的应在详细规范中规定。			

表5　B组——逐批检验

分组	检验或试验	引用标准	细节和条件
B1	尺寸(互换性)	GB/T 18910.5	按详细规范中的外形图
B4	可焊性(D)	GB/T 18910.5	按规定
B5	温度变化(D)		按规定(断续检测失效)
B6	稳态加速度(D)		按规定，依据封装确定(空白详细规范要求时)
B8	电耐久性(D)		168 h(方法按规定)
B9	贮存(高温下)	GB/T 18910.5	168 h(在最高贮存温度下)
CRRL	适用时，放行批证明记录		属性资料按空白详细规范规定
注1：质量评定类别为Ⅰ的，见总规范4.5。 注2：本规范未规定的应在详细规范中规定。 注3：标(D)的项目是破坏性的。			

表6 C组——周期检验

<table>
<tr><th>分组</th><th>检验或试验</th><th>引用标准</th><th>要求和条件</th></tr>
<tr><td>C1</td><td>尺寸</td><td>GB/T 18910.5</td><td>按详细规范中的外形图</td></tr>
<tr><td>C2a</td><td>电光特性(设计参数)</td><td rowspan="3">GB/T 18910.5
IEC 61747-6</td><td>按详细规范中规定</td></tr>
<tr><td>C2b</td><td>电光特性(不同条件下的)</td><td>按规定,例测试温度条件</td></tr>
<tr><td>C2c</td><td>电光额定值验证</td><td rowspan="11">按详细规范中规定</td></tr>
<tr><td>C3</td><td>引出端强度(D)</td><td rowspan="10">GB/T 18910.5</td></tr>
<tr><td>C4</td><td>可焊性(D)</td></tr>
<tr><td>C5</td><td>耐焊接热
和温度变化
继之以:
——低气压
——电光特性测试
(D)</td></tr>
<tr><td>C6</td><td>冲击
或振动
继之以:
——稳态加速度
——电光特性测试
(D)</td></tr>
<tr><td>C7</td><td>湿热循环(D)</td></tr>
<tr><td>C8</td><td>电耐久性或等效加速试验
(D)</td></tr>
<tr><td>C9a</td><td>贮存(高温下)(D)</td></tr>
<tr><td>C9b</td><td>贮存(低温下)(D)</td></tr>
<tr><td>C11a</td><td>光暴露(D)</td></tr>
<tr><td>C11b</td><td>标志耐久性(D)</td></tr>
<tr><td>CRRL</td><td>适用时,放行批证明记录</td><td></td><td>属性资料按空白详细规范规定</td></tr>
<tr><td colspan="4">注1:本规范未规定的应在详细规范中规定。
注2:字母(D)表示是破坏性的试验。</td></tr>
</table>

表7 A组试验抽样要求

<table>
<tr><th rowspan="2">分组</th><th colspan="2">质量评定类别 Ⅰ</th><th colspan="2">质量评定类别 Ⅱ</th><th colspan="2">质量评定类别 Ⅲ</th></tr>
<tr><th>n</th><th>c</th><th>n</th><th>c</th><th>n</th><th>c</th></tr>
<tr><td>A1</td><td>8</td><td>0</td><td>13</td><td>0</td><td>13</td><td>0</td></tr>
<tr><td>A2</td><td>8</td><td>0</td><td>13</td><td>0</td><td>13</td><td>0</td></tr>
<tr><td>A3</td><td>8</td><td>0</td><td>13</td><td>0</td><td>13</td><td>0</td></tr>
<tr><td>A4</td><td>8</td><td>0</td><td>13</td><td>0</td><td>13</td><td>0</td></tr>
<tr><td colspan="7">注:n=固定样本大小;
c=组的合格判据。</td></tr>
</table>

表 8 B组和C组试验抽样要求

分组		质量评定类别 Ⅰ		质量评定类别 Ⅱ		质量评定类别 Ⅲ	
		n	*c*	*n*	*c*	*n*	*c*
B1	C1	5	0	8	0	8	0
	C2a	5	0	8	0	8	0
	C2b	5	0	8	0	8	0
	C2c	5	0	8	0	8	0
	C3	5	0	8	0	8	0
B4	C4	5	0	8	0	8	0
B5	C5	5	0	8	0	8	0
B6	C6	5	0	8	0	8	0
	C7	3	0	5	0	5	0
B8	C8	3	0	5	0	5	0
B9	C9a	3	0	5	0	5	0
	C9b	3	0	5	0	5	0
	C11a	3	0	5	0	5	0
	C11b	3	0	5	0	5	0
注：n=固定样本大小；c=组的合格判据。							

表 9 筛选试验项目和条件

项　　目	要求和条件
老炼	在最高工作温度下工作，至少 6 h 其余按详细规范规定。

ICS 31.120
L 47

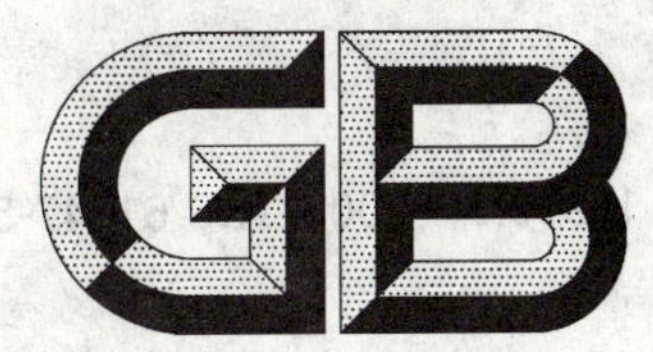

中华人民共和国国家标准

GB/T 18910.5—2008/IEC 61747-5:1998

液晶和固态显示器件 第5部分:环境、耐久性和机械试验方法

Liquid crystal and solid-state display devices—
Part 5:Environmental, endurance and mechanical test methods

(IEC 61747-5:1998,IDT)

2008-06-18 发布　　　　2008-11-01 实施

中华人民共和国国家质量监督检验检疫总局
中国国家标准化管理委员会　发布

前　言

GB/T 18910《液晶和固态显示器件》的预计结构如下：

——第 1 部分：总规范；

——第 2 部分：液晶显示模块分规范；

——第 2-1 部分：无源矩阵单色液晶显示模块空白详细规范；

——第 3 部分：液晶显示屏分规范；

——第 3-1 部分：液晶显示屏空白详细规范；

——第 4 部分：液晶显示模块和屏　基本额定值和特性；

——第 5 部分：环境、耐久性和机械试验方法；

——第 6 部分：液晶显示模块测试方法——透射型。

本部分是 GB/T 18910 的第 5 部分，等同采用 IEC 61747-5:1998《液晶和固态显示器件　第 5 部分：环境、耐久性和机械试验方法》(英文版)。

为便于使用，本部分做了下列编辑性修改：

a) 用小数点“.”代替作为小数点的逗号“,”；

b) 删除国际标准的前言；

c) 取消了第 2 章引用文件中的“IEC 60747-5 及其补充件”，并将有对应国家标准的 IEC 标准改为国家标准；

d) 所有表均加了编号，对照表见附录 A；

e) 删除 1.4 中所有的(860mbar～1 060mbar)；

f) 原附录 A 是资料性附录，其内容是相关引用文件对照表，表中所列文件在该部分中并未引用，因此删除该附录。

本部分的附录 A 是资料性附录。

本部分由中华人民共和国信息产业部提出。

本部分由中国电子技术标准化研究所(CESI)归口。

本部分起草单位：中国电子技术标准化研究所(CESI)。

本部分主要起草人：赵英。

液晶和固态显示器件
第5部分:环境、耐久性和机械试验方法

1 概述

1.1 范围

GB/T 18910的本部分列出用于液晶显示器件的试验方法,同时尽可能考虑到IEC 60068中规定的环境试验方法。

本部分也包括液晶显示屏和模块的目检方法。

注1:本部分是从IEC 60749中抽取出来的,因为液晶显示器件技术完全不同于半导体器件,例如:

——形状和尺寸;

——使用的材料和结构;

——功能;

——测量方法;

——工作原理。

注2:器件包括液晶显示屏和模块。

本部分的目的是为评价液晶显示器件的环境性能,确定统一的优选试验方法及应力等级优选值。

本部分若与相关规范不一致时,应以相关规范为准。

1.2 规范性引用文件

下列文件中的条款通过GB/T 18910的本部分的引用而成为本部分的条款。凡是注日期的引用文件,其随后所有的修改单(不包括勘误的内容)或修订版均不适用于本部分,然而,鼓励根据本部分达成协议的各方研究是否可使用这些文件的最新版本。凡是不注日期的引用文件,其最新版本适用于本部分。

GB/T 2421—1999 电工电子产品环境试验 第1部分:总则(idt IEC 60068-1:1988)

GB/T 2423.1—2001 电工电子产品基本环境试验 第2部分:试验方法 试验A:低温(idt IEC 60068-2-1:1990)

GB 2423.2—2001 电工电子产品基本环境试验 第2部分:试验方法 试验B:高温(idt IEC 60068-2-2:1978)

GB/T 2423.3—1993 电工电子产品基本环境试验规程 试验Ca:恒定湿热试验方法(eqv IEC 60068-2-3:1984)

GB/T 2423.4—1993 电工电子产品基本环境试验规程 试验Db:交变湿热试验方法(eqv IEC 60068-2-30:1980)

GB/T 2423.5—1995 电工电子产品环境试验 第二部分:试验方法 试验Ea和导则:冲击(idt IEC 60068-2-27:1987)

GB/T 2423.15—1995 电工电子产品环境试验 第二部分:试验方法 试验Ga和导则:稳态加速度(idt IEC 60068-2-7:1983)

GB/T 2423.22—2002 电工电子产品环境试验 第2部分:试验方法 试验N:温度变化(idt IEC 60068-2-14:1984)

GB/T 2423.24—1995 电工电子产品环境试验 第2部分:试验方法 试验Sa:模拟地面上的太阳辐射(idt IEC 60068-2-5:1975)

GB/T 2423.28—1982 电工电子产品基本环境试验规程 试验T:锡焊试验方法(eqv IEC 60068-2-20:1979)

GB/T 2423.30—1999 电工电子产品环境试验 第2部分:试验方法 试验XA和导则:在清洗剂中浸渍(idt IEC 60068-2-45:1980)

GB/T 2423.34—1986 电工电子产品基本环境试验规程 试验Z/AD:温度/湿度组合循环试验方法(idt IEC 60068-2-38:1974)

GB/T 2424.19—1984 电工电子产品基本环境试验规程 模拟贮存影响和环境试验导则(eqv IEC 60068-2-48:1982)

GB/T 16464—1996 半导体器件 集成电路 第1部分 总则(idt IEC 60748-1:1984)

GB/T 18910.1—2002 液晶和固态显示器件 第1部分:总规范(IEC 61747-1:1998,IDT)

IEC 60068 环境试验

IEC 60068-2-6:1995 环境试验 第2部分:试验方法 试验Fc:正弦振动

IEC 60068-2-13:1983 环境试验 第2部分:试验方法 试验M:低气压

IEC 60068-2-21:1983 电工电子产品环境试验 第2部分:试验方法 试验U:引出端及整体安装件强度

IEC 60747 半导体器件

IEC 60747-1:1983 半导体器件 分立器件 第1部分 概述

补充1(1991)

补充2(1993)

补充3(1996)

IEC 60749:1996 半导体器件 机械和气候试验方法

1.3 术语、定义和文字符号

GB/T 18910、GB/T 2423、GB/T 16464、IEC 60068、IEC 60747 的定义和文字符号适用于本部分。

1.4 标准大气条件

在 GB/T 2423、IEC 60068 中规定的大气条件适用于本部分。

1.4.1 基准大气条件

温度:25 ℃;

气压:86 kPa~106 kPa。

1.4.2 仲裁测试和试验的标准大气条件

如果液晶显示器件的被测参数随温度、气压和湿度变化规律是未知,应从表1中选取规定的大气条件。

表1 仲裁测试和试验的标准大气条件

温度/℃	相对湿度/%	大气压/kPa
20±1	45~75	86~106
25±1	45~75	86~106
30±1	45~75	86~106
35±1	45~75	86~106
注:初始和最终测试的大气条件应该相同。		

1.4.3 测试和试验的标准大气条件

除非另有规定,所有试验和测试应在以下标准大气条件下进行:

温度:15 ℃~35 ℃;

相对湿度:25%~85%,适用时;

气压:86 kPa~106 kPa。

大气的绝对湿度不应超过22 g/m³。

1.4.4 恢复条件

在最终测试之前，应使样品放置在即将进行测试的环境温度下达到热平衡，测试温度应规定。

若待测电参数受吸收的湿气或试验样品表面条件的影响变化很大，例如：试验样品从潮湿箱中取出以后，在大约 2 h 之内绝缘电阻明显上升，则应采用"控制的恢复条件"(见 1.4.4.1)。

若试验样品的电参数受绝对湿度或表面条件影响不大，样品可在 1.4.3 中规定的条件下恢复。

1.4.4.1 控制的恢复条件

除非另有规定，所有恢复应在控制大气条件下进行：

温度：实际试验温度±1 ℃，但要符合 1.4.3 的范围，即在 15 ℃～35 ℃之间；

相对湿度：73%～77%，适用时；

气压：86 kPa～106 kPa。

在测试前，器件应放置直至达到温度稳定。测试期间的环境温度应在试验报告中给出。

在测试期间，器件不应受到能引起误差的气流、照明或其他因素影响。

若恢复和测试在不同的房间进行，应保证试验样品放入测试房间后，器件表面不应受温度和湿度的影响出现凝露。

1.4.4.2 恢复程序

在规定条件试验结束后 10 min 内，应将试验样品放入恢复处。当相关规范要求在恢复后立即进行测试时，这些测试应在样品从恢复处取出后 30min 内完成，首先要测试的是那些预计变化最快的参数。

1.4.5 辅助干燥的标准大气条件

若在开始进行系列测试之前，要求进行辅助干燥，除非另有规定，样品应按下列条件干燥处理 5 h：

温度：55 ℃±2 ℃；

相对湿度：≤20%；

气压：86 kPa～106 kPa。

当干热试验的规定温度低于 55 ℃时，辅助干燥应在相应的较低温度下进行。

1.5 目检和尺寸检验

见第 5 章和第 6 章。

1.5.1 目检应包括

a) 标志的符合性和耐久性；

b) 包括引出端在内的密封损伤；

c) 包括引出端在内的密封质量。

1.5.2 应检验相关规范给出的尺寸。

1.5.3 除非另有规定，目检应在制造商的标准光照和标准目检条件下完成。

1.6 电学和光学测试

1.6.1 对于环境试验，被测参数应从 GB/T 18910、IEC 61747 的有关部分中选取。

1.6.2 测试条件应按照 GB/T 18910、IEC 61747 有关部分的"耐久性试验条件"表。

1.6.3 初始检测

若仅要求规范的上限值和/或规范的下限值为判据时，初始检测是否进行由制造商决定，如果以每个器件的各个值作为判据时应做初始检测。

1.6.4 环境试验期间的监测

适用时。

1.6.5 最终检测

当相关规范把测试作为分组的一部分时，只要求在该分组试验全部完成后进行测试，对于某些试验，如可焊性、引出端强度，可采用电学或光学参数不合格的器件。

1.7 加电工作条件

应在相关规范中确定加电工作条件。

2 机械试验方法

根据器件类型选择适当的试验。相关规范将给出哪些试验是适用的。

2.1 引出端强度

2.1.1 引线,管脚或带插针的连接器

按 IEC 60068-2-21:1983 中规定的试验方法 U。

2.1.1.1 拉力试验

本试验应按试验方法 Ua1 的规定,其特殊要求如下:

试验后,在 3～10 倍放大镜下进行检查。

如果出现断裂、松动或引出端与器件本体之间相对移动时,应拒收。

2.1.1.2 弯曲试验

本试验应按试验方法 Ub 的规定。

2.1.1.3 扭力试验

本试验应按 IEC 60749:1996 中 2.1.3 的规定。

本试验仅适用带管脚的液晶屏。

2.1.1.4 转矩试验

本试验应按 IEC 60749:1996 中 2.1.4.2 的规定。

本试验仅适用于带管脚的液晶屏。

2.1.2 易弯曲引出端

在考虑中。

2.2 可焊性

GB/T 2423.28—1982 中规定的试验方法 T 是适用的。

本试验应按试验 Ta(方法 1、2 和 3)的规定。

2.3 振动(正弦)

本试验应按 IEC 60068-2-6:1995 试验 Fc 的规定,其特殊规定如下。

2.3.1 横向运动

垂直于规定轴线任何轴线上检测点的最大振幅应不大于规定振幅值的 25%。

2.3.2 失真

失真应不大于 25%。

2.3.3 振幅容差

基准点:±15%。

检测点:±25%。

2.3.4 严酷度

在相关规范中应从表 2 中选取一个下限频率和从表 3 中选取一个上限频率。

表 4 给出了推荐的频率范围。

表 2 频率范围——下限

下限频率 f_1/Hz
1
5
10
55

表 3 频率范围——上限

上限频率 f_2/Hz
55 100 150 300 500

表 4 推荐的频率范围

推荐的频率范围 $f_1 \sim f_2$/Hz
1～55 10～55 10～300 10～500 55～500

2.3.5 振幅

表 5 给出有关交越频率的推荐振幅。

表 5 推荐振幅

低于交越频率时的位移振幅/mm	高于交越频率时的加速度振幅	
	m/s²	g_n
0.035 0.075 0.15 0.35 0.75	4.9 9.8 19.6 49.0 98.0	0.5 1.0 2.0 5.0 10.0
注：表 5 中所列的值适用于 57 Hz～62 Hz 的交越频率。		

2.3.6 耐久试验的持续时间

2.3.6.1 扫频耐久试验

每一轴向的耐久试验持续时间以扫频循环次数给出，相关规范从下列值中选取扫频循环次数：1,2,5,10,20。

2.3.6.2 在危险频率上耐久试验

在振动响应试验中发现的适合于每一轴线的每一危险频率点上耐久持续时间，相关规范应从下列值中选取：

10 min±0.5 min

30 min±1 min

90 min±1 min

10 h±5 min

2.3.7 器件本体在试验时应牢固固定。若器件有特殊固定方法，则应采用。

2.4 冲击

本试验按 GB/T 2423.5—1995 试验 Ea 的规定，其特殊要求如下。

根据器件质量和其内部结构,从表 6 中选取试验条件。

表 6 冲击试验条件

峰值加速度 A/m/s^2(g_n)	标称脉冲持续时间 D/ms	相应的速度变化 Δv/(m/s)	
		半正弦波	后峰锯齿波
50(5)	30	1.0	—
150(15)	11	1.0	0.8
150(15)	6	0.6	0.4
300(30)	18	3.4	2.6
300(30)	11	2.1	1.6
300(30)	6	1.1	0.9
500(50)	20	6.2	4.9
500(50)	11	3.4	2.7
500(50)	3	0.9	0.7
700(70)	11	4.8	3.8
1 000(100)	11	6.9	5.4
1 000(100)	6	3.7	2.9
2 000(200)	6	7.5	5.9
2 000(200)	3	3.7	2.9
注:有下横线的是优选值。			

相关规范应给出采用的波形。

应对器件最易暴露缺陷的三个相互垂直轴的两个方向上各施加三次连续的冲击,即总数为 18 次的冲击(见 GB/T 2423.5—1995 的 A.7),优选值有下横线。

器件管体在试验时应牢固固定。若器件有特殊固定方法,则应采用。

2.5 恒定加速度

本试验按 GB/T 2423.15—1995 试验 Ga 的规定,其特殊要求如下。

应从表 7 中选取加速度条件。

表 7 加速度条件

加速度/(m/s^2)
30
50
100
200
500
1 000
2 000

程序:除另有规定外,应在三个主轴的二个方向上各施加加速度至少 1 min。

器件管体在试验时应牢固固定,若器件有特殊固定方法,则应采用。

2.6 粘接强度试验

本试验的目的是测定粘接强度或确定是否符合规定的粘接强度要求。本试验适用于带柔性扁平电缆的器件。

2.6.1 试验概述

如图 1 所示,拉伸柔性扁平电缆,衬底牢固固定。

2.6.2 预处理

在相关规范中应给出预处理方法。

2.6.3 初始检测

若相关规范有要求,应进行外观检验、电学和机械检验。

2.6.4 试验方法(见图 1)

2.6.4.1 适用范围

本试验用于测量柔性扁平电缆的粘接强度。

2.6.4.2 程序

粘接器件的衬底应牢固固定。如图 1 所示应拉拔柔性扁平电缆直至它与器件完全分离。粘接强度等于拉力计指示的最小值。

应注意到拉拔速度应足够低。

失效模式也许取决于拉拔速度。

2.6.5 在相关规范中应给出的信息

适用时,应给出下列细节:

a) 有关夹具固定的说明及柔性扁平电缆的制备;

b) 预处理;

c) 试验条件:

——拉拔速度;

——拉力的最大值;

——数据记录方法。

d) 试验结果

——拉力的最小值;

——分离种类。

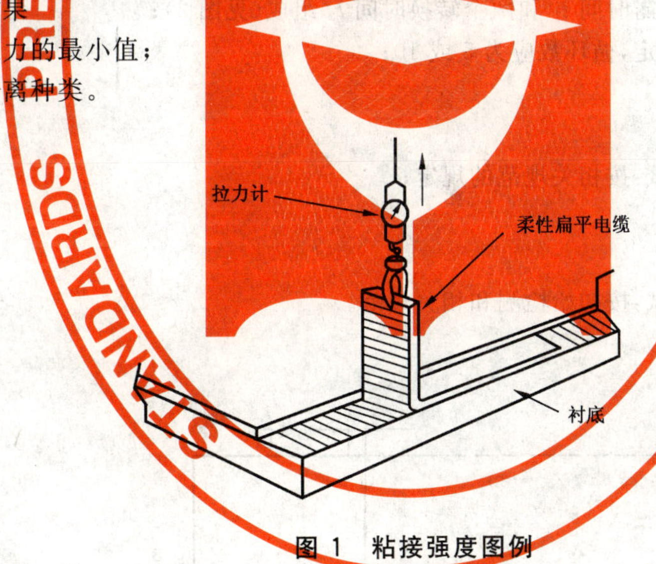

图 1 粘接强度图例

3 环境和耐久性试验方法

根据器件类型选择适当的试验。相关规范应给出哪些试验是适用。

3.1 温度变化

GB/T 2423.22—2002 规定的试验 N 是适用的。

3.1.1 快速温度变化

本试验应按试验 Na 的规定,其特殊要求如下:

——大气绝对湿度不应超过 20 g/m^3;

——低温 T_A 应在相关规范中规定,从表 8 试验温度中选择;

——高温 T_B 应在相关规范中规定,从表 9 试验温度中选择;

表 8 低温试验温度

低温 T_A/℃		
−50±3	−30±3	−10±3
−45±3	−25±3	−5±3
−40±3	−20±3	0±3
−35±3	−15±3	

表 9 高温试验温度

高温 T_B/℃		
+100±2	+75±2	+50±2
+95±2	+70±2	+45±2
+90±2	+65±2	+40±2
+85±2	+60±2	+35±2
+80±2	+55±2	+30±2

——两个温度下每个温度的暴露时间 t_1 取决于器件的热容量。按相关规范的规定，它应为 3 h、2 h、1 h、30 min 或 10 min。若相关规范没有规定暴露时间，则为 3 h；

——选择转换时间 t_2 取决于试验样品的热时间常数，转换时间应是：2 min～3 min；20 s～30 s；小于 10 s；

——第一个循环由两个暴露时间 t_1 和两个转换时间 t_2 组成（见图 2）；

——除非相关规范另有规定，循环数应为 5 或 10；

——初始检测：

外观检查；

机械、电气和光学测试：按相关规范的规定；

——最终检测：

外观检查；

机械、电气和光学测试：按初始检测和相关规范。

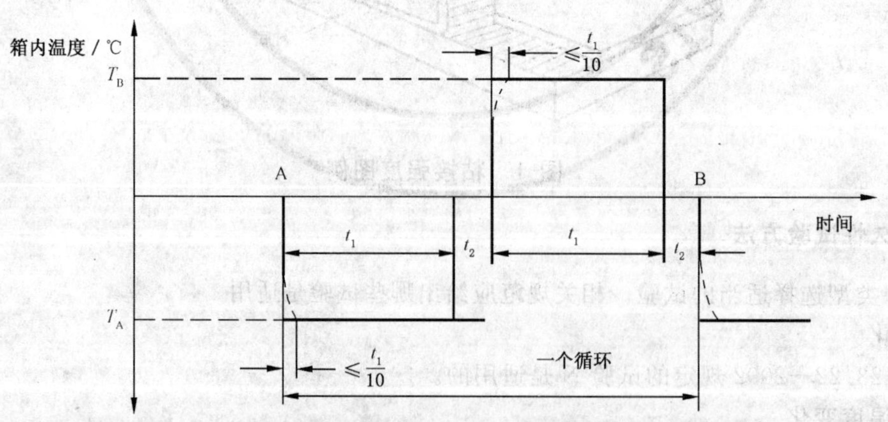

A：第一个循环的起始；

B：第一个循环的结束和第二个循环的起始。

注：虚线的解释见 GB/T 2423.22—2002 的 1.3.1.5。

图 2 温度剖面

3.1.2 规定温度变化速率:一箱法

本试验应按试验 Nb 的规定,其特殊要求如下:

——大气的绝对湿度不超过 20 g/m³。

——低温 T_A 应在有关的详细规范中规定,从表 10 的试验温度中选取。

——高温 T_B 应在有关的详细规范中规定,从表 11 的试验温度中选取。

表 10 低温试验温度

低温 T_A/℃		
−50±3 −45±3 −40±3 −35±3	−30±3 −25±3 −20±3 −15±3	−10±3 −5±3 −0±3

表 11 高温试验温度

高温 T_B/℃		
+100±2	+75±2	+50±2
+95±2	+70±2	+45±2
+90±2	+65±2	+40±2
+85±2	+60±2	+35±2
+80±2	+55±2	+30±2

——两个温度下每个温度的暴露时间 t_1 取决于器件的热容量。按相关规范的规定,它应为 3 h、2 h、1 h、30 min 或 10 min。若相关规范没有规定暴露时间,则为 3 h。

——下述程序组成一个循环(见图 3),试验箱内温度的升降速率在 5 min 内的平均值应为(1 ℃±0.2 ℃)/min,(3 ℃±0.6 ℃)/min 或(5 ℃±1 ℃)/min,除相关规范另有规定外。

——除相关规范另有规定外,循环数应为 2。

——初始检测:

外观检查;

机械、电气和光学测试:按相关规范的规定。

——最终检测:

外观检查;

机械,电气和光学测试:按初始检测和相关规范。

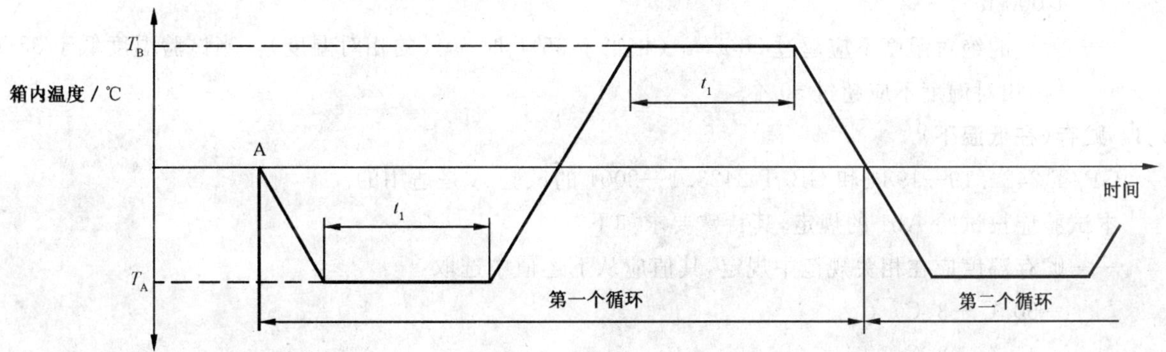

A:第一循环的开始。

图 3 温度剖面

3.2 贮存(在高温下)

GB/T 2424.19—1984 和 GB/T 2423.2—2001 的试验 B 是适用的。

本试验应按试验 B 的规定，其特殊要求如下：

——贮存温度应在相关规范中规定，其值应从下述值中选取：

+100 ℃±2 ℃

+95 ℃±2 ℃

+90 ℃±2 ℃

+85 ℃±2 ℃

+80 ℃±2 ℃

+75 ℃±2 ℃

+70 ℃±2 ℃

+65 ℃±2 ℃

+60 ℃±2 ℃

+55 ℃±2 ℃

+45 ℃±2 ℃

+40 ℃±2 ℃

+35 ℃±2 ℃

+30 ℃±2 ℃

——贮存时间应在相关规范中规定，其值应从下述值中选取：

2 h

16 h

24 h

48 h

72 h

96 h

120 h

192 h

240 h

300 h

500 h

1 000 h

——大气的绝对湿度不应超过 20 g/m^3(相当于 35 ℃时 50%的相对湿度)。当试验温度低于 35 ℃时，相对湿度不应超过 50%。

3.3 贮存(在低温下)

GB/T 2424.19—1984 和 GB/T 2423.1—2001 的试验 A 是适用的。

本试验应按试验 Ab1 的规定，其特殊要求如下：

——贮存温度应在相关规范中规定，其值应从下述值中选取：

−50 ℃±3 ℃

−45 ℃±3 ℃

−40 ℃±3 ℃

−35 ℃±3 ℃

−30 ℃±3 ℃

−25 ℃±3 ℃

−20 ℃±3 ℃

−15 ℃±3 ℃

−10 ℃±3 ℃

−5 ℃±3 ℃

0 ℃±3 ℃

——贮存时间应在相关规范中规定，其值应从下述值中选取：

2 h

16 h

24 h

48 h

72 h

96 h

120 h

192 h

240 h

300 h

500 h

1 000 h

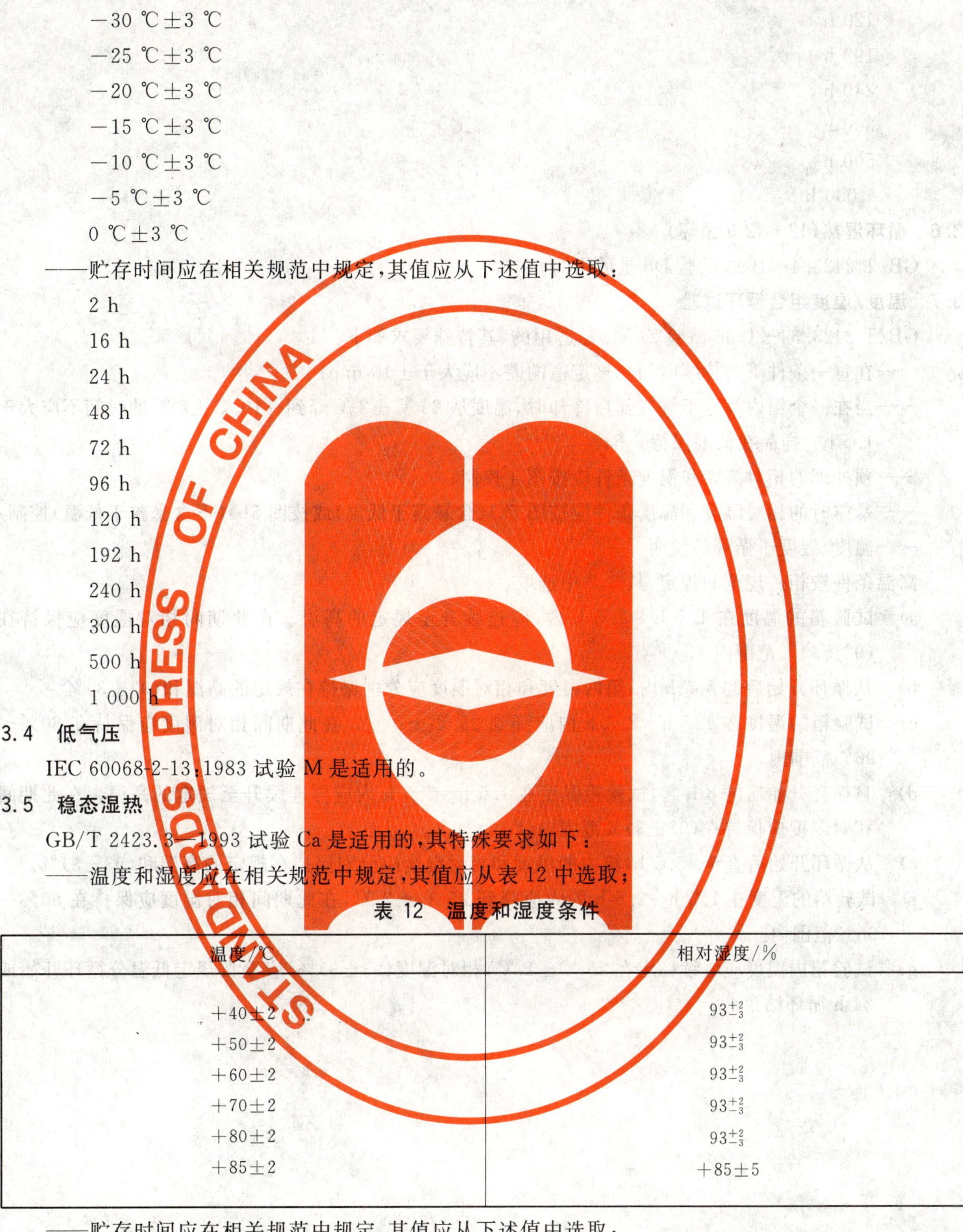

3.4 低气压

IEC 60068-2-13:1983 试验 M 是适用的。

3.5 稳态湿热

GB/T 2423.3—1993 试验 Ca 是适用的，其特殊要求如下：

——温度和湿度应在相关规范中规定，其值应从表 12 中选取；

表 12 温度和湿度条件

温度/℃	相对湿度/%
+40±2	93^{+2}_{-3}
+50±2	93^{+2}_{-3}
+60±2	93^{+2}_{-3}
+70±2	93^{+2}_{-3}
+80±2	93^{+2}_{-3}
+85±2	+85±5

——贮存时间应在相关规范中规定，其值应从下述值中选取：

2 h

16 h

24 h

48 h

72 h

96 h

120 h

192 h

240 h

300 h

500 h

1 000 h

3.6 循环湿热(12+12 h 循环)

GB/T 2423.4—1993 试验 Db 是适用的。

3.7 温度/湿度组合循环试验

GB/T 2423.34—1986 试验 Z/AD 是适用的，其特殊要求如下：

——在每一条件下的持续时间与规定值的差不应大于±10 min；

——当在一个箱内暴露于湿气随后冷却时，温度从 25 ℃±2 ℃降到−10 ℃±2 ℃的时间不应大于 1.5 h。样品在低温保持 3 h；

——预处理的相对湿度和温度条件应按图 4 控制；

——暴露时的相对湿度和温度条件应按图 5a)(含暴露于低温)或按图 5b)(不含暴露于低温)控制；

——温度/湿度子循环的说明。

高温条件按相关规范的规定，从 3.2 中选取。

a) 试验箱的温度在 1.5 h～2.5 h 内，应连续升至规定的高温。在此期间相对湿度应保持在(93±3)%范围内。

b) 从循环开始后的 5.5 h 内，箱内温度和相对湿度应分别保持在规定的高温和(93±3)%。

c) 试验箱的温度在 1.5 h～2.5 h 内应降到 25 ℃±2 ℃。在此期间相对湿度应保持在 80%～96%范围内。

d) 自循环开始后的 8 h 起，试验箱温度在 1.5 h～2.5 h 内应再连续升至规定的高温。在此期间相对湿度应保持在(93±3)%范围内。

e) 从循环开始后直至 13.5 h，箱内的温度和相对湿度应分别保持在规定的高温和(93±3)%。

f) 试验箱的温度在 1.5 h～2.5 h 的内应降到 25 ℃±2 ℃，在此期间相对湿度应保持在 80%～96%范围内。

g) 试验箱内温度应继续稳定在 25 ℃±2 ℃，相对湿度(93±3)%，直至按规定低温分循环开始或 24 h 循环结束。

相对湿度/%
100
90
80
70
60
50
40
30
20
10
0
相对湿度
不超过20%
0
12
24
时间/h
温度/℃
60
57
53
50
40
30
20
10
0
不规定降温速率
预处理时间
干燥时间
稳定时间
初始检测
0
12
24
时间/h

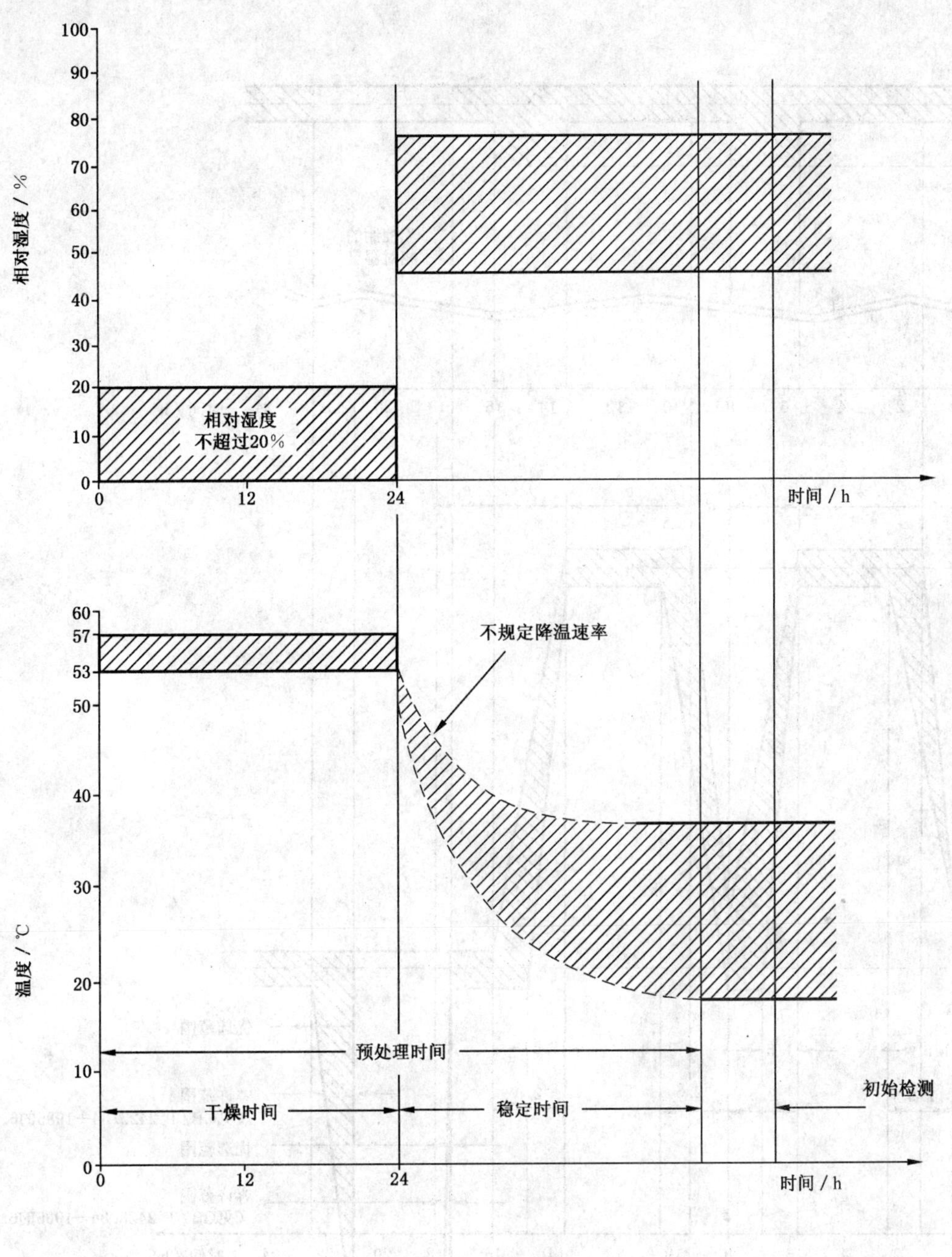

图4 预处理

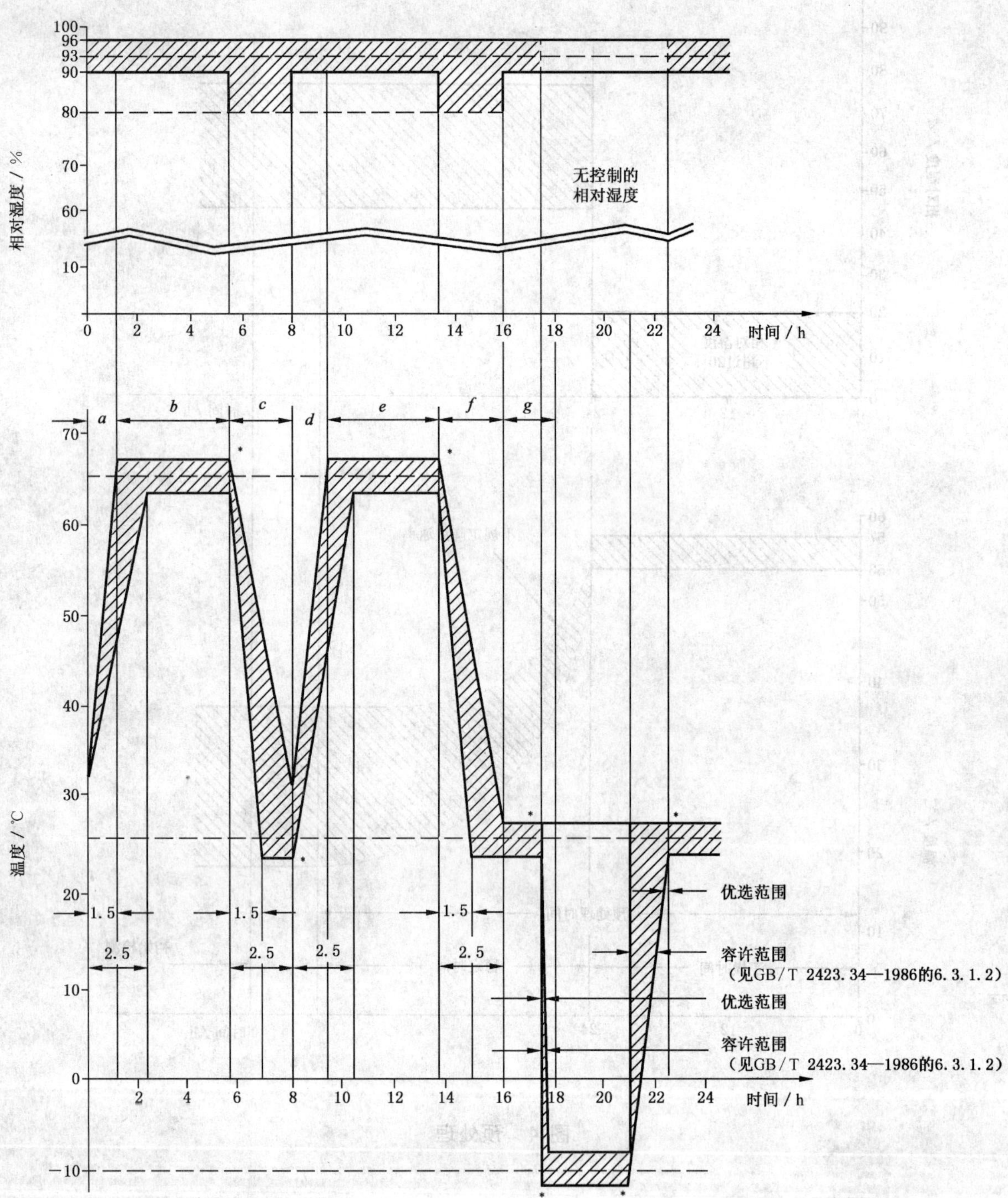

* 此点的时间容许误差为±5 min。

a）相对湿度和温度条件——湿热后暴露于低温

图 5 相对湿度和温度条件

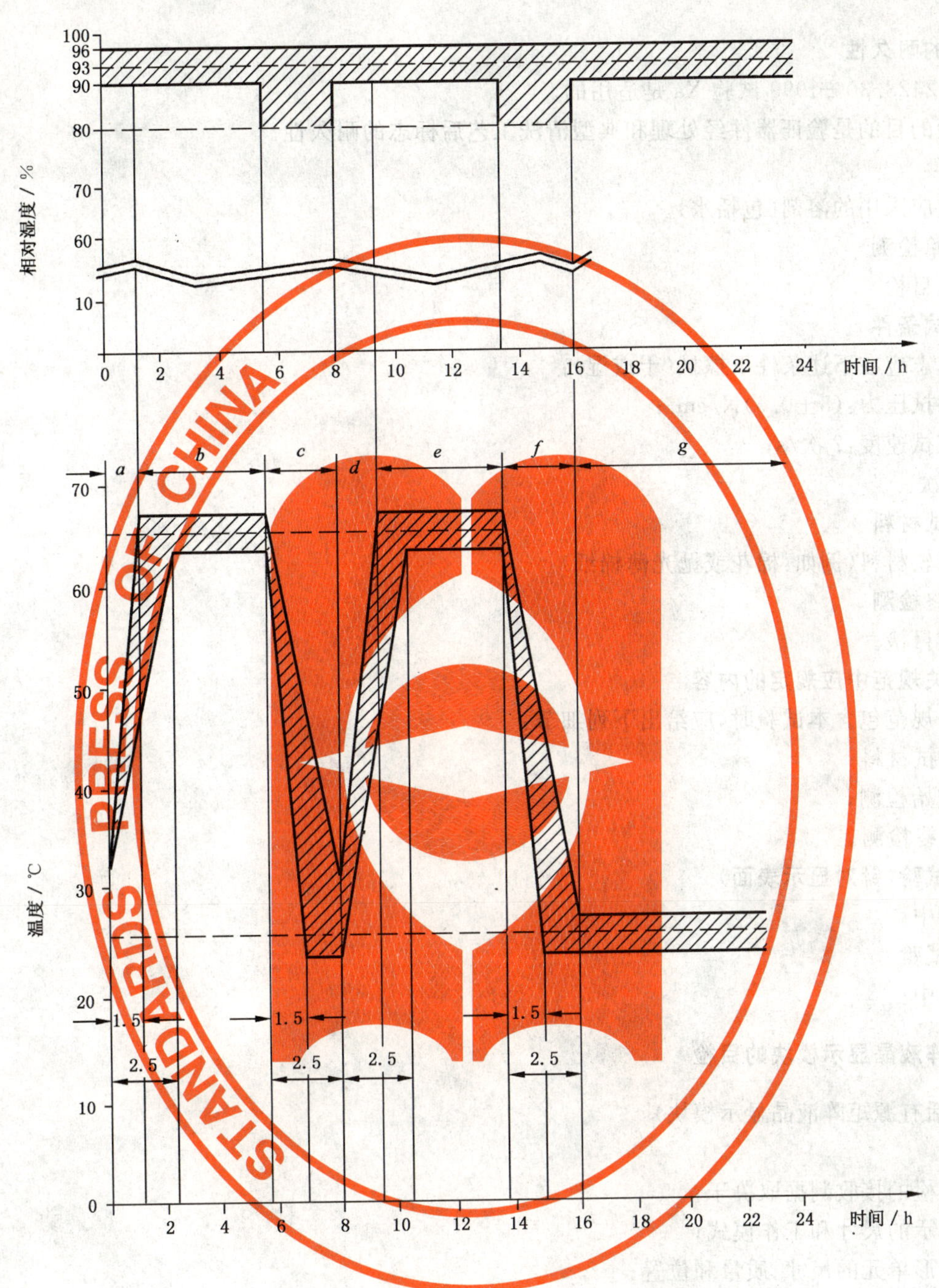

b) 相对湿度和温度条件——湿热后未暴露于低温

图 5(续)

3.8 光暴露

3.8.1 模拟地表水平的太阳辐射

GB/T 2423.24—1995 试验 Sa 是适用的。

3.8.2 其他辐射

在考虑中。

3.9 静电放电(ESD)试验

IEC 60747-1:1983 和其补充 1(1991),补充 2(1993)及补充 3(1996)是适用的。

本试验应按照 IEC 60747-1:1983 和其补充 2(1993),第Ⅳ篇第 3 条的规定。

4 其他试验方法

4.1 标志的耐久性

GB/T 2423.30—1999 试验 Xa 是适用的。

本试验的目的是验证器件经处理和典型清洗工艺后标志的耐久性。

4.1.1 条件

仅规定应采用的溶剂(包括水)。

4.1.2 初始检测

样品应目检。

4.1.3 擦拭条件

器件标志应在下述条件下擦拭(干或湿):

——擦拭压力:(5±0.5)N/cm^2;

——擦拭速度:2 次/s;

——5 次。

4.1.4 擦拭材料

应采用软材料(例如:棉花或抛光薄棉纸)。

4.1.5 最终检测

样品应目检。

4.1.6 相关规范中应规定的内容

当相关规范包含本试验时,应给出下列细节:

a) 擦拭材料;

b) 初始检测;

c) 最终检测。

4.2 刮擦试验(针对显示表面)

在考虑中。

4.3 寿命试验

在考虑中。

5 单色矩阵液晶显示模块的目检

(不包括有源矩阵液晶显示模块)

5.1 概述

样品目检的接收判据取决于:

——显示的尺寸和工作模式;

——图形单元的尺寸、质量和位置;

——应用;

——温度范围;

——检验要求。

因为总规范中不规定这些判据,因此,在详细规范中应规定这些判据,并有参照样品。

注:应用肉眼或自动测试仪在无保护膜时进行检验。

5.2 显示目检

5.2.1 不通电状态

5.2.1.1 试验条件

在详细规范中应规定:

——视角范围;

——光源的位置及强度(取决于应用);

——持续时间;

——目测距离;

——环境温度。

5.2.1.2 程序

器件应检验下列外观缺陷,见表13。

表13 器件应检验的外观缺陷

缺 陷	拒收判据
疵点(见图6)、气泡、异物	在详细规范中规定
亮态下的亮/暗缺陷、暗态下的亮/暗缺陷	
在规定的视角方向范围内,液晶屏和偏振片上的划伤	在详细规范中规定
可视区外的机械缺陷	在详细规范中规定
上述缺陷的累计	比照样品
在可视区内电极显露	比照样品
在可视区内或规定的视角方向范围内颜色和亮度的不均匀性	比照样品
表面沾污,例如指纹印、粘接剂的残留物	比照样品

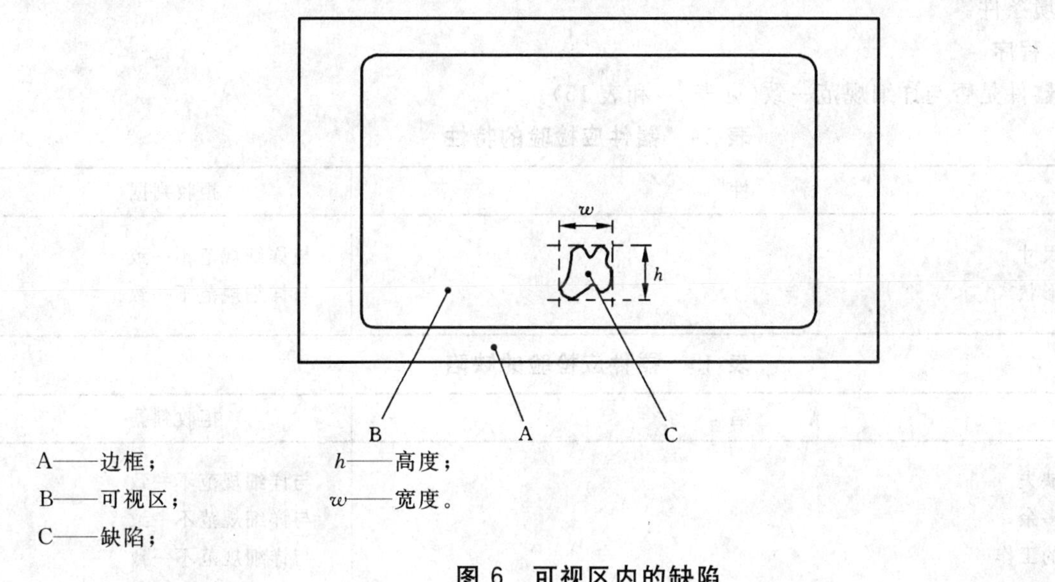

A——边框; h——高度;

B——可视区; w——宽度。

C——缺陷;

图6 可视区内的缺陷

5.2.2 通电状态

5.2.2.1 全显的检验(见图7和图8)

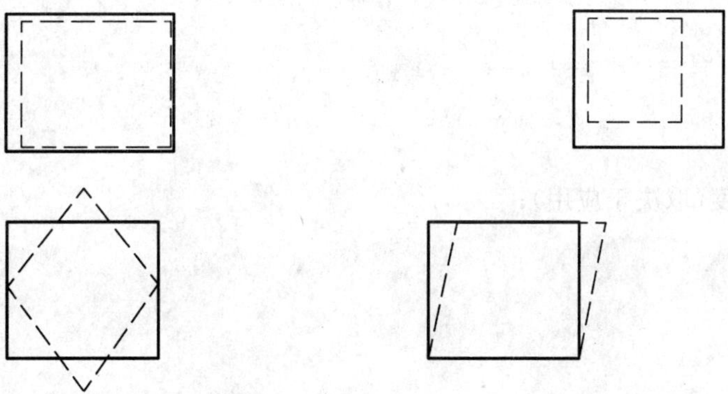

图7 方形单元的偏离和畸形

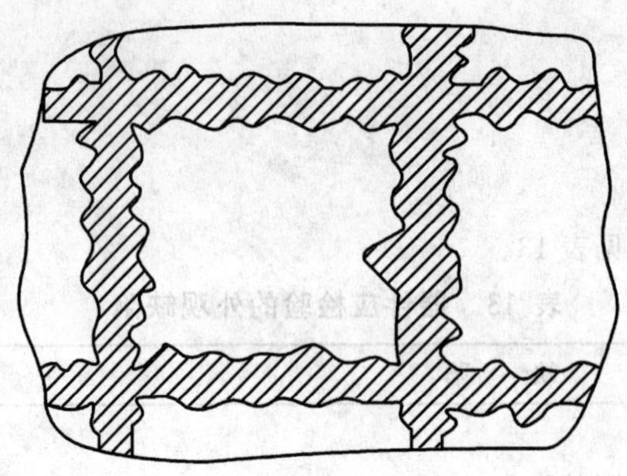

图 8 图形的边缘锯齿

5.2.2.1.1 试验条件

在详细规范中规定：

——驱动条件；

——光照条件；

——环境条件。

5.2.2.1.2 程序

应检验器件是否与详细规范一致(见表 14 和表 15)。

表 14 器件应检验的特性

特性	拒收判据
单元图形尺寸	与详细规范不一致
单元图形形状	与详细规范不一致

表 15 器件应检验的缺陷

缺陷	拒收判据
单元图形缺失	与详细规范不一致
单元图形多余	与详细规范不一致
单元图形的工作	与详细规范不一致
可视区内的密封胶	与详细规范不一致

5.2.2.2 可视区的显示缺陷

5.2.2.2.1 试验条件

在详细规范中规定：

——驱动条件；

——视角方向范围；

——光源的位置及强度(取决于应用)；

——持续时间；

——目测距离；

——环境温度。

5.2.2.2.2 程序

器件应检验下列缺陷(见表 16)。

表 16 器件应检验的缺陷

缺　陷	拒收判据
在单元图形内的针孔	在详细规范中规定（见图 9）
尺寸小于以上规定的针孔数量的累计	比照样品
单元图形周边非图形区的针孔	在详细规范中规定
不同单元图形之间对比度的不同	在详细规范中规定
在可视区内亮度的非均匀性	在详细规范中规定
在可视区内对比度的非均匀性	在详细规范中规定
在可视区内和规定的视角方向范围内亮度和颜色的非均匀性	比照样品

h——高；
w——宽。

图 9 图形单元及其周边区内的缺陷

6 单色液晶显示屏的目检

（不包括有源矩阵液晶显示屏）

6.1 概述

样品目检接收判据取决于：
——尺寸和显示工作模式；
——单元图形的尺寸、质量和位置；
——应用；
——温度范围；
——检验要求。

因为总规范中不规定这些判据，因此，在详细规范中应规定这些判据，并有参照样品。

注：应用肉眼或自动测试仪在无保护膜时进行检验。

6.2 显示目检

6.2.1 不通电状态

6.2.1.1 在详细规范中规定的试验条件：
——视角方向范围；
——光源的位置和强度（取决于应用）；
——持续时间；
——目测距离；
——环境温度。

6.2.1.2 程序

应检验器件下列外观缺陷(见表 17)。

表 17 器件应检验的缺陷

缺 陷	拒收判据
疵点(见图 10)、气泡、异物	在详细规范中规定
亮态下的亮/暗缺陷	在详细规范中规定
暗态下的亮/暗缺陷	在详细规范中规定
在规定的视角方向范围内,屏和偏光片上的划伤	在详细规范中规定
可视区外的机械缺陷(见图 14 和图 15)	在详细规范中规定
上述缺陷的累计	比照样品
在可视区内电极显露	比照样品
在可视区内和规定的视角方向范围内亮度和颜色的非均匀性	比照样品
表面沾污,例如指纹印、粘附的残留物	比照样品

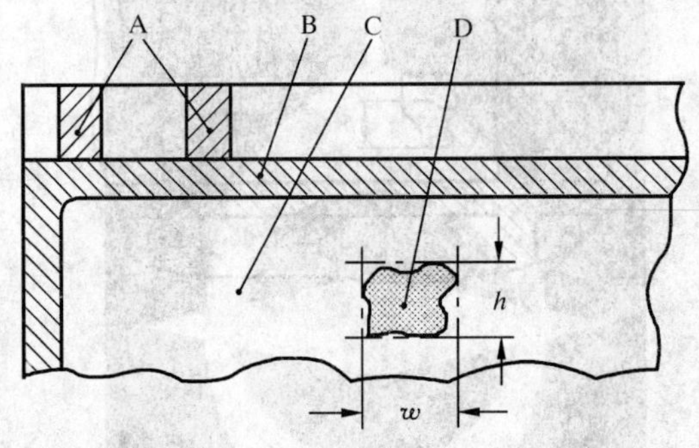

A——电极引线;
B——密封区;
C——可视区;
D——缺陷;
h——高;
w——宽。

图 10 观察区内的缺陷

6.2.2 通电状态

6.2.2.1 显示图形尺寸的检测(见图 11、图 12)

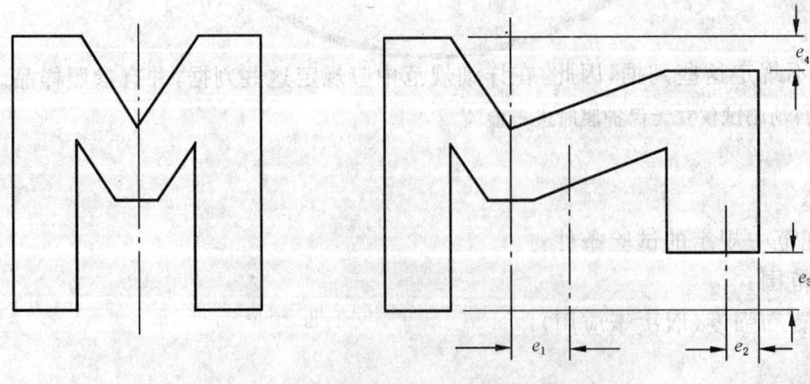

图 11 尺寸和形状 e_1～e_4 的偏差

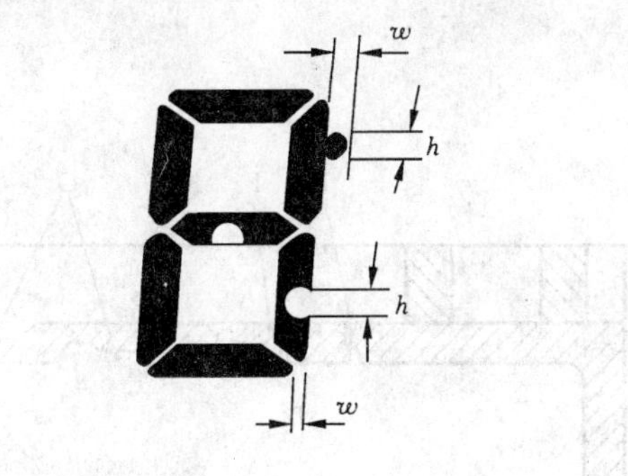

h——高；

w——宽。

图 12　字段中的缺陷

6.2.2.1.1　**详细规范中规定的条件**

——驱动条件；

——光照条件；

——环境条件。

6.2.2.1.2　**程序**

应检验器件是否与详细规范一致(见表 18 和表 19)。

表 18　器件应检验的特性

特　　性	拒收判据
单元图形尺寸	与详细规范不一致
单元图形形状	与详细规范不一致

表 19　器件应检验的缺陷

缺　　陷	拒收判据
单元图形缺失	与详细规范不一致
单元图形多余	与详细规范不一致
可视区内的密封胶	与详细规范不一致

6.2.2.2　**可视区的外观缺陷**

6.2.2.2.1　**在详细规范中规定的试验条件**

——驱动条件；

——视角方向范围；

——光源的位置和强度(取决于应用)；

——持续时间；

——目测距离；

——环境温度。

6.2.2.2.2　**程序**

器件应检验下列外观缺陷(见表 20)。

表 20　器件应检验的缺陷

缺　　陷	拒收判据
在单元图形内的针孔	在详细规范中规定
尺寸小于以上规定的针孔团	基准样品
单元图形周边非工作区中的针孔	在详细规范中规定
不同单元图形之间对比度不同	在详细规范中规定
在可视区内亮度的非均匀性	在详细规范中规定
在可视区内对比度的非均匀性	在详细规范中规定
在可视区内和规定的视角方向范围内亮度和颜色的非均匀性	基准样品

6.3 边框胶检验

边框胶检验见图 13。

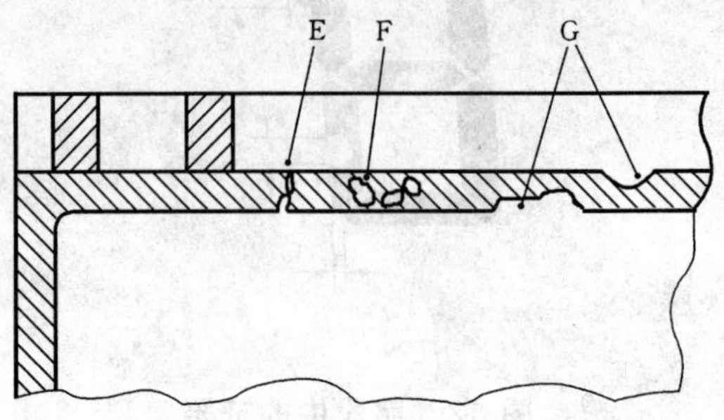

E——裂缝；

F——异物或气泡；

G——密封宽度不匀。

图 13 边框胶内的缺陷

6.3.1 试验条件

——光学放大倍数(例如 10×)；

——照明(例如垂直照明)。

6.3.2 程序

边框应检验以下缺陷(见表 21)。

表 21 器件应检验的缺陷

缺 陷	拒收判据
裂缝	在详细规范中规定
异物或气泡	在详细规范中规定
密封宽度不匀	在详细规范中规定

6.4 电极引线的目检(见图 14)

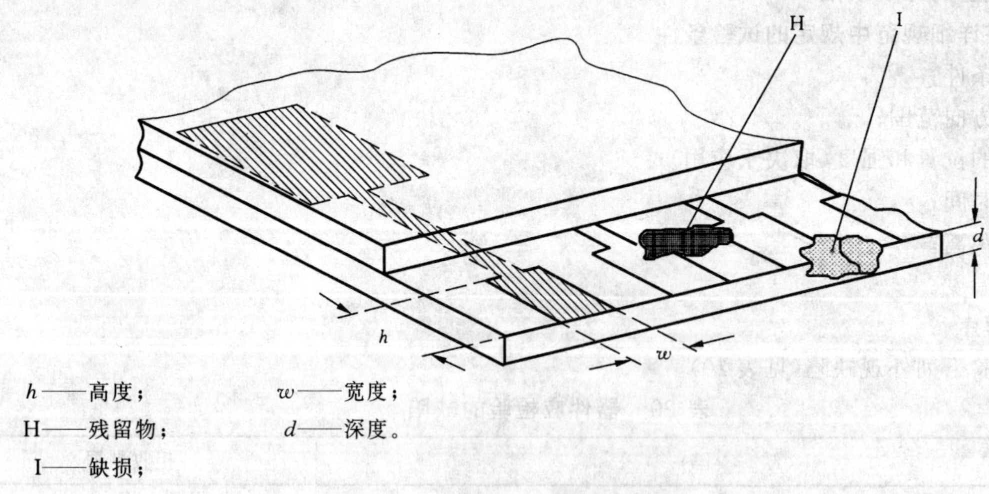

h——高度；　　w——宽度；

H——残留物；　　d——深度。

I——缺损；

图 14 接触区缺陷

6.4.1 在详细规范中规定的条件

——视角方向；

——光源的位置和强度(取决于应用)；

——目测距离。

6.4.2　程序

器件应检验下列外观缺陷。

6.4.2.1　电极引线(见表 22)

表 22　器件应检验的缺陷

缺　　陷	拒收判据
电极引线上的沾污,例如残留液晶或粘附物	不允许
裂缝	a) 不允许完全断裂 b) 部分断裂的基准样品
电极引线的缺损	在详细规范中规定

6.4.2.2　管脚(见表 23)

表 23　器件应检验的缺陷

缺　　陷	拒收判据
管脚上的沾污	在详细规范中规定
缺脚	不允许
管脚弯曲	在详细规范中规定

6.4.2.3　柔性引线(见表 24)

表 24　器件应检验的缺陷

缺　　陷	拒收判据
断路	不允许

6.5　屏的电极侧边角缺损的目检(见图 14、图 15)

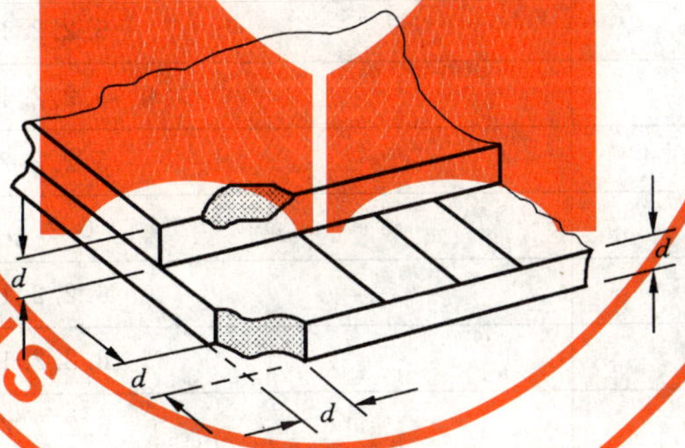

图 15　边角缺损

6.5.1　程序

应检验屏的边角的机械缺损(见表 25)。

表 25　器件应检验的缺陷

缺　　陷	拒收判据
屏的边角的缺陷	在详细规范中规定

附 录 A
（资料性附录）
本部分与 IEC 61747-5:1998 中表编号的对照

表 A.1 给出了本部分与 IEC 61747-5:1998 中表编号的对照一览表。

表 A.1 本部分与 IEC 61747-5:1998 中表编号的对照一览表

本部分中表编号	IEC 61747-5:1998 中表编号或条款号
表 1	1.4.2
表 2	表 1
表 3	表 2
表 4	表 3
表 5	表 4
表 6	表 5
表 7	表 6
表 8	表 7
表 9	表 8
表 10	表 9
表 11	表 10
表 12	表 11
表 13	5.2.1.2
表 14	5.2.2.1.2
表 15	5.2.2.1.2
表 16	5.2.2.2.2
表 17	6.2.1.2
表 18	6.2.2.1.2
表 19	6.2.2.1.2
表 20	6.2.2.2.2
表 21	6.3.2
表 22	6.4.2.1
表 23	6.4.2.2
表 24	6.4.2.3
表 25	6.5.1

ICS 31.120
L 40

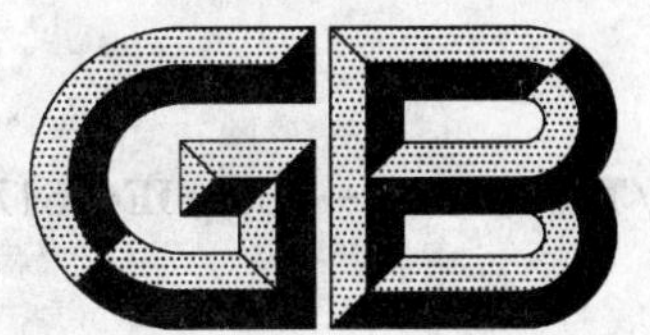

中华人民共和国国家标准

GB/T 18910.22—2008/IEC 61747-2-2:2004

液晶显示器件 第2-2部分:彩色矩阵液晶显示模块 空白详细规范

Liquid crystal display devices—
Part 2-2: Matrix colour LCD modules—
Blank detail specification

(IEC 61747-2-2:2004,IDT)

2008-06-28 发布　　2008-11-01 实施

中华人民共和国国家质量监督检验检疫总局
中国国家标准化管理委员会　发布

前　言

GB/T 18910《液晶显示器件》的预计结构如下：

第1部分：总规范；

第2部分：液晶显示模块　分规范；

第2-1部分：无源矩阵单色液晶显示模块　空白详细规范；

第2-2部分：彩色矩阵液晶显示模块　空白详细规范；

第3部分：液晶显示屏　分规范；

第3-1部分：液晶显示屏　空白详细规范；

第4部分：液晶显示模块和屏　基本额定值和特性；

第4-1部分：彩色矩阵液晶显示模块　基本额定值和特性；

第5部分：环境、耐久性和机械试验方法；

第6部分：液晶显示模块测试方法——透射型。

本部分是GB/T 18910的第2-2部分。

本部分等同采用IEC 61747-2-2:2004(QC 720302)《液晶显示器件　第2-2部分：彩色矩阵液晶显示模块　空白详细规范》(英文版)。

为了便于使用，本部分作了如下编辑性修改：

a) 删除国际标准的前言；

b) 为使标准具有完整性，将6.3增加"(见图1)"。

对IEC 61747-2-2:2004英文版7.2中部分内容修正的说明：

a) 删除了7.2.1检验分组栏中两个单位符号"V"；

b) 将7.2.2符号栏中的"(optional)"改为"I_{BL}"；

c) 将7.2.3.1检验分组栏中的C2b移到7.2.3.2相应的栏中；

d) 将7.2.9.1～7.2.9.4单位栏中的标注"[a]"移到特性和条件栏"(x,y)"的上标处。

本部分由中华人民共和国信息产业部提出。

本部分由中国电子技术标准化研究所(CESI)归口。

本部分起草单位：长春联信光电子有限责任公司、深圳市森浩高新科技开发有限公司。

本部分主要起草人：陈兰、李明远。

液晶显示器件
第 2-2 部分：彩色矩阵液晶显示模块
空白详细规范

引言

IEC 电子元器件质量评定体系遵循 IEC 章程并在 IEC 授权下工作。该体系的目的是确定质量评定程序，以这种方式使一个参加国按相关规范要求放行电子元器件，无需进一步试验而为其他所有参加国同样接受。

本空白详细规范是液晶显示器件的一系列空白详细规范之一，并应与下列国家标准一起使用：

GB/T 18910.1—2002 液晶和固态显示器件 第 1 部分：总规范(IEC 61747-1:1998,IDT)

GB/T 18910.2—2003 液晶和固态显示器件 第 2 部分：液晶显示模块 分规范(IEC 61747-2:1998,IDT)

GB/T 18910.5—2008 液晶和固态显示器件 第 5 部分：环境、耐久性和机械试验方法(IEC 61747-5:1998,IDT)

要求资料：

下列所要求的各项内容，应列入相应的空栏内。

详细规范的识别：

[1] 授权发布详细规范的国家标准化机构名称。

[2] 详细规范的 IECQ 号。

[3] 总规范和分规范的版本号及标准号。

[4] 国家标准详细规范的编号、发布日期及国家标准体系要求的任何更详细的资料。

元器件的识别：

[5] 元器件型号。

[6] 典型结构和用途的说明。如果已设计的器件具备几种用途，应在此说明。针对这些用途应满足特性、极限值和检验的要求。如果器件对静电敏感或含有害材料，应在详细规范中规定警告内容。

[7] 外形图和(或)参考的相关外形文件。

[8] 质量评定类别。

[9] 最重要的特性参数，以便不同型号之间的比较。

注：在本部分中，方括号内给出的内容仅供指导制定详细规范时用，而不包括在详细规范中。

<table>
<tr><td>[授权发布详细规范的国家标准化机构的名称(地址)] [1]</td><td>[详细规范的 IECQ 号、版本号和(或)发布日期] [2]</td></tr>
<tr><td>评定电子元器件质量的依据: [3]
GB/T 18910.1—2002《液晶和固态显示器件——第1部分:总规范》
GB/T 18910.2—2003《液晶和固态显示器件——第2部分:液晶显示模块 分规范》</td><td>[详细规范国家标准编号] [4]
[如果国家标准号与 IECQ 编号相同,则本栏可不填写]</td></tr>
<tr><td colspan="2">空白详细规范适用于:彩色矩阵液晶显示模块 [5]
[相关的器件型号,以及结构相似器件(适用时)。]
订货资料:见本规范第5章。</td></tr>
<tr><td>1 机械说明</td><td>2 简略说明</td></tr>
<tr><td rowspan="3">参考的外形标准: [7]
[IEC 标准和(或)国家标准号,如果可行应强制]
结构:
例如——COG 封装或分立 PCB 的 LCD
——集成光源或反射式
[应在详细规范中列出光源的种类,如:“背光源”或“前光源”]
外形图和尺寸:
外形尺寸
可视区
有效显示区域
显示格式:
像素数或点数
像素或点节距
彩色像素或点的排列
连接方式:
例如——管脚
——连接器
——所用的连接器型号
——配套的连接器型号
标志:
[器件上的标志应在相应详细规范中规定]
[见总规范的4.4和本规范的第4章]
质量:</td><td>矩阵寻址方式: [6]
例如——(非晶硅,多晶硅)薄膜晶体管(TFT)、薄膜二极管(TFD)、无源模式等等
光电效应类型:
例如——扭曲向列相(TN)、超扭曲向列相(STN)等
光学工作模式:
——透射式、反射式、透反射式
——彩色模式
——灰度级
——常白模式、常黑模式
推荐的视角方向:
电学说明:
例如——接口(电源、数据)
——集成光源(如:CCFL/HCFL、LED、EL)
用途:
例如——掌上移动、个人计算机、车载等。</td></tr>
<tr><td>3 质量评定类别
[见总规范的4.5] [8]</td></tr>
<tr><td>参考数据 [9]</td></tr>
<tr><td colspan="2">已按本部分鉴定合格的产品,其制造商的有关资料见现行合格产品一览表。</td></tr>
</table>

4 标志

[除第1章和(或)GB/T 18910.1总规范的4.4规定之外的任何特殊要求,应在本章加以规定。]

5 订货资料

除非另有规定,订购规定的器件至少需要下列信息:

——准确的型号;

——有关的IECQ详细规范版本号和(或)发布日期;

——在总规范GB/T 18910.1—2002中4.5规定的质量评定类别,及在分规范GB/T 18910.2—2003中4.8规定的筛选次序(要求时);

——其他要求。

6 极限值(绝对最大额定值制)

除非另有规定,这些值适用于整个工作温度范围。

[只重复使用带标题的分条号,任何增加的参数可在适当的地方给出,但没有分条号。]

章条号	参数	符号	数值[a]		单位
			最小	最大	
6.1	工作环境温度	T_{op}	×	×	℃
6.2	贮存温度	T_{stg}	×	×	℃
6.3	电源电压(选择6.3.1和6.3.2,或只选择6.3.3)(见图1)				
6.3.1	逻辑驱动电压	$V_{DD}—V_{SS}$	×	×	V
6.3.2	LCD驱动电压	$V_{DD}—V_{EE}$ 或 $V_{EE}—V_{SS}$ 或 $V_{DD}—V_{O}$ 或 $V_{O}—V_{SS}$	×	×	V
6.3.3	模块电压	V_{MDL} 或 V_{MDL1}、V_{MDL2}等等	×	×	V
6.4	输入信号电压	V_{IN}	×	×	V
6.5	集成光源电压(适用时)	V_{LS}		×	V
6.6	焊接温度(适用时)	T_{sld}		×	℃

[a] 在本部分中,在数值栏中,“×”表示在详细规范中应给出具体值。

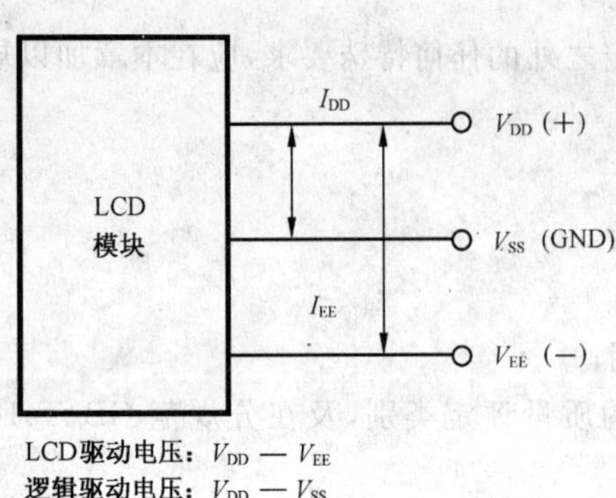

LCD驱动电压：V_{DD} — V_{EE}
逻辑驱动电压：V_{DD} — V_{SS}

LCD
模块
I_{EE}
V_{EE} (+)
I_{DD}
V_{DD} (+)
V_{SS} (GND)

LCD驱动电压：V_{EE} — V_{SS}
逻辑驱动电压：V_{DD} — V_{SS}

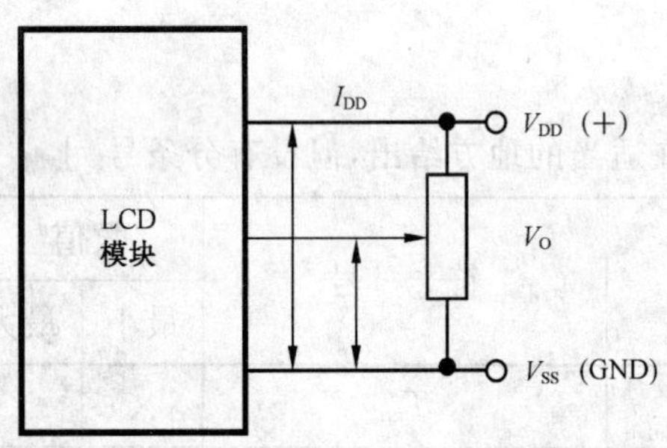

LCD驱动电压：V_O — V_{SS}
逻辑驱动电压：V_{DD} — V_{SS}

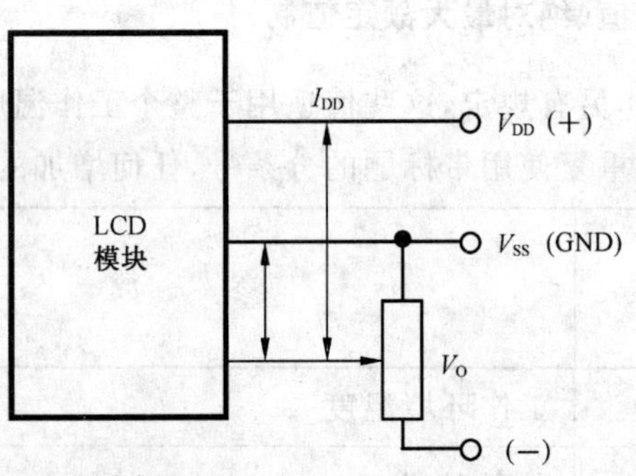

LCD驱动电压：V_{DD} — V_O
逻辑驱动电压：V_{DD} — V_{SS}

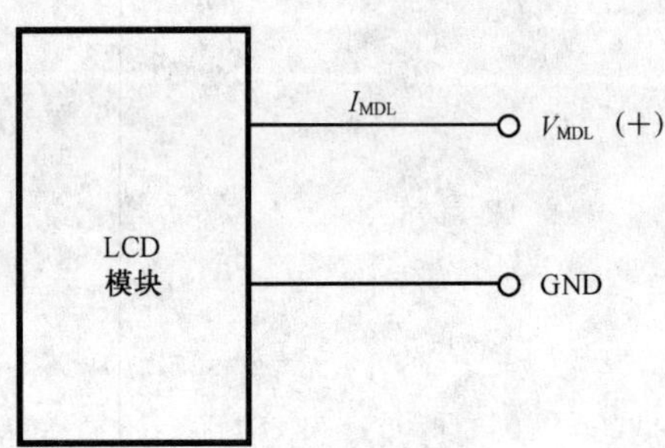

模块电压：V_{MDL}

图 1　电源电压说明的方框图

7 工作范围和电光特性

7.1 推荐的工作范围

章条号	特性 除非另有规定，T_{op}＝25 ℃	符号	数值 最小	数值 最大	单位
7.1.1	电源电压工作范围(选择 7.1.1.1 和 7.1.1.2，或只选择 7.1.1.3)				
7.1.1.1	逻辑驱动电压	$V_{DD}—V_{SS}$	×	×	V
7.1.1.2	LCD 驱动电压	$V_{DD}—V_{EE}$ 或 $V_{EE}—V_{SS}$ 或 $V_{DD}—V_{O}$ 或 $V_{O}—V_{SS}$	×	×	V
7.1.1.3	模块电压	V_{MDL} 或 V_{MDL1}、 V_{MDL2} 等等	×	×	V
7.1.2	输入信号电压工作范围	V_{IN}			
7.1.2.1	高电平输入信号电压	V_{INH}	×	×	V
7.1.2.2	低电平输入信号电压	V_{INL}	×	×	V
7.1.3	模拟视频信号电压范围(适用时)	V_{VID}	×	×	V
7.1.4	集成光源电压工作范围(适用时)	V_{LS}	×	×	V
7.1.4.1	集成光源启辉电压(适用时)	V_{LSIG}	×		V
7.1.5	工作频率范围(适用时)	f_{op}			
7.1.5.1	工作帧频范围	f_{FRM}	×	×	Hz
和(或)					
7.1.5.2	振荡器频率范围	f_{osc}	×	×	Hz

7.2 电、光特性

检验要求见本规范第 8 章。

[只重复使用带标题的分条号，任何增加的参数可在适当的地方给出，但没有分条号。]

[当在相同的详细规范中规定一系列器件时，相关数值应以连续方式给出，避免相同数值的重复。]

章条号	特性和条件 除非另有规定，T_{op}＝25 ℃	符　号	单　位	数　值		检验分组
				最小	最大	
7.2.1	工作电流 在规定的帧频和工作电源电压条件下，选择适当的显示图案及其他电驱动条件，使工作电流达到最大值。	I_{tot} 或 I_{DD} 和(或) I_{EE}	mA	 × ×	× × ×	A3
7.2.2	光源工作电流(适用时) 在规定的工作电压下	I_{BL}	mA		×	A3
7.2.3.1	对比度(直射光和/或漫射光) 在规定的光源和视角方向下	CR_{dir} 和(或) CR_{diff}		× ×		A2
7.2.3.2	对比度(直射光和/或漫射光) T_{op}分别为最大和最小或规定的温度，规定的光源和视角方向	CR_{dir} 和(或) CR_{diff}		× ×		C2b
7.2.4.1	工作显示亮度(适用时) 在规定的视角方向和测量点下	L	cd/m^2	×		A2
7.2.4.2	亮度均匀度(适用时)	L_{uni}	%		×	A2
7.2.5	视角范围 在规定的视角方向和对比度下[c]	θ_H 和 θ_V	° °	× ×	× ×	C2a
7.2.6.1	上升时间 在规定温度下[c]	t_r	ms		×	C2a
7.2.6.2	下降时间 在规定温度下[c]	t_f	ms		×	C2a
7.2.7	透射率(直射光和/或漫射光)(适用时) 在规定测量方法和条件下	τ_r 和(或) τ_d	%	×		C2a
7.2.8	反射率(直射光和/或漫射光)(适用时) 在规定测量方法和条件下	ρ_r 和(或) ρ_d	%	×	×	C2a
7.2.9.1	白光色度座标(x,y)[a](适用时)	x_W、y_W		b	b	A2
7.2.9.2	红光色度座标(x,y)[a](适用时)	x_R、y_R		b	b	A2
7.2.9.3	兰光色度座标(x,y)[a](适用时)	x_B、y_B		b	b	A2
7.2.9.4	绿光色度座标(x,y)[a](适用时)	x_G、y_G		b	b	A2

a x、y 值在 CIE(1931)确定的色坐标图中给出。

b 在详细规范中规定(即:最小值、最大值、典型值或平均值)。

c 根据使用要求可增加其他规定条件。

8 试验条件和检验要求

在以下各表中给出的数值和确切的试验条件,应按照给定型号的要求及相关标准中有关试验的要求加以规定。

当在同一详细规范中包含若干规定的器件时,相关的试验条件和(或)数值应以连续的方式给出,避免相同的条件和(或)数值重复出现。

除非另有规定,试验应在25 ℃下进行。

标有(D)的试验是破坏性试验。

A组——逐批检验

分组	试验	条件 除非另有规定,T_{op}=25 ℃ (见总规范第4章)	极限值	
			最小	最大
A1	外观目检(不加电)		见总规范 GB/T 18910.1 的 6.2.1	
A2	显示缺陷		见 GB/T 18910.5[a]	
	对比度	见 7.2.3.1	×	
	工作显示亮度(适用时)	见 7.2.4.1	×	
	亮度均匀性(适用时)	见 7.2.4.2		×
	白光、红光、兰光、绿光的色度座标(适用时)	见 7.2.9.1～7.2.9.4	[b]	[b]
A3	工作电流	见 7.2.1		×
	光源工作电流(适用时)	见 7.2.2		×

[a] 参考 GB/T 18910.5 的显示外观检验部分内容。

[b] 在详细规范中确定数值(即,最小值、最大值、典型值或平均值)。

B组——逐批检验

(在质量评定类别为Ⅰ的情况下,见总规范 GB/T 18910.1 的 4.5)

分组	试验	条件 除非另有规定,T_{op}=25 ℃ (见总规范第4章)	极限值	
			最小	最大
B1	尺寸		见第1章	

C组——周期试验

分组	试验	条件 除非另有规定,T_{op}=25 ℃ (见总规范第4章)	极限值	
			最小	最大
C1	尺寸		见第1章	
C2a	视角范围	见 7.2.5	×	×
	上升时间	见 7.2.6.1		×
	下降时间	见 7.2.6.2		×
	透射率(适用时)	见 7.2.7	×	
	反射率(适用时)	见 7.2.8	×	×

C 组——周期试验（续）

分组	试　　验	条　　件 除非另有规定，$T_{op}=25$ ℃ （见总规范第 4 章）	极限值	
			最小	最大
C2b	对比度	见 7.2.3.2	×	
C4	引出端粘接强度(D)	见 GB/T 18910.5 的 2.6		
C5	温度变化(D)	见 GB/T 18910.5 的 3.1		
C6	冲击(D)	见 GB/T 18910.5 的 2.4		
	振动(D)	见 GB/T 18910.5 的 2.3		
C7	湿热循环(12 h+12 h 循环)(D)	见 GB/T 18910.5 的 3.6		
C8	电耐久性(D)	在详细规范中规定		
C9	高温贮存	见 GB/T 18910.5 的 3.2		
	低温贮存	见 GB/T 18910.5 的 3.3		
C10	低气压(D)	见 GB/T 18910.5 的 3.4		
C11	标志耐久性(D)	见 GB/T 18910.5 的 4.1		
CRRL	应给出 C5、C6、C7、C8、C9 和 C11 分组的属性资料。			

9　鉴定批准试验(D 组)

［当要求时，仅对于鉴定批准的这些试验应在详细规范中规定。］

10　补充说明

10.1　显示区域的像素或点图形。

10.2　数据输入时序。

10.3　接口时序图表。

10.4　接口时序值。

10.5　电路方框图。

10.6　亮度的测量点。

10.7　静电防护。

10.8　安装要求：机械的和(或)电的。

10.9　电源电压的加电顺序。

10.10　搬运说明。

10.11　危险或安全信息。

10.12　漫反射、镜面反射和透射的特性。

ICS 31.120
L 40

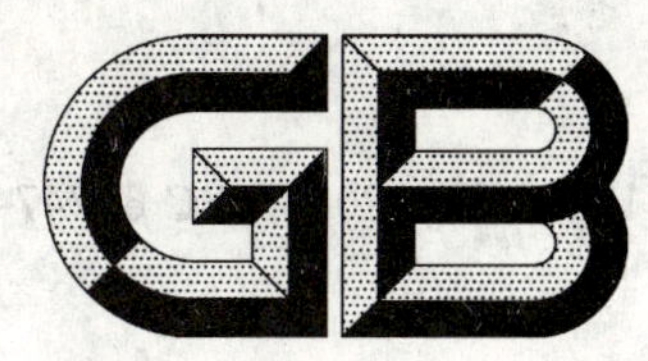

中华人民共和国国家标准

GB/T 18910.41—2008/IEC 61747-4-1:2004

液晶显示器件 第4-1部分:彩色矩阵液晶显示模块 基本额定值和特性

Liquid crystal display devices—
Part 4-1: Matrix colour LCD modules—
Essential ratings and characteristics

(IEC 61747-4-1:2004,IDT)

2008-06-28 发布 2008-11-01 实施

中华人民共和国国家质量监督检验检疫总局
中国国家标准化管理委员会 发布

前　言

GB/T 18910《液晶显示器件》的预计结构如下：

第1部分：总规范；

第2部分：液晶显示模块　分规范；

第2-1部分：无源矩阵单色液晶显示模块　空白详细规范；

第2-2部分：彩色矩阵液晶显示模块　空白详细规范；

第3部分：液晶显示屏　分规范；

第3-1部分：液晶显示屏　空白详细规范；

第4部分：液晶显示模块和屏　基本额定值和特性；

第4-1部分：彩色矩阵液晶显示模块　基本额定值和特性；

第5部分：环境、耐久性和机械试验方法；

第6部分：液晶显示模块测试方法——透射型。

本部分是GB/T 18910的第4-1部分。

本部分等同采用IEC 61747-4-1:2004《液晶显示器件　第4-1部分：彩色矩阵液晶显示模块　基本额定值和特性》(英文版)。

为了便于使用，本部分作如下编辑性修改：

a) 删除国际标准的前言；

b) 因IEC 61747-4-1:2004中第2章引用的标准在以后的内容中没有引出处，故删除原文中第2章的内容。

本部分由中华人民共和国信息产业部提出。

本部分由中国电子技术标准化研究所(CESI)归口。

本部分起草单位：长春联信光电子有限责任公司、深圳市淼浩高新科技开发有限公司。

本部分主要起草人：陈兰、李明远。

液晶显示器件
第4-1部分:彩色矩阵液晶显示模块
基本额定值和特性

1 范围

GB/T 18910的本部分规定了彩色矩阵液晶显示模块的基本额定值和特性。

2 规范性引用文件

本章无内容[1]。

3 彩色矩阵液晶显示模块

3.1 类型

有源或无源彩色矩阵液晶显示模块由彩色液晶显示屏、电路、通常还有边框组成。

3.2 构造和材料

例如:薄膜晶体管(TFT)(非晶硅 、多晶硅)带周边电路和管脚连接的有源矩阵显示屏。

适用时,集成光源的类型。

3.3 工作模式

3.3.1 寻址工作模式

例如:无源矩阵、有源矩阵、TFT模式、TFD模式等等。

3.3.2 光学工作模式

——显示方式:例如反射、透射、透反射。

——彩色模式。

——灰度级。

——常白模式、常黑模式。

3.4 详细说明

3.4.1 材料、机械说明

——例如:玻璃、塑料、金属等。

——结构:例如集成光源、边框构造。

3.4.2 连接方法

连接器、柔性带或管脚连接等。

3.4.3 外形尺寸图

——外形尺寸。

——可视区和显示中心。

3.4.4 管脚分配和(或)管脚功能说明

连接器的类型。

3.4.5 推荐或设计视角方向。

采用说明:

1 因IEC 61747-4-1:2004中引用的标准在以后的内容中没有引出处,故删除原文中的内容。

3.5 极限值(绝对最大额定值制)除非另有规定,适用于整个工作温度范围

3.5.1 最小和最大工作环境温度(T_{op})。

3.5.2 最小和最大贮存温度(T_{stg})。

3.5.3 逻辑驱动和LCD驱动的最小和最大电源电压值,或模块的最小和最大电源电压值。

3.5.4 最小和最大输入信号电压(V_{IN})。

3.5.5 适用时,最小和最大集成光源电压(V_{LS})。

3.5.6 适用时,最高焊接温度(T_{sld})。

应规定最长焊接时间和最小焊接距离。

3.6 电、光特性

下列参数应按表1的规定。

表1 彩色矩阵LCD模块的电、光特性

章条号	特性	条件 除非另有规定, $T_{op}=25$ ℃	符号	要求	
3.6.1	电源电压 逻辑驱动电压 LCD驱动电压 模块电压		 $V_{DD}-V_{SS}$ $V_{DD}-V_{EE}$ 或 $V_{EE}-V_{SS}$ 或 $V_{DD}-V_{O}$ 或 $V_{O}-V_{SS}$ V_{MDL}	 最小 最小 最小	 最大 最大 最大
3.6.2	输入信号电压 高电平输入电压 低电平输入电压 输入模拟视频信号(适用时)		V_{IN} V_{INH} V_{INL} V_{VID}	最小 最小 最小 最小	最大 最大 最大 最大
3.6.3	光源工作电压(适用时) 光源的启辉电压(适用时)		V_{BL} V_{LSIG}	最小 最小	最大
3.6.4	工作频率(适用时) 帧频 振荡器频率		f_{op} f_{FRM} f_{OSC}	 最小 最小	 最大 最人
3.6.5	工作电流	为达到最大工作电流所选择的条件,例如:合适的工作电压、显示图案等	I_{tot} 或 I_{DD} 和(或) I_{EE}		最大
3.6.6	高电平输入电流(适用时)		I_{INH}		最大
3.6.7	低电平输入电流(适用时)		I_{INL}		最大
3.6.8	光源工作电流(适用时)		I_{LS}	最小	最大
3.6.9	对比度(漫射光和(或)直射光)	当模块有光源系统时,应在规定的背光亮度下测量对比度	CR_{diff} CR_{dir}	最小 最小	

表 1（续）

章条号	特　性	条件 除非另有规定， T_{op}＝25 ℃	符　号	要　求	
3.6.10	工作显示亮度(适用时) 亮度均匀性(适用时)	规定的测量方法和条件	L L_{uni}	最小 最小	
3.6.11	视角范围	规定的视角方向定义和规定的对比度	θ_H 和 θ_V	最小	最大
3.6.12	上升时间	规定温度	t_r		最大
3.6.13	下降时间	规定温度	t_f		最大
3.6.14	透射率(适用时) (漫射光和(或)直射光)	规定测试方法和条件	τ_r 和(或) τ_d	最小	
3.6.15	反射率(适用时) (漫射光和(或)直射光)	规定测试方法和条件	ρ_r 和(或) ρ_d	最小	最大
3.6.16	白光色座标(x,y)(适用时) 红光色座标(x,y)(适用时) 兰光色座标(x,y)(适用时) 绿光色座标(x,y)(适用时)		x_W，y_W x_R，y_R x_B，y_B x_G，y_G	a a a a	a a a a
[a] 在详细规范中规定(即，最小值、最大值、典型值或平均值)。					

3.7　补充说明

3.7.1　时序特性与逻辑电压时序。

3.7.2　适用时，电源电压的加电顺序。

3.7.3　适用时，在规定的对比度下，工作电压范围与温度的关系。

3.7.4　搬运和操作说明。

3.7.5　静电防护。

3.7.6　安装要求：机械的和/或电的。

3.7.7　安全信息。

3.7.8　漫反射、镜面反射和透射的特性。

ICS 17.180.20
A 26

中华人民共和国国家标准

GB/T 18922—2008
代替 GB/T 18922—2002

建筑颜色的表示方法

Methods of color specification for architecture

2008-05-26 发布　　2008-11-01 实施

中华人民共和国国家质量监督检验检疫总局
中国国家标准化管理委员会　发布

前　言

本标准是对 GB/T 18922—2002《建筑颜色的表示方法》的修订，主要修订内容如下：

——修订部分颜色标号；

——增加规范性引用文件；

——增加建筑颜色的数量；

——增加目视评价；

——增加附录 A。

本标准的附录 A 为规范性附录。

本标准由全国颜色标准化技术委员会提出并归口。

本标准主要起草单位：深圳市海川实业股份有限公司、深圳海川色彩科技有限公司、上海启鹏化工有限公司。

本标准主要起草人：何唯平、赵蕴岚、杜方彦、黄永衡、许钧强、裴晓禹、鲍喜斌、张杰、郑炜。

本标准于 2002 年 12 月首次发布。

建筑颜色的表示方法

1 范围

本标准规定了建筑颜色的表示方法和建筑颜色色卡(简称建筑色卡)的色度值。

本标准适用于建筑设计、建筑施工、建筑材料、建筑装修、环境设计等领域中颜色的定量表示;也适用于建筑色卡的制作和选取。

2 规范性引用文件

下列文件中的条款通过本标准的引用而成为本标准的条款。凡是注日期的引用文件,其随后所有的修改单(不包括勘误的内容)或修订版均不适用于本标准,然而,鼓励根据本标准达成协议的各方研究是否可使用这些文件的最新版本。凡是不注日期的引用文件,其最新版本适用于本标准。

GB/T 3979 物体色的测量方法

GB/T 7921 均匀色空间和色差公式

GB/T 15608 中国颜色体系

GB/T 15610 同色异谱的目视评价方法

3 建筑颜色的表示方法

3.1 标号和编码

建筑颜色的表示方法用中国颜色体系标号和相应的建筑颜色编码表示。

附录A中每一颜色均标出了中国颜色体系标号和相应的建筑颜色编码。

3.2 排列表

选取1 026种常用的建筑颜色,排列成171行,每行6列的表格,见附录A。

3.3 编码规则

建筑颜色的编码规则根据行和列的数值按4位阿拉伯数字连续编码,前3位为行码,后1位为列码。如第1行第1列编码为0011,第18行第5列的编码为0185,第132行第6列的编码为1326,依次类推。

4 建筑色卡

4.1 定义

建筑色卡是建筑颜色中使用频率较高的实物标样。

4.2 颜色的选取

建筑色卡的颜色从附录A中选取,选用颜色数量可根据实际需要确定,编排方法可按建筑颜色编码、使用场所和习惯等确定。

4.3 色度值的标定

建筑色卡的每一颜色均应标定其色度值及根据GB/T 3979确定的三刺激值和色品坐标。建筑色卡的色度值应按GB/T 15608的规定。

4.4 色差

建筑色卡的色差用GB/T 7921中规定的CIE1976$L^*a^*b^*$均匀色空间和色差公式计算建筑色卡标定色度值与标准值的色差ΔE_{ab}^*,并用ΔE_{ab}^*评价建筑色卡的制作精度。

建筑色卡标定色度值与其标准值的色差$\Delta E_{ab}^*\leqslant 3$。

4.5 标识

建筑色卡用中国颜色体系标号和相应的建筑颜色编码标识。在颜色信息交换中，建筑色卡、中国颜色体系标号、建筑颜色编码具有同等效用。

4.6 目视评价

用建筑色卡做颜色目视评价时，应按 GB/T 15610 规定进行。

附 录 A
（规范性附录）
建筑颜色排列表

	1	2	3	4	5	6
001	9.4Y 9/1.2 0011	0.6GY 9/1.8 0012	9.4Y 9/4.8 0013	10Y 8.5/7.6 0014	10Y 8.5/6.4 0015	9.4Y 9/3.6 0016
002	8.1Y 9/1.2 0021	8.1Y 9/2 0022	8.1Y 9/5.2 0023	8.1Y 8.5/8 0024	8.1Y 8.5/6.4 0025	8.8Y 9/3.6 0026
003	8.1Y 8.5/2 0031	8.1Y 8.5/3.6 0032	9.4Y 8/6.4 0033	10Y 7/6 0034	8.8Y 8/8 0035	9.4Y 8/5.2 0036
004	8.1Y 7.5/2 0041	8.8Y 7.5/3.2 0042	7.5Y 6.5/4.4 0043	6.3Y 5/4 0044	6.9Y 5.5/4 0045	8.8Y 7/4.8 0046
005	8.1Y 6.5/2 0051	7.5Y 6.5/3.2 0052	6.9Y 5/2.8 0053	2.5Y 3/1.8 0054	6.3Y 4/2.4 0055	7.5Y 6/2.8 0056
006	7.5Y 9/1.2 0061	7.5Y 9/2 0062	5.6Y 9/5.2 0063	4.4Y 8.5/7.6 0064	5Y 8.5/6.4 0065	6.3Y 9/3.6 0066
007	6.3Y 8.5/2.4 0071	6.3Y 8.5/3.6 0072	6.3Y 8/6.4 0073	5.6Y 7/6.4 0074	6.3Y 8/8 0075	6.3Y 8/5.2 0076
008	7.5Y 7.5/2 0081	6.3Y 7.5/3.6 0082	5.6Y 6.5/4.4 0083	3.8Y 4.5/3.6 0084	3.8Y 5.5/4.4 0085	6.3Y 7/4.8 0086
009	3.8Y 7.5/2.4 0091	3.8Y 7.5/3.6 0092	3.1Y 6.5/4.4 0093	1.9Y 5/4 0094	1.9Y 5.5/4.4 0095	4.4Y 7/4.8 0096
010	5Y 9/1.4 0101	5Y 9/2.4 0102	3.1Y 8.5/5.2 0103	2.5Y 8.5/7.6 0104	3.1Y 8.5/6.4 0105	3.8Y 9/3.6 0106
011	4.4Y 8.5/2.4 0111	4.4Y 8/4 0112	2.5Y 8/6.8 0113	1.9Y 6.5/7.2 0114	2.5Y 7.5/8 0115	3.1Y 8/5.2 0116
012	5Y 9/1.4 0121	3.1Y 9/2.4 0122	1.3Y 8.5/5.2 0123	9.4YR 8/8 0124	10YR 8/7.2 0125	3.1Y 8.5/4 0126
013	3.1Y 9/1.6 0131	2.5Y 9/2 0132	9.4YR 8/5.6 0133	8.1YR 7.5/8 0134	8.1YR 8/7.2 0135	10YR 8.5/4 0136
014	0.6Y 8.5/2.4 0141	10YR 8/4.4 0142	8.1YR 7.5/6.8 0143	6.9YR 6.5/7.6 0144	6.9YR 7/8 0145	9.4YR 7.5/5.6 0146
015	1.9Y 7.5/2.4 0151	0.6Y 7/4 0152	8.8YR 6/4.8 0153	7.5YR 4.5/4 0154	8.1YR 5.5/4.8 0155	8.8YR 7/5.6 0156

	1	2	3	4	5	6
016	1.3Y 6.5/2.4 0161	10YR 6.5/4 0162	9.4YR 4.5/3.2 0163	7.5YR 3.5/1.8 0164	10YR 4/2.8 0165	9.4YR 5.5/3.6 0166
017	0.6Y 9/1.4 0171	8.8YR 9/1.8 0172	4.4YR 8/6 0173	2.5YR 7/8.8 0174	3.8YR 7.5/7.2 0175	5.6YR 8.5/3.6 0176
018	9.4Y 8/2.4 0181	5.6YR 8/4.4 0182	4.4YR 7/7.2 0183	3.8YR 6.5/6.8 0184	3.8YR 6.5/8.4 0185	4.4YR 7.5/6 0186
019	8.8YR 7.5/2.4 0191	6.3YR 7/4 0192	4.4YR 6/5.2 0193	3.8YR 4.5/4.4 0194	4.4YR 5/4.8 0195	4.4YR 6.5/5.6 0196
020	8.8YR 6.5/2 0201	5.6YR 6.5/4 0202	5.6YR 5/3.2 0203	10R 3/3.2 0204	5YR 4/2.8 0205	5YR 5.5/3.6 0206
021	8.1YR 9/1.2 0211	6.3YR 9/2 0212	1.3YR 8/5.6 0213	9.4R 7/9.2 0214	0.6YR 7.5/7.2 0215	3.1YR 8/4 0216
022	5YR 8/2.4 0221	3.1YR 8/4 0222	10R 7/7.2 0223	9.4R 5.5/8 0224	9.4R 6.5/9.2 0225	1.3YR 7.5/5.6 0226
023	5.6YR 7.5/2 0231	2.5YR 7/3.6 0232	1.3YR 5.5/4.8 0233	1.9YR 4/4 0234	0.6YR 5/4.8 0235	0.6YR 6.5/5.6 0236
024	4.4YR 6.5/2 0241	3.1YR 6/3.6 0242	1.9YR 4.5/3.2 0243	10R 3/2.8 0244	2.5YR 4/2.8 0245	2.5YR 5.5/3.2 0246
025	5YR 9/1 0251	1.9YR 9/1.8 0252	0.6YR 7.5/4.8 0253	5.6R 6.5/8.8 0254	5.6R 7/7.2 0255	0.6YR 8.5/3.2 0256
026	9.4R 8.5/1.8 0261	8.1R 7.5/3.6 0262	5.6R 7/6.8 0263	6.9R 5/6 0264	6.3R 6/6.4 0265	6.3R 7/5.2 0266
027	0.6YR 7/2 0271	8.1R 7/3.6 0272	6.9R 5.5/4.8 0273	6.9R 4/4 0274	7.5R 5/4.4 0275	6.3R 6.5/5.2 0276
028	0.6YR 6.5/1.6 0281	8.1R 6/3.6 0282	8.1R 4.5/2.8 0283	6.9R 3/3.6 0284	8.1R 4/2.4 0285	7.5R 5.5/3.2 0286
029	0.6R 9/1.4 0291	4R 8.5/1.8 0292	8.8RP 8/5.2 0293	10RP 6.5/7.6 0294	10RP 7.5/5.6 0295	10RP 8/3.6 0296
030	5.6R 8/2 0301	9.4RP 7.5/3.6 0302	10RP 6.5/6.8 0303	10RP 5/5.6 0304	9.4RP 5.5/6.4 0305	9.4RP 7/5.2 0306
031	10RP 7.5/2 0311	9.4RP 7/3.6 0312	8.8RP 5.5/4.4 0313	0.6R 4/4 0314	9.4RP 4.5/4.4 0315	8.8RP 6.5/5.2 0316
032	9.4RP 6.5/1.8 0321	10RP 6/3.2 0322	10RP 4.5/3.2 0323	7.5R 2.5/1.8 0324	9.4RP 3.5/2.8 0325	9.4RP 5/2.8 0326

	1	2	3	4	5	6
033	7.5RP 9/1.2 0331	0.6R 9/1.8 0332	3.1RP 8/5.6 0333	2.5RP 7/7.2 0334	3.8RP 7.5/5.6 0335	2.5RP 8.5/3.6 0336
034	6.3RP 8.5/2 0341	3.8RP 7.5/4 0342	2.5RP 7/7.6 0343	3.8RP 5/5.6 0344	3.1RP 6/6.8 0345	3.1RP 7.5/5.2 0346
035	3.1RP 7.5/2 0351	3.1RP 7/3.2 0352	3.1RP 5.5/4.8 0353	3.8RP 4/4.4 0354	3.1RP 4.5/4.4 0355	3.1RP 6.5/5.2 0356
036	1.9RP 6.5/2 0361	1.9RP 6/3.2 0362	2.5RP 4.5/3.2 0363	5.6RP 2.5/2.8 0364	3.8RP 3.5/2.8 0365	3.1RP 5/3.2 0366
037	2.5RP 9/1.2 0371	0.6RP 9/1.6 0372	9.4P 8/5.2 0373	10P 6.5/7.6 0374	9.4P 7/7.2 0375	8.1P 8.5/3.2 0376
038	7.5R 8.5/1.6 0381	9.4P 7.5/3.6 0382	9.4P 7/7.2 0383	10R 5/6.8 0384	8.8P 6/6.8 0385	9.4P 7.5/5.2 0386
039	1.3RP 9/1.2 0391	7.5P 9/1.6 0392	8.1P 7.5/5.2 0393	8.1P 5.5/9.2 0394	5P 7/7.6 0395	8.1P 8.5/2.8 0396
040	3.8P 8.5/1.6 0401	5.6P 8/3.6 0402	5P 7/7.6 0403	6.3P 5/6.8 0404	5.6P 6/7.6 0405	8.1P 7.5/5.2 0406
041	9.4P 8/1 0411	4.4P 7/4 0412	5.6P 5.5/5.6 0413	6.9P 4/4.4 0414	6.3P 5/5.2 0415	6.3P 6.5/5.2 0416
042	0.6P 6.5/1.8 0421	6.9PB 6/3.6 0422	7.5PB 4.5/3.6 0423	8.8PB 2.5/3.6 0424	7.5PB 3.5/3.6 0425	6.9PB 5/4 0426
043	7.5P 9/1 0431	2.5P 8.5/1.6 0432	10PB 8/5 0433	1.9P 5.5/9.6 0434	1.9P 7/7.6 0435	7.5PB 8.5/3.6 0436
044	1.3P 8/1.8 0441	1.3P 8/3.6 0442	1.9P 7/7.6 0443	1.9P 5/7.2 0444	1.3P 6/7.6 0445	7.5PB 7.5/5.2 0446
045	0.6P 7.5/1.8 0451	0.6P 7/4 0452	0.6P 5.5/5.6 0453	0.6P 4/5.2 0454	0.6P 4.5/5.6 0455	1.3P 6.5/5.6 0456
046	1.3P 6.5/2 0461	7.5PB 6/3.6 0462	8.1PB 4.5/3.6 0463	8.1PB 3/3.2 0464	8.1PB 3.5/3.2 0465	6.3PB 5.5/4 0466
047	1.3P 9/1 0471	7.5PB 9/1.6 0472	6.3PB 8/4.4 0473	6.9PB 6/9.2 0474	7.5PB 7/7.6 0475	6.3PB 8.5/3.6 0476
048	8.8PB 8.5/1 0481	6.3PB 8/3.6 0482	7.5PB 6/7.6 0483	8.1PB 4.5/7.6 0484	8.1PB 5/7.2 0485	6.9PB 7.5/5.2 0486
049	6.9PB 7.5/2.4 0491	6.9PB 7/4 0492	6.9PB 5.5/5.2 0493	8.1PB 4/5.2 0494	7.5PB 5/5.6 0495	6.9PB 6.5/5.2 0496

	1	2	3	4	5	6
050	8.8PB 9/1 0501	1.3PB 8.5/1.8 0502	5PB 6/9 0503	4.4PB 6/9.2 0504	4.4PB 7/7.2 0505	3.8PB 8.5/3.2 0506
051	0.6PB 8.5/1.8 0511	0.6PB 8/3.6 0512	1.9PB 6/6.4 0513	3.8PB 4.5/6.4 0514	1.9PB 5.5/6.8 0515	3.1PB 7.5/5.2 0516
052	4.4PB 9/1 0521	9.4PB 9/1.4 0522	3.1PB 8/5.6 0523	1.3PB 6.5/7.6 0524	3.1PB 7.5/5.6 0525	3.1PB 8.5/3.2 0526
053	6.3PB 8.5/1.8 0531	1.9PB 8/3.2 0532	5PB 6/7.2 0533	6.3PB 4.5/7.2 0534	5.6PB 5/7.6 0535	4.4PB 7.5/5.6 0536
054	1.3PB 7.5/2 0541	1.3PB 7/3.6 0542	1.9PB 5.5/5.2 0543	3.8PB 4/4.8 0544	2.5PB 5/4.8 0545	1.3PB 6.5/4.8 0546
055	1.9PB 6.5/2 0551	2.5PB 6/3.6 0552	3.1PB 4.5/3.2 0553	5PB 2.5/3.2 0554	3.1PB 3.5/3.2 0555	2.5PB 5.5/3.6 0556
056	7.5B 9/1 0561	5B 9/1.4 0562	3.1B 8/3.6 0563	5.6B 6.5/7.8 0564	2.5B 7.5/3.6 0565	7.5BG 8.5/1.8 0566
057	2.5PB 9/1 0571	6.9B 9/1.4 0572	5.6B 8/3.6 0573	7.5B 6.5/7.6 0574	5B 7.5/3.6 0575	1.3B 8.5/1.8 0576
058	5B 8/1.6 0581	7.5B 8/3.2 0582	7.5B 7/6.4 0583	9.4B 5.5/6.4 0584	8.8B 6/6 0585	6.3B 7.5/3.6 0586
059	1.9B 8.5/1.6 0591	3.8B 8/3.2 0592	5B 7/6 0593	6.3B 5.5/5.6 0594	5.6B 6/5.6 0595	3.8B 7.5/3.6 0596
060	3.1B 7.5/1.4 0601	5.6B 7/3.2 0602	6.3B 6/4.4 0603	6.3B 4/3.6 0604	6.9B 5/4.4 0605	6.3B 6.5/4.4 0606
061	6.3B 6.5/1.8 0611	5.6B 6/2.8 0612	6.9B 4.5/2.8 0613	6.9B 3/2.4 0614	7.5B 4/2.8 0615	6.3B 5.5/2.8 0616
062	3.1B 8.5/1 0621	7.5B 7.5/1 0622	6.3B 6/1.6 0623	7.5B 4.5/1.6 0624	6.9B 5/1.6 0625	8.8B 6.5/1.8 0626
063	3.1B 9/1 0631	0.6B 9/1.2 0632	7.5G 8.5/3.2 0633	7.5BG 7/7.6 0634	7.5BG 7.5/3.6 0635	3.1BG 8.5/1.8 0636
064	6.3BG 8.5/1.4 0641	7.5BG 8/2.4 0642	7.5BG 7.5/3.6 0643	7.5BG 5.5/5.2 0644	8.1BG 6.5/5.2 0645	7.5BG 7.5/3.6 0646
065	7.5BG 7.5/1.2 0651	8.1BG 7/2.8 0652	8.1BG 6/3.6 0653	7.5BG 4.5/3.6 0654	7.5BG 5/4 0655	7.5BG 6.5/4 0656
066	8.1BG 6.5/1.2 0661	7.5BG 6/2.4 0662	8.1BG 4.5/2.4 0663	5BG 3/3.6 0664	8.8BG 4/2.4 0665	8.1BG 5.5/2.4 0666

	1	2	3	4	5	6
067	0.6G 9/1 0671	6.9G 9/1 0672	7.5G 8.5/3.6 0673	9.4G 7/6.8 0674	7.5G 7.5/5.6 0675	6.25G 8.5/2.4 0676
068	5.6G 8.5/1.2 0681	8.1G 8/2.4 0682	7.5G 7.5/5.2 0683	9.4G 5.5/5.2 0684	10G 6.5/5.6 0685	9.4G 8/3.6 0686
069	7.5G 7.5/1.4 0691	8.8G 7/2.4 0692	10G 6/4 0693	10G 4/3.6 0694	10G 5/4 0695	9.4G 7/4.4 0696
070	9.4G 6.5/1 0701	9.4G 6.5/2.8 0702	9.4G 5/2.4 0703	8.1G 3/2.4 0704	0.6BG 4/2.4 0705	10G 5.5/2.4 0706
071	0.6G 9/1 0711	10GY 9/1.2 0712	1.9G 8.5/3.6 0713	1.3G 7.5/5.6 0714	1.9G 8/5.2 0715	1.9G 8.5/2.8 0716
072	1.3G 8.5/1.2 0721	1.9G 8/2.8 0722	2.5G 7.5/5.2 0723	1.9G 5.5/5.2 0724	1.9G 6.5/5.6 0725	1.9G 7.5/4 0726
073	1.3G 7.5/1.2 0731	1.3G 7/2.4 0732	1.9G 6/4 0733	2.5G 4.5/3.6 0734	1.9G 5/4 0735	2.5G 6.5/4 0736
074	1.9G 6.5/1.4 0741	1.9G 6.5/2.8 0742	2.5G 4.5/2.8 0743	3.1G 3/3.6 0744	1.9G 4/2.4 0745	2.5G 5.5/2.8 0746
075	4.4G 8.5/1 0751	8.1G 7.5/1 0752	10G 6/1.2 0753	0.6BG 4.5/1.4 0754	9.4G 5/1.4 0755	4.4G 6.5/1.2 0756
076	6.3GY 9/1 0761	6.3GY 9/1.4 0762	7.5GY 8.5/4 0763	8.1GY 8/5.6 0764	8.1GY 8/5.2 0765	6.9GY 8.5/2.4 0766
077	5.6GY 8.5/1.2 0771	7.5GY 8/2.4 0772	8.1GY 7.5/5.2 0773	8.1GY 5.5/4.8 0774	8.1GY 6.5/5.2 0775	7.5GY 7.5/3.6 0776
078	8.8GY 7.5/1.4 0781	8.1GY 7/2.8 0782	8.1GY 6/4 0783	8.1GY 4.5/3.6 0784	8.1GY 5/3.6 0785	7.5GY 7/3.6 0786
079	8.1GY 7/1.4 0791	8.1GY 6.5/2.8 0792	8.1GY 5/2.4 0793	6.3GY 3/1.8 0794	7.5GY 4/2.4 0795	7.5GY 5.5/2.4 0796
080	8.1GY 8.5/1 0801	7.5GY 7.5/1 0802	8.1GY 6/1.4 0803	8.1GY 4.5/1.4 0804	8.8GY 5/1.4 0805	5.6GY 6.5/1.4 0806
081	2.5GY 9/1 0811	3.8GY 9/1.4 0812	4.4GY 8.5/4.4 0813	2.5GY 8/6.8 0814	4.4GY 8.5/5.6 0815	3.8GY 9/2.8 0816
082	3.1GY 8.5/1.6 0821	4.4GY 8.5/2.8 0822	2.5GY 7.5/5.6 0823	3.8GY 6/4.8 0824	4.4GY 6.5/5.2 0825	2.5GY 8/4.4 0826
083	5.6GY 7.5/1.4 0831	3.8GY 7/2.8 0832	3.8GY 6/4 0833	5GY 4.5/3.6 0834	4.4GY 5/4 0835	4.4GY 7/4 0836

	1	2	3	4	5	6
084	4.4GY 6.5/1.6 0841	3.8GY 6.5/2.8 0842	5GY 5/2.8 0843	10Y 3.5/1.8 0844	5GY 4/2.4 0845	4.4GY 5.5/2.8 0846
085	10Y 9/1 0851	1.9GY 9/2 0852	1.3GY 9/4.8 0853	1.3GY 8.5/7.6 0854	1.9GY 8.5/6.4 0855	1.9GY 9/3.2 0856
086	1.3GY 8.5/1.8 0861	1.9GY 8.5/3.2 0862	1.3GY 8/6.4 0863	1.3GY 6/4.8 0864	1.3GY 7/5.6 0865	1.9GY 8/4.8 0866
087	1.3GY 7.5/1.8 0871	1.9GY 7.5/3.2 0872	1.3GY 6.5/4 0873	0.6GY 5/3.6 0874	0.6GY 5.5/3.6 0875	1.3GY 7/4.4 0876
088	1.9GY 6.5/1.8 0881	1.3GY 6.5/2.8 0882	1.3GY 5/2.4 0883	8.8Y 3.5/1.8 0884	10Y 4/2 0885	1.3GY 6/2.8 0886
089	5Y 7.5/1.2 0891	3.8Y 6.5/1.2 0892	1.9Y 5.5/1.2 0893	3.1Y 4/1 0894	3.1Y 4.5/1.2 0895	2.5Y 6/1.2 0896
090	9.4YR 8.5/1.2 0901	9.4YR 7.5/1 0902	6.9YR 6/2 0903	6.3YR 4.5/1.8 0904	7.5YR 5/1.8 0905	6.9YR 6.5/2 0906
091	8.1R 8.5/1.2 0911	6.3R 7.5/1 0912	8.8R 5.5/1.6 0913	8.1R 4.5/1.4 0914	8.8R 5/1.6 0915	6.3R 6.5/2 0916
092	10P 8.5/1 0921	0.6RP 7.5/1 0922	0.6RP 5.5/2 0923	1.9RP 4/1.8 0924	1.9RP 5/1.8 0925	8.1P 6.5/1.8 0926
093	6.3RP 7.5/1.2 0931	3.8RP 7/1 0932	2.5RP 5.5/1 0933	1.9RP 4/1 0934	10P 4.5/1 0935	9.4P 6/1 0936
094	4.4YR 7.5/1 0941	1.3YR 6.5/1 0942	8.1R 5.5/1 0943	1.9YR 4/1 0944	1.9YR 4.5/1 0945	8.8R 6/1 0946
095	3.8BG 7.5/1 0951	8.8BG 6.5/1 0952	2.5BG 5.5/1 0953	3.1BG 4/1 0954	3.1BG 4.5/1 0955	6.9BG 6/1 0956
096	3.1G 7.5/1 0961	9.4GY 7/1 0962	1.9G 5.5/1 0963	10GY 4/1 0964	0.6G 4.5/1 0965	3.1G 6/1 0966
097	1.9GY 7.5/1 0971	0.6GY 7/1 0972	0.6GY 5.5/1 0973	1.9GY 4/1 0974	0.6GY 4.5/1 0975	0.6GY 6/1.2 0976
098	4.4Y 8.5/1.2 0981	5Y 7.5/1.4 0982	3.8Y 6/2 0983	2.5Y 4.5/1.6 0984	1.9Y 5.5/2 0985	3.8Y 6.5/2 0986
099	5.6Y 6.5/2.4 0991	3.1Y 6.5/3.6 0992	2.5Y 5/2.8 0993	10YR 3.5/1.8 0994	1.9Y 4/2.8 0995	2.5Y 5.5/3.2 0996
100	5Y 6/5.6 1001	1.9Y 6/5.6 1002	5.6Y 4/3.2 1003	3.1Y 4/3.6 1004	1.3Y 4/3.2 1005	6.9YR 4/3.6 1006

	1	2	3	4	5	6
101	0.6GY 5/4.8 1011	0.6GY 4/3.2 1012	0.6GY 3.5/1.8 1013	3.1G 3.5/2.8 1014	3.1G 3.5/3.6 1015	3.1G 3/2.4 1016
102	8.1GY 3.5/1.4 1021	1.3GY 4/1.4 1022	9.4G 3.5/1.2 1023	7.5GY 3/1.4 1024	7.5G 3/1.2 1025	2.5GY 3/1.4 1026
103	8.8Y 3/1.2 1031	4.4Y 3/1.4 1032	2.5GY 3/1 1033	3.1Y 3/1 1034	1.9G 3/1 1035	8.8G 3/1 1036
104	2.5RP 3.5/1 1041	1.9RP 4.5/1 1042	2.5PB 4.5/1 1043	3.1GY 4.5/1 1044	7.5BG 4.5/1 1045	3.8GY 3.5/1 1046
105	1.9RP 3.5/1.4 1051	5.6YR 3.5/1.8 1052	8.8R 3.5/1.2 1053	3.1YR 3/1 1054	2.5RP 3/1 1055	5.6P 2.5/1 1056
106	10YR 3.5/1.8 1061	10YR 3/1.4 1062	5.6YR 3/1.4 1063	10R 3/2.8 1064	10R 2.5/1.8 1065	10R 2.5/1.2 1066
107	7.5R 3.5/5.6 1071	6.9R 4.5/5.6 1072	7.5R 3/4.8 1073	3.8R 3/5.6 1074	8.8RP 3/5.2 1075	0.6R 4/5.6 1076
108	9.4R 6/9.2 1081	5.6R 6/10 1082	4R 5/10.8 1083	7.5R 3.5/6.6 1084	6.9R 4/11.6 1085	10RP 6/8.4 1086
109	6.3YR 7/9.6 1091	6.3YR 7/9.6 1092	2.5YR 6.5/9.6 1093	8.8R 5/11.6 1094	7.5R 4.5/11.2 1095	8.1R 6/11.6 1096
110	0.6GY 8/8.8 1101	4.4Y 7.5/8.8 1102	1.9Y 7.5/9.2 1103	0.6Y 8/9.2 1104	9.4YR 7/8.8 1105	8.8YR 5.5/7.6 1106
111	4.4Y 8/9.2 1111	5.6Y 8/10.4 1112	3.8Y 7.5/11.6 1113	9.4Y 5.5/7.6 1114	4.4Y 6.5/7.6 1115	5Y 7.5/10.4 1116
112	8.1Y 8.5/9.2 1121	8.1Y 7.5/8.8 1122	8.1Y 6.5/7.6 1123	8.1Y 6/6.4 1124	6.9Y 6/7.6 1125	8.1Y 7.5/9.6 1126
113	1.9GY 8/7.6 1131	1.9GY 7.5/8.8 1132	0.6GY 6/7.6 1133	0.6GY 5/5.6 1134	0.6GY 5.5/5.6 1135	1.3GY 6.5/7.6 1136
114	2.5GY 7.5/6.4 1141	3.8GY 7/7.6 1142	5.6GY 5/6.8 1143	3.8GY 4/3.6 1144	4.4GY 5/5.6 1145	3.1GY 6/7.6 1146
115	8.1GY 7/6.4 1151	8.1GY 7/7.6 1152	7.5GY 5/6.4 1153	7.5GY 4/3.6 1154	7.5GY 4.5/3.6 1155	7.5GY 5.5/7.6 1156
116	1.9G 7/6.8 1161	2.5G 6.5/8.4 1162	2.5G 4/5.6 1163	2.5G 3/3.6 1164	3.1G 4/5.2 1165	2.5G 5.5/7.6 1166
117	8.8G 7/7.6 1171	10G 6/7.2 1172	8.8G 5/6.8 1173	8.1G 3.5/3.6 1174	9.4G 4/6.8 1175	8.1G 5.5/7.6 1176

	1	2	3	4	5	6
118	6.9BG 6/6.8 1181	6.3BG 5.5/7.6 1182	7.5BG 4/5.6 1183	7.5BG 3.5/3.6 1184	8.8BG 3.5/3.6 1185	6.9BG 5/6.4 1186
119	5B 6/7.6 1191	5.6B 5.5/7.6 1192	5.6B 4/6.8 1193	6.3B 3/4.8 1194	5.6B 3.5/5.6 1195	6.3B 5/6.8 1196
120	8.1B 5.5/9.6 1201	9.4B 5/9.6 1202	8.8B 3.5/5.6 1203	0.6PB 3/5.2 1204	8.8B 3.5/5.6 1205	10B 4/7.2 1206
121	3.8PB 5/9.6 1211	2.5PB 4.5/9.6 1212	5PB 3.5/7.6 1213	3.8PB 3/5.6 1214	6.9PB 3.5/7.6 1215	3.8PB 4/9.6 1216
122	6.3PB 5/10.8 1221	6.3PB 4/9.6 1222	6.3PB 3.5/7.6 1223	5.6PB 3.5/6.4 1224	6.3PB 3.5/7.6 1225	6.3PB 3.5/7.6 1226
123	7.5PB 5.5/9.6 1231	8.8PB 5/9.6 1232	8.8PB 4/9.6 1233	9.4PB 2.5/5.6 1234	8.8PB 3.5/7.6 1235	8.1PB 4.5/9.6 1236
124	1.9P 7/7.6 1241	1.9P 5.5/9.6 1242	1.3P 3.5/7.6 1243	3.1P 3/4 1244	1.3P 3/5.6 1245	1.9P 4.5/9.6 1246
125	3.1RP 6/9.2 1251	10P 5/8.4 1252	6.9P 4/6 1253	6.3P 4.5/8.4 1254	1.9P 4.5/9.6 1255	1.9P 4/6.8 1256
126	N2.5 1261	5PB 3.5/1 1262	N4.5 1263	10B 5.25/1 1264	5PB 5.5/1 1265	N6 1266
127	10B 6.5/1 1271	N7 1272	10B 7.5/1 1273	5PB 8/1 1274	5PB 8.5/1 1275	N9 1276
128	9.4YR 9/1.2 1281	2.5YR 9/1 1282	6.3YR 9/1 1283	9.4RP 9/1 1284	8.8P 9/1 1285	3.8P 9/1 1286
129	0.6YR 9/1 1291	6.3YR 9/1 1292	7.5R 9/1 1293	7.5YR 9/1 1294	6.9YR 8.5/1 1295	5.6R 8.5/1 1296
130	6.3Y 9/1 1301	3.8Y 9/1 1302	10YR 9/1 1303	2.5Y 9/1.2 1304	2.5Y 9/1 1305	5.6Y 9/1 1306
131	8.8Y 9/1 1311	1.3Y 9/1 1312	6.9Y 9/1 1313	7.5Y 9/1 1314	2.5Y 9/1 1315	6.9Y 9/1 1316
132	7.5GY 9/1 1321	2.5GY 9/1 1322	2.5GY 9/1 1323	8.8GY 9/1 1324	8.8GY 9/1 1325	9.4GY 9/1 1326
133	5.6GY 9/1 1331	1.3GY 9/1 1332	6.9B 9/1 1333	2.5PB 9/1 1334	7.5PB 9/1 1335	6.3PB 9/1 1336
134	1.3GY 9/1 1341	6.9GY 8.5/1 1342	1.9GY 8.5/1 1343	1.9GY 8/1 1344	6.9GY 8/1 1345	7.5GY 8.5/1 1346

	1	2	3	4	5	6
135	7.5PB 9/1 1351	1.3PB 9/1 1352	6.9PB 9/1 1353	8.8BG 8.5/1 1354	9.4B 8.5/1 1355	2.5PB 8/1 1356
136	9.4R 9/1 1361	4.4R 8.5/1 1362	5PB 7.5/1 1363	6.3PB 6.5/1.8 1364	3.8P 6.5/1 1365	5P 7.5/1.4 1366
137	5.6R 8/1 1371	2.5PB 8/1 1372	2.5PB 7.5/1 1373	2.5PB 7/1 1374	0.6RP 7/1 1375	4R 7.5/1 1376
138	1.9Y 9/1 1381	0.6Y 9/1.2 1382	10YR 8/1 1383	6.9R 8/1 1384	0.6Y 8/2.4 1385	6.9YR 8/1 1386
139	9.4Y 9/1.6 1391	8.8Y 9/2 1392	8.1Y 9/2.4 1393	7.5Y 9/3.6 1394	5.6Y 9/3.2 1395	3.8Y 8.5/3.6 1396
140	9.4RP 9/1 1401	7.5R 9/1.8 1402	6.3RP 8/4.8 1403	5.6RP 8/4.4 1404	4.4RP 8/5.2 1405	7.5RP 7.5/4.8 1406
141	7.5R 8.5/1.8 1411	7.5RP 8.5/3.2 1412	7.5RP 8.5/3.6 1413	10RP 8/4.4 1414	10RP 8/5.2 1415	10RP 7.5/4.4 1416
142	7.5R 9/2 1421	1.9YR 9/1.8 1422	7.5RP 8.5/3.6 1423	5R 8/3.6 1424	10RP 7.5/4.8 1425	10RP 7.5/5.2 1426
143	0.6YR 9/1 1431	5YR 9/1.8 1432	0.6YR 8.5/2.4 1433	8.1R 8/3.6 1434	0.6YR 8/4 1435	0.6YR 7.5/4 1436
144	6.3YR 9/1.6 1441	1.3YR 8.5/2 1442	1.9YR 8.5/3.6 1443	1.3YR 8/4 1444	0.6YR 8/4.4 1445	8.8R 7/3.6 1446
145	7.5YR 9/2 1451	9.4YR 9/2.4 1452	7.5R 8.5/3.6 1453	4.4YR 8.5/3.6 1454	4.4YR 8/3.6 1455	5YR 8/4 1456
146	2.5Y 9/1.6 1461	3.1Y 9/1.6 1462	1.3Y 8.5/2.8 1463	1.9Y 8.5/2.4 1464	1.9Y 8.5/3.6 1465	1.3Y 8/2.4 1466
147	8.8YR 9/1 1471	1.3R 9/1 1472	10YR 8/1.2 1473	1.3YR 8/1 1474	5YR 7.5/1 1475	3.1YR 7.5/1 1476
148	5Y 9/2 1481	1.9Y 9/1.6 1482	1.9Y 9/2.4 1483	0.6Y 9/3.6 1484	10YR 8.5/3.6 1485	9.4YR 8.5/4.8 1486
149	5Y 9/2.4 1491	3.8Y 9/2.4 1492	3.1Y 9/3.2 1493	4.4Y 9/3.6 1494	3.1Y 9/3.6 1495	3.1Y 9/4.4 1496
150	8.8Y 9/1.4 1501	2.5GY 9/2.4 1502	1.9GY 9/2.8 1503	3.8GY 9/3.2 1504	1.3GY 9/3.6 1505	2.5GY 9/3.6 1506
151	8.1Y 9/3.2 1511	3.1GY 9/2.4 1512	3.8GY 9/2.8 1513	6.9GY 9/3.2 1514	7.5GY 9/2.8 1515	4.4GY 9/3.6 1516

	1	2	3	4	5	6
152	4.4GY 9/1 1521	9.4GY 9/1.2 1522	0.6G 9/1.6 1523	8.1GY 9/1.6 1524	4.4GY 8.5/2 1525	8.8GY 8.5/2.4 1526
153	6.9GY 9/1.4 1531	8.8GY 8.5/3.6 1532	0.6G 8.5/2.4 1533	1.3G 8.5/3.6 1534	2.5G 8.5/3.2 1535	1.9G 8.5/2.8 1536
154	6.9G 9/1.4 1541	1.3G 8.5/2 1542	3.1G 8.5/2.8 1543	3.8G 8.5/2.8 1544	7.5G 8.5/3.6 1545	6.9G 8.5/2.8 1546
155	3.1BG 8.5/1.8 1551	4.4BG 8.5/1.8 1552	2.5BG 8.5/1.8 1553	7.5G 8.5/2.8 1554	4.4B 8/3.2 1555	2.5B 8/3.6 1556
156	5BG 9/1 1561	2.5B 8.5/1.6 1562	5.6B 8/1.8 1563	5B 8/2.4 1564	5BG 8.5/1.8 1565	5B 8/2 1566
157	1.9BG 9/1 1571	6.9BG 8.5/1.8 1572	6.3BG 8.5/1.8 1573	10BG 8/2.8 1574	7.5BG 8/2.8 1575	1.9B 8/2.8 1576
158	2.5B 9/1 1581	1.3B 9/1 1582	2.5BG 8/1 1583	3.8B 8/2.4 1584	2.5B 7.5/2.8 1585	8.8B 7.5/3.6 1586
159	8.8BG 9/1 1591	1.3B 8.5/1.8 1592	7.5B 8/3.6 1593	4.4B 8/3.6 1594	7.5B 8/3.6 1595	7.5B 7.5/3.6 1596
160	2.5PB 8.5/1 1601	3.1PB 8.5/2.8 1602	4.4PB 8.5/2.8 1603	3.1PB 8/5.2 1604	3.1PB 8/4 1605	9.4B 7.5/2.8 1606
161	6.9PB 8.5/2.4 1611	1.3PB 8/2.8 1612	3.1PB 7.5/2.4 1613	4.4PB 8/3.2 1614	3.1PB 8/4.4 1615	1.3PB 7.5/3.2 1616
162	5PB 8.5/2.4 1621	10B 8/3.6 1622	8.8B 8/2.8 1623	9.4B 7.5/2.4 1624	1.3PB 8/3.2 1625	2.5PB 7.5/3.6 1626
163	2.5B 9/1 1631	8.8B 8.5/1.4 1632	8.8B 8.5/1.8 1633	8.8B 7.5/1.2 1634	4.4B 7.5/1.2 1635	3.8B 7.5/1 1636
164	6.3RP 9/1 1641	8.8P 8.5/1 1642	6.3PB 8.5/3.6 1643	6.3PB 8/3.2 1644	8.1PB 7.5/3.6 1645	7.5PB 8/4.4 1646
165	5.6RP 9/1 1651	3.8P 8.5/1.8 1652	0.6RP 7.5/3.6 1653	3.8P 8/3.6 1654	10PB 7.5/2.8 1655	5.6PB 8/4 1656
166	9.4RP 9/1 1661	9.4P 8.5/2.8 1662	4.4RP 8.5/2.8 1663	1.9RP 8.5/3.6 1664	3.1RP 8/4 1665	0.6RP 8/4 1666
167	8.3RP 7/8 1671	10RP 6/10.5 1672	1.2R 5.9/11.5 1673	5R 4.4/14 1674	2.3R 4.9/12.1 1675	9RP 6.4/9.8 1676
168	8.3R 6.8/5.2 1681	9.4R 5.8/6 1682	7.8R 5.4/7 1683	10R 4.1/6.5 1684	9R 4.4/9.1 1685	8.7R 6.4/6 1686

	1	2	3	4	5	6
169	7.6Y 9.3/3.9 1691	4.8Y 8.2/6.8 1692	4.4Y 8.4/7.4 1693	1.9Y 7.6/9.9 1694	3.7Y 8.6/8.3 1695	6.3Y 8.8/5.4 1696
170	N8.25 1701	N7.75 1702	N7.25 1703	N6.75 1704	N6.25 1705	N5.75 1706
171	N5.25 1711	N4.75 1712	N4.25 1713	N3.75 1714	N3.25 1715	N2.75 1716